INSTRUCTION

POUR

LES JARDINS

FRUITIERS

ET POTAGERS;

Avec un Traité des Orangers, & des Réfléxions fur l'Agriculture.

Par Mr DE LA QUINTINYE, *Directeur des Jardins Fruitiers & Potagers du ROY.*

Avec une Inftruction pour la Culture des Fleurs.

NOUVELLE EDITION,

Augmentée de la Culture des Melons, de la maniere de tailler les Arbres Fruitiers, d'un Dictionnaire des termes dont fe fervent les Jardiniers en parlant des Arbres, & d'une Table des Matieres.

TOME SECOND.

A PARIS,

Chez MICHEL-ETIENNE DAVID, quay des Auguftins, du côté du Port Saint Michel, au Prophete Royal.

M. DCC. XVI.

AVEC PRIVILEGE DE SA MAJESTE'.

TABLE

DES CHAPITRES

Contenus dans le second Tome.

SIXIE'ME ET DERNIERE PARTIE
des Jardins Fruitiers & Potagers.

DES CHAPITRES.

TRAITÉ DES ORANGERS.

REFLEXIONS SUR L'AGRICULTURE.

Preface,   305

DES CHAPITRES.

TRAITÉ DE LA CULTURE DES FLEURS.

PREMIERE PARTIE.

SECONDE

TABLE

Tome II. **

TABLE

DES CHAPITRES.

Fin de la Table des Chapitres contenus dans ce
second Volume.

CINQUIEME PARTIE.
DES
JARDINS FRUITIERS
ET POTAGERS.

***

CHAPITRE PREMIER.

*Soins qu'il faut avoir pour éplucher les fruits , quand
il y en a trop.*

COMME l'intention de nôtre culture n'est
pas seulement d'avoir beaucoup de Fruits ,
mais qu'elle est particulierement de les avoir
beaux & gros, parce que nous esperons, que
sans doute ils en seront meilleurs, la bonté ne manquant guéres d'y estre, quand la beauté & la
grosseur s'y rencontrent : & comme ny la taille , ny l'é-
bourgeonnement , ny le palissage , ny les labours , ny les

amandemens ne font pas toûjours fuffifans pour nous don_
ner cette beauté & cette groffeur ; il s'enfuit donc qu'il
y a quelqu'autre chofe à y faire, & c'eft de quoi je veux
ici parler.

Il eft vrai, que fi on fe trouve fans gelée & fans roux-
vents dans les temps que les Arbres fleuriffent, & que les
fruits noüent, c'eft à dire dans les mois de Mars, Avril,
& May ; il eft, dis je, vrai, qu'affez fouvent en de certains
endroits de chaque Arbre, il y refte trop de fruits, pour
pouvoir être fort beaux ; car premierement en fruits à pepin, foit Poires, foit Pommes, il eft conftant que chaque
bouton fait communèment beaucoup de fleurs, & par conféquent peut avoir beaucoup de fruits, c'eft à dire jufqu'à
des fept, huit, neuf & dix, &c. Et en fecond lieu pour les
fruits à noyau, quoyque chaque bouton, à la réferve des
Guignes, Cerifes, Griotes & Bigarreaux, ne faffe véritablement qu'un fruit (car en effet un bouton de Pêcher ne
fait qu'une Pêche & un bouton de Prunier ne fait qu'u-
ne Prune, &c.) Cependant comme chaque branche à
fruit y eft d'ordinaire chargée de grand nombre de boutons, & tous fort prés les uns des autres, il s'enfuit que fur
chacune de ces branches il y peut par ce moyen refter un
nombre exceffif de fruits, & partant on y peut faire le
même raifonnement que fur les boutons de fruits à pepin,
qui eft ; qui comme en ceux-cy plus il noüe de fruits fur
un même bouton, & plus petite eft la portion, qui au fortir de la queuë de ce bouton fe diftribuë à chacun de ces
fruits : fi bien que s'il y en avoit moins, conftamment la
portion de chacun de ceux qui auroient refté, feroit plus
grande, & par confequent les fruits étant mieux nourris,
ils en feroient plus gros, & d'ordinaire meilleurs.

Tout de même, plus il y a de fruits fur une branche de
fruit à noyau, Pêchers, Pruniers, Abricotiers, &c. &
plus petite eft la portion de nourriture, qui fe diftribuë à
chaque Pêche, & à chaque Abricot de telles branches ; fi
bien que fi fur chacune il y en avoit eu moins, chaque fruit
en auroit été affurément mieux nourri, par confequent
auroit été plus gros ; & d'ordinaire meilleur, car en verité il n'eft guéres poffible d'avoir en même temps la grof-

feur, la beauté & la bonté quand l'abondance fe trouve
trop grande, foit fur un feul & même bouton, foit fur une
feule & même branche.

Il s'enfuit de là, qu'un Jardinier habile, qui prend foin
de faire fleurir fes Arbres (comme il en eft en quelque façon le maître) il s'enfuit, dis-je, qu'il doit encore prendre
plus de foin de ne laiffer de fruits à chaque Arbre, & particulierement à chaque bouton & à chaque branche, qu'à
proportion de ce qu'il peut juger, que l'Arbre, ou plûtôt la
branche en pourront nourrir pour les faire beaux.

Je dis particulierement la branche, car comme la diftribution de la nourriture qui eft deftinée à chacune, fe fait
à la premiere entrée de la branche felon la grandeur de
fon embouchure, & non pas felon la multitude des fruits
qu'elle porte, & des befoins qu'elle peut avoir ; il s'enfuit
que les fruits de chacune ne profitent que de ce qui vient
à la branche où ils font, fans profiter en rien de ce qui fe
fait dans les branches voifines, chacune ayant fes fonctions
& fes ouvrages féparez ; & cela eft fi vray, qu'affez fouvent
un Arbre n'ayant qu'un fruit ou deux, ou enfin un fort petit
nombre, ne les a pas pour cela plus beaux, que s'il en avoit
beaucoup plus.

Il s'enfuit pareillement, que l'augmentation de feve ou
de nourriture, qui peut arriver à chaque fruit en particulier, ne lui vient proprement que du retranchement qu'on
fait du trop grand nombre de fruits qui étoient fur le
même bouton, ou fur la même branche, fur laquelle il
fe trouve ; comme fi en effet chaque bouton & chaque
branche de fruits en particulier faifoient des familles particulieres qui ont chacune leur revenu à part, & chacune
leur domeftique à nourrir ; de maniere que comme l'une
n'en eft pas mieux dans fes affaires, quoique l'autre foit
dans l'opulence, auffi les enfans de chacune font ils mieux
nourris, quand la même nourriture, qui par exemple auroit pû être partagée à dix, ne fe trouve partagée qu'à
deux ou trois.

Il eft donc certain, qu'il faut laiffer peu de fruits fur
chaque bouton & fur chaque branche, fi on veut qu'ils
foient tous, & plus gros & plus beaux ; & comme en tail-

lant chaque Arbre je lui laifse autant , ou même un peu
plus de bons boutons , & de bonnes branches à fruit , qu'il
ne paroît capable d'en pouvoir nourrir , fçachant les hazards qui font à craindre devant que les fruits foient en
féureté : auffi voulant que tous les fruits de chacun
foient à peu prés d'une égale beauté , je ne manque pas
aprés que les Fruits font noüez , de faire une revûë exaête
de tout ce qu'il y en a fur chaque bouton , & fur chaque
branche , pour n'en laifser à chaque endroit que la quantité honnête , qui peut aparemment y être grafsement nourrie.

Il eft pareillement certain , qu'afsez fouvent la nature ,
ce femble , prend elle-même le foin de fe purger, ou de fe
décharger de ce qu'elle a de trop , tout au moins arrive-
t il quelquefois au Printemps de ces gelées & de ces roux-
vents dont nous avons parlé , & même afsez fouvent il en
arrive jufques dans les mois de Juillet & d'Aouft : ces fortes de roux vents font pour l'ordinaire de terribles abateurs
de fruits : ils en font tomber beaucoup , trop même quelquefois , & cela fans difcretion ny mefure , foit à l'égard
de tout l'Arbre , foit à l'égard de chaque branche, fi bien
que dans telles années la difete des fruits eft afsez grande,
& fouvent exceffive : mais cependant quelque malheur qu'il
foit , il ne faut pas manquer de faire la reveuë de ce qui
eft refté , pour en ôter même encore de quelques endroits,
fi la prudence y en trouve trop.

Quelquefois auffi ces tems fâcheux ne furviennent point ,
fi bien que la plus grande partie des fruits qui ont noüé,
refte fur les Arbres , & ainfi au milieu d'une grande abondance pour le nombre , on fe peut dire effeêtivement pau-
vre pour la beauté & la bonté , parce qu'on n'a rien qui foit
afsez beau pour faire l'honneur de la culture.

En tel cas j'eftime qu'il eft trés à propos de foulager la
nature d'une bonne partie de fon fardeau , & voicy les
égards que je recommande d'y avoir.

Premierement il faut attendre que les fruits foient afsez
gros & bien formez , tant pour ôter ce qu'il y en a de
trop , que particulierement pour conferver les plus beaux
& les mieux faits : car dans le grand nombre il y en a des

uns & des autres, & pour cet effet il faut d'ordinaire attendre à la fin de May, & au commencement de Juin ; c'est
pour lors que les fruits font affez gros pour en faciliter le
choix.

Il n'y a que fur le fait des Abricots qu'il faut commencer à
éplucher plûtôt qu'aux autres fruits : auffi-bien à cet égard
a-t-on un avantage, qui ne fe trouve point aux autres Arbres, car on fait un fort bon ufage des petits Abricots verts,
& on ne le fçauroit faire des autres petits fruits verts, tout
au moins n'en a t-on pas encore trouvé l'induftrie, ce qui
peut-être feroit affez à fouhaiter.

En fecond lieu, il faut prévoir de laiffer à chaque Fruit
autant de place à peu prés, qu'il peut en avoir befoin pour
loger la groffeur qu'il fçait luy devoir venir quand il ap-
prochera de maturité, & cela particulierement pour ces
fortes de principaux Fruits à noyau, qui ont la queuë fort
courte, fçavoir les Pêches, les Pavies, les Abricots, &c.
autrement ils fe nuifent en groffiffant, & affez fouvent
ceux qui font également gros fe détruifent tous deux, ou
au moins le plus fort l'emporte, c'eft à dire le plus gros
chaffe le plus petit, & ainfi la nourriture qui eft allée à ces
malheureux pendant deux ou trois mois, eft inutilement
perduë ; au lieu qu'on auroit pû la mettre à profit, fi de
bonne heure on avoit pris foin d'en ôter quelqu'un, &
toûjours les plus mal placez ; car par ce moyen on auroit
fait aller à ceux qui feroient confervez, la nourriture de
leurs voifins.

Il s'enfuit de là, qu'il ne faut jamais laiffer tout auprés
l'un de l'autre beaucoup de ces fortes de Fruits, qui cependant fe trouvent d'ordinaire, en naiffant plufieurs de compagnie, témoins les Abricots, ou tout au moins deux à
deux, témoin les Pêches : car communément fur les Pêchers les boutons à fleur ne s'y forment que deux à deux,
chacun de ces deux étant fort prés l'un de l'autre fans au-
tré féparation que d'un petit œil à bois, qui eft un petit
commencement de branche qui fe met entre les deux, &
qui fouvent ne pouffe que quelques feüilles & point de
bois ; que s'il pouffe vigoureufement, & qu'il faffe une affez belle branche, pour lors il n'eft guéres neceffaire d'ô-

ter un de ces Fruits, qui des deux côtez tiennent compagnie
à cette branche, ils feront affez écartez l'un de l'autre par
leur fituation naturelle, & fans doute ils feront tous deux
beaux, pourveu que rien ne les géhenne d'ailleurs dans le
temps qu'ils groffiront ; à quoi, comme j'ay dit, il faut foigneufement prendre garde ; mais fi le jet n'eft que foible
& menu, cela ne doit point empêcher d'ôter une des deux
Pêches, & même comme telles fortes de petits jets font
d'ordinaire aouftez dés le mois de Juin, il eft trés-à propos
de les rogner dés ce temps-là à un œil prés, afin de fauver toûjours la nourriture qui y feroit inutilement venuë ;
auffi bien n'eft ce communément que de tels jets qui font
la confufion ; c'eft affez de laiffer à chacun une feüille ou
deux pour défendre la Pefche voifine de l'ardeur du Soleil,
& cela pendant tout le temps de la jeuneffe de cette Pêche, l'ombre lui étant pour lors tellement neceffaire qu'elle
en pourroit périr, fi elle étoit trop découverte, devant
qu'elle ait fa groffeur.

Les Poires d'Automne & d'Hyver, & fur tout celles
qui font recommandables par leur groffeur, par exemple
les Beurré, les Bon chrêtien, les Virgoulé, &c. ont auffi
befoin de cet épluchement de Fruits ; autrement fi fur les
bouquets où elles font, on en laiffe une trop grande quantité, on n'en aura guéres jamais de fort belles ; c'eft affez
d'y en laiffer une, ou tout au plus deux, & encore faut-
il qu'elles paroiffent affez groffes, eu égard à la faifon, &
que toutes deux foient d'une égale groffeur : car fi l'une
des deux eft plus petite, elle demeurera toûjours petite,
& par conféquent vilaine, fi-bien que non feulement elle
n'a jamais mérité d'être confervée, puifqu'elle n'a pû parvenir à la groffeur qu'elle devroit avoir, mais même elle
a fait tort à fa voifine, qui en feroit devenuë beaucoup
plus belle, fi, pour ainfi dire, elle étoit reftée la fille unique de ce bouton.

Pour ce qui eft des Poires d'Efté, par exemple Petit-
Mufcat, Robine, Caffolette, Rouffelet, &c. il n'eft pas tant
neceffaire de les éplucher, il ne les faut traiter que comme
les Prunes & les Cerifes ; ce font Fruits, dont la groffeur eft
médiocre, & affez réglée, & qui communément font bons,

de. quelque taille qu'ils foient , pourvû qu'ils foient affez
meurs , & point verreux.

En troifiéme lieu il faut fçavoir , que quand les branches des Pêchers , fur lefquelles en taillant on a laiffé autant de fleurs qu'on l'a trouvé à propos , ce qui , comme
nous avons dit , va toûjours à quelque forte d'excez , quand
ces branches, dis-je , ne paroiffent pas au mois de May recevoir un notable fecours de feve nouvelle , en forte qu'on
ne les voit point groffir , ny fortir de belles branches à
leurs extremitez ; pour lors, comme j'ay dit plus amplement dans le Traité de la taille , non feulement on doit
leur ôter une grande partie des Fruits qui y ont noüé , pour
n'y en laiffer qu'un tres-petit nombre , mais même on doit
extrêmement racourcir la branche , & cela jufques fur
l'endroit d'où l'on voit fortir le plus beau jet : car affeurément , ou les Fruits tomberoient prefque tous avant que
de meurir , ou au moins ils demeureroient tous petits , &
par confequent mauvais , étant certain que particulierement en Fruits à noyau , s'ils n'approchent de la groffeur
qui convient à leur efpece , ils n'approchent point auffi de
la bonté qu'ils doivent avoir , les Pêches demeurent veluës & vertes ; & leur noyau ne quitte point net , elles ont
de l'aigreur & de l'amertume , la chair en eft rude & groffiere , & fouvent pâteufe , le noyau en eft beaucoup plus
gros qu'il ne devroit , toutes marques infaillibles de méchantes Pêches.

En quatriéme lieu , les Poires qui font reftées en trop
grand nombre , font fujettes non-feulement à s'empêcher
de groffir , mais auffi à fe pourrir les unes & les autres ,
l'air , & les vents n'ayans pas le paffage libre tout autour
d'elles : un tel inconvenient avertit afsez qu'il en faut ôter
une partie pour laifser les autres plus écartées , c'eft à dire
plus en liberté , & plus à leur aife.

Un grand avertifsement , qui me paroît ici necefsaire ,
c'eft que fur tout pour les Poires de Bon-chrétien d'Hyver , il faut dans les mois d'Avril & de May , qui font les
temps qu'elles commencent à paroître noüées , & formées ,
il faut , dis-je , pour lors eftre grandement foigneux de faire la guerre à de petites Chenilles noires , dont il en eft

beaucoup en cette saison là, afin d'en faire périr tout autant qu'il est possible, ou autrement elles entament l'écorce de ces Poires, & c'est ce qui d'ordinaire en fait un si grand nombre de cornuës & de raboteuses.

CHAPITRE II.

Quand il faut découvrir certains Fruits qui ont besoin de couleur.

LEs Fruits étant ainsi épluchez sur chaque Arbre, ils grossissent petit à petit sous la feüille, les uns plus, les autres moins, chacun selon son espece, & les uns plûtôt, les autres plus tard, chacun selon le temps que la nature a destiné pour leur maturité; mais comme le coloris rouge, ou incarnat est necessaire à certains Fruits, lesquels ou peuvent en avoir, s'il n'en font pas empêchez, ou peuvent n'en avoir pas, s'ils le font (car il y en a qui absolument n'en sçauroient avoir quelque chose qu'on y puisse faire, par exemple, les Pêches blanches, les Verte-longue, les Sucré-vert, les Figues blanches, &c. il y en a aussi, qui quelques cachez qu'ils soient, se chargent toûjours du coloris de leur espece, par exemple, les Cerises, les Framboises, les Fraises, &c.)

Comme, dis-je, le coloris à de certains Fruits est une condition grandement importante pour faire davantage valoir leur merite, & qu'ils ne peuvent avoir ce coloris en meurissant, à moins que les rayons du Soleil ne donnent immédiatement sur eux, il est à propos en de certains tems de leur ôter quelques feüilles qui les tiennent trop cachez, & par consequent leur nuisent à l'égard de ce coloris; ils nuisent même à l'égard de la maturité, plus ou moins avancé de ces sortes de Fruits, étant certain, que généralement parlant, un fruit fort caché de feüilles ne meurit pas tout-à-fait si-tôt que celui qui est plus exposé, & que même constamment il n'a pas tant de bonté.

Mais il faut en user ici avec beaucoup de prudence & de discretion, & ne découvrir les Fruits que quand à peu prés ils ont leur grosseur, & qu'ils commencent à per-

dre

dre du grand fond de verd qu'ils ont eu jufques là ; les
Fruits groffiffent affez depuis le moment qu'ils font noüez
jufqu'environ la my-Juin , & enfuite, comme difent les
Jardiniers, ils font pendant un affez long tems dans une
efpece de lethargie fans groffir au moins vifiblement ; car
je ne doute point qu'ils ne groffiffent un peu , & que fur
tout il n'entre de la matiere au dedans du corps du Fruit,
puifque les racines en preparent inceffamment , & qu'elles l'envoyent auffi-tôt ; cette matiere à la verité de_
meure preffée au deffous de l'écorce , & voilà pourquoy
dans ce tems là les Fruits font fi durs ; mais enfin le tems
reglé de leur maturité approchant , cette même matiere
toute condenfée qu'elle eft vient à fe rarefier , & à s'étendre
en peu de jours , & c'eft ce qui fait que les Fruits commen_
cent auffi à devenir pour lors , & plus tendres & plus gros,
& que par confequent ils approchent de leur maturité.

Or ce n'eft que dans ce tems là qu'il fait bon les découvrir à deux ou trois reprifes differentes , & pendant cinq ou
fix jours , car fi on les découvroit plûtôt , ou fi même il ar_
rivoit qu'on les découvrît tout d'un coup la grande ardeur
du Soleil feroit fans doute un grand defordre fur cette peau
tendre , & qui n'eft pas encore accoûtumée au grand air ;
on n'a que trop d'experiences qui confirment cette verité ,
foit lorfque par l'ignorance d'un malhabile Jardinier , foit
lorfque par une malheureufe gelée les Fruits viennent à
être découverts devant ce tems là ; par la même raifon qui
fait gercer la peau des fruits, on voit auffi la queuë fécher, &
par confequent les fruits fe faner & pourrir , comme il arrive affez fouvent dans les Vignobles, qui au commencement
d'Automne font affligez de certaines gelées trop hatives.

Revenons à ce coloris qui eft à fouhaiter à la plûpart
des Fruits , & difons qu'il s'imprime en peu de jours à ceux
qui ont été long tems couverts, comme il paroît aux Pêches , aux Abricots , & fur tout aux Pommes d'Apy. &c fi-
bien qu'on a grand tort , fi pouvant avec un peu de foin
faire un fi grand bien à ces fortes de Fruits , on manque ce_
pendant de le faire ; & même pour rendre ce coloris plus
vif & plus éclatant , il n'eft point mal à propos qu'avec
une maniere de feringue faite exprés, ayant plufieurs petits

trous à la pomme, comme on en fait à la pomme des arrofoirs, il n'eft, dis-je, point mal à propos, qu'avec de tels
arrofoirs on les arrofe, ou feringue deux ou trois fois le
jour, & cela pendant la grande ardeur du Soleil : un tel
arrofement attendrit la peau, & réuffit merveilleufement
bien pour un tel defsein, & fur tout en fait d'Abricots, &
de Pêches, & même il réuffit en fait de certaines Poires
de bon chrétien, de Virgoule, &c. qui demeurent un peu
blanchâtres, & qui par confequent ayant l'écorce fine font
fufceptibles de ce beau coloris qui leur fied fi bien.

CHAPITRE III.

De la maturité des Fruits, & de l'ordre que la nature y obferve.

ENfin les Fruits ayant atteint leur groffeur, & leur coloris, & le tems de leur maturité étant arrivé, il eft
queftion de profiter de ces riches préfens, dont la nature
nous regale ; c'eft une liberalité, ou plutôt une profufion
qu'elle nous fait tous les ans, comme fi elle prenoit plaifir
à recompenfer par là le foin & l'induftrie de l'habile Jardinier qui la cultive

Or dans chaque Fruit nous avons deux chofes à confiderer, la chair du fruit, & la femence du fruit, la chair
qui eft propre pour la nourriture des hommes & la femence, qui etant dans le cœur de ce fruit comme dans un
fourreau s'y perfectionne en même tems que la chair
acheve de meurir ; cette perfection de femence devant
apparemment fervir pour la multiplication de l'efpece de
ce Fruit, quoyque, & cela foit dit en pafsant, il arrive
fouvent que cette femence ne fert de rien.

Peut être pourroit on bien dire à l'occafion de cette femence de Fruit, que la nature fait, ce femble, dans les Ar-
brés à l'égard de ces fruits la même chofe à peu prés,
qu'elle fait dans les animaux à l'égard de leurs petits; perfonne n'ignore les emprefsemens extraordinaires, que les
animaux prennent de nourrir, de choyer, & de conferver
leurs petits, & cela jufqu'à un certain point, c'eft-à-dire
jufqu'à ce qu'ils ayent la perfection de la grandeur, & de

la force dont chacun a befoin , foit pour fubfifter de luy-
méme , foit pour travailler enfuite à perpetuer fon efpece
dans les temps que la nature leur prefcrit ; en forte que
jufques là ces animaux peres & meres ne fouffrent qu'avec
beaucoup de peine & de refiftance , & quelque fois méme
de furie & de cruauté qu'on touche feulement , encore
moins qu'on enleve leurs petits; mais quand les petits font
devenus grands , pour lors la nature cherchant d'un côté
à occuper fes peres & meres du font d'une nouvelle multiplication , & cherchant de l'autre à exciter ces enfans à
faire , pour ainfi dire , quelque figure dans leur condition ,
elle fait q e ces peres & meres ceffans de fournir à leurs
enfans , & la nourriture , & la protection , ils les abandon-
nent , de maniere que ces petits devenus grands font bande à part ; cherchent à fe nourrir eux mémes , & ne fe
trouvent plus à la compagnie des auteurs de leur eftre
que comme des étrangers indifferens.

Ainfi voyons-nous que les Arbres , qui font en effet les
peres des Fruits , prennent foin un temps durant de nourrir ces Fruits , & de les conferver , comme fi , pour ainfi dire , ils les allaitoient , & les couvoient , ou mironnoient de
leurs feüilles , & cela jufqu'à un certain point , c'eft-à-dire
jufqu'à ce qu'ils ayent atteint , & leur groffeur , & leur maturité : mais pour lors la nature voyant qu'ils font en état
non feulement de fe paffer du pere qui les a produits , mais
auffi en état de perpetuer , & multiplier leur efpece chacun
en particulier , elle fait que l'Arbre paroît ne s'en foucier
plus ; en effet n'eft il pas vray , que devant ce temps là il
femble que les Arbres retiennent avec plus de force &
de refiftance les fruits qu'on effaye de leur arracher , mais
qu'aprés cela ces fruits ne recevans plus le fecours accoûtumé , duquel conftamment ils n'ont plus que faire , & ainfi
ne tenans plus à l'Arbre par l'endroit qui les y atachoit , ils
fe détachent de pere & de mere , ils tomb nt ils font bande
à part , & enfin ils font abandonnez à eux-mémes ; &c.

A l'égard de la chair de ces Fruits , il faut fçavoir , que
le degré le plus prés de ce qu'on apelle leur pourriture ,
c'eft à dire leur deftruction , que ce degré , dis je , eft la
perfection de leur maturité , enforte qu'ils ne font parfaite.

ment bons à manger, que quand étant parfaitement
meurs ils font prêts à fe gâter; c'eft ainfi que la viande à
manger n'eft jamais fi bonne que quand elle eft plus mor-
tifiée, c'eft à dire plus prés de tourner à la corruption; &
partant fi le Jardinier n'eft foigneux de prendre les Fruits,
& de s'en fervir quand ils font tout à fait meurs, il court
rifque de les voir inutilement perir pour luy, les uns par
une pourriture qui commence d'abord en quelque partie
de leurs corps, comme à la plûpart des Pommes, les autres
par devenir premierement pâteux, comme aux Pêches,
quelques uns par molir premierement, comme à beaucoup
de Poires, c'eft-à-dire fur tout à celles qui font tendres &
beurrées, quelqu'autres auffi par devenir premierement
fecs & cotoneux, comme à la plûpart des Poires mufquées,
tout cela étant autant de chemins qui conduifent à la pourriture & à la deftruction. Que fi cela arrive, il femble que
l'homme ne puiffe éviter quelque plainte de la part de la
nature, pour luy reprocher, qu'il n'a pas fçû tirer avantage des liberalitez qu'elles luy avoit faites.

On pourroit bien demander icy ce que c'eft que maturité & comme quoy elle fe fait, deux queftions affez agréables, mais cependant peu utiles pour le Jardinier : à l'é-
gard de la définition de maturité, peut-être que vû la
grande proximité qui fe trouve entr'elle, & la corruption
on n'en fçauroit guéres donner une meilleure que de dire
que c'eft un commencement de corruption.

Veritablement il femble, que pour parler d'une chofe
qui paffe pour une perfection, il foit mal-féant de fe fervir
d'un terme qui marque un défaut, & qui pour ainfi dire
fait horreur & dégoût mais pour adoucir la fignification
de ce terme, il ne faut que dire, qu'il eft de plufieurs degrez de corruption, beaucoup de fruits fe corrompent, &
fe pourriffent fans avoir jamais été meurs, telle corruption eft un veritable défaut, qui n'eft accompagné d'aucune perfection; au contraire il y a d'autres fruits, qui ne
commencent à fe corrompre que du moment qu'ils ont atteint le dernier degré de la maturité parfaite, or telle corruption eft veritablement un défaut pour le fruit, mais elle
eft en même tems une perfection pour l'homme; ainfi

peut-on dire ; que le brin de bois qui devient cercle, reçoit un degré de corruption à son égard, puisqu'il cesse
d'avoir la figure que la nature luy avoit donnée, mais il est
perfectionné à l'égard de l'ouvrier qui le force à prendre
ce pli dont il a besoin pour un bon effet.

À l'égard de la maniere dont la maturité se fait, la difficulté est bien plus grande & plus embarrassante ; car quoique le Soleil luisant immediatement sur les Arbres paroisse l'unique Auteur de la maturité des fruits d'Esté par le
moyen de l'air qu'il a convenablement échauffé, cependant nous ne pouvons pas dire en general, qu'il soit aussi
l'unique & dernier Auteur de la maturité parfaite de tous
les fruits, puisque ceux qui ont été cüeillis sans être meurs,
achevent d'eux-mêmes de meurir dans la serre, où le Soleil ne luit plus immediatement sur eux.

Il est donc plus vrai semblable de dire, que le Soleil a
veritablement commencé la maturité aux fruits qui ont
resté sur l'Arbre jusqu'à un certain point de perfection,
faute de laquelle les fruits se rident & se gâtent, sans avoir
passé par les voyes d'une bonne maturité, & qu'aprés cela la plus grosse crudité ayant été ainsi consommée par la
chaleur du Soleil, comme tous les corps materiels sont
sujets à pourrir les uns plûtôt, les autres plus tard, une
partie des fruits de la serre parviennent enfin au periode
de leur durée, qui se trouve souvent le point d'une agreable maturité, une partie aussi trouve sa fin dans une pourriture precipitée, qui peut provenir, ou de trop de froid,
ou de trop de chaud, ou de trop d'humidité, &c.

On pourroit encore se réjoüir à demander, si les fruits,
qui sont le moins à meurir, ont plus de merite pour la santé de l'homme, que ceux dont la maturité est plus long-
tems à venir ; semblables questions se pourroient faire sur
ceux qui ont du parfum, ou ceux qui n'en ont point, sur
ceux qui sont à pepin, ou ceux qui sont à noyau, &c. Mais
sans m'amuser à telles galanteries, il me sied icy mieux,
comme il est plus utile pour mon dessein, de proceder à
l'instruction que nous tâchons de donner pour apprendre
à cüeillir les fruits à propos, que de perdre du tems à philo-
sopher ainsi hors de saison.

Il faut donc simplement tâcher de bien connoître cette maturité, & sçavoir que non seulement chaque espece
de fruits a un tems, ou une saison reglée pour sa maturité,
mais que même de chaque fruit en particulier dans sa saison les uns ont pour ainsi dire, environ une semaine à être
bons, & rien plus, comme les Rousselets, Beurré, Ber-
ga motte, Vertelongue, &c. Les autres seulement ont un
jour ou deux, & rien au delà, comme les Figues, les Cerises, la plûpart des Pêches, &c. Quelques-uns en ont
beaucoup davantage, comme les Raisins, les Pommes, &
presque tous les fruits d'hyver; une Pomme par exemple,
une Poire de bon Chrétien sera bonne à manger un mois,
& si semaines durant.

Il faut encore sçavoir, que chaque fruit à ses marques
particulieres de maturité, soit ceux qui meurissent sur
l'Arbre, soit ceux qui attendent à meurir quelque tems
aprés qu'on les a cüeillis.

Et quoy que le tems general de la maturité de chaque
espece soit assez de la connoissance, & s'il est permis de
parler ainsi de la competance des Jardiniers ordinaires,
car communément ils sçavent assés bien quels sont les fruits
d'Esté, quels les fruits d'Automne, & quels les fruits d'Hyver, &c. Cependant il est vray de dire, que les marques sin-
gulieres de la maturité de chaque fruit en particulier, pour
les prendre chacun à point nommé, c'est à dire dans le
tems précis de leur maturité, ces marques-là, dis je, sont
proprement le fait d'une honnête personne, qui s'y veut
donner un peu d'application, faute de quoy rien n'est plus
ordinaire que de voir servir, ou des fruits devant qu'ils
soient meurs, c'est-à dire devant qu'ils soient bons, ou des
fruits passez, c'est à dire trop meurs, & par conséquent
mauvais, & cela dans le tems qu'on en a sans doute, qui
ayans leur juste maturité, feroient bien le personnage
qu'ils ont envie de faire, & qui pour n'avoir pas été ap-
pellez à le faire quand il le falloit, ont eu le malheur de
perdre toute leur bonté, & par conséquent tout leur merite, & toute la consideration qui leur étoit dûë.

Il semble qu'il y ait peu de chose à dire sur le sujet de
cette maturité de fruits, & neanmoins l'extrême applica-

tion que j'y ay eu depuis long-tems, m'y en fait voir beaucoup, & ainſi comme toute la dépenſe, tous les ſoins, &
toute la peine qu'on a priſe pour faire venir des fruits, ſe
trouveroient fort inutiles, ſi étant venu à bout de nôtre deſſein nous ne ſçavions pas en faire le bon uſage que nous nous
ſommes propoſé, je crois que je ne dois pas oublier la moindre circonſtance, qui me paroîtra utile pour cet effet.

J'ay déja aſsez amplement expliqué dans le Traité du
choix & de la proportion des fruits, quels ſont les fruits
non ſeulement de chaque ſaiſon, mais même quels ſont
ceux de chaque mois, ſi bien que peut être ſeroit-il inutile, & même ennuyeux de le repeter icy ; il n'eſt preſentement queſtion que de bien expliquer cequi regarde le détail de la manière de ſervir chaque fruit, & rendre, s'il eſt poſſible tout le monde un peu plus éclairé pour la connoître,
qu'on ne l'a paru juſqu'à preſent.

Je veux ſur tout, que l'honneſte Jardinier ſoit ſi habile en
ce fait là, qu'il ne preſente jamais de ſes fruits, & ſur tout
de ceux qui ſont tendres & beurrés, ſoit Peſches, ſoit Figues, ſoit Prunes, ſoit Poires, qu'ils ne ſoient dans leur
juſte maturité, & que ceux à qui ils ſont preſentez puiſſent indifferemment prendre le premier venu avec certitude de bien rencontrer, ou au moins puiſſent choiſir des
yeux ſans être reduits à tâtonner beaucoup, c'eſt à dire à
les gâter, devant que d'en avoir trouvé quelqu'un qui ſoit
tel qu'ils le ſouhaitent.

Je pretens que ce tâtonnement, qui juſqu'à preſent peut
avoir eté pardonnable ou tolerable, ne le ſera plus d'orénavant qu'à ceux qui vivent au cabaret, ou qui ſont chez
des gens groſſiers, & peu curieux, ou chez des gens qui
n'ont que des fruits du marché : encore veux je que ces
tâtonneurs ne tâtonnent jamais qu'auprés de la queüe, &
que même ils tâtonnent doucement, & qu'ils s'en tiennent au premier fruit qui obeït à leur pouce, tant afin
qu'au moins il n'y ait qu'un ſeul endroit de marqué par le
tâtonnement (ce qui ſeroit enſuite un commencement de
pourriture) qu'afin qu'ils ſoient aſſûrez, que tout fruit
qui eſt meur auprés de la queüe, l'eſt ſuffiſamment par
tout ailleurs.

Un des défauts des plus confiderables que j'ay icy à combattre, eſt la precipitation que je vois en beaucoup de nos curieux, pour commencer de bonne heure à faire manger les fruits de chaque faifon ; & rien n'eſt fi ordinaire que de voir, que quand on a mal commencé, il arrive aprés cela, que pendant toute la faifon on n'en mange prefque plus que de mal conditionnez, parce que comme naturellement on veut continuer à manger des fruits, du moment qu'on a commencé de le faire, il arrive communement, qu'on fait à cuëillir la deuxiéme & la troifiéme fois les mêmes fautes qu'on a faites la premiere ; au lieu que fi on attend à commencer de manger ceux qui font de la faifon, qu'on en ait fuffifamment de mûrs à pouvoir donner, on a le plaifir de continuer enfuite à en manger toûjours de parfaitement bons.

Je veux donc d'abord exhorter les Jardiniers de ne commencer jamais à cuëillir, qu'il n'y ait une apparence bien vifible d'une heureufe continuation.

J'ay encore un autre grand défaut à combattre, qui eſt celuy de ces curieux, qui ne fervent prefque jamais de fruits que quand ils font paffez. Le nombre en eſt extrêmement grand la peur qu'ils ont de n'en avoir pas affez long tems, ou affez pour quelque occafion qu'ils prevoyent, ou plûtôt le peu de connoiffance qu'ils ont en ce fait de maturité caufe tout ce defordre ; je veux donc, fi je puis, remedier à ces deux défauts.

Mais premierement je ne puis m'empêcher d'admirer icy la providence de la nature, non feulement en ce qui regarde la fucceffion de la maturité que nous voyons à l'égard de chaque efpece de Fruits pour les faire meurir d'ordinaire, les uns dans une faifon, & les autres dans l'autre, mais auffi en ce qui regarde l'ordre de la fucceffion de maturité des Fruits de chaque Arbre en particulier, en forte qu'elle ne les conduit en maturité que les uns aprés les autres ; comme fi en effet elle vouloit que l'homme, pour la nourriture de qui elle paroît les avoir produits, eût le tems de les confommer tous fans en laiffer perir aucun : auffi eſt il vray qu'elle garde pour la fabrique, & l'épanoüiffement des fleurs aux Arbres & aux Plantes, qui

font

font du fruit , le même ordre que nous luy voyons garder
aux plantes, qui ne font fimplement que des fleurs , par
exemple aux Jacintes, Tubereufes, Oeillets, &c. dont les
boutons ne fleuriffent que les uns aprés les autres, pour ce
femble réjoüir plus long tems les fens de la creature hu-
maine.

En effet quoique chaque fleur d'Arbre ne foit d'ordinaire dans fa perfection que durant quatre ou cinq jours, cependant on voit chaque Arbre en fleur durant deux & trois
femaines tout de fuite , ce qui provient affurément de ce
que les fleurs n'ont été originairement formées, & enfuite
ouvertes que les unes aprés les autres ; les premieres faites
font les premieres à fleurir , comme les premieres fleuries
ont l'avantage de faire les fruits , qui font les premiers à
meurir ; auffi les fecondes & troifiémes fleurs , qui font comme autant de cadettes formées fucceffivement aprés les
aînées , & qui ce femble fe perfectionnent pendant que
celles.là regallent la vûë de l'homme , ces fecondes &
troifiémes fleurs , dis je,à l'imitation d'une famille bien reglée ne doivent avoir leur tour de fleurir & de fe faire voir
que quand les aînées ont achevé leur carriere ; fi bien que
ces aînées venans à fleurir pour faire les premiers fruits de
leur faifon , les cadettes entrent en lice pour faire des
fruits, qui feront les feconds & les troifiémes à meurir , &c.

Quoique dans chaque Arbre nous ayons remarqué de
l'ordre dans la fucceffion de maturité des fruits les uns à
l'égard des autres , nous ne voyons pas que ce même ordre
de fucceffion de maturité s'obferve pour les fruits d'un autre Arbre d'une certaine efpece à l'égard des fruits d'un
autre Arbre qui eft d'une autre certaine efpece , foit que
tous deux ayent fleuri en même tems,foit qu'ils ayent fleuri
l'un plûtôt, & l'autre plûtard,car par exemple tous les Pêchers fleuriffent en même tems , & cependant il eft des Pêches qui meuriffent vers la my-Aouft, & il en eft qui ne
meuriffent que vers la fin d'Octobre ; & pareillement les
autres fruitiers , foit Poiriers , foit Pommiers , foit Pruniers,
fleuriffent prefque tous dans un même mois, & ce n'eft
pas toûjours la premiere efpece à meurir celle qui a
été la premiere à fleurir , la nature en a difpofé autre-

Tome II.   C

ment, & je n'en fçaurois rendre de raifon : la Poire de Naples, par exemple, eft la premiere qui entre en fleur, & prefque la derniere qui entre en maturité.

Et partant, puifqu'il eft vray que les fruits meuriffent les uns aprés les autres, auffi eft il vray, que comme l'approche du Soleil eft annoncée par l'Aurore, ainfi la maturité des fruits eft elle annoncée par quelques marques particulieres, à la connoiffance defquelles je me fuis extrêmement étudié; je veux croire que je ferai plaifir à nos curieux de dire ce que j'en ay pû apprendre.

C'eft affurément une chofe affez difficile que de fçavoir à point nommé prendre la plûpart des fruits dans leur jufte maturité; rien n'eft fi ordinaire que de s'y tromper, comme nous avons dit, foit à les prendre trop tôt, foit à les prendre trop tard; il y en a même dont le point de maturité eft tellement paffager, comme au Beurré blanc, à la Poire-madelaine, ou Doyenné, à la Blanche d'Andilly, &c. que, pour ainfi dire, on a beau être ajufté, & à la fuft, on ne fçauroit prefque parvenir à prendre jufte ce point de maturité, tant il paffe vîte du moment qu'il eft arrivé; auffi ne fuis je pas d'avis qu'on fe charge beaucoup de ces fortes de fruits.

Comme rien n'eft plus agreable que de manger les fruits bien conditionnez; rien nel'eft moins que de les manger, ou quand ils font encore verds, ou quand ils font déja paffez; ce n'eft pas que felon moy ce dernier défaut ne foit moins fuportable que le premier, parce que tout fruit paffé, bien loin d'avoir aucun goût, eft d'ordinaire infipide & pâteux, au lieu qu'un fruit qui n'eft pas tout-à-fait affez meur, fi d'un côté il agaffe les dents, au moins de l'autre côté a-t-il fait fentir une partie de fon merite par fon goût relevé, & par fa chair à demy parfaite; bien des femmes fur tout en cela feront de mon avis.

De plus comme fur ce fait particulier de la maturité nous avons de deux fortes de fruits, les uns qui font bons du moment qu'on les cuëille, par exemple tous les fruits à noyau, quelques Poires d'Efté, & tous les fruits rouges, &c. il s'enfuit qu'il ne faut jamais cuëillir de ceux-là, qu'ils ne foient meurs, car pour le peu que leur maturité

puiſſe durer, ils ſe conſervent encore mieux, & plus long-
tems ſur le pied qu'ils ne ſe conſervent étant cuëillis; il
y a d'autres fruits, qui ne ſont bons que quelque tems
aprés, qu'ils on été cuëillis, par exemple la plûpart des
fruits à pepin qui ſont beurrés, & ſeurement tous les fruits
d'Automne & d'Hyver; il me ſemble, que voulant apprendre à ſe connoître en maturité de toute ſorte de fruits,
je dois commencer à parler icy de ceux qui ſont bons à
manger en les cuëillant, j'attendray à parler des autres
dans le Traité des ſerres ou fruiteries.

CHAPITRE IV.

De ce qui ſert à juger de la maturité & de la bonté des fruits.

TRois de nos ſens ont le don de juger des apparences
de la maturité des fruits, & ce ſont la vûë & le toucher, pour la plûpart, & l'odorat pour quelques-uns; je
dis ſeulement de juger des apparences, car le goût ſeul eſt
l'unique & veritable juge, qui a droit de juger ſolidement
& en dernier reſſort, tant de la maturité effective, que ſur
tout de la bonté; on ſçait aſſez, qu'il n'appartient pas à
tous les fruits d'être bons & agreables au goût, quoy qu'ils
ſoient actuellement meurs.

Quelquefois il ne faut qu'un ſens tout ſeul pour juger
ſeurement de l'aparence, & même de la verité; ainſi par
exemple il ne faut que l'œil pour tous les fruits rouges, &
pour le Raiſin, &c. il juge, & avec certitude, qu'une Ceriſe, une Fraize, une Framboiſe, une Azerolle, une grape de Raiſin rouge ou noir ſont meurs, quand les uns & les
autres ont par tout cette belle couleur qui leur eſt naturelle, & au contraire ſi quelque endroit en eſt depourvû,
l'œil juge par là, que c'eſt une marque infaillible, que tout
le reſte n'eſt pas encore dans ſa juſte maturité

Ainſi pareillement le toucher ſeul juge fort bien de la maturité apparente & effective des Poires tendres, ou Beurrées, telles qu'elles ſoient; ſi bien que les aveugles en
peuvent juger par le tact, tout de même que les plus clairs

voyans en jugent à les voir , & à les toucher.

Quelquefois il faut employer deux de nos sens , la vûë & le toucher , pour juger seulement de l'aparence de maturité , par exemple , aux Figues , aux Prunes , aux Pêches , & même aux Abricots ; car il ne suffit pas que sur l'Arbre une Pêche paroisse meure par le beau coloris qu'elle a rouge d'un côté , & jaunâtre de l'autre , pour pouvoir juger de là qu'elle est bonne à cuëillir , ny il ne suffit pas non plus aprés qu'elle est cuëillie , qu'outre ce beau coloris elle soit encore sans queuë , ce qui est quelquefois une assez bonne marque , car la queuë ne manque pas de tenir toûjours à ces sortes de fruits , jusqu'à ce qu'étant meurs il s'en détachent doucement , & la laissent attachée à l'Arbre ; mais comme cette queuë peut avoir été aprés coup arrachée de force , il s'en suit que d'être sans queuë à leur égard ce pourroit être une fausse marque de maturité.

Il ne suffit pas dis-je , de ces indices seuls en ces sortes de fruits , pour pouvoir à l'œil juger decisivement de leur maturité , il faut encore que la main s'en mêle , & qu'elle y donne son suffrage , non pas veritablement pour la tâtonner rudement sur l'Arbre (rien ne m'offense tant que ces tâtonneurs , qui pour en prendre une à leur gré en gâteront cent avec l'impression violente de leur mal habile pouce) mais la main s'en mêlera de la maniere que je l'expliqueray cy-aprés.

La main aussi s'en mêlera , si la Pêche est cuëillie , & qu'on ne sçache pas que ç'ait été par une main habile , mais ce ne sera que pour la tâtonner si peu que rien , & encore seulement , comme j'ay déja dit , auprés de l'endroit où étoit la queuë.

Que si c'est une Figue , soit cuëillie , soit non cuëillie , il est permis de la toucher doucement du bout du doigt , de maniere à peu prés que font les Chirurgiens , qui cherchent la veine pour saigner ; car si cette Figue , aprés avoir paru à l'œil d'une bonne couleur jaunâtre , d'une peau ridée & un peu déchirée , d'une tête panchée , d'un corps , pour ainsi dire , ratatiné & tout rapetissé , elle paroît bien moëleuse sous les doigts, & qu'étant encore sur l'Arbre elle vienne à quitter pour peu qu'on, la souleve, ou qu'on l'abaiſſe, en ce cas là on la peut hardiment cüeillir, ſans douté qu'elle eſt & meure & bonne; mais ſi avec toutes ces belles apparences, & tout ce myſtere elle ne quitte pas facilement, il la faut encore laiſſer pour quelques jours, elle n'eſt jamais aſſez bonne quand elle a reſiſté au cüeilleur.

Que ſi cette Figue ayant toutes les bonnes marques de maturité a été cüeillie par d'habiles Jardiniers, & qu'en ſuite elle ſoit ſervie, on peut hardiment, & ſans tâtonner rudement juger qu'elle eſt bonne à prendre & à manger.

Il faut dire la méme choſe de la Prune cüeillie; c'eſt à dire que ſi outre la fleur d'une belle couleur qu'elle doit avoir, & qui contente les yeux, & encore outre le moëleux que d'habiles doigts y ont aperçu ſans luy faire aucune violence, elle ſe trouve ſans queüe, & que méme elle ſoit un peu ridée & fanée de ce côté-là, il faut inferer de là qu'elle eſt parfaitement meure, & par conſequent bonne à prendre.

Que ſi cette Prune étant encore ſur l'Arbre avec ſon beau coloris pour les yeux, & le moëleux pour les doigts, on vient à la tirer ſi peu que rien, & qu'elle vienne à la main ſans ſa queüe, elle eſt ſans doute dans ſa maturité; mais ſi elle ne vient pas, c'eſt pour elle une marque ſemblable à ce que nous avons dit de la Figue.

Cette remarque ſur le fait de la queüe doit faire juger deux choſes, la premiere qu'à de certains Fruits elle doit quitter quand ils ſont meurs, par exemple à la Pêche, à la Prune, aux Fraizes, Framboiſes, &c. ſi bien qu'il ne faut jamais manger de ces ſortes de Fruits ſi la queüe y tient beaucoup; & la ſeconde choſe qui eſt à juger, eſt qu'à d'autres Fruits elle peut, & doit toûjours demeurer; quelques meures qu'ils ſoient, par exemple aux Figues, aux Ceriſes, aux Poires, aux Pommes, &c. en ſorte méme que la queüe y fait un agreable ornement, & que c'eſt une maniere de défaut, ſi elle n'y eſt pas.

A prés avoir fait voir qu'en quelques Fruits, par exemple aux Fruits rouges la vüe ſeule ſuffit pour juger de leur maturité & en d'autres, par exemple aux Poires tendres,

& Beurrées le toucher feul, & avoir montré enfuite qu'en quelques uns il faut employer la vûë & le toucher, par exemple aux Pefches, Prunes, Figues, &c. nous pouvons encore dire, qu'il y en a de certains où l'odorat peut eftre admis avec la vûë pour faire une bonne fonction de juge, par exemple en fait de melons, aprés avoir approuvé leur couleur, leur queuë & leur belle figure, & avoir examiné leur pefanteur, il n'eft pas inutile de les flairer devant que les entamer, pour pouvoir, à ce qu'on croit, juger plus certainement de leur maturité & de leur bonté; à propos de quoy je puis dire, que feurement ceux qui fentent le mieux ne font pas d'ordinaire les meilleurs; cette maxime n'eft que trop bien établie.

Mais enfin generalement parlant, tous les fignes que j'ay cy deffus expliqué pour la maturité, peuvent encore n'eftre pas certains & indubitables; ce font des fignes exterieurs qu'on pourroit appeller fignes de phifionomie, & par confequent trompeurs; il faut icy quelque chofe de plus, il faut, pour ainfi dire, des œuvres, il n'appartient, comme nous avons dit qu'au goût tout feul à decider fur cela; & s'il eft permis de parler ainfi, c'eft à luy feul à imprimer le fceau & le caractere du fouverain jugement, qui eft à prononcer, particulierement fur le fait de la bonté; car quelques favorables que foient les marques de dehors, fi la Prune, fi la Pefche, fi le Melon ne plaifent au goût, aprés avoir plû aux autres fens, comme cela arrive quelquefois, tous les preliminaires font inutiles; il faut donc fe rapporter de tout à ce goût, avec ce fcrupule pourtant qui me doit icy refter pour l'établiffement de la veritable bonté, qui eft que les goûts font tres differens entr'eux, & que ce qui eft bon au goût de l'un, eft fouvent mauvais au goût de l'autre: mais ce n'eft pas à moy à entrer dans cette difcution, l'ancienne maxime (*de guftibus*) me le défend, & ainfi je ne puis icy parler que du mien en particulier, & applaudir cependant à ceux qui ont la bonne fortune de trouver bon ce qui me paroît ne l'être pas; il feroit fort mal à propos à moy de vouloir entreprendre de les defabufer, car auffi bien feroit ce vrai-femblablement de la peine perduë.

CHAPITRE V.

Caufes de la maturité, plus ou moins avancée en toute forte
de Fruits.

LEs Fruits meuriffent plûtôt, ou plus tard, premierement felon que les mois d'Avril & de May font plus
ou moins chauds pour faire fleurir ou noüer.

En fecond lieu felon que ces fruits font à un bon Efpalier, ou à un bon abri, c'eft-à-dire expofé au Midy, ou au
Levant, & enfin particulierement felon qu'ils font dans
un climat chaud & une terre legere.

Toutes confiderations importantes pour la precocité
des Fruits; car fi les mois d'Avril & de May ont été
chauds, les Fruits ayant plûtôt noüé, regulierement auffi
meuriront-ils plûtôt, témoin la maturité des Melons; perfonne ne peut douter de cette verité, les Fruits étans pour
ainfi dire à l'égard de leur maturité, ce que font & la viande & le pain à l'egard de leur cuiffon, plûtôt ou plûtard
commencée.

Que fi ces Fruits étant noüez de bonne heure ils fe trouvent
cependant en plein air, ou fimplement prés de quelques
murailles expofées au Couchant, ou au Nord, &c. ils n'a-
vanceront guéres faute du fecours de la reflexion des chaleurs printanieres; ou fi avec toutes les bonnes conditions
d'une faifon affez chaude, & d'une heureufe expofition ils
font dans un climat froid, ou que même étans dans un climat temperé ils fe trouvent dans une terre groffiere (terre
naturellement froide) ils meuriront de quelques jours plus
tard que ceux qui auront toutes chofes à fouhait.

Par exemple en Languedoc & en Provence, qui font
des climats chauds, toutes fortes de Fruits y meuriffent
plûtôt que dans le voifinage de Paris; & à l'égard de ce
canton de Paris les Fruits meuriffent plûtôt dans l'enceinte de la Ville, & dans les Fauxbourgs Saint Antoine &
Saint Germain, & même à Vincennes, à Maifons, Carriere, &c. où les terres font legeres & chaudes, qu'ils

ne meuriſſent à Verſailles , où le terroir eſt froid & groſ-
ſier.

Tous ces lieux là ſont trop voiſins les uns des autres, pour
s'en devoir prendre au Soleil, de ce que les Fruits y meuriſſent ſi differemment , & de plus on ne peut pas dire de ſa
preſence immediate à l'égard de la maturité des Fruits, ce
qu'on dit de la preſence immediate du feu à l'égard de la
viande qu'il cuit ; car celuy cy cuit premierement les parties de dehors qui luy ſont les plus voiſines , devant que de
cuire celles de dedans qui luy ſont plus éloignées , au
lieu que le Soleil meurit premierement les parties du dedans , devant que de meurir les parties du dehors ; en effet c'eſt le dedans des Fruits qui meurit le premier , molit
le premier , & ſe gâte d'ordinaire le premier.

Et s'il m'eſt permis d'en rendre la raiſon qui me paroît
plauſible , je diray premierement que dans la maturité il
y a deux cauſes qui la font , l'une prochaine & immediate ,
& c'eſt l'air échauffé , l'autre mediate & éloignée , & c'eſt
le Soleil qui échauffe cet air ; la fonction du Soleil eſt donc
d'échauffer l'air autant que les vents le luy permettent, &
la fonction de l'air échauffée eſt de faire part de ſa chaleur
à la terre , & à toutes les Plantes ; cette terre échauffée
fait d'abord agir , & le principe de vie qui eſt voiſin de la
racine , & la racine même , laquelle par conſequent prepare de la ſeve tout auſſi tôt qu'elle eſt miſe en action, &
cette ſeve va en même temps faire ſon devoir dans toutes
les parties hautes où elle peut penetrer.

Je diray en ſecond lieu , que l'air de chaque climat eſt
vray ſemblablement compoſé ou au moins grandement
mêlé des vapeurs & des exhalaiſons qui ſortent de la terre
de ce climat, ſi bien qu'à mon ſens c'eſt ce qui fait dire,
que l'air d'un tel pays eſt bon , & l'air d'un autre tel Pays
eſt mauvais.

Je diray en troiſiéme lieu qu'il s'enſuit de là , que cet
air eſt plus au moins facile à échauffer , ſelon que la terre
d'où ſont ſorties telles vapeurs eſt plus ou moins froide &
materielle , car ces vapeurs tiennent tout à fait de la nature de cette terre , & partant que dans les terres legeres l'air étant plus aiſé à échauffer , parce qu'il eſt fait de
                                                    vapeurs

vapeurs plus subtiles, il échauffe par conséquent plûtôt,
& cette terre, & tout le corps de l'Arbre & de la Plante
qu'elle nourrit ; de là vient que c'est la racine plûtôt
échauffée en tel tems, & en telles terres, & par conséquent la séve plûtôt préparée, qui par dedans le Fruit font
les premiers degrez de maturité.

Il est donc vray de dire que l'air, selon qu'il est plus ou
moins grossier, il est aussi plus ou moins prompt à être
échauffé, & que selon ce plus ou ce moins de chaleur, il
avance la maturité, ou ne l'avance pas, comme il a avancé
la chaleur de la terre, ou ne l'a pas avancée.

Constamment donc la maturité plus ou moins avancée
dépend des conditions cy-dessus expliquées, en sorte
qu'absolument elles doivent s'y reconrrer toutes, c'est-à-
dire que les Fruits, pour meurir bien tôt, doivent avoir
été noüez de bonne heure ; ils doivent ensuite se trouver
à une bonne exposition, & dans un climat chaud, & une
terre legere.

CHAPITRE VI.

Marques particulieres de maturité en chaque sorte de Fruit, &
premierement en ceux d'Esté, qui achevent de meurir sur le pied.

D Ans l'ordre naturel de maturité des Fruits de chaque année, l'honneur de la primauté apartient sans
contredit aux Cerises précoces, & ensuite aux Fraises,
Framboises, Groseilles, &c. Les premieres commencent
d'ordinaire à paroître dans le mois de May, & cela un peu
plûtôt, ou un peu plus tard, selon qu'elles ont plus ou
moins favorables les conditions, dont nous venons de
parler : les Fraiziers en bon lieu commencent à fl urir dés
le my Avril, ou un peu devant, & en lieu froid ils ne
commencent qu'à la fin d'Avril, ou dans les premiers jours
de May ; & si heureusement pour lors il ne survient point
de ces petites gelées qui font sujettes à noircir, & gâter
ces premieres fleurs, on peut esperer des Fraizes meures
au bout d'un mois ; ainsi à l'égard des Cerises precoces

qui ont fleuri dés la my-Mars , on peut esperer d'en avoir à l'entrée de May , non pas d'entierement meures , mais seulement de demi-rouges ; elles servent avec cette demi-couleur , tout de même que si elles avoient une pleine maturité , la nouveauté faisant leur grand & unique merite , & particulierement vers les Dames ; car au bout du conte ce n'est pour lors qu'un petit manteau coloré qui couvre peu de chair aigre sur un gros noyau , aussi ont-elles grand besoin du secours du Confiseur pour achever d'acquerir un agréement que le Jardinier , ou pour mieux dire , le Soleil n'a pas eu le tems de leur procurer.

Les Arbres d'un climat un peu froid fleurissent veritablement presque aussi-tôt que ceux d'un climat un peu plus chaud , parce que l'ouverture de ces fleurs paroît se faire indépendamment de l'action des racines , témoin les branches qui fleurissent étant coupées (le seul effort de la rarefaction causée dans le bouton par la presence des premiers rayons du Soleil est capable de faire cet effet) mais pour la maturité de chaque Fruit elle ne se fait & ne s'achève , que premierement par un grand concours de l'operation des racines , qui ne sçauroient agir si la terre n'est tout de bon échauffée ; & en second lieu par un certain degré de chaleur qui doit se rencontrer dans l'air pour la perfection de ce chef d'œuvre ; or cette chaleur tant dans la terre que dans l'air ne peut regulierement venir que des rayons du Soleil ; j'ose dire pourtant que j'ay été assez heureux pour l'imiter en petit à l'égard de quelques petits Fruits ; j'en ay fait meurir cinq & six semaines devant le tems , par exemple des Fraizes à la fin de Mars , des Precoces & des Pois en Avril , des Figues en Juin , des Asperges & des Laituës pommées en Decembre , Janvier , &c. mais nous ne sçaurions trouver des facilitez à imiter cette chaleur en grand , pour faire meurir extraordinairement les gros Fruits des grands Arbres ; il semble que la nature nous ayant abandonné la terre pour en pouvoir échauffer quelque portion , & par le moyen d'une chaleur étrangere & empruntée , luy faire en dépit d'elle produire ce qu'il nous plaît , se soit cependant reservée comme un cas particulier le ressort universel de la

maturité des Fruits; c'eſt cette maturité, qui à nôtre égard
eſt l'accompliſſement & la perfection des productions de
la terre; ſi bien que ſans elles tous nos ſoins & toute nôtre
induſtrie ne nous produiſent d'ordinaire que quelques eſ-
perances la plûpart du tems trompeuſes & illuſoires.

J'ay dit cy-devant qu'on commence d'avoir quelques
Ceriſes precoces au mois de May; ces petits Fruits trouvent pour lors le champ libre, ils ſont ſeuls à paroître dans
nos Jardins, & à faire tout l'honneur des regales de la ſaiſon; ils n'y ſont traverſez d'aucuns autres Fruits juſqu'à la
fin du mois que ſe fait l'ouverture du grand Magazin des
autres Fruits rouges; ceux cy ſe mettent en poſſeſſion de
durer tout le mois de Juin, & juſques vers la my-Juillet;
car les Ceriſes precoces, qui ne paroiſſent guéres que dans
des pourcelaines, & en petite quantité, ſont ſuivies de prés
par les Fraizes avec cette differrence, que celles cy pour
rencherir par deſſus ces Ceriſes qui les ont procedées, ſe
produiſent avec un odeur charmante, & une abondance
infinie, c'eſt à-dire par pleins baſſins, & ne croiroient pas
faire leur devoir comme il faut, ſi elles venoient en auſſi
petit équipage que leurs devancieres.

De ces Fraizes il en eſt de rouges, & il en eſt de blanches, celles-cy ne ſont bien meures que quand elles ſont
devenuës jaunâtres; à l'égard des autres elles ne ſont bonnes que quand elles ſont parfaitement & univerſellement
rouges; mais ny les unes, ny les autres ne ſont de miſes,
que quand elles ſont d'une groſſeur conſiderable.

Je puis dire en paſſant que les premieres Fraizes meures, ſont auſſi celles qui ont fleury les premieres, & que
les premieres fleuries ſont celles qui ſont au bas de la tige,
& par conſequent les plus prés du corps de la plante, d'où
pour les avoir toûjours & plus belles, & plus groſſes, &
meilleures, je tireray quelque inſtruction dans le Traité
du Potager.

Or à ces Fraizes naturellement venuës, dont tant de
gens ſont charmez, il ſe mêle vers la my Juin des Framboiſes, tant rouges que blanches, des Groiſelles, tant
rouges que perlees, des Guignes & des Ceriſes; & de
celles-cy il en eſt d'un peu plus hâtives, qui ſont les moins

bonnes, d'autres plus tardives, qui en effet font , & plus
groffes, plus douces, & meilleures, foit pour la compote
& la confiture , foit pour être fervies cruës ; les Bigarreaux fe fourent auffi de la partie, & même les Griotes :
mais communement l'un & l'autre attendent, qu'à l'égard
ces autres fruits rouges la preffe foit un peu paffée ; ce n'eft
pas qu'ils ne puffent fort bien fe prefenter plûtôt , car en
verité ce font d'admirables Fruits que les Bigarreaux & les
Griotes : ceux-là font bons dés qu'ils font à demi-rouges ,
mais celles-cy n'ont leur perfection de maturité que quand
elles font prefque noires ; il eft pour l'ordre de la maturité
de tous ces derniers fruits la même chofe que nous avons
dite pour les Fraizes ; ce qui a été en chaque Arbre le premier à fleurir , eft auffi le premier à venir en maturité.

Voilà le mois de Juin fourni, on l'appelle le mois des
Fruits rouges, & on a raifon : car de quelque côté qu'on
fe tourne on ne voit en effet que de ces fortes de fruits ;
nous avons dit que les marques de leur maturité c'eft cette couleur rouge qui les envelope par tout ; elle commence
d'ordinaire par l'endroit qui eft le plus immediatement
vû du Soleil, & qui eft auffi le premier meur ; enfin petit
à petit cette couleur acheve de fe répandre par tout ; &
quand ce rouge vif vient à s'y charger d'un peu de rouge
obfcur , à la referve des Griotes , c'eft pour lors que la corruption commence à s'y déclarer.

Parmy les Fruits rouges ceux qui font à noyau , quelques
meurs qu'ils foient, ils ne fe détachent pas pour cela d'eux-
mêmes de la branche qui les a faits, comme font tous les
autres fruits ; ils s'y fanent , & s'y féchent plûtôt que de
tomber , il faut , pour ainfi dire , les en arracher , & même
avec quelque forte de petite violence.

Toutes ces fortes de fruits rouges feroient feuls pendant
tout le mois de Juin à remplir le theatre de la maturité des
fruits de la faifon , fi quelques Efpaliers du midy en terres
chaudes & fablonneufes ne commençoient à produire fur
la fin de Juin des Poires de petit mufcat , & des avant-Pêches mufquées.

Ces petites Poires ont une grande bonté, fi on leur donne
le tems de meurir : les premieres marques de leur matu-

riré se montrent en elles comme en toutes les autres Poires
de chaque saison, c'est à dire auprés de la queuë; il faut
qu'à cet endroit là il paroisse quelque petite jaunisse, qui
soit en quelque façon transparente, & qu'ensuite pour
marquer pleine maturité, cette jaunisse se fasse un peu remarquer au travers d'un certain roux gris, & d'un certain
rouge qui occupe le reste de la peau, & qu'enfin elles commencent à tomber d'elles-mêmes sans aucune violence
exterieure, pour lors il est bon de les cuëillir, & en même
temps de les manger. J'ay assez dit dans le chois des fruits
ce qu'il me semble de la bonté de cette Poire.

Quand on ne se donne pas le temps d'examiner ainsi le
voisinage de la queuë des Poires pour juger de leur maturité, il faut, comme je viens de dire, que nous en jugions
par la chute volontaire de ces sortes de Poires; & pour cet
effet, il faut que les vers ne s'en mêlent pas, & qu'elles ne
soient venuës, ny sur un Arbre qui soit universellement
malade, ny sur une branche qui le soit en particulier; les
Poires verreuses sont les premieres à tomber & à paroître
meures sans l'être veritablement; leur défaut n'est pas
trop caché, il paroît d'ordinaire au milieu de l'œil de la
Poire, & cela estant il n'en faut faire nul cas pour estre de
bons fruits.

Ainsi toutes sortes de fruits, tant à noyau qu'à pepin,
meurissent plûtôt sur des Arbres malades, que ne font pas
ceux des Arbres bien sains; mais icy il ne faut pas se tromper à la grosseur, car il arrive quelquefois, & sur tout en
fait de Pêchers, que les fruits de ces Arbres languissans
sont plus gros que ceux des Arbres vigoureux; & pour
lors on doit sçavoir, que telle grosseur n'est, pour ainsi dire, qu'une bouffissure, ou une espece d'hydropisie, qui fait
que dans la chair de tels fruits, qui sont plus gros qu'ils ne
devroient, il ne s'y trouve rien qui ne soit ou insipide, ou
amer, & enfin dégoûtant.

Nous devons dire des Pêches tombées le contraire de
ce que nous venons de dire des Poires tombées; car toutes Pêches qui d'elles mêmes tombent ou se détachent,
sont d'ordinaire passées, & par consequent mauvaises; si-
bien qu'il ne faut gueres jamais les presenter pour bonnes,

quand même elle ne feroient pas meurtries de leur chute,
comme il arrive d'ordinaire

Mais cette regle ne s'étend communément, ny aux Pêches de petite espece, ny sur tout aux violettes hâtives &
tardives, ny aux Pavies; ces sortes de fruits, qui presque
jamais ne sçauroient étre trop meurs, sont d'ordinaire
tres bons quand ils sont tomb z; ainsi leur chute quand
elle n'est pas forcée est une bonne marque de leur maturité aussi bien que leur bonté.

La méme chose se doit dire de la plûpart des Prunes,
puisque regulierement on secoüe les Pruniers pour avoir
de bonnes Prunes; veritablement cette maniere est plus
pour les communes, que pour le Perdrigon, Rochecourbon, & autres principales Prunes, dont une des meilleures qualitez consiste à avoir ce beau teint fleury, qui exci-
te l'apetit des plus moderés; or une chute violente, aussi-
bien que d'étre trop maniés, gâte cette fleur, qu'il faut
soigneusement conserver; c'est pourquoy les veritables
curieux ne les touche jamais que de l'extremité de deux
doigts.

Revenons à nos avant-Pêches, & disons que la premiere partie qui meurit en elles aussi bien qu'à tous les autres
fruits, Poires, Pêches, Prunes, Abricots, Melons, &c.
c'est ce qui est d'ordinaire en dedans, c'est à dire ce qui
est le plus prés du noyau, & d'ailleurs ce qui à leur égard
paroît aux yeux le premier meur: c'est tout le contraire
de ce que nous avons dit des Poires, car icy tant s'en faut
que ce soit le voisinage de la queuë qui meurisse le premier, c'est d'ordinaire l'extremité qui est opposée à la
queuë, par ce que c'est cette partie qui est la plûtôt & la
plus long tems regardée du Soleil; bien entendu, que
quand ses rayons ne donnent sur aucun endroit de ces
avant-Pêches; il semble que par la chaleur qui regne dans
tout l'air, elles meurissent également par tout.

Nous commençons à juger de l'approche de leur maturité quand nous voyons qu'elles se mettent à grossir notablement (ce qu'on appelle prendre chair) & c'est en
même tems que non seulement leur verd vient à blanchir beaucoup, mais aussi une partie de leur poil vient à

tomber, & malheureusement pour ces pauvres petits fruits,
ou plûtôt pour les goûts delicats & connoisseurs, on prend
pour ainsi dire, au pied levé ces premieres apparances de
maturité ; comme si en effet c'étoit une bonne maturité ;
on les cüeille, qu'elles sont encore aussi dures que des
pierres, au lieu d'attendre qu'elles soient moëleuses,
comme elles le devroient être ; aussi hors quelques-unes
des premieres qu'on produit assez mal-à-propos, la plûpart
passent par le feu devant que de paroître sur les tables.

Je ne veux pas oublier d'avertir icy, que toute Pêche
qui ne prend pas la grosseur que son espece requiert,
tombe d'ordinaire devant que de venir en maturité, ou
si elle parvient à faire semblant de meurir, elle demeure avec une peau velüe, une chair verte, une eau amé-
re, un noyau plus gros que celles qui ont pris davantage
de chair.

Je ne veux pas non plus oublier de dire, que comme peu
de temps aprés que les fruits ont noüé, il en tombe d'ordinaire une assez grande quantité, aussi arrive-t-il souvent
que le temps de la maturité des fruits approchant, il en
tombe un assez bon nombre, & cela se fait quinze jours
ou trois semaines devant cette maturité, comme si l'Arbre
se sentoit de luy même trop chargé, & comme s'il vouloit
nous annoncer par là, que le bon tems va venir, ainsi
pour lors on voit communement assez de gros fruits tomber, dont ceux qui restent n'en sont que plus beaux &
meilleurs ; & comme nous avons dit, ils s'en seroient de
beaucoup mieux trouvez, si le Jardinier avoit fait ce que
le temps vient de faire.

On est ravi de voir dés la fin de Juin ces premieres avant-
Pêches meures, & d'en avoir assez long-temps, comme on
le peut si on en a plusieurs Arbres en differentes expositions, elles sont merveilleusement bonnes quand elles sont
bien conditionnées, tant pour la grosseur que pour la maturité ; mais assez souvent on a le déplaisir d'attendre ensuite jusques vers la fin de Juillet, pour voir les premieres
Pêches qui leur succedent, & ce sont celles qu'on appelle
Pêches de Troye, Pêches, qui pourveu qu'elles soient bien
meures charment tout le monde, tant elles ont la chair

fine, l'eau parfumée, & le goût delicieux : ce qui annonce, ou declare leur maturité, c'eſt ainſi qu'aux autres fruits, premierement une augmentation nouvelle de groſſeur : en ſecond lieu un beau coloris rouge du côté du Soleil, & un clair jaunâtre tranſparent aux autres endroits : en troiſieme lieu une peau fine qui au toucher paroit douce, moëleuſe, & pour ainſi dire ſatinée ; que ſi une de ces marques luy manque, on peut dire avec vérité qu'on luy a fait tort de la cueillir ſi tôt, n'étant pas en effet meure ſuffiſamment.

On la traite aſſez ſouvent auſſi mal que les avant-Pêches, & même que toutes les autres Pêches à l'entrée de leur maturité, c'eſt à dire qu'on les cuëille ſur les moindres indices, ſans attendre qu'elles ayent atteint le degré de bonté, qu'elles n'ont jamais que quand elles ſont entierement meures ; tel défaut provenant, ou de l'ignorance & friandiſe de celuy qui cuëille par envie de manger, ou de la ſimple avidité du gain dans le cœur, & dans les yeux de celuy qui ſe preſſe de les porter vendre.

Le mois de Juillet donne encore avec les Pêches de Troye beaucoup d'autres ſortes de fruits, mais le mois d'Aouſt l'emporte ſur luy pour l'abondance, car non ſeulement on voit une infinité de prunes, mais auſſi grand nombre de fruits à pepin ; parmy ceux-cy regnent les Cuiſſe-madame, les Gros blanquet, les Sins peau, les Eſpargne, les Oranges, les Bon Chrêtien d'Eſté, les Caſſolettes, les Robine, les Rouſſelets, &c. dont la maturité ſe connoît, ſoit à leur chûte volontaire, ſoit au peu de reſiſtance qu'on trouve en les cuëillant, ſoit enfin à un coloris jaune qui ſe découvre dans leur peau, & ſur tout aux environs de la quëüe, parmy les Prunes on conte les Perdrigon, les Mirabelle, Imperiale, Sainte-Catherine, Rochecourbon, Reine claude, Prunes d'Abricot, &c. à ces Prunes ſe joignent vers la mi-Août quelques belles Pêches, ſçavoir premierement les deux Madelénes, la blanche & la rouge, les Mignonne, les Bourdin, les Roſſane, &c. & celles là ſont groſſes ; ſçavoir en ſecond lieu les Alberges, tant la rouge & la jaune, les Peſches ceriſes, l'une à chair blanche, l'autre à chair jaune, &c. il n'y a point d'autre marque particuliere de la

maturité

maturité de toutes ces fortes de Pêches, & des autres qui
viendront enfuite, que celles dont j'ay cy-devant parlé
pour les avant-Pêches, & Pêches de Troye, & ce font la
grofleur raifonnable, le coloris rouge & jaunâtre fans aucun mélange de verd, & fur tout la facilité à les détacher,
pour peu qu'une main adroite les baifle ou les foûleve, ou
les tire; tous ces fruits-là font bons à manger en les cuëillant, & ne demandent point la ferre, tout au moins
pour achever de meurir, car les Pêches ne meuriffent
point hors de l'Arbre qui les a produites, & ainfi il ne fert
de rien de les cuëillir devant qu'elles ayent leur maturité
parfaite; mais comme j'ay dit ailleurs, un jour ou deux de
repos dans la ferre, bien loin de leur faire aucun tort, leur
y procure un certain frais qui leur fied merveilleufement
bien, & qu'ils ne fçauroient acquerir pendant qu'ils tiennent à leurs Arbres.

Le mois de Septembre eft fameux pour la foule des principales Pêches, les Chevreufes, Violettes hâtives, Perfi-
que, Admirable, Pourprée, Bellegarde, Blanche-dan-
dilly, & de plus les Brugnons, Pavies-blancs, &c. Il y a
même quelques Pommes de Calville d'Efté, & quelques
fortes de bonnes Poires qui font icy compagnie à ces Pêches, & fe peuvent manger dés le Jardin, fçavoir les Fondantes de Brefle, les Orange brune, &c. Tout au moins
fe gardent elles peu, les Poires moliffent, & les Pommes
cottonnent, mais à dire le vray un peu de ferre commence
auffi d'être neceffaire à ces fruits à pepin, & ce fera le pouce un peu appuyé prés de la queuë qui fera juger de leur
maturité, s'il enfonce un petit.

Le mois d'Octobre a fuffifamment encore de quoy fe faire valoir par les dernieres Pêches admirables venuës en
plein air, ou au couchant, par les Nivet, & Violettes tardives, & même par les gros Pavies rouges & jaunes, fans
oublier les belles jaunes tardives, & tout cela venu aux
bonnes expofitions, les Beurré, Vertelongue, Doyenné,
Lanfac, Sucrever, Bergamotte, Poires de Vigne, Meffire-
Jean, &c. commencent icy à fe fignaler, mais ce n'eft qu'a-
prés avoir fait quelque féjour dans les ferres; nous en parlerons plus particulierement quand nous ferons le Traité

de ces ferres, & en attendant cela il est à propos de parler des moyens de conserver & transporter sains & sauves
les fruits tendres dont nous venons de parler.

CHAPITRE VII.

De la situation qu'il faut donner aux fruits cueillis, pour les
conserver quelque tems.

POur achever ce que j'ay commencé, il ne me reste plus
qu'à parler des moyens de conserver autant qu'on peut
les bons fruits au sortir de l'Arbre, & de parler enfin des
moyens de les transporter, s'il en est besoin ; à l'égard de la
conservation j'entens particulierement ceux qu'on ne cüeille que dans leur juste maturité, & ceux qui etant extrémement tendre & delicats ont achevé de l'acquerir hors du
Jardin, les uns & les autres perdans infiniment de leur lustre
& de leur agrément, s'ils viennent à être meurtris ou déf-
fleuris, écorchez ou tachez de marques noires ; tels sont les
Figues & les Pêches avec leur beau coloris, & leur chair si
fine ; telles sont les Prunes avec la belle fleur de leur teint,
& les Poires beurrées qui sont tout-à-fait meures ; il n'est
point icy question des autres fruits, qui ne sont, ny si precieux, comme les Cerises, Griottes, Bigarreaux, &c. ny
si faciles à se gâter, comme les Melons, les Pavies, les Poires
dures & cassantes, les Poires à cuire, toutes les Pommes &c.

Je suppose, que chaque Figue, & chaque Pêche, &
chaque Prune ayent été cüeillies avec toutes les precau-
tions que j'ay cy devant remarquées, en sorte qu'en les
détachant de l'Arbre rien ne manque à leur perfection ;
je suppose encore qu'en les cüeillant, on les ait mises par
exemple dans une Corbeille garnie de quelques feüilles
tendres & delicates, comme feüilles de vigne, &c. & qu'on
les ait placées chacune separément de l'autre sans qu'elles se pressent sur les côtez, ou qu'elles soient les unes sur
les autres. La pesanteur de celles-de dessus est capable de
meurtrir celles de dessous, & cela particulierement en fait
de Pêches & de Figues, car pour les Prunes elles ne sont

pas affés lourdes pour fe bleffer les unes & les autres.

Or pour conferver quelques jours, c'eft à-dire deux ou trois, ces fortes de fruits, & fur tout les Pêches, il les faut mettre dans un cabinet, ou dans une ferre qui foit feiche, propre garnie d'ais, ayant toûjours les fenêtres ouvertes, à moins que ce ne foit dans le grand froid : j'expliqueray cy-aprés les conditions d'une bonne ferre ; il faut que fur ces ais ont ait mis l'épaiffeur d'un bon travers de doigt de mouffe qui leur ferve, pour ainfi dire, d'une maniere de matelas, prenant garde que cette mouffe foit feiche, & n'ait aucune mauvaife odeur ; cela étant, chaque Pêche ainfi placée fur la mouffe fe fait fa niche elle-méme, en forte qu'elle ne touche rien de dur dans fa place, & qu'elle ne preffe, n'y n'eft preffée d'aucune de fes voifines ; j'ofe dire qu'il en eft des Pêches comme des Melons, un jour aprés qu'on les a cüeillies, & qu'elles fe font, comme on dit, mitonnées loin du Soleil, elles font meilleures qu'elles ne font pas à les manger dans l'inftant qu'on les cüeille & qu'elles font encore toutes tiedes ; or quoy qu'elles craignent extrémement d'étre fouvent touchées, auffi bien dans la ferre que fur l'Arbre cependant pourvû que ce foit une main adroite qui les touche, elles n'en reçoivent aucune mauvaife impreffion ; c'eft pourquoy pendant que ces Pêches font dans la ferre, il les faut foigneufement vifiter une fois le jour, pour voir s'il n'y paroît aucune marque de pourriture, & ôter à l'inftant toutes celles qui paroiffent en avoir, ou autrement leur voifinage en gâte d'autres.

Il eft important de bien placer les fruits dans la ferre, ceux qui n'ont point ces fortes d'égards en perdent beaucoup par leur faute ; la bonne fituation des Pêches, eft d'étre placées, non feulement fur la mouffe, mais que ce foit fur l'endroit de leur queuë, les autres fituations les meurtriffent ; celle des Figues eft d'étre couchées fur le côté ; rien ne leur eft fi contraire que d'étre placées fur l'œil, parce qu'elles fe vuident par là de ce qu'elles ont de meilleur jus, à l'égard des Prunes, comme ce font des corps d'une mediocre pefanteur, toute forte de fituation leur eft indifferemment bonne, auffi-bien qu'aux Cerifes.

La bonne situation des Poires, dont la figure est Piramidale, est d'y être sur l'œil, & d'avoir la queuë en haut ;
celles des Pommes, dont la figure fait presque un cube parfait, est indifferente, soit sur l'œil, soit sur la queuë, qui
regulierement est fort courte ; ces deux sortes de fruits se
conservent assez bien sur le bois tout nud, & souffrent même d'y être pour un tems les unes sur les autres au sortir du
Jardin & jusqu'à ce qu'elles approchent de leur maturité ;
je ne leur veux sur tout aucun lit, ny aucune couverture de
foin ou de paille, à cause de la mauvaise odeur qu'ils en
prennent pour l'ordinaire ; à l'égard du Raisin rien ne luy
est si avantageux que d'être pendu en l'air attaché par un
fil, soit à quelque cerceau suspendu, soit à des clous attachez aux solives, & cependant il n'est pas mal sur de la paille, bien entendu que pour en conserver jusqu'en Février,
Mars & Avril, il le faut avoir cuëilli devant qu'il ait acquis
une parfaite maturité, autrement il pourrit trop vîte,
bien entendu cependant que de deux ou trois jours l'un
il faut soigneusement éplucher les grains pourris.

La destinée de toutes sortes de Pommes les conduit volontiers jusqu'au mois de Mars, & en conduit quelques-
unes jusqu'en May & Juin, par exemple les Reynettes,
Apis, Pommeroses, Francatu, &c. prenant garde que
la marque de leur grande maturité est d'ordinaire d'être
un peu ridées, à la reserve des Pommes d'Api, & des Pom-
mes-roses qui ne se rident jamais ; on connoît qu'elles sont
meures, quand tout le verd qui paroissoit à la peau s'est
changé en jaune.

La destinée des Poires pour la durée est extrêmement
partagée ; celles qui vont le plus loin, sont les Bon-chré-
tien, le Saint Lezin, les Martin-sec, les Martin-sire, les
Poires à cuire, & sur tout les Double-fleurs, & quelques
Franc-real, &c. J'en parleray plus amplement dans le
Traité des serres.

Nous avons marqué ailleurs, qu'elles sont pour l'ordinaire les Poires de chaque mois, & ainsi il n'est pas necessaire de le repeter icy ; les fruits rouges sont peu de tems à
durer après qu'ils sont cuëillis, les Fraises, & Framboises
n'ont guéres qu'une journée, les Cerises, Griotes, Biga-

reaux, Groiselles en ont peut-être une de plus ; les bons fruits pour être servis proprement fur table demandent la même situation qu'on leur donne dans la ferre, à la refer-ve des Poires, qui demandent en cela quelque cimetrie agreable pour la construction des piramides.

Avec les précautions cy-devant remarquées, on confer-ve aifément, & fans aucun embaras les fruits autant qu'ils le peuvent être ; il n'y a que les groffes gelées d'Hyver qui foient fort redoutables, parce qu'elles peuvent penetrer dans la ferre, & donner atteinte aux fruits, or un fruit une fois gelé ne conferve plus aucune bonté, & tourne auffi-tôt en pourriture ; ceux qui n'ont point de ferre faite ex-prés avec tous les égards neceffaires, tels qu'ils font ex-pliquez-cy aprés, & qui n'ont par exemple qu'un cabinet, ou quelque chambre à l'ordinaire, courent grand rifque de perdre tous leurs fruits dans les tems fâcheux, s'ils n'ont un extrême foin de les couvrir amplement avec de bonnes couvertures de lit, ou les mettre même entre deux matelats, ou les porter dans quelque cave jufqu'à ce que le peril foit paffé, & pour lors on fort ces pauvres prifon-niers de leurs cachots, pour les remettre en liberté dans leur place ordinaire.

CHAPITRE VIII.

Du tranfport des Fruits.

LA difficulté dont il eft icy queftion ne regarde, ny tou-tes les Poires quand elles font nouvellement cuëillies, ny les Poires dures & caffantes, quoique meures, pourvû que fi c'eft des Bon-chrétien d'Hyver, chaque Poire por-te une envelope de papier, cette difficulté ne regarde non plus les Pommes telles qu'elles foient, ces fortes de fruits quoique mis pêle mêle dans des hottes, ou des paniers, ou autres vaiffeaux fouffrent aifément, & fans fe gâter la voiture du cheval & de la charete : il n'en eft pas de même des Poires tendres & Beurrées quand elles font meures, ou comme on dit en certaines Provinces, quand elles

font faites, elles sont à cet égard de la condition des Figues, des Pêches, &c. leur naturel delicat & doüillet
demande qu'on les traite d'une maniere douce, delicate
& doüi'lette, comme si c'étoit, pour ainsi dire de belles
jeunes demoiselles, autrement l'agitation d'une voiture
rude les meurtrit, ou les noircit, c'est à dire en un mot
qu'elle leur ôte la principale partie de leur beauté, &
même beaucoup de leur bonté.

Ce prelude nous conduit insensiblement à établir que
les Pêches, les Figues, les Fraizes, les Griotes, &c. pour
être transportées d'un lieu à l'autre demandent, soit la voiture d'eau, soit les bras ou le dos d'un Porteur qui aille
rondement, & sans agiter violemment son corps en mar-
chant, & que sur tout si ce sont des Pêches, qu'elles soient
placées sur l'endroit de la queuë, & qu'elles ne se touchent
point l'une l'autre ; mais qu'elles soient premierement sur
un lit de mousse, ou de feüilles tendres assez épais, & en
second lieu, qu'elles soient envelopées chacune d'une
feüille de Vigne, & si bien rangées qu'elles ne puissent
branler de leur place, & enfin que si on en veut mettre plusieurs lits les uns sur les autres, il y ait entre deux une bonne separation de mousse, ou d'une raisonnable quantité des feüilles ; le dernier lit sera pareillement assez bien
couvert de feüilles, & le tout envelopé d'un linge bien
attaché, qui tienne en état tout le contenu de la hote
ou du panier ; le plus sûr seroit de faire pour les Pêches
ce que je m'en vay dire pour les Figues, mais il y a en cela un inconvenient, qui est par ce moyen on n'en peut
guéres porter chaque fois ; si ce sont des Figues, il faut
avoir des Corbeilles plates qui n'ayent qu'environ deux
pouces de profondeur, on mettra dans le fond de ces Corbeilles un lit de feüilles de Vigne, & on rangera ces Figues sur le côté chacune envelopée d'une semblable
feüille, prenant soin de les y ranger si proprement l'une
auprés de l'autre, que le mouvement du transport ne les
puisse point ebranler de leur place, avec cette precaution
de n'en mettre jamais deux l'une dessus l'autre, mais ce
premier & unique lit étant fait on le couvrira de feüilles,
& ensuite d'une feüille de papier bien proprement rebor-

dée tout autour de la corbeille , & encore arrêtée par une
ligature de petite fiſſelle , en ſorte que ce fruit ſoit dans
ſa corbeille hors de tout peril d'en ſortir par une agitation
mediocre.

Les bonnes Prunes étant rangées les unes ſur les autres
ſans façon , ſoit dans un cuëilloir , ſoit dans une corbeille ,
ou autre panier , en ſorte que le fond ſoit bien garni de
feüilles,ou d'orties, on couvrira tout le deſſus avec d'autres
orties , auſquelles on aura ôté tout le gros coton , & cela
fait on envelopera le tout avec du linge, ou quelque feüille
de papier , qui outre cela ſoit lié de quelque petite fiſſelle.

Les Prunes ordinaires ſe tranſportent dans de grandes
mannes ou paniers , ſans autre façon que de mettre deſſus , deſſous , & à côté quelques feüilles.

On envoye des Prunes d'Abricot de Tours à Paris par
les chevaux des Meſſagers avec une bien plus grande précaution , car on les met dans des boëtes pleines d'hoüate ,
& chacune envelopée encore ſeparément de hoüate , mais
cet expedient eſt cher , & n'en fait guéres venir tout
d'un coup.

Les Fraizes étant pareillement rangées en façon de
dos de bahu dans des paniers fait exprés , & garnis de
feüilles dans le fond , & tout autour, on ſe contente de
les couvrir d'un petit linge fin moüillé, & on en porte comme cela pluſieurs dans des paniers , ou dans des évantai-
res couverts de quelque grand linge ſuivant la grandeur
de ces paniers.

On tranſporte le Raiſin , ſoit Muſcat , ſoit Chaſſelas ,
ſoit Corinthe de la même façon à peu prés que j'ay cy-deſſus marqué pour les Pêches , ou même avec moins de precaution : car il n'eſt pas trop neceſſaire de ſeparer de feüilles chaque lit en particulier.

On envoye quelquefois du Muſcat dans des Provinces
fort éloignées , & on les met dans des Caiſſes pleines de
ſon , & portées par des Chevaux ou des Mulets, en ſorte
que les grapes ne ſe touchent point l'une l'autre , mais
c'eſt une dépenſe , qui ne ſe fait que pour des Rois , ou de
fort grands Seigneurs.

Pour le tranſport de nos principaux fruits, quand il n'eſt

queſtion que de les envoyer à une journée au plus , je me
ſers volontiers de certaines hottes quarrées, diviſées en dedans par pluſieurs étages , qui ſont éloignées l'un de l'autre autant qu'il le faut pour ranger nos Corbeilles pleines
de fruit ; ces hottes ſont ou d'ozier bien ſerré , & cela étant
il n'y faut point d'autre envelope pour les garentir de la
poudre des chemins, ou d'ozier à claire voye , & cela étant
il leur faut une envelope de toile cirée , & de plus ces hottes s'ouvrent, ou par dehors en forme d'un petit Armoire,
ou par deſſus , & cela étant on commence à garnir l'étage
du fond tout le premier , on abat enſuite un petit couvercle , qui en même tems ſert de clôture pour ce premier
étage , & de fond ou planché pour le ſecond , & ainſi juſqu'au dernier d'en haut ; on y met quand on veut une petite ſerrure , ſur laquelle on a fait faire deux clefs , l'une de-
meurant à ceux à qui les fruits ſont envoyez , & l'autre à
celuy qui les envoye , moyennant quoy les fruits font leur
voyage en toute ſûreté.

CHAPITRE IX.

Des Serres, ou Fruiteries.

SI dans la ſaiſon que les Potagers charment le plus
par la verdure & par la propreté qui les embelliſſent ,
il eſt cependant vray de dire que ce ſont les Fruits qui en
font la principale beauté ; de quel avantage , ou plûtôt de
quelle conſolation ne doivent point être ces fruits , quand
au fort d'un Hyver triſte & melancolique on s'en trouve
une aſſez honnête proviſion , & qu'on s'en trouve même
de beaucoup meilleur que ceux que l'Eſté a fourni ; il n'en
faut pas faire les fins , les fruits ſont ſans doute une des plus
fortes paſſions de tous tant que nous ſommes , qui croyons
volontiers, que comme ils ſont delicieux au goût, auſſi
ſont-ils utiles à la ſanté ; les Medecins qui nous doivent
donner des regles contre les infirmitez , bien loin de
combattre cette opinion, l'établiſſe comme infaillible ,
& ſouvent ordonnent l'uſage des fruits comme des remedes

des souverains ; de là vient que, pour ainsi dire, c'est aujourd'huy la mode d'être curieux de fruits, & que tant de braves gens se font honneur de marquer de l'empressement à élever, la nature prend, ce semble plaisir à favoriser cette curiosité, elle produit tous les ans grande abondance de fruits, nous n'en avons que trop l'Esté ; l'Automne en fournit suffisamment, mais la difficulté est d'en avoir pour l'Hyver, qui est une saison morte & infertile ; il s'agit donc sur tout de sçavoir garder de mauvaise fortune ceux qui ne sons bons que long-temps aprés estre cüeillis, ils ont un grand voyage à faire, & en le faisant ils ont beaucoup de hazards à courre, il faut non seulement un homme soigneux, mais il faut aussi un lieu qui soit extrêmement propre à les conserver ; nous avons à combatre d'un costé le froid qui détruit ceux qu'il peut atteindre, & de l'autre nous avons à empescher le mauvais goût, qui peut deshonnorer ceux que le mauvais temps n'a pas gâté ; ce lieu s'appelle tantost serre, & tantost fruiterie ; sans doute qu'il a ses regles & ses conditions, puisqu'il est si utile, & qu'il doit produire de si bons effets, vrai semblablement je dois connoître ce qui en est vû la grande & ancienne aplication que j'ay en fait de Jardins, & par conséquent je ne manquerois pas d'estre blâmé, si je ne m'etudiois à dire icy ce que mon experience m'a appris à l'egard des serres, soit pour éviter les défauts qu'on y peut craindre, soit pour parvenir au succez qu'on y doit esperer.

Que les autres curieux, dont le nombre est si grand, vantent tant qu'ils voudront leurs cabinets, qu'on invite tout le monde à les aller voir, qu'on prenne soin d'en faire de riches descriptions, je n'y trouve rien à redire, je suis même des premiers à les vanter, je les visite avec un singulier plaisir, & me recrie volontiers sur ce qu'on y voit de merveilleux, non seulement à raison de la matiere, mais aussi à raison de la main qui s'y est signalée ; qu'on vante donc tant qu'on voudra cet amas de miracles de l'Art, mais au moins qu'on laisse au curieux de Jardinage la liberté de vanter sa Fruiterie qui fait son cabinet ; ce n'est pas qu'il ait, ny Originaux, ny Antiques à y montrer, bien loin de là, il n'y fait voir que du Moderne tout pur,

mais ce sont des modernes excellens , c'est à dire que ce
sont des productions de la nature, qui se renouvelle & se
rajeunit tous les ans ; productions qui ne sont veritablement , pour ainsi dire , qu'autant de copies des premiers
Ouvrages qu'elle a faits à la naissance des temps , mais qui
cependant surpassent le merite de ces originaux , parce que
cette nature ayant été d'abord charmée de la beauté de
ses premiers coups d'essay s'est pleuë à les repeter autant
de fois qu'elle a pû , comme si en effet elle s'étudioit à faire toûjours de mieux en mieux , jusques-là même qu'elle
se laisse un peu conduire à la Culture , voyant certainement qu'elle contribuë tout de bon à la perfection de ses
nouveaux enfans.

Cela estant , on ne peut , ce me semble , disconvenir que
ce cabinet ne merite d'estre vû , dans la verité y a t-il
rien de plus agreable à voir que cette serre , où dés l'entrée de la porte on découvre premierement une maniere
de chambre bien tournée , & dont la grandeur est proportionnée au besoin qui la fait faire , où on découvre ensuite
une belle table rebordée qui occupe le milieu de la place ,
& est commode & necessaire pour dresser les corbeilles ,
ou pourcelaines qu'on veut servir , où l'on découvre enfin
les quatre murs garnis , de voir cette serre de tablettes
bien ordonnées , ces tablettes dans l'Automne & l'Hyver chargées de beaux fruits ; ces fruits diversement placez avec des étiquetes volantes, pour marquer leur espece , & leur maturité par rapport à la suite des mois , ainsi
voit-on les Bergamotes en un endroit , les Virgoulées en
un autre , là les Ambrettes , icy les Epines , là les Leschasseries , icy les Saint Germain , là les Bon-chrétien , icy les
Bugi , là les Poires à cuire , icy les Pommes avec les mêmes
distinctions des Poires , là les fruits tombez , icy ceux qui
ont esté bien cüeillis , là ceux du Nord , icy ceux des bons
Espaliers , là ceux des Arbres de tige , icy ceux des Buissons , là les fruits murs dans un tel mois , icy ceux qui ne le
sont pas si tôt , &c. avec cet ordre perpetuel que ceux qui
ont atteint leur maturité sont toûjours à portée , tant pour
la main que pour la vûë , & que les autres qui ne le sont
pas sont encore logez plus haut , c'est à dire sur des table-

tes plus élevées, & c'eft là qu'ils attendent la faifon qui
les doit meurir, & par conféquent les faire defcendre à la
place de ceux qu'on ne voit plus; ils ont difparu ces premieres, aprés avoir fait leur devoir, & fini leur quarriere,
mais en voicy d'autres qui font tous prêts à leur fucce-
der, & de venir, pour ainfi dire chacun à leur tour fervir
le quartier qui leur eft deftiné.

Enfin cette largeffe que nôtre curieux fait à fes amis
(car il aime fur tout à donner de ce qu'il a) n'a-t-elle
point quelque privilege qui éleve le merite de fon cabinet
au deffus de ces autres dont on ne rapporte que de fimples
idées, & où bien loin qu'on y faffe des liberalitez, tout au
contraire le curieux fait profeffion d'être ferré ; il n'en
vient jamais à faire montre de fon trefor que malgré qu'il
en ait, on apperçoive en luy un fonds d'inquietude qui
vient quelquefois de la peur d'eftre volé, mais plus communement de la peur de n'eftre pas crû auffi riche qu'il
le pretend.

Venons maintenant à établir qu'elles font les principales conditions d'une bonne Fruiterie ; il me femble que la
premiere confifte à être impenetrable à la gelée ; le gros
froid ; comme nous avons dit fouvent, eft l'ennemy mortel des fruits, ceux qui ont été une fois gelez, ne font
plus bons qu'à jetter.

Il s'en fuit donc pour la feconde condition, que cette
Fruiterie doit eftre expofée fur tout au Midy, ou au Levant, ou dumoins au Couchant ; l'expofition du Nord luy
feroit tres-pernicieufe.

Il s'enfuit pour troifiéme condition, que les murs de
cette ferre doivent eftre pour le moins de vingt-quatre
pouces d'épais, une moindre épaiffeur ne garentiroit pas
de la gelée.

Il s'enfuit pour quatriéme condition, que les fenêtres
outre les paneaux ordinaires doivent avoir de fort bons
chaffis doubles, & fur tout de papier, & qu'ils foient bien
calfeutrez, & qu'en même temps il y ait une double porte
pour l'entrée, en forte que jamais dans le temps du peril,
l'air froid de dehors ne puiffe avoir liberté d'entrer,
car il détruiroit l'air temperé qui eft de longue main au

dedans ; on ne fçauroit icy avoir trop de précaution , il ne
faut qu'une petite ouverture negligée , pour faire en une
nuit de gelée un defordre infini ; je n'approuve nullement
qu'on faſſe du feu dans la Fruiterie , & cela par les mémes raiſons que j'ay aſſez amplement eſtablies dans le
Traité des Orangers.

Avec toutes ces conditions , qui peut-eſtre n'ont pas été
aſſez exactement obſervées ; car la choſe eſt tres-difficile ,
on ne peut , & on ne doit avoir l'eſprit en repos , à moins
d'avoir au dedans de la ſerre un petit vaiſſeau plat plein
d'eau , c'eſt une ſentinelle fideille & incorruptible, qui doit
donner avis de tout ce qui peut nuire ; ſi cette eau ne gele
point il n'y a rien à faire , mais ſi elle vient à geler tant ſoit
peu il faut auſſi-ôt courir au remede , les froids des
mois de Decembre 1670. 1675. 1676. 1678. celuy de Janvier & Février 1679. & ſur tout celuy de Decembre 1683.
& de Janvier 1684. qui de la derniere repriſe a duré ſans
relâche un mois entier , doivent ſervir d'une grande inſtruction dans cette matiere , il a falu eſtre bien ſoigneux
& bien prevoyant pour ne s'y pas laiſſer attraper ; un bon
grand Termometre placé en dehors à l'expoſition du
Nord eſt icy tres neceſſaire ; il faut juger que le peril eſt
grand , quand deux nuits de ſuite ce Thermometre continuë d'eſtre au cinquiéme & ſixiéme degré , & méme au-
ſeptiéme & huitiéme , une premiere nuit peut n'avoir point
fait du mal , une deuxiéme doit faire tout craindre , & ainſi
dés le lendemain d'une premiere nuit facheuſe , ſervons-
nous de bons matelas, ou de bonnes couvertures de lit bien
veluës , ou de beaucoup de mouſſe bien ſeche pour y mettre nos fruits ſi bien à couvert , que la gelée ne les puiſſe
atteindre , & meſme ſi nous avons une fort bonne cave, fai-
ſons les y porter , pour ne les y laiſſer que pendant le gros
froid , & en tous ces cas prenons ſoin de remettre ces fruits
dans leur ſerre ordinaire , dés que le temps eſt radoucy ,
& continuons d'ôter ceux qui ſont murs , & ceux qui ſe gâtent ; la pourriture eſt un des fâcheux accidens à craindre
pendant que les fruits ſont hors d'état de pouvoir eſtre
ſouvent viſitez l'un aprés l'autre.

Aprés nous eſtre munis contre le froid , il faut nous étu-

dier à défendre nos fruits du mauvais goust, & c'est icy la
cinquiéme condition ; le voisinage du foin, de la paille,
du fumier, du fromage, de beaucoup de linge sale, & sur
tout de linge de cuisine, &c. tout cela est extrêmement à
craindre, & ainsi il faut que nostre serre en soit tout à fait
éloignée, un certain gôut de renfermé, avec une odeur de
plusieurs fruits mis ensemble, font encore un grand desagrément, & partant il faut, que non seulement la serre
soit bien percée & asez élevée, une élevation de dix à
douze pieds en doit faire la juste mesure, il faut aussi tenir
souvent les fenêtres ouvertes, c'est à dire aussi souvent que
le grand froid n'est point à craindre, soit la nuit, soit le
jour, un air nouveau de dehors, quand il est bien conditionné, fait des merveilles pour purifier, & rétablir celuy
qui est renfermé de longue main.

Pour sixiéme condition je crois pouvoir dire, que tant la
cave que le grenier ne sont pas propres pour faire une serre, la cave à cause d'un goût de moisi ; & d'une chaleur humide qui en sont inseparables, & font une grande disposition à la pourriture ; & le grenier à cause du froid, qui
peut aisément penetrer au travers de la couverture, & ainsi
un rez-de-chaussée nous accommode tres-bien, ou tout au
moins un premier étage accompagné de logemens habitez
dessus, dessous, & aux côtez.

Joint à cette sixiéme condition, que la serre doit être
souvent visitée de celuy qui en est chargé, ce qui n'arrive
point, quand au lieu d'estre à main ; c'est à dire d'estre
commodément placée, on n'a pas facilité d'y aller, parce
qu'il y a, ou trop à monter, ou trop à descendre.

La septiéme condition demande qu'il y ait beaucoup de
tablettes tenans, & enchassées les unes dans les autres,
afin d'y loger les fruits separément les uns des autres, les
principaux dans le plus beau costé, les Poires à cuire dans
le moins beau, les Pommes encore faisant bande à part,
la distance raisonnable de ces tablettes, doit estre de neuf
à dix pouces, avec une largeur raisonnable de chacune, je
les veux d'ordinaire de dix-sept à dix huit pouces, pour y
en loger beaucoup ensemble, & en voir aussi beaucoup
d'une seule vûë.

Je veux auſſi pour huitiéme condition , que les tablettes ſoient un peu en pente vers la partie de dehors , c'eſt à dire d'environ trois pouces dans leur largeur , & qu'elles ſoient bornées d'une petite tringle d'environ deux doigts, pour empêcher les fruits de tomber ; on ne voit pas ſi bien d'un coup d'œil tous les fruits d'une tablette quand elle eſt de niveau , que quand elle eſt comme je la demande , & ainſi on ne s'aperçoit pas ſi aiſément de la pourriture qui ſurvient à quelques fruits , & ſe communique à leurs voiſins , quand on n'y remedie pas d'abord.

Cette pourriture à craindre oblige pour neuviéme condition , que ſans y manquer on viſite au moins chaque tablette de deux jours l'un , pour faire exactement la guerre à tout ce qui eſt gâté.

Et oblige pour dixiéme condition , que les tablettes ſoient garnies de quelque choſe , par exemple de mouſſe bien ſeiche , ou d'environ un pouce de ſable fin , afin que chaque fruit poſé ſur ſa baze comme il doit , ſe faſſe une maniere de nid , ou de niche particuliere qui le maintienne droit , & l'empêche de toucher à ſes voiſins ; car enfin il ne faut point ſouffrir que les fruits ſe touchent , il eſt plus propre & plus agreable de les voir tous rangez chacun ſur leur baze , c'eſt à dire ſur la partie où eſt l'œil à l'oppoſite de la queuë , que de les voir pêle mêle couchez ſur le côté

Je demande pour derniere condition , qu'on ait grand ſoin de nettoyer & ballier ſouvent nôtre ſerre , d'en ôter les toiles d'aragnée , d'y tenir de petits pieges contre les rats & les ſouris , & même il n'eſt pas mal à propos d'y laiſſer quelque entrée ſecrette pour les chats , autrement on a ſouvent l'afflixion de voir les plus beaux fruits attaquez par ces maudits petits animaux domeſtiques.

Cette ſerre dont l'intention a été particulierement pour les fruits d'hyver , ſert auſſi fort utilement , & pour ceux d'Automne , ſoit Poires , ſoit Raiſin , & pour ceux d'Eſté , ſoit Pêches , Pavies , Prunes , &c. ceux-cy à mon gré étans comme j'ay dit cy-devant , beaucoup meilleurs un jour aprés avoir été cüeillis que le jour même qu'ils l'ont eſté , ils acquerent dans la ſerre un certain frais , qui leur ſied merveilleufement bien , & qu'ils ne fçauroient avoir pendant qu'ils tiennent aux Arbres.

Or comme generalement parlant , les fruits dignes de noftre curieux , ne viennent dans la ferre que quand ils ont acquis l'une des deux maturitez qui leur conviennent , fçavoir pour les fruits d'Efté la maturité prochaine qui les fait expedier en peu de jours , & pour les fruits d'Automne & d'Hyver , la maturité éloignée qui les fait garder long-temps , les uns moins , les autres plus , & d'ailleurs , comme c'eft la maturité prochaine qui eft de plus grande confequence , tant pour ces bons fruits qui periroient miferablement , fi on ne fçavoit les prendre à point nommé , que pour le maître , qui verroit devenir inutiles fes peines , fes foins & fes efperances , s'il ne fçavoit , comme on dit , prendre en ce cy l'heure du Berger ; il s'enfuit de là qu'il faut achever de donner icy les marques infaillibes , qui peuvent faire connoître cette maturité ; j'ay cy-devant expliqué celle de la plûpart des fruits qui ne paffent pas Septembre & Octobre , fçavoir pour le refte des Poires d'Efté , le refte des Prunes , les principales Pêches tardives , & les Pavies tardifs , &c. il refte à parler des Poires d'Octobre , & des autres qui fe gardent depuis la Touffaints jufques à Pafques , & au delà.

Les Vertelongue , les Beurré , les Poires de Vigne , les Meffire-Jean , les Sucré vert , &c. & aprés elles les Petit-oin , les Lanfac , les Marquife , les Bergamottes , les Amadottes , & même les Befideri & les groffes queuës , &c. font les premieres qui doivent paffer pendant le mois de Novembre ; le pouce , comme nous avons dit , pour les Beurré , Vertelongue , Sucré-verd , & autres qui ont commencé de meurir en Octobre , fait fortir de la Serre ce qui vient à meurir chaque jour , à celles-cy , fçavoir aux Petit-oin , Marquife , Rouffeline , Lanfac , &c. parce que ce font encore Poires tendres , & le coloris blanchâtre , qui fe forme dans la peau des Meffire-Jean , & le fond jaune des Amadottes , Groffe-queuë , Befideri , &c. & l'humidité fur la peau des Bergamottes avec un peu de jaune qui s'y declare , tout cela font des marques certaines , qui enfeignent fans aucune action de pouce ce que nous voulons fçavoir de

ces dernieres fortes de fruits, il n'eft queftion que de les
examiner toûjours , ou au moins de deux jours l'un , & cette regle de revûë pour la maturité doit eftre fuivie dans
les mois fuivans pour tous les autres fruits qui reftent, afin
de ne rien perdre de tout ce qui commence à fe faire remarquer , cette revûë eftant de plus neceffaire pour ofter
ceux qui viennent à pourrir.

Les Loüife-bonne , Efpine-d'hyver , Ambrette , Lefchaf-
ferie , Saint-Germain , Virgoulée , mefme les Martin-fec ,
& Bon-chrétien d'Efpagne , avec les Pommes de toute forte , Capendu , foit gris , foit rouge , foit blanc, les Pommes
de Fenoüillet, les Calville d'Automne , quelques Api , &
quelques Reynettes , &c. Tous ces fruits marquent une
maniere d'empreffement à meurir , d'abord que le mois de
Decembre eft venu , il fe mefle un peu de jaune & de rides aux fix premieres efpeces qui font juger , que fi le
pouce en faifant fa fonction ne s'y oppofe pas , elles font
bonnes à fervir , mais jufques-là il ne les faut pas hazarder,
le couteau en y entrant feroit un bruit de reproche à ceux
qui les voudroient entamer plûtoft, il y a beaucoup à
craindre en ces fortes de Poires, du cofté du défaut de mol-
lir , auquel elles font fujettes , & fans doute qu'elles fur-
prennent fouvent ceux qui ne les examinent pas rigoureu-
fement tous les jours.

A l'égard des Martin fec & des Bon-chrétien d'Efpagne,
il en eft de même dans ce mois de Decembre, que ce que
je diray dans le mois de Janvier pour le Portail, tout auffi-
toft qu'il paroît quelque tache de pourriture en quelques-
unes , on peut hardiment les attaquer toutes , leur temps
eft venu , & elles font menacées de paffer bien toft à la
pourriture, avec cet avantage cependant, qu'elles fe maintiennent affez long-temps en état de parfaite maturité.

Les Capendu, les Fenoüillet , & les Reinettes declarent
leur maturité d'abord qu'elles deviennent extrêmement
ridées, les Api declarent la leur , quand ce qu'elles avoient
de couleur verte fe change en jaune.

Les Calvilles commencent ce femble à devenir plus legeres & leur pepin à fe détacher & à fonner en les fe-
coüant, quand elles viennent à meurir , elles fe peuvent

vanter

vanter d'eftre long-temps bonnes auffi-bien que les Reinettes qui ont jauni fans fe rider, & ce font des qualitez
admirables en ces fortes de fruits.

J'avertis icy qu'il ne faut pas fe rebuter à tâter fort fouvent les Poires tendres & fondantes de cette faifon, les
pareffeux, & negligens tombent à cet égard dans de
grands inconveniens.

Les fruits qui ont refifté au pouce pendant les mois
de Decembre, viendront enfin à luy ceder chacune à leur
tour dans les mois de Janvier & Février, bien entendu
que les Epines-d'Hyver, qui même dans ces mois-cy ne
peuvent parvenir à changer un peu de couleur, deviendront pâteufes & infipides, en un mot periront fans avoir
pû achever de meurir, perte cruelle pour nôtre curieux,
car en verité c'eft une des meilleures poires que nous
ayons.

J'ay fait des obfervations importantes à fon égard, & de
quelques autres pareillement dans le Traité du choix, &
de la proportion, &c.

Les Loüife bonne ne jauniffent guéres, non plus que
les Vertelongues de Septembre & Octobre, mais elles fe
rident, & deviennent douces, moëleufes, & agreables au
toucher.

Il y a beaucoup d'Ambrettes qui molliffent devant que
d'avoir jauni, & ce font particulierement celles qui font
venuës au Nord ou en Buiffon, & fur tout à des Arbres
greffez fur franc & trop touffus, celles-cy, auffi-bien que
toutes les autres des Efpaliers du Nord, ont particulierement befoin de fucre, pour corriger le défaut de bon goût
qui leur manque, fans que pour cela elles ceffent d'avoir
bien de l'eau.

Les Gros-mufc d'hyver & les Portail ont quelques amis,
l'un & l'autre fe mocquent de l'habilité du pouce, mais
la couleur jaune des premieres, & un peu de rides, ou de
pourritures aux autres, invite leurs partifans à fe fervir de
leur merite tel qu'il foit.

Un des principaux foins que je prens en rangeant mes
fruits dans la ferre, eft non feulement de mettre chaque
efpece en differentes tablettes, ou fi j'en mets plufieurs fur

une même , elles y font diftinguées par des feparations de
tringles,mais auffi de faire cette diftinction parmi les fruits
d'une même efpece , que premierement les fruits ton bez
avant le tems (car je ne les abandonne pas) ont un lieu particulier & hors de vuë ; ils font fujets à être vilains à voir ,
en ce qu'ils fe rident beaucoup , veritablement les uns plus,
les autres moins, & c'eft à mefurequ'ils font tombez plûtôt
ou plûtard ; mais d'ordinaire ils meuriffent enfin ; & c'eft
affez long-tems aprés les autres de leur efpece ; je ne puis
m'empêcher de leur rendre cette juftice, & de dire qu'affez
fouvent ils ont une bonté parfaite fous une peau fanée , vilaine & ridée , & particulierement fi leur cheute n'eft que
d'environ un mois devant le tems de la cueillette ordinaire.

En fecond lieu, les Poires de Buiffon font à part , celles
des bons Efpaliers le font auffi.

Je ne manque pas à fuivre cet ufage pour les fruits des
Arbres de tige , & pareillement pour les fruits des Efpaliers infortunez , qui font ceux du Nord, parce que regulierement les fruits des bons Efpaliers meuriffent les premiers ; ceux des Buiffons vigoureux les fuivent avec cet
ordre , que ceux des Buiffons greffez fur Coignaffier mar-
chent devant ceux des Buiffons greffez fur franc , & que
ceux des Arbres malades precedent les uns & les autres.

Enfin les fruits des Arbres de tige fuccedent , & quelquefois même fe mêlent à ceux-là,& font les meilleurs de tous,
maxime univerfellement vraye , à la referve des Prunes &
des Figues , comme j'ay déja dit ailleurs, les fruits du
Nord , comme de raifon viennent à meurir les derniers.

Les Bon-chrétien d'Hyver avec leur chair caffante , &
les Colmar pareillement avec leur chair tendre laiffent
paffer devant elles toutes les Poires à chair Beurrée, pendant ce tems-là les autres fe mettent à jaunir , & en jau-
niffant à meurir , & à fe rider fi peu que rien vers la queuë
quand le Bon-chrétien eft parfaitement meur ; la chair en
eft prefque fondante , & quand il n'eft pas affez meur , il
demeure extrêmement pierreux , il s'en conferve jufqu'en
Mars & Avril ; les Bugi, & les Saint-Lezin, & les Mar-
tin-fire s'y joignent pour fermer le theatre de la maturité
des Poires , les Bugi en Mars & Avril font un tres-grand

plaifir avec leur chair tendre pleine de beaucoup d'eau,
quoy qu'un peu aigrelette; les Saint-Lezin avec leur chair
un peu ferme accompagnée d'un petit parfum, font encore quelque figure, mais il eft bien difficile d'en conferver
jufques-là, la moindre atteinte de froid les noircit entierement, & les rend auffi hydeufes à voir, que defagreables à manger.

Refte à dire pour les Poires à cuire, qu'en tout tems
elles font bonnes à remplir leur deftinée, & particulierement quand elles commencent à jaunir, avec cette pre-
voyance de rebuter celles qui font attaquées de pourriture, de peur qu'elles ne donnent un mauvais goût à celles qui étoient faines; ainfi ces Franc-réal, Petit-certeau,
les Carmelies ou Mazuer, & fur tout les Double-fleur,
qu'on doit regarder comme les principales parmy celles
qui ne font bonnes que cuites, font prefque toûjours prêtes à bien faire; les Poires de Livre & d'Amour, les Angober, les Catillac, les Fontarabie, &c. peuvent bien acquerir quelque bonté par l'affaifonnement du fucre, & la
chaleur du feu, mais ce n'eft jamais fans qu'il y refte un
peu d'acreté, dont les goûts delicats ne s'acommodent
guéres.

La compote fait des merveilles pour les Calvilles d'Automne & les Reinettes, mais elle n'eft pas fi heureufe pour
les Capendu & Fenoüillet, la douceur de celles-cy eft
caufe de ce défaut, & un petit goût relevé qui eft aux autres fait leur principal merite au fortir du poëlon.

CHAPITRE X.

Des maladies des Arbres fruitiers.

IL paroît que c'eft une loy univerfellement établie à
l'égard de tout être vivant & animé, que chacun eft
fujet à quelques accidens, qui l'empêchent de joüir d'une
fanté perpetuelle, & toûjours également vigoureufe; de
là vient, que ce n'eft pas feulement parmy les hommes,
& parmy les autres animaux, qu'on voit affez fouvent de

differentes maladies : la condition des Vegetaux , & particulierement celle des Arbres Fruitiers les aſſujettit auſſi
à de certaines infirmitez qui les deſolent , & qu'on pourroit bien baptiſer du nom de maladies , des feüilles jaunes
hors de ſaiſon , des jets nouveaux noirciſſans & mourans
à leur extremité dans le mois d'Août & de Septembre ,
des fruits demeurans petits , ou tombans d'eux-mêmes ,
&c. ce ſont , comme diſent les Medecins autant de ſimp-
tômes parlans , & indiquans l'indiſpoſition du pied. Or
parmy ces infirmitez il y en a qui peuvent être guerries
avec le ſecours de quelques remedes , & il y en a auſſi qui
paroiſſent juſqu'à preſent incurables , puiſque tout ce
qu'on y peut faire a toûjours été inutile ; peut être qu'enfin ſe découvrira-t-il quelque habile homme , dont les lumieres & l'experience nous delivreront de l'opprobre ,
qui nous rend à cet égard , ou dignes de mépris , ou moins
dignes de pitié, cependant, puiſqu'il n'eſt que trop vrai que
nos Arbres ont à craindre differentes maladies , les Jardiniers ſeroient ſans doute coupables s'ils ne les étudioient ,
pour ſe mettre en peine des remedes qui ſont ſouverains à
quelques-unes , & être en repos à l'égard des autres ; & ſi
connoiſſant ces remedes ils n'étoient pas ſoigneux de les
appliquer au beſoin : car en vain auroient-ils élevé des Arbres dans leur Jardin , s'ils devoient avoir le chagrin de les
voir détruire au fort de leur jeuneſſe faute de les ſçavoir
guerir , & remettre dans leur premiere vigueur.

Pour parler autant qu'il le faut de ces accidens qui arrivent à nos Arbres , ſans y comprendre ceux qui provien-
nent des trop longues playes , du grand chaud , du grand
froid , des orages , des tourbillons , des greſles , &c.

Je crois devoir dire premierement , qu'il y a des maladies
communes pour tous les Arbres en general , & en ſecond
lieu qu'il y en a de particulieres pour chaque eſpece particuliere, les maladies communes conſiſtent, ou en un défaut
de vigueur , qui fait que les Arbres paroiſſent languiſſans ,
ou en une attaque de gros vers blancs, qui ſe forment quelquefois en terre , & s'attachent à ronger l'écorce des racines , ou l'écorce de la tige voiſine ; ces méchans petits inſectes , qu'on appelle des tons , font à la longue un ſi grand

defordre ; que l'Arbre qui en eft attaqué, & qui avoit
toûjours paru vigoureux ; vient tout d'un coup a mourir
fans reffource.

Les maladies particulieres font par exemple aux Poiriers d'Efpalier ; quand leurs feüilles font attaquées de ce
qu'on appelle tigres, aux autres Poiriers comme aux Ro-
bines, petit-Mufcat, &c. quand il leur vient des chancres,
tantôt à la tige, & tantôt à une partie des branches ; aux
Arbres à noyau, & fur tout aux Pêchers quand ils font pris
de la gomme, qui d'ordinaire fait mourir la partie où elle
fe met, foit les branches, foit la tige, & fi malheureufement
elle attaque l'endroit de la greffe, qui affez fouvent fe
trouve caché de terre, elle gagne infenfiblement tout le
tour de cette greffe fans que perfonne s'en apperçoive : car
l'Arbre paroît toûjours en bon état, pendant qu'il refte
encore quelque petit paffage à la feve ; mais enfin cette
gomme empêchant qu'il ne monte plus aucune feve aux
parties fuperieures de l'Arbre, fait que tel Arbre ainfi affligé meurt fubitement, tout de même que fi c'étoit une
efpece d'apoplexie qui l'eût fuffoqué.

De plus certains Pêchers font encore attaquez de fourmis & de puerons verds, qui s'attachent tantôt aux jeunes jets, & les empêchent de profiter, tantôt aux nouvelles feüilles, & les font premierement toutes recroquevil-
lier, & enfuite fecher & tomber n'avons nous pas auffi
des roux-vents qui broüiffent en de certains Printems,
féchent, & pour ainfi dire brûlent tous les nouveaux jets,
en forte que les Arbres où cette malheureufe influence eft
tombée paroiffent morts, pendant que d'autres du voifinage font verds, font garnis de belles feüilles, & continuënt à faire de beaux jets ; d'un autre côté les Arbres
les plus vigoureux ne font ils pas fujets à avoir la pointe
de leurs nouveaux jets entierement coupée par un petit infecte noir & rond, qu'on appelle coupe-bourgeon, ou autrement lifete.

Les Figuiers craignent le gros froid de l'Hyver qui eft
capable de leur geler toute la tête, fi on ne les couvre extrêmement : mais ce n'eft pas affez de les avoir mis en fûre-
té contre la gelée, ils ont encore à craindre dans la même

faison d'Hyver d'avoir le bas de la tige rongé de rats, &
& de mulots, ce qui les fait languir, & enfin mourir.

Ces mémes animaux avec les lates, les perçoreilles, les
colimaçons, font d'autres perfecutions violentes & fâcheu-
fes pour la principale partie de nos Arbres, c'est-à-dire
pour les fruits qui approchent de maturité, & fur tout pour
les Pefchers & les Prunes, les Grofeillers n'ont-ils pas de
leur côté des ennemis particuliers, qui font une maniere
de petites chenilles vertes qui fe for.nent vers les mois de
May & Juin au derriere de leurs feüilles, & les mangent
d'une fi étrange maniere, que ces petits Arbuftes en font
entierement dépoüillez, & leur fruit n'ayant plus aucune
couverture qui les puiffe garentir des grandes ardeurs du
Soleil d'Efté, vient à être avorté fans pouvoir parvenir
à maturité.

Je pourrois parcourir les accidens qui arrivent à tout le
refte du Jardinage, & y font des defordres infinis, par
exemple les Fraiziers dans leur plus vigoureufe jeuneffe,
font pour ainfi dire, traîtreufement attaquez dans leurs
racines par ces miferables tons qui les affaffinent & les
tuënt.

Les Plantes potageres, & fur tout les Laituës, les Chicorées, &c. ont toûjours, ou de ces tons, ou d'autres petits vers rougeâtres qui les rongent au colet, & les font
mourir dans le tems qu'elles achevoient d'acquerir leur
derniere perfection.

Les Artichaux combien ont-ils à fouffrir des petites
mouches noires qui les attaquent à la fin de l'Efté, & des
mulots qui rongent leurs racines l'Hyver.

Les Limaces, tant les longues jaunes, que les longues
grifes noirâtres, & les petites blanches, qu'on nomme
vulgairement des loches, mangent entierement les Laituës & les Chicorées nouvellement plantées, & cela fur
tout pendant les tems pluvieux.

L'Ofeille eft tourmentée dans les grandes chaleurs par
de petits pucerons noirs qui percent toutes les feüilles, fi
bien qu'elles deviennent entierement inutiles.

Il n'eft pas jufqu'aux Choux, qui ne foient, pour ainfi
dire, deshonnorez par les Cheniles vertes qui percent &

gâtent toutes leurs feüilles; mais prefentement il n'eft
queftion que de traitter de ces fortes de maladies qu'on
peut guerir en fait d'Arbres fruitiers, & non pas de celles
qui font incurables, non plus que de celles des Plantes potageres, celles là viennent conftamment, ou par le defaut
de la terre qui ne fournit pas d'affez bonne nourriture, ou
par le defaut de la culture & de la taille mal faite, ou enfin par le defaut de l'Arbre qui n'étoit pas bien conditionné, foit devant que d'être planté, foit en le plantant.

Il s'enfuit donc premierement que la terre peut contribuer à faire nos Arbres malades, ce qui arrive quand elle
eft naturellement infertile d'elle-même, ou que peut-être
elle l'eft devenuë à force d'être ufée, ou quand elle eft
trop feiche ou trop humide, ou enfin quand quelque bonne
qu'elle foit, elle fe trouve en trop petite quantité.

Pour remedier à ces fortes d'inconveniens; je dis que
fi la terre eft infertile, comme il y en a en beaucoup d'endroits où l'on ne voit qu'un fable tout pur, le Maître a tort
d'y avoir fait des Plans, il n'en corrigera jamais le defaut
par quelque fumier qu'il y mette, il n'y a que le feul expe-
dien d'ôter cette terre, & y en faire porter d'autre qui foit
meilleure, heureux ceux qui en peuvent trouver dans le
voifinage, en forte que le tranfport ne foit pas long, ny la
dépenfe grande; à l'egard de celle qui eft ufée, vrai-femblablement il y en a d'autre tout auprés dont on fe peut
fervir, à moins qu'on ne veüille donner à celle-cy des deux
& trois ans pour fe rétablir par le repos, mais il eft fâcheux
de perdre un fi long tems; que fi on prend le party de faire
ce changement de terre, fans vouloir pour cela ôter l'Arbre qui n'eft pas trop vieux, il faut en même tems retailler courtes la moitié des racines, fe contenter de cela pour
une premiere année, & au bout de deux ans on fera la
même chofe à l'autre moitié de cet Arbre; rien n'ufe tant
la terre que les racines d'Arbres qui font long tems dans
un même endroit, ou fur tout les racines d'Arbres voifins, & particulierement de paliffades de charme ou d'orme; il faut de toute neceffité que les Fruitiers languiffent
ou periffent fi ce voifinage fubfifte.

Que fi la terre eft féche & legere, le remede pour l'a-

meliorer eſt de l'humecter, ſoit par de frequens arroſemens, ou par des chûtes d'eaux artificielles, ſoit par ſçavoir profiter des pluyes, en diſpoſant des égoûs qui puiſſent mener les eaux pluviales dans les labours, ainſi que
j'ay dit ailleurs dans le Traité des terres.

Si la terre eſt trop humide, il faut élever les endroits où
ſont les Arbres, & faire des rigoles plus baſſes, qui reçoivent les eaux, & les ſortent du Jardin par pierrées ou ac-
queducs, comme j'ay fait au potager de Verſailles.

Si la terre eſt en trop petite quantité, il faut l'augmenter, ſoit du côté des racines; en y foüillant pour ôter le
méchant fond, & y remettre quelque choſe de meilleur,
ſoit par deſſus la ſuperfice, en la chargeant d'autre terre;
les terres étant ainſi racommodées, ſans doute que les Arbres y deviendront enſuite plus ſains & plus vigoureux.

Si l'Arbre ne paroît malade que parce qu'il jaunit, comme par exemple, les Poiriers ſur Coignaſſiers en certains
fonds jauniſſent toûjours, quoique la terre y paroiſſe aſſez
bonne; c'eſt un avertiſſement certain qu'il les faut ôter,
pour y en remettre d'autres ſur franc, ceux cy ſont beaucoup plus vigoureux, & s'accommodent mieux d'un terrein mediocrement bon que ne font pas les autres.

Si les Pêchers ſur Amandiers gomment trop dans des
fonds humides, il n'y en faut planter que ſur Prunier;
s'ils ne réüſſiſsent pas ſur Prunier dans les terres ſablon-
neuſes, il n'y en faut planter que de ceux qui ſont greffez
ſur Amandier.

Que ſi d'autre côté l'Arbre paroît trop chargé de branches, en ſorte qu'il n'en faſſe plus que de fort petites, il le
faut décharger juſqu'à ce que l'on voye qu'il ſe remet à
faire de beaux jets, & que regulierement cette taille ſe
faſſe en rabaiſſant les branches trop hautes, ou en ôtant
une partie de celles qui font confuſion dans le milieu, &
s'attachant de plus à ſuivre les maximes que j'ay établies
pour la bonne taille.

Si la maladie vient de ce que l'Arbre étoit mal conditionné devant que de le planter; que par exemple le pied
en fut chancreux, chetif, & à demy mort de pauvreté, ou
que même il fut trop foible, il n'y a que du tems à perdre,

dre, si on veut attendre qu'il se rétablisse à la longue, il le
faut ôter au plûtôt, & en remettre un meilleur à la place.

Si l'Arbre étoit bon en soy, & qu'on l'ait planté ou trop
avant, ou trop haut, ou avec trop de racines, le meilleur
expedient est de l'arracher, luy tailler mieux ses racines,
& le replanter suivant les regles.

Et un grand remede pour tout cela est d'avoir toûjours
quelques douzaines de bons Arbres en manequins, pour
en remettre de nouveaux tous venus à la place des infirmes qu'on doit ôter.

Quand les Arbres sont attaquez de quelques chancres,
il faut avec la pointe d'un coûteau ôter jusqu'au vif toute
la partie maltraitée, & ensuite y appliquer un peu de bouze de Vache avec une envelope de linge par dessus, il s'y
fera une maniere de peau qui recouvrira toute la playe, &
ainsi tel accident sera gueri.

Si ce sont des chenilles qui fassent tort aux Arbres, il
faut avoir soin de les éplucher.

Si ce sont des rats qui attaquent l'écorce, il leur faut
tendre des pieges, soit ratieres & souricieres, soit quatre
de chifre.

Si on s'apperçoit que la maladie vienne des tons, il faut
foüiller le pied de l'Arbre pour les ôter entierement, & y
remettre ensuite de la terre neuve, aprés avoir taillé plus
courtes les racines rongées.

Parmy les maladies incurables de nos Arbres, je conte
premierement la grande vieillesse, quand par exemple un
Poirier, ou Prunier a servi pendant les trente, quarante,
& cinquante années, il faut conter qu'il a atteint une vieillesse décrepite, & qu'ainsi son tems est fait, & sa carriere parcouruë, il n'y a plus d'esperance de retour, il le faut
ôter, sans laisser même aucunes vieilles racines dans la
place où il étoit, y rapporter des terres neuves, & y replanter de nouveaux Arbres, si on en veut toûjours voir
au méme endroit.

Je conte en second lieu les tigres, qui s'attachent au
derriere des feüilles des Poiriers d'Espalier, & les desse-
chent à force de manger toute la matiere verte qui y étoit;
il n'y a forte de lessive de choses fortes, acres, corrosives,

& puantes , comme de ruë , de tabac , de fel , de vinaigre ,
&c. dont je ne me fois fervi pour laver les feüilles & les
branches , j'y ay employé de l'huile par l'avis de quelques
curieux , j'y ay fait des fumées de fouffre par le confeil
d'autres , j'ay brûlé les vieilles feüilles, j'ay ratiffé l'écorce
des branches & de la tige où la femence s'attache , tous les
jours même j'effaye d'imaginer quelque nouvel expedient , & enfin j'avoüe de bonne foy , & à ma grande confufion , que je n'ay jamais réüffi à rien ; il refte toûjours en
quelqu'endroit quelque femence de ce petit infecte ; &
quand les mois de May & de Juin font venus , cette femence éclôt par la chaleur du Soleil , & fe multiplie enfuite à
l'infini , & partant de deux chofes l'une , ou il faut ôter
entierement les Poiriers d'Efpalier , ce qui eft un remede
tres violent , & fur tout pour les petit-Mufcat , Bergamote ,
Bon-chrétien d'hyver , qui ne réüffiffent guéres bien hors
de-là , où il faut fe confoler d'y voir ces tigres, fe contentant
feulement de faire tous les ans brûler toutes les feüilles , &
nettoyer les Arbres autant qu'il eft poffible.

Je conte en troifiéme lieu pour la maladie incurable la
gomme qui fe met aux Pêchers & autres fruits à noyau ,
fi elle ne paroît qu'à une branche le mal n'eft pas grand ,
il n'y a qu'à couper cette branche deux ou trois pouces au
deffous de l'endroit malade , & par ce moyen on empêche
que cette maniere de cangréne ne gagne plus loin, comme
elle feroit infailliblement ; fi elle eft , ou dans l'endroit de
la greffe , ou à toute la tige , ou à la plûpart des racines, le
feul & unique expedient qu'on y puiffe trouver , eft de n'y
plus perdre de tems, & par confequent d'ôter entierement tel Arbre , & faire au furplus ce que j'ay confeillé
pour les changemens de terre & d'Arbres.

La gomme vient quelquefois d'un accident exterieur ,
par exemple d'une playe qui s'eft faite par incifion , par
écorchure, & quelquefois elle vient, d'une mauvaife difpofition interieure ; au premier cas cette gomme n'eft autre chofe qu'une féve extravafée qui eft fujette à corruption & pourriture du moment qu'elle ceffe d'être renfermée dans fes canaux ordinaires, qui font l'entre-deux
du bois & de l'écorce, pour lors le remede en eft aifé,

& sur tout quand le mal n'est qu'à quelque branche, je
l'ay dit dans l'article precedent, si le mal est à la tige, assez
souvent il se guerit de luy-même par un calus ou suite d'é-
corce nouvelle qui se fait à la partie blessée, quelquefois
aussi il est à propos d'y mettre un emplâtre de bouze de
Vache, avec une envelope de linge, pour y laisser le tout
ensemble jusqu'à ce que la cicatrice se soit fermée; si la
gomme vient du dedans, pour lors je la trouve incurable,
quand elle est à la tige ou aux racines.

TRAITÉ
DES GREFFES DES ARBRES,
ET DES PEPINIERES.

CHAPITRE XI.

Des Greffes.

Cultus, & in
primis succos
emendat a-
cerbos , &c.
*Ovid. lib. de
remedio amo-
ris.*

   Sponte suâ
quæ se tol-
lunt in lumi
nis auras,
infœcunda
quidem , sed
læta & fortia
surgunt.
Quippe solo
natura subest.
Tamen hæc
quoque si
quis inserat,
&c.
Et paulo post.
Exuerint sil-
vestrem ani-
mum , &c.
Georg. lib. 2.

JE ne puis penser à ce qui s'appelle greffer des Arbres, & à l'avantage qui en revient pour l'embelissement de nos Jardins, qu'aussi-tôt je ne me represente comme autant de sauvageons à greffer , les jeunes gens qui sont à instruire ; il semble en effet que comme la plûpart des Arbres devant que d'avoir été greffez, ne produisent naturellement que de méchans fruits , aussi la plûpart de la jeunesse devant que d'avoir été instruite, ne se porte naturellement qu'à de méchantes actions, mais l'éducation venant comme une maniere de bonne greffe à leur inspirer des sentimens conformes à la raison; elle les dispose, & les accoûtume insensiblement à la vertu, en même tems qu'elle les purge, & les dépouille de leurs mauvaises inclinations ; si bien qu'ensuite éclairez qu'ils sont des bonnes maximes, on ne leur voit plus rien faire qui ne sente son bien , & qui n'ait l'approbation des sages ; & partant comme l'éducation est le chef-d'œuvre de la morale, aussi ne peut-on disconvenir, que l'Art de greffer ne soit ce que nous avons de plus important dans le Jardinage.

   L'Orateur Romain conformement à beaucoup d'autres Sçavans qui s'en étoient expliquez devant luy, s'est fait honneur de parler de cette invention en des termes si no-

bles & si éloquens, que toute la postérité en est charmée ;
en effet il marque agreablement l'estime singuliere qu'il
en faisoit, sans que cependant il paroisse nulle part qu'il
se soit arrêté à loüer son ancienneté, voulant apparemment nous donner à juger par ce silence, qu'à peine
en sçait-on l'origine, & que sans doute ce n'est qu'au
hazard tout pur à qui elle est düe, aussi est-il vray que
nos Livres d'Agriculture ne disent presque rien à cet
égard qui soit capable de nous y donner d'agreables & d'u-
tiles lumieres ; car par exemple, que me sert-il de croire
avec Theophraste, que ce qui a donné la premiere idée
de greffer, est d'avoir vû, que du dedans du tronc d'un
Arbre creux il en étoit sorti un autre Arbre d'une espece
toute differente ; cet Auteur, qui pour appuyer son sentiment veut faire valoir une telle avanture, prend plaisir
d'en faire l'Histoire tout au long, c'est pourquoy il ajoûte, qu'un oiseau ayant avallé un fruit tout entier, l'a-
voit ensuite rejetté par hazard dans le creux de ce vieil
Arbre, & que les pluyes mêlées avec quelque partie pourrie de cet endroit creux, l'y avoient fait germer & croître en sorte qu'il étoit devenu un nouvel Arbre de la
même espece de celuy d'où ce fruit étoit originairement
venu ; & qui par consequent étoit entierement different
de cet Arbre creux, qui avoit donné naissance & nourriture à cet Arbre nouveau, tout de même que s'il eût germé en pleine terre.

Que me sert-il aussi de croire avec Pline, que cette invention de greffer vient plûtôt de ce qu'un Laboureur qui
étoit fort bon ménager, voulant conserver sa piece de terre contre le dégât qu'il devoit craindre de dehors, si son
champ n'étoit pas bien clos, l'avoit fermé tout autour
d'une palissade de perches vertes, & que pour garentir
ces perches de pourriture, & par ce moyen les faire durer
plus long-tems, il s'étoit avisé de coucher en terre tout
autour de ce champ des troncs de lierre, en intention
de faire enchasser, comme il fit, l'extremité inferieure de
ces perches dans le corps de ces troncs, d'où il étoit
arrivé, que contre son attente la seve qui étoit dans les
parties internes de ces troncs, avoit servi de nourriture

Nec consi-
tiones modo
delectant,
sed etiam
insitiones,
quibus nihil
invenit Agri-
cultura soler-
tius.
*Cic. de sene-
ctute.*

à ces perches, tout de même que si ç'ût été un fond de
bonne terre, en sorte qu'avec le tems elles y étoient de
venuës de grands Arbres.

Or Pline sur cet exemple, & Theophraste sur l'autre,
fondent les reflexions qui ont fait, disent-ils, la naissance
de l'art de greffer ; pour moy bien loin de my opposer, je
consens volontiers à leurs raisonnemens, & veux fort bien
que ce soit ces deux observations, qui ayent donné quelque vûë pour les greffes, & je dis en même tems, que ce
font sans doute les greffes en fente qui ont été les premieres en pratique, à l'imitation des Perches vertes du Pay-
san-cy-dessus allegué, leur succés a depuis ouvert l'esprit des Jardiniers, pour trouver les autres manieres de
greffer, dont nous nous servons fort utilement ; ainsi je
demeure d'accord, que nous ne sçaurions trop loüer les
premiers Auteurs de l'usage des greffes, ny publier assez
que nous leur avons l'obligation de la plûpart des plaisirs
innocens que donnent les Jardins fruitiers ; car il est certain que sans cet admirable expedient nous serions encore
tous pauvres en fait de matiere de fruits, & que communément chacun auroit été reduit à se contenter de ceux
que son climat ou le hazard, luy auroient fournis bons
ou mauvais, c'est l'adresse de greffer toute seule, qui a
fait les premiers curieux, la facilité du commerce en a
depuis augmenté le nombre à l'infini, en faisant que par
un esprit honnête desinteressé, on se communique volontiers les uns aux autres ce qu'on a de meilleur, vû que
principalement de semblables liberalitez ne diminuënt
rien du fonds ny de l'abondance des curieux ; & dans la
verité y a-t-il rien de si beau & de si commode, que de pouvoir premierement par une multiplication aisée, & dont
on est le maître, de pouvoir dis je, s'enrichir soy-même
en fait de bons fruits, & de pouvoir en second lieu faire
venir des pays lointains, & y envoyer reciproquement &
à peu de frais, de quoy divertir les gens du grand monde, aussi bien que les Solitaires des deserts, & de quoy
réveiller la bonne chere des festins ; & la delicatesse du
goût, aussi bien que charmer la curiosité des yeux, & l'a-
vidité de l'odorat, mais sur tout, qui est-ce qui ne sçait

pas, combien grande est la satisfaction des honnestes gens, qui ont pris soin de greffer dans leurs Jardins ; celuy-cy par exemple aura greffé, pour faire changer de nature à quelque sauvageon, cet autre l'aura fait pour multiplier quelques bons fruits en l'un & l'autre cas, combien cet honneste curieux est il ravi, quand venant à joüir du succés de son industrie, il fait voir l'ouvrage de ses mains, & goûter les fruits qui en sont provenus.

> *Ut gaudet insitiva decerpens pyra.*
> *Horat. Epod.* 2.

L'histoire des grands hommes qui ont eu ce divertissement en a fait assez de mention, sans que j'en dise rien de plus particulier, je me contenteray seulement d'alleguer, que comme le grand plaisir du celebre Jardinier des Georgiques, (que le Poëte ne craint point de faire aller de pair avec celuy des Rois) consistoit en ce que revenant le soir en sa maison il y trouvoit sans rien achepter de quoy se nourrir & regaler avec toute sa famille (personne ne doute que ce ne fut des fruits & des legumes de son Jardin, soûtenus apparemment de quelques profits de sa basse-cour) ainsi le plaisir de nos curieux est de remplir leurs Jardins de toutes sortes de bons Arbres qui ne leur coûtent rien, c'est-à-dire de leur pepiniere, sans conter l'avantage qu'ils ont d'en pouvoir faire à leurs amis des presens qu'ils estiment infiniment.

> *Regum æquabat opes animis seráque revertens nocte domum dapibus mensas onerabat inemptis.*
> *Georg.* 2.

Ce qui peut étre seroit à souhaiter sur le fait des greffes, est qu'on se fût contenté de profiter de cette belle invention sans l'avoir outrée, & s'étre, pour ainsi dire, tourmenté à vouloir faire des monstres de fruits par une infinité d'entreprises aussi bizarres qu'inutiles ; nos Livres en ont assez voulu persuader le succés, mais les gens un peu eclairez n'y ont guéres ajoûté de foy ; il y en a peu sans doute, qui sur le rapport de quelques anciens se soient mis à greffer de la vigne sur des noyers, ou sur des oliviers, dans l'esperance d'y avoir des grappes d'huile, & à greffer de nos bons fruits sur des platanes ou des fresnes, & greffer des Cerisiers sur des Lauriers, des Marronniers sur des Hêtres, des Chesnes sur des Ormes, des Noyers sur des Arbousiers, & tout cela pour faire de nouvelles especes de fruits ; aussi sauf le respect qui est dû à l'autorité des grands hommes, je diray ingenuëment, que

> *Et steriles platani malos gessere valentes.*
> *Georg.* 2.
> *Castaneæ Fagus, ornusque incanuit albo flore piry: glandemque quelues fre...*

gere fub ul-
mis! Et pau-
lo fuperius
inferitur ve-
ro ex fœtu
nucis horrida
Et alio loco.
& prunis la-
pidofa rubef-
cere corna.
Georg. 2.

Venerit infi-
tio. Fac ra-
mum ramus
adoptet, ftet-
que, peregri-
nis arbor o-
perta comis!
fiflaque
adoptivas
accipit arbor
opes.
*Ovid. lib. 1.
de remedio.
amoris.*

Et fæpè alte-
rius ramos
im une vide-
mus vertere
in alterius,
mutatamque
infita mala
ferre pyrum.
Georg. 2.
Inutilefque
falce ramos
amputans fæ-

toutes leurs tentatives ont été la plûpart fautives ; il nous doit fuffire , que chaque bonne efpece de fruits peut heureufement être greffée fur des fauvageons , ou autres fujets d'une nature à peu prés femblable à la leur , & nous devons feulement profiter de toutes les vifions des curieux qui nous ont precedé , pour ne pas tomber à perdre autant de tems & de peine , qu'ils en ont perdu à faire mille coups d'effay fi extraordinaires.

Prefentement pour entrer en matiere , il faut fçavoir , que comme je l'ay déja dit ailleurs , greffer & enter font deux termes finonimes ufitez feulement dans le Jardinage, ils font fans doute d'inftitution purement françoife , & ce qui en fait ainfi juger , eft qu'ils n'ont aucun rapport au terme latin *inferere* , qui apparemment les a precedez , & qui fignifie la même chofe qu'eux , avec cette differen-ce , qu'il la fignifie beaucoup plus intelligiblement ; mais cependant pour en donner une notion autant parfaite , que nous en pourrons , nous fommes obligez de dire , que ces deux termes fignifient tout de même que le terme latin planter une partie de quelque Arbre , dont on fait cas fur quelque endroit d'un autre Arbre , dont l'efpece déplaît , cette maniere de planter eft fort particuliere , & fait , que comme dit le Prince des Poëtes , la tête de ce dernier Arbre change d'efpece en tout , ou en par-tie felon l'intention du Jardinier , c'eft ainfi que d'un Amandier il s'en fait un Pêcher , d'un Coignaffier un Poirier , &c. Un autre illuftre Poëte du même fiecle , quand par occafion il fe met à parler de cette matiere de greffes , il dit affez plaifamment , & affez à propos , que c'eft une maniere d'adoption introduite parmy les Ar-bres , par le moyen de laquelle on a facilité de multi-plier les bons fruits , en fe fervant des mémes fouches qui n'en faifoient que de mauvais.

Or ce changement d'efpece , ou cette adoption ne fe peuvent faire fans quelques operations , dont les noms font ce femble tous propres à faire horreur , des têtes à fcier , des bras à couper , des corps à fendre , des ligatu-res , & des emplâtres à mettre , des incifions à faire , &c. L'explication de ce qui regarde cette matiere de gréfes de-

velopera

velopera nettement ce qui paroît ici de myſterieux.

Il faut donc ſçavoir premierement , qu'on ne greffe pas tout le long de l'année , & que ce n'eſt ſeulement que dans de certains mois ; en ſecond lieu , qu'à l'égard des Arbres ſur qui on greffe , il faut indiſpenſablement couper & ôter beau-coup , c'eſt quelquefois ſur le champ , & quelquefois cinq ou ſix mois aprés ſeulement , qu'on leur ôte une bonne partie , ſoit de leur tige , ſoit de leurs branches , ſans pour cela tou-cher en façon du monde à ce qui s'appelle le pied de l'Arbre: ce pied ignorant , pour ainſi dire , le traitement qu'on vient de faire à ſa partie ſuperieure , & ſubſiſtant toûjours , c'eſt à dire continuant d'agir en terre à ſon ordinaire , quoi qu'il n'ait plus à nourrir , ni la tige , ni les branches qu'il avoit ori-ginairement produites , & qui étoient ſes véritables enfans , ce pied , dis-je , obéïſſant à l'induſtrie du Jardinier , ſe char-ge d'allonger , groſſir , multiplier , & faire fructifier , ſoit les ſimples yeux , ſoit les branches étrangeres qu'on a ſubſti-tuées toutes petites ſur ſa tige , ou ſur ſes branches , & ce ſont ces branches nouvelles , qui dans la ſuite occupans la place des retranchées , deviennent les enfans adoptifs de ce pied , & prennent avec lui une liaiſon ſi étroite & ſi parfaite , qu'el-les paroiſſent entierement ſes enfans légitimes , d'où il arri-ve que ſa fonction n'eſt autre d'orénavant que de ſervir , pour ainſi dire , de mere nourrice à ces nouveaux nourriſſons.

Pour bien entendre cette deſcription des greffes , qui paroît encore obſcure & enigmatique , il eſt queſtion de marquer premierement les differentes ſortes de greffes , qui ſont en uſage ; en ſecond lieu , les temps propres à les faire , & enfin les manieres de les bien faire : il y a de gran-des differences aux uns & aux autres , nous ajoûterons en-ſuite , quels ſont les ſujets qui ont diſpoſition naturelle à recevoir certaines ſortes d'eſpeces de fruits , & ne ſçau-roient s'accommoder d'autres.

❧

... ciores inſe-
rit.
Horat. Epod.

Tamen hæc
quoque ſi
quis inſerat ,
&c. Cultu-
que frequen-
ti in quaſ-
cunque vo-
ces arres ,
haud tarda
ſequentur.
Georg. 2.

CHAPITRE XII.

Des sortes de Greffes qui sont en usage.

LEs sortes de greffes dont on se sert le plus ordinairement sont les greffes en flûte, les greffes à œil dormant, les greffes à la pousse, les greffes en fente ou en poupée & en couronne, les greffes entre les bois & l'écorce, les greffes à emporte piece, &c.

Les greffes en flûte sont pour les Maronniers, Chataigniers, Figuiers, &c.

Les greffes à œil dormant, & à la pousse, sont pour toute sorte de fruits, tant à pepin qu'à noyau, & même on s'en sert quelquefois en d'autres Arbres, qui ne sont pas fruitiers.

Les greffes en fente ou en poupée, sont pareillement pour toute sorte de bons Fruitiers, & même pour d'autres grands Arbres, pourveu que les uns & les autres ayent au moins trois à quatre pouces de tour à l'endroit où se doit faire la greffe en fente : les fruits à noyau, & sur tout les Pêches réüssissent moins régulierement en fente, que les fruits à pepin : quoique les curieux de certaines Provinces de Guyenne assurent du contraire.

Les greffes entre les bois & l'écorce, & à emporte-piece sont particulierement pour les grosses branches, ou pour les grosses tiges des fruits à pepin étronçonnées, & ne valent rien pour les fruits à noyau, ny generalement pour toutes les branches, ou tiges qui sont de médiocre grosseur, & par conséquent trop foibles pour serrer suffisamment leurs greffes.

CHAPITRE XIII.

Des temps propres à greffer.

LEs temps propres pour greffer, sont premierement le commencement de May, dans lequel la seve étant montée dans les Arbres, & sur tout dans les branches de l'année précédente, fans que les yeux ayent encore pouſſé, l'écorce s'en détache aſſez aiſément , juſqu'à ſe laiſſer entierement dépoüiller , comme il eſt neceſſaire pour cette ſorte de greffes dont eſt queſtion : or ce mois de May n'eſt que pour la greffe en flute, qui, comme nous avons dit, ne ſert que pour les Chataigniers, Maronniers, Figuiers, &c.

En ſecond lieu, la my-Juin eſt propre pour la greffe d'Ecuſſon à la pouſſe, de laquelle on ne ſe doit ſervir qu'en fait de certains fruits à noyau, par exemple pour des Ceriſiers, Griotiers, Bigarrotiers ſur Meriziers, pour des Pêchers ſur vieux Amandiers, &c.

En troiſiéme lieu , les mois de Juillet & d'Août pour greffer à œil dormant les Arbres, qui ſoit, par le peu de vigueur de leur pied , ſoit par la raiſon des chaleurs & ſéchereſſes exceſſives qu'on a quelquefois en ce temps-là , paroiſſent diminuer notablement, ou entierement de ſeve, car il faut ſçavoir que la greffe à œil dormant ne demande que peu de ſeve , particulierement de la part du ſujet, ſur lequel aprés y avoir fait l'inciſion neceſſaire il faut appliquer l'Ecuſſon, la trop grande quantité de ſeve de ce ſujet eſt pernicieuſe pour cet Ecuſſon appliqué , en ce que d'ordinaire il y eſt noyé de la gomme , au lieu qu'il ne doit ſimplement que s'y coler , ſans que pendant le reſte de l'année il y trouve rien qui ſoit capable de le faire pouſſer ; il n'a beſoin que d'un trés médiocre ſecours pour éviter la mort en attendant une maniere de réſurrection vigoureuſe , que le retour du Printemps lui promet au ſortir de ſa létargie ; à l'égard du rameau ſur lequel on doit prendre l'Ecuſſon , il n'y ſçauroit guéres trop avoir de ſeve , pourvû que l'écorce ſoit aſſez aouſtée, c'eſt à dire aſſez bien nourrie pour ſe détacher aiſément du bois qu'elle couvre , & emporter avec elle le germe interieur, qui fait la principale piece de cet Ecuſſon ; les ſujets ordinaires ſur leſquels on greffe pendant ces deux mois , ſont les Pruniers pour des Prunes , ou pour des Pêches , les jeunes Amandiers plantez en méchante terre pour des Pêches, les Coignaſſiers pour des Poires , l'Epine blanche pour des Azeroles, les Pommiers de Paradis, & les Sauvageons de

Pommiers pour les pommes , &c.

Le mois de Septembre eſt propre pour greffer en œil-
dormant des Pêchers , ſoit ſur d'autres Pêchers bien vigoureux , ſoit ſur de jeunes Amandiers de l'année plantez
en bon fonds , les uns & les autres ont le don de conſerver
bien avant dans la ſaiſon une grande abondance de ſeve ,
& il n'y fait bon greffer , que quand cette ſeve eſt ſur ſon
déclin.

On pourroit greffer en fente pendant Novembre , Decembre, & Janvier , mais il n'y a nulle avance à le faire, &
au contraire il y a fort à craindre , que les greffes n'y ſéchent & n'y periſſent entierement , parce que pendant ces
trois mois elles ne reçoivent aucun ſecours d'un pied , qu'on
peut dire à cauſe du froid perclus de toutes les fonctions vegetatives.

Tout le mois de Février , & même une bonne partie de
Mars ſont admirables pour les greffes en fente , & pour
les greffes à emporte-piece, mais cela s'entend , quand à
cauſe de la durée du froid d'Hyver , les années ſont peu
avancées , & que par conſequent les Arbres ne ſont pas
encore entrez en ſeve , c'eſt à dire que l'écorce ne ſe détache pas du bois , car du moment qu'elle ſe détache , tels
Arbres ne ſe peuvent plus de l'année greffer en fente : c'eſt
donc pour ce temps-là particulierement , qu'il faut de bonne
heure faire proviſion de greffes , de Poires , Pommes , Prunes , &c. & ſur tout quand on en veut faire venir des Pays-
éloignez.

La fin de Mars pendant les Printemps doux & tendres, c'eſt
à dire le Printemps , qui au lieu d'être accompagnez de neiges & de frimats , comme ils ont accoûtumé , ſont chauds
& humides , & particulierement la premiere quinzaine d'A-
vril donnent de grandes facilitez pour les greffes qui ſe font
entre le bois & l'écorce , parce qu'il faut que la ſeve ſoit aſſez
montée dans ces ſouches étronçonnées , pour pouvoir avec
de petits coins de bois bien dur , comme peut être le bouys,
l'ébene , &c. ſéparer l'écorce d'avec le bois , & faciliter
par ce moyen l'entrée des greffes qu'on a taillées exprés
pour cela.

Le mois d'Avril n'eſt commode que pour greffer en

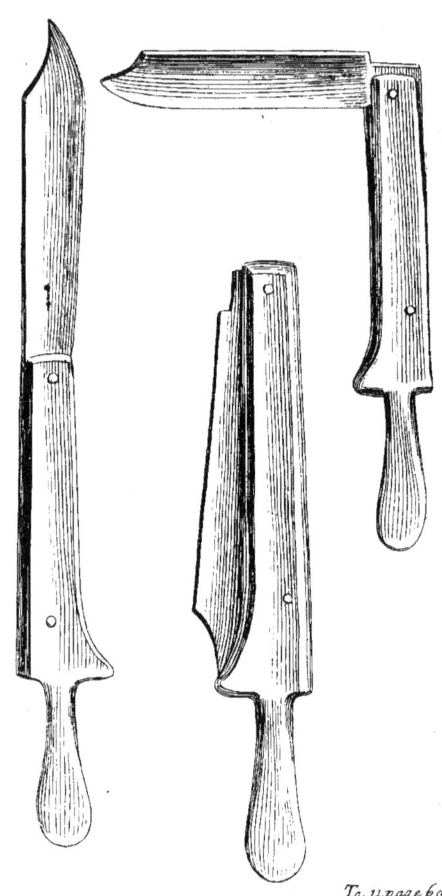

Tab. II. pag. 69.

fente toute forte de Pommiers, attendu que cette efpece
d'Arbre eft plus difficile à s'émouvoir, & à fe mettre en
feve, que ne font pas tous les autres Fruitiers, & comme
j'ay déja dit ci devant, il ne faut faire aucune greffe en
fente que peu de temps devant que les Arbres commencent
à fleurir & à poufſer ? ce même mois d'Avril eft encore commode pour greffer la Vigne qu'on ne peut greffer qu'en fente & fur des ſouches couvertes de terre.

CHAPITRE XIV.

Manieres de bien faire chaque ſorte de Greffe.

APrés avoir expliqué les differentes greffes qui font prefentement en ufage, & les differens mois de l'année
qui font deftinez pour chacune d'elles, il refte maintenant à
expliquer les manieres de les bien faire, & comme le greffoir
eft un inftrument necefſaire pour greffer, je commence par
en faire la defcription.

Le Greffoir donc eft un petit coûteau d'environ deux pouces
de lame, ayant le manche afſez menu, & d'environ un bon
pouce plus long que la lame, ni que les coûteaux ordinaires,
le furplus du manche eft aplati par l'extremité, & arrondi
par les bords de cette extremité, pour fervir à détacher aifément la peau des Sauvageons, fur lefquels on doit appliquer les Ecuſsons; de ces Greffoirs les plus commodes font
ceux qui fe plient comme les ferpetes, & comme les petits
coûteaux ordinaires de poche, & qui font faits de cette forte.

Or puifqu'en faifant l'ordre des greffes j'ai commencé
par celle qui fe fait la premiere dans la plus belle faifon de
l'année, c'eft à ſçavoir par la greffe en flûte, je crois
qu'il faut auſſi commencer ce Chapitre par la maniere
de la bien faire; & partant je dis que pour y réuſſir il faut
premierement que le rameau dont on veut greffer, &
qu'on doit avoir en main devant que de rien commencer
pour mieux faire les comparaifons necefſaires, qui fe font
du rameau avec la branche à greffer, & fe font avec du
fil, du jonc, du ruban, &c. il faut, dis-je, que ce rameau

Nec mod-
inferere, at-
que oculos
imponere
fimplex, &.
Georg. 2.

ſe trouve entierement de la groſſeur de la branche , ſur la
quelle on doit greffer ; car s'il eſt plus gros , ou plus menu , la greffe ne réüſſira pas. Enſuite il faut marquer ſur
ce rameau un bel endroit où il paroiſſe deux bons yeux ,
qui régulierement ſont , l'un d'un côté , & l'autre de l'autre , & avec le greffoir , ou autre outil bien tranchant il
faut couper juſqu'au bois circulairement , tant par haut
que par bas l'écorce de la piece qui eſt à enlever pour la
greffe ; il faut ôter à ce rameau toute l'écorce qui eſt à ſa
partie plus menuë , pour faire aiſément ſortir par là cette piece qui doit être enlevée aprés qu'en l'agitant , &
la tordant doucement avec le pouce on l'aura dépriſe , &
détachée de ſon bois ; hors devant que de l'enlever de ſa
place , il faut racourcir juſqu'à quatre ou cinq pouces de
long la branche qui doit être greffée , & ſans bleſſer le
bois le dépoüiller entierement dans un endroit bien ſain
& bien uni juſqu'à la partie la plus baſſe où doit venir la
greffe pour l'occuper ſi juſte , qu'elle y paroiſſe plûtôt venuë naturellement , que par aucun artifice , & auſſi-tôt
pour ne pas laiſſer deſſécher une petite humidité qui eſt
autour de cet endroit dépoüillé , & qui eſt la ſeve nouvellement montée ; on acheve de faire ſortir de ſa place
la piece deſtinée à greffer , & auſſi tôt avec toute la diligence , & toute l'adreſſe poſſible on la fait entrer dans la
branche dépoüillée juſqu'à l'endroit où elle doit demeurer , & enfin pour empêcher que l'air des pluyes ne puiſſe
pénétrer dans l'entre-deux du bois de la branche greffée ,
& de l'écorce nouvellement appliquée ; on entame dans
le bois de la branche tout autour de l'extremité ſuperieure
de cette greffe de petits copeaux ſans les détacher , & on les
fait retomber en maniere de fraiſe , ou de bourlet ſur l'extremité de cette écorce pour la couvrir , & la défendre des
injures de l'air.

    Les greffes à la pouſſe , & les greffes à œil dormant
ne different en rien l'une de l'autre que par les temps de
les faire , comme il a été dit ci-deſſus ; du reſte elles ſe
font toutes deux d'une ſeule & unique maniere ; la premiere choſe qui eſt à faire pour cela , eſt que ſur les Arbres dont on veut greffer , il faut prendre des rameaux

*Huc alienâ
ex Arbore
germen in
cludunt,udo-
que docent
inoleſcere li-
bro.
Georg. 2.*

dé l'année bien aouſtez , & où il paroiſſe auſſi de bons
yeux bien aouſtez , & ce ſont ceux qui ont été les premiers
formez depuis le Printemps, les derniers formez ſont trop
tendres pour réüſſir tout auſſi-tôt que ces rameaux ſont
coupez , il en faut ôter les feüïlles juſqu'auprés de l'endroit où elles tiennent à leur queuë , & par ce moyen les
yeux ne ſe fanent pas ſi-tôt ; on peut conſerver ſes rameaux juſqu'à trois ou quatre jours , pourvû qu'ils ayent
le gros bout dans quelque matiere humide, ſoit eau , ſoit
glaiſe , ſoit fruits, & qu'avec cela ils ne ſoient longs que
d'environ un bon demi pied ; ainſi on peut fort bien couper
en differens morceaux un rameau qui a deux pieds de
long ; avec ces deux précautions on envoye ſeurement
à trente & quarante lieuës loin des rameaux fraichement
coupez ſur l'Arbre (*nota*, que ſi ce ſont des rameaux de
Pêchers il n'y faut guéres enlever d'Ecuſſons, à moins que
les yeux n'en ſoient doubles ou triples , c'eſt à dire à moins
qu'il n'y paroiſſe un commencement de branches à venir,
qui ſoit accompagnée de ſes feüïlles , & qui ait à droit & à
gauche deux commencemens de boutons à fruit , ou d'autres branches à venir.) Pour tous les autres fruits, Poiriers,
Pommiers ; Pruniers , &c. un œil ſimple ſert auſſi bien que
les yeux doubles & triples , &c.

Quand on eſt ſur le point de faire la greffe , on choiſit
ſur la branche, ou ſur le corps de la tige qui ſont à greffer , on y choiſit, dis je , un endroit bien uni , cet endroit
ſe rencontre d'ordinaire dans l'intervale qui ſépare un œil
inférieur d'avec un autre qui eſt immédiatement au deſſus , c'eſt là qu'on fait deux inciſions qui repreſentent un
grand T Romain , c'eſt à dire que la plus haute inciſion
eſt Orientale, & la ſeconde commençant prés du milieu de
la premiere fente deſcend de haut en bas , juſqu'à ce qu'elle ſoit de la longueur d'environ un pouce , ou un pouce &
demi ; ces deux inciſions ſe peuvent faire devant que d'a-
voir enlevé l'Ecuſſon qui eſt à appliquer , pourvû qu'on ne
déprenne la peau du Sauvageon qu'aprés avoir enlevé l'E-
cuſſon ; car il eſt neceſſaire que l'Ecuſſon venant à être
appliqué , trouve un peu humide la place du Sauvageon,
cette humidité provenant de la ſeve qui le doit coler avec

ce Sauvageon autrement si la place est séche, la greffe y
périt , c'est pourquoi le plus seur est de commencer à enlever l'Ecusson devant que d'inciser le Sauvageon , or pour
enlever cet Ecusson , & particulierement à l'egard des Pêches , on fait sur le rameau à l'endroit où il paroît un bon
œil , une incision semblable à la figure A. qui est à peu

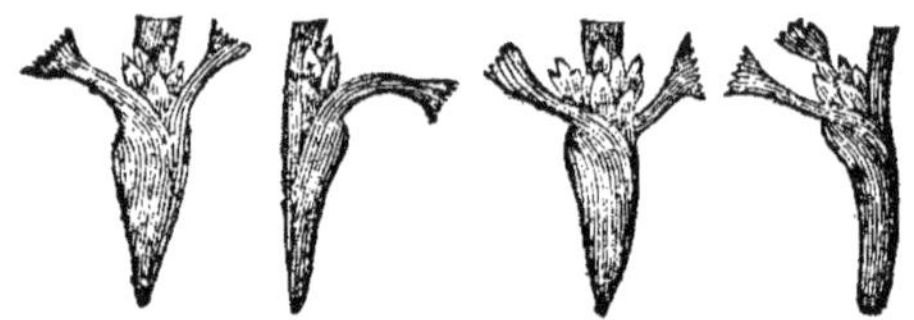

prés la figure d'un écusson d'armes de noblesse , d'où le
Jardinage a emprunté ce terme d'Ecusson , & ensuite en
appuyant un peu fortement du pouce sur les côtez de cette
incision vers la partie voisine de l'œil , qui est contenu dans
l'enceinte de l'incision , on le détache asez aisément du rameau , cela s'entend quand la seve y est abondante , car si cela n'est pas , fût ce même en fait de Pêcher , il faut enlever
l'Ecusson avec un peu de bois , ce qui se fait en coulant le
Greffoir au dessous de l'écorce depuis la tête de l'Ecusson
jusqu'à la pointe , & mordant un peu dans le bois , sur tout à
l'endroit de l'œil , &c.

A l'égard des Ecusons des fruits à pepin , on ne sçauroit guéres les enlever d'une autre façon qu'avec un peu
de bois , quand l'Ecusson est détaché de son rameau , on
regarde aussi-tôt si le germe interieur , qui est le canal
par où se communique la seve pour la nourriture de l'œil,
& pour la production d'une nouvelle branche , est resté comme il le faut absolument attaché à l'Ecusson enlevé , & cela étant , on met à sa bouche cet Ecusson
en le tenant seulement avec les lévres par la queuë
des feüilles qu'on lui a laissé , la salive pourroit lui
faire tort , & cependant avec le bout applati du manche du Greffoir on déprend petit à petit , & adroitement sans rien déchirer la peau des deux côtez longs de
l'incision ; prenant soin que l'incision vers la pointe soit un
peu plus longue que l'Ecusson enlevé , & aussi-tôt repre-
nant

nant de la bouche cet Ecuſſon, & preſentant la partie
pointuë par aprés de l'inciſion Oriſontale, on le fait deſcendre en coulant tout du long de l'inciſion, en ſorte qu'il y
entre tout entier; & que ſur tout il occupe pleinement
toute la place dépoüillée à la tête de l'inciſion, & qu'enfin
les côtez de l'écorce qui ſont détachez, viennent enſuite à
couvrir tout l'Ecuſſon hors l'œil; cela fait on prend de la
groſſe filaſſe plate avec laquelle on lie doucement & proprement enſemble l'Ecuſſon, l'écorce détachée & la branche, afin de les faire mieux joindre l'un avec l'autre; &
c'eſt là que finit le myſtere des Ecuſſons, avec cette différence ſeulement, que ſi c'eſt une greffe d Ecuſſon à la
pouſſe, on racourcit ſur le champ la branche, ou la tige
qu'on a greffée juſqu'à deux ou trois pouces prés de l'E-
cuſſon, afin que la ſeve étant empêchée de monter plus
haut (comme naturellement elle y monteroit) elle ſoit
forcée d'entrer dans cet Ecuſſon, & le faire pouſſer peu de
temps aprés; les Meriziers greffez de cette façon-là réüſſiſſent regulierement mieux qu'aucuns autres Fruitiers,
& ſur tout mieux que les Pêchers qu'on greffe à la pouce,
ſoit ſur d'autres Pêchers, ſoit ſur de vieux Amandiers;
car ils ſont fort ſujets à y perir de la gomme, & cela par
une trop grande abondance de ſeve, qui étant en Eſté
dans les Arbres qu'on greffe, & ne pouvant aſſez trouver
d'iſſuë par l'ouverture de l'œil de cet Ecuſſon ſort par l'inciſion, s'y congele comme du ſang hors des veines, & y
détruit entierement cet Ecuſſon; & ſi c'eſt une greffe à œil
dormant, on ne racourcit point ſur le champ, ny la branche greffée, ny la tige greffée, on attend au mois de Mars
ſuivant, qui eſt le temps que le renouveau fait monter la
ſeve dans les Arbres, & c'eſt pour lors que ſe doit faire
ce racourciſſement ſemblable à celuy qui a été remarqué
pour la greffe à la pouſſe, & cela par la même raiſon pour
l'un que pour l'autre; bien entendu que devant ce temps-
là, c'eſt à dire pendant l'Hyver il faut avoir proprement coupé la filaſſe qui lioit l'Ecuſſon, ſans bleſſer autant que faire ſe peut, l'écorce couverte par cette filaſſe: car ſi on manque à couper ce lien, toute la partie liée, & ce qui eſt au deſſus d'elle ſont ſujets à perir

faute d'y avoir eu un paſſage ſuffiſant à la ſeve qui vouloit monter à l'extremité de la branche , & par ce moyen toute la peine priſe pour greffer eſt devenuë inutile , pendant que la partie qui eſt au deſſous de la greffe ſe met à pouſſer une infinité de jets ſauvages qui ne ſervent de rien.

La deſcription de la greffe en fente, que nous avons dans les Georgiques toute admirable qu'elle eſt , le ſeroit beaucoup davantage ſi elle étoit plus complete , mieux circonſtanciée , & plus inſtructive , elle dit ſeulement que pour faire cette greffe , on coupe la tête aux Arbres dans l'endroit où la tige eſt la moins rabouteuſe , c'eſt-à-dire la plus unie , qu'on fend cette tige aſſez avant avec des coins ; & qu'enfin dans les fentes qu'on y a faites , on y fait entrer des rameaux d'autres meilleurs fruits , qui au bout de quelque temps viennent à faire de grands beaux Arbres.

La lecture de cette deſcription ne me paroît point ſuffiſante pour apprendre à un nouveau curieux l'Art de greffer de la maniere dont il eſt icy queſtion , elle manque en beaucoup d'articles , & premierement en ce qu'elle n'établit point , que non ſeulement on peut greffer ſur de groſſes tiges étronçonnées , mais qu'on le peut faire auſſi ſur pluſieurs branches d'Arbres , ſoit nains , ſoit de tige , même ſur des pieds , de deux & trois pouces de tour , attendu que les uns & les autres peuvent ſouffrir la fente , & ſerrer ſuffiſamment la greffe.

Elle manque en ſecond lieu , en ce qu'elle ne dit point le temps propre pour cette ſorte de greffe , nous l'avons dit cy-deſſus.

Elle manque en troiſiéme lieu , en ce qu'elle ne fixe point quelle longueur doivent avoir les rameaux qu'on employe ; nous la reglons d'ordinaire de deux ou trois pouces de long , ou plûtôt nous la reglons ſur le nombre de trois bons yeux au moins que la greffe doit avoir.

Elle manque en quatriéme lieu , en ce qu'elle n'apprend ny à bien tailler les greffes , ny à les placer ſi juſte dans les ſeuls endroits qu'il leur faut , que la ſeve du pied y puiſſe ſûrement entrer , pour ce qui eſt de la taille de ces greffes , il faut pour la bien faire , qu'avec une ſerpette bien tranchante le gros bout ſoit coupé des deux côtez en for-

me de coin & de la longueur d'un bon demi-pouce , que
des deux côtez qui bordent cette figure de coin , on y ait
conservé de l'écorce bien adherante au bois , que le côté
qui doit se trouver en dehors soit un peu plus large & plus
épais que l'autre qui est en dedans , & que precisément au
haut de cette écorce conservée pour le dehors il y ait un
bon œil qui soit aussi haut que le bord de la tige étronçonnée , & que le haut de la fente ; & pour ce qui est de bien
placer ces greffes , il faut que le dedans de chacune de
ces écorces , tant du sauvageon que de la greffe s'affleure ,
& répond si bien l'un à l'autre , que la seve venant du pied ,
trouvant autant de facilité à entrer dans l'entre-deux du
bois & de l'écorce de la greffe , que dans l'entre-deux du
bois , & de l'écorce de la tige , ou des branches greffées.

La description manque en cinquiéme lieu d'avertir , que si
la fente ne s'est pas faite bien nettement , comme il arrive
assez souvent , on doit avec la serpete l'approprier , en ôtant
ce qui pourroit empêcher la greffe d'entrer librement , &
même si on a lieu de juger qu'il y ait à craindre que la greffe
pour être un peu trop menuë à proportion de la tige doive
être trop serrée , il est necessaire d'ôter proprement , & bien
uniment un peu de bois des deux côtez de la fente , ce bois
s'ôte avec la pointe de la serpette bien tranchante , en prenant de bas en haut , & faisant tout cela si juste , & si conforme à la figure de la branche qu'on a taillée pour la greffe en fente , qu'aprés avoir posé cette greffe il n'y ait point
de jour entr'elle & les côtez de la fente ; & que cependant
cette greffe tienne si bien, qu'il ne soit pas aisé de l'ébranler.

La description manque en sixiéme lieu , en ce qu'elle ne
dit pas combien de greffes on peut appliquer sur un même
sujet , & comment le dessus de la tige coupé doit être preparé ; les grosses tiges , ou branches qu'on veut greffer en
fente , doivent être par dessus unies & égales de tous les
côtez , en sorte que la tête soit orizontale pour y mettre
plusieurs greffes si elles s'y peuvent ranger , & que le sujet
le requiere , les menuës tiges , ou branches qui ne peuvent
recevoir qu'une greffe , n'auront qu'une partie de la tête
unie ; si c'est celle où sera la greffe , le reste sera coupé en
pied de biche.

K ij

La defcription manque enfin en ce qu'elle n'explique pas comment il faut empêcher que les injures de l'air , foit les pluyes , foit les chaleurs & la fechereffe ne portent préjudice aux Arbres greffez par l'ouverture des fentes , fur quoy il faut fçavoir que toutes les greffes en fente doivent être emmaillottrées , foit avec de la fimple bauge nouvellement faite , c'eft à dire de la terre glaife mêlée d'un peu de foin , foit avec de la gomme preparée à cet effet , & qui eft compofée de poix noire , graffe , fonduë dans un pot de fer , ou de terre avec un peu de cire jaune ; il faut par le moyen d'un réchaud portatif tenir chaude & liquide cette gomme , pour l'appliquer avec une maniere d'efpatule de bo s , bien entendu , que devant que de mettre icy la bauge ny la gomme , il faut avoir couvert toutes les fentes avec quelque écorce , que fur le champ on aura détaché de quelque branche de l'Arbre greffé ; on en met communément en croix aux groffes tiges , ou branches greffées , pour tenir les fentes entierement couvertes , en forte que rien n'y puiffe entrer ; & comme par deffus la bauge , ou terre glaife on y met d'ordinaire un linge qui l'envelope , & la maintient fur la tête greffée , & que cela peut avoir quelque raport aux poupées des enfans ; de là vient qu'on donne affez fouvent le nom de poupée à la greffe en fente : *nota* , que fi le pied ne paroît pas ferrer fuffifamment la greffe , il eft à propos de le ferrer avec un ozier , en forte que la greffe y foit bien affeurée.

Je finis ce qui regarde les greffes en fente , aprés avoir dit fur le fait des coins ce que j'en puis dire , qui eft , que devant que d'en venir à s'en fervir pour ouvrir la fente , il faut que fi c'eft une groffe fouche , on ait commencé cette fente avec le tranchant d'un affez gros coûteau , qu'on ait appliqué fur toute la largeur du tronc , ou de la branche , & fur lequel on ait donné quelque coup de marteau , pour faire entrer ce tranchant un peu avant dans le bois , & marquer par ce moyen la fente dont eft queftion ; les fujets de mediocre groffeur fe fendent afsez aifément avec le fimple tranchant du coûteau , fans qu'il foit befoin de coups de marteau.

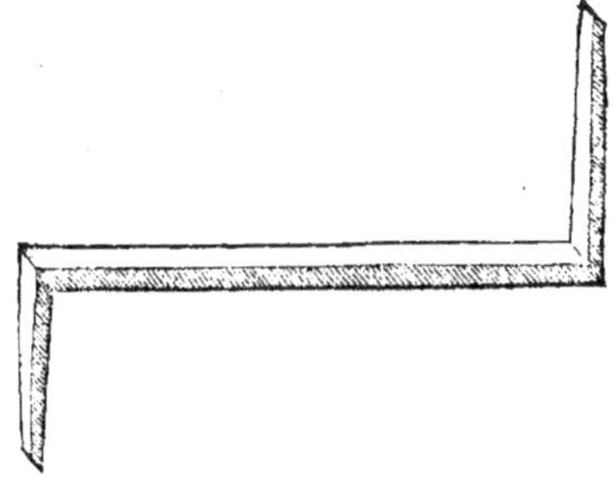

Or les coins pour être commodes doivent être faits fur le
modele de la figure icy marquée ; une des parties cro-
chuës étant plus grofse & plus longue, & plus forte que
l'autre , & celle-là doit fervir aux groffes tiges, & l'autre
étant plus courte , plus mince, & plus foible, pour fervir
aux petites ; pour fe mettre donc à employer ces coins,
on prefente dans le milieu de la fente commencée celuy
des deux , qui paroît le plus proportionné à la groffeur
du fujet qui eft à greffer ; & fi pour avoir l'ouverture neceffaire , on ne peut enfoncer affez ce coin, fans y donner quelque coup de marteau, on luy en donnera ; enfin
la fente étant à peu prés affez ouverte, pour y faire entrer les greffes, on n'a qu'à baiffer ou hauffer de la main
gauche la queuë de l'Outil qui fert de coin ; & cependant de la main droite prefenter les greffes taillées à
l'endroit où elles doivent demeurer , & ainfi on acheve
d'ouvrir s'il en eft befoin , ou bien on referre la fente ,
quand la greffe ou les greffes font placées comme elles le
doivent être : il n'eft pas necefsaire de dire , qu'une feule
fente fert pour placer deux greffes à l'oppofite l'une de
l'autre, & fi on en peut placer encore deux , on fait fur la
tige une feconde fente en croix toute femblable à la premiere ; & au furplus on fait la même chofe qu'on a faite
aux deux premieres greffes.

On appelle quelquefois greffer en couronne, quand on
met quatre greffes en fente fur une tige qui eft affez groffe pour les recevoir commodement ; mais plus particulierement la greffe ou couronne fe dit , quand fur de fort

gros ſujets étronçonnez on met un plus grand nombre de greffes entre le bois & l'écorce, par exemple 6. 7. 8. cette ſorte de greffes, donc, non plus que celle qu'on appelle à emporte piece, ne ſe peuvent faire que ſur des tiges, qui excedent trois à quatre pouces de diametre, & qu'il n'eſt pas poſſible de fendre ; mais tant des unes que des autres il s'en fait aſſez rarement, parce que le ſuccés en eſt fort incertain, & la peine de les faire aſſez grande ; on prend pour cela des rameaux d'un bon demy pouce de tour, ayans dans leur longueur quatre ou cinq bons yeux, on les taille en pied de Biche par le plus gros bout, en ſorte que l'entaille ait prés d'un pouce de longueur, & que le haut de cette entaille ſoit coupé juſqu'auprés de la moële du rameau, pour aller finir preſque à rien par le bas ; & comme il faut que la ſeve qui commence à venir du pied, paſſe entre le bois & l'écorce de la greffe, il faut que ces côtez entaillez ſe mettent du côté de l'écorce de la tige étronçonnée, & par ce moyen la greffe devra prendre nourriture : mais devant que de placer ces greffes, il faut qu'avec un petit cizeau de Menuiſier ont ait enlevé un peu de bois de la tige aux endroits ou elles ſe doivent mettre, & qu'avec un coin de bois bien dur on ait détaché l'écorce, moyennant quelques coups de marteaux donnez à propos, ſur le coin, ſans que l'écorce en ſoit endommagée ; les greffes étans appliquées, on fait les mêmes choſes que nous avons dit ſe devoir faire, pour défendre les greffes en fente des injures de l'air.

Pour ce qui eſt des greffes à emporte-piece, il faut faire des entailles dans l'ecorce & dans le bois des tiges étronçonnées, prendre des rameaux, qui ayent à peu prés un pouce de tour ; tailler les greffes de la même maniere qu'on fait pour la fente, & proportionner ſi bien le rameau taillé avec l'entaille de la tige, que ce rameau y entre avec un peu de peine, que les dedans des écorces ſe rencontrent bien les uns avec les autres, & qu'il ne paroiſſe aucun jour entre les côtez de la greffe, & les côtez entaillez de la tige ; cela fait, on prend un ou deux gros bons oſiers pour lier le plus ferme qu'on peut le tour de la tête greffée, en ſorte que les greffes n'en puiſſent pas être aiſément ébranlées, on fait au

furplus pour garentir la tête des injures de l'air, ce que
nous avons dit pour les greffes en fente, en couronne, &c.

Les Auteurs, particulierement les anciens qui ont
traité des greffes, ont tous parlé d'une inoculation, comme d'une forte de greffe toute finguliere, difant que l'inoculation fe fait en appliquant l'Ecuffon, de maniere que
fon œil foit juftement fur la place, où il y avoit un autre
œil devant qu'on eût fait l'incifion, & ils pretendoient
que c'étoit la meilleure maniere d'écuffonner; je crois
même que leur penfée étoit, que la feve du pied greffé ne
pouvoit entrer dans l'œil de l'Ecuffon appliqué, à moins
qu'elle n'y fût determinée par la figure interieure, qui
refte fur le bois dépouillé quand on en a ôté l'œil; à quoy
je répond premierement, que l'experience journaliere de
tous les Jardiniers dément affez cette opinion, fans que je
dife rien de plus en fecond lieu je répond, que non feulement il n'y a nul avantage dans cette inoculation, mais
que de plus elle eft prefque impoffible, & la raifon en eft
palpable, en ce que pour faire que l'Ecuffon réüniffe, il
faut qu'il foit entierement colé fur l'endroit où il eft appliqué, & par confequent il faut que cet endroit foit auffi uni
que l'Ecuffon: or cela n'eft point, quand on applique une
Ecuffon fur un œil, qui eft une partie éminente, & fait une
maniere de boffe contraire à ce qui doit être plein & uni;
j'ay plufieurs fois effayé de faire de ces inoculations, &
j'ay toûjours perdu mon temps & ma peine.

Nam quæ
fe medio tru-
dunt de cor-
tice gemmæ,
& tenues
rumpunt tu-
nicas; angu-
ftius in ipfo fit
nodo finus:
hûc aliená ex
arbore ger-
men inclu-
dunt, udo-
que docent
inolefcere li-
bro.
Georg. 2.

CHAPITRE XIII.

Quels font les fujets, qui ont difpofition naturelle à recevoir les
efpeces de fruits chacune en fon particulier, & n'en
peuvent recevoir d'autres.

LEs fruits dont il eft queftion fur le fait des greffes, fe
reduifent à ce que nous connoiffons fous les noms de
Poires, Pommes, Prunes, Pêches, Cerifes, Figues, Azeroles, Pommes de coin, Raifins, Amandes douces: on y
pourroit même ajoûter des Nêfles, quoy que peu d'hon-

nêtes gens en foient curieux ; à l'égard des Oranges, Ci-
trons & Grenades, j'en ay afsez amplement écrit dans le
traité des Orangers ; les Grofeilles, Framboifes, Melons,
Fraifes, Avelines ne font point de cette categorie des fruits
où la graifse puifse être de quelque utilité : les Poiriers fe
greffent heureufement fur les fauvageons de Poiriers venus de fouches dans les Bois & dans les Forefts, & ce font
les meilleurs fruits pour greffer, fur tout en fente les Arbres nains, ils ne font pas propres pour être greffez en
Ecufson, leur écorce eft trop épaifse pour cela ; ces fauvageons font bons auffi pour les Arbres de tige greffez en
fente. Les fauvageons venus de pepin en pepiniere, & les
rejettons qui fortent de racines de vieux pieds de Poiriers
dans les vergers font encore bons pour greffer des Poiriers, foit en Ecufson quand ils font fort jeunes, foit en
fente quand ils font devenus gros ; mais ils font beaucoup
meilleurs pour les Arbres de tige que pour les Arbres
nains : les uns & les autres font trop vigoureux pour demeurer bas, & afsujettis à la dureté de la taille.

Les Coignafsiers, fur tout ceux qui font bien fains, qui
font de grandes feüilles & de beaux jets, & ont l'écorce
lifsé & noirâtre (on les appelle femelles, comme on appelle mâles ceux qui paroifsent ridez & retirez ; pour moy
je n'admets point en cela cette difference de noms, c'eft
un fait de vegetation, où je ne diftingue que par le plus ou
le moins de vigueur en chaque pied)ces fortes de bons Coignafsiers dis je, réüffifsent auffi merveilleufement bien pour
y greffer en Ecufson la plûpart des Poiriers qu'on veut tenir en Efpalier ou en Buifson : ils vont même quelquefois
jufqu'à devenir Arbres de tige, pourvû qu'on les plante le
long des murs, autrement ils font fujets à fe décoler, c'eft à
dire fe feparer net à l'endroit de la greffe par les grands
orages de vents ; la fente n'eft prefque jamais propre pour
ces fortes de fujets, à moins que les Coignafsiers ne foient
afsez gros pour pouvoir bien ferrer la greffe, & encore ne
s'en faut il fervir que fort rarement ; *nota* qu'il y a quelques
efpeces de Poiriers qui ont peine à prendre fur les Coignafsiers, par exemple les Bon-Chrêtien d'Efté mufqué,
les Portail ; j'ajoûte enfin que les Poiriers greffez ont, pour
ainfi

ainſi dire cette complaiſance les uns pour les autres, que
de ſe ſervir reciproquement de ſujets pour le changement
des greffes ; il y en a cependant quelques-uns qui ſont re-
vêches & indiſciplinables à cet égard, par exemple les
Poiriers des groſſes queuës ; on greffe quelquefois des
Poiriers ſur des Pommiers, ſoit Sauvageons, ſoit Paradis, & ſur de l'Epine blanche, & ſur des Neffliers, mais
communement, ou ils ne ſont point de durée, ou ils ne
ſont que languir ; il y a ſans doute une maniere d'An-
tipatie à l'egard de leurs ſeves, ſi bien quelles ne ſe
peuvent mêler enſemble, & ne ſouffrent aucun commerce de greffes.

La même choſe que j'ai dite, tant pour les Sauvageons
de Poiriers, que les Coignaſſiers à l'égard des greffes de
Poiriers qu'on y fait heureuſement, ſe doit dire des Sauvageons de Pommiers venus, ſoit de ſouche ou de pepin, ou des rejettons des racines de vieux Pommiers,
& pareillement des petits Pommiers de Paradis, à l'é-
gard des Pommiers qu'on y veut greffer, avec cette ſeule difference, qui paroît ſurprenante entre les Coignaſſiers & les Paradis, que les Pommiers de Paradis, pour
peu qu'ils ſoient gros, réüſſiſſent merveilleuſement à être
greffez en fente, & rarement réüſſiſſent ils à être greffez en Ecuſſon, au lieu que tout le contraire ſe pratique
en fait de Coignaſſiers.

De plus les Sauvageons de Pommiers quels qu'ils ſoient,
& de quelque maniere qu'on les greffe, ſont propres pour
faire des Pommiers de tige ou de grands Ecuſſons échapez, mais il ne le font nullement pour faire des Pommiers
nains, il en eſt tout autrement des Pommiers de Paradis,
& ainſi il ne faut jamais planter de Pommiers pour demeurer nains & occuper peu de place, à moins qu'ils ne
ſoient greffez ſur Paradis ; ceux cy ſont promptement du
fruit, & pouſſent peu de bois, les autres ſont trés long-temps
à ne faire qu'une trés grande quantité de gros bois, qui
en fait des Arbres d'un volume exceſſif, & ne ſe mettent
que trés difficilement à fructifier, les Pommiers qu'on ha-
zirde de greffer ſur Poiriers, ou ſur Coignaſſiers, ſont
auſſi malheureux pour la réüſſite, que les Poiriers qu'on

Tome II. L

*Insere daph-
ne pyros,car-
pent tua po-
ma nepotes
Virg. Georg.*

hazarde de greffer sur Pommiers, ou sur Paradis , quoique le Poëte paroisse d'un sentiment opposé ; mais je crois plûtôt qu'il prend indifféremment pour tout ce qui regarde les fruits à pepin , les termes de *pirus* , *pirum* , *pomus* , *pomum.*

Les Pruniers ne se greffent, ny en fente, ny en Ecusson que sur d'autres Pruniers , & particulierement sur un petit nombre d'espece, par exemple sur des Saint Julien, des Damas noir , des Cerizettes, &c. & réüssissent fort peu sur les bonnes especes, par exemple sur des Perdrigons, des Prunes d'Abricot, de Sainte-Catherine, &c. J'ay greffé quelquefois des Pruniers en fente sur de gros Amandiers, & qui ont assez bien fait, mais pour un qui me reüssissoit il y en avoit beaucoup de perdus, & ainsi il y a peu d'avantage à faire ces sortes d'epreuves.

Les Pêchers pour bien faire à la greffe doivent premierement estre greffez en Ecusson, & rarement en fente, au moins dans nos climats ; en second lieu ils doivent estre greffez à œil-dormant, & cela dans les temps propres & convenables, comme nous avons dit cy dessus ; & que ce soit sur des Pruniers de Saint Julien, ou de Damas noir, ou sur des Abricotiers déja greffez , ou sur de jeunes Amandiers de l'année, il n'en réüssit guéres sur des noyaux d'autres Pêchers ou d'Abricotiers, les Peschers n'ont pas plus de bonne fortune à estre greffez sur les principales especes de Prunes que les Pruniers eux-mémes, comme nous avons déja dit ; les Peschers greffez à la pousse au mois de Juin, sont plus sujets à tromper l'esperance du Jardinier qu'à la confirmer, car ou l'Ecusson perit de la gomme sans avoir poussé , ou souvent il perit méme aprés avoir poussé, ou enfin comme il ne pousse d'ordinaire que fort foiblement pendant ce premier Esté, il perit l'Hyver ensuite par les frimats & par les glaces, & ainsi il n'en faut guéres greffer que par occasion , & sur des sujets qui demeureroient inutiles sans cela.

Parmy ce qu'on appelle vulgairement Cerises,nous contons des Merises tant blanches que noires, des Guignes blanches, des Guines noires, autrement des cœurs de Cerises précoces ,des Cerises hâtives, des Cerises tardives,des

Griots, des Bigareaux, des Ceriziers de pied , des Céri-
rizes blanches.

Toutes ces sortes de Cerises se greffent à la reserve des
Merises qui n'en valent pas la peine , mais en revanche les
Merisiers , & sur tout les blancs qui naissent à la Campagne & dans les vignes des rejettons les uns des autres
servent de fort bons sujets pour être greffez des autres
principales especes ; sçavoir Cerises hâtives & tardives,
Guignes , Griottes , Bigarreaux , &c. Les Cerisiers de pied
sont d'assez bonnes Cerises , & servent pour estre greffez ,
particulierement de Cerises precoces , qui sont une espece
de Cerise mediocrement grosse , qu'on ne met guéres
qu'en Espalier , pour y faire promptement du fruit , c'est
sa precocité toute seule , qui fait son merite par la nouveauté , on ne la regarde plus , dés que les belles Cerises
qui viennent bien-tôt a prés ont commencé de paroître ;
les Cerises precoces ne demandent pas des sujets fort vigoureux , comme font les Merisiers qui ont beaucoup plus
de disposition à pousser une infinité de bois , qu'à faire
promptement du fruit.

On peut greffer des Figuiers si on veut ; mais comme
j'ay dit dans le Traité du choix des Figues , il y a peu
d'avantage à les greffer.

Les Azeroles se greffent particulierement , soit en Ecusson , soit en fente sur 'Epine blanche ; on en greffe aussi
quelquefois sur de petits Sauvageons de Poiriers , qui réüssissent assez bien , & quelquefois sur des Coignassiers , &
des Poiriers greffes , mais le succez n'en est pas trop certain.

A l'égard des Pommes de coin on ne s'avise guéres d'en
greffer , attendu que les Coignassiers font si aisément du
fruit d'eux mêmes ; ils se peuvent cependant greffer les
uns sur les autres. Ainsi on greffera des Coignassiers de
Portugal sur ceux de France , on en peut greffer aussi sur
des Poiriers , soit greffez , soit Sauvageons.

La Vigne ne se greffe que sur de vieux seps d'autre Vigne , & ne se greffe qu'en fente ; on les étronçonne exprés
pour cela , & quand la greffe est faite ; il faut couvrir de
terre l'endroit étronçonné, sans couvrir neanmoins les ra-

L ij

meaux greffez, l'ardeur du Soleil, & la sécheresse feroient perir la greffe si on la laissoit à l'air comme les greffes en fente des autres Arbres ; il y a cela de particulier dans la greffe en fente de la Vigne , que cette greffe se met indifferemment, soit dans le milieu, soit sur les cotez de la souche étronçonnée , ce qui ne se peut pas faire à tous les autres Fruitiers greffez en fente , comme nous avons remarqué cy dessus.

Les Neffliers se greffent , soit sur des pieds d'autres Neffliers , soit sur une épine blanche , soit sur Sauvageons de Poiriers , soit sur Poiriers greffez , soit sur Coignassiers.

Les Amandiers , soit à coquille dure , soit à coquille tendre viennent plus ordinairement d'Amandes mises en terre ou en greffe , si on veut les uns sur les autres.

CHAPITRE XVI.

Des Pepinieres d'Arbres Fruitiers.

IL est bon de dire au commencement de ce Chapitre que nos Pepinieres demandent une terre qui soit bonne , meuble en bon labour , & qui ait au moins deux pieds & demy de profondeur ; les rangs d'Arbres s'y mettent de deux à trois pieds de distance les uns des autres , selon que les Arbres en sont ou plus ou moins gros , & les Arbres s'y mettent dans les rangs à un pied & demy , deux & trois pieds les uns des autres , & toûjours suivant la proportion de leur grosseur ; les Amandiers sont de tous les Sauvageons ceux qu'on presse le plus dans les rangs ; or de ce que j'ai déduit dans le Chapitre precedent pour toutes les especes de fruits à greffer , il est facile de juger quelles sortes de sujets sont propres pour faire des pepinieres de chaque sorte de fruit.

Premierement pour les Poires il faut planter des Sauvageons pris dans les taillis & dans les forêts , ou des Sauvageons venus de pepin , ou de ceux que les racines de vieux Poiriers poussent d'elles-mêmes , ou enfin planter des Coignassiers , & que tout cela paroisse bien conditionné ; tant par les racines que par la tige.

En second lieu pour la pepiniere de Pommiers si on en
veut faire de tige, on plante d'assez gros Sauvageons pris
dans les bois & les forêts pour les greffer en fente, ou des
Sauvageons venus de pepin qu'on greffe en Ecusson quand
ils ont la grosseur de deux pouces; & qu'on laisse venir
grands ensuite, pour être Arbres de tige; & si on veut
faire une pepiniere pour Buisson, il faut planter des Pommiers de paradis, & les planter seulement à un bon pied l'un
de l'autre dans les rangs; la raison de cette proximité est
fondée sur le peu de racines que font ces sortes de petits
Pommiers, qui par conséquent ne demandent pas grande place pour être élevez.

En troisiéme lieu pour faire la pepiniere de Pruniers, il
ne faut uniquement que des rejettons de certains Pruniers, sçavoir saint Julien, Damas noir, Cerisette; on
greffe en fente ceux qui sont assez gros pour la souffrir,
& on greffe en Ecusson les mediocres.

En quatriéme lieu, les bonnes pepinieres pour Pêchers,
doivent être des Pruniers de saint Julien, & de Damas
noir qu'on greffe à œil dormant dans les mois de Juillet
& Aoust, ou d'Amandiers jeunes, c'est-à-dire d'Amandiers venus d'Amandes mises l'Hyver en bonne terre, &
devenus au mois de Septembre ensuite de la grosseur d'un
demy pouce, pour être greffez à œil dormant dans ce
tems là, les vieux Amandiers de deux & trois ans sont
presque toûjours inutiles à greffer.

En cinquiéme lieu, pour faire Pepiniere des fruits à
noyau rouge, sçavoir Cerises, Griottes, Bigarreaux, il
n'y a de sujets propres que les Merisiers à Merises blanchâtres, ceux qui les font noires ont d'ordinaire la seve si
amere, que les greffes des bonnes Cerises n'y prennent
pas, ou languissent toûjours.

Les Cerisiers de pied peuvent veritablement servir pour
greffer les bonnes Cerises, mais elles n'y sont pas si propres, que pour être greffées de Cerises précoces.

En sixiéme lieu les Pepinieres de Figuiers se font de petits rejettons sortis des pieds des vieux Figuiers, ou de branches de deux ans couchées en terre, & en taillées à l'endroit le plus courbe qu'on a couché dans cette terre.

En feptiéme lieu pour la Pepiniere d'Azeroles il ne faut que de l'épine blanche, & quelque peu de Coignaffiers.

En huitiéme lieu on ne fait point de Pepiniere de Vigne, ce n'eft guéres que fur des vieux pieds en place qu'on s'a-vifé de greffer.

Enfin pour les Neffliers perfonne ne fait guéres de Pepi-niere particuliere; pour peu qu'on en ait, on en eft fuffifam-ment fourny, une douzaine au plus de Neffliers fauvages, ou d'épine blanche, ou de Coignaffiers, font capables de faire la provifion des plus grands Jardins.

Devant que de paffer à la fixiéme Partie, je croy qu'il n'eft pas tout-à-fait hors de propos de dire mon avis fur les differentes manieres de treillage, afin qu'on fe deter-mine d'abord à prendre celle que j'eftime le plus, & qui franchement eft auffi la plus noble & la plus commode.

CHAPITRE XVII.

Differentes manieres de treillage, dont on fe fert pour paliffer.

DU moment que nous avons penfé à une clôture de murailles pour nôtre Jardin, fans doute nous avons voulu auffi y faire des Efpaliers, & par confequent nous avons dû y preparer les chofes neceffaires pour palif-fer proprement & commodement les Arbres qu'on y doit planter.

La premiere obfervation que j'ay à faire à cet égard, eft qu'on ne fçauroit avoir trop de précaution pour faire bien crépir les murailles, ou pour les faire enduire de plâtre, quand on en a la facilité telle qu'elle eft aux environs de Paris; car enfin il faut empêcher qu'il ne refte nulle part de ces petits trous où fe nichent les rats, les mulots, les laires, les colimaçons, les perçoreilles, & autres infectes qui defolent les fruits, & d'ordinaire attaquent les plus beaux & les meilleurs, & par là donnent des chagrins continuels à nos curieux.

Quand les murs font crépis de plâtre, on a la facilité de paliffer avec du clou & des morceaux de cuir de mouton

ou de chamois coupé en laniere , ou avec des morceaux de
lifieres d'étoffe , les unes & les autres larges d'un demy
doigt , & pour s'en fervir on fait un grand nombre de petits morceaux de ces lanieres , ou lifieres de la longueur
d'environ un doigt , & s'étant muni d'un petit tablier à
deux poches , on met ces morceaux ainfi taillez dans
l'une,& du clou dans l'autre , on envelope la branche d'un
de ces morceaux de laniere , on appproche la branche de
l'endroit où l'on la veut appliquer , enfuite on prefente le
clou aux deux extremitez de ces lanieres pliées & placées
par le deffous de la branche , & avec un petit marteau
qu'on doit avoir , on frappe de maniere que ce clou perçant la laniere , & entrant dans le plâtre y attache là cette
branche pour faire la figure de nôtre Efpalier, & cette maniere de palifler eft affez agreable , mais elle eft longue à
faire , ces lanieres peuvent durer un an ou deux ; ce qu'on
leur peut reprocher , eft que quelquefois elles font caufe
d'un accident , en ce que les perçoreilles s'y refugient de
jour , & en fortent la nuit pour faire leur ravage.

Quand on n'a pas voulu fe fervir de ces lanieres , on a
effayé trois ou quatre autres manieres de palifler , les uns
en toute forte , & fur tout en celles de terre ou bauge
comme on fait en Beauffe & Normandie , on fait fceller
de diftance en diftance des morceaux de chevron dans les
murs d'environ deux pouces pour y attacher des lates , ou
des échalas , ou des Perches , ou des Baguettes , les autres
y ont fait fceller des os de cheval ou de bœuf, pour appuyer
les Perches deffus , & les y lier , & c'eft à ces Perches qu'ils
attachent par ce moyen là les branches de leurs Arbres,les
autres ont fait fceller une infinié d'os de pied de mouton
fort prés à prés,& en ligne droite , & s'en fervent pour lier
à chacun une branche de leurs Efpaliers; quelques-uns ont
fait un treillage de lates étroits cloüées les unes aux autres par quarrés de dix à douze pouces chacun , & ce
treillage étant fait par toifes , ou demy toifes feparées , ils
les appliquent & attachent aux murailles avec des clous à
crochets , qu'on fait entrer dans les joints des pierres , c'eft
un ménage qui n'eft pas mauvais, mais il n'eft guéres ny
honnête , ny noble.

Quelques-uns allans encore davantage au bon marché se font avifez de faire un treillage avec du fil de laton, ou du fil de fer de moyenne groffeur, ce fil foûtenu par des clous à tête plate, fichez ou fcellez dans les murs; d'autres fe font contentez de mettre feulement des lignes droites de ce fil de fer, foit comme de fimples montans, foit comme de fimples traverfes: ces dernieres manieres paroiffent affez propres, mais elles ne font guéres bonnes, tant parce qu'elles ne font pas affez folides, fibien que les groffes branches qu'il faut quelquefois forcer, les rompent ou les allongent, que parce que ce fil eft fujet à bleffer & écorcher les branches qui font jeunes, & par confequent tendres, & ainfi leur font venir de la gomme qui les fait perir, joint que les jeunes branches fe gliffent trop facilement derriere ces fils, d'où il n'eft pas aifé de les retirer fans les gâter.

La meilleure maniere de toutes, la plus commode, & la plus noble, eft de faire un treillage d'échalas, qui foit de bois de quartier, ou de cœur de chêne, chaque échalas doit être d'un pouce en quarré, & tant que faire fe peut doit être fans nœuds; il faut qu'ils foient bien planes, & navrés, même aux endroits qui demandent de l'être; les échalas, qui ne font pas planez, font groffiers & fort vilains à voir; j'avouë que ce treillage coûte d'abord plus que les autres, mais il eft de plus longue durée, & eft fujet à moins d'entretien: regulierement la toife quarrée de ce treillage revient à 25. 26. 27. & 28. fols pour le bois, la façon du bois, le fil, la peine de l'Ouvrier.

Pour bien faire ce treillage, il faut avoir des crochets de fer faits exprés pour cela, ils font quarrez, leur épaiffeur eft d'environ un quart de pouce, & leur longueur eft d'un demy pied, fans conter le bout qui remonte à angle droit à l'extremité de dehors, & qui doit avoir environ un pouce & demy de long; l'extremité qui doit entrer dans le mur doit être fenduë en deux petites branches écartées l'une de l'autre pour tenir plus folidement dans le mur, dans lequel elle doit entrer d'environ quatre pouces, c'eft affez qu'il en refte deux en dehors.

Les crochets coûtent d'ordinaire un fol piece, on les

efpace

espace de trois en trois pieds , & toûjours en échiquier , à commencer le premier rang à un pied prés de la superficie de la terre , & continuer jusqu'au haut du mur ; les rangs de crochets doivent être mis sur une ligne fort droite , & être tous paralelles les uns aux autres , & voilà tout ce qui regarde les crochets.

A l'égard des échalas , on n'a qu'à aller chez les Marchands de bois , on y en trouve de differentes longueurs, sçavoir de quatre pieds & demi, de six, sept, huit, & neuf ; on en fait quelquefois de douze pieds , mais rarement , parce qu'il est trop difficile de fendre de si longues pieces de bois : on en prend de la longueur qu'on veut , suivant la hauteur des murs qu'on veut garnir ; on les vend à la bote , celle de quatre pieds & demi coûte onze sols , & en contient quarante ; celle de six coûte douze sols , & en contient vingt-cinq ; celles de sept , huit , & neuf en contiennent aussi vingt-cinq, & coûtent un peu davantage.

Il est plus propre , & plus utile de faire les montans tous d'une piece quand on peut ; mais il n'est pas mal de les faire de deux ou trois échalas tels qu'on les peut avoir , & il en coûte beaucoup moins : on les joint fort proprement l'un à l'autre en aplanissant & proportionnant juste les extremitez qu'on veut marier l'un à l'autre , & aprés cela on le lie bien serré avec du fil de fer , & pour faire ce lien on se sert de petites tenailles faites exprés , avec lesquelles on tire à soi le fil de fer , & on le tord ; on tourne en tirant jusqu'à ce que la ligature paroisse assez forte , & ensuite on rompt le bout prés du nœud , & avec la tête de la tenaille , on frappe ce nœud par en bas contre l'échalas , pour empêcher qu'il ne déborde , car autrement il pourroit blesser le Jardinier , ou la branche.

Dans la botte d'échalas il est à propos de prendre les plus droits , & les moins forts pour faire les montans qui paroissent toûjours en dehors , mettant cependant par en haut le plus gros bout de ce montant , & on employera les plus forts à faire les traverses qui soûtiennent tout l'ouvrage ; regulierement les quarrez ou mailles de treillage doivent être de sept à huit pouces , ils sont vilains , si on les fait de dix & de douze pouces , & ils me paroissent trop petits pour des Espaliers , si on fait les mailles de cinq à six , on peut les employer pour ces sortes de cabinets de Jardinage, qui depuis quelque temps sont venus à la mode ; un bon faiseur de treillage doit toûjours avoir en main sa mesure réglée pour ses mailles , & l'appliquer soigneusement chaque fois qu'il fait un quarré ; il doit laisser un bon pouce de jeu entre l'échalas & la muraille , & si par hazard les crochets se trouvent trop courts , il doit se servir d'un coin de bois pour le tenir entre l'échalas & le mur , afin d'avoir plus de liberté pour y passer les fils d'archal.

Ce n'est pas assez que pour les yeux ce treillage paroisse proprement fait, il faut par-dessus cela qu'il soit solide , & on connoît s'il est assez, en prenant d'une main un côté de maille, & la secoüant ; car elle doit résister pour donner lieu de dire que l'ouvrage est bon.

Je ne veux pas oublier d'avertir que dans les encoigneures il ne faut qu'un seul montant pour joindre ensemble les deux treillages des deux murs qui se joignent , il y auroit de la mal propreté si on en mettoit deux , l'un pour un pan de mur , & l'autre pour l'autre.

La derniere perfection de nôtre treillage consiste à être peint en premier lieu d'une couche de blanc de ceruse , & quand cette couche est séche, il en faut mettre une seconde qui soit d'un beau verd de montagne.

On ne se contente pas seulement de faire du treillage appliqué aux murs, on en fait quelquefois pour une maniere de contre Espalier ; & ce treillage se fait de quatre, cinq, ou six pieds de haut comme on veut ; pour le rendre solide il faut que de six en six pieds il y ait des pieux de chênes de quatre pouces en quarré , & qu'ils soient enfoncez d'environ un bon pied avant dans la terre , & que l'extremité de dehors soit pointuë pour durer plus long-temps , car si elle étoit quarrée , l'eau de pluye s'y arrêteroit , & la feroit pourrir ; du surplus pour la grandeur , & pour le lien du fil d'archal , les mailles doivent être semblables à celles des Espaliers, avec cette seule différence , qu'aux contr'Espaliers les échalas doivent être attachez avec des clous dans le corps du pieu , qui pour cet effet, doit être entaillé pour recevoir ces échalas.

Fin de la cinquiéme Partie.

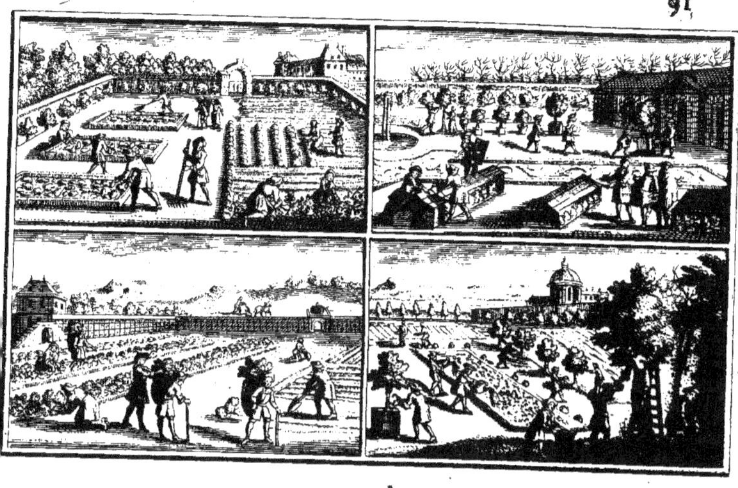

SIXIÉME
ET DERNIERE PARTIE
DES
JARDINS FRUITIERS
ET POTAGERS.

DISCOURS PRE'LIMINAIRE.

De la culture des Potagers.

IL n'y a rien, ce semble moins inconnu que tout ce qui regarde la culture des Potagers, elle a été universellement pratiquée dans tous les siécles, & presque dans tous les climats du monde ; le soin de multiplier dans des lieux particuliers les Herbages & les Légumes que la nature avoit produits pêle mêle dans le milieu des champs, & que les premiers hommes avoient employez pour leur unique subsistance ; ce soin, dis-je, a fait

& continuë encore de faire l'occupation d'un grand nombre de toute forte de gens ; en effet combien en voyons-
nous, qui las & ennuyez, foit de la fatigue de la guerre
& des Charges publiques, foit de l'oifiveté des Villes, & de
la Cour ont pris le parti de fe retirer à la Campagne, pour
y aller, comme dit le Proverbe, planter des Choux ; combien d'autres y en a-t il qui fe font un plaifir extrême de
faire manger des Salades & des Herbes de leurs Jardins,
foûtenans hardiment qu'elles font beaucoup meilleures que
celles des Marchez & des Jardins ordinaires ; & ainfi puifqu'il eft vrai que de tout temps on a fait des Potagers, n'ay-
je pas lieu de craindre qu'il ne paroiffe d'abord, ou ridicule, ou inutile, que j'en aye voulu joindre ici un Traité
particulier.

Beatus ille qui procul negotiis, ut prifca gens mortalum paterna rura bobus exer- cet fuis, &c. Horat Epod. 2.

Je ne veux point difconvenir, que prefque auffi tôt qu'il
y a eu des hommes fur la terre on n'ait eu quelque maniere de Potagers, & que dans la fuite des temps la curiofité
ne s'en foit extrêmement augmentée ; je n'ai garde de
vouloir avancer que ce foit feulement de nos jours qu'on
feme des Salades & des Racines, qu'on plante des Choux
& des Artichaux, & qu'on éleve des Concombres & des
Melons, &c. Je fçai trop bien que l'intelligence pour toutes ces fortes de Plantes a été connuë de nos Peres, &
qu'il n'eft pas jufqu'à la plûpart des Païfans, & du menu
Peuple des Villes qui n'en ait quelque teinture ; & même
j'avouë de bonne foi que la connoiffance que j'ai fur le
fait des Potagers, me vient particulierement d'avoir eu
de frequens entretiens avec ce qu'on appelle vulgairement
d'habiles Maréchez ; mais je dóis ajoûter que, comme le
Potager pris en général comprend la culture d'un grand
nombre de differentes fortes de Plantes, il n'y a prefque
point de Jardinier qui ait tâché de réüffir généralement en
toutes ; il eft d'ordinaire arrivé que l'un s'eft appliqué fingu-
lierement à une partie, laquelle il a bien faite, & a négligé
le furplus ; l'autre s'eft appliqué à ce qui avoit été négligé
par fon voifin, & y a réüffi, négligeant de fon côté ce
que ce voifin faifoit avec beaucoup de fuccés : les differens
appetits des hommes, & fur tout les differens degrez de bonté des terroirs, & des climats ont été les véritables caufes de

ces differences d'aff.ctations à l'égard de la culture des
Plantes potageres.

Or comme il est sans doute necessaire que le Jardinier,
qui est destiné à faire le Jardin d'un homme, s'acquitte
également bien de toutes les parties du Potager, en sorte qu'il puisse fournir lui seul tout ce qu'un bon Potager
doit produire, sans qu'au moins il lui manque rien de ce
qui en est le plus important, & que d'ailleurs il est expedient que cet homme sçache exactement ce que dans chaque mois de l'année il doit attendre de son Jardin par
l'industrie de son Jardinier, & qu'il connoisse en même-
temps quel est l'ouvrage particulier de chaque saison; je
me suis étudié à ne rien oublier ici de tout ce que l'un & l'autre doivent sçavoir, l'un pour contenter en s'acquittant fort
bien de son devoir, & l'autre pour être content, quant en
effet il a sujet de l'être; c'est ce qui fait que pour répondre à
ceux qui voudront me demander qu'est ce que je prétends
dire de nouveau dans une matiere que j'avoüe être si connuë.

Je dirai premierement la même chose que j'ai établie
dans toutes les parties de mon ouvrage; c'est à sçavoir
que je n'écris pas ici pour les Jardiniers qui le font de profession, & qui y sont habiles; mais que j'écris autant pour
ceux qui le veulent devenir, que pour les honnêtes gens curieux de Jardinage; je sçai sûrement qu'il y en a beaucoup qui estiment que cette science (dont le détail leur
est inconnu) n'est pas indigne de leur curiosité, & qu'ils
font même persuadez qu'elle pourra leur donner du plaisir aussi-bien que de l'utilité, je sçai encore, que sur tout
ces honnêtes Jardiniers ne peuvent pas se donner autant de fatigue que je m'en suis donné pour y acquerir
quelques lumieres, & que partant il leur sera assez doux
de profiter sans peine de l'étude que j'ai faite, & de trouver ici un recüeil exact & fidele de tout ce qui regarde
cette matiere.

Je répondrai en second lieu, que mon dessein est d'a-
breger de grands chemins aux jeunes gens, qui cherchans
à s'instruire au Jardinage, voudroient bien que ce ne fût
pas seulement par voir faire) attendu que ce chemin est

long & incertain , mais ils voudroient s'inſtruire par régles & par principes, ce que je crois ſe pouvoir faire en peu de temps , & par des voyes courtes & aiſées.

Je répondray en troiſiéme lieu , que je mets ici de certaines experiences particulieres , leſquelles j'ai faites avec ſuccés , & qui ne me paroiſſent pas avoir encore jamais été faites ; il me ſemble pouvoir dire qu'elles ont eu trop d'approbation, pour ne meriter pas d'être divulguées.

Je répondrai enfin , que mon intention eſt de faire que le lieu qui eſt deſtiné à devenir potager , ſoit ſi bien ordonné en toutes ſes parties, que non ſeulement chacune faſſe ſon devoir à l'égard des productions, mais que même par l'œconomie de ſa diſpoſition le tout enſemble ſoit en état d'attirer des ſpectateurs, & de réjoüir en tout temps la vûë des curieux.

Voilà pourquoi je me propoſe de ſuivre ici exactement le plan que je me ſuis fait , & que j'ai expliqué à l'entrée de ces Traitez de Jardinage, & par conſequent je m'en vais dire.

Premierement, tout ce qui généralement parlant ſe doit trouver dans toutes ſortes de bons Potagers, à quoi j'ajoûterai une deſcription des graines , & autres choſes qui ſervent pour la production & multiplication de chaque plante en particulier.

En ſecond lieu, j'expliquerai non ſeulement ce qu'on doit tirer d'un potager dans chaque mois de l'année , mais auſſi quel doit être l'ouvrage des Jardiniers dans chacun de ces même mois, & à ces deux articles j'en joindrai un troiſiéme, pour faire ſçavoir ce qu'en tout temps on doit trouver dans quelque potager que ce ſoit, & juger par là s'il n'y manque rien , ou s'il y manque quelque choſe.

En troiſiéme lieu, j'expliquerai quelle ſorte de terre , & quelle culture ſont propres à chaque ſorte de plantes, pour faire qu'elles y viennent excellentes, & comme il y en a qui ſe ſement , les unes pour demeurer toûjours au même endroit, & les autres pour être abſolument tranſplantées , & qu'il y en a auſſi quelques unes qui ſe multiplient ſans être ſemées, je marquerai en même temps ce qui regarde les unes & les autres, ſoit pour les ſaiſons de les ſemer & planter, ſoit pour la maniere de les perpetuer.

J'expliquerai en quatriéme lieu , combien de temps chacune occupe utilement sa place , & qui sont celles qui ont
besoin d'aller dans la serre pour fournir pendant l'hyver ,
& qui sont celles qui par le secours de l'industrie sont produites malgré les gelées.

En cinquiéme lieu , j'expliquerai combien de temps chaque sorte de graine se peut garder sans devenir inutile , car
en cela elles n'ont pas toutes la même destinée.

CHAPITRE PREMIER.

*Ce qui doit être dans un Potager raisonnablement grand pour le
rendre parfaitement bien garni.*

TOut le monde convient , qu'il n'est guéres de jours dans
l'année où l'on se puisse passer du secours des Potagers,
soit que dans la belle saison les plantes tiennent encore à la
terre qui les a produit , & qu'on n'ait qu'à les y aller prendre,
soit que devant la rigueur de l'Hyver on en ait arraché quelques-unes, pour les réfugier dans les serres comme dans des
lieux de sûreté , car enfin le grand froid rend non seulement
la terre infertile pour un temps , mais même il détruit une
grande partie de vegetaux , qui sont assez malheureux pour
se trouver en son chemin , il s'ensuit donc , que dans chaque
jour de l'année il faut necessairement , ou prendre dans
son Jardin les choses dont on a besoin , ou les avoir d'ailleurs , soit par la liberalité de ses amis , soit plus communément par le commerce du marché.

Pour avoir tout d'un coup la connoissance de cet agréable
secours qu'on peut tirer de ce potager , je commence à faire
ici une maniere d'inventaire Alphabetique de tout ce qu'un
tel Jardin doit & peut fournir pendant tout le cours de l'année.

A

ABsinthe pour les bordures.

Ache.

Ail.

Alleluya.

Alfange.

Anis.

Artichaux , tant verts que violets, ou rouges.

Asperges.

B

BAulme.

Basilic , tant le grand que le petit.

Beteraves.

Bled de Turquie.

Bonne-dame.

Bourdelais , autrement verjus , tant le rouge que le blanc.

Bourrache.

Buglose.

C

CApres ordinaires. Capres capucines , autrement nasturces.

Caprons.

Cardes d'Artichaux.

Cardes de poirée.

Cardons d'Espagne.

Carottes.

Celeri.

Cerfeüil musqué.

Cerfeüil ordinaire.

Champignons.

Chasselas.

Cherüis.

Chicorée blanche , qui est la domestique , tant la frisée , que celle qui ne l'est pas.

Chicorée sauvage.

Chicons.

Choux de toutes sortes , sçavoir , Choux pommez , Choux fleurs , Choux pancaliers , Choux de Milan , Choux frisez , Choux verts , Choux blonds, choux violets , &c.

Ciboulles.

Citroüilles.

Cives d'Angleterre.

Corne de Cerf.

Costons d'Artichaux.

Concombres , soit verts , soit blancs , & tant ceux qui sont bien faits , que ceux qui ne le sont pas , & qu'on apelle cornichons.

Couches , tant pour les Salades & les Raves Printannieres , & pour les premieres Fraises , que pour les Melons , & Concombres, & Champignons, & même pour élever pendãt l'hyver quelques fleurs , & autres plantes à replanter

en

en terre , & pour avancer de l'Oſeille , des Laituës pommées, &c.
Creſſon alenois.

E

E Schalottes.
Eſpinars.
Eitragon, &c.

F

F Enoüil.
Feves , tant celles de marais, que de Haricot.
Fournitures de ſalades qui ſont le Baulme , l'Eſtragon , la Paſſepierre , la Pimprenelle , les Cives d'Angleterre, le Fenoüil, le Cerfeüil , tant l'ordinaire que le muſqué , le Baſilic , &c.
Fraiſes,tant les rouges que les blanches.
Framboiſes, tant les rouges que les blanches.

G

G Roſeilles , tant les piquantes que les rouges & les perlées.

H

H Erbes fines , ſçavoir Thim , Marjolaine ,

Tome II.

Lavande, Rhuë , Abſinthe , Hyſope , &c. & cela ſe met en bordures.

L

L Aituës de toutes ſortes, ſuivant les Saiſons , tant pour ſemer par raions afin de les couper petites, que pour pommer, & pour lier , ſçavoir la coquille , autrement laituë d'hyver , & la Laituë de la Paſſion , la Crêpe blonde, la Crêpe verte, la petite Laituë rouge , la Courte, la Royale, la Bellegarde , la Gennes, la Perpignane , la Laituë d'Aubervilliers , la Capucine qui eſt plus rougeâtre que l'Aubervilliers , l'Imperialle, & la Romaine, qui comprend les Chicons, tant les verts que les rouges , autrement nommés l'Alphange, & celles-là ſont pour lier.
Lavandes en bordures.
Laurier commun.

M

M Arjolaine en bordure.
Mâches.
Mauves & Guimauves.
Meliſſe.
Melons.

N

Muſcat , tant le blanc que le noir & le rouge.

Muſcat long, autrement paſ-ſe-muſquée.

N

N Avets.
Naſturce.

O

O Ignons, tant les blancs que les rouges.
Oſeille , tant la grande & la petite, que la ronde.

P

P Anais.
Paſſe-muſquée.
Patience.
Perce-pierre.
Percil , tant le commun que le friſé.
Perſil-Macedoine.
Pimprenelle.
Poirée.
Pois verts depuis le mois de May , qui ſont les hatifs , juſqu'à la Touſſaints.
Porreaux.
Pottirons.

Pourpier , tant le vert que le doré.

R

R Aves pendant le Prin-tems , l'Eſté & l'Au-tomne.
Réponces.
Rouë en bordures.
Rhubarbe.
Rocambole.
Romarin.
Roquette , qui eſt une eſpece de fourniture de ſalade.

S

S Corſonnere , autrement Salſifix d'Eſpagne.
Salſifix commun.
Sariette.
Sauge en bordure.

T

T Him pour les bordures.
Tripe-Madame.

V

V Iolettes en bordures.
Vigne.

CHAPITRE II.

*Contenant par ordre alphabetique la defcription des graines, & au-
tres chofes qui ferȳent pour la production & multiplication de
chaque plante ou legumes qui dependent du Jardin Potager.*

A

ABSINTHE ne fe multiplie que de graine, qui eſt afſez
bizarre dans fa figure, étant un peu couibée par l'endroit le plus menu , & un peu ouverte par l'autre bout , qui
eſt plus gros & plus rond , & fur lequel il y a une petite
tache noire fa couleur eſt jaunâtre par le gros bout , &
font extremité pointuë tire un peu fur le noir. On fe fert
tres-rarement de cette graine , parce qu'elle eſt tres difficile à vaner , étant tres-legere. C'eſt pourquoy lors qu'on
a befoin d'Abfinthe on fe fert plûtôt de fes bouttures &
marcottes qui font un peu enracinées.

ACHE ne fe multiplie que de graine qui eſt roufſâtre,
afſez grofſe , figure ovale , un peu ronde , & plus élevée
d'un côté que de l'autre , rayée dans fa longueur.

AIL , l'Ail eſt produit par une maniere de cayeux , qui
fe produifent en grand nombre dans la terre autour du
pied , & font tous enfemble une efpece d'oignon : on appelle ces cayeux des goufſes d'Ail , chaque goufſe eſt con-
cave par la partie de dedans , & convexe par celle de
dehors , ayant dans le bas une bafe platte , par laquelle elle tient à la fouche du pied , & de laquelle fortent les racines , & par en haut une extremité pointuë , par laquelle
fort le germe , quand au mois de Mars ou d'Avril on la
met en terre pour faire fa production.

ALFANCES forte de Laituës à lier ,
Voyez Laituës.

ALLELUYA eſt une efpece de trefle qui ne fe multiplie
que par des traînafses , ou rejettons qui fortent du pied ,
tout de même qu'il en fort des Violliers, des Marguerites , &c. Il fleurit blanc & ne graine point.

L'ANIS ne fe multiplie que de graine qui eſt afſez menuë, & d'un vert jaunâtre, longuette, en ovale rayée, cette ovale boſſuë d'un côté, elle reſſemble tout-à-fait à la graine de Fenoüil.

ARTICHAUX ne ſe multiplient ordinairement que par des œilletons, qui ſont une eſpece de cayeux qui naiſſent autour du cœur du pied, c'eſt à dire dans l'endroit qui ſepare la racine d'avec l'œil où ſe forme la tige qui produit la pomme d'Artichaux : ces œilletons ont commencé d'ordinaire à ſe former dés la fin de l'Automne, ou pendant l'Hyver quand il eſt doux : ces œilletons pouſſent leur fuülles au Printemps, c'eſt à dire à la fin de Mars, & dans le mois d'Avril, pour lors on foüille autour du pied de l'Artichaux, & on ſepare, ou detache du pied cet œilleton, & cela s'apelle œilletonner.

Il faut que pour être bon il ait le talon blanc avec quelques petites racines : les œilletons qui ont le talon noir, ſont vieux, & ne font que de petites pommes d'Artichaux au Printemps, au lieu que les autres attendent à en faire vers le mois d'Aouſt, de Septembre & d'Octobre, comme c'eſt l'intention du Jardinier.

On multiplie quelquefois les Artichaux avec de la graine qui ſe forme dans le cul de la pomme d'Artichaux, quand on le laiſſe vieillir, fleurir, s'ouvrir, & enfin ſe ſeicher vers la Saint Jean.

Quand à l'Automne on les lie, on les envelope de paille, ou de vieux fumier dans toute leur longueur, hors le bout d'en haut, on en fait blanchir le côton de la feüille, & cela fait des Cardes-d'Artichaux.

ASPERGES ne ſe multiplient que de ſemences, c'eſt à dire de graine qui eſt noire, un peu ovale, ronde d'un côté, & fort plate de l'autre, de groſſeur d'une groſſe tête d'épingle & qui ſe forme dans une cocque, ou coſſe ronde & rouge, de groſſeur ordinaire ; il y a quatre ou ſix graines dans chaque cocque, & ces cocques ſe forment l'Automne ſur la tête des pieds d'Aſperges qui ſont aſſez beaux & aſſez forts ; on ſeme quelquefois ces cocques toutes entieres, mais le mieux eſt d'avoir, pour ainſi dire, broyé, ou écraſé ces cocques pour en faire ſortir la graine : le temps de les ſemer eſt à la fin de Mars.

B

BAUME ne se multiplie que de traînasses qui sont comme autant de bras qui sortent de la touffe, & prennent racines, il se multiplie même de bouture, il ne graine point.

BASILIC, tant celuy de la grande espece, que celuy de la petite, ne se multiplie que de graine qui est d'un minime noirâtre & fort menuë, un peu ovale, lice, & ne se multiplie point autrement.

BETE-RAVES ne se multiplient que de graines qui sont grosses comme des Pois mediocre, elles sont rondes, mais toutes graveleuses dans leur rondeur, elles sont jaunâtres, & si semblables à celles de la Porrée, qu'on ne les sçauroit guéres distinguer les unes d'avec les autres, si bien que souvent on croit avoir semé des Betes-raves, & on n'a que de la porrée : on en replante à part pour les faire grainer.

Le graine du BLED de Turc est d'un rouge obscur, grosse comme un pois ordinaire, fort lice, ronde d'un côté, & un peu plate de l'autre, par où elle tient à son épi.

BONNE-DAME ne se multiplie que de graine qui est extrêmement plate & mince, ronde, & roussâtre.

BOURRACHE ne se multiplie que de graine qui est noire d'un rond un peu allongé en ovale bossée, ayant d'ordinaire un petit bout blanc du côté de la base, & ce bout tout separé du reste ; la longueur est toute comme entaillé des rayons noirs qui vont d'une extremité à l'autre.

BUGLOSE ne se multiplie que de graine qui est si semblable à celle de la bourrache, qu'on ne les sçauroit distinguer.

C

CAPRES capucines, *Voyez Nasturce.*
CAPRON, *Voyez Fraizes.*
CARDES de Porrée, *Voyez Porrée.*

CARDES d'Artichaux , *Voyez Artichaux.*

CARDONS d'Espagne ne se multiplient que de graine qui est longuette, ovale de grosseur d'un beau grain de Froment, elle est verdâtre, ou couleur d'Olive, marquée de traits noirs dans sa longueur, & se seme depuis la my-Avril jusqu'à la fin.

CARROTTES ne se multiplient que de graine qui sont petites en ovale, les bords tous garnis comme de petits rayons ou pointes longuettes fort menuës, un côté du plat de la graine est un peu plus élevé que l'autre, & tous deux sont marquez de rayes en longueur, le coloris est de feüille morte.

CELERY ne se multiplie que de graine qui est fort menuë, jaunâtre & longuette, rayée dans sa longueur en ovale un peu bossuë.

CERFEÜIL ne se multiplie que de graine qui est noire, fort menuë, & assez longuette, rayée dans sa longueur : elle vient sur les pieds de l'Automne, & se forme, & meurit dans le mois de Juin.

CERFEÜIL musqué ne se multiplie que de graine qui est longuette, noire & assez grosse.

CHERUIS ne se multiplie que de graine qui est en ovale, longuette, assez menuë & étroite, rayée dans sa longueur le coloris de feüille morte, d'un blanc grisâtre, plate par une de ses extremitez.

CHICORE'E blanche ne se multiplie que de graine qui est longuette, d'un gris blanchâtre, plate par une de ses extremitez & rondelette par l'autre, & se forme sur les pieds de l'année precedente : on la prendroit pour des brins d'herbe hâchée assez menu.

CHICORE'E sauvage ne se multiplie que de graine qui est longuette & noirâtre, & se forme de même que l'autre.

CHOUX de quelque nature qu'ils soient ne se multiplient que de graine qui est fort ronde grosse, comme des têtes d'épingle ordinaire, ou comme de la poudre à gyboyer, & est rougeâtre tirant sur le Minime brun.

CIBOULES ne se multiplient que de graine de grosseur de la poudre à canon ordinaire, un peu plate d'un côté, & à demy ronde de l'autre, & cependant un peu longue, en ovale, & blanche dedans.

L'Oygnon, tant le blanc que le rouge, & le Porreau ont leurs graines si semblables à celles des Ciboules, qu'il est tres-difficile de les distinguer les unes d'avec les autres, on seme de la Ciboule en tout tems.

Cives d'Angleterre ne se multiplient que de petits rejettons qu'elles font autour de leur touffe qui devient fort grosse par le tems, on separe du pied une partie de ses rejettons pour les replanter.

Citrouilles ne se multiplient que de graines qui font plates en ovale, & asez larges, blanchâtres, & comme fort proprement rebordées tout autour, à la reserve de la baze par où elles tiennent à la mere Citrouille quand elles ont été formées dans fon ventre.

Corne de Cerf ne se multiplie que de graine qui est une des plus menuës que nous ayons, elle est outre cela longuette & de couleur minime fort obscure, elle se forme dans une maniere de queuë de rat.

Cresson alénois ne se multiplie que de graine qui est d'une ovale longuette, menuë, d'un jaune orangé.

Conconbres ne se multiplient que de graine qui est ovale, un peu pointuë par les deux extremitez dont l'une qui fert de baze l'est un peu moins que l'autre par où fort le germe, elle est mediocrement épaisse, de couleur blanchâtre, & se recuëille dans le ventre des Concombres, qui ont asez meuri pour être jaunes.

E

ECHALOTTES se multiplient de goufses ou de cahieux qui viennent dans le tour du pied, & font de la grofseur d'une Aveline

Epinars ne se multiplient que de graine qui est asez grosse, cornuë ou triangulaire par deux côtez qui font fort pointus & picquans, & le reste oppofé à ces deux cornes pointuës est comme une bourfe, la couleur grisâtre

Estragon ne se multiplie que de trainafses, ou de boutures.

F

FENOÜIL ne se multiplie que de graine qui est assez menuë, longuette, en ovale, bossuë, rayée d'un gris verdâtre.

FEVES, tant celles de Marais qui sont assez grosses, & assez longues, de figure ovale, ronde par un bout, & plate par l'autre, avec un raye noire assez épaisse, & assez large, de couleur d'un blanc un peu sale, la peau plus lice que celles de Haricot, qui sont pareillement longues, en ovale, mais plus étroites, moins grosses, & moins épaisses, ayans une raye noire dans le milieu de l'un dés côtez de l'ovale qui est ronde d'un côté, & un peu courbée de l'autre. Les Féverolles de Venise ne sont differentes que parce qu'elles sont un peu plus petites les unes blanches, les autres rouges, les autres bigarrées de diverses couleurs : il y en a d'une espece fort petite ; tout le monde sçait que les unes & les autres viennent dans des cosses.

Les FRAISIERS, tant les blancs & les rouges que ceux qu'on nomme Caprons ne se multiplient que par traînasses qui se forment par le moyen d'une maniere de filets, qui sortans du corps du Fraizier, & rampans sur terre y prennent aisément racine à l'endroit de certains nœuds éloignez d'environ un pied l'une de l'autre. Ces nœuds venans donc à s'enraciner, font du plan nouveau, qui au bout de deux ou trois mois est assez fort pour être transplanté ; on en met toûjours trois ou quatre ensemble pour en faire ce qu'on appelle une touffe.

Les FRAMBOISIERS, tant blancs que rouges ne se multiplient que par des rejettons qui leur sortent du pied tous les ans au Printems, & sont bons à replanter le Printems suivant.

G

LES GROSEILLIERS, tant les rouges & les blancs qui viennent par grapes, & qu'on appelle d'Hollande, que les Picquans se multiplient, tant par des rejettons un

peu

peu enracinez qui leur fortent du pied tous les ans au Printems, que de fimple bouture : on replante auffi des pieds
de deux & trois ans.

H

HYfope ne fe multiplie que de rejettons.

L

LES LAITUES de quelque forte qu'elles foient ne
fe multiplient que de graine qui eft affez longuette, un
peu ovale, toute rayée en long, fort pointuë aux extremi-
mitez, & fort menuë les unes l'ont noir comme l'Aubervilliers & la plûpart l'ont blanche ; étant femées au Printems, elles montent en graine au mois de Juillet enfuite,
mais les Laituës d'Hyver qu'on appelle autrement coquille, aprés avoir paffé l'Hyver dans la place où elles ont été
replantées au mois d'Octobre, elles montent en graine
dans le mois de Juillet enfuite.

LA LAVANDE fe multiplie de graine & de vieux pieds
replantez.

LE LAURIER commun fe multiplie de graines qui
font noires, & fe multiplie auffi de marcottes.

M

MARJOLAINE ne fe multiplie que de graine qui eft
fort petite, & qui dans fa taille eft faite à peu prés
comme un Citron, plus pointuë par un côté que par l'autre : elle eft marquetée dans de certains endroits de petites taches blanches, elle eft auffi comme rayée de blanc
par tout ; la couleur eft d'un minime affez clair.

MASCHES ne fe multiplient que de graine qui eft fort
menuë & orangée.

MAUVES, & Guimauves ne fe multiplient que de graines qui fe reffemblent affez pour la figure, mais font cependant différentes, tant par la couleur, que par la groffeur, car la graine des Mauves eft beaucoup plus groffe

que celle des Guimauves, & celle cy eſt d'une couleur brune, plus foncée que n'eſt pas celle des Mauves ; elles ſont
toutes deux triangulaires, & rayées par tout.

MELISSE ne ſe multiplie que de traînaſſes & de boutures.

Les MELONS ne ſe multiplient que de graine qui eſt ſemblable à celle des Concombres hors par la couleur qui eſt
d'un jaune clair aux Melons, & eſt un peu moins large que
l'autre, elle ſe recuëille dans le ventre des Melons murs.

Muſcat, *Voyez Vigne.*

N

Navets ne ſe multiplient que de graine, qui reſſemble à peu prés à la graine d Choux

NASTURE'E, vulgairement di Capres capucines, ne ſe
multiplient que de graine qui eſt une maniere de Pois, ou
d'Haricot qui rampe, & monte le long des branches ou
perches qui ſe trouvent dans ſon voiſinage : la feüille en eſt
aſſez grande & la ge, & la fleur orangée, la figure de la
graine eſt un peu piramidale, diviſée par côtes ou carnes,
ayant toute la ſuperficie gravée, & pour ainſi dire cizelée,
le coloris eſt d'un gris tirant au minime clair ; on les ſeme
ſur couche à la fin de Mars, ou au commencement d'Avril,
& enſuite on les replante le long de quelque muraille aſſez
bien expoſée ; la graine en tombe aiſement dés qu'elle eſt
meure, tout de même que fait la Bourache, & les belles de
nuit, & ainſi il faut étre ſoigneux de la ramaſſer.

O

OIGNON, tant le blanc que le rouge ne ſe multiplient
que de graine, qui reſſemble, comme j'ay dit, à la
graine de Ciboule.

OSEILLE tant la petite, qui eſt l'ordinaire, que la grande ; l'une & l'autre ne ſe multiplient que de graine qui
eſt fort menuë, liſſée & triangulaire ovale, les extremitez
pointuës d'une couleur de minime extrêmement obſcur.

Oseille ronde ne se multiplie que de rejettons, ou traînasses, si bien que d'une touffe on en fait aisément plusieurs
pieds.

P

PANAIS ne se multiplient que de graine qui est plate,
d'un rond un peu ovale, & comme bordée, rayée dans
sa longueur, couleur de paille un peu brune.

PASSE-musquée, *Voyez Vigne.*

PATIENCE, espece de graine d'Oseille, ne se multiplie
que de graine qui resemble à celle de l'Oseille, hors qu'elle
est un peu plus grosse,

PERCE-PIERRE vulgairement dite Passe-pierre, ne se
multiplie que de graine qui est plus longue que ronde, asez
grosse, grise verdâtre, rayée sur le dos, & sur le ventre;
elle resemble par sa figure au corps d'un lut.

PERSIL, tant le commun que le frisé, ne se multiplie
que de graine qui est petite, fort menuë, d'un gris verdâtre, longuette, & un peu courbe d'un côté, & toute marquée de petites rayes eminentes d'un bout à l'autre.

PERSIL macedoine ne se multiplie que de graine qui est
asez grosse, en ovale, un peu plus enflée d'un côté que
de l'autre, qui est un peu courbe, rayée dans sa longueur,
& a les entre-deux raycz en large.

PIMPRENELLE ne se multiplie que de graine qui est asez
grosse, un peu ovale à quatre côtez, & toute gravée pour
ainsi dire, ou cizelée dans l'entre-deux de ses quatre côtez.

POIRE'E ne se multiplie que de graine qui resemble à
celle des Bete-raves, hors qu'elle est un peu plus terne dans
sa couleur : on en replante pour avoir de belles Cardes.

Les POIS ne se multiplient que de graines: il en est de gros
& de petits, de blancs ou jaunâtres, & de verts. Tout le
monde sçait qu'ils viennent dans des cosses, & qu'ils sont à
peu prés ronds, & quelquefois à demy plats.

PORREAUX ne se multiplient que de graine qui resem-
blent entierement à celle des Ciboules, on les replante au

mois de May bien avant dans la terre pour avoir la tige
groſſe & blanche, & on les ſeme en Mars, dés que les
gelées le peuvent permettre : la graine ſe forme dans une
maniere de groſſe bourſe blanche & ronde, qui vient au
haut d'une tige aſſez longue, & cette graine ſe conſerve
aſſez long-tems dans cette bourſe, ou coëffe ſans tomber.

POTIRONS eſpece de Citroüille plate, ne ſe multiplient
que de graine qui eſt entierement ſemblable à celle de la
Citroüille, & vient de la même maniere.

POURPIER, tant le vert que le doré ne ſe multiplie que
de graine qui eſt noire, extraordinairement menuë, &
d'un rond à demy plat; pour élever cette graine il faut
replanter des pieds de pourpier à la fin de May, & les replanter à un bon pied l'un de l'autre, la graine vient dans
une maniere de petites coques qui en contiennent beaucoup chacune, & pour la recüeillir on coupe toutes les têtes pour les mettre ſur un drap ſeicher un peu au Soleil,
& aprés cela on les bat, & on les vanne.

R

RAVES ſe multiplient de graine qui eſt ronde, mediocrement groſſe & rougeatre minime ; elle vient dans
une maniere de petites coſſes qu'on nomme Coque-ſigruës
en Provence.

REPONCES ne ſe multiplient que de graine, ce ſont une
maniere de petites Raves qui ſe mangent en Salade, &
viennent ſans ſoin à la Campagne.

RUZE ſe multiplie de graine, dont la figure reſſemble
à celle d'un roignon de coq; ſa couleur eſt noire & ra-
boteuſe : on ſe ſert plûtôt de ſes boutures & marcotes que
de ſa graine.

RHABARBE ne ſe multiplie que de graine qui eſt aſſez
groſſe, triangulaire, les trois angles étant comme d'un
papier fort mince, & ayant une groſſeur dans le milieu
où eſt le germe

ROCAMBOLE eſt une eſpece de petit Ail doux, on
l'appelle autrement Ail d'Eſpagne, qui ſe multiplie de
gouſſe & de graine, celle cy groſſe à peu prés comme
des Pois ordinaires,

ROMARIN eſt un petit Arbuſte fort odoriferant qui ſe
multiplie de graine, & de branches enracinées.

ROQUETTE une des fournitures de Salade ſe multiplie
de graine qui eſt extrêmement petite, & d'un minime ou
tané obſcur.

S

SCORSONNERE, ou Salſifix d'Eſpagne, ne ſe multiplie
que de graine, qui eſt menuë, longuette & ronde dans
ſa longueur, blanche, & vient dans une maniere de boulle
au haut de la tige montée, & a ſa pointe garnie d'une maniere de barbe, comme les Piſſenlis.

SALSIFIX commun ne ſe multiplie que de graine, qui
reſſemble preſque en tout à celle de Scorſonnere hors par
la couleur, qui eſt un peu plus griſe, elle eſt fort longue en
ovale, comme ſi c'étoit des petites coſſes toutes rayées ; &
comme ciſeléesdans les entre-deux des rayes aſſez pointuës par les extremitez.

SARIETTE ne ſe multiplie que de graine, qui eſt extraordinairement menuë, ronde, liſſe & griſe.

SAUGE ne ſe multiplie que d'une maniere de crocettes
un peu enracinées.

T

THIM ne ſe multiplie que de graine qui eſt fort menuë, & quelquefois on ſepare les pieds qui font pluſieurs rejettons enracinez pour les replanter en bordure,
car le Thim ne ſe met guere autrement.

TRIPE MADAME ſe multiplie de graine, & de boutures, ou de rejettons : chaque pied fait pluſieurs bras,
qui étans ſeparez & replantez prennent aiſément. La graine en eſt griſe, longuette, de la figure à peu prés de celle
de Perſil ; il en vient beaucoup ſur chaque montant, qui
reſſemble aſſez aux montans des Carottes, Panais, &c.
Il s'en trouve ſept ou huit à part dans une eſpece de petit
calice ouvert, où elles viennent à meurir au ſortir d'une
fleur d'un jaune olivâtre.

V

VIOLLIERS, tant les doubles que les simples, & de
quelques couleurs qu'ils soient, quoy qu'ils fassent
de la graine dans des petites coques rougeâtres, cependant ils ne se multiplient que de rejettons qu'ils font, chaque pied venant insensiblement à faire une grosse touffe,
qui se partage en plusieurs petites, lesquelles étant ensuite
replantées deviennent assez grosses avec le tems pour
être à leur tour separées en plusieurs autres petites.

VIGNE de quelque espece qu'elle soit, Muscat blanc,
rouge, noir, Chasselas, Bourdelais, Corinthe, Muscat
long, autrement Passe-musqué, &c. se multiplient par
marcottes, par crocettes, & sur tout mises sur couche, &
enfin se multiplie par greffe en fente.

CHAPITRE III.

*Ce qu'on peut tirer d'un bon Potager dans chaque mois de l'année,
& ce que le Jardinier y doit & peut faire dans chacun de ces mêmes mois.*

L'Experience des pays chauds nous apprend bien que
la terre prise en general peut presque en tout tems
produire de toutes choses sans aucun secours extraordinaire, puisque actuellement il n'est point de saison dans l'année qu'elle n'y produise ; mais par une experience toute
contraire, nous voyons icy que nôtre climat est trop froid
pour nous donner une semblable fertilité ; & cependant
comme il n'y a gueres de jours que l'homme ne doive tirer
de son Jardin une partie de sa nourriture & de sa subsistance il est de l'industrie des Jardiniers de faire en sorte, que
pendant les cinq ou six mois que la terre agit aisement par
les faveurs du voisinage du Soleil, non seulement elle produise pour lors de quoy satisfaire amplement à nos besoins
journaliers, mais aussi qu'elle fournisse en même tems une
provision suffisante pour les cinq ou six mois qu'elle

est, pour ainsi dire, percluse de ses fonctions ordinaires.

Or parmy les mois steriles & malheureux, ceux qui communément s'opposent le plus à la culture, sont la derniere quinzaine de Novembre, tout Decembre, tout Janvier, & la premiere quinzaine de Février ; la violence des gelées, qui dans ce tems là ont accoûtumé d'endurcir & de refroidir la terre, & l'abondance des neiges qui ont accoûtumé de la couvrir, font entierement cesser toutes les operations vegetatives, ensorte que la terre la plus fertile devient entierement semblable à celle qui l'est le moins.

Nonobstant tous ces empêchemens il y a encore assez d'ouvrages qu'on peut faire en Hyver, pour ne tomber, tout à fait dans l'oisiveté, & il y a aussi beaucoup de secours qu'on peut en ces tems là tirer de son Jardin, pour éviter la grande disette ; j'ay resolu d'expliquer le détail de chacun de ses ouvrages, & de chacun de ses secours pendant chacun des douze mois de l'année, & ainsi je crois devoir commencer par celuy d'entr'eux, qui passant pour le premier fait le commencement & l'ouverture de l'année.

OUVRAGES QU'ON DOIT FAIRE
dans un Potager pendant le mois de Janvier.

TAiller toutes sortes d'Arbres, soit en Buisson, soit en Espalier, en preparer quelques uns pour les planter dés que la terre cessera d'être endurcie par les grandes gelées, ou d'être couverte par les neiges.

Faire des tranchées pour planter des Arbres, faire des foüilles de terre pour les amander ; foüiller aux pieds des Arbres soit trop vigoureux pour leur tailler les grosses racines, & par ce moyen les mettre à fruit, soit aux pieds des infirmes pour les raccommoder.

Faire des couches pour y semer des Concombres hâtifs, & des Salades, soit par rayon, soit sous cloche, faire des paillassons pour couvrir au besoin ces sortes de semences ; les premieres couches pour le plan de Concombres se font dés les premiers jours du mois, & en même tems pour les Melons. On peut faire des couches à Champignons.

Réchauffer des Asperges.

Réchauffer des planches d'Oseille, de Patience, de Bourrache, &c.

Elever sur couche des Jacinthes, des Narcisses de Constantinople, quelques Tulippes, &c.

Faire du treillage pour des Espaliers.

Détruire les couches de l'année precedente, en prendre les fumiers pourris, & les porter sur les Terres qu'on veut amander.

Mettre les Terreaux à part, afin de les preparer pour les couches, & ainsi on peut nettoyer la place des couches, pour y en faire de nouvelles dans la saison.

Lier avec du pleïon le haut des feüilles des grandes Laituës qui n'ont pas pommé pour les faire pommer, & tout au moins blanchir, quand elles sont assez fortes pour cela.

Elever des Fraises sur couche, pour en avoir au mois d'Avril & de May.

Réchauffer des Figuiers, pour avoir des Figues de bonne heure.

Enfin avancer de faire petit à petit tout ce que le Printems a accoûtumé de faire faire avec un empressement extraordinaire.

Emmanequiner des Arbres, emporter & encaisser des Figuiers, marcotter de la Vigne & des Figuiers, ôter aux Arbres Fruitiers la mousse s'ils en sont attaquez : cela se fait par les tems humides avec le dos d'un coûteau, ou autre outil semblable.

Ce seroit peu de chose de sçavoir ce qu'il faut faire si on ne sçavoit la maniere de le bien faire, c'est pourquoy j'avertis, que pour avoir l'intelligence de la maniere de tailler, il la faut prendre dans le Livre 4. qui en traite à fonds, & ainsi je n'en diray rien icy davantage.

Et pour ce qui est de la maniere de faire des couches, il faut premierement sçavoir qu'on ne les fait qu'avec de grand fumier de Cheval, ou de Mulet, & que ce fumier doit être ou entierement neuf, ou au plus mêlé à peu prés le tiers de vieux, pourvû qu'il soit sec & point pourri ; car celuy qui est pourri non plus que le fumier des Bœufs,

des

des Vaches, des Cochons, &c. n'est nullement propre à
faire des couches, tant parce qu'il a peu, ou point de chaleur, ce qui est le plus necessaire aux couches, que parce que d'ordinaire ces sortes de fumiers pourris sont accompagnez d'une méchante odeur, qui se communique
aux plantes qu'on éleve sur couche, & les rendent de mauvais goût.

Par grand fumier neuf, on entend celuy qui est nouvellement sorti de dessous les Chevaux, & ne leur a servi de
litiere qu'une nuit, ou deux au plus.

Par grand fumier vieux, on entend celuy qui dans le
temps qu'il a été neuf, a été mis en pile dans un lieu sec,
où il a passé l'Esté, en attendant le tems d'être employé,
soit à faire contre le froid de l'Hyver des couvertures aux
Figuiers, aux Artichaux, aux Chicorées, &c. soit a
faire des couches à l'ordinaire, & voicy comme on les
fait.

Aprés avoir marqué & reglé la place où la couche doit
être, & marqué aussi avec un cordeau, ou des jallons la
largeur qu'elle doit avoir, on y porte un rang de hôttées
de grand fumier à la queuë l'une de l'autre, à commencer
ce rang à l'endroit où doit finir la couche, ce qui étant
fait le Jardinier commence à travailler par l'endroit où
finit le rang de hottées, afin que le fumier n'étant point
embarassé de rien qui le charge, il y ait plus de facilité
à l'employer promptement & proprement : le Jardinier
donc prend ce fumier avec une fourche de fer, & s'il est
un peu adroit, il le retrousse si habilement, en faisant chaque lit de sa couche, que tous les bouts du fumier se trouvent en dedans de cette couche, & que le surplus fait une
maniere de dos en dehors : le premier lit étant fait quaré-
ment de la largeur reglée, qui est d'ordinaire de quatre
pieds, & de telle longueur qu'il a été trouvé à propos,
le Jardinier fait ensuite le deuxiéme & le troisiéme, &c,
les battant du dos de sa fourche, ou les trepignant pour
voir s'il n'a point de défaut, afin d'y remedier sur le
champ, la couche devant être également garnie par tout,
en sorte qu'il n'y ait aucune partie plus foible l'une que
l'autre : cela fait il continuë sa longueur resoluë, & tou-

jours par lits, comme il a été dit, jusques à ce que la couche ait la longueur & la largeur, & la hauteur qu'elle
doit avoir : cette hauteur est regulierement de deux à trois
pieds quand on la fait, & se diminuë d'un grand pied
quand elle est affaissée.

Or sur le fait de ces couches il y en a qui sont pour élever, & avancer en de certaines saisons de l'année quelques plantes que nôtre climat ne sçauroit produire en
pleine terre ; par exemple pour élever des Raves, des petites Salades, des Fraises, des Concombres, des melons,
&c. & pour y parvenir on fait des couches pendant les
mois de Novembre, Decembre, Janvier, Février, Mars,
& Avril ; ces couches doivent être chargées d'une certaine quantité de terreau bien menu, comme il sera dit cy-
aprés, & doivent avoir assez de chaleur pour en pouvoir
communiquer à ce terreau, & aux Plantes qui y sont nourries ; ainsi ces couches qui sont une invention du Jardinier
contre le froid, c'est à dire contre le cruel ennemy de la
vegetation, doivent être bien faites.

En second lieu, il y a d'autres couches qui doivent servir à faire des Champignons dans toutes les saisons de
l'année, & de celles-là on en peut faire à chaque mois,
quoy qu'elles n'agissent qu'environ trois mois aprés qu'elles ont été faites, & c'est lors que leur grande chaleur
ayant entierement fini, elles sont chancies en dedans ; on
fait celles cy dans la terre neuve & sabloneuse, dans laquelle on a fait une tranchée d'environ six pouces de profondeur, ensuite on les couvre de deux ou trois pouces de
cette terre, on les fait en dos d'Asne, & par dessus la couverture de terre on y en met un autre de cinq à six pouces
de grand fumier sec, qui sert en Hyver pour garentir les
Champignons de la gelée qui les ruine, & en Esté pour
les garentir du grand chaud qui les grille, & même pour
éviter le desordre de ce grand chaud on fait encore deux
ou trois fois la semaine de legers arrosemens sur ces couches à Champignons.

A l'égard de la largeur de ces couches, elle doit être en
toutes de quatre pieds, & la hauteur doit être de deux à
trois quand on les fait ; elle se baisse en suite d'un bon pied,

quand la grande chaleur de la couche est passée : pour ce
qui est de la longueur, elle dépend de la quantité de fumier qu'on a pour y employer : ainsi il s'en fait de plusieurs longueurs. Toutes les couches doivent être à peu
prés semblables pour la hauteur & la largeur.

La difference qu'il y a d'ailleurs entre celles qui doivent produire des Plantes par leur chaleur, & celles qui
doivent faire des Champignons, consiste premierement
en ce que celles-là ne demandent point d'être enfoncées
dans la terre comme les autres qu'on y enfonce d'un demy pied, à moins que ce ne soit pour être ce qu'on appelle
couches sourde, c'est à dire couches tellement enfoncées
dans la terre, qu'elles n'excedent nullement la hauteur
de la superficie de la terre voisine ; cette difference consiste en second lieu en ce que les premieres doivent regulierement être placées & unies par dessus, au lieu que les
autres doivent être en dos d'Asne.

Cette difference consiste enfin en ce que les premieres
doivent être chargées d'une assés grande quantité de terreau bien menu d'abord qu'elles sont faites, & il ne faut
mettre que fort peu de terre sur les autres ; ce terreau par
sa pesanteur contribuë à faire affaisser & échauffer plûtôt les couches. On y en met quelquefois plus, quelquefois moins, par exemple on y en met six à sept pouces, si
c'est pour y semer des plantes ordinaires, sçavoir petites
Salades, plan de Melons & de Concombres, ou pour
planter des Laituës à pommer, & des Asperges à réchauffer, & on y en met un pied, si c'est pour y semer des
Raves, & pour y replanter de l'Oseille & des Melons, &
des pots de Fraisiers, &c.

Or devant que de semer ou de replanter quoy que ce
soit sur une couche nouvellement faite, la premiere precaution qui est à avoir, c'est d'attendre six ou sept jours, &
quelquefois dix & douze pour donner le tems à la couche
de s'échauffer, & donner ensuite le tems à cette chaleur,
qui est fort violente, de se diminuer notablement : cette
diminution paroît quand toute la couche s'est affaissee, &
qu'enfonçant la main dans le terreau on n'y trouve qu'une
chaleur moderée, c'est pour lors qu'on doit commencer

P ij

à dreſſer proprement le terreau dont on l'avoit chargée ;
pour dreſſer ce terreau on ſe ſert de quelque ais large
d'environ un pied , & on le place ſur les côtez de la couche environ à deux pouces du bord , & tout joignant le
terreau, cet ais ainſi placé on le ſoûtient ferme , tant de la
main gauche , que du genoux , & de tout le corps , & enſuite avec la main droite on commence par un bout à preſſer ce terreau contre l'ais , & à le preſſer ſi bien qu'on luy
faſſe acquerir une maniere de conſiſtance, en ſorte que
l'ais étant ôté,quelque meuble que ce terreau ſoit de ſa nature , il ſe ſoûtienne cependant tout ſeul, comme s'il étoit
un corps bien ſolide. Quand ce terreau eſt ainſi dreſſé de
la longueur de l'ais , on change cet ais de place, pour faire
à tous les côtez de la couche la même operation que je
viens de dire , & ſi l'ais eſt un peu long , & que par conſequent il ſoit lourd , il faut être deux ou trois perſonnes à
travailler tous de la même maniere , & en même tems
pour dreſſer ce terreau , ou bien ſi le Jardinier eſt ſeul il
faut ſoûtenir cet ais avec de petits bâtons fichez ſur le bord
du fumier dreſſé ; la choſe étant faite le terreau doit avoir
en tout ſens un bon demy pied moins d'étenduë que le
deſſous de la couche , & dans ſon quarré long il doit paroître auſſi uni que ſi c'étoit une planche dreſſée en pleine terre ; enſuite on ſe doit mettre à employer les couches
pour les beſoins qui ont obligé de les faire. Tout y periroit , ou tout y ſeroit en deſordre ſi on y ſemoit , ou ſi on
y plantoit plûtôt, ou ſi on attendoit à y ſemer ou planter
plus tard ; la chaleur de la couche peut durer en état
de bien faire dix ou douze jours aprés qu'elle a été ſemée ou plantée , mais ce tems là paſſé ſi on s'apperçoit
que la couche ſe ſoit trop refroidie , il y faut faire avec de
bon grand fumier neuf des rechauffemens tout autour,
tant pour y renouveller de la chaleur , que pour l'entretenir enſuite dans le bon état où elle doit être , & dans
lequel elle étoit quand on a commencé d'y ſemer, ou d'y
planter , en ſorte que les Plantes au lieu d'y fondre & d'y
perir y augmentent , & profitent viſiblement comme elles
doivent ; il n'eſt pas trop neceſſaire de dire, qu'un ſeul
réchauffement ſert pour deux couches voiſines, quand on

en a deux, perfonne ne l'ignore, mais il eſt bon de ſçavoir
que ce réchauffement d'entre deux couches doit être
beaucoup moins fort, que quand il n'y en a qu'une ſeule, car
comme l'intervale ordinaire qu'on laiſſe entre deux couches, eſt la largeur d'un bon pied pour le ſentier, peu de
fumier ſuffit pour remplir cet eſpace, & ce réchauffement
eſt reciproquement entretenu dans ſa vigueur par le voiſinage des deux couches qui le bordent; mais quand la
couche eſt ſeule, le réchauffement doit avoir au moins
deux pieds de large ſur toute la longueur & hauteur
de la couche, & même il doit être aſſez ſouvent plus
haut.

Quand on doit renouveller un réchauffement, il n'eſt
pas toûjours neceſſaire d'en faire un nouveau, aſſez, ſouvent ſans y mêler d'autre fumier neuf il ſuffit de remuer de
fond en comble celuy dont eſt queſtion, pourvû qu'il ne
ſoit pas trop pourri, ce remuëment eſt capable de renouveller encore la chaleur pour huit ou dix jours; il n'eſt
beſoin d'y mêler du fumier neuf que quand la pourriture
de tout le premier, ou au moins d'une partie fait connoître qu'il n'eſt plus aſſez propre à donner la chaleur neceſſaire aux Plantes qu'on éleve ſur les couches.

Si ce ſont Aſperges, ou Fraiſiers qu'on ait arraché de
leurs planches, & enſuite replantez ſur ces couches, &
que le froid ſoit à craindre, il les faut couvrir ſoigneuſement avec des cloches de verre, ou avec des chaſſis, &
même pour empêcher que la groſſe gelée ne puiſe pas penetrer au dedans, & y hâter ce qui ſe trouveroit au deſſous, on ſe ſert encore de couvertures de grand fumier ſec,
ou de paillaſſons pour mettre par deſſus ces cloches, ou ces
chaſſis; les Plantes ne manquent pas de produire ſur des
couches ainſi accommodées, & entretenuës de chaleur
par des réchauffemens renouvellez de tems en tems.

Cette maniere eſt aſſez bonne, & aſſez commode pour
l'Oſeille; car étant animée par les chaleurs moderées de
la couche ell y pouſſe pendant quelques quinze jours, tout
de même que celle qui pouſſe en pleine terre au mois de
May, & perit enſuite : mais elle n'eſt pas ſi bonne pour les
Aſperges, parce que celles-cy ayant été arrachées, & de-

puis replantées elles ne font pas de si beaux montans que quand on les échauffe en pleine terre.

Il s'enfuit donc que le meilleur pour les Afperges, & même pour l'Oſeille, eſt celuy de vuider entierement juſqu'à la profondeur de deux bons pieds la terre des ſentiers d'entre deux planches (ces ſentiers doivent avoir un grand pied de largeur) & enſuite il les faut remplir tout à fait de grand fumier chaud pour échauffer la terre voiſi- ne, & ſi c'eſt pour des Afperges, il faut couvrir toute la planche avec ce même fumier pour aider à échauffer la terre, & quand les Afperges commencent à pouſſer, on met des cloches ſur chaque pied, ou bien on couvre toute la planche avec des chaſſis de verre ; il faut aprés cela en- tretenir la chaleur de ces ſentiers, en remuant de fond en comble ; ou renouvellant de tems en tems le réchauffe- ment, couvrant de plus avec de grand fumier ſec, ou avec des paillaſſons les cloches, ou les chaſſis de verre par les raiſons cy devant expliquées à l'occaſion des Afperges, ou de l'Oſeille ſur couche ; les pieds de ces Afperges étant ainſi réchauffez, & trouvans ſous ces cloches, ou ſous ces chaſſis un air chaud tout de même que ſi on étoit au mois d'Avril ou de May, elles naiſſent d'abord rougeâtres, & enfin deviennent vertes & longues, comme celles que la nature pouſſe d'elle-même dans les tems chauds & tem- perez. Le ſeul inconvenient des réchauffemens eſt, que comme ils doivent être tres-violens pour pouvoir péne- trer une terre froide, ils alterent & gâtent ces pieds, ſi bien que les Afperges au lieu de durer une quinzaine d'an- nées à toûjours bien faire, elles ne pouſſent plus que mi- ſerablement & tout au plus les ayant laiſſez en repos deux ou trois ans aprés un premier réchauffement, peut-on les réchauffer encore une deuxiéme fois.

Les Fraiſiers qu'on réchauffe ſur couche commencent en Janvier à pouſſer leur montant, & enfin fleuriſſent en Février & Mars, & donnent du fruit en Avril & May ; la meilleure maniere pour les faire, eſt de les emporter au mois de Septembre dans de la terre aſſés bonne & aſſés le- gere pour les mettre enſuite ſur couche au mois de De- cembre ; on peut auſſi en planter ſur couches ſans les avoir empotez ; il faut au mois de Mars leur ôter les traînasses, & quelques feüilles s'ils en ont trop, tenir la terre des pots toûjours meuble, & un peu humide, & s'il vient à faire des chaleurs excessives pendant quelques jours de Mars & d'Avril, il leur faut donner un peu d'air du côté du Nord, & les couvrir la nuit.

Pour avoir de petites salades de Laituë à couper, meslées de Cerfeüil, Cresson, &c. avec les fournitures de Baume, Estragon, &c. & avoir des Raves, &c. on fait des couches, comme je viens de dire, & on fait tremper dans l'eau un sachet de graines de Laituës environ vingt-quatre heures, aprés quoy on la sort, & on la pend au coin d'une cheminée, ou au moins en quelqu'endroit où la gelée ne puisse pas penetrer, cette graine ainsi moüillée s'égoûte & s'échauffe de maniere qu'elle vient à germer, & pour lors aprés avoir fait sur la couche des rayons enfoncés d'environ deux pouces, & larges d'autant, par le moyen d'un gros bâton qu'on appuye ferme sur le terreau, on seme cette graine germée sur ces rayons, & on l'y seme si épaisse, qu'elle couvre tout le fond du rayon : il en faut un boisseau pour occuper une couche de quatorze toises de long sur quatre pieds de large, & enfin on la couvre d'un peu de terreau qu'on y jette à la main fort legerement ; chaque coup de main fait adroitement, doit couvrir un rayon autant qu'il le faut, & par dessus cela on met, ou des cloches, ou du pleïon qui empêchent que les oyseaux ne la mangent, & que la chaleur ne s'évapore, & que la gelée en la détruisant ne gâte la semence ; on ôte ce pleïon quand la semence commence au bout de cinq ou six jours à bien lever, & enfin cette petite Laituë dix ou douze jours aprés est d'ordinaire assez grande pour être coupée au couteau, & mangée en salade, cela s'entend si les glaces & les neiges, ou même la chaleur de la couche ne sont pas excessives. La même chose se fait pour le Cerfeüil & pour le Cresson, si ce n'est qu'on les doit semer sans les avoir mis tremper.

A l'égard du Baume, de l'Estragon, de la Cive, & autres fournitures on les plante sur la couche de la même maniere qu'en pleine terre.

Pour ce qui est des Raves on ne les met guéres germer ;

leur peau est si tendre, qu'en moins d'un jour la graine
deviendroit en boüillie.

J'ay expliqué la maniere de semer ces raves dans les Ouvrages de Novembre où il est parlé de préparer les secours
de Janvier, Février & Mars.

Il est à propos d'avoir semé au commencement de ce
mois, ou même en Novembre & Decembre quelque couche de Persil pour en avoir de nouveau au Printems, en
attendant que celuy qu'on doit semer en pleine terre à la
fin de Février soit venu en sa perfection.

Pour marcoter la Vigne, les Figuiers, les Groseillers,
&c. il n'y a autre chose à faire qu'à en coucher des branches dans la terre, & les recouvrir dans le milieu de cinq,
ou six pouces de terre, en sorte que ces branches tiennent
toûjours à l'Arbre qui les a produites, & que l'extremité
sorte dehors de cinq ou six pouces ; les branches ainsi couchées demeurent en cet état jusqu'au mois de Novembre
ensuite que s'étant enracinées on les leve, c'est à-dire on
les détache, ou sévre de l'Arbre, & on les replante aux
endroits où on en a besoin.

Pour emmanequiner, emporter, ou encaisser des Arbres, on remplit de terre à demy ces mannequins, ces
pots & ces caisses, on taille les Arbres de la maniere que
j'ay décrite dans le Traité des Plans, & on les plante,
mettant les mannequins & les pots tout-à fait en terre, &
laissant les caisses sans les mettre en terre.

Pour emporter des oignons de Tubereuses, Joncquilles,
Narcisses de Constantinople, Hyacintes, &c. on les met
dans des pots, & ces pots dans des couches chaudes, &
ces couches couvertes bien soigneusement avec des chaf-
sis, des cloches, des paillassons, &c.

Pour réchauffer des Figuiers il en faut avoir en caisse ;
faire en Janvier une couche sourde, mettre les caisses
dessus, avoir des chassis de verre qui soient quarrés, &
hauts de six à sept pieds, & qui soient faits exprés pour
les appliquer contre un mur exposé au Midy : ce fumier
échauffé, échauffe la terre qui est dans la caisse, & par
conséquent fait que le Figuier pousse : ou réchauffe cette
couche sourde quand elle en a besoin, & on prend grand
soin

foin de bien couvrir ces chaſſis pour empêcher que le froid n'y pénetre.

Pendant tout le mois de Janvier on continuë de femer fous cloche & fur couche, des Laituës à replanter de la maniere expliquée dans les Ouvrages de Decembre, & on continuë auſſi d'en replanter fous cloche, foit en Pepi-niere, foit en place ; & à l'égard des femées on peut ne les par couvrir de terreau ſi on veut, il fuffit de frapper du plat de la main fur la couche pour l'aprocher bien prés du terreau on fait la même chofe à l'égard du Pourpier qu'on feme fous cloche fur couche, on ne ne ſçauroit jetter ſi peu de terreau pour couvrir ces petites graines, qu'on n'y en jette trop.

Pour avoir de belles petites Laituës pour la Salade, il faut femer fous cloche de la Crefpe blonde, & la femer af-fez clair, & attendre qu'elle ait pouſſé la feconde feüille avant que de la cüeillir ; il faut femer aſſez clair ces grai-nes de Laituës afin qu'elles puiſſent devenir grandes, & ſi on les voit trop épaiſſes quand elles levent, il les faut éclaircir ; les principales de ces Laituës pour le Printems, font la Crefpe-blonde, & aprés cela la Royale, la Courte, & fur tout la Coquille, &c. on feme auſſi fur couche def-fous cloche de la Porrée à replanter, de la Bourrache, de la Bugloze, de la Bonne-dame.

La bonne maniere de faire des tranchées & des foüilles de terre, n'eſt pas, comme on les faifoit cy-devant, ou l'on jettoit hors de cette tranchée, toutes les terres pour les y rejetter : c'étoit manier deux fois inutilement une même terre, & par ce moyen perdre du tems & faire de la dépenfe qui ne fert de rien.

Ce qui eſt donc à faire, eſt de fe faire d'abord un jauge de toute la largeur de la tranchée, & de la longueur d'une toife, c'eſt à dire jetter fur l'allée voifine toute la terre de cette jauge, ce fera la feule terre qu'on maniera deux fois, en ce qu'à la fin de la tranchée il reſtera une jauge vuide, laquelle il faudra remplir de ces terres qui font forties de la premiere jauge ; cette premiere jauge étant faite, il faut y jetter pour la remplir les terres qui font à foüiller, met-tant dans le fond ce qui étoit à la fuperficie, & faifant une superficie nouvelle de la terre qui étoit dans le fond, ce remuëment fait un talus naturel devant l'Ouvrier, & en cas qu'on ait à fumer cette terre, il faut avoir fait porter le fumier sur le bord de la tranchée, & qu'en même tems que trois ou quatre hommes foüillent la terre, & la jettent devant eux, il y en ait un sur le bord de la tranchée qui repande le fumier sur ce talus; par ce moyen la terre est bien mêlée, & nullement trépignée comme elle est chez les Jardiniers, qui font premierement un lit de fumier, & puis un lit de terre, & labourent ensuite le tout, continuant cette maniere de faire des lits de fumier & de terre, & de les labourer l'un sur l'autre, jusqu'à ce que la tranchée soit entierement remplie à demeurer.

OUVRAGES DE FE'VRIER.

DAns ce mois cy on continuë de faire les mêmes Ouvrages que ceux du mois precedent, si on a eu la prévoyance & la commodité de les y commencer, ou au moins on se met à les commencer tout de bon.

C'est pourquoy on se met à labourer la terre si les gelées le permettent, & sur la fin du mois, ou plûtôt vers la my-Mars, ou même plus tard, c'est-à-dire vers la my-Avril on seme en pleine terre ce qui est long-tems à lever, par exemple toutes sortes de racines, Carottes, Pannais, Cherüis, Bete-raves, Scorsonneres, & sur tout le Persil.

On seme l'Oignon, le Porreau, les Ciboules, l'Oseille, les Pois hâtifs, les Féves de marais, la Chicorée sauvage, & même la Pimpreneile.

Si on a des Laituës à coquille en pleine terre semée dés l'Automne à quelque bon abri, on les replante sur couche sous cloche pour les faire pommer de bonne heure: on y replante sur tout les Crespe-blondes qu'on a semé dés le mois precedent, elles réüssissent mieux que les autres.

On commence à la fin du mois à semer un peu de Pourpier vert sous cloche, le doré est trop delicat pour y être semé devant le mois de Mars.

On réplante des Concombres & des Melons, si on en a

d'affez forts, & tout cela fur couche à quelque bon abry,
foit par des murailles, foit par des brifes-vens.

On feme auffi à la fin du mois fur couche des fleurs annuelles à replanter à la fin d'Avril, & au commencement
de May.

Et on feme auffi les premiers Choux pommés, fi comme
on doit, on n'en a pas en pepiniere à quelque bon abry de
ceux qu'on doit avoir femé dés le mois d'Aouft, & replanté en Octobre en Pepiniere : on replante ceux-cy en place, prenant grand foin de n'en replanter pas un qui paroiffe commencer à monter.

On commence à greffer en fente toutes fortes d'Arbres,
on en taille, on en plante, on plante de la Vigne; & proprement dés la my-Février, pour peu que le temps foit
beau, fe fait l'ouverture de toutes fortes d'Ouvrages.

On fait feulement les couches dont on a befoin pour
Raves; petites Salades, & pour élever tout ce qui doit
être replanté en pleine terre.

On eft foigneux pour entretenir les réchauffemens
d'Afperges, & de cuëillir celles qui font bonnes.

Pour entretenir les réchaufemens des Fraifiers fur couche.

On dépaliffe entierement lesEfpaliers pour les tailler plus
commodement, & enfuite on les repaliffe de nouveau.

En quelque temps que ce foit qu'on cuëille des Raves, il
les faut mettre en botte, & les mettre tremper dans l'eau,
ou autrement elles fe fanent, & demeurent trop piquantes.

On continuë de planter des Arbres, quand le temps &
la terre le permeittent.

OUVRAGES DE MARS.

AU commencement de ce mois on s'aperçoit bien qui
font les Jardiniers qui ont été pareffeux, en ce qu'ils
ne fourniffent rien de tout ce que les diligens & habiles
fourniffent, & en ce que leur terre n'eft pas encore pour la
plûpart enfemencée fi le temps a été affez favorable pour
cela, il n'y a plus de temps à perdre pour les premieres femences qui font à faire en pleine terre, & dont nous avons

parlé pour les Ouvrages de la fin de Février ; les bons Jardiniers doivent couvrir de terreau les planches ensemencées de leurs graines, afin que les arrosemens, & les grandes Pluyes ne battent point trop la terre, & n'en endurcissent la superficie, de maniere que les graines ne puissent y lever, ils doivent reborder avec un Rateau leurs planches, afin que l'eau des pluyes & des arrosemens y tienne, & ne s'épande dans les sentiers : enfin pour peu qu'ils ayent l'esprit de propreté, ils ôtent sans y manquer toutes les pierres que le Rateau trouve en passant.

La maniere de faire que les graines soient bien couvertes de terre, est de herser, c'est à dire mouver extrêmement cette terre ensemencée, ce qui d'ordinaire se fait avec une fourche de fer.

On fait à la my Mars sans plus tarder les couches pour replanter les premiers Melons.

On seme en pleine terre à quelque bon abry tout ce qui doit être replanté en pleine terre, par exemple des Laituës, tant du Printems, que pour replanter à la fin d'Avril, & au commencement de May, sçavoir les Crepes-blondes, les Royale & Belle-garde, la Perpignane qui est verdâtre, l'Alfange, les Chicons, la Gene-verte, & la rouge & la blonde, elles sont prés de deux mois en terre, devant que d'être assez fortes pour replanter, & on seme des Choux pommez pour l'arriere saison, & des Choux-fleurs pour en planter en place à la fin d'Avril, & au commencement de May, & s'ils sont trop serrés, on en replante en Pepiniere pour les faire fortifier, &c.

On seme des Raves en pleine terre parmy toutes les autres semences qu'on fait, elles n'y gâtent rien, elles sont bonnes à cüeillir au commencement de May, devant que ny les Oseilles, ny le Cerfeüil, ny le Persil, ny la Cibou-le, &c. soient assez fortes pour en être incommodées.

On seme de la Bonne-Dame en pleine terre.

On seme à la my Mars des Citroüilles sur couche pour les réplanter au commencement de May.

Il n'y a rien d'ordinaire de bon à replanter en pleine terre au sortir de la couche, que dans la fin d'Avril, ou dans le commencement de May si ce n'est des Laituës, il faut que la terre soit un peu échauffé pour y aller mettre ce qui vient de dessus une couche ; où les plans avoient encore un peu de chaleur, ou autrement tout y pourrit.

On acheve de tailler & de planter dans le cours de ce mois tous les Arbres des Jardins, & même les Groseillers, Framboisiers, &c. Il est fort à propos d'attendre à tailler les Arbres vigoureux jusqu'à ce qu'ils ayent commencé à pousser, tant pour leur faire perdre leur premiere force, que pour ne pas perdre quelques boutons à fruit, qui ne paroissent pas, & qui s'achevent au Printemps.

On enleve à l'entrée du mois en motte le plan des Fraisiers, qu'on avoit en Pepiniere pour en faire des planches & des quarrez à demeurer, & pour regarnir ceux où il manque quelque chose.

On seme dans quelque baquet plein de terreau, ou à quelque abri en pleine terre, de la graine de Passe-pierre ; elle est d'ordinaire pour le moins deux mois à lever, & quand elle est assez forte, on en replante le mois de May, on attend même quelquefois à l'année d'aprés pour la replanter dans les pieds de murs.

On seme pour la troisiéme fois un peu plus de pois, car asseurément il en faut semer un peu dans chaque mois de l'année, & ceux-cy doivent estre de ces gros pois quarrés.

On a quelques Champignons, soit de couches faites exprés pour cela, soit de quelques endroits bien fumez.

On seme dés le commencement du mois quelque peu de chicorée fort claire, pour tâcher d'en avoir de blanche à la Saint Jean.

Quand on sçait que les sentiers des couches, ou des Asperges ont été faits de fort grand fumier, & qu'il n'y paroît pas assez de chaleur, & qu'il fait grand chaud, il est à propos de les arroser raisonnablement, afin que cette paille étant ainsi moüillée se puisse réchauffer plus aisément.

On seme à la fin du mois, ou plûtôt vers la my-Avril un peu de Celeri en pleine terre, pour en avoir de tardif au mois d'Aoust & de Septembre, le Celeri est d'ordinaire prés d'un mois à lever, & on en seme en même tems un peu fur couche , pour en avoir de hâtifs.

On laboure les pieds des Arbres fruitiers pour avoir achevé de les labourer devant qu'ils foient en fleur : la gelée eft plus dangereufe dans les terres fraîches labourées , que dans les autres.

On commence à découvrir un peu les Artichaux , & on ne commence gueres à les labourer que quand la pleine Lune de Mars eft paffée , elle eft d'ordinaire fort dangereufe , tant pour eux que pour les Figuiers , & ainfi à l'égard de ceux cy , il ne faut pas encore les découvrir tout-à-fait , c'eft affez qu'ils le foient à demy , & on leur ôte le bois mort , foit qu'il ait été gelé , foit qu'il foit mort d'une autre maniere.

A la my-Mars , ou même devant , fi le temps eft un peu doux , on commence à femer fur couche fous cloche du Pourpier doré , & on continuë d'en femer du vert.

On replante en place les Choux pommés & les Choux de Milan , qu'on doit avoir mis en Pepiniere à quelque bon abri dés le mois de Novembre , & on n'en plante aucun de ceux qui commencent à monter , c'eft à dire à allonger leur tige.

On feme fur quelque bout de planche en pleine terre de la graine d'Afperges en Pepiniere , pour en avoir fa provifion , & cela fe feme comme les autres graines.

On plante les quarrés d'Afperges dont on a befoin , & on prend pour cela , ou du beau plan d'un an , ou du plan de deux.

La maniere de planter le plan d'Afperges eft de mettre deux ou trois pieds enfemble , étendre proprement leurs racines fans les rogner que fort peu fi on ne veut , & enfuite les couvrir de deux ou trois pouces de terre , les planter en échiquer à un pied & demy l'un de l'autre : la planche doit avoir pour l'ordinaire quatre bons pieds de large pour y en mettre trois rangs , mais fi on a deffein d'en réchauffer l'Hiver , il ne faut faire les planches que de trois pieds ; & il eft à remarquer que fi on eft en terre féche , il faut creufer la planche d'un bon fer de bêche , & par ce moyen élever les fentiers en dos de bahu : cette terre fert à recouvrir petit à petit , d'année en année le plan qui fe

fortifie, & fort pour ainsi dire de terre ; que si on est en
terre humide & fort fraiche, le mieux est de ne point
creuser la planche, & au contraire la tenir un peu plus
haute que le sentier, afin que les eaux d'Hyver y descen-
dent, & ne fassent pas pourrir le pied, qui ne craint rien
tant que la trop grande humidité : il faut soigneusement
sarcler pendant l'Esté les Asperges, tant jeunes que vieíl-
les, & en ce mois de Mars devant qu'elles commencent à
sortir de terre, il leur faut donner un petit labour d'environ un demy-pied de profondeur, pour donner plus de liberté de sortir aux jeunes Asperges.

Les Raves semées à champ sur couche, ne sont d'ordinaire ny si belles, ny si bonnes que celles qui sont semées
dans des trous, & sont plus sujettes à devenir creuses &
cordées.

On fait encore quelques couches pour des Raves, afin
d'en avoir jusques à ce que celles de pleine terre commencent à donner à l'entrée de May ; tous les autres mois de
l'année en produiront assez en pleine terre, si on prend
soin d'en semer de tems en tems, & peu chaque fois, &
que sur tout on les arrose amplement.

Au commencement du mois ira le tems de replanter
ce qu'on veut faire monter en graine, le Porreau, l'Oignon, & sur tout le blanc, les gousses-d'Ail, la graine &
les gousses d'Echalottes, les Choux blancs, les Pancaliers, &c. On lie les Laituës qui devroient pommer, &
ne le font pas ; ce lieu les fait en quelque façon pommer
par force.

Semer la graine de Giroflée panachée sur couche devant la pleine Lune pour la replanter en May : semer les
fleurs annuelles aussi sur couche pour les replanter à la
fin de May, sçavoir les Passe-velours, les Oeillets d'Inde, les Rozes-d'Inde, les Belles-de-nuit.

On acheve de planter les Arbres, soit en place, soit en
manequin.

On donne le premier labour à toutes sortes de Jardins ;
tant pour les rendre agreables pendant les Fêtes de Pâques, que pour disposer la terre à toutes sortes de plans &
de semences.

On met en terre les Amandes qui font germées, & on leur rompt le germe devant que les replanter.

On feme dans les parterres, de la graine de Pavos, & de pieds d'Alloüette, qui fleuriront aprés ceux qui ont été femez en Septembre.

On plante les Oculus-Chrifti.

On feme vers le vingt du mois fur couche des Capres-Capucines, pour en replanter un mois aprés à quelque bonne expofition, ou au pied de quelque Arbre.

OUVRAGES D'AVRIL.

IL n'y a point de mois dans le cours de l'année où il y ait plus à travailler aux Jardins que dans celuy-cy, la terre commence d'être tres-propre, non feulement à être labourée, mais à recevoir tout ce qu'on y peut planter ou femer, Laituës, Porrée, Choux pommés, Bourrache, Buglofe, Artichaux, Eftragon, Baume Violette, &c. Devant le mois d'Avril elle eft encore trop froide, aprés le mois d'Avril elle commence d'être trop féche, on regarnit les places où les Arbres nouveaux plantés ne promettent pas un bon fuccés, foit par la gomme, fi ce font fruits à noyau, foit par de miferables petits jets en toute forte de fruitiers : mais pour cette importante reparation il faut avoir élevé des Arbres en manequin, l'habile curieux n'y manquera jamais, il aura même le plaifir de mettre de ces Arbres tout auprés de ceux qui ne font pas bien leur devoir, en cas que leur mort ne foit pas tout-à-fait affûrée ; fi elle eft évidente on les arrache abfolument, afin qu'ils faffent place à ces nouveaux qu'on leur veut fubftituer, & pour cela on prend des tems fombres & pluvieux.

On fait la feconde taille aux branches des Pêchers, j'entens uniquement les branches à fruit pour les racourcir jufques fur l'endroit où il y a du fruit noüé, & fi quelques-uns de ces Pêchers ont fait fur des branches hautes de fort gros jets, comme il arrive quelquefois aprés la pleine Lune de Mars, on les pince pour les faire multiplier

en

en branches à fruit , & les tenir bas quand on en a besoin ,
qu'ils ne s'élevent pas si-tôt.

Les Pois semez en bonne exposition dés la my Octobre
doivent commencer vers la my-Avril au moins à faire leurs
premieres fleurs , & par consequent il les faut pincer : la
fleur vient d'ordinaire aux pois du nombril de la cinq ou sixiéme feüille , & du même endroit il en sort un bras qui s'allonge infiniment , & fait à chaque feüille une couple de
fleurs semblable aux premieres , & ainsi pour fortifier les
premieres on coupe ce nouveau bras immediatement au
dessus de la seconde fleur.

On continuë de tailler les Melons & les Concombres ,
de réchauffer les vieilles couches , d'en faire de nouvelles ,
& de semer des Concombres pour en avoir à replanter en
pleine terre qui puissent donner sur la fin de l'Esté , & sur
le commencement de l'Automne.

On fait quelques couches de Champignons en terre
neuve ; j'ay dit ailleurs la maniere de les faire.

C'est dans ce mois qu'est la Lune , qu'on appelle vulgairement la Lune rousse , elle est fort sujette à être ven-
teuse , froide & séche , & il en perit beaucoup d'Arbres
nouveaux plantez , si on n'a grand soin de leur arroser le
pied une fois par semaine , & pour cela on fait un cerne de
trois ou quatre pouces de profondeur au tour du pied , à
l'endroit où on peut juger que sont les extremitez des racines , & on verse dans ce cerne une cruche d'eau , si l'Arbre est petit , ou deux & trois , s'il est plus grand , & quand
l'eau est imbibée , on remet si on veut la terre dans le cerne , ou bien on le couvre de quelque fumier sec , ou herbes
nouvellement arrachées , pour recommencer une fois la
semaine pendant les grandes sécheresses.

On sarcle , c'est à dire on arrache les méchantes herbes
qui viennent dans les bonnes semences , on fait la même
chose aux Fraisiers , aux Pois , aux Laituës replantées , &
même on serfoüit tout cela pour ameublir la terre , & donner de l'ouverture aux premieres pluyes qui viendront.

A la my-Avril on commence à semer un peu de Chicorée blanche en pleine terre pour y blanchir en place , pourvû qu'elle soit bien clair semée , rien ne monte si aisé-

ment en graine que cette Chicorée.

On seme en place à la my-Avril les premiers Cardons d'Espagne, & on seme les seconds au commencement de May; les premiers sont d'ordinaire un mois à lever, les autres sont environ quinze jours.

On seme encore de l'Oseille dans ce mois, si on n'en a pas sa provision, & on la seme, soit en planche, & cela par rayons, ce qui est assez propre, ou à plein champ, ce qui est le plus ordinaire, ou bien on en seme sur le bord des quarrés pour servir de bordure.

On en replante aussi par rayons de celle qu'on a d'ailleurs, & qui n'a qu'environ un an, & sur tout de celle de la grande espece, soit que la necessité en ait fait détruire quelque planche, & qu'on ne la veüille pas perdre, soit qu'on le fasse à dessein.

On fait là même chose pour du Fenoüil, pour de l'Anis, & si les grands vents & le froid ne l'empêchent pas, on commence à donner un peu de l'air aux Melons qui sont sous cloche, pour continuer de leur en donner petit à petit davantage jusqu'à la fin de May qu'on ôte tout à fait les cloches si on est en bon climat : on se sert de trois petites fourchettes pour élever chaque cloche, autrement le plan s'y estiolle, & si après y avoir donné un peu d'air, le froid est capable de gâter les bras & les feüilles qui sortent, on prend soin de les couvrir d'un peu de litiere séche.

A la fin du mois on replante des Raves prises sur les couches où on en a élevé, afin d'en preparer une bonne provision de graine, & on choisit pour cela celles qui ont le navet le plus rouge, & le moins garni de feüilles; on n'a qu'à faire dans une ou plusieurs planches un trou avec un plantoir, & y fourrer la Rave, & presser ensuite la terre contre la Rave, les trous seront à un pied l'un de l'autre, & ensuite on les arrose, si la pluye n'en épargne pas la peine.

On choisit parmy les Laituës pommées, tant celles d'Hyver, qui sont la Coquille & la Jerusalem, que les Crêpe blondes élevées sur couche & sous cloche, une partie de celles qui sont les plus belles, pour les planter toutes ensemble dans quelques planches à un pied l'une de l'autre, afin qu'elles y montent en grane ; cela se plante aussi avec le plantoir.

On plante des bordures de Thim, Sauge, Marjolaine,
Hisope, Lavande, Rhuë, Absinthe, &c.

On replante des Laituës du Printemps pour pommer, &
voicy à peu prés leur ordre & leur suite, la Crêpe blonde
est la prémiere & la meilleure comme la plus tendre & la
plus delicate, mais il luy faut de la terre douce & legere,
ou sur tout une couche pour y en planter sous cloche dés le
mois de Février, & pendant tout le mois de Mars, & le
commencement d'Avril, la grosse terre ne luy convient
pas, elle n'y grossit point, & au contraire elle y fond: la
Crêpe verte, la Laituë-George, la Petite rouge, la Royale, la Belle-gardre, & la Perpignante suivent aprés: la
Royale est une tres belle & grosse Laituë, qui ne differe
de la Belle-garde, qu'en ce que celle-cy est un peu plus
crêpée, la Capucine, la Courte, & l'Aubervilliers & l'Autriche leur succedent, & ne montent pas si aisément en
graine que les precedentes: enfin viennent les Alfanges,
les Chicons & les Imperiales, qui sont Laituës à lier: la
Laituë de Genne, tant la rouge que la blonde & la verte
sont les dernieres pour l'Esté; il en faut replanter beaucoup dés le commencement de May pour être bonnes vers
la Saint Jean, & tout le reste de l'Esté; c'est de toutes les
Laituës celle qui resiste le mieux aux grandes chaleurs, &
qui monte le plus difficilement, & ainsi pour en elever de
la graine il en faut avoir semé sur couche, sous cloche dés
la fin de Février pour en avoir de bonnes à replanter à la
fin d'Avril.

La Royale recommence d'estre bonne à replanter à la
my Septembre, pour fournir avec la Genne le reste de
l'Automne: on seme dés la fin d'Aoust la Coquille, ou
Laituë d'Hyver, pour en avoir à replanter au mois d'Octobre & de Novembre pour l'Hyver.

Il est difficile de faire des descriptions de chacune de
ces especes de Laituës pour les faire connoître par là, leur
difference ne consistant gueres qu'à avoir la feüille un peu
plus, ou en peu moins verte ou frisée: c'est assez que les
curieux en sçachent le nom pour en demander de l'espece
à leurs amis, ou en acheter aux Marchands; l'usage apprend à les connoître, les deux Crépées sont ainsi nommées

à cauſe que leurs feüilles ſont friſées ; les Laituës qu'on
nomme rouges ſont aiſées à connoître par leur couleur ; la
Coquille a la feüille fort ronde avec une grande diſpoſition
tion a ſe fermer en coquille.

Il y a une infinité d'eſpeces de Laituës ; les plus miſerables ce ſont celles qu'on appelle Langues de chat , elles
ſont fort pointuës, & ne pomment point : la Laituë d'Aubervilliers devient extraordinairement dure , & n'eſt guére
bonne pour les Salades , elle eſt meilleure pour le potage ,
elle a cependant une grande diſpoſition à être amere.

Il ne faut pas manquer de ſemer de quinze jours en quinze jours un peu de Laituë de Gennes , pour en avoir toûjours de bonne à replanter pendant tout l'Eſté juſqu'à la
my-Septembre.

Il faut ſoigneuſement , & ſur tout pendant la pluye faire
la guerre aux Limaſſons & aux Limaſſes qui ſortent des
murailles , où ils ſe forment de nouveau , ils font un grand
ravage à brouter les nouveaux jets des Arbres, des Laituës
nouvelles plantées , & les Choux pareillement replantez
tout de nouveau.

Si les Roux-vents regnent , comme c'eſt leur ordinaire
pendant ce mois-cy, il faut arroſer amplement & ſoigneuſement tout ce qui eſt du Potager , à la reſerve des Aſperges.

On continuë de tailler les Melons & les Concombres ,
on en plante de nouveaux ſur des couches nouvelles au
commencement du mois , & même on en ſeme en pleine
terre dans de petites foſſes pleines de terreau , & qui ſoient
ſemblables à celles dont j'ay cy devant parlé pour les Cardons.

On cherche de jeunes Fraiſiers dans les bois pour en faire
des Pepinieres à quelque endroit du Jardin on en plante deux
ou trois pieds enſemble à quatre ou cinq pouces l'un de l'autre , & cela ſi on eſt en terre ſéche, dans une planche creuſe de deux ou trois pouces pour retenir & conſerver l'eau des
pluyes , & des arroſemens , ou à quelque planche voiſine
des murs du Nord.

On œilletonne les Artichaux auſſi tôt qu'ils ſont aſſez
forts pour cela , & on plante tout ce qu'on a beſoin d'en
planter , deux dans chaque foſſe creuſe de trois ou quatre

pouces, & éloignée l'une de l'autre de deux bons pieds &
demy ; chaque planche doit avoir quatre pieds de large ,
pour contenir deux rangées d'Artichaux fur les bords de
la planche , & il faut qu'il y ait trois pieds de vuide dans le
milieu pour fervir à y planter de la Porrée à Cardes , ou
même des Choux fleurs à l'imitation des Maréchez qui
font bons ménagers de leur terre , les deux pieds d'Artichaux que l'on plante dans chaque foffe, doivent être éloignez d'un bon demy pied l'un de l'autre.

On plante encore des Afperges, & on regarnit les places qui ont manqué , fi on peut les connoître d'abord , &
on prend foin d'arrofer quelquefois les nouveaux pieds.

On lie encore des Laituës qui ne pomment pas comme
elles devroient.

On tient les fenêtres des ferres d'Orangers ouvertes
pendant tous les beaux jours, pour les raccoûtumer au
grand air.

On fort vers la fin du mois les Jaffemins ; & on les taille.

On taille la Vigne dés les premiers jours du mois, fi on
ne l'a fait dans la my-Mars , & on taille plûtôt celle des
Efpaliers , que celle qui eft en plein air.

On a mis au mois de Mars en terre les Amandes qui ont
germé de bonne heure , & on met en ce tems-cy celles
qui n'ayant pas germé avec les autres avoient été remifes
dans du terreau , ou de la terre , ou du fable , &c.

Les Jardins dés le commencement du mois doivent étre
prefque dans leur perfection , tant pour la propreté uni-
verfelle , que pour voir la terre couverte, foit de toutes les
graines qui ont dû étre femées, & avoir levé , foit de tous
les Plans qu'on a mis, à la referve des Chicorées , Celeri , des Choux fleurs , &c. qu'on ne replante que vers la
my May.

Enfin fi on a manqué de faire en Mars tout ce qu'on devoit avoir fait , il le faut faire dés le commencement de ce
mois , & particulierement il faut femer le Perfil , la Chicorée fauvage , les premiers Haricots : on feme les feconds
à la my May , & les troifiémes à la fin , c'eft pour en avoir
au bout de deux mois ; on feme auffi d'autres Féves des la
my-Avril,

C'eſt dans ce tems-cy que les Fraiſiers en pleine terre font leurs montans, & qu'il y faut extrêmement prendre garde pour arracher tous les coucous, c'eſt à dire les Fraiſiers qui fleuriſſent beaucoup, & ne noüent point, je veux même qu'on arrache les Caprons, à moins qu'on n'ait une amitié particuliere pour eux, ils ſont faciles à connoître par leurs gros montans courts & velus, leur fleur tres-large, leur feüille grande, veluë, & preſque picquante, mais pour les coucous il eſt difficile de les connoître, & ſur tout juſques à ce que leurs montans ſoient faits : la plûpart d'entr'eux ſont Fraiſiers qui ont dégeneré, ainſi les feüilles des bons & des mauvais ſe reſſemblent aſſez, mais ces pieds degenerez en font enſuite par leurs traînaſles une infinité d'autres qui ſont tres beaux, & par conſe-quent fort trompeurs : ceux qui les connoiſſent s'apperçoivent bien qu'ils ſont un peu velus, & plus verdâtres que les bons, mais enfin ſi on n'eſt extraordinairement appliqué à faire la guerre à ce malheureux Plan, qui impoſe par ſa beauté, ou ſe trouve en peu de tems reduit à n'en avoir plus d'autres, c'eſt à luy que convient particulierement le proverbe de *belle montre & peu de rapport.*

On ſeme les derniers Concombres vers le dix ou le douze du mois pour en avoir de tardifs, & pour en avoir à confire en Octobre, cela s'appelle vulgairement cornichons.

Il faut beaucoup pincer les montans de Fraiſiers, & en arracher même quelques uns de ceux que les pieds foibles font en trop grande quantité ; pincer c'eſt ôter les dernieres fleurs, & derniers boutons de l'extrêmité de chaque montant, pour n'y en laiſſer que trois ou quatre au plus de ceux qui ont paru les premiers ſur ces mêmes montans, & qui en effet ſont les plus prés de terre.

C'eſt particulierement vers la fin du mois que commence la Lune de May qui eſt ſi feconde, & ſi vigoureuſe en ſes productions, qu'il faut avec tout le ſoin poſſible parcourir les Eſpaliers, pour retirer de derriere les échalas les branches qui s'y ſont gliſſées, ſoit les menuës, ſoit particulierement les groſſes : c'eſt pendant ce même tems que ſe doit faire la troiſiéme taille des Pêchers, & des autres

Fruits à noyau : la deuxiéme s'est faite pendant la fleur
pour ôter les endroits qui n'ont pas fleuri, comme on l'a-
voit esperé. Dans celle-cy on conte que les fleurs qui doivent noüer sont noüées, & partant il ne faut icy conter pour
Pêches veritables que celles qui sont bien noüées, & même
qui sont assez grosses ; parce qu'enfin il en tombe assez jusques-là, quoyqu'elles paroissent être bien noüées ; il est
donc à propos de racourcir toutes les branches qui ont été
laissées longues pour fruit, & qui non seulement, ou n'en ont
point retenu, ou n'en ont retenu que peu, & peut-être poussent foiblement, c'est-à-dire font de tres-petits jets, ou ne
font simplement que des feüilles ; il faut reduire les plus
foibles de ces branches à ne faire qu'un seul jet, ou deux au
plus, & generalement racourcir toutes les branches qui ne
paroissent pas vigoureuses, ou paroissent brûlées par les
roux-vents, & enfin proportionner à l'état naturel de chaque Arbre la charge qu'on luy doit selon son plus ou son
moins de vigueur : & ainsi il en faut laisser beaucoup aux
Arbres vigoureux, & sur tout s'ils sont venus de noyaux, &
en laisser peu à ceux qui sont foibles, & toûjours avoir en
vûë de faire ce qui s'appelle un bel Arbre, prenant soin que
tant que faire se pourra, chaque branche à fruit ait un fruit
à son extremité : cette troisiéme taille se doit faire devant
que de palisser, ou au moins en pallissant.

C'est aussi en ce tems-cy qu'il faut pincer c'est-à-dire
rompre à quatre ou cinq yeux les gros jets, qui en quelques Pêchers sont venus sur la grosse taille de l'année, afin
de leur en faire pousser trois ou quatre mediocres qui
soient en partie pour fruit, au lieu d'une qui seroit restée
seule, & à bois ; cela se doit faire particulierement sur les
fort grosses qui poussent à l'extrémité de l'arbre haut
monté, quand en effet il est déja assez élevé, cela se fait
quelquefois, mais rarement sur celles qui poussent en bas
quand on a besoin de garnir quelque vuide qui s'est fait
auprés de tres grosses branches, soit jeunes soit vieilles
qu'on aura racourcies à la taille d'Hyver ; ces grosses sont
assez sujettes à ne rien pousser, ou a devenir pleines de
gomme, tant elles-mêmes que les nouvelles qu'elles produisent au Printems.

Il n'eſt pas à propos de pincer tous les autres Fruitiers à la reſerve des greffes, qui ayant été faites ſur de gros pieds ont commencé de pouſſer avec beaucoup de vigueur, les jets de telles greffes en deviendroient trop grands, & trop dégarnis, ſi cette operation ne les arrêtoit, & ne leur faiſoit produire beaucoup de branches qui ſe trouveront bonnes ; au lieu d'une qui auroit pû demeurer inutile, on a beau pincer hors de telles occaſions, il n'en arrive aucun avantage; le pincer s'étend auſſi quelquefois ſur les Figuiers, mais cela ne ſe fait qu'à la fin de May, comme je l'expliqueray cy-aprés.

OUVRAGES DE MAY.

LEs effets de la vegetation pendant le mois de Mars n'ont été, ce ſemble, que de petits coups d'eſſay de la nature qui ſe prepare à quelque choſe de grand ; des Arbres fleuris, des feüilles ſortis, des bourgeons commencés, &c. tout cela marque bien moins de la vigueur que de la foibleſſe. Nous avons vû enſuite augmenter les forces de cette même nature dans les productions d'Avril des Fruits noüés, des jets allongés; des ſemences naiſſantes, &c. mais enfin quand on eſt au mois de May c'eſt tout de bon que cette mer de la vegetation fait paroître ce qu'elle a de veritable vigueur pour s'y maintenir encore dans le mois de Juin & de Juillet, des murailles couvertes de nouvelles branches, des fruits groſſiſſans, la terre toute verdoyante, &c. Et c'eſt pour lors que les Jardiniers ont grand beſoin d'être ſur leurs gardes pour ne voir pas tomber leur Jardin en deſordre: car ſûrement s'ils ne ſont extrêmement ſoigneux & laborieux, tout eſt à craindre pour eux, les méchantes herbes auront en peu de temps étouffé toutes leurs bonnes ſemences, leurs allées deviendront en friche, leurs Arbres tomberont dans la derniere confuſion, & partant c'eſt à eux de veiller avec beaucoup d'application à ſarcler, labourer, nettoyer, ébourgeonner, paliſſer, & par ce moyen ils ſont les maîtres d'avoir la gloire de donner à leurs Jardins tout le luſtre & tout le merite qui leur eſt dû.

Les

Les Pois verds qu'ils ont femé en coftieres au mois d'O-
ctobre vont commencer la recompenfe de leurs peines; les
voilà qui entrent en fleur dans les premiers jours de ce
mois (les fleurs durent d'ordinaire huit & dix jours, devant que de venir en plateaux, & trois femaines aprés ils
demandent à fortir de leurs cofles;) cependant vers le
fept ou huitiéme du mois il faudra planter les Choux-
fleurs, les Choux de Milan, les Capres capucines, & les
Cardes, des Porrées, &c. fi on les plante plûtôt, on les voit
d'ordinaire monter, ce qu'il ne faut pas; & enfin pour cela il ne faut pas aller plus loin que le quinze, non plus que
pour femer les Choux d'Hyver. On acheve le plûtôt qu'on
peut d'œilletonner les Artichaux qui font forts, & qui ont
befoin d'être déchargez & éclaircis; on acheve d'en replanter de nouveaux: les œilletons ne laiffent pas d'être
bons, quoiqu'il ne parroiffe aucune petite racine à leur talon; pourvû qu'ils foient affez gros & blancs, on peut s'af-
fûrer que la plûpart donneront de beaux fruits en Automne, & dans la verité il eft à fouhaiter qu'ils n'en donnent pas plûtôt; car ceux qui viennent devant ce tems-là
font d'ordinaire chetifs, & pour ainfi dire avortez; ce n'eft
pas tout que de planter de bons gros jeunes œilletons, il
en faut auffi planter de mediocres & fur tout à quelque
bon abry pour n'y faire autre chofe que fe fortifier pendant le refte de l'année, afin qu'ils deviennent en état de
pouvoir de bonne heure donner leurs premieres Pommes
au Printems: ceux qui en ont donné l'Automne ne vont
pas fi vîte que ceux cy: enfuite la Porrée pour Cardes fe
doit planter prefque en même tems, & elle eft bien placée fi on la met dans le milieu de ces Artichaux, c'eft à dire un pied de porrée entre deux pieds d'Artichaux, en forte
qu'il y en ait dans un rang, & point dans l'autre; car enfin
il faut laiffer une place libre pour aller arrofer, facler, labourer, cuëillir, & même couvrir au befoin.

Les premiers Melons commencent à noüer dans le premier quartier, ou à la pleine Lune de ce mois, mais fur
tout on en voit noüer au décours, fi les couches ont été
bien chaudes pendant la pleine Lune, & qu'elles le foient
moins à ce décours.

On range en même tems les Figuiers dans la place de
la Figuerie, pour les mettre dans la difpofition qu'on veut :
ils commencent pour lors à pouffer leurs feüilles & leurs
jets, & enfin leurs fruits grofiffent à la pleine Lune.

Vers la fin du mois on commence à palifler diligemment
& promptement les nouveaux jets des Arbres, fi toutefois
ils font affez forts pour cela, & il eft bon d'avoir achevé
dans les premiers jours de Juin : car à la fin de Juin il faut
recommencer le fecond paliflage des premiers jets, & le
premier de ceux qui n'ont pas encore commencé de l'être ;
on doit même pincer les gros jets qu'on trouvera, foit qu'a-
prés le premier pincement d'Avril ils n'ayent pas multiplié
en branches dans leur étenduë, & au contraire n'ayent fait
encore qu'un feul gros jet, foit qu'ils ayent multiplié, &
qu'il foit venu quelque jet afsez gros pour devoir eftre pin-
cé, ou autrement ce gros jet feroit inutile & pernicieux,
inutile en ce qu'il le faudroit ôter, ou au moins beaucoup
racourcir, & pernicieux en ce qu'il auroit, pour ainfi dire,
volé une nourriture, qui devoit aller à des jets necefsaires :
bien entendu qu'il faut en palifsant coucher toutes les
branches qui le peuvent & doivent eftre, fans en lier plufieurs enfemble, & fans en ôter, ou arracher aucune qui
foit belle, à moins qu'abfolument on ne la puiffe pas coucher ; ce qu'étant il la faut couper à l'épaiffeur d'un écu du
lieu d'où elle fort, en efperance que des deux côtez de cette
épaiffeur il en naifse quelques bonnes branches à fruit ; il
faut auffi éviter d'en croifer aucune, à moins que la neceffité de remplir un vuide, & de faire de l'égalité n'y oblige.

Si on a des Arbres qui doivent monter, il faut difpofer
pour cela la branche qui paroît propre à le faire,

On lie les greffes, foit à leur fouche, foit à des bâtons
mis exprés, pour leur faire prendre la figure qu'on y veut,
& empêcher que les vents ne les rompent

On feme amplement de la Laituë de Gennes, & on en
plante, & d'autres auffi.

On ébourgeonne les Poiriers, foit pour ôter de faux jets,
s'il y en paroît, ce qui fe fait en les arrachant tout à fait
s'ils font confufion, foit même pour en ôter de bons ; mais
comme ils pourroient faire cette confufion, qui eft tant à

craindre dans l'Arbre, il eſt neceſſaire de les ôter pour
fortifier ceux qui doivent faire la figure de cet Arbre ; un
ſecond jet deviendra bien plus vigoureux, ſi on luy ôte
celuy, qui étant à l'extremité de la taille, étoit compté
pour le premier.

On ſeme de la Chicorée pour en avoir de bonne à la
fin de Juillet : celle-cy peut blanchir en place, c'eſt à dire
ſans être replantée, ſi elle eſt clair ſemée & bien arroſée
pendant tout le mois ; on prend le tems de quelques pluyes
pour replanter les fleurs annuelles en place ; il ne manque
guéres d'y en venir, comme auſſi prend-t-on ce tems-là
pour remettre des Arbres en mannequin à la place des
morts, ou de ceux qui rechignent, ou pour en mettre de
ceux dont on n'a pas trop bonne eſperance : la maniere de
s'y prendre eſt de faire un trou capable d'y ranger le mannequin, l'y mettre enſuite, garnir ſoigneuſement de terre
tout le tour du mannequin, la preſſer même avec le pied
ou avec la main, & auſſi-tôt y verſer tout au tour deux ou
trois cruchées d'eau pour marier parfaitement les terres
de dehors avec celles de dedans, en ſorte qu'il n'y reſte
pas le moindre vuide du monde : il eſt neceſſaire de recommencer ces arroſemens deux ou trois fois pendant le
reſte de l'Eſté.

On replante encore de la Porrée, & on choiſit pour cela la plus blonde de celle qui eſt venuë des dernieres ſemences, elle eſt plus belle & meilleure que la verte.

On continuë la Pepiniere de Fraiſiers juſqu'à la fin du
mois, & alors on connoît parfaitement les bons par les
montans.

On lie encore des Laituës qui ne pomment pas comme
elles devroient.

On ne ſeme plus d'autres Laituës que de la Gennes paſſé la my-May, toutes les autres montent trop aiſément.

On replante des Melons & Concombres en pleine terre, & cela dans de petites foſſes pleines de terreau ; on
plante auſſi des Citroüilles dans de ſemblables trous éloignez de trois toiſes ; elles ont été élevées ſur couches, &
afin qu'elles reprennent plûtôt, on les couvre de quelque
choſe pendant cinq ou ſix jours, à moins qu'il ne pleuve,

le grand Soleil les fait faner, & souvent perir.

On continuë de semer un peu de Pois, & ce doit être de ceux de la grosse espece : on rame, si on veut, les autres qui sont forts aprés les avoir bien serfoüis : les Pois ramez donnent plus de fruit que les autres.

On sort les Orangers au premier quartier de la Lune de ce mois, si le temps commence d'être en sureté contre les gelées, & on encaisse ceux qui en ont besoin, il faut voir leur culture dans le Traité fait pour cela ; on a eu soin pendant tous les beaux jours d'Avril de laisser ouvertes les fenêtres de la serre, pour accoûtumer les Orangers au grand air.

On taille les Jasmins en les sortant, c'est à dire qu'on leur coupe toutes les branches à un demy pouce prés.

A la fin du mois on commence à faire les premieres tontures des palissades, des Boüis, des Filarias, Ifs, Espicias.

Sur toutes choses on arrose amplement si le Soleil est chaud, autrement toutes les plantes rotissent, & avec des arrosemens elles profitent toutes à vûë d'œil ; on arrose aussi les Arbres nouveaux plantez, & pour cela on fait un cerne creux de quatre ou cinq pouces autour de l'extremité des racines, on y verse quelques cruchées d'eau, & quand elle est imbibée, on remet la terre dans le cerne, ou bien on le remplit de fumier sec pour continuer d'autres arrosemens, jusqu'à ce qu'on voye que les Arbres ont bien pris, & aprés cela on regale la terre.

On peut commencer à replanter du Pourpier pour graine sur la fin du mois.

On continuë de tailler les Melons, & on n'en replante plus passé le mois de May.

Mais on plante encore des Concombres.

On commence à planter du Celery à la fin du mois, & on a deux manieres de le planter, sçavoir dans des planches creuses, comme on fait les Asperges à trois rangs dans chaque planche mettant les rangs & les pieds de Celery éloignés d'environ un pied, & c'est le mieux quand ils sont un peu forts, pour les pouvoir réhausser de terre par le moyen de celle qu'on a sorti des rayons, & qu'on a élevé sur les planches voisines : ou bien on le replante en

pleine terre en la même diſtance que cy devant ; & à la
fin de l'Automne aprés les avoir liés de deux ou trois liens,
on les élève en mote, pour les replanter tout le plus prés
qu'on peut les uns des autres, afin de les couvrir de grand
fumier ſec plus aiſément, & que par ce moyen ils blanchiſſent mieux, & ſe deffendent de la gelée.

Vers la fin du mois on commence de lier la Vigne aux
échalas, & de paliſſer les pieds qui ſont en Eſpalier, aprés
avoir premierement ébourgeonné tous les jets foibles,
inutiles, & infructueux.

On plante des Anemones ſimples, qui fleuriſſent un mois
aprés ; on a pû en planter tous les mois depuis le mois
d'Aouſt, & ceux là fleuriſſent de même ſi le grand froid ne
les empêche.

Dés le commencement du mois, ou au moins dés qu'il
ſe peut on épluche les Abricots quand il y en a trop, pour
n'en laiſſer jamais deux l'une auprés de l'autre, & donner
le moyen de groſſir à ceux qu'on y laiſſe ; on peut faire à la
fin du mois le même épluchement aux Pêches & aux Poires ſi elles ſont aſſez groſſes pour cela, & qu'il y en ait trop
& en ce temps-là, ou au commencement du mois qui ſuit,
on ſeme les premiers Choux blonds pour l'Automne, &
pour l'Hyver : les plus forts qu'on replante en Juillet, ſe
mangent l'Automne, & les plus foibles qu'on replante en
Septembre & Octobre, & ſur tout ceux qui ſont un peu
verts, ſont pour ſervir l'Hyver.

Pendant toute la Lune de May les jets des Arbres d'Eſpalier ſont aſſez ſujets à ſe gliſſer derriere les échalas, comme j'ay dit au mois d'Avril, & on aura peine à les en retirer ſans les caſſer, ſi de bonne heure on ne les retire, &
ſi de huit en huit jours on ne fait une revûë exacte le long
des murs, pour remedier à un ſi fâcheux inconvenient,
contre lequel on ne peut avoir trop de précaution ; beaucoup de jeunes jets ſe broüiſſent, & beaucoup deviennent
tous tortus, tous raboteux, rabougris, & recroquebillez,
& leur feüilles pareillement ; il faut vers la pleine Lune
ôter ces feüilles broüies & recroquebillées ; il faut rompre le plus bas qu'on peut les jets rabougris, afin qu'il en
vienne quelqu'autre meilleur & plus droit : il faut tailler,

les Figuiers, & sur tout ceux des caisses, il y a un Traité particulier pour cette taille.

On continuë à semer un peu de Raves parmy les autres semences, comme on a du faire pendant les deux mois precedens.

On prend le temps de découvrir ce qui est sous cloche, ou sous chassis, s'il survient quelques pluyes douces, ou un temps fort couvert, tant pour servir d'arrosement, que pour endurcir les planches au grand air.

Si on est dans une terre sablonneuse & séche, on tâche de faire écouler par de petites rigoles sur les endroits qui sont en culture, les eaux qui viennent quelquefois par averse & par orage, pour ne les pas laisser inutiles dans les allées, & si on est dans des terres trop fortes, grasses & humides, comme celle du Potager nouveau de Versaille s, on les fait sortir des terres où elles incommodent, pour les faire perdre dans les allées, ou dans les pierres qui les portent hors du Jardin, & pour cela il faut avoir élevé les terres en dos de bahu.

Pendant tout ce mois il est bon de marcoter les Giroflées jaunes, soit en plantant des boutures par tout où l'on veut, soit en couchant des branches qui tiennent encore à la plante.

Les curieux d'Oeillets pour en avoir de doubles, sement vers le 5. 6. 7. ou 8. de la Lune de May leurs bonnes graines dans des terrines, ou dans des bacquets, afin qu'au moins elle soit germée devant la pleine Lune : cette Lune est quelquefois en Juin, & d'ordinaire en May : il faut que ce plan devienne assez fort pour être au mois de Septembre replanté en pleine terre, en sorte qu'ils ayent pris terre devant l'Equinoxe : d'autres se contentent de semer leurs graines devant l'Equinoze.

On doit replanter jusqu'à la fin de May des Crêpe-vertes, & des Aubervilliers pour en avoir tout le mois de Juin avec les Chicons & les Imperialles.

Il faut faire la guerre aux gros Vers-blancs, qui dans ce temps-cy détruisent les Fraisiers & les Laituës pommées : il faut aussi ôter les Chenilles vertes qui mangent entierement les feüilles des Groseillers, & font par là perir les Groseilles.

Il faut auffi à la fin de May éclaircir les racines qui levent trop druës, & replanter ailleurs les arrachées, fçavoir Beteraves, Panais, &c.

On peut planter des Marguerites, des Oreilles d'Ours, & des Narciffes blancs doubles, quoique tous en fleur, cela ne les empêche pas de bien reprendre.

O U V R A G E S   D E   J U I N.

JE redis icy la même chofe que j'ay déja redite au commencement des Ouvrages de chaque mois, c'eft à dire qu'il faut faire dés l'entrée de celuy-cy tout ce qu'on n'a pu faire le mois precedent ; & même il faut continuer tous les mêmes Ouvrages, à la referve toutefois des couches qui ne font plus neceffaires pour les Melons, mais on en peut faire pour les Concombres tardifs, & pour les Champignons.

On peut encore replanter quelques Artichaux jufqu'au douze ou quinze du mois ; ils ferviront pour le Printemps fuivant, étant bien arrofez ; les arrofemens font inutiles, fi l'eau ne penetre pas jufqu'à la racine, & ainfi plus la plante fait des racines profondes, & plus faut-il faire des arrofemens amples, & fur tout dans les terres féches ; car dans les terres humides & fortes, il faut arrofer, & moins fouvent, & plus amplement, par exemple les Artichaux dans les terres legeres ont befoin d'une cruche de deux jours l'an pour chaque pied, & dans les terres fortes une cruche peut fervir à trois pieds.

Vers la my-Juin on replante le Porreau à demy-pied l'un de l'autre dans un trou creux de fix bons pouces, qu'on fait avec un plantoir, & on n'en met qu'un dans chaque trou, fans prendre foin d'aprocher la terre de ce Porreau, comme on fait à toutes les autres plantes qu'on met en terre avec un plantoir.

On continuë de femer de la Chicorée & de la Laituë de Gennes, pour en replanter au befoin le refte de l'Efté : on recuëille la graine de Cerfeüil qui eft la premiere de l'année à monter fur le Cerfeüil femé d'Automne, c'eft à

dire qu'on coupe tous les montans , & qu'on les laisse fécher : ensuite on les bat comme le Bled , & on vanne la
graine de même.

La méme maniere se pratique pour toutes les autres
graines qu'on recuëille chacune dans sa saison , & sur tout
au mois de Juillet & d'Aoust, prenant grand soin d'empêcher que les Oiseaux, qui en sont extrêmement friands ne
les mangent.

On replante des Cardes de Porrée pour en avoir de belles l'Automne,& elles sont bien dans la place qui reste dans
l'entre-deux des rangs d'Artichaux : il les faut mettre à un
pied & demy l'une de l'autre.

Il faut prendre grand soin d'ôter les méchantes herbes,
qui viennent en abondance , & les ôter sur tout devant
qu'elles grainent , pour éviter la multiplication , qui ne
vient que trop d'elle-même sans semer.

Il faut faire sans plus tarder toutes les tontures de palissades , & de boüis , en sorte qu'elles soient faites au moins
à la Saint-Jean, pour avoir le temps de repousser encore devant l'Automne, & arroser amplement toutes les semences
des Potagers.

Arroser amplement & tous les jours les Concombres sur
couche , & les Melons raisonnablement deux ou trois fois
la semaine à une demy cruchée pour chaque pied.

Dés la my-Juin on commence à greffer à la pousse les
fruits à noyau , & sur tout les Cerises en grand Arbre sur
bois de deux ans qu'on coupe à trois ou quatre pouces de
l'endroit où se doit mettre l'Ecusson : le bon temps est toûjours devant le Solstice.

Il faut souvent labourer les grosses terres pour ne leur
pas donner le temps de s'endurcir , & de se fendre : on
donne communément un labour universel dans tous les
Jardins dans ce temps-cy , & le bon temps à labourer pour
les terres séches est un peu , ou devant la pluye , ou immediatement aprés , ou même pendant qu'il pleut , afin que
l'eau penétre promptement dans le fond , devant que la
chaleur vienne à les convertir en vapeurs : & à l'égard des
terres fortes & humides , il faut prendre le temps chaud &
sec , pour dessécher & réchauffer : les Jardiniers soigneux
font

font des rigoles, pour faire entrer au travers de leurs quarrez les averfes d'eau qui viennent en ces temps-cy par les
orages, & cela fur tout fi leurs terres font legeres : ils font
le contraire, fi leurs terres font trop fortes, pour faire é-
couler les eaux hors des quarrez, comme j'ay dit en parlant des ouvrages du mois de May.

Les curieux d'Oeillet ont dû commencer à mettre des
baguettes à chaque pied pour foûtenir les montans, & empêcher que les vents ne rompent les boutons, & ainfi aux
Cedum, &c. & s'ils ne l'ont fait, ils le font pendant ce
mois, & ôtent non feulement une partie des petits boutons
qui viennent aux Oeillets en trop grande quantité, pour
faire fortifier les principaux, mais auffi la plupart des
montans pour n'en conferver qu'un des plus beaux & des
plus propres à faire de belles fleurs.

On fait la guerre au gros vers blancs, qui détruifent les
Fraifiers & les Laituës pommées.

On cultive foigneufement les Orangers fuivant la maniere que j'ay expliqué dans le traité de leur culture.

Le Pourpier fauvage commence à paroître au commencement de Juin, & dure jufques à la fin de Juillet, il faut
prendre foin de le bien ratiffer.

On ôte les Tulippes de terre à la fin du mois : leurs feüilles étant pour lors fanées.

On rame les Haricots.

On feme des Pois à la fin de ce mois, pour en avoir dans
le mois de Septembre.

O U V R A G E S   D E   J U I L L E T.

CE mois-cy demande pareillement une grande application, & beaucoup d'activité de la part du Jardinier
pour faire ce qu'il n'a pû pendant le mois precedent, &
continuer les mémes ouvrages à la referve ces couches ; les
grandes chaleurs fans les arrofemens font de grands dégats
& avec de frequens arrofemens font faire de belles productions.

C'eft dans ce mois qu'on recuëille beaucoup de graines,

& qu'on feme des Chicorées pour l'Automne & pour l'Hyver : on feme de la Laituë Royale pour en avoir de bonne à la fin d'Automne.

On feme encore quelques Ciboules & de la Porrée pour l'Automne, & quelque peu de Raves dans des endroits frais, ou extrêmement arrofez, pour en avoir au commencement d'Aouft

Si la faifon eft fort féche, on commence à la fin du mois, à greffer à Oeil dormant fur les Coignaffiers & fur les Pruniers.

On commence à replanter des Choux blonds pour la fin de l'Automne, & pour le commencement de l'Hyver.

On feme de la Laituë Royale.

On feme pour la derniere fois des Pois quarrez à la my-Juillet, pour en avoir en Octobre.

En ce mois particulierement les Pêchers font plufieurs jets ; on commence à la my Juillet à marcoter les Oeillets, fi les branches à marcoter font affez fortes pour cela ; autrement il faut attendre au mois d'Aouft, & jufques à la my-Septembre.

OUVRAGES D'AOUST.

DEs la my Aouft on commence de femer les Efpinars pour la my-Septembre, & des Mâches pour les Salades d'Hyver, & de la Laituë à coquille, pour en avoir de pommées à la fin d'Automne, & durant l'Hyver.

On replante des Fraifiers en place qu'on a élevez en mote.

On recuëille les graines de Laituës & des Raves, d'abord qu'une partie des coffes paroiffent féches ; enfuite on arrache le pied, & on met le tout fécher

On recuëille auffi la graine de Cerfeüil, de Porreau, de Ciboules, d'Ognons, d'Efchalottes, & de Rocamboles.

On feme des Raves en pleine terre pour l'Automne.

A la fin du mois on feme à quelque bonne expofition des Choux pommés, pour les remettre en pepiniere à quelque autre bon abri, où ils doivent paffer l'Hyver, & être replantées en place au Printems.

On seme tout le long du mois des Laituës à coquilles à quelque bonne exposition, tant pour en replanter à la fin de Septembre, ou au commencement d'Octobre en place & à l'abri, que pour en avoir de toutes endurcies au froid à les pouvoir replanter aprés l'Hyver, soit en pleine terre au mois de Mars, soit sur couche dés le mois de Février, & s'il fait bien froid l'Hyver, il faut les couvrir un peu avec de grande litiere.

On peut semer quelques Oignons pour en avoir de bons l'année suivante dés le mois de Juillet, & il est bon de replanter ceux-là au mois de Mars ensuite.

On arrose beaucoup.

On replante beaucoup de Chicorées à un grand pied l'une de l'autre, & même des Laituës Royales, & des Perpignannes qui sont tres-bonnes l'Automne & l'Hyver.

On seme des Mâches pour le Carême.

On replante encore des Choux d'Hyver.

On tond les palissades pour la seconde fois.

On acheve de palisser, & on commence à découvrir petit à petit les fruits à qui on veut faire prendre beaucoup de couleur, sçavoir les Pêches, les Pommes d'Api, &c.

On lie la Chicorée d'un lien ou de deux, ou de trois, si elle est bien grande : celui d'en haut doit être toûjours plus lâche que les autres, autrement elle créve par le côté en blanchissant.

Dés la my-Aoust on commence à couvrir de terreau les Oseilles qu'on a coupées bien ras pour les remettre en vigueur ; c'est assez d'y mettre un bon pouce de terreau par tout, elles pourroient pourrir si on y en mettoit davantage.

On seme encore de l'Oseille & du Cerfeüil, & des Ciboules.

On arrache les traînasses des Fraisiers, pour conserver les vieux pieds plus vigoureux ; & quand il n'y a plus de fruit, ce qui est de la fin de Juillet, ou au commencement d'Aoust, on coupe les vieux montans & toutes les vieilles feüilles, afin qu'il s'en fassent de nouvelles.

On coupe aussi tous les vieux montans d'Artichaux,

les Pommes en étant ôtées.

On seme encore des Epinars à la fin du mois pour le commencement de l'Hyver.

On sort les Oignons de terre, quand les montans commencent à seicher : & on les laisse dix ou douze jours à l'air pour se seicher devant que de les serrer dans le grenier, ou autre lieu sec, ou les mettre en liasse, autrement ils s'échaufferoient étant serrez devant que d'être secs, & se pourriroient.

On cüeille les Echalottes dés le commencement du mois, & on sort l'Ail de terre.

A la fin d'Aoust les Fleuristes mettent en terre leurs Hyacinthes, leurs belles Anemones, leurs beaux Renoncules, leurs Jonquilles, leurs Totus Albus, & leurs Imperialles.

On fait la guerre aux Mouches ordinaires & aux Mouches guespes qui mangent les Figues, les Muscats & autres fruits ; & pour cela on attache aux branches des Fioles pleines d'eau détrempée avec un peu de miel : ces Mouches attirées par la douceur de ce miel entrent dans le goulot de ces Fioles, & y perissent dans l'eau ; il faut les changer d'eau d'abord qu'on voit la Fiole presque pleine de ces petits malheureux Insectes.

Quand le premier Oeillet d'un pied est beau, il ne s'ensuit pas que tous les autres le soient : les beautez de l'Oeillet sont d'être grand, bien garni, bien rangé, de belle couleur, bien panaché, & fort velouté.

On foule au commencement du mois les montans des Oignons, & les feüilles des Bete-raves, Carottes, Panais, &c. ou bien on ôte les feüilles pour faire grossir ce qui est dans la tere, en empêchant que la seve ne sorte en dehors.

Il fait encore trés bon marcotter les Oeillets.

OUVRAGES DE SEPTEMBRE.

LA terre des Jardins doit être universellement couverte à la fin de ce mois-cy, en sorte qu'il n'y ait pas un seul endroit où il n'y ait des Plantes Potageres, soit semées,

soit replantées, ce qui n'est pas si necessaire les mois prec-
cedens, tant parce qu'on en reserve beaucoup pour les
Plantes d'Hyver, sçavoir Laituës, Chicorées, Pois, &c.
que parce que certaines Plantes demandent un assés long-
temps pour se perfectionner, & qu'elles n'en auroient pas
assez devant la fin de l'Automne.

On fait la même chose qu'au mois precedent.

On fait des couches à Champignons.

On replante beaucoup de Chicorrées, & lors plus prés
à prés, que durant les mois précedens, c'est-à-dire qu'on
les met à demy pied l'une de l'autre, parce que les touffes
ne viennent plus si larges.

Il en faut replanter dans presque toutes les places vuides
dés le commencement du mois jusques vers le quinze, ou
vingt ; on seme à la fin du mois des Epinars pour la troisiéme fois, & ceux-là seront bons en Carême, & même aux
Rogations.

On replante encore des Choux d'Hyver, & sur tout ceux
qui sont d'une espece plus verte.

On peut encore à la my-Septembre semer quelque planches d'Oseille, ou en replanter de vieille, elle pourra être
assez forte devant les premieres gelées.

Pendant tout le mois on met des Fraisiers de la Pepiniere
à la place des touffes mortes, & on les arrose aussitôt,
comme il faut faire en tout temps les Plantes qu'on replante.

On en met dans les pots vers le vingt, si on en veut
échauffer l'Hyver.

On greffe vers le quinziéme du mois les Pêchers sur A-
mandier, & sur d'autres Pêchers en place: la seve y est pour
lors assez diminuée, pour ne pas noïer les Ecussons.

On lie avec de petit osier, & en suite on envelope soigneusement vers le quinziéme du mois de grande litiere,
ou paille neuve, quelques Cardons d'Espagne, & quelques
pieds d'Artichaux, pour en avoir de blanchis au bout de
quinze ou vingt jours, & il faut prendre garde en les en-
velopant deles tenir extremement droits, autrement ils
se renversent, & crevent sur un des côtez, même pour empêcher que les grands vents ne les couchent sur le côté.

il les faut buter d'environ un bon pied de terre.

On replante sur la fin de ce mois des Choux à pomme en Pepiniere à quelque bon abry, pour en replanter en place incontinent aprés l'Hyver.

On replante depuis le quinziéme du mois jusqu'à la fin, & à la my.Octobre, les Laituës coquilles à quelque bon abry & sur tout dans les pieds des murs du Midy & du Levant, pour en avoir de pommées au Carême, & dans tout le mois d'Avril ou de May,

On lie d'un lien ou deux par le bas le Celery, & ensuite on le bute, soit avec du grand fumier fort sec, soit avec de la terre séche pour le faire blanchir, & on prend soin de ne le point lier que par un tems fort sec ; la même précaution doit être pour tout ce qu'on lie, ensuite on coupe les extremitez des feüilles, afin qu'il n'y monte plus de séve qui y seroit inutile, ainsi elle demeure dans le pied, & le grossit.

On lie aussi les feüilles de quelques Choux.fleurs, dont la pomme commence de paroître formée.

On couvre le terreau les Oseilles coupées.

On seme des Mâches pour le Carême, les Réponses ne vallent pas la peine d'être semées dans un Jardin ; on en trouve assez le Printems dans les Bleds, & le long des Hayes.

C'est particulierement dans ce mois.cy & pendant tout l'Automne que toutes sortes de Jardiniers sonhaitent de la pluye.

On tâche de faire perir avec des fioles pleines d'eau emmielées, les mouches & les guépes qui mangent les Figues, les Muscats, les Poires, & autres fruits, &c.

On seme des Pavots & des Pieds d'alloüette dans les Jardins à fleurs, pour en avoir qui fleurissent en Juin & Juillet devant ceux qu'on seme en Mars.

Dans ce mois cy, & le mois precedent on replante de la Chicorée parmy les Laituës à pommer : celles.cy doivent avoir fait leur devoir auparavant que les Chicorées ayent pris leur étenduë, les arrosemens doivent être ordinaires pendant qu'il fait chaud & sec.

La bonne Chicorée pour l'Hyver, si c'est en terre sa-

blonneuſe doit avoir été ſemée depuis la my-Aouſt juſqu'à
la ſaint Lambert qui eſt le dix-ſept de ce mois ; & ſi c'eſt
en terre forte elle doit y avoir été ſemée un peu plûtôt, &
en tout cas doit être ſemée fort claire, afin qu'au bout d'un
mois elle ſoit aſſez groſſe pour replanter, c'eſt-à-dire groſſe à peu prés comme un doigt ; il la faut planter juſqu'à
la my-Septembre, & l'eſpacer de ſix à ſept pouces, afin
de la replanter une ſeconde fois, & plus prés à prés au
commencement de Septembre, ſans rien couper à la racine qui a fait un peu de mote, deux ou trois doigts avant
dans la terre ſéche & ſablonneuſe, ou au moins dans de
la terre en pente, & la couvrir pendant la gelée, pour
empêcher que le froid ne la gâte juſqu'au cœur ; cela étant
elle ſe conſerve juſqu'en Carême, au lieu que la Chicorée venuë toute grande devant les grands froids, ne ſçauroit ſe conſerver l'Hyver.

O U V R A G E S D'O C T O B R E.

ON fait les mêmes Ouvrages qu'au mois precedent, à
la reſerve des greffes dont la ſaiſon eſt paſſée ; ſur
toutes choſes on prepare le Celery & les Cardons ; on
plante beaucoup de Laituës d'Hyver, & même ſur des
vieilles couches pour les y pouvoir réchauffer, & en avoir
de bonnes vers la ſaint Martin.

A l'entrée du mois juſqu'au dix ou douze on ſeme des
Epinars pour en avoir aux Rogations.

Et on ſeme auſſi le dernier Cerfeüil ſur terre, afin qu'il
ſoit levé devant les grandes gelées, & qu'il graine de bonne heure l'année ſuivante.

Dés l'entrée du mois, ſi on ne l'a fait à l'entrée de Septembre, on ſe met à défaire les couches, & à faire des meules
du fumier le plus chanci, pour y élever des Champignons.

On replante des Choux d'Hyver ſur ces meules ; on met
à part tous les terreaux, pour s'en ſervir au beſoin dans le
tems des nouvelles couches ; & pour ce qui eſt du fumier
le plus pourri, on le porte ſur les terres qui ſont à fumer.

A la my-Octobre ou remet dans la ſerre les Orangers,
les Tubereuſes & Jaſmins, on les y range avec quelque

fymetrie agreable , on laiſſe les fenêtres ouvertes le jour, durant qu'il ne géle pas , & toûjours fermées la nuit juſqu'à ce qu'enfin on ferme & calfeutre ſoigneuſement les fenêtres & les portes.

On met les pots de Tubereuſes ſur le côté pour les égouter , & empécher que les Oignons n'y pourriſſent.

On commence de planter de toutes ſortes d'Arbres ſitôt que leurs feüilles ſont tombées.

On plante encore beaucoup de Laituës d'Hyver à de bons abris & de bonnes coſtieres à ſix ou ſept pouces les unes des autres , il en perit aſſez pour empécher qu'on ne diſe qu'elles ſont trop druës.

Vers la my Octobre les Fleuriſtes plantent leurs Tulipes, & tous les autres oignons qui ne ſont pas encore en terre.

Il faut faire les derniers labours des terres fortes & humides pendant ce mois , ſoit afin de faire perir les méchantes herbes , & donner un air de propreté aux Jardins pendant cette ſaiſon cy que la Campagne eſt la plus viſitée de tout le monde , ſoit pour faire prendre , pour ainſi dire, croûte à ces ſortes de terres, de maniere que les eaux d'Hyver n'y puiſſent pas ſi aiſément pénetrer , & qu'aucontraire elles puiſſent couler vers les endroits qui ſont dans une ſituation plus baſſe.

On continuë de faire la guerre aux Mouches guépes qui détruiſent , les Figues , les raiſins , les bonnes Prunes , les bonnes Poires , &c.

On coupe le vieux Cerfeüil afin qu'il repouſſe des jets nouveaux.

Il eſt bon de commencer à ſemer à quelque bon abry au Midy ou au Levant, ou méme ſur couche , à la charge de bien couvrir contre la rigueur du froid ce qu'on aura ſemé quand il en ſera temps,

---

OUVRAGES DE NOVEMBRE.

DAns ce mois cy on commence à faire le Printemps par le moyen des couches ſur leſquelles on ſeme des

petites

petites falades, c'eft-à-dire Laituës à couper, Cerfeüil,
Creffon, &c,

On plante des Laituës pour pommer fous cloche, ou
fous chaffis; on y replante des pieds de Baume, d'Eftragon,
de Meliffe; on y plante de l'Ofeille, de la Chicorée fauvage,
du Perfil macedoine; on y feme des Pois, des Féves, du
Perfil, Pimpernelle, & fi le temps eft encore affez beau,
on acheve de planter des Laituës aux bons abris.

C'eft proprement icy le mois du grand travail pour éviter la difette, qui eft une Compagne ordinaire de la faifon
morte pour ceux qui ont manqué de prévoyance; car enfin ce froid ne manque pas de faire de grands ravages aux
Jardins des pareffeux, & ainfi dés le commencement du
mois, quelque beau qu'il faffe, il faut faire porter de
grands fumiers fecs dans le voifinage des Chicorées, Artichaux, Porrée, Celery, Porreaux, Racines, &c. pour
avoir facilité de les répandre en peu d'heures fur tout ce
qui en a befoin pour éviter la deftruction; & méme dés
que le froid commence à fe déclarer, il faut commencer
tout de bon à la couverture des Figuiers.

C'eft le temps propre pour faire toutes fortes de Plans
d'Arbres, & de Grofeilles, & de Framboifes, & il fait bon
continuer roûjours jufqu'à la fin de Mars, à la referve
quand il géle bien fort, ou que la terre eft couverte de
beaucoup de neige,

Pendant tout ce méme temps on met des Arbres & Arbuftes dans des manequins qu'on place à quelqu'endroit
particulier, & fur tout du côté du Nord; on y en met de
tige, auffi-bien que de Nains, & on tient un bon Memoire
pour l'ordre des efpeces: ces manequins doivent eftre à
demy pied l'un de l'autre, enterrez fi bien qu'il n'en paroiffe au plus que le bord d'en haut; on couche dans ces
manequins les Arbres qui font deftinez pour les Efpaliers,
tout de méme que fi on les y plantoit actuellement, & on
plante tous droits, & dans le milieu du mannequin ceux
qui font deftinez à mettre en plein air.

Dés que les gelées commencent de paroître, on commence d'employer les grands fumiers qu'on a eu foin de faire
porter aux endroits où il en faloit, par exemple fi c'eft pour

les Artichaux , on peut les tenir un peu élevez du côté du Nord , pour servir d'un petit abry en attendant qu'on couvre entierement , ou bien quand on est d'ailleurs fort pressé d'ouvrages on les couvre d'abord , bien entendu que devant que de les couvrir on leur coupe toute la fane. Peu de ce fumier suffit d'abord contre les premieres attaques , & on redouble ces couvertures à mesure que le froid augmente : ceux qui n'ont point de ces sortes de fumiers secs , peuvent se servir de feüilles qu'on ramasse dans les bois voisins.

Si on veut faire blanchir pour Cardes quelques pieds des plus forts de ces Artichaux , on les lie de deux ou trois liens par bas , & en suite on les envelope de grand fumier sec , ou de paille qu'on relie encore , ainsi que nous avons dit cy-dessus en parlant des Cardons.

Dans les terres séches on bute un peu les Artichaux, cela seroit pernicieux dans les terres humides , car les pieds en pourriroient.

Il est bon de laisser les Artichaux ainsi couvert jusqu'à ce que la pleine Lune de Mars soit passée , elle est d'ordinaire fort dangereuse , & beaucoup de Jardiniers sont cause de la perte de leurs Artichaux quand ils se laissent tenter à quelques beaux jours du mois de Mars , pour en venir à ôter entierement leurs couvertures & à les labourer , tout au moins si on les découvre ce ne doit être qu'un peu , & il faut toûjours laisser le fumier tout proche pour le remettre si la gelée revient.

Dés le commencement du mois , & devant que les gelées soient venuës , on acheve de lier les Chicorées qui sont assez fortes pour cela ; & on les couvre de ce qu'on peut ; on couvre aussi de la même maniere les autres Chicorées qu'on n'a pû lier , elles blanchissent ainsi toutes deux également , & il est fort à propos , si on a une serre , d'y en replanter encore tout ce qu'on peut des plus fortes , ainsi que nous dirons cy aprés.

On coupe les montans des Asperges la graine en étant meure , laquelle on prend soin de serrer si on en veut semer le Printemps suivant ; il seroit dangereux de couper plûtôt ces montans , tant pour la graine qui en periroit , que pour le pied qui s'en pourroit avorter à faire de méchans petits jets nouveaux.

On prend un beau temps sec pour serrer tout ce qu'on veut garder pour l'Hyver, & pour cela on l'arrache les pieds en mote devant que les gelées y ayent mordu, & on les plante fort prés à prés dans la serre; ce sont par exemple toutes les racines, Carotes, Panais, Bete-raves; ce sont les Artichaux qui ont des pommes, les verds sont plus propres pour cela que les violets, ceux-cy sont plus tendres, resistent moins à la gelée & se pourissent aisement du côté qui tient à la tige, les autres sont plus rustiques; ce sont les Cardons d'Espagne, & les Choux-fleurs, les Chicorées, tant les blanches que les sauvages, même le Porreau & le Celery, quoy que l'un & l'autre se puissent conserver en pleine terre étant bien couverts; bien entendu & que quand le Celery est blanchi il le faut manger autrement il pourriroit, & il faut être soigneux d'en élever de tardif qui demeure petit en terre sans être fort couvert, celuy-là sert pour la fin de Février, & le mois de Mars.

Les gens qui sont voisins des bois, font bien de faire ramasser des feüilles, non seulement pour s'en servir à couvrir, comme j'ay dit, mais aussi pour les faire pourrir dans quelque trou, le fumier en est fort bon, & sur tout pour servir de terreau.

On foüille les pieds des Arbres qui paroisent languissans, pour leur ôter les vieilles terres, retailler une partie de ce qu'ils ont de racines en méchant état, & y mettre ensuite de bonnes terres neuves.

On fait quelques couches à Champignon, la maniere de les bien faire & de choisir un endroit de terre neuve, & tant que faire se peut, qu'elle soit legere & sablonneuse, de creuser cinq ou six pouces la planche, la tenir large de trois à quatre pieds, & autant longue qu'on voudra; il faut que le fumier soit de cheval ou de Mulet, & qu'il soit déja un peu sec comme ayant esté mis en pile depuis quelque temps: on fait ensuite la couche haute d'environ deux pieds, rangeant, & pressant le fumier autant qu'on peut, en sorte toutefois que la partie d'en haut

foit difpofée en dos-d'Afne pour faire écouler à droit & à
gauche les eaux qui pourriroient les fumiers fi elles y pe-
netroient ; enfuite de cela on couvre toute la couche d'environ deux pieds de la terre voifine, & par deffus cette terre on met encore trois ou quatre pouces de litiere, qui pendant l'Hyver puiffe garantir du gros froid, & pendant
l'Efté garantir du gros chaud les Champignons, qui doivent pouffer au bout de quatre ou cinq mois.

On émouffe les Arbres qui en ont befoin.

Ceux qui ont de fort grands plans d'Arbres à tailler,
doivent commencer de tailler les moins vigoureux.

On employe les grands fumiers fecs, dont on doit avoir
fait provifion pendant l'Efté pour couvrir les Figuiers,
tant ceux qu'on a en Efpalier, que ceux qui font en Buiffon, & pour cela à l'égard des derniers on leur lie avec
de l'ozier le plus qu'on peut enfemble toutes les branches,
pour les enveloper plus aifément de cette couverture, &
à l'égard de ceux des Efpaliers on tâche de laiffer fur les
côtez autant qu'on peut les branches hautes, & d'en lier
plufieurs enfemble aux perches, ou crochets qui les doivent foûtenir, & par ce moyen on les couvre auffi plus aifément, & à moins de frais ; on y laiffe cette couverture
jufqu'à ce que la pleine Lune de Mars foit paffée, auquel temps on en ôte feulement une partie, en attendant que la pleine Lune d'Avril foit paffée ; les gelées de
ces deux derniers mois font dangereufes pour le jeune
fruit qui commence pour lors à fortir, comme les groffes
gelées d'Hyver font dangereufes pour le bois qui en eft
moëlleux.

Ceux qui ont des tigres à leurs Poiriers ; font bien non
feulement d'en ramaffer les feüilles qui en font attaquées,
pour les faire brûler fur le champ, mais auffi de ratiffer
les branches avec le dos de quelque couteau pour nettoyer
le couvein de ce maudit infecte qui y refte attaché tout
l'Hyver : fi on ne parvient pas à tout faire perir par là, au
moins eft-ce toûjours autant d'ennemis ruinez.

Comme les journées font fort courtes, les habiles Jardiniers travaillent à la chandelle jufques à l'heure du fou-
pé, foit pour faire des paillaffons, foit pour preparer des

Arbres qu'on doit planter dés que le froid le permettra,
ſoit pour deſſigner, &c.

On met par rayons en terre les Arbres qu'on n'a pû
planter, & on leur couvre ſoigneuſement le pied, tout
de mê me que ſi on les plantoit en place, ſans laiſſer aucun
vuide au tour des racines, autrement les grandes gelées les
gâteroient.

On peut commencer à la fin du mois à rechauffer des
Aſperges, qui ayent au moins trois ou quatre ans, & cer é-
chauffement ſe fait, ſoit en place dans la planche, ce qui
eſt le meilleur, ſoit ſur couche, ſi on a bien voulu en replanter, mais communément on attend à faire ces ſortes
de tentatives vers le commencement du mois qui ſuit; c'eſt
ce me ſemble en avoir aſſez long-temps que d'en avoir quatre mois durant par artifice, en attendant qu'il en vienne
encore pendant deux mois par la ſeule vertu de la nature;
ce n'eſt pas qu'on ne puiſſe commencer d'en échauffer
dés le mois de Septembre ou d'Octobre.

La maniere de les rechauffer eſt premierement d'ôter
la terre du ſentier d'environ d'eux pieds de creux, & d'un
bon pied & demy de large, ſi originairement le ſentier
n'en avoit que trois, car il faut qu'il reſte au moins ſix ou
ſept bons pouces de terre prés de la touffe; ce ſentier ainſi
vuide on le remplit de grand fumier chaud bien preſſé &
bien trépigné, en ſorte que d'abord il ſoit plus haut d'un
grand pied que la ſuperficie de la planche; enſuite de
quoy il faut remüer ce fumier au bout de quinze jours; on
y mêle d'autre fumier neuf, pour renouveller la chaleur
dans les deux planches voiſines, ſi elle paroît trop amor-
tie, en ſorte que les Aſperges ne pouſſent pas aſſez bien :
ce même renouvellement de ſentier ſe doit faire enſuite
autant de fois qu'il eſt neceſſaire; & pour l'ordinaire cela
s'en va environ tous les dix ou douze jours : Que s'il eſt ſur-
venu de grandes pluyes ou neiges qui ayent trop pourri ce
fumier, en ſorte qu'il ne paroiſſe plus avoir de chaleur aſſez vehemente, il le faut ôter entierement, & y en mettre
de nouveau à la place : car enfin il faut que ce ſentier ſoit
toûjours extremement chaud; à l'égard de la planche ou
eſt le plan, on y fait un petit labour de quatre à cinq pou-

ces de profond , d'abord qu'on a achevé de remplir le fentier (on ne le peut plûtôt à caufe du tranfport de fumier qui
ne fe peut faire fans trépigner beaucoup la terre,) cela
fait , on couvre cette planche de trois à quatre pouces du
même grand fumier , & au bout de quinze jours , car il faut
au moins ce temps-là pour mettre en train d'agir ces touffes d'Afperges , qui pour ainfi dire , font comme mortes ,
ou au moins engourdies par ce froid de la faifon ; au
bout de quinze jours , dis-je , on vifite fous ce fumier pour
voir fi les Afperges ne commencent point à pouffer , & en
ce cas-là fur chaque endroit où il en paroît , on met une
cloche de verre , qu'on prend grand foin de bien couvrir
auffi de grand fumier , & fur tout les nuits , pour empêcher que les gelées ne pénétrent le moins du monde jufques à l'Afperge , car enfin tendre & délicate comme elle
eftla moindre atteinte de froid la gâte entierement : que
fi pendant le jour il fait un peu de beau Soleil , il ne faut
pas manquer d'ôter le fumier de deffus les cloches , afin que
l'Afperge foit vûë de ces rayons qui animent toutes chofes,
joint que fi on a des chaffis de verre pour mettre par deffus
les cloches , & couvrir ainfi doublement les planches entieres , cela eft encore plus commode & plus avantageux,
pour contribuer à l'effet de ce petit chef-d'œuvre ; par ce
moyen les Afperges venans à fortir de cette terre échauffée , & rencontrans un air chaud fous ces cloches viennent rouges & vertes , & de la même groffeur & longueur que celles des mois d'Avril & de May , & même
beaucoup meilleures , en ce que non feulement elles n'ont
fenty aucunes des injures de l'air , mais qu'elles ont acquis leur perfection en bien moins de temps que les autres ;
je puis dire fans vanité , que j'ay efté le premier , qui par de
certains raifonnemens plaufibles me fuis avifé de cet expedient , pour donner au plus grand Roy du monde un plaifir
qui lui étoit inconnu.

J'ajou teicy que regulierement une planche d'Afperges
bien réchauffée & bien entretenuë , produit affez abondamment pendant quinze jours ou trois femaines , & afin
que le Roy ne manque pas d'avoir tout l'Hyver ce mets
nouveau qu'il voit d'un fi bon œil , d'abord que les pre-

mieres planches, se mettent à donner, je commence à rechauffer autant de nouvelles, & continuë ainsi de trois semaines en trois semaines jusqu'à la fin d'Avril, que la nature m'avertit qu'il est temps de mettre fin aux violences
que je luy ay faites, & qu'elle veut à son tour nous donner
des plats de son mêtier.

Je puis dire encore que mes planches ont quinze toises
de long, que chaque fois j'en réchauffe six, qu'il y entre au
moins cinquante charetées de fumier neuf, & que le seul
chagrin que je trouve dans cet ouvrage, est d'y voir
casser un nombre infini de cloches à les couvrir & découvrir tous les jours, quelque soin que je prenne pour l'empêcher.

On peut aussi enlever de vieux pieds d'Asperges de
dedans les planches, & les mettre sur des couches chaudes, elles y poussent veritablement, mais outre qu'elles
n'y viennent pas si belles, elles ont encore cet inconvenient de perir fort promptement.

On rechauffe de l'Oseille, de la Chicorée sauvage, du
Persil Macedoine, &c. Tout de même que des Asperges,
mais d'ordinaire cela se fait plûtôt sur couche qu'en pleine
terre, & le succés en est prompt & infaillible, & particulierement pour avoir dans une quinzaine de jours de l'Oseille
aussi belle que celle du mois de May.

On doit faire les derniers labours des terres séches dans
le quinziéme de ce mois cy, tant afin de les rendre impe-
nétrables aux pluyes & aux eaux de neiges, que pour faire
perir les méchantes herbes, & donner un peu de propreté
à tous les Jardins.

On conserve en place, ou plûtôt on replante en mote en
quelqu'endroit seur, les Choux pommés dont on veut avoir
de la graine, & si au mois d'Avril il paroît qu'ils ayent peine à percer, il y faut donner par haut une taillade en croix
assez avant, & par ce moyen le montant percera mieux,
on fait la même chose en May à l'égard de certaines Laituës pommées qui ont peine à monter.

Pour avoir des Raves de bonne heure, c'est à dire vers
Noël, ou vers la Chandeleur, on seme sur couche dés la
my-Novembre, j'ay expliqué la maniere de faire des

couches dans les ouvrages de Février , ce qu'il y a de particulier pour les Raves , eſt qu'il faut battre avec un ais la ſuperficie du terreau pour le rendre un peu ſolide , & empêcher qu'il ne s'éboule dans les trous qu'on y doit faire pour y ſemer les Raves , & enſuite afin que la couche ſoit proprement ſemée , on prend un cordeau froté de quelque poudre blanche , ſoit plâtre , ſoit chaux ; &c. & étant deux à le tendre bien bandé , tant ſur la longeur de la couche que ſur la largeur; on marque des lignes blanches à trois ou quatre pouces l'une de l'autre , autant que l'étenduë de la couche le peut permettre , & avec un Plantoir de bois rond de la groſſeur d'un bon pouce on fait des trous le long de chaque ligne éloignez pareillement de trois à quatre pouces ; on met trois graines ſeulement de Raves dans chaque trou , & s'il en échape davantage , on arrache les Raves qui naiſſent au delà du nombre de trois ; ceux qui n'obſervent pas de marquer ces rayes blanches , & qui font leur trous à la boulevuë , ont leurs couches mal propres ; ceux qui font leurs trous plus prés à prés , & qui laiſſent plus de trois Raves dans chaque trou , courent riſque d'avoir beaucoup de feüilles à leurs Raves & peu de Navet , il y a bien des Marêchez qui pratiquent de faire en Février & Mars des rayons de Laituës en travers de leurs couches de Raves , & pour cela il faut faire les trous éloignez de ſept à huit pouces ; ces Laituës par rayons ſeront cuëillies avant que les Raves ſoient bonnes à cuëillir.

S'il géle bien fort , on couvre la couche avec de grands pleyons pendant cinq ou ſix jours , & outre cela pour les deffendre des rigueurs de l'Hyver , on les couvre avec des paillaſſons ſoûtenus ſur des traverſes d'échalas , ou autres perches miſes fort prés de la ſuperficie du terreau , & on bouche même les côtez , & ſi la gelée augmente notablement , on met une nouvelle charge de grand fumier ſur les paillaſſons ; que ſi elle n'eſt que mediocre , on n'a que faire d'aucune couverture ; la chaleur de la couche les defend aſſez ; ces Raves ainſi ſemées levent au bout de cinq ou ſix jours , & ſi les trous n'avoient de l'air , elles s'eſtiolleroient en perçant au travers du pleyon.

Il

Il ne faut pas manquer dés le commencement du mois
de déplanter en mote le Celeri, qu'on avoit planté en diftance raifonnable aux mois de Juin & de Juillet dans des
planches particulieres, & l'ayant ainfi déplanté, on le porte dans la ferre, ou bien on le replante dans quelqu'autre
planche, le mettant fort prés à prés afin qu'il foit plus aifé à couvrir.

Dés que les gelées blanches commencent de s'opiniâ-
trer, il faut couvrir les Laituës d'Hyver qui font plantées
à des bons abris, & ce doit être non pas avec de fumiers
fecs comme les autres plantes, de peur qu'il ne refte de
l'ordure dans le cœur de celles qui pomment, mais avec
de la paille longue bien nette, fur laquelle on met quelques perches de longeur pour l'entretenir en place, & empêcher que le vent ne la dérange.

OUVRAGES DE DE'CEMBRE.

SI c'eft à propos que j'ay dit au commencement de chaque mois, qu'il falloit foigneufement faire ce qu'on
n'avoit pû achever dans le mois precedent, c'eft particulierement à l'entrée de celuy-cy qu'il le faut dire par raport au
mois qui vient de paffer ; dés que Décembre eft venu il n'y
a plus de temps à perdre, la terre des Jardins eft entierement dépoüillée de fes agrémens ordinaires ; la gelée
qui ne manque guéres de fe fignaler dans ce mois-cy
n'épargne perfonne, elle détruit tout ce qui eft d'une nature affez délicaté, pour n'être pas à l'épreuve de fes rigueurs, & partant en cas que la faifon le puiffe permettre,
il faut achever de ferrer, & de couvrir ce qui n'a pû l'être
dans le mois de Novembre, fçavoir Chicorées, Cardons,
Celeri, Artichaux, Racines, Choux-fleurs, Porrées,
Porreaux, Figuiers, &c. & fur toute chofe il faut s'étudier à conferver ce que l'on peut avoir commencé de nouveauté, fçavoir Pois, Féves, Laituës pommées, petites
Salades, pour n'avoir pas le déplaifir de voir perir en
une fâcheufe nuit ce qu'on avoit avancé en deux ou trois
mois.

On peut encore dès le commencement du mois femer les premiers Pois fur quelques ados, ou à quelque bon abri, particulierement du Midy, pour en avoir au mois de May; un ados eft de la terre élevée en talus le long de quelque mur.

On porte les fumiers pourris dans tous les endroits qu'on veut fumer, & on les répand, afin que l'eau des pluyes & des neiges venant à les traverfer, porte leur fel un peu au deffus de la fuperficie de la terre où fe doivent faire les femences.

On met en terre les Amandes pour germer dans quelque mannequin, elles doivent être germées dans le mois de Mars; pour les mettre alors en place; il eft bon que la groffe gelée n'y donne pas, & pour cela il faut mettre ces mannequins dans la ferre, ou bien en pleine terre, & les couvrir de grand fumier; la maniere de mettre germer ces Amandes eft de mettre au fond du mannequin un lit de fable ou de terre, ou de terreau d'environ deux à trois pouces d'épais, & de ranger là deffus les amandes plates toutes les pointes en dedans, en forte que ce premier lit de terre foit couvert d'un lit de ces Amandes, enfuite fur ce lit d'Amandes on met un fecond lit de terreau ou de fable de deux pouces d'épais, & puis un fecond lit d'Amandes rangées de la même façon des premieres, & puis un troifiéme, un quatriéme, &c. tant que le mannequin en peut contenir.

Il n'eft pas encore mal de mettre ces Amandes par un feul lit en pleine terre, & de les couvrir d'environ trois pouces de terre; quand elles commencent de lever à la fin d'Avril, on les enléve en mote, on leur rompt le germe, & on les plante en place par rangs éloignez d'un pied & demy, & on met à demy pied l'une de l'autre les Amandes dans cette rangée.

On travaille à faire le treillage pour les Efpaliers.

On peut tailler les Arbres pendant qu'il n'y a point de greſil fur les branches, & que les fortes gelées ne regnent pas, car elles endurciffent le bois, & la ferpette n'y fçauroit aifément paffer, bien entendu qu'il ne faut jamais tailler les Efpaliers fans les avoir dépaliffez; autrement on y a trop de peine, & on ne fait pas fi bien fon ouvrage.

Un des principaux ouvrages de ce mois, eft que vers fon commencement il faut faire une couche de long fumier neuf, large de quatre pieds à l'ordinaire, & haute de trois; & quand fa grande chaleur eft paffée, il y faut femer fous cloche de bonne laituë Crêpe-blonde, & dés qu'elle eft un peu forte (ce qui arrive au bout d'environ un mois) il faut éclaircir la plus belle, & la replanter en pepiniere fur une autre couche, & fous d'autres cloches à vingt ou vingt cinq fols chaque cloche; quand elle s'y eft raifonnablement fortifiée, on enléve les plus fortes avec une petite motte pour les replanter à cinq ou fix fols chaque cloche, & pour y demeurer jufqu'à ce qu'elles foient tout-à fait pommées: ce qui arrive d'ordinaire vers la fin de Mars, & on prend foin de les bien défendre du froid, tant par les couvertures de litiere, que par les réchauffemens.

On fait la même chofe pour femer de ces Laituës pendant le mois de Janvier, & pour en replanter pendant Février, afin d'en avoir de bonne heure, c'eft-à-dire vers la fin de Mars, & continuer jufques à ce que la terre en produife d'elle même fans le fecours des Fumiers chauds. En ce tems-cy à l'égard de ceux qui travaillent à faire des nouveautez, la plûpart de chaque journée fe paffe à couvrir le foir, & découvrir le matin, ou autrement tout perit.

Quand pendant tout l'Hyver on éleve des Laituës fur couche & fous cloche il faut être fort foigneux de lever fouvent les cloches pour ôter les feüilles mortes, car il en fond & perit beaucoup, & une pourrie en pourrit d'autres; il faut même netoyer le dedans de la cloche, où il fe ramaffe beaucoup d'ordure & d'humidité, & s'il vient à faire quelque beau Soleil, il ne faut pas manquer de lever les cloches, pour faire fécher l'humidité qui s'amaffe fur les feüilles; le principal de tout eft de tenir les couches raifonnablement chaudes par le moyen de bons réchauffemens, qui doivent être renouvellés de tems en tems.

SECOVRS QV'ON PEVT TIRER D'VN
Jardin Potager pendant le mois de Janvier.

OUtre les bonnes Poires de l'Eschafferie, d'Ambrete, d'Epine, de saint Germain, de Martin-sec, de Virgoulé, de bon Chrétien d'Hyver, &c. Outre les bonnes Pommes de Calville, Reinette, Apis, Capendu, Fenoüillet, &c. & enfin outre quelques Raisins, (sçavoir Muscats ordinaires, Muscat long, Chasselas, &c. chacun peut avoir des Pommes d'Artichaux.

Avoir toutes sortes de racines, sçavoir Bete-raves, Scorsonnere, Carotte, Panais, Salsifix commun, Navets, &c.

Avoir des Cardons d'Espagne, & des Cardes d'Artichaux blanchies.

Du Celeri blanchi.

Du Persil Macedoine blanchi.

Du Fenoüil, de l'Anis, de la Chicorée, tant celle qu'on appelle la Chicorée blanche, que celle qu'on appelle la Sauvage.

Des Choux-fleurs, &c. Tout cela ayant été mis dans la serre pendant le Mois de Novembre & Decembre, de la maniere que je l'ay expliqué en parlant des Ouvrages qui se font dans les Jardins pendant ces mois-là.

On a de plus des Choux pancaliers, des Choux de Milan, & des Choux blonds, autrement à large-côte.

Ces sortes de Choux ne vont point dans la serre, au contraire il leur faut les gelées du plein air, pour contribuër à les rendre tendres & delicats.

On peut avoir aussi des Citroüilles & des Potirons par le moyen de la serre.

On peut avoir des Concombres confits, du Pourpier confit, des Champignons confits, des Capres-Capucines confites.

On peut avoir de l'Oignon, de l'Ail, de l'Echalote par le secours de la serre.

On peut avoir du Porreau, de la Ciboule, de la Pimprenelle , du Cerfeüil , du Perfil , de l'Aleluia , &c.

On peut avoir de tres-bonnes Afperges rougeâtres &
vertes , qui font meilleures que celles qui viennent naturellement dans la fin d'Avril , & durant tout le mois de
May.

On peut par le moyen des couches , ou des fentiers re-
chauffez avoir de belle ofeille , foit la ronde , foit la longue.

Avoir du Perfil , de la Bourrache , de la Buglofe , &c.
Avoir des petites falades de Laituës à couper avec leur
fournitures de Baume , d'Eftragon , de Creffon Alenois ,
de Cerfeüil tendre , &c.

On peut avoir même des petites Raves fur couches ,
pourvû que l'abondance des neiges , & la rigueur des gelées ne foit pas fi terrible , qu'on ne puiffe au moins pendant quelques heures du jour découvrir un peu les couches où elles font , & qu'on puiffe leur donner quelque
réchauffemens , faute de quoy tout ce plan des couches eft
fujet à jaunir , & perir entierement.

On peut auffi avoir quelques Champignons par le moyen
des couches faites exprés pour cela , & qu'on a foin de tenir
bien couvertes de grand fumier fec pour empêcher que les
groffes gelées ne les gâtent.

On a naturellement peu de fleurs hors celles des lauriers ,
Thim , & des Perce.neiges ; mais par le moyen des couches on peut avoir quelques Anemones fimples , des Hyacintes brumales , des Narciffes de Conftantinople , des
Crocus , &c. On a des feüilles de Laurier-rofe pour mettre autour des plats qu'on fert à table.

SECOVRS DE FEVRIER.

D'Ordinaire le temps commence à s'adoucir un peu
en ce mois , & ainfi à l'egard des fleurs par le moyen
d'un bon abry & d'une bonne expofition on peut avoir naturellement ce que j'ay marqué dans les Secours du mois
precedent pouvoir être produit par le moyen des couches;
& outre cela on peut avoir quelques Prime veres , & même la chaleur des couches peut faire produire quelques
Tulipes , & quelque Totus.albus.

Mais à l'égard des Potagers on n'a encore que toutes les mêmes choses marquées cy-devant, c'est à dire qu'on continuë sur tout à consumer ce qui est dans la serre, & qu'on a par le moyen des couches & des réchauffemens, sçavoir les petites Salades, l'Oseille, les Raves, les Asperges, &c.

SECOURS DE MARS.

ON a sur couche abondance de Raves, & de petites Salades, & d'Oseille, & des Laituës pommées sous cloche, & ce sont de ces Crêpe blondes semées en Novembre & Décembre, & replantées ensuite sur d'autres couches. Les autres Laituës ne reusissent point sous cloche,

On continuë d'avoir des Asperges réchauffées, & de consumer ce qu'on avoit conservé dans la serre, sçavoir Cardons, Choux-fleurs, &c.

A l'égard des fleurs, si le froid n'est point extraordinairement violent, on a par tout & naturellement, tout ce qui ne vient qu'aux bonnes expositions dans les mois precedens, & de plus on a des Violettes, des Hyacintes, des Passe-tout, des Anemones simples.

Et sur la fin du mois on a des Narcisses d'Angleterre, des Narcisses d'Alger, des Iris d'Angleterre, des Narcisses nompareilles, des Giroflées jaunes, de l'Hepatique, tant la simple que la double, tant la rouge que la gris-delin, & de l'Hellebore, quelques Jonquilles simples, dont on en fabrique quelquefois de doubles en mettant les feüilles de deux ou trois dans un même bouton.

On n'a plus besoin de forcer aucunes fleurs, si ce n'est des Jonquilles, soit simples, soit doubles, si le temps est fort dur.

Et si le tems est fort doux on a des Anemones doublés, les Oreilles d'Ours, les Fritilieres, quelques Tulipes printannieres, les Marguerites, les Flammes, les Iris de Perse, les Jonquilles à la fin du mois.

SECOURS D'AVRIL.

ON a amplement des Raves, des Epinars & des Salades, avec des fournitures & des herbages.

On a même dés l'entrée du mois des Laituës Crêpes
blondes pommées, si on en a élevé sur couche, autrement
on n'en a point, car les Laituës d'Hyver ne sont pas encore
pommées.

On a aussi dés l'entrée du mois des Fraises par le secours
extraordinaire des couches & des chassis de verre, si on a
pû ou voulu s'en servir.

On a des Asperges venuës sans artifice.

On a une infinité de fleurs, des Anemones, des Renoncules, Imperiales, Hyacinres, Narcisses de Constantinople, Narcisses d'Angleterre & d'Alger, Narcisses blanches, des Prime-veres, des Violettes, des Hepatiques,
tant la gridelin que la rouge, & sur la fin du mois on a les
belles Tulipes.

SECOURS DE MAY.

C'Est icy le regne de toutes sortes de verdures, & de
Salades, & de Raves, & d'Asperges, & de Concom-
brès pour l'abondance : les Pois, & les Fraises commencent à donner ; on peut, ou on doit avoir de l'Alfange, & des
Chicons blancs, pourvû qu'on en ait elevé sur couche, &
qu'on en ait replanté de bonne heure soit sur d'autres couches, soit à quelque bonne exposirion en pleine terre.

On a une infinité de toutes sortes de fleurs, Tulipes, Giroflées de toutes les couleurs, les Prime-veres, le Bleu
chargé, & le Bleu pâle, les Muscares, les Marguerites,
Flammes, Cheveux filles printannieres, Roses de Gueldre,
Anemones simples, &c.

On commence d'avoir des fleurs d'Orange, d'abord que
les Orangers sont dehors de la serre à la my May.

Des Narcisses blancs tant doubles que simples, des Pyvoines de couleur de chair , & l'autre fort rouge.

On commence d'avoir quelques pieds d'Aloüettes prin-tanniers.

On a la Trefle jaune, qui est un Arbrisseau, les Lilas, tant l'ordinaire que celui de Perse. Les Soucis, les Cedum, autrement Palmaria.

Les Giroflées musquées blanches, tant la simple que la double, c'est à dire les Juliennes, les Ancolées les Veroniques, les Hyacintes à panache, les Martagons jaunes avec leur pendant couleur de feu, des Oeillets d'Espagne, &c.

On commence d'avoir à la fin du mois abondance de fraises& de quelques Cerises précoces.

SECOURS DE JUIN.

ON a l'abondance de toutes sortes de Fruits rouges, sçavoir Fraises, Groseilles, Framboises, Cerises, Bigarreaux, &c.

Quelques Poires, & sur tout celles de petit Muscat.

On a en pleine terre abondance de toutes sortes de Salades avec leurs fournitures.

Abondance de toutes sortes d'Herbes potageres.

Abondance d'Artichaux, de Cardes, de Porrée.

Abondance de Pois & de Féves, tant de marais que d'haricot.

Abondance de Champignons, & de Concombres.

On commence à avoir du Verjus à la fin du mois, & de la Chicorée blanche.

Abondance d'Herbes fines, sçavoir Thim, Sauge, Sariette, Hysope, Lavande, &c.

Et d'Herbes medicinales.

On a les Laituës Romaines, & les Alfanges blanches, avec l'abondance des Laituës de Gennes.

On a les Pourpiers.

On a beaucoup de Fleurs, tant pour garnir les plats que pour en faire des vases, sçavoir des Pavots doubles de toutes les couleurs, de blancs, de gris-de-lins, de couleur de

chair,

chair de couleur de feu, de couleur de pourpre, de vio-
letes & de panachez, des penſées jaunes & des violettes,
des Pieds d'aloüette, des Juliennes, des Fraxilaines, des
Roſes de toutes les façons, les doubles, les Panachées, les
Eglanteries doubles, des Roſes de Gueldre, des Roſes ca-
nelles, des Lis blancs, des Lis jaunes, des Matricaires,
des Lis alphondeles, des Mufles de veau, des Virga au-
rea ; des Jaſſec des deux couleurs, les Gladioles, des Veroniques, des Oeillets d'Eſpagne, des Mignards, des
Verbaſcunes, des Coqueries doubles, des Talaſpi de
deux eſpeces, la grande & la petite des Mufcipula, des
Valerienes, les Toutes-bonnes, les Oeillets de Poëte blanc
& l'incarnat, des Lyſimachies jaunes, des Grands de nôtre-Dame, & vers la my-Juin du Chevre-feüille Romain,
des fleurs d'Orange, des Tubereuſes, des Anemones ſimples, de la Mignardiſe, de Viola-Marina.

On a encore de belles Pommes de Reinete.

On commence de voir quelques Choux pommez.

On a auſſi quelques Melons à la fin du mois.

Et de beaux Oïllets, & des Croix de Jeruſalem doubles.

SECOVRS DE IVILLET.

ON a abondance d'Artichaux, abondance de Ceriſes, Griottes, Bigarreaux.

Abondance de Fraiſes, de Pois & de Féves,

Abondance de Choux pommez, de Melons de Concombres, & de toutes ſortes de Salades.

Quelques Chicorées blanches, quelques Raves.

Quelques Prunes, ſçavoir la jaune, la Ceriſette.

De la Calleville d'Eſté.

Beaucoup de Poires, ſçavoir les Poires Magdelaines, les
Cuiſſe-Madame, les gros Blanquet, l'Orange verte, &c.

A la my Juillet, ou à la fin du mois on a les premieres
Figues,

On a des Pois, des Féves de deux ſortes.

On a des Raves.

Abondance de Melons vers la my-Juillet.

On a du Verjus de grain.

A l'égard des Fleurs on en a encore beaucoup, & la plûpart de celles qui font marquées dans le mois precédent.

On a de plus les Geranium noche-olens, la Rhuë avec fa fleur olivâtre, les Couquelourdes, les Croix de Jerufalem, tant fimples, que doubles, les Chovons, les Haricots d'Inde couleur de feu qui durent jufqu'en Novembre, les Cyanus blancs & violets clair, les Capucines, les Camomilles, le Staphifagria, & vers la my-Juillet commencent les Oeillets.

SECOVRS D'AOVST.

ON a abondance de Poires d'Efté, & de Prunes, & de quelques Pêches Madelaine, Mignonne, Bourdin, &c.

De la Chicorée blanche.

Abondance de Figues.

On a l'abondance de Melons & de Concombres.

On a quelques Citroüilles aouftées.

Beaucoup de Choux pommez

On a du Verjus de grain.

On continuë d'avoir toutes les verdures, toutes les Racines du Potager, & les Oignons, l'Ail & l'Echalotte.

Abondance de pieds d'Alouette, de Rofes d'Inde, & d'Oeillets d'Inde; abondance de Rofes mufcates, & des Rofes de tous les mois, du Jafmin, des Pieds d'aloüette tardifs, des Tubereufes, des Matricaires, & des Talafpi grands & petits; de plus les Soleils vivaces, les Oculus-Chrifti, &c.

SECOVRS DE SEPTEMBRE.

ON a l'abondance des Pêches violettes, Amirables, Pourprées, Perfiques, &c.

L'abondance des Rouffelets, des Fondantes de Breft, quelques Beurrées, &c.

L'abondance des Chicorées, des Choux pommez.

Sur la fin du mois commence l'abondance des fecondes Figues.

A la fin du mois on a quelques Cardons d'Espagne ,
quelques Cardes d'Artichaux, quelque pieds de Celery ,
beaucoup de Citroüilles aouftées , beaucoup d'Artichaux ,
& encore des Melons.

Quelques Choux-fleurs.

On commence d'avoir de bon Muſcat,

On a des feüilles de Vigne pour garnir les plats.

O a du Verjus de grain.

Et quelques Oranges.

Pour les Fleurs on a l'abondance des Tubereuſes, on a
des Aſtes, ou Oculus-Chriſti, des Paſſe-velous , des Amarantes , des Oeillets d'Inde , Roſes d'Inde , Merveilles du
Perou , Tricolor-volabilis , les Lauriers-roſes , tant le
blanc que l'incarnat, les Roſes d'outremer , des Giroflées
ordinaires, ſçavoir la blanche , la violette , &c. des Ciclamen , & quelques fleurs d'Orange avec des Anemones
ſimples.

SECOVRS D'OCTOBRE.

ON a l'abondance des ſecondes Figues,
L'abondance du Muſcat & du Chaſſelas.

Abondance de Beurré , de Doyenné, de Bergamotte, de
Poire de Vigne , de Lanſac , de Craſane , de Meſſire-Jean.

Abondance de Chicorée & de Celery , de Cardons , de
Cardes d'Artichaux, de Cardes de Porrées , de Champignons, de Concombres ; encore même quelques Melons,
ſi les gelées n'ont pas été fortes.

On a toutes les verdures des Potagers , Oſeille , Porrée ,
Cerfeüil, Perſil , Ciboules , les Racines , l'Ail, l'Oignon ,
les Echalottes.

Abondance de Pêches , ſçavoir les Admirables , les Ni-
vettes , les Blanches d'Andilly , les Violettes tardives , les
Jaunes tardives , les Pavies de Ramboüillet & de Cadil-
lac, les Pavies jaunes, Pavies rouges.

Des Epinars , des Pois tardifs.

A l'égard des Fleurs on a des Anemones ſimples , des
Tubereuſes, du Laurier thym, des Paſſe-velous, du Jaſmin,
des Lauriers-roſes , des Ciclamen , &c.		Y ij

SECOVRS DE NOVEMBRE.

ON a encore dans les premiers jours quelques Figures, & quelques Pavies jaunes tardifs.

On a les Epines d'Hyver, les Bergamottes les Marquises, les Messire-jean, les Crasanes, Petit oins, quelques Virgoulez, quelques Ambrettes. Leschasseries, Amadotes, &c.

On a des pommes d'Artichaux,

On a l'abondance de Pommes de Calville d'Automne, & quelque peu de la Calville blanche.

Les Fenoüillets & Capendu commencent à meurir.

On a des Epinars, Chicorée, Celeri, Laituës, &c. Salades, & des Herbes potageres ; on a quelques Artichaux, & des Choux de toutes façons ; on a des Racines & des Citroüilles.

A l'egard des Fleurs on a presque la même chose que le mois precedent, & le commencement des Talaspi semper virens.

SECOVRS DE DECEMBRE.

ON a par le moyen de la serre toutes les mêmes choses que nous avons cy-devant expliquées pour le mois de Novembre.

On peut commencer d'avoir quelques Asperges réchaufées.

Et de l'Oseille bien verte, & bien grande malgré les plus fortes gelées.

On a des Epinars:

On a des Choux d'Hyver, tant les blonds qui sont les plus delicats que les verts.

On a abondance de Poires de Virgoulée, d'Epines d'Ambrettes, de Saint-Germain, de Martin-sec, de Portail, &c.

Des Pommes d'Api, de Reinette, de Capendu, de Fenoüiller, & encore des Calvilles, &c.

Pour les Fleurs on a abondance des Lauriers. Thim on a des Anemones, & des Ciclamen.

CHAPITRE IV.

Qui apprend à juger surement l'inspection d'un Potager, s'il ne luy manque rien de ce qu'il doit avoir.

CE n'est pas peu d'avoir une connoissance certaine, non seulement du secours qu'un Potager bien tenu peut fournir en chaque mois de l'année, mais de sçavoir aussi quels sont les Ouvrages qu'un Jardinier habile y doit faire en chaque saison. Cependant ce n'est pas assez pour donner à un honnête homme le plaisir de juger surement à l'inspection de ce Potager, si en effet il est si bien garni, qu'il ne luy manque rien de tout ce qu'il doit avoir : Car enfin il ne faut pas s'attendre d'y trouver toûjours actuellement tous les avantages dont on luy est obligé ; on sçait bien qu'il doit produire pour toute l'année, mais on sçait bien aussi qu'il ne produit pas tous les jours de l'année, par exemple dans les mois d'Hyver on n'y voit presque aucune de ses productions, la plûpart en êtant dehors, parce qu'on les a mises dans des serres pour les conserver, & d'ailleurs parmy les plantes qu'on y voit en d'autres tems, combien y en a t-il, qui dans ces temps-là n'ont pas encore atteint leur perfection, & qui cependant doivent faire figure dans ce Jardin ; il leur faut peut être des deux & trois mois, & quelquefois des cinq & six pour y parvenir, ainsi est-il dans le commencement du Printemps pour tous les Legumes & verdures, ainsi en est il l'Esté pour les principaux fruits des autres saisons, & voilà pourquoy j'ay crû qu'il ne seroit pas inutile d'expliquer plus particulierement, en quoy consiste le merite d'un Potager, à le prendre sur le pied de ce qu'on y doit trouver chaque fois qu'on y entre, & pour en donner une idée plus exacte, je tâcheray de faire à peu prés le portrait de celuy du Roy, il est en son espece le plus grand qu'on ait jamais vû, aussi-bien que son Maître est le plus grand Prince qui ait jamais paru : ce portrait n'est pas fait pour engager personne à le copier ; mais cependant chacun y pourra faire le rapport du grand au petit, & prendre en suite les mesures qu'il jugera luy être convenables.

JANVIER.   Je commenceray ce Chapitre par le mois de Janvier, comme j'ay commencé les deux precedens, & je dis d'abord, que dans le mois de Janvier on doit être content du Jardin dont est question ; si on y voit premierement une quantité raisonnable de Laituës d'Hyver plantées en côtiere, & couvertes de paille longue ou de paillassons ; si on y voit en second lieu quelques quarrés d'Artichaux & de Porrée bien couverts de grand fumier, & qu'il en soit de méme pour le Celeri, des Chicorées, du Persil ordinaire, du Persil-Macedoine, &c. en troisiéme lieu des Choux d'Hyver & des Ciboules, de l'Oseille, & des fournitures de Salades, & que ces deux dernieres ayent quelque sorte de couverture ; en quatriéme lieu des quarrez d'Asperges sans aucune façon, à moins que ce ne soit pour en réchauffer, comme je fais, & comme j'ay commencé dans le mois de Novembre & Decembre ; le surplus des Plantes Potageres doit être serré, les Racines, Oignons, Cardons, Pommes d'Artichaux, Choux fleurs, &c. en ciquiéme lieu des Figuiers proprement couverts, des Arbres commencés à tailler, toutes les places d'Arbres bien garnies, ou au moins des trous, ou des tranchées preparées pour en planter, ou des foüilles faites pour en raccommoder de languissans ; en sixiéme lieu des gens appliquez à nettoyer la mousse, & autres ordures qui gâtent les Fruitiers ; & si par dessus cela on y voit quelques couches pour les nouveautez du Printems, sçavoir Fraises, Raves petites Salades, Pois, Féves, Laituës pommées, Persil, Plan de Concombres & de Melons, &c. Si on y voit méme des Figuiers réchauffez, & quelques autres Arbres pareillement ; que ne doit-on point dire à la loüange du Jardinier, si particulierement il paroît d'ailleurs quelque propreté dans les allées, & qu'il n'y ait nulle part d'outils de Jardinage negligez,

Aprés avoir dit ce qui doit faire la beauté d'un Fruitier & Potager pendant le mois de Janvier, je ne crois pas qu'il soit necessaire d'ajoûter ce qui le rend imparfait & desagréable, non seulement à l'égard de ce mois ; mais aussi à l'égard de tous les autres dont je parleray ensuite, puis-

qu'on voit affez de foi-même, que c'eft le contre pied de
ce que je viens d'alleguer, c'eft-à-dire la difette, la negligence, la mal-propreté, &c. Et voilà ce qu'il faut regarder comme les monftres des Potagers.

Dans le mois de Février il faut abfolument commencer FEVRIER.
de voir un grand mouvement dans le Jardinage; il faut
trouver étably la plûpart de tout ce que je viens d'infinuer
en paffant fur le faitdes couches pour le mois precedent,
& même fi fur la fin de ce mois le tems paroît affez temperé, & qu'il y ait eu un confiderable dégel, qui vrai-femblablement promette la fin des grandes froidures, il faut
qu'on commence à labourer les quarrez & les plattes bandes, dreffer les planches, femer ces fortes de graines qui
font long-tems à lever, fçavoir le Perfil, l'Oignon, la
Ciboule, le Porreau, &c. il faut qu'on taille tout de bon
les Arbres tant en Buiffon qu'en Efpalier, qu'on faffe le
premier paliffage à ceux-cy, qu'on faffe nommément des
couches pour replanter & Melons & Concombres, pour
avoir de petites Salades, Raves, Laituës pommées, &c.

Dans le mois de Mars que le Soleil commence à donner MARS.
des journées & affez belles & affez longues, & que la nature entre vifiblement en chaleur & en action, les Jardiniers auffi doivent faire paroître un renouvellement d'application & d'activité dans toutes les parties de leur Jardin, en forte qu'on les voye infatigablement travailler à
tous les Ouvrages dont j'ay fait cy-devant un traité particulier, fi bien qu'il feroit inutile de les repeter; de manie-
te que fi l'étenduë du terrein eft grande, & le nombre
d'Ouvriers proportionné, on doit avoir le plaifir de voir
d'un coup d'œil labourer, dreffer, femer, planter, ferfoüir,
facler, greffer, tailler, &c. Car enfin devant que le mois
paffe, la plûpart de la terre doit être occupée, foit de femence, foit de plan, & c'eft ce qui doit fervir de provifion
à toute l'année; tout ce qui étoit couvert de fumier doit
être défait de fes couvertures, qui font devenuës hydeufes
auffi tôt qu'elles ont ceffé d'être neceffaires. Chaque chofe doit, pour ainfi dire, refpirer le bon air, qui vient réjoüir & les animaux & les plantes: on doit avoir au moins
de quoy commencer à recuëillir, foit Salades, foit Raves de

la faifon nouvelle, fi déja les couches des mois precedens n'en ont pas donné le plaifir, mais particulierement la propreté doit briller de toutes parts, & fervir de luftre, tant dans les allées que dans les labours, afin qu'avec la premiere pointe de ce vert naiffant qui fort du fein de la terre & le parfum des Plantes qui ont en partage d'être adoriferantes, & l'abondance des fleurs qui commencent à s'épanoüir de tous côtez, & l'armonie des Oifeaux, qu'une efpece de gayeté fait badiner amoureufement, & chanter à l'envy les uns des autres, cette propreté concourt à faire un theatre univerfellement parfait ; & à inviter les curieux aux divertiffemens de la promenade.

AVRIL.

Au mois d'Avril on ne doit prefque plus rien trouver de nouveau à faire dans les Potagers, fi ce n'eft une augmentation de couches à Melons & à Concombres ; la terre y doit paroître prefque par tout ornée d'une decoration neuve de plantes naiffantes ; là fe voit l'Artichaux qui refufcite, là l'Afperge qui perce la terre en mille endroits, là fe refferre en peloton la Laituë qui pomme ; icy s'étend tout ce peuple de verdures & de legumes fi differens en couleurs, & fi differens en figure ; ce font là des mets innocens & naturels, qui fe prefentent pour la nourriture & le regal du genre humain ; la Hyacinthe, la Tulipe, l'Anemone, la Renoncule, & tant d'autres fleurs, quel éclat ne font-elles pas dans les Jardins où elles font ? Ce qu'on doit icy remarquer, n'eft que l'entretien ordinaire de ce qui eft déja fait, c'eft l'efperance de la recolte future des fruits qui doit occuper ; chacun cherche à voir, foit aux Arbres qui défleuriffent s'il noüe beaucoup de fruits, foit aux couches de Melons & de Concombres qui paroiffent bien tenuës, fi elles doivent amplement recompenfer tant de peines qu'elles donnent.

MAY.

Le mois de May venant, quel contentement n'a-t-on point dans les Jardins utiles, combien grandes font les douceurs de la joüiffance qu'on commence de goûter, on n'a plus lieu de demander d'où vient que tels & tels endroits de terre font encore dénuées ; les Cardons d'Efpagne, les Choux fleurs, la Porrée, le Celeri, & même les Artichaux, & les Laituës pommées qui ne doivent pas fi-tôt paroître,

&

& pour qui ces endroits-là étoient deſtinés , les ſont venus
occuper à la fin d'Avril , ou au commencement de ce mois;
le Pourpier que la delicateſſe de ſon temperamment avoit
juſques à preſent retenu dans le Cabinet aux graines , vient
dorer la terre , & s'offrir avec abondance pour le plaiſir du
Maître ; la Fraiſe entrant en maturité fait l'ouverture aux
autres fruits rouges qui la vont ſuivre immediatement ; les
Pois nouveaux ſont tous prêts à ſatisfaire l'avidité du
friand ; les Champignons pouſſent en foule ; enfin de toutes les choſes qui ſont contenuës dans l'Alphabet que j'ay
mis à l'entrée de ce Traité , il n'y a guére que les Epinars
& les Mâches qui attendent à faire leur devoir aux mois
d'Aouſt & de Septembre ; car même on peut voir quelques petits commencemens de chicorée , & ſi les Ceriſes
precoces ont été les premiers fruits qui ayent paru aux
Arbres dans ce mois de May , les Abricots hâtifs , les petits Muſcats , les avants-Pêches ne les laiſſeront pas long-
temps ſeules à faire la richeſſe & l'ornement des Jardins :

Tous ces fruits-là s'apprêtent pour paroître auſſi en
peu de jours ; les Melons ne tarderont guéres à les ſuivre ,
&c. Les Concombres cependant avec un nombre infini ,
tant de Laituës que d'autres plantes ſatisfont le goût , &
le beſoin comme les fleurs avec les Orangers qu'on a ſorti
à la my-May , font leur devoir à l'égard de la vûë & de
l'odorat.

Les chaleurs du mois de Juin empêchent veritablement J u i n.
l'entrée du Jardin ſur le haut du jour : mais quel charme
n'y a-t-il point à les venir viſiter le matin & le ſoir , quand
la fraîcheur d'un doux Zephire y regne en ſouveraine ,
c'eſt à preſent qu'on s'apperçoit que toutes choſes profitent à vûë d'œil : telle branche , qui cinq ou ſix jours devant n'excedoit pas la longueur d'un pied , s'eſt étenduë juſqu'à deux & trois ; les Porreaux ſont plantez ; les
quarrez de verdures font le tapis parfait ; la fleur de la
Vigne acheve d'embaumer l'air , qui étoit déja tout par-
fumé de l'odeur des Fraiſes ; on cuëille de toutes parts en
pleine terre , & en même temps qu'on diſtribue avec pro-
fuſion , ces plantes devenuës ſi belles & ſi parfaites ; on regarnit les places qu'on venoit de depoüiller , en ſorte qu'on

n'y en avoit presque jamais de vuides, la nature ne demande pas mieux que de faire des miracles de fertilité, aydée qu'elle est par les chaleurs du Pere de lumiere, elle n'a besoin que de l'être aussi par des humiditez convenables, humiditez que les nuës versent quelquefois abondamment & d'autres fois c'est l'industrie & le travail du Jardinier qui les fournissent au besoin. Ces planches, & ces platte-bandes si bien allignées, & si bien garnies de Laituës pommées, quel plaisir ne font elles pas à voir? Cette forest d'Artichaux de differentes couleurs qui paroît dans un endroit particulier, n'apelle-t elle pas les Curieux pour les venir admirer, & pour juger sur tout de leur bonté, & de leur délicatesse, en même temps qu'on juge de leur beauté & de leur abondance? Les palissades si bien tonduës & si raisonnantes de petits oiseaux qu'on trouve en allant à ce Potager, ont commencé le plaisir de la promenade, elles l'achevent en sortant, & inspirent un empressement d'y revenir au plûtôt.

JUILLET ET AOUST. — Dans ces deux mois de Juillet & Aoust, les Potagers doivent être si heureusement partagez dans leur condition, que pour lors sans faute on y puisse trouver amplement tout ce qu'il faut pour satisfaire en même tems au plaisir du present, & aux necessitez de l'avenir; cela étant on n'a qu'à leur demander tout ce qu'on voudra, ils doivent être tous prêts à y répondre; veut on par exemple toutes sortes d'herbes, de racines, salades, parfums, &c. ils en fourniront sur le champ; veut on des Melons, ces premiers & principaux fruits de nos Climats, on les sent de loin, il ne faut que les aller visiter, se baisser, & en prendre, veut-on des Concombres, Potirons, Citroüilles, Champignons, &c. ils en produiront abondamment; veut-on encore des Artichaux; veut-on des Poires, Prunes, Figues, &c. on est asseuré d'y trouver de tout cela considerablement; veut-on aussi des herbes fortes, Thim, Sauge, Sariette, &c. comme aussi de l'Ail, de l'Oignon, de la Ciboule, du Porreau, de la Rocambole &c. on ne manquera pas d'y en trouver. Il semble que les quatre & cinq mois, qui viennent de passer n'ayent uniquement travaillé que pour ceux-cy, en sorte que tout doit bien aller en cette faifon , fi on eft pourvû d'un Jardinier habile , & qui ait fur toutes chofes le don du chois & du difcernement à fçavoir cuëillir : les Oeillets ne font pas icy un mediocre ornement des Jardins, les Fleuriftes travaillent à marcoter , & n'oublient pas de fortir les Oignons de terre pour les mettre à couvert & en lieu de feureté.

Si en Juillet & Aouft les Potagers fe font fignalez par leurs Melons, leurs Concombres, & Legumes, & même par leurs Prunes, leurs premieres Figues , & quelque peu de Poires , &c. nous allons voir , que dans les mois de Septembre & Octobre qui leur fuccedent, ils fe vont rendre infiniment glorieux en fait de fruits ; & ce fera par l'abondance des Pêches , des Mufcats , des Chaffelas , des fecondes Figues , des Rouffelets , des Beurrés , des Verte-longues , des Bergamottes , &c. Auffi eft il certain que c'eft la veritable faifon des bons fruits , c'eft le temps de l'année que la Campagne eft la plus frequentée ; le temperamment qui fe trouve entre les grandes chaleurs de la Canicule qui viennent de paffer , & les grands froids que l'Hyver doit amener , ce temperamment dis je , fait fortir les Habitans des Villes , pour aller un peu de temps refpirer l'air des champs , & affifter au divertiffement des Vendanges , & la cuëillette des fruits ; les Jardins doivent icy exceller par une quantité infinie de ce qu'ils ont accoûtumé de produire , il n'eft pas permis d'y trouver un morceau de terre qui foit inutile ; fi quelque quarré vient d'être dépoüillé , par exemple celuy de l'Ail , Oignon , Efchalotte , &c. il doit avoir efté auffi tôt rempli d'Efpinars , de Mâches , de Cerfeüil , de Ciboules , &c. Il en eft de même pour quelques planches de Laituës d'Efté , à la place defquelles doit avoir fuccedé un nombre infini de Chicorées & de Laituës d'Hyver , &c. Les Oignons de fleurs doivent être remis en terre , pour y commencer des racines qui les puiffent défendre des rigueurs de la faifon qui vient.

Les premieres gelées blanches de Novembre qui jauniffent les feüilles des Arbres, & les détachent du lieu de leur naiffance qui morvent & pouriffent les Chicorées , & les Laituës avancées, qui noirciffent les pommes d'Artichaux,

SEPTEMBRE ET OCTOBRE.

NOVEMBRE.

Z ij

&c. font une maniere d'avant coureurs cruels & redoutables , qui font prefumer que l'Hyver cet ennemy commun & impitoyable de la vegetation approche ; il faut par-
confequent fe mettre de bonne heure à fauver dans la ferre tout ce que le froid peut gâter dehors , & au furplus il
faut couvrir de grand fumier fec ce qu'on nepeut aifement
fortir de terre , & qui cependant court rifque de perir fans
le fecours des couvertures ; & ainfi dans cette maniere de
débris , ou de démenagement précipité , je veux voir tout
le monde extraordinairement occupé à faire fon devoir ,
je veux même que nôtre Jardinier augmente le nombre
de fes Ouvriers pour éviter la perte dont il eft menacé.
La Hotte & la Civiere doivent faire icy un manege infiniment animé , l'une allant , & venant chargée de ce qui
doit fortir du Jardin pour garnir la ferre , & l'autre chargée du fumier qui eft deftiné à couvrir ce qui refte fur
pied : je ne fçaurois pardonner à ceux qui par pareffe
ou imprudence fe laiffent furprendre dans ces occafions
importantes ; je ne veux pas qu'ils foient un moment en
repos jufqu'à ce que toutes leurs affaires foient faites ; je
veux voir la ferre pleine & bien rangée ; je veux que prefque tout le Jardin prenne pour ainfi dire une étrange pa-
reure nouvelle ,pareure faite d'une chofe qui dans un autre
tems le rendroit vilain & defagreable , je ne crois pas qu'il
foit neceffaire de nommer icy l'étoffe dont elle eft , on fent
affez que ce doit être communement de grand Fumier.

DECEMBRE. Le mois de Decembre n'eft pas fans avoir encore befoin
d'un grand mouvement ; il arrive affez fouvent que le
mois precedent a été trop court pour tout ce qui étoit à y
faire , & partant il faut achever dans celuy cy ce qu'on
n'a pû accomplir dans l'autre , & cela particulierement fi
le froid n'a pas déja fait toute la deftruction dont il eft capable ; il faut donc fur tout vacquer à faire exactement ce
que j'ay marqué dans l'article des ouvrages de ce mois , fi
bien qu'on doit voir en ce temps-cy de l'empreffement à
preparer les nouveautez du Printemps , à nettoyer les places des vieilles couches , à fe difpofer au plûtôt d'en faire
de nouvelles , à fe mettre en peine non feulement d'avoir
un magazin de bons fumiers,& beaucoup de cloches, mais

àuſſi à tenir ſes chaſſis bien reparez, &c. Je n'oublie pas
icy pour les veritables curieux, qui ont moyen de le faire,
le ſoin de réchauffer des Aſperges, & de veiller à renouveller les réchauffemens, dés qu'ils ont paſſé leur grande
chaleur : la choſe n'eſt pas ſans peine ny ſans depenſe, mais
le plaiſir de voir au milieu des neiges, & des frimats une
abondance d'Aſperges bien groſſes, bien vertes, & tout-
à-fait excellentes, eſt aſſez grand pour n'avoir pas de re-
gret au reſte, & dans la verité on peut dire qu'il n'appartient guéres qu'au Roy de goûter ce plaiſir, & que peut-
être ce n'eſt pas un des moindres que ſon Verſailles luy
ait produit par le ſoin que j'ay l'honneur d'en prendre ;
auſſi eſt-il certain que c'eſt le ſeul endroit où l'on ait jamais veu forcer un terrein naturellement froid, tardif, &
infertile à faire pendant le fort de l'Hyver ce que le meilleur froid ne produit que dans les ſaiſons temperées.

CHAPITRE V.

Quelle ſorte de terre eſt propre à chaque Legume.

IL eſt conſtant qu'il y a de certains fonds de terre, à qui
il ne manque aucune des bonnes qualitez requiſes pour
produire en chaque ſaiſon, & long-temps de ſuite toute
ſorte de beaux & de bons Legumes, ſuppoſé toûjours
qu'on y faſſe une culture raiſonnable ; il y en a auſſi, qui
par deſſus cela ont la faculté de les produire plus hâtifs les
uns que les autres, & ce ſont ces fonds qu'on appelle vulgairement ſables noirs, dans leſquels ſe trouve le juſte
temperament du ſec & de l'humide, accompagné d'une
bonne expoſition, & d'un ſel inépuiſable de fecondité,
avec une grande facilité de labour & de penetration des
eaux pluviales ; il n'eſt pas moins conſtant, qu'il eſt aſſez
rare de trouver de ces terroirs parfaits, & qu'au contraire
il eſt tres-ordinaire d'en trouver qui pechent, ſoit par
être trop ſecs & trop legers & trop brûlans, ſoit par
être trop humides & trop peſans, & trop froids, ſoit par
être dans des ſituations infortunées, les unes trop élevées,
les autres en pente, & quelqu'unes trop enfoncées ; heu-

reux des Jardiniers qui ont de ces premiers fonds admirables à cultiver, dans lesquels ils n'ont presque jamais de
mauvais succez à craindre, & en ont d'ordinaire de bons
à esperer : d'un autre côté malheureux, ou tout au moins
dignes de compassion ceux qui ont en tout temps quelques-uns des grands ennemis de la vegetation à combattre, je veux dire, ou la grande secheresse, ou particulierement la grande humidité, parce que celle-cy, outre qu'-
elle est toujours suivie d'un froid qui retarde les productions, elle est de plus sujette à pourrir la plûpart des Plantes, & ainsi il est tres difficile, & presque impossible de
corriger, & encore plus de vaincre un si grand défaut : il
n'en est pas entierement de même de la secheresse, car
pourvû qu'elle ne soit pas extrême, & qu'on ait la commodité de l'eau pour arroser, & du fumier pour amander, on
est le maître des remedes souverains & infaillibles, qu'il
y faut appliquer, & partant le soin & la peine peuvent assez souvent se rendre maîtres de ces terreins arides & in-
grats, & les forcer de produire amplement ce qu'on leur
demande dans les regles,

Il s'ensuit donc que quand on a de ces bons fonds de terre, on y peut indifferemment & semer & planter par tout
quelque sorte de Legumes & de Plantes que ce puisse être
avec une confiance certaine qu'ils y réüssiront. La seule
sujetion qu'on y a, c'est premierement de sacler beaucoup,
car telles terres produisent infiniment de méchantes herbes parmy les bonnes, & c'est en second lieu de changer
souvent les legumes de place, ce qui est essentiel en toute
sorte de Jardins : car il est à propos de ne pas remettre
deux ou trois fois de suite les mêmes vegetaux dans un même endroit, la nature de la terre demande ces sortes de
changemens, comme étant, ce semble, assurée de retrouver dans cette diversité de quoy rétablir, & perpetuer sa
premiere vigueur ; or quoy que dans ces bons fonds tout
y vienne admirablement bien, il est pourtant indubitable,
que les expositions du Midy & du Levant sont icy comme
par tout ailleurs plus propres que celles du Couchant &
du Nord pour avancer & amelliorer les productions, témoins les Fraises, les Pois hâtifs, les Precoces, les Mus-

cats , &c. En revanche celles-cy ont quelquesautres a van-
tages qui les font eftimer à leur tour, par exemple que pendant les grandes chaleurs de l'Efté , qui fouvent grillent
tout , & font troptôt monter les Legumes en graine , elles
font exemptes de ces trop fortes impreffions , que le Soleil
fait fur les lieux qui lui font pleinement expofez , & par
confequent les Plantes s'y confervent plus long-tems en
bon état,

Il s'enfuit auffi que fi on a de ces fonds qui font paffable-
ment bons, mais dont la bonté n'eft pas égale par tout, foit
de leur nature, foit à caufe de leur fituation & de leur pante ; il s'enfuit , dis je , que c'eft pour lors que l'habileté &
l'induftrie du Jardinier fe fait remarquer , en ce qu'il fçait
donner à chaque Plante l'endroit où elles peut mieux réüffir en chaque faifon, tant à l'égard de la hâtiveté , & même quelquefois de la tardiveté, qu'à l'égard de la beauté,
& de la perfection interieure.

Generalement parlant, les terres qui font mediocrement féches , legeres & fablonneufes , & celles , qui quoy
qu'un peu fortes ont quelque petite pante vers le Midy, ou
vers le Levant , & font adoffées à une montagne, ou à de
grandes murailles qui les couvrent des vents froids , ces
fortes de terres ont plus de difpofition à produire les nouveautez du Printemps , que les terres fortes , graffes & humides ; mais auffi pendant les Eftés qui ne font guéres pluvieux, ces dernieres font les Legumes plus gros & plus
nourris, & demandent les arrofemens plus petits & moins
frequens, & ainfi on peut en quelque façon trouver de
quoy fe confoler en toute forte de fonds.

Cependant quoy qu'abfolument parlant, tout ce qui peut
entrer dans un Potager puiffe venir en toute forte de terres (pourvû qu'elles ne foient pas tout à fait fteriles ,) il
a été obfervé de tout temps, que toutes fortes de terres ne
conviennent pas également à toutes fortes de Plantes ; les
habiles Maréchez du voifinage de Paris le juftifient affez
par une experience bien convaincante : car on voit que
ceux qui font dans des fables ne s'attachent guéres à y élever des Artichaux, des Choux-fleurs, des Cardes de Porrée, des Oignons, des Cardons, du Celeri, des Bete-raves,

& autres racines , &c. comme font ceux qui font dans les bonnes terres fortes ; & en revanche ces derniers n'occupent point leurs terres en Oſeille , Pourpier , Laituës , Chicorées , & autres menuës Plantes qui ſont delicates & ſujettes à perir de nuile & de morve , comme font les Jardiniers des terres legeres.

De tout ce que je viens d'avancer il reſulte deux choſes : la premiere , que le Jardinier habile qui a à cultiver un fond aſſez aride , ou une coline avec obligation d'avoir de tout dans ſon Jardin , y doit choiſir les endroits qui ſont les moins ſecs , pour y mettre ce qui veut un peu d'humidité pour bien venir , ſçavoir Artichaux , Bete-raves , Scorſonneres , Salſifix , Carotes , Panais , Cherüis , Cardes de porrée , Choux-fleurs , & Choux pommez , Epinars , Pois ordinaires , Féves , Groſeilles , Framboiſes , Oignons , Ciboules , Porreaux , Perſil , Oſeilles , Raves , Patience , Herbes fines , Bourrache , Bugloſe , &c. & à l'égard des lieux plus arides de ce même Jardin (ſuppoſé que les Secours cy-devant expliquez s'y trouvent , faute de quoy rien ne ſera de belle venuë) il y mettera les Laituës de toutes les ſaiſons , les Chicorées , le Cerfeüil , l'Eſtragon , le Baſilic , la Pimprenelle , le Baume , & autres fournitures de Salades , le Pourpier , l'Ail , les Echalottes , les Choux d'Hyver , les couches de toutes ſortes de Plan , & de petites Salades : il plantera dans ces mêmes endroits tout ce qu'il voudra avoir de Raiſin , il y eſpacera les Legumes dans une diſtance mediocre , attendu qu'ils n'y deviennent pas d'un ſi grand volume que dans les lieux plus gras ; & enfin il tiendra ſes allées & ſes ſentiers plus haut que les labours , ſoit pour y attirer le eaux des pluyes , qui auſſi-bien ſeroient inutiles & incommodes dans les allées , ſoit pour y profiter davantage des arroſemens qu'il y fera , & qui n'en pourront ſortir : ce doit être là une de ſes principales applications.

Il choiſira dans ce même fond les lieux qui approchent le plus du bon temperamment entre le ſec & l'humide , pour y élever les Aſperges , les Fraiſes , les Cardons , le Celeri , &c. parce que ces ſortes de Plantes languiſſent de ſéchereſſe dans les lieux trop arides , & periſſent de pourriture

riture dans ceux qui font trop humides ; il placera dans les
pieds des murailles du Nord fon Alleluya, fes Fraifes tardives, & fon Bourdelais , & dans la plate bande de ce Nord,
il y fera les Pepinieres de Fraifiers, & y femera du Cerfeüil
tout l'Efté (le Nord en toute forte de terrein doit fervir
aux mêmes Ouvrages) Et comme ce Jardinier devra être
curieux de nouveautez , il regardera les pieds des murs
du Midy & du Levant comme un azile merveilleux &
favorable pour y en élever, pour avoir par exemple des
Fraifes & les Pois hâtifs au commencement de May, des
Violettes à l'entrée de Mars , des Laituës pommées au
commencement d'Avril ; il mettra dans les labours voifins
de ce Midy ou de ce Levant le plan de Choux pommez
en pepiniere, & y femera les Laituës d'Hyver, c'eft à dires les Laituës à coquille , pour y refter pendant l'Automne & l'Hyver , jufqu'à ce que le Printemps enfuite il les
replante en place , il mettra dans les pieds de ces murs la
Paffepierre, qu'il ne fçauroit guéres avoir autrement (il
faut faire la même chofe en toute forte de Jardins) & même pendant l'Hyver il aura la prévoyance de rejetter fur
les labours de ces Efpaliers , & particulierement de ceux
du Levant les neiges voifines, pour faire une maniere de
magazin d'humidité , tant dans les endroits ou rarement
voit-on la pluye donner , que dans ceux où les chaleurs
violentes de l'Efté doivent être pernicieufes.

La feconde chofe qui refulte de ce que j'ay dit cy devant, eft que le Jardinier qui aura fon Jardin dans un fond
fort gras & fort humide, prendra pour tous fes Legumes
un parti contraire à celuy dont je viens de parler ; bien entendu que les lieux grandement humides , s'il ne trouve
moyen de les deffécher & de les ameublir, ne luy feront
bons qu'à produire de méchantes herbes, & ainfi ceux qui
le feront le moins, foit par leur fituation & leur nature,
foit par le foin & induftrie de l'Ouvrier , feront toûjours
regardez comme les meilleurs pour toutes chofes ; il mettra dans les plus fecs la plûpart de ce qui occupe fa place
les années toutes entieres, à la referve des Grofeilles & des
Framboifes, par exemple les Afperges, les Artichaux, les
Fraifes , les Chicorées fauvages , &c. il mettra dans les au-

tres endroits ce qui en Esté demande moins de temps
pour venir à sa perfection, c'est à sçavoir les Salades, les
Pois, les Féves, les Raves, & même les Cardons, le Celery, &c. & comme toutes choses viennent grosses &
grandes dans ces lieux gras & humides, il y plantera tous
ses Legumes plus éloignez les uns des autres, qu'on ne
fait pas dans les lieux secs : il tiendra ses planches & ses
labours plus élevez que ses allées & ses sentiers, pour faire
égouter de ses terres les eaux qui nuisent à ses plans ; &
ainsi sur tout les planches de ses Asperges, de ses Frai-
sies, & de son Celeri, non plus que celles de ses Salades
ne seront pas creuses comme elles le devoient être dans les
lieux secs.

Je me suis bien trouvé dans le nouveau Potager de Ver-
sailles où les terres sont grasses, visqueuses, & comme glai-
sées d'y avoir un peu élevé dans le milieu certains grands
quarrez, où les eaux des pluyes frequentes de l'Esté 1682,
demeuroient sans pouvoir penetrer au de-là de sept à huit
pouces, & d'avoir par le moyen de cette élévation donné à
ces quarrez de la pente de deux côtez, au bas desquels, &
tout du long j'avois fait en même temps des rigoles creuses d'environ un pied, tant pour separer les quarrez d'avec
les plattes bandes, que particulierement pour recevoir les
eaux importunes, qui dans leur séjour ruinent entierement
les Plantes de ces quarrez ; ces eaux s'alloient ensuite perdre dans des pierrées que j'avois fait faire exprés pour les
porter dehors ; j'ay fait la même élévation en dos de bahut
à a plûpart des plates bandes, afin que ce qui pouvoit y
rester d'eau retombât dans les bords des allées, le long
desquelles autres petites rigoles presque imperceptibles re-
cevoient ces eaux, & les conduisoient dans les mêmes pierrées dont je viens de parler : je puis dire avec verité, que
sans une telle précaution tout ce que j'avois dans de tels
quarrez nonseulement de Plantes potageres, même les plus
rustiques, par exemple les Artichaux, les Porrées, &c:
mais aussi les Arbres fruitiers perissoient à veuë d'œil, les
Plantes de pourriture, & les Arbres de jauniße ; outre
que des coups de vents déracinoient aisément ces Arbres,
parce qu'ils ne tenoient presque point dans ces terres qui

étoient devenuës liquides & molles comme du mortier
frais fait, & comme de la boüillie ; ma prévoyance, &
mon application m'ont été en cela d'un tres grand secours
& je conseille de bonne foy à ceux qui se trouveront dans
les lieux aussi difficiles de faire la même chose, s'ils ne
peuvent s'aviser de quelque meilleur expedient ; mon raisonnement a été, que comme la trop grande quantité d'eau
délayoit, pour ainsi dire, ces malheureuses terres, pour
les rendre ensuite dans le grand chaud aussi dures que des
pierres, encore que dans l'un & dans l'autre de ces deux
états elles étoient incapables de culture & de production,
mon raisonnement, dis je a été, que si je pouvois empêcher le premier inconvenient, qui est de rendre les terres
liquides, ce seroit un moyen infaillible pour me garentir
du second, qui est de les voir devenir dures, parce que si
mes terres ayant été une fois ameublies, pouvoient aprés
cela demeurer passablement séches, comme il arriveroit,
les eaux n'y pouvans plus rester, elles ne se lieroient plus
ensemble pour faire une maniere de petrification, & ainsi
elles deviendront traitables comme d'autres terres. Ce
succez s'est trouvé assez conforme au raisonnement que
j'avois fait.

CHAPITRE VI.

Quelle sorte de culture convient à quelques Plantes en particulier.

C'Est beaucoup d'avoir mis d'abord tout son Jardin
sur un bon pied, & d'en avoir sagement employé,
ou au moins destiné toutes les parties selon les qualitez du
fond, le merite des expositions, l'ordre des mois, & la
nature de chaque Plante ; mais ce n'est pas tout, il les faut
encore soigneusement cultiver, comme elles le demandent.

Or il y a une culture generale des Potagers, & il y en
a de particuliers à chaque plante ; pour ce qui est de la generale, on sçait assez que la plus necessaire, & la plus importante consiste premierement à en bien amander la terre, soit qu'elle soit naturellement bonne, soit qu'elle ne

le soit pas, car les plantes potageres effritent beaucoup ;
en second lieu à la tenir toûjours meuble, soit à force de
labourer tant les planches entieres pour y semer, ou replanter, &c. que dans les endroits où la bêche peut être
employée, par exemple dans les Artichaux, dans les Cardons, &c. soit à force de bequiller, & de serfoüir aux endroits où la grande proximité des Plantes ne permet que
l'usage des serfoüettes, par exemple dans les Fraisiers, les
Laituës, les Chicorées, les Pois, les Féves, le Celeri, &c.
elle consiste en troisiéme lieu à beaucoup arroser pendant
le grand chaud toutes les Plantes, & sur tout dans les terres sablonneuses, car celles qui sont fortes en demandent
un peu moins, bien entendu que dans les unes & les autres les arrosemens ne sont pas si necessaires, ny pour les
Asperges, ny pour les bordures de Thyn, Sauge, Lavande, Hysope, Rhuë, Absinthe, &c. ausquelles peu d'humidité suffit pour les tenir en bon état. Elle consiste en
quatriéme lieu à tenir la superficie nette de toute sorte de
méchantes herbes, soit en les saclant, ou en les labourant,
soit en les ratissant simplement quand les labours n'y sont
pas vieux faits, en sorte que tant qu'il est possible, la terre
en paroisse toûjours fraichement remuée.

Je ne m'arretray point à rien dire davantage de cette
culture generale, elle n'est ignorée de personne, ce sera
seulement sur celle de chaque plante en particulier, que
je tâcheray d'expliquer ce que j'en pense, & ce qu'en pratiquent les habiles Jardiniers.

Je commence par dire, que des Plantes potageres, il y
en a qui se sement pour demeurer absolument en place, &
d'autres pour être absolument transplantées, qu'il y en a
qui réüssissent également bien des deux façons, qu'il y en
a qui se multiplient sans être semées, qu'il y en a qu'on replante toutes entieres, & d'autres qu'on rogne pour les
replanter, qu'il y en a qui pour le secours du genre humain produisent plusieurs fois de suite dans la même année, & durent même plus d'une année, d'autres qui ne
produisent qu'une fois l'année, mais se conservent pour
produire les années d'aprés, & qu'enfin il y en a qui cessent d'être aprés leur premiere production.

Les plantes de la premiere classe sont les Raves, la plûpart des Bete-raves, Carottes, Panais, Cheruis, Navets, Mâches, Réponses, Scorçonnere, Salsifix, & de plus l'Ail, le Cerfüil, la Chicorée sauvage, la Corne de Cerf, le Cresson Alenois, les Echalottes, les Epinars les Féves, les petites Laituës à couper, le Persil, la Pimprenelle, la Porrée a couper, les Pois, le Pourpier, & la plûpart de l'Oseille, de la Patience, de l'Oignon, & de la Ciboule.

Les Plantes de la deuxiéme classe qui ne réüssissent point sans être transplantées, sont les Cardes de Porrée, le Celeri, la plûpart des Chicorées blanches, & des Laituës, tant à lier qu'à pommer, à moins que d'avoir esté semées fort claires, ou d'avoir esté ensuite fort éclaircies, tels sont aussi les Choux, la plûpart des Melons & des Concombres, les Citroüilles & les Potirons, les Porreaux,&c.

Les Plantes de la troisiéme classe, c'est à dire celles à qui il est indifferent d'être semées en place, ou d'être transplantées, sont les Asperges, quoy qu'ordinairement on les seme en pepiniere pour être transplantées un an ou deux aprés, le Basilic, le Fenoüil, l'Anis, la Bourrache, la Buglose, les Cardons, les Capres-Capucines, la Ciboule, la Sarriette, le Thyn, le Cerfeüil musqué, &c.

Les Plantes de la quatriéme classe, qui se multiplient sans être semées, sont l'Alleluya, les Cives d'Angleterre, les Violettes, &c. parce qu'elles font de grosses touffes, qu'on separe en plusieurs, les Artichaux par le moyen de leurs Oeilletons, le Baume & l'Oseille ronde, la Tripe-Madame, l'Estragon, la Melisse, &c. par le moyen des branches qui s'enracinent aux endroits où elles touchent la terre; les deux dernieres ont encore l'avantage de se multiplier de graine; les Artichaux l'ont aussi quelquefois; les Fraises par le moyen de leurs trainasses; les Framboises & les Groseilles par le moyen de leurs rejettons, & des branches qui prennent de bouture; la Lavande, l'Absinthe, la Sauge, le Thin, la Marjolaine par le moyen de leurs branches qui prennent racine au colet, & outre qu'elles font encore de la graine; le Laurier commun par marcotes, & même par graine; le Raisin & les Figuiers par le moyen des rejettons, crocettes, boutures, foit enracinées, foit non enracinées.

En cinquiéme lieu, les Plantes dont on rogne une partie, foit des feüilles, foit des racines, foit de l'un, foit de
l'autre, en méme temps pour les tranfplanter font les Artichaux, les Porrées, le Porreau, le Celeri, &c. les autres
ou l'on ne rogne rien des feüilles (car pour les racines il
eft toûjours bon de les rafraîchir un peu, & les Chicorées
pour l'ordinaire, la Sariette, l'Ofeille, &c.) font toutes
les Laituës, l'Alleluya, les Violettes, le Bafilic, la bonne-Dame, la Bourrache, la Buglofe, les Capres capucines, les Choux, l'Eftragon, la Paffe-pierre, les Fraifes, la
Marjolaine, les Melons, Concombres, Citroüilles, Potirons, le Pourpier, & les Raves pour graine, &c.

Les Plantes qui produifent plufieurs fois de fuite dans
la méme année, & fe confervent pour les fuivantes, font
l'Ofeille, la Patience, l'Alleluya, la Pimprenelle, le Cerfeüil, le Perfil, le Fenoüil, toutes les bordures, la Chicorée fauvage, le Perfil Macedoine, le Baume, l'Eftragon,
la Paffe-pierre, &c.

Les Plantes qui ne produifent qu'une fois l'année, & fe
confervent plufieurs années enfuite, font les Afperges, &
les Artichaux.

Enfin celles qui ceffent d'étre apres leur premiere production, font toutes les Laituës, la Chicorée ordinaire, les
Pois, les Féves, les Cardons, les Melons, les Concombres, les Citroüilles, les Oignons, les Porreaux, le Celeri, la bonne Dame, tout ce qui n'eft d'ufage que par fes
racines, fçavoir Bette-raves, Carottes, &c.

Pour expliquer prefentement le détail particulier de la
culture de chaque plante, il faut fçavoir que cette culture
regarde la diftance où elles doivent être l'une de l'autre,
la taille en celles qui en ont befoin, la fituation & la difpofition qu'elles demandent, le fecours qu'il faut à quelques-unes pour parvenir à la bonté qui leur convient, foit
par être liées ou envelopées, foit par être buttées ou couvertes, &c.

LISTE

ALPHABETIQUE DES PLANTES
Potageres avec la Culture qui leur convient.

JE commencerai cette Liste Alphabetique par ,

Les pieds d'ABSINTHE & de toutes les autres bordures de Thin , Lavande, Hysope, &c. Toutes ces plantes se plantent au cordeau & se mettent à deux ou trois pouces de distance , & cinq ou six avant dans terre. Il est bon de les tondre tous les ans au Printemps , & de les renouveller de deux en deux ans, pour en ôter les plus vieux pieds ; la graine s'en recuëille vers le mois d'Aoust.

L'AIL se seme de gousse , ou autrement de Caïeux à la fin de Février, & se met trois à quatre pouces avant en terre, & de 3. à quatre pouces de distance, on les sort de terre vers la fin de Juillet , & on les met seicher pour les garder ensuite d'une année à l'autre dans un lieu qui ne soit point humide.

L'ALLELUYA vieillissant se met en touffe , & comme c'est une plante qui vient dans les bois, & qui par consequent aime l'ombre, on la met le long des murailles du Nord, espacée d'environ un pied l'une de l'autre ; plus on luy ôte ses feüilles , & c'est ce qu'elle a de bon, & plus elle en repousse de nouve le : c'est assez de la mettre environ 2. pouces avant dans la terre , elle dure trois à quatre ans sans être renouvellée, & pour la renouveller, c'est assez que de separer les grosses touffes en plusieurs petites, & les replanter aussi-tôt , ce qui se fait dans les mois de Mars & d'Avril ; un peu d'arrosement dans les grandes chaleurs , & sur tout dans les terres sablonneuses leur est de grand secours.

L'ANIS & le FENOÜIL se sement d'ordinaire assez clair, ou par rayons , ou en bordures , sa feüille sert dans les Salades avec les autres fournitures; il monte en graine vers le mois d'Aoust, & les tiges en étant coupées il repousse l'année d'après de nouvelles feüilles, qui sont aussi bonnes que les premieres, il eſt à propos de le renouveller de deux en deux ans.

Les ARTICHAUX, comme nous avons dit ailleurs, ſe multi-plient par le moyen des Oeilletons que chaque pied pouſ-ſe d'ordinaire tous les ans au Printemps autour de ſa vieille racine, & qu'il faut ôter dés qu'ils ſont aſſez forts, en ſorte qu'on n'en laiſſe à chaque endroit que les trois meilleurs, & les plus éloignez ; pour en planter on fait communément des petites foſſes creuſes d'un demy pied, éloignées de trois pieds l'une de l'autre, & remplies de terreau, & on fait deux rangs dreſſez au cordeau dans chaque planche, qui doit être large de quatre bons pieds, & ſeparée de ſa voiſine par un ſentier d'un grand pied; ces foſſes ſe font à demy pied du bord de la planche, & en échiquier entr'elles; on met deux Oeilletons en ligne droite dans chacune eſpace d'environ neuf à dix pouces, il les faut renouveller tous les trois ans aumoins, leur couper les feüilles à l'entrée de l'Hyver, & les couvrir de grand fumier ſec pendant tout le gros froid juſques à la fin de Mars il les faut pour lors découvrir, les œilletonner, ſi les Oeilletons ſont aſſez forts ou attendre qu'ils le ſoient devenus au bout d'environ trois ſemaines ou un mois, les bien labourer & fumer de ce qu'il y a de plus pourri dans le fumier qui leur a ſervi de couverture ; on les arroſe raiſonnablement une fois ou deux la ſemaine, en at-tendant qu'à la fin de May les Pommes commencent à ſor-tir, & c'eſt dés ce tems-là qu'il les faut arroſer amplement, c'eſt à dire deux ou trois fois la ſemaine, & continuer pen-dant l'Eſté à une demie cruchée d'eau dans chaque pied, & ſur tout dans les terres naturellement ſéches; ceux qui ſont plantez au Printemps, doivent faire du fruit à l'Automne enſuite s'ils ſont bien arroſez, & ceux qui n'en font point donnent les premieres Pommes au Printemps ſuivant, s'ils ſont aſſez forts pour reſiſter au froid de l'Hyver ; les Arti-chaux n'ont pas ſeulement le grand froid & la grande hu-midité à craindre, ils ont encore les Mulots pour ennemis, ces méchans petits animaux rongent leurs racines pendant l'Hyver, qu'ils ne trouvent rien de meilleur dans les Jardins, & il eſt bon de planter un rang de Cardes de porrée entre deux rangs d'Artichaux, afin que les Mulots trouvans les ra-cines de celles-là plus tendres s'y attachent au lieu des au-

tres,

trés, comme ils ne manquent pàs de le faire; il en eft de trois
façons, de verds, ou autrement blancs; & ce font les plus hâtifs, de violets qui ont la pomme un peu en piramide , & de
rouges qui l'ont ronde & camufe comme les blancs, & ces
deux dernieres fortes font les plus delicates.

Les Asperges fe fement à l'entrée du Printemps comme
les autres graines, c'eft à dire qu'on les feme dans quelque
planche bien preparée ; il les faut femer affez claires, &
pour les couvrir de terre on les herfe avec la fourche de fer,
cela fe fait un an aprés fi elles font affez fortes; ce qui fera
fi la terre eft bonne & bien preparée, ou au moins deux ans
aprés on les doit replanter, ce qui fe fait à la fin de Mars, &
même pendant tout le mois d'Avril: & pour cela il faut des
planches larges de trois à quatre pieds, & feparées d'autant
les unes des autres: fi c'eft dans les terres ordinaires on creufe ces planches d'un bon fer de bêche, mettant fur les fentiers ce qu'on enleve de la planche ; & à l'égard des terres
fortes; & humides , je fuis d'avis qu'on faffe comme j'ay fait
au Potager de Verfailles, c'eft à dire qu'on ne les creufeau-
cunement, & qu'au contraire on les tienne un peu plus élevées que les fentiers, la grande humidité leur eft mortelle : les Afperges ainfi femées font des touffes de racines
autour de l'œil, c'eft à dire autour de l'endroit d'où doivent fortir les montans ; ces racines s'étendent entre deux
terres , & pour les replanter , foit en planche creufe, ou
en planche élevée, on donne un bon grand labour au fond
de la tranchée, & fi la terre n'eft guére bonne, on y met
un peu de fumier , en fuite on y met encore deux ou trois
pieds de ce jeune plan , & on les range proprement fur
la fuperficie de la planche dreffée , fans avoir befoin de
leur rogner l'extremité des racines , ou au moins que
trés peu ; fi l'intention eft de rechauffer ces Afperges
quand elles feront affez fortes ; on les efpace à un pied les
unes des autres , & fi elles doivent demeurer à l'ordinaire,
on les efpace à un bon pied & demy , & dans l'un & l'autre cas on les place en échiquier; quand elles font ainfi
placées, on les recouvre d'environ deux à trois pouces de
terre : Que fi quelqu'une manque de pouffer , on peut un
mois ou deux aprés les regarnir , ce qui fe fait de la même

façon qu'on a planté les autres , prenant soin à l'égard de
ces nouvelles replantées de les arrofer quelquefois pendant les groffes chaleurs , & de les tenir toutes en tout
temps bien faclées , & bien bequillées , ou bien on marque avec de petits bâtons les endroits dégarnis , & on
attend au Printemps enfuite pour les regarnir. Tous les
ans on recouvre la planche entiere d'un peu de terre ,
qu'on prend dans le fentier ; parce que bien loin de s'enfoncer , elles s'élevent toûjours petit à petit : on les fume
raifonnablement de deux en deux ans : on les laiffe pouffer les trois ou quatre premieres années , fans en cuëillir
jufqu'à ce qu'on voye qu'elles viennent groffes , pour
lors on en peut réchauffer ce qu'on voudra , finon on commencera d'en cuëillir pour continuer de méme pendant
une quinzaine d'années , fans qu'il foit neceffaire de les
renouveller : tous les ans à la Saint Martin on coupe tous
les montans , chaque pied en fait plufieurs ; on prend de
la graine des plus beaux pour en femer , fi on veut dans le
temps cy devant marqué. Pour les arracher de la planche
de pepiniere on fe fert d'une fourche de fer , la bêche eft
trop dangereufe pour cette forte d'ouvrage , parce qu'elle
blefferoit & couperoit ces petites plantes.

Il ne faut pas manquer tous les ans à la fin de Mars, ou
au commencement d'Avril , c'eft à dire un peu devant que
les Afperges commencent à pouffer naturellement , il ne
faut , dis-je, pas manquer de donner un petit labour de trois
à quatre pouces à chaque planche , en forte que la bêche
n'aille pas jufques à bleffer ces plantes ; ce petit labour
fert, tant pour faire mourir les méchantes herbes, que pour
rendre la fuperficie de la terre meuble , & faciliter par ce
moyen , non feulement l'entrée des bonnes pluyes d'Avril
& des rofées de May qui nourriffent le pied , mais auffi fa-
cilite la fortie des Afperges , l'ennemy particulier & re-
doutable des Afperges ce font de petits pucerons qui s'attachent aux montans , les font avorter . & les empêchent
de profiter , c'eft particulierement pendant les années fort
féches & fort chaudes ; car les autres années il ne paroît
pas , on n'a point encore trouvé de remede à ce mal.

Le Baume étant une fois planté n'a befoin d'autre cul-

ture particuliere que d'être coupé ras tous les ans à la fin
de l'Automne, afin que le Printemps suivant il pousse beaucoup de jeunes jets bien tendres, qu'on fait entrer parmy
les fournitures de salades pour les gens qui les aiment parfumées ; il le faut renouveller tous les trois ans au moins, &
le mettre toujours en bonne terre ; les branches prennent
de boutures à l'endroit où elles sont couvertes, & ainsi
d'une grosse touffe on en fait aisément plusieurs, qu'on
plante à un bon pied l'une de l'autre : l'Hyver aussi on en
plante de grosses touffes sur couche, & prenant soin de les
couvrir de cloches, elles poussent fort bien pendant une
quinzaine de jours, & aprés cela elles perissent.

Le Basilic est une plante annuelle assez delicate, on n'en
seme guere que sur couche, & cela en plein champ comme
le Pourpier, les Laituës, &c. On commence d'en semer ainsi dés le mois de Février, & on peut continuer toute l'année ; ses feüilles tendres se mettent en petite quantité parmy les fournitures de Salades, & y font un agreable parfum ;
on en met même dans les ragouts, & sur tout de séches,
c'est pourquoy on est soigneux d'en garder pour l'Hyver ;
on recuëille sa graine dans le mois d'Aoust, & d'ordinaire
pour le faire grener on en replante au mois de May, soit
en pot, soit, en planche ; il en est de plusieurs façons, celuy qui fait les plus grandes feüilles, & sur tout quand elles
tirent au violet, & celuy qui fait les plus petites sont les
deux plus curieux, celuy qui les fait mediocres est l'ordinaire, autrement le commun.

Les Bete-raves sont plantes annuelles qui ne viennent
que de graines ; on en replante rarement, on les seme au
mois de Mars, soit en plein champ, soit en bordures, & il les
faut semer fort claires, ou moins si elles ont levé trop druës
il les faut éclaircir beaucoup, autrement elles ne viennent
pas belles ; elles demandent la terre fort bonne, & bien preparée ; les meilleures sont celles qui ont la chair la plus rouge, leur fane est pareillement fort rouge, elles ne sont bonnes à prendre qu'à la fin d'Automne, & tout l'Hyver pour
en avoir de la graine, on en replante au mois de Mars quelques-unes de celles de l'année precedente qu'on avoit gardées de la gelée ; la graine s'en recuëille au mois d'Aoust &
de Septembre.

La BONNE DAME ne vient que de graine , on la seme dés premieres du Printemps , & est des plus promptes à lever, & des plus promptes aussi à monter en graine dés le mois de Juin ; on la seme assez claire , & pour en avoir de belles graines , il est bon d'en replanter quelques pieds à part , la feüille de cette plante est fort bonne en potage & en farce ; on s'en sert presque d'abord qu'elle est sortie de terre , car aussi bien elle passe fort promptement ; pour en avoir de meilleure heure on en seme quelque peu sur couche , elle vient en toute sorte de terre , mais toûjours plus belle dans les bonnes que dans les mediocres.

Les BOURDELAIS , autrement Verjus , tant le blanc que le rouge est une espece de pied de vigne qui se taille au Printemps , & se provigne , se greffe , & se plante comme l'autre vigne pendant les mois de Janvier, Février Mars ; il faut prendre soin d'en lier les branches, soit à des échalas , soit à quelque treillage dés la my-Juin, autrement le vent les désole tout à fait , il faut aussi les ebourgeonner au Printemps pour leur ôter les branches foibles & inutiles, c'est assez de laisser en les taillant deux , trois , ou quatre belles branches au plus sur chaque pied , & de ne les tenir longues que de quatre yeux , chacun desquels communement pousse une branche, & trois ou quatre grandes grapes sur chacune ; je pratique en toutes sortes de Vignes, & sur tout au Muscat de tenir les branches basses plus courtes de deux yeux que les plus hautes, pour tenir toûjours le pied bas, quand je ne les veux pas laisser monter en treille.

La BOURRACHE & la BUGLOSE viennent, & se gouvernent de la même façon que la Bonne-dame, hors qu'elles ne levent pas si fortement ; on en seme plusieurs fois pendant un même Esté , parce que leurs feüilles, en quoy consiste tout leur merite , ne sont bonnes que pendant qu'elles sont tendres, c'est à dire qu'il les faut jeunes ; leur petite fleur violette fait un ornement sur les Salades, leur graine tombe aussitôt qu'elle est meure , & ansi il y faut soigneusement prendre garde, & le plus seur est de couper les tiges, & les mettre sécher au Soleil, dés que la graine commence à donner, & par ce moyen on n'en perd que fort peu.

Les CAPRES ordinaires sont une espece de petit Arbuste

qu'on éleve dans des niches faites exprés dans des murailles bien expofées ; on les remplit de terre pour la nourriture du pied, & tous les ans au Printemps on en taille les
branches qui pouffent enfuite des boutons, & ce font ces
boutons qu'on fait confire dans du vinaigre pour s'en fervir enfuite l'Hyver foit en falade, foit en potage.

Les Capres capucines autrement nafturées font plantes
annuelles qui fe fement d'ordinaire fur couche au mois de
Mars, & qu'on replante enfuite en pleine terre le long de
quelques murailles, ou au pied de quelques Arbres où leur
montant qui eft foible & vient affez haut, fe puiffe acrocher
pour fe foûtenir : on en plante auffi dans des pots, & dans
des caiffes, & on y met quelques bâtons pour foûtenir leurs
montans ; le bouton eft bon à confire dans du vinaigre devant qu'il vienne à s'épanoüir fa fleur eft affez grande d'une
couleur orangée & affez agreable ; il faut prendre foin de
les bien arrofer l'Efté pour les faire pouffer vigoureufement & affez long-temps. Leur graine tombe à terre d'a-
bord qu'elle eft meure, auffi bien que celle des Bourraches
& Buglofes, & ainfi il la faut foigneufement ramaffer.

Caprons font une efpece de groffes Fraifes peu delicates qui meuriffent en même temps que les bonnes ; leur
feüille eft extraordinairement large, veluë, & d'un verd
noirâtre, il n'en faut faire guéres de cas, on en trouve
dans les bois comme d'autres Fraifes.

Cardes d'Artichaux font les feüilles des beaux Artichaux qu'on à liées & envelopées de paille l'Automne &
l'Hyver ; ces feüilles ainfi envelopées par tout, à la referve
de leur extremité fuperieure blanchiffent, & par ce moyen
perdent un peu de leur amertume, fi bien qu'étant cuites
on s'en fert comme de veritables Cardons d'Efpagne.

Ce qu'on appelle Cardes de Porre'e, eft le pied de Porrée replanté en planche bien preparée, de laquelle chaque pied étant efpacé d'un bon grand pied de diftance
l'un de l'autre, poufse de grandes fanes qui ont dans le
milieu un côton large, blanc & épais, & ce côton eft la
veritable Carde dont on fe fert pour les potages, & des
entremets : Aprés avoir femé de la Porrée fur couche, ou
en pleine terre dans le mois de Mars, on replante de cel-

le qui eſt la plus jaune dans des planches dreſſées exprés,
& prenant ſoin de les bien arroſer pendant l'Eſté elles ſe
fortifient pour pouvoir reſiſter au froid de l'Hyver, en
cas qu'on prenne ſoin de les couvrir de grand fumier ſec,
tout de même qu'on couvre les Artichaux; auſſi ſont-el-
les bien placées quand on en replante un rang entre deux
rangs d'Artichaux, on les découvre au mois d'Avril, on
les laboure, & on les ſoigne, & moyennant cette culture
elles pouſſent de ces belles Cardes pour le temps des Rogations, & les mois de May & de Juin; enfin elles montent en graine, & on en recüeille dans le mois de Juillet &
d'Aouſt pour en ſemer le Printemps ſuivant.

CARDONS D'ESPAGNE ne viennent que de graine, on en
ſeme à deux fois; la premiere eſt pour l'ordinaire à la my-
Avril, ou à la fin du mois, & la deuxiéme à l'entrée de
May; on les doit ſemer en bonne terre bien preparée, &
dans de petites foſſes pleines de terreau larges d'un bon
pied, & creuſes de ſix pouces: on fait des planches larges
de quatre à cinq pieds, pour y mettre deux rangs de ces
petites foſſes en échiquer; on met cinq ou ſix graines
dans chaque trou, pour n'en laiſſer que deux ou trois en
place, ſi elles levent toutes on ôte le ſurplus, ſoit pour le
jetter, ſoit pour regarnir d'autres endroits, qui peut-être
n'auront pas réüſſi, ou bien on en aura ſemé quelque peu
ſur couche à cette intention; & quand au bout de quinze,
ou vingt jours on ne voit pas que la graine ait levé, il faut
foüiller pour voir ſi elle eſt pourrie, ou ſi elle germe, afin
d'en remettre de nouvelle en cas de beſoin; les premieres graines ſont d'ordinaire trois ſemaines à lever, les ſecondes quinzes jours; il ne faut pas ſemer les Cardons devant la my-Avril, de peur qu'étant trop forts ils ne montent en graine au mois d'Aouſt & de Septembre: car cela
étant ils ne ſont plus bons; il faut prendre grand ſoin de
les bien arroſer, & quand vers la fin d'Octobre on veut
commencer à les faire blanchir, on prend un temps bien
ſec pour leur lier d'abord de trois ou quatre liens toutes
leurs feüilles, & quelques jours aprés on les envelope entierement de paille, ou de litiere ſéche bien entortillée,
enſorte que l'air n'y penetre, à moins que ce ne ſoit par

l'extremité d'en haut qu'on laiſſe libre ; ces pieds de Cardons ainſi envelopez blanchiſſent au bout de quinze jours
ou trois ſemaines, & deviennent bons à manger; on acheve de lier , & enveloper tout ce qu'on en a dans ſon Jardin quand on voit approcher l'Hyver , & pour lors on les
enleve en mote pour les replanter dans la ſerre ; quelques-
uns de ces pieds ſont bons à replanter en pleine terre au
Printemps enſuite pour monter en graine dans les mois de
Juin ou Juillet , ou bien quelques pieds reſtez en place ſer-
viront à cela trois au quatre ans de ſuite.

CAROTTES ſont une ſorte de racine , les unes blanches ,
les autres jaunes qui ne viennent que de graine, & demandent les mêmes ſoins que nous avons cy-devant expliquez
ſur l'article de Bete-raves.

Le CELERI eſt une ſorte de Salade qui vient de graine,&
n'eſt bonne qu'à la fin d'Automne, & pendant l'Hyver ;
en en ſeme à deux fois pour en avoir plus long temps, parce que le vieux ſemé monte aiſement en graine,& devient
dur , on en ſeme donc d'abord ſur couche au commencement d'Avril ; & comme la graine en eſt extrêmement
menuë , on ne peut s'empêcher de le ſemer trop dru , ſi
bien que ſi on ne l'éclaircit de bonne heure , & qu'on ne
le rogne pour le faire fortifier devant que de le replanter ,
il s'eſtiole trop , & demeure foible & élancé , au lieu de
pouſſer beaucoup de feüilles de dedans le pied; le plus ſeur
eſt de le replanter en pepiniere, mettant les pieds à deux
ou trois pouces l'un de l'autre; il ne faut pour cela que faire des trous avec le doigt ; on replante ce premier au
commencement de Juin, on en ſeme pour la ſeconde fois
à la fin de May où à l'entrée de Juin , mais c'eſt en pleine
terre ; & on prend le même ſoin de l'éclaircir , de le rogner , & de le replanter en pepiniere que le premier ; il
en faut planter d'avantage à la ſeconde fois qu'à la premiere ; il y a deux manieres de le replanter , l'une en tranchée creuſe d'un bon fer de bêche , & large de trois à
quatre pieds pour y faire trois ou quatre rangs,& y eſpacer
les Plantes d'un pied l'une de l'autre ; cette maniere de
creuſer les Planches pour buter le Celeri , n'eſt bonne
que dans les terres ſéches , parce que les terres fortes ſont

trop pourriſſante ; la ſeconde maniere eſt de le replanter en ſimple planche non creuſée , & l'eſpacer tout de même que l'autre , prenant ſoin en l'un & l'autre cas de l'arroſer extrêmement pendant l'Eſté, car ſa principale bonté conſiſte à être tendre auſſi bien qu'à être fort blanc ; les arroſemens contribuënt au premier degré de bonté , & à l'égard du ſecond , il faut ſçavoir que pour blanchir le Celeri on commence de le lier de deux liens quand il eſt aſſez fort , & on prend pour cela un temps ſec , & enſuite on bute entierement les pieds , ſoit en y abbatant de la terre , qui eſt élevée ſur le ſentier , ſoit en y mettant beaucoup de grand fumier ſec tout autour comme on fait aux Cardons , ou bien des feüilles ſéches : Le Celeri ainſi buté de terre ſéche , ou garni de grand fumier ſec , ou de feüilles ſéches juſqu'à l'extremité de ſes feüilles blanchit en trois ſemaines , ou un mois ; & comme étant blanchi il pourrit ſur pied ſi on ne le mange , il s'enſuit qu'il n'en faut buter , ny entourer de fumier qu'à proportion qu'on en peut conſommer ; il n'y faut point d'autre précaution pendant qu'il ne géle pas , mais ſi la gelée vient à donner , il faut couvrir entierement tout le Celeri, car la groſſe gelée le gâte auſſi-tôt , & afin de trouver plus de facilité à le couvrir aprés l'avoir lié de deux ou trois liens , on l'arrache en mote à l'entrée de l'Hyver , & on le replante dans une autre planche en preſſant les pieds tout autant prés qu'on peut l'un de l'autre , & pour lors il faut beaucoup moins de couverture , que ſi les pieds étoient reſtez dans leur éloignement ordinaire ; l'expedient pour en élever de la graine , eſt d'en replanter à l'écart quelques vieux pieds aprés l'Hyver , ils ne manquent pas de monter en graine vers les mois de Juin & de Juillet , & on recuëille cette graine au mois d'Aouſt ; nous n'en connoiſſons que d'une eſpece.

Le Cerfeüil muſqué eſt une des fournitures de Salade, & pendant le commencement du Printemps que ſes feüilles ſont jeunes & tendres il eſt agreable, & propre à contribuer au parfum mais il n'en faut plus mettre quand elles ſont dures & vieilles : il reſte pluſieurs années en place ſans ſe gâter à la gelée , ainſi il devient un aſſez gros , & grand pied , il monte en graine vers le mois de Juin , & c'eſt par là qu'il ſe multiplie.   Le

Le Cerfeüil ordinaire , eſt une plante annuelle , ou plûtôt de peu de mois qui ſert à beaucoup d'uſage , & ſur tout aux Salades quand il eſt jeune & tendre; c'eſt pourquoy on en doit ſemer tous les mois un peu chaque fois à proportion des beſoins & de la terre qu'on a ; il monte fort aiſément en graine, & pour en avoir de bonne heure il en faut ſemer à la fin de l'Automne , & ſans doute on en aura la graine toute meure vers la my Juin ; on coupe les montans dés qu'il commence à jaunir, & on les bat comme les autres Plantes pour en faire ſortir la graine.

Le Chasselas eſt une eſpece de bon Raiſin fort doux, il y en a de blanc & de rouge , & celuy cy eſt fort rare , l'autre eſt fort commun ; il demande les bonnes expoſitions du Midy , du Levant & du Couchant pour eſtre plus jaune , plus croquant , & meilleur ; c'eſt de tous les Raiſins celuy qui ſe conſerve le plus long-temps , pourvû qu'on ne le laiſſe pas trop meurir devant que de le cuëllir , ſa culture qui conſiſte à la taille , eſt ſemblable à celle du Bourdelais.

Cherüis eſt une eſpece de Racine qui ſe multiplie de graine , ſe ſeme & ſe cultive comme les autres racines au mois de Mars.

Chicons eſpece de Laituës à lier , voyez leur culture dans l'article des Laituës.

Chicore'e eſt une ſorte de tres-bonne plante annuelle, qui ſert aux Salades , & aux potages d'Automne & d'Hyver pourveu qu'elle ſoit bien blanchie , & par conſequent tendre & delicate ; elle ne ſe perpetuë que par le moyen de la graine ; il y a la Chicorée ordinaire & la Chicorée ſauvage , l'ordinaire en contient de pluſieurs façons , ſçavoir la blanche qui eſt la plus delicate ; la verte qui eſt la plus ruſtique , & la plus capable de reſiſter au froid , la friſée & la non friſée : les unes & les autres s'accommodent aſſez bien de toute ſorte de terre : on ne commence guéres d'en ſemer que vers la my-May , & il la faut pour lors ſemer fort claire , ou l'éclaircir beaucoup pour la faire blanchir en place ſans la tranſplanter , & encore en ſeme t'on fort peu , parce qu'elle monte trop aiſément en graine ; la ſaiſon d'en ſemer beaucoup eſt la fin de Juin , & pendant le

mois de Juillet pour en avoir de bonne en Septembre : &
on en seme ensuite beaucoup pendant le mois d'Aoust ,afin
d'en faire grande provision pour le reste de l'Automne ,&
une partie de l'Hyver : Quand elle leve trop druë , on la
coupe ou on l'éclaircit pour la faire fortifier devant que
de la replanter ,& en la replantant pendant l'Esté il la faut
planter à un grand pied l'une de l'autre : on en fait communément de grandes planches de cinq à six pieds de large , pour les replanter ensuite au cordeau. Cette plante
demande de grands & de frequens arrosemens ; & quand
elle est assez forte , il faut travailler pour la faire blanchir , & pour cet effet on la lie de deux ou trois liens selon sa hauteur , & étant ainsi liée elle blanchit au bout
de quinze ou vingt jours , & comme elle craint extrêmement la gelée du moment que le froid commence à venir , on la couvre de grand fumier sec , soit qu'elle ait été
liée , soit qu'elle ne l'ait pas été; quand on en est à la fin de
Septembre ,on la plante assez prés à prés,parce qu'elle ne
vient pas si grande & si étenduë qu'en Esté ; si on peut sauver quelques pieds pendant l'Hyver , il les faut replanter
au Printemps , pour en avoir de la graine qui puisse avoir
le temps de bien meurir : Les gens qui ont une bonne serre , font fort bien d'en serrer , & pour cela on la plante
fort prés à prés dans cette serre ; ceux qui n'en ont point ,
se contentent de la couvrir de beaucoup de grand fumier
sec , en sorte que la gelée n'y puisse pas penetrer.

La Chicore'e Sauvage se seme dés le mois de Mars en
planche , & même assez druë & en terre bien preparée ;
on la fait fortifier autant qu'on peut pendant tout l'Esté à
force de l'arroser & de la rogner , afin qu'elle soit bonne à
blanchir pendant l'Hyver;il y en a qu'ils la mangent verte
en Salade quelque amere qu'elle soit , mais pour l'ordinaire on la veut blanche , & pour la blanchir on la couvre
beaucoup de grand fumier aprés l'avoir rognée tout prés
de terre ; & cela étant ; comme elle vient à pousser dans
l'obscurité & à couvert du jour, ses jets sont blancs &
tendres; il est plus propre d'empêcher par quelques traverses d'échalas, que le grand fumier ne la touche , elle
pousse tout de même sous cette couverture , pourveu que

les côtez foient fi bien bouchez , qu'il n'y entre point
de jour du tout, & pours lors fes jets font plus propres, &
fentent moins du fumier ; ceux qui ont des ferres y en
peuvent tranfplanter l'Hyver , elle y pouffe affez bien
pour peu qu'elle foit obfcurament placée ; quand elle eft
verte , elle ne fe gâte point à la gelée , & dés la fin de
May elle monte en graine ; beaucoup de gens en mangent les montans en Salade pendant qu'ils font jeunes
& tendres.

Choux font de toutes les Plantes potageres celle qui
étant tranfplantée reprend le plus aifément ; comme auffi
eft-elle la plus connuë & la plus ufitée de tout le Jardinage ; elle fe multiplie de graine ; il en eft de plufieurs efpeces , & de differentes faifons , il en eft de pommez ,
qu'on nomme Choux blancs, & Choux capus , qui font
pour la fin de l'Efté & pour l'Automne ; il en eft de fri-
fez & de pancaliers , autrement Choux de milan, qui font
de petites pommes pour l'Hyver ; il en eft de rouges , ou
plûtôt violets ; il en eft qu'on nomme à larges côtes , dont
les uns font blonds & fort delicats pour le temps des vendanges , & les autres font verts, & qui ne font fort bons
que quand ils font gelez ; enfin il en eft qu'on nomme
Choux fleurs , & ceux là font , pour ainfi dire , les plus nobles & les plus importans : ils n'entrent point aux potages , mais fervent aux entremets : ils ne peuvent fouffrir
la gelée , & d'abord que leur tête fe forme , il la faut couvrir par le moyen de fes füilles qu'on lie par deffus de
quelque lien de paille , afin d'éviter les atteintes du froid
qui les gâte, & les fait pourrir : ceux cy font pour l'Hyver ,
& il les faut refugier dans la ferre , les y porter en mote , &
les y planter , ils ont accoûtumé d'achever d'y former
leur tête : tous les autres Choux grainent en France , mais
pour ceux cy ils n'y grainent point , il en faut faire venir
la graine du Levant, c'eft pourquoy elle eft d'ordinaire
affez chere : pour faire monter les Choux en graine on a
accoûtumé tous les ans l'Automne , ou au Printemps d'en
tranfplanter de ceux qu'on trouve les plus beaux & les
meilleurs , & ils montent en graine dans les mois de May
& de Juin , & fe recuëillent en Juillet & Aouft.

C c ij

Il faut en paffant remarquer deux chofes, la premiere, que pour toutes les groffes Plantes qui montent en graine, & s'élevent aff. z haut, par exemple Choux, Porreaux, Ciboules, Oignons, Bete. raves, Carottes, Panais, Celery, &c. il les faut foûtenir, foit avec des échalas debout, foit avec des traverfes de perche, pour empêcher que les vents n'en rompent les montans, devant que la graine foit aff. z meure.

Et la feconde chofe qu'il faut remarquer, eft qu'on n'attend pas d'ordinaire que les graines féchent fur pied, c'eft affez qu'elles y meuriffent, & pour lors on coupe les montans, & on les met fécher fur quelque linge pour les y batre, & enfuite les vaner, nettéyer & ferrer quand elles font bien féches ainfi fait-on du Creffon, du Cerfeüil, Perfil, Raves, Bourrache, Buglofe, &c.

Ciboules à proprement parler font des Oignons avortez ou degenerez, c'eft à dire Oignons, qui au lieu de faire une groffe tête en terre & un feul montant, ne font qu'une fort petite tête, & plufieurs montans, & celles qui en font le plus, font les plus eftimées, il faut particulierement s'étudier à conferver de celles-là pour graine, & les planter à part dans le mois de Mars, on en recuëillira la graine au mois d'Aouft. On feme des Ciboules prefque tous les mois de l'année hors pendant le grand froid que la terre ne peut pas être cultivée. Leur graine eft entierement femblable à celles des Oignons; en forte qu'on ne les fçauroit diftinguer l'une d'avec l'autre, mais elle ne revient jamais à faire des Oignons, & particulierement de ceux qu'on arrache dedans les planches d'Oignons qui font femez trop drus, & qu'il faut éclaircir pour faire fortifier les autres qui reftent en place: On éclaircit auffi les Ciboules par la même raifon, & on en replante qui réüffiffent fort bien, & fe fortifient étant ainfi replantées: il eft à propos d'arrofer quelquefois les planches de ces Ciboules pendant les Eftés qui fe trouvent extraordinairement fecs; à cela prés les arrofemens n'y font pas neceffaires, mais toûjours il les faut mettre en bonne terre.

Les Citroüilles & les Potirons font comme tout le monde fçait les plus groffes productions que la terre faffe

dans nos climats, il y a peu de chofe à faire pour leur culture, d'ordinaire on les feme fur couche vers la my. Mars, c'eft
la feule maniere de les conferver , & de les multiplier, &
à la fin d'Avril on les enleve en mote pour les tranfplanter
dans les trous qu'on fait exprés d'environ deux pieds de
diametre , & d'un pied de profondeur, éloignez de deux
toifes l'un de l'autre, & qu'on remplit de terreau ; quand
leurs bras commencent d'être allongez de cinq à fix pieds,
ce qui arrive vers le commencement de Juin , on les charge dans le milieu de cette longueur de quelques peletées
de terre , tant pour empêcher que les vents ne les rompent en les trainans çà & là, que pour leur faire faire
quelque racine à cet endroit chargé , & par ce moyen le
fruit qui vient au delà en eft mieux nourry , & confequemment plus gros , il eft de deux couleurs de Citroüilles, de
vertes & de blanchâtres ; elles ne font bonnes à cuëillir ,
ny les unes ny les autres, que quand elles font aouftées ,
c'eft à dire qu'elles jauniffent , & que leur écorce eft devenuë affez dure pour pouvoir refifter à l'ongle ; on en
conferve dans les ferres jufques vers la my-Carême , quand
elles ont été cuëillies à propos, & bien defenduës du froid;
toute forte de fituation en plein air leur convient , ma is
celles qui font bien expofées meuriffent plutôt que les autres ; on n'y taille rien du tout , on fe contente de les arrofer quelquefois quand les Eftés font trop fecs : leur graine
fe trouve dans leur ventre.

Les Cives d'Angleterre, autrement nommées appetits,
fe multiplient en faifans de groffes touffes , qu'on fepare
en plufieurs petites ,& qu'on replante à neuf ou dix pouces les unes des autres , foit en bordure , foit en planche ;
il leur faut d'affez bonnes terres , moyennant quoy elles
durent trois ou quatre ans en place , fans avoir befoin de
grande culture , il fuffit de les tenir bien faclées , & de les
arrofer quelquefois pendant le grand chaud , ce font leurs
feüilles feulement dont on fe fert pour une des fournitures
de Salade.

Corne-de cerf eft une petite plante annuelle, dont les
feüilles entrent parmy les fournitures de Salades quand
elles font tendres, on les feme en Mars affez druës , car

il n'est pas possible de s'en empêcher, tant leur graine est menuë, cette graine se recuëille au mois d'Aoust, les petits, oyseaux en sont extrêmement friands, aussi bien que des autres menuës graines potageres : quand on coupe les feüilles de cette plante il en revient de nouvelles, comme à l'Oseille, aux Cives d'Angleterre, au Persil, &c.

COSTONS D'ARTICHAUX, ou CARDES D'ARTICHAUX se cultivent comme les Cardons d'Espagne, mais ne sont pas si bons, & assez souvent le pied pourrit, & perit quand on le fait blanchir.

Les CONCOMBRES, *Voyez* leur culture dans l'article des Melons ; un pied de Concombre produit une grande quantité de fruit, & long-temps quand il est bien cultivé, & sur tout bien arrosé.

COUCHES, *voyez* dans les ouvrages de Novembre.

CRESSON ALENOIS est une des petites fournitures de Salade, & est plante de peu de durée : on en seme tous les mois comme du Cerfeüil pour en avoir toûjours de tendre, & on le seme fort dru, il ne vient que de graine, & il y monte aisément ; on commence d'en recuëillir à la fin de Juin, & dés qu'il en paroît quelqu'une de meure, on coupe les pieds pour les faire secher, battre & vaner comme les autres graines.

ESCHALOTTES, autrement ROCAMBOLES, ou AIL D'ESPAGNE, n'ont d'autre culture que l'Ail ordinaire, & ils ont cela de particulier, que leur graine est aussi bonne à manger, que la gousse prise au pied dans la terre ; elle est grosse, & sert à la multiplication tout de même que les gousses du pied.

ESPINARS sont une des plantes potageres, qui demandent la meilleure terre, ou au moins la plus amandée, ils ne se perpetuënt que de graine, on les seme en plein champ, ou par rayons dans des planches bien dressées, & c'est deux ou trois fois l'année à commencer vers le seiziéme d'Aoust, & finir un mois aprés, les premiers sont bons à couper vers la my-Octobre, les seconds en Carême, & les derniers aux Rogations : ceux qui restent aprés l'Hyver montent en graine vers la fin de May, & on la recuëille vers la my-Juin, quand on les coupe ils ne repoussent pas com-

me l'Oſeille ou le Perſil : toute leur culture conſiſte à être
tenus bien nets de méchantes herbes , & ſi l'Automne eſt
extraordinairement ſéche, il eſt aſſez bon de les arroſer
quelquefois : on n'en replante point du tout , non plus que
du Cerfeüil , du Creſſon , &c.

ESTRAGON eſt une des fournitures parfumées de Salade :
il ſe multiplie de pieds enracinés & de ſemence , il repouſſe pluſieurs fois aprés avoir été coupé , il reſiſte à
l'Hyver, & a beſoin d'un peu d'arroſement pendant les
grandes ſechereſſes de l'Eſté : quand on le plante , il le
faut eſpacer de huit à neuf poûces dans la planche où on le
met : le bon temps de le planter eſt en Mars & Avril ,
cela n'empêche pas qu'on n'en replante encore pendant
l'Eſté.

FENOÜIL eſt une des fournitures de Salade , qui ne vient
que de graine , & ne ſe replante guéres ; elle reſiſte au
froid de l'Hyver , on la ſeme en planche ou en bordures ,
elle repouſſe étant coupée , les jets les plus nouveaux ſont
les plus tendres & les meilleurs , on en recuëille la graine
dans le mois d'Aouſt , elle vient aſſez bien dans toute ſorte de terres.

FEVES , tant cell.s de Haricot que de marais ſe ſement
en plein champ ; & ne viennent point autrement : celles
de Haricot ſe ſement à la fin d'Avril , & pendant le mois
de May , elles ſont tres ſenſibles à la gelée : celles de marais ſe ſement en même temps que les Pois hâtifs , ſoit en
Novembre , ſoit en Février.

FOURNITURES , qui ſont Baume, Eſtragon , Paſſe. pierre,
&c, leur culture ſe trouve aux endroits de chacune de ces
plantes.

FRAISES , tant les blanches que les rouges, ſe multiplient
& ſe perpetuent de trainaſſes , qui ſortans des vieux pieds
font racines : on obſerve que le nouveau plan qui vient
dans les bois , réüſſit mieux tranſplanté que celuy qui
vient de Fraiſiers de Jardins : on en plante ou en planche ,
ou en bordure , l'une & l'autre bien preparée , amandée ,
& labouré de quelque maniere que ce ſoit , ſi c'eſt en
terre ſéche & ſablonneuſe , il faut que tant les planches
que les bordures ſoient un peu plus enfoncées que les

allées, ou les fentiers, pour y retenir les eaux des pluyes,
& des arrofemens, il en eft tout autrement, fi on n'en plante
dans les terres fortes, graffes, & prefque franches, car
les grandes humiditez font pourrir les pieds : on les efpace
communément de neuf à dix pouces, & on en met deux ou
trois petits en chaque trou qu'on fait avec un plantoir : le
bon temps de les planter eft pendant le mois de May, &
le commencement de Juin, c'eft à dire devant les groffes chaleurs ; on en peut planter encore tout l'Efté dans
les temps pluvieux ; il eft particulierement important d'en
faire des pepinieres pendant le mois de May, & que ce
foit en quelque endroit approchant du Nord, pour éviter
la grande ardeur du Soleil d'Efté ; on les plante pour
lors à trois ou quatre pouces l'une de l'autre, & s'y étant
fortifiées on les tranfplante enfuite dans le mois de Septembre pour en faire des planches, ou des quarrez felon
le befoin qu'on en peut avoir ; leur principale culture eft
premierement de les bien arrofer pendant la fécherefie ;
en fecond lieu, de laiffer mediocrement des montans à
chaque pied, c'eft à dire que trois ou quatre des plus forts
doivent fuffire. En troifiéme lieu, de ne laiffer fur chaque
montant que trois ou quatre Fraifes, qui font les premieres venuës, & les plus prés du pied, & par confequent il faut pincer toutes les autres fleurs, qui viennent prefque à l'infini de la queuë de celles qui ont déja
fleuri, ou qui font encore fleur : rarement voit-on noüer,
& venir à bien toutes ces dernieres fleurs ; il n'y a que
les premieres qui en faffent de belles, & quand on eft
foigneux de bien pincer, on eft affez affuré d'avoir
toûjours de belles Fraifes, j'ay expliqué dans les ouvrages de Février la maniere d'avoir des Fraifes hâtives : les
gens curieux ont des Fraifes de deux couleurs, fçavoir
les rouges & les blanches, mais ils les mettent dans des
planches feparées : les grands ennemis de ce plan, ce font
les tons, qui font de gros vers blancs, qui pendant les
mois de May & de Juin leur mangent le col de la racine
entre deux terres, & par ce moyen les font mourir : il faut
être foigneux dans ces temps-là de parcourir tous les jours
fes Fraifiers, & foüiller au pied de ceux qui commencent

cent à se faner, on y trouve d'ordinaire le gros ver qui aprés
avoit fait ce premier mal passé à d'autres Fraisiers , & les
fait pareillement mourir: les Fraisiers font fort bien l'année
d'aprés qu'ils ont été plantez , si c'est au mois de May
qu'on les a plantez, & ne font que passablement ; s'ils
n'ont été plantez au sortir des bois que dans le mois de
Septembre , mais ils font merveilles la deuxiéme année ,
& passé cela ne font plus que miserablement c'est pourquoy il est bon de les renouveller au bout de deux ans ; il
est encore à propos de leur couper tous les ans la vieille
fane quand les Fraises font finies , ce qui arrive d'ordinaire vers la fin de Juillet : les premieres qui meurissent
dans la fin de May , font celles qu'on avoit plantées dans
les pieds des murs du Midy , & du Levant , & les dernieres meures, font celles qui ont été plantées le long du
Nord.

F RAMBOISES, tant les blanches que les rouges commencent d'ordinaire à meurir dans les premiers jours de Juillet ; on les plante en Mars dans des planches , ou dans des
bordures, espaçant le plan à deux pieds l'un de l'autre ;
il en fort tous les ans pendant l'Esté beaucoup de boutures bien enracinées, & on en prend pour faire des plans
nouveaux ; les vieux se renouvellent par ce moyen , car ils
meurent dés que leur fruit est cüeilli : la seule culture
qu'on y fait , est premierement de racourcir au mois de
Mars à la hauteur de trois à quatre pieds les nouveaux
rejettons qu'on conserve autour des vieux pieds (ce doit
toûjours être les plus gros, & ceux qui font de plus belle
venuë) en second lieu , d'arracher tous les petits & les
vieux qui font morts.

G ROSEILLES, tant les rouges & les perlées que les piquantes , on les nomme vulgairement Groseilles de Hollande ,
font des especes de petits Arbustes à fruit, qui raportent
beaucoup ; elles produisent autour de leurs vieux pieds
grand nombre de rejettons enracinez , qui servent pour
les multiplier, outre que les branches , & particulierement
les jeunes prennent aisément de bouture : on les plante au
mois de Mars, & on les espace tout au moins de six bons
pieds l'un de l'autre, soit qu'on en fasse des planches en-

tieres , ou des quarrés entiers , soit qu'on les mette dans
l'intervalle des Buissons , qu'on plante d'ordinaire au tour
des quarrez du Potager ou du Fruitier : les unes & les autres aiment le fond un peu humide , pour pouvoir faire de
gros jets , & par conséquent de beau fruit : les rouges &
les perlées font des grappes qui font meures en Juillet :
les piquantes n'en font point , mais font leur fruit tout le
long des jeunes branches de l'année precedente , & cela
dans chacun des yeux de cette branche : ce fruit sert particulierement en Mars & en Avril , pour des compotes &
des sauces , & pour cela il faut qu'il soit fort vert , car dés
qu'il est meur , il devient mou : la culture qu'il convient
de faire aux unes & aux autres , & sur tout aux rouges &
aux perlées , est de retrancher le vieux bois , pour ne conserver que celui d'un an , & celui de deux , la confusion y est
desagreable & pernicieuse , outre que le vieux ne fait que
de fort petit fruit , en sorte qu'il degenére entierement à
ne plus faire que de petites Groseilles communes & fort
aigres : quand les vieux pieds ne font plus , ny de beau
bois , ny de beau fruit , il faut se resoudre à les détruire
entierement , & à en élever premierement de nouveaux
en quelque autre bon endroit de terre nouvelle : car un
Jardin ne doit pas être sans belles Groseilles , & dés que
les nouveaux font en rapport , on détruit les vieux qui font
un grand desagrément dans un Jardin.

HERBES-FINES , qui font les bordures de Marjolaine ,
Thin , Sauge , Romarin , &c. leur culture se trouve aux
endroits particuliers de chacune de ces Plantes.

Les LAITUES font de ces plantes qu'on voit le plus ordinairement , & le plus communément dans nos Potagers ,
& qui en effet en font la manne la plus utile , & particulierement pour les Salades , desquelles constamment presque tout le monde est amoureux : il y a beaucoup de choses à dire sur cet article , par exemple , qu'il est en premier
lieu des Laituës de differentes faisons , en sorte que celles qui font bonnes pour certains mois de l'année , ne le
font pas pour d'autres : celles qui viennent bien au Printemps , ne viennent pas bien en Esté : celles qui réüssissent l'Automne & l'Hyver , ne réüssissent ny l'Esté , ny

le Printemps, comme, on le verra cy aprés ; en second
lieu, qu'il en est, qui d'elles même avec le secours ordinaire de la culture generale acquierent la perfection
qui leur convient, & font la nourriture & le plaisir de
l'homme, & ce sont les pommées ; en troisiéme lieu qu'il
en est, qui ont necessairement besoin de l'art & de l'industrie du Jardinier, pour parvenir au degré de bonté
qu'elles doivent avoir, & ce sont celles qu'on lie pour les
faire blanchir, car autrement elles ne seroient, ny tendres, ny douces, ny bonnes ; telles sont les Laituës Romaines, &c. Je me suis même avisé d'en faire lier de celles qui doivent pommer ; quand j'ay veu qu'elles ne pom-
moient pas assez tôt, & par ce moyen on les fait pour ainsi
dire pommer malgré qu'elles en ayent : je le pratique
particulierement à l'égard de quelque Laituës d'Hyver,
c'est à dire quand il y en a d'assez fortes de feüillage pour
pouvoir pommer, & que cependant le défaut de chaleur
les empêche de tourner, c'est à dire de durcir, & cet expedient est d'un tres grand secours dans les fâcheux tems :
de plus le nombre des especes differentes de Laituës est
plus grand que d'aucune autre sorte de plantes Potageres,
cela se justifiera sur tout par l'ordre qui s'y trouve à l'é-
gard des saisons. L'ordre des pommées est à peu prés celuy-cy.

Les premieres qui pomment au sortir de l'Hyver, sont
celles qu'on nomme Laituë à coquille, par la raison que
leur feüille est à peu prés ronde comme une coquille : on
les nomme autrement Laituës d'Hyver, à cause qu'elles
souffrent assez bien les gelées ordinaires, ce que toutes
les autres Laituës ne sçauroient faire : elles ont été semées
en Septembre, & ensuite replantées en quelque costiere
du Midy & du Levant ; dans les mois d'Octobre & de Novembre, ou bien elles ont été semées & plantées sur couche & sous cloche dans les mois de Février & de Mars, &
sont bonnes en Avril & May : on a pour le même temps
des Laituës un peu rouges, qu'on nomme Laituës de la
Passion, & qui réüssissent fort bien dans les terres legeres,
mais mediocrement dans les autres, qui étant plus froides
& plus fortes les font aisément morver : l'une & l'autre

doivent faire de fort groſſes & bonnes Pommes, quand
elles viennent à bien ; à celles là ſuccedent les Crêpe-
blondes, qui ont accoûtumé de bien pommer dans le Printemps, c'eſt à dire pendant que les chaleurs ne ſont pas
encore grandes, mais il ne leur faut pas des terres fortes;
elles s'accommodent auſſi fort bien ſur couche, quand particulierement on y met des cloches, ou des chaſſis de verre : car ayant été ſemées à la fin de Janvier, & replantées
d'abord qu'elles ſont groſſes, ou même étant laiſſées aſſez
claires ſous les cloches de pepiniere, elles pomment auſſi-
tôt que les Laituës d'Hyver, & ſont tres-excellentes ; il y
a en même temps deux autres eſpeces de Laituës Crêpe-
blondes, l'une qu'on appelle Laituës Georges, qui ſont
plus groſſes, & moins friſées que les Crêpe-blondes, &
l'autre qu'on appelle Mignone qui eſt plus petite ; toutes
deux demandent ces terres, qu'on apelle de bons ſables
noirs, mais leurs Pommes ne ſerrent pas aſſez, c'eſt à dire
ne ſont pas d'ordinaire dures & fermes comme les veritables Crêpe-blondes.

Les Crêpe-vertes ſont à peu prés de la même ſaiſon que
les precedentes, mais ne ſont pas ſi tendres, & ſi delicates.

Il y en a auſſi de petites rouges, & d'autres qu'on nomme Laituës courtes, l'une & l'autre ont toutes les bonnes
qualitez neceſſaires, hors que leurs Pommes ne ſont pas
groſſes, & qu'elles veulent auſſi les bons ſables noirs.

Les premieres Laituës fourniſſent amplement, comme
j'ay dit, les mois d'Avril & de May, & le commencement
de Juin : paſſé cela elles montent trop aiſément par les
temps chauds, elles ſont ſuivies pour le reſte de Juin, & le
mois de Juillet de celles qu'on nomme Royales, & des Belles gardes, & des Gennes-blondes, & des Capucines, &
des Aubervilliers, & des Perpignannes, dont il y en a de
vertes & de blondes, l'une & l'autre de ces Perpignannes,
ſont de tres belles & de tres-bonnes Pommes, & réüſſiſſent
aſſez bien dans les terres fortes, pourveu que l'Eſté ne ſoit
pas trop pluvieux : les pluyes froides & trop frequentes
les font morver, & par conſequent perir ; les Capucines ſont rougeàtres, pomment aſſez aiſement, même ſans

être replantées, & font affez delicates ; les Aubervilliers
font des Pommes trop dures, & même quelquefois ameres,
leur uſage eſt plus pour cuire que pour les Salades ; la difference qui paroît entre les Royales, & les Belles-gar-
des, eſt que celles-là font un peu plus verdâtres, & celles cy un peu plus blondes.

Parmy ces Laituës pommées ſe mêlent pourtant l'Eſté
celles qui font à lier, ſçavoir les Laituës Romaines qui font
ou vertes, & on les appelle chicons, ou blondes, & on les
appelle Alphanges, celles-cy plus delicates que les chicons, tant pour être élevées que pour entrer dans les Salades : il y a auſſi celles qu'on appelle Imperiales, qui font
d'une grandeur fort extraordinaire, & font auſſi fort delicates au goût, mais fort faciles à pourrir du moment
qu'elles font blanches ; il y a de plus certains grands chicons rougeâtres qui ſe blanchiſſent preſque deux-mêmes
fans être liez, & font bons dans les groſſes terres, & réüſſiſſent pour l'ordinaire aſſez bien en Eſté : car pour les Chicons verds il n'en faut avoir qu'au Printemps, ils montent
trop aiſément : les Laituës qui ſe défendent le mieux des
grandes chaleurs de la fin de Juillet, & de tout le mois
d'Aouſt, font celles qu'on nomme Laituës de Genes, & ſur
tout la verte, car la Genes-blonde, & la Genes-rouge montent plus aiſément, & ne peuvent guéres réüſſir que dans les
terres legeres : il faut donc preparer beaucoup de ces Genes
vertes pour les jours Caniculaires, & juſqu'aux premieres
gelées ; on y peut auſſi mêler quelque peu de Genes blonde, & de Genes-rouge, & on y doit ſur tout mêler des Alphanges, & beaucoup de Chicorées blondes, comme auſſi
beaucoup de Perpignannes, tant la blonde que la verte.

Les grands inconveniens, qui arrivent aux Laituës pommées, font premierement que ſouvent elles dégenerent à
ne plus pommer, ce qui paroît en ce que leurs feüilles s'a-
longent en langue de chat, comme diſent les Jardiniers,
ou que leur couleur naturelle change en une autre plus
verte, ou en une autre moins verte ; il faut être grandement ſoigneux à n'élever de graines que celles qui pomment tres bien, c'eſt pour quoy dans les planches de ces fortes de Laituës il faut d'abord marquer celles qui tournent

le mieux , soit pour les laisser grainer dans la même place ,
soit pour les enlever en mote , & les mettre grainer à part.

En second lieu, c'est qu'aussi tôt que la plûpart sont pommées , il les faut employer , ou autrement on a le déplaisir
de les voir inutilement monter , en quoy les Maréchez ont
un grand avantage , qui est de vendre tout en un jour les
planches entieres de ces Laituës pommées : car communément les planches qui ont été replantées en même tems,
pomment aussi toutes ensemble, au lieu que dans les autres
Jardins on n'en peut consommer qu'à mesure qu'on en a
besoin ; c'est pourquoy il en faut planter souvent , & beaucoup plus qu'on n'en peut employer, pour en avoir la suitte
sans discontinuation , étant bien plus à propos d'en avoir
à confusion que d'en avoir disette ; le plus seur est de s'attacher particulierement à ces especes plus rustiques , qui
durent assez long temps pommées devant que de monter;
telles sont les Coquilles, les Perpignannes , les Genes-ver-
tes , les Aubervilliers ; l'Austrichette , lesquelles veritablement aussi sont long temps à pommer,

Le troisiéme inconvenient est , que la morve , c'est à dire la pourriture qui commence aux extremitez des feüilles , les acueille quelquefois , & que la terre & la saison
n'étant pas assez favorables elles demeurent maigres , &
montent au lieu de s'étendre & de pommer : il n'y a guéres de remede pour empêcher la morve , par qu'il n'y en
a guéres contre les saisons froides & pluvieuses qui les
causent: mais à l'egard des défauts de la terre il y en a d'infaillibles , c'est à sçavoir qu'il la faut amender beaucoup
avec du fumier menu , si elle est sterile , soit dans un fond
sablonneux , soit dans un fond froid & grossier: & même à
l'egard de celuy-cy il luy faut donner un peu de pente , si
la terre étant assez bonne les eaux y séjournent trop , &
par leur séjour y pourrissent les plantes : le bon fumier
bien consommé est l'ame ou le grand mobile des Jardins
potagers : sans luy, non plus que sans les frequens arrosemens , & les frequens labours on n'est jamais riche en
beaux Legumes.

Il reste à sçavoir pour l'intelligence parfaite des Laituës,
que celles qui deviennent les plus grosses, doivent être es-

pacées de dix à douze pouces l'une de l'autre ; cela s'entend des Laituës coquilles , des Perpignannes , des Auftri-
ches , de la Belle-garde , des Auberviliiers , des Alphanges ,
des Imperiales : & à l'égard de celles qui font les pommes
d'une mediocre groffeur , il fuffit de les efpacer de fept à
huit pouces ; cela s'entend des Crêpes blondes , des Laituës courtes , de la Petite-rouge , des Chicons verds , &c.
les bons ménagers peuvent femer des Raves dans les planches des Laituës, les Raves aurons été enlevées devant que
les Laituës ayent pommé , & même comme les Chicorées
font bien plus long temps à fe perfectionner que les Laituës, on peut replanter de celles cy parmy les Chicorées,
elles s'accommodent affez bien les unes & les autres , &
ainfi on fait double moiffon dans une même planche , &
en une même faifon , car les Laituës fe cuëillent les premieres , & les Chicorées achevent aprés de fe façonner.

La Lavande fert en fait de Potagers à y faire des bordures , qui donnent de la fleur qu'on employe à parfumer le
linge blanc fans les feparer de leurs branches ; elle fe multiplie de graine , & de branches qui ont pris racine au
colet.

Le Laurier commun eft un Arbufte de mediocre ufage
dans nos Jardins , il fuffit d'en avoir quelques pieds à l'a-
bry du grand froid, pour y pouvoir prendre quelques feüilles au befoin.

Marjolaine eft une plante odoriferante dont on fait
d'agreables bordures , il en eft d'Hyver , & c'eft la principale , & il en eft qui ne paffe pas l'Efté : l'une & l'autre fe
multiplient de graine , & de branches qui ont pris racine
au colet : le principal ufage de la Marjolaine eft d'être
employée à faire des parfums.

Masches font une efpece de petite falade, qu'on peut dire
Salade fauvage & ruftique , auffi la fait on rarement paroître en bonne compagnie : elle fe multiplie de graine,
qu'on recuëille en Juillet , & n'eft en ufage que pour la fin
d'Hyver ; on en fait des planches , qu'on feme vers la fin
d'Aouft, elle refifte aux rigueurs des gelées , & pour peu
qu'on en ait , comme elle fait beaucoup de petites graines
qui tombent aifément , elle fe perpetuë d'elle même fans

qu'il foit befoin d'autre culture que de la facler.

Les Mauves & Guimauves doivent faire partie du Potager, quoyque leur ufage ne foit pas honnête à expliquer dans ce Traité, & que ce foit moins des Plantes de Jardins, que Plante de Campagne inculte; elles viennent d'elles-mêmes, & n'ont pas plus befoin de culture que toutes les méchantes herbes qui incommodent les bonnes: quand on en veut avoir dans fon Jardin, il faut être foigneux d'en femer à quelque endroit à l'écart.

Melisse eft une Plante odoriferante, dont la feüille, quand elle eft tendre, fait partie des fournitures de Salade; elle fe multiplie de graine & de branches enracinées comme la Lavande, le Thim, l'Hyfope, &c.

Le Muscat eft une efpece de Raifin, qui quand il a fa bonté naturelle, eft une des plus confiderables parties du Potager: il y en a de blanc, de rouge & de noir, & d'ordinaire le blanc eft le meilleur des trois; il demande dans les pays temperez comme l'Ifle de France, l'expofition du Midy & du Levant, & toûjours une terre legere: on n'en voit guéres de bons dans les terres franches; & fi on fe trouve dans des Climats chauds & en terre graveleufe & fablonneufe, il réüffit fort bien en contre Efpalier, & méme en plein air, fa bonté confifte à avoir le grain gros, jaune, croquant & clair femé dans la grape, & à avoir un goût de mufc affez relevé, mais pourtant qui ne le foit pas trop comme celuy d'Efpagne; la Touraine en produit d'admirable; fa culture eft entierement femblable à celle du Chaffelas à l'égard de la taille, & de la maniere d'être multiplié.

Le Muscat long eft un autre efpece de Raifin, dont le grain eft plus gros & plus longuet que celuy du Mufcat ordinaire, la grape auffi en eft plus longue, mais le goût en eft beaucoup moins relevé.

Navets ne fon pas proprement Plantes potageres, mais cependant les grands lieux en peuvent fouffrir, ils ne fe multiplient que de graine, & fe fement fort clairs en planche, les uns en Mars, les autres en Aouft; on en recüeille la graine dans les mois de Juillet & d'Aouft: tout le monde fçait affez leur ufage fans que j'en parle icy.

Oignons

Oignons font ou rouges ou blancs, ceux-cy font plus
doux, & plus eſtimez que les rouges ; perſonne n'ignore à
combien d'uſages ils font employez : ils ne ſe multiplient
que de graine, & d'ordinaire c'eſt à la fin de Février, &
au commencement de Mars qu'on les ſeme en planche de
bonne terre bien preparée, & enſuite on y paſſe la fourche de fer pour les couvrir comme les autres menuës graines ; il les faut ſemer fort clairs, afin qu'ils puiſſent groſſir, & ſi on les voit lever trop épais, il les faut éclaircir
dés qu'on en peut arracher, c'eſt à dire vers le mois de
May, & ceux-cy on les replante pour ſervir en guiſe de Ciboules ; quoy que la ſaiſon ordinaire de ſemer des Oignons
ſoit à la fin de l'Hyver, on en peut cependant ſemer en
Septembre, & les replanter enſuite au mois de Mars, &
par ce moyen on en a de tout formez dés le mois de Juillet,
qu'on peut cuëillir, c'eſt à dire arracher de terre dés ce
temps-là, les faire enſuite ſécher deux ou trois jours au
grand Soleil pour les ſemer en lieu ſec, & en conſerver au
beſoin tout le long de l'année ; il ne faut pas oublier de
fouler les Oignons dés qu'il paroiſſent aſſez gros ſur la
ſuperſicie de la terre, c'eſt à dire qu'ils approchent de
maturité : fouler les Oignons, c'eſt leur rompre la tige, ſoit avec le pied, ſoit avec un ais appuyé un peu ferme ſur cés tiges : par ce moyen la nourriture du pied étant
empêchée de monter, elle demeure dans ce qu'on appelle improprement, ce ſemble, la tête, & la fait groſſir davantage : j'ay dit ailleurs comment on en éleve de
la graine.

Oseille ſe met ſous le tître des verdures en fait de Potager, & eſt d'un grand uſage pour le pot ; il en eſt qui ont
leur fuïllage plus grand les unes que les autres ; on appelle celles-là Oſeille de la grande eſpece ; on en peut
ſemer pendant les mois de Mars, Avril, May, Juin, Juillet & Aouſt, & même au commencement de Septembre,
pourveu qu'elles ayent le temps de ſe fortifier aſſez pour
pouvoir reſiſter à la rigueur de l'Hyver : on en ſeme, ou en
plein champ, ou par rayons dans une planche, ou en bordure, & dans tous ces cas il la faut ſemer fort druë : il en
perit aſſez de pieds, elle demande une terre qui ſoit natu-

rellement bonne, ou au moins bien fumée, sa culture consiste à être tenuë bien nette de méchantes herbes, fort arrosée pendant les chaleurs, & couverte d'un peu de terreau une ou deux fois l'année, aprés avoir été coupée bien
ras ; ce terreau sert à luy redonner une vigueur nouvelle,
& le temps de le mettre est dans les mois chauds de l'année ; l'Oseille se multiplie plus ordinairement de graine,
& quelquefois aussi on en replante qui fait fort bien : on
recüeille la graine dans les mois de Juillet & d'Aoust.

Il y a d'une espece particuliere d'Oseille, qu'on appelle
ronde, ses feüilles en effet sont rondes, au lieu que les feüilles de l'autre sont pointuës ; les feüilles tendres de celle-cy
entrent quelque fois parmy les fournitures de Salade : son
usage ordinaire est de servir aux boüillons, elle se multiplie de bras qui rampans sur la terre y prennent racine, &
ces bras étant ensuite replantez font de grosses touffes qui
font à leur tour des bras enracinez, & ainsi à l'infini.

Panais est une de nos racines potageres qui est fort connuë dans les cuisines, on les seme vers la fin de l'Hyver en
pleine terre, ou en bordure, & on les doit semer assés clairs,
& toûjours en terre qui soit bonne, & bien preparée, & si
elles levent trop duës, il les faut éclaircir dés le mois de
May, afin que ce qui reste en place devienne mieux nourri & plus beau ; ils ne se multiplient que de graine, & pour
cela il en faut avoir le même soin que nous avons expliqué
pour les Bete-raves, les Carotes, &c.

Passe musque'e, *voyez* Muscat long.

Patience est à proprement parler, une espece de fort
grande Oseille, & fort aigre ; on se contente d'en avoir
quelques bordures, ou peut-être une planche pour en
mêler de fois à autre quelques feüilles avec celles d'O-
seilles ; la maniere de l'élever est entierement semblable
à celle de l'Oseille.

Perce pierre, ou Passe pierre (l'un & l'autre se dit) est
une de nos fournitures de Salade qui ne se multiplie que
de graine, & qui étant fort delicate de sa nature demande
d'être plantée dans les pieds des murs exposez au Midy,
ou au Levant ; le plein air, & le grand froid luy sont pernicieux : on la seme communément dans quelque pot, ou

dans quelque baquet plein de terreau, ou dans quelque coſtiere du Levant ou du Midy, & cela dans les mois de Mars ou d'Avril, & enſuite on les tranſplante dans les endroits que je viens de marquer.

PERSIL, tant le friſé que l'ordinaire ſont d'un grand uſage dans les cuiſines tout le long de l'année, tant pour ſes feüilles que pour ſes racines; il eſt compris ſous le titre des verdures, il ne faut pas manquer au Printemps d'en ſemer raiſonnablement dans chaque Jardin, & de le ſemer aſſez dru, & que ce ſoit en bonne terre, & bien preparée; la feüille en étant coupée il en repouſſe de nouvelles tout de même qu'à l'Oſeille; il reſiſte aſſez au froid mediocre, mais non pas à celuy qui eſt violent, & ainſi il eſt bon d'y mettre en Hyver quelque couverture pour le défendre; quand on en veut avoir qui ayent de groſſes racines, il le faut élaircir, ſoit dans la planche où il eſt ſemé, ſoit dans la bordure; il demande d'être aſſez arroſé pendant les grandes chaleurs; il y en a qui pretendent avoir d'une eſpece de Perſil plus groſſe que l'ordinaire pour moy je n'en connois point; le Perſil friſé paroît plus agreable à la veüe que le Perſil ordinaire, mais il n'en eſt pas meilleur pour cela, on en recüeille la graine au mois d'Aouſt & de Septembre.

PERSIL MACEDOINE eſt une de nos fournitures de Salade d'Hyver qu'il faut faire blanchir tout de même que la Chicorée ſauvage, c'eſt à dire qu'à la fin de l'Automne on en coupe toutes les feüilles, & enſuite on couvre de grand fumier ſec, ou de paillaſſons la planche où il eſt, en ſorte que la gelée ne puiſſe pas penetrer, & par ce moyen ce qu'il repouſſe de nouveau eſt blanc, jaúnâtre & tendre; on le ſeme au Printemps aſſez clair, parce qu'il fait beaucoup de grands feüillages, & on en recüeille la graine à la fin de l'Eſté; c'eſt une plante aſſez ruſtique, & qui ſe défend fort bien de la ſéchereſſe ſans demander de grands arroſemens.

PIMPRENELLE eſt une autre fourniture de Salade fort commune, & fort ordinaire qui ne ſe ſeme guéres qu'au Printemps, & ſe ſeme drüe, ſoit en planche, ſoit en bordure, qui repouſſe ſouvent aprés être coupée, dont il faut prendre la

E e ij

jeune pointe de la pouſſe pour les Salades, car les feüilles
un peu vieilles ſont trop dures, les arroſemens de l'Eſté luy
font grand bien , il n'en eſt que d'une eſpece ,la graine s'en
recuëille à la fin de l'Eſté.

Les Pois ſe peuvent mettre au rang des plantes potageres , c'eſt un Legume aſſez ruſtique , qui communément ſe
ſeme en pleine campagne ſans avoir beſoin d'autre culture
que d'être ferfoüi pendant ſa jeuneſſe , c'eſt à dire devant
qu'il commence à faire des coſſes : quand on les rame : ils
produiſent davantage que quand on ne les rame pas : ils
demandent la terre aſſez bonne , & un peu de pluye pour
être tendres & delicats , il les faut ſemer aſſez clairs : il en
eſt de pluſieurs eſpeces , ſçavoir de hâtifs , de verds , de
blancs , de quarrez , autrement à la groſſe coſſe , &c. on
en peut avoir pendant les mois de May , Juin , Juillet ,
Aouſt , Septembre , Octobre : il n'eſt queſtion pour en
avoir aprés les premiers que d'en ſemer en differens mois
pour en avoir trois mois aprés : ceux dont on prend le plus
de ſoin da *ns les* Potagers ſont les hâtifs , ſoit blancs , ſoit
verds , qui ſont d'une mediocre groſſeur : on les ſeme à la
fin d'Octobre à l'abri de quelques murailles du Midy , ou
du Levant : on fait même quelques ados exprés pour cela:
& afin qu'étant ſemez ils levent plus promptement , on les
fait germer cinq ou ſix jours auparavant , ce qui ſe fait en
les mettant tremper deux jours dans l'eau , & enſuite les
mettant dans un lieu où le froid ne puiſſe pas penetrer , la
premiere racine commence à ſortir : le gros froid les gâte
entierement , c'eſt tout ce qu'on peut faire d'en avoir de
bons à la fin de May ; on en ſeme auſſi ſur couche à la fin
de Février , pour en replanter dans les pieds des murs
bien expoſez , en cas que ceux qu'on avoit ſemez à la fin
d'Octobre ayent été gâtez par la gelée ; les derniers
qu'on ſeme , c'eſt vers la Saint Jean pour être bons à la
Touſſaints.

Porre'e eſt une ſorte de plante, qui ſert ,ou par ſes feüilles à mettre au pot , ou par ſes cardes à mettre en ragoût;
celles-cy doivent avoir été replantées en terre bien preparée , & cela dans les mois d'Avril & de May , & être
eſpacées environ d'un pied & demy l'une de l'autre ,

pour s'y pouvoir étendre autant qu'elles peuvent : à l'é-
gard des autres on les feme au mois de Mars en planche, &
on les recoupe fort souvent pendant l'Esté , elles repouffent enfuite , comme font l'Ofeille & le Perfil ; le gros
froid les fait perir , fi on n'a foin de les couvrir affez bien;
on en feme fur couche au mois de Février , pour en avoir
de bonnes à replanter au mois d'Avril , & il n'en faut replanter que de celles qui font les plus blondes , car les vertes ne font pas fi tendres & fi delicates que les blondes :
communément on en replante des rangées parmi les Artichaux , tant pour profiter de la place , que pour y fervir
pendant l'Hyver de nourriture aux Mulots , qui fans cela
rongeroient les pieds d'Artichaux , dont la perte eft plus
grande que celle des pieds de Porrée : on en recuëille la
graine dans les mois d'Aouft & de Septembre.

Les Porreaux fe fement à la fin de l'Hyver dans des planches bien preparées , & fe fement affez clairs , & enfuite
pendant le mois de Juin on les arrache proprement , & on
les replante dans d'autres planches , qui font pareillement
bien preparées ; on fait pour cela avec un Plantoir des
trous creux d'environ quatre pouces , & efpacez de demy
pied ; & aprés avoir un peu rongé , tant leurs racines que
leurs feüilles , on en fait fimplement couler un pied dans
chaque trou , fans qu'il foit befoin de le preffer , comme on
fait à toutes les autres plantes : on prend feulement foin
de les ferfoüir de temps en temps , & même de les arrofer
un peu pendant la féchereffe , afin que leur tige groffiffe ,
& blanchiffe devant l'Hyver , quand les gelées font tres-
gaillardes , il eft bon de les couvrir , ou de les mettre en
terre dans la ferre, il eft même à propos de les arracher de
leur planche , où ils font plantez un peu au large pour les
remettre plus prés aprés dans une autre planche de pepiniere , & les couvrir de grande litiere ; autrement pendant
la groffe gelée on ne pourroit les arracher de terre fans les
rompre , on peut en laiffer en place aprés l'Hyver pour y
monter en graine , ou bien on en replante en quelque endroit à part pour cela : la graine s'en recuëille au mois
d'Aouft , il en eft d'une efpece un peu plus groffe que l'ordinaire , & celle-là eft la meilleure.

Potirons font une efpece de Citroüille plate & jaune dont la culture eft entierement femblable à celle des Citroüilles.

Pourpier eft une des plus jolies plantes du Potager, dont le principal ufage eft pour les Salades, & même pour les Potages, il en eft deux efpeces, du verd & du doré, celuy-cy eft plus agreable à la veuë, & plus delicat à elever, en forte que dans les temps froids on a peine à le faire venir même fur couche, & fous cloche ; car pour la pleine terre il ne réüfit guéres que vers la my May, & encore faut-il que la terre foit bonne, douce, & fort meuble, & que le temps foit affez beau ; ainfi pour les premiers pourpiers qu'on ne doit commencer de femer fur couche que vers la my-Mars il ne faut ufer que du verd, attendu que le jaune fond dés qu'il eft levé, à moins que la faifon ne foit un peu avancée, & le Soleil un peu chaud, c'eft à dire vers la fin d'Avril ; on le feme d'ordinaire fort dru, parce que fa graine eft fi menuë, qu'on ne fçauroit le femer clair ; quand on en feme fur couche, foit quand il fait froid, & que par confequent les cloches, ou les chaffis font neceffaires, foit quand le temps commence d'être doux, on fe contente de battre le terreau avec la main, ou avec le dos de la pêle ; mais quand on en feme en pleine terre, qui doit avoir été bien preparée pour cela, on la herfe cinq ou fix fois avec la fourche de fer pour faire entrer la graine dans la terre.

La maniere d'en élever la graine eft d'en replanter d'affez fort dans des planches bien aprêtées, & de l'efpacer de huit à dix pouces ; les mois de Juin & de Juillet font propres pour cela ; peu de temps aprés il eft monté & fleuri, & dés qu'on apperçoit que quelqu'une des coques s'ouvrant fait voir de la graine noire, il faut couper tous les montans, les mettre quelque jour au Soleil pour achever de faire meurir toute la graine, & enfuite on les bat, & on les vane, &c. Il faut être foigneux de replanter les efpeces à part pour ne s'y pas tromper quand on en doit femer ; les gros côtons de ce Pourpier montez en graine fervent à faire confire dans du fel & du vinaigre, afin d'être employez en Salades d'Hyver.

Les Raves quand elles ont la bonté qu'elles doivent
avoir, c'eſt à dire qu'elles ſont tendres, caſſantes & douces, ſont à mon gré une des plantes du Potager qui donne
le plus de plaiſir, & le donne auſſi ſouvent, & auſſi long-
temps qu'aucune autre, je la regarde comme une maniere de manne de nos Jardins; il ſemble qu'il n'y ait pas
grand peine à les faire venir; car en effet il n'eſt queſtion
que de les ſemer aſſez claires dans de la terre meuble bien
preparée, & de les arroſer beaucoup dans les temps ſecs,
& moyennant cette culture elles acquierent toute la perfection qui leur convient; mais il eſt premierement queſtion d'avoir toûjours de la graine de bonne eſpece, & en
ſecond lieu d'avoir des Raves ſans diſcontinuation depuis
le mois de Février juſques aux gelées de la my Novembre; pour ce qui eſt de la graine de bonne eſpece, c'eſt celle qui fait peu de feüilles, & le navet long & rouge; car il
y en a qui font beaucoup de feüilles, & peu de Navet, &
quand une fois on eſt pourveu de la bonne eſpece, il faut
être extrêmement ſoigneux de la bien multiplier pour ne
la pas perdre, & pour cet effet dans le mois d'Avril il faut
que parmy les Raves qui ſont venuës de la ſemence de
l'année on choiſiſſe celles, qui, comme j'ay dit, ont le
moins de feüilles, le plus de Navet, & le Colet le plus
rouge, & les replanter toutes entieres dans quelque endroit de terre bien preparée, & les eſpacer d'un pied &
demy l'une de l'autre; étant ainſi replantées, elles mon-
teront, fleuriront, & feront de la graine bonne à cüëillir
vers la fin de Juillet, pour lors on coupe les tiges, on les
met ſécher quelques jours au Soleil, enſuite on les bat
pour faire ſortir la graine de la coſſe, on les vanne, &c.
Les pieds qui montent en graine, allongent ce ſemb'e à
l'infini leurs branches, & perpetuënt leurs fleurs, & à
cauſe de cela il eſt bon de pincer ces branches à une longueur raiſonnable, afin que les premieres coſſes ſoient
mieux nourries,

Ce n'eſt pas aſſez d'avoir ſoin d'élever de bonne graine
il faut auſſi ſe mettre en état d'avoir de bonnes Raves
huit ou neuf mois de l'année: les premieres qu'on mange,
viennent ſur couche; j'ay expliqué la maniere de les éle-

ver dans les ouvrages de Novembre, & par le moyen de
ces couches on en doit avoir pendant le mois de Février,
Mars & Avril, autrement on n'en a point, & pour en avoir
le reste des mois on en doit semer parmy autres sortes de
semences; les graines en levent promptement, & ainsi on
a le temps de les cüeillir, devant qu'elles puissent nuire
aux autres plantes; les Raves craignent extrêmement le
gros chaud de l'Esté, qui les fait venir, comme on dit, fortes, trop piquantes, cordées, & quelquefois trop dures, &
en ces temps-là il faut affecter de les semer en terre bien
meuble, & où le Soleil donne peu; & pour mieux faire, il
faut avoir le long de quelques murailles du Nord une planche ou deux de terreau épais d'un bon pied & demy pour
y semer ces Raves & les bien arroser; le Printemps & l'Automne, comme le Soleil n'est pas si chaud, les Raves réüssissent assez bien en pleine terre, & au grand air.

Re'ponces, sont une sorte de petites Raves douces, qui
viennent d'elles-mêmes à la Campagne, & sur tout dans
les bleds, & se mangent en salade au Printemps, elles ne
se multiplient que de graine.

Rhüe est une plante d'odeur tres-forte, dont on fait
quelques bordures dans nos Jardins; elle se multiplie de
graine, & aussi de branches qui ont pris racine au colet;
la Rhüe n'est guéres bonne que contre des vapeurs de
Mere.

Romarin est une autre sorte de plante odoriferante, que
nous mettons en bordure, & dont le principal usage est
pour le parfum des Chambres, & pour des lave-pieds, il se
multiplie de la même maniere que la Rhüe, & les autres
bordures, & dure des cinq & six années en place,

Roquette est une de nos fournitures de salade qui se seme au Printemps comme la plûpart des autres; sa feüille
est assez semblable à celle des Raves; la graine en est tres-
menüe, & à peu prés comme celle du Pourpier, mais la
couleur est rougeâtre, ou plûtôt d'un minime obscur.

Salsifix d'Espagne, autrement Scorsonnere, est une de
nos principales racines, qui se multiplie de graine comme
les autres, & qui est admirable cuite, soit pour le plaisir du
goût, soit pour la santé du corps; elle ne se multiplie que
de

de graine qui fe féme au mois de Mars , il faut être foigneux
de la femer affez claire , foit en planche , foit en bordure, ou
au moins de l'éclaircir afin que les racines en viennent plus
groffes; la Scorfonnere monte en graine dans les mois de
Juin & de Juillet , & on la recuëille dés qu'elle eft meure.

Le Salsifix commun eft une autre forte de racine qui a
la même culture que la précédente, mais n'eft pas d'un
merite tout à fait fi confidérable ; elles paffent aifément
l'Hyver en terre , il eft bon de les arrofer l'un & l'autre
pendant le grand fec , & de les tenir bien farclées, & fur
tout de les mettre en bonne terre bien préparée , & dont
le fond foit tout au moins de deux bons pieds.

La Sariette eft une plante annuelle un peu odoriferante
qui ne vient que de graine , & entre par fes fëuilles dans
quelques ragoûts , particulierement dans les Pois & les Féves; elle fe féme au Printemps en planche , ou en bordure.

La Sauge eft une plante à bordures , dont la culture n'a
rien de particulier , & eft femblable à celle des autres bordures de Romarin , Lavande , Abfynte , &c. il y en a de panachée , qui paroît à quelques uns plus agréable que la commune qui eft d'un vert blanchâtre.

Le Thim autre bordure odoriferante , qui fe multiplie
également de graine & de branches , quand elles ont pris
racine au colet; la bordure de Thym fait un ornement affez grand , & affez neceffaire dans nos Potagers.

La Tripe Madame eft une des fournitures de Salade; on
ne s'en fert qu'au Printemps quand elle eft tendre ; mais
il n'en faut mettre que peu l'Efté, parce qu'elle eft trop dure;
elle fe multiplie de graine , & de branches de bouture.

Les Violettes , & fur tout les doubles fervent dans nos
Potagers à y faire de jolies bordures ; leurs fleurs font un
agrément fingulier étant fagement placées fur la luperficie
des Salades du Printemps; tout le monde fçait qu'elles fe
multiplient de touffes , c'eft à dire qu'une groffe touffe fe
divife en plufieurs petites , chacune defquelles devient à fon
tour groffe , & en état d'être auffi divifée en plufieurs petites.

CHAPITRE VII. & dernier.

Combien de temps chaque plante Potagere occupe utilement sa place dans un Potager. Qui sont celles qui ont besoin de la serre, pour fournir pendant l'Hyver. Qui sont celles qu'on peut faire venir malgré les gelées. Combien de temps chaque sorte de graine se peut garder sans devenir inutile.

IL est trés-important en Jardinage de sçavoir, combien de temps chaque plante occupe utilement l'endroit du Jardin où elle est, afin que la prévoyance d'un habile Jardinier sçache à point nommé en préparer d'autres, pour substituer à celles, qui n'étans, pour ainsi dire, que des plantes passageres n'occupent leur place que peu de mois : par ce moyen non seulement il ne reste jamais de terre inutile dans un Potager, mais même il semble qu'on a un sensible plaisir de joüir par avance des choses qui ne sont pas encore en nature.

Pour bien traiter cette matiere, j'estime qu'il est assez à propos de parler premierement des Plantes qui sont de longues durées, soit devant qu'elles arrivent à leur perfection, soit pendant qu'elles continuënt à se produire. Toutes sortes de Raisins, les Capres & les Asperges tiennent sans doute le premier rang dans ce nombre ; car les pieds de Vigne & de Capre durent des vingt-cinq & trente années, & à l'égard des Asperges, à compter du temps qu'on les seme, ou qu'on les replante, on ne doit guéres commencer d'en cuëillir que les montans ne soient gros, ce qui n'arrive que la troisiéme ou quatriéme année aprés; mais ensuite pourveu qu'elles soient en bon fond, & qu'on prenne bien soin de les cultiver, on peut fort bien les laisser en place jusqu'à dix ou douze années, étant certain, que pendant ce temps-là elles pousseront amplement à tous les renouveaux, à condition cependant, que si on s'apperçoit plûtôt de quelque diminution, on les ruinera aussi plûtôt ; mais si au contraire elles continuënt de bien faire, on les conservera en place plus long-temps.

Les Framboisiers, & Groseliers durent aisément des huit & dix ans.

Les Artichaux demandent d'être renouvellez, c'est à dire de changer de place aprés la troisiéme année.

Les bordures d'Absinte, d'Hysope, Lavande, Marjolaine, Rhuë, Romarin, Sauge, Thin, Violette, &c. pourveu qu'un Hyver extraordinaire ne les endommage pas, peuvent subsister en place trois ou quatre ans, prenant soin de les tondre un peu ras tous les Estés.

L'Alleluya, le Baume, le Cerfeüil musqué, les Cives d'Angleterre, l'Estragon, l'Oseille, la Patience, la Passe-pierre, le Persil-Macedoine, la Tripe-Madame, &c. peuvent aussi fort-bien subsister en place des trois & quatre années.

Les Fraisiers trois ans.

La Chicorée sauvage, l'Anis, le Persil ordinaire, la Pimprenelle, le Fenoüil, la Scorçonnere, le Salsifix commun, &c. durent deux ans.

La Porrée, soit à couper, soit à Cardes, & les Ciboules, &c. durent un an entier, c'est à dire d'un Printemps à un autre.

La Bourrache, la Buglose, les Bete-raves, Cardons d'Espagne, Carote, Cherüis, les Choux pommés, Choux de Milan, Choux fleurs, Citroüilles, Corne-de-Cerfs, Potirons, Panais, Porreaux, &c. occupent leur place environ neuf mois, à compter du Printemps qu'ils ont été semez jusqu'à la fin de l'Automne.

L'Ail, le Basilic, les Nasturces, les Concombres, les Melons, les Echalottes, les Oignons, les premiers Navets, &c. ne l'occupent que le Printemps & l'Esté, si bien que leur place peut avoir une autre decoration de plantes pendant l'Automne.

Les Bonnes-Dames, Cerfeüil ordinaire, Chicorées blanches, Cresson-alenois, toutes sortes de Laituës, soit à pommer, soit à lier, &c. l'occupent environ deux mois.

Les Raves, le Pourpier, le Cerfeüil ordinaire, &c. n'occupent leur place que cinq ou six Semaines, & ainsi on en doit semer l'Esté de quinze en quinze jours.

Les Pois hâtifs, & les Féves hâtives l'occupent six à sept

mois, à compter du mois de Novembre qu'on les féme, mais les Pois, les Féves ordinaires, & les Haricots ne l'occupent que quatre à cinq.

Les Espinars & les Mâches l'occupent l'Automne & l'Hyver, & ainsi on les met aux endroits où l'on a déja levé les Plantes, dont la durée ne passe pas l'Esté.

Les Mauves & Guimauves se multiplient de graine, & ne passent pas l'Hyver.

A l'égard des Plantes qui ont besoin du secours de la serre pendant l'Hyver, ce sont les Cardons, le Celeri, les Pommes d'Artichaux, les Chicorées, tant les sauvages que les blanches; ce qui est connu sous le nom de racines, sçavoir Bete-raves, Carotes, &c. De plus, les Porreaux, les Citroüilles, les Potirons, les Oignons, l'Ail, l'Echalotte; tout le reste résiste assez aux injures de l'Hyver, sçavoir les Choux, le Persil, le Fenoüil, les Ciboules, & même l'Estragon, le Baume, la Passe-pierre, la Tripe-Madame, la Melisse, les Asperges, l'Oseille, &c. Mais elles ne poussent qu'au Printemps, ou par le moyen des couches; les autres Plantes ne connoissent point ces sortes de secours, ou plûtôt de violence, par exemple toutes les racines, l'Ail, l'Oignon, le Porreau, les Choux, &c. ajoûtez à cela, que par le même moyen des couches on éleve pendant la rigueur du froid des petites salades de Laituës avec leur fourniture de Cresson, Cerfeüil, Baume, &c.

Reste à sçavoir combien de temps chaque graine peut être conservée bonne; généralement parlant la plûpart des graines périssent aprés un an ou deux ou plus, & ainsi il faut toûjours affecter d'en avoir de nouvelles, ou autrement on court risque de semer inutilement au Printemps; il n'y a guéres que les Pois, les Féves, & les graines de Melons, Concombres, Citroüilles, Potirons, qui durent des huit & dix ans; les graines de Choux-fleurs en durent trois & quatre, celles de toutes sortes de Chicorées, cinq & six; de toutes les graines, sur tout il n'y en a point qui se conservent si peu que celles des Laituës, elles sont cependant meilleures la seconde année que la premiere, mais elles ne valent plus rien la troisiéme.

Fin de la sixiéme & derniere Partie des Jardins, Fruitiers & Potagers.

DE LA
CULTURE
DES
ORANGERS.

PAR M. DE LA QUINTINIE.

TRAITÉ
DE LA CULTURE
DES
ORANGERS.

PREFACE.

PARMY les Jardiniers fleuristes, dont le nombre est grand, & rempli de gens habiles, il s'en trouve assez souvent plusieurs, qui voulans en quelque façon prétendre, qu'il n'appartient qu'à eux seuls de se mêler d'Orangers, prétendent aussi faire acroire, que la culture de ces sortes d'Arbres est le véritable Chef d'œuvre du Jardinage, & sur ce fondement font de grands monstres de la préparation des terres, & de la recherche de tous les ingrédiens, qu'ils disent devoir entrer dans leur composition, ils n'en font pas moins sur l'encaissement, ou emporte-

ment, fur l'arrofement , fur l'entrée , fur la fortie , fur
l'expofition , &c.

Il y en a même parmi eux qui veulent encore porter le
myftere plus loin : ils publient que la quantité d'efpeces
d'Orangers eft grande , & prefque infinie , ils en nomment
en effet un nombre qui feroit capable de faire peur aux
curieux , quelque véritable qu'il puiffe être ; fi comme ils
le difent , chaque efpece demandoit abfolument des fels particuliers , c'eft à dire une culture particuliere ; cela s'appelle-
roit véritablement une Mer , fur laquelle prefque perfonne
n'oferoit s'embarquer , tant le voyage paroîtroit dangereux , & le naufrage inévitable.

Mais comme dans nos fruitiers & potagers , où le nombre
des efpeces eft bien plus grand qu'il ne peut être parmi les
Orangers ; l'experience nous a apris , qu'une même culture
à peu prés fert pour toute forte de fruits à pepin , une même
pour toute forte de fruits à noyau , une même pour toute forte de verdures ; cette experience nous a fait auffi préfumer ,
qu'il ne faut qu'une même culture pour toute forte d'Orangers : & en effet nous en avons des preuves entierement convaincantes.

Je ne m'arrêterai donc point à tant & tant de difficultez , dont les uns & les autres ont épouvanté grand nombre
de nouveaux curieux , dans la paffion qu'ils avoient pour
les Orangers , paffion qui me paroît raifonnable , & trés-
bien fondée , parce qu'en effet dans tout le Jardinage il
n'y a ny plantes , ny Arbres qui donnent tant de plaifir , &
en donnent fi long temps , n'y ayant jour de l'année que les
Orangers ne puiffent , & ne doivent avoir de quoi réjoüir
ceux qui les aiment , foit par le verdure de leur beau feüillage , foit par l'agrément de la figure qui leur convient ,
foit par l'abondance & le parfum de leurs fleurs , foit enfin
par la beauté , bonté , & durée de leurs fruits , &c. J'avoüe
qu'on ne peut pas en être plus charmé que je le fuis , auffi
voulant favorifer l'inclination que je vois prefque generale
pour en avoir , je prens un troifiéme parti tout à fait contraire à la doctrine des Mifterieux , & cela pour dire , qu'a-
prés l'avoir amplement , & long-temps examiné , il ne me
femble pas , que dans tout le Jardinage il y ait rien de fi aifé
que la culture des Orangers foit pour les élever dans leurs
premiers commencemens , foit pour les entretenir enfuite

&

& les conferver en bon état, quand une fois on les y a mis
n'y ayant que le feul rétabliffement des malades qui foit
en effet difficile & fâcheux : & partant il me femble qu'on
peut hardiment fe mettre à avoir des Orangers chacun felon fes moyens & fes facultez, pourvû qu'on fe foit muni
d'un Jardinier qui foit fage, & d'une ferre qui foit bonne :
fans quoy j'ofe dire, que perfonne abfolument ne doit donner dans cette curiofité ; car je fuis perfuadé que le Jardinier Orangifte eft entierement coupable, foit par fon ignorance groffière, foit par fon inaplication & fa pareffe, foit
par fa doctrine trop mifterieufe, fi fes Orangers font en
mauvais état quand la ferre n'y a point contribué ; le défaut en proviendra fans doute, ou de la mauvaife terre, dans
laquelle on les aura mis, ou de la trop grande charge qu'on
leur aura laiffé à la tête eu égard à la force du pied, ou de
l'encaiffement qui aura été defectueux, foit pour avoir, été
mal fait, foit pour n'avoir pas été fait dans le befoin ou
principalement du trop frequent ufage du feu & de l'eau :
du feu en Hyver dont il ne faut point du tout, & de l'eau
en Efté dont il faut ufer tres-modérement.

J'expliqueray cy aprés les conditions d'une bonne ferre, mais ce ne fera qu'aprés avoir dit ceque je penfe en general fur la facilité de la culture des Orangers ; cette facilité de culture que je publie ne plaît pas à beaucoup
de nos Docteurs Orangiftes, & leur fait dire, que ceux
qui la croyent, & qui la publient ne la comprennent pas
eux-mêmes ; cependant fans me laiffer décourager par
de tels difcours, je hazarde de dire icy mon fentiment fur
cette matiere.

CHAPITRE PREMIER.

Facilité qu'il y a dans la culture des Orangers.

POur établir la preuve du contenu en ce Chapitre, j'a-
vance cinq grandes propofitions, que je tiens indubitables. La premiere eft que nous n'avons guéres, ny
Plantes, ny Arbres qui reprennent avec tant de facilité.
La feconde, qu'il n'y en a point qui s'accommodent fi aifé-

ment de toute sorte de nourriture. La troisiéme, que ce
font les Arbres qui vivent le plus long temps. La quatriéme , qu'il n'y en a point qui foient fujets à moins d'infirmitez : Et enfin la cinquiéme , qu'il n'y en a point qui ayent
fi peu d'ennemis particuliers que les Orangers.

Les Tons qui tuënt les Fraifiers par la racine , & les Chenilles qui les gâtent par la feüille ; le Chancre qui les dé-
cole à fleur de terre ; les Mulots & les Moucherons qui
détruifent les Artichaux ; la gomme , les Fourmis , les Pucerons qui ruinent les Pêchers : les Tigres qui defolent les
Poiriers : tous les accidens qui affligent les Melons , &
ceux qui affligent toutes les Plantes Potageres ; c'eft ce
qu'on peut appeller de veritables ennemis en fait de Jardinage, mais ennemis redoutables ,ennemis invincibles, &
par confequent mille fois plus dangereux , que tout ce qui
peut menacer les Orangers ; cependant comme ils en ont
auffi quelqu'uns,car il n'eft point de plantes qui n'en ayent,
je les examineray d'abord,& parleray en même temps des
remedes qu'on a pour les en deffendre. Les ennemis particuliers des Orangers font les Fourmis,les Punaifes ,les Perce-oreilles ,&c. Mais le mal que ces infeétes peuvent faire
n'eft pas mortel,il n'y a rien de plus aifé que de les garentir
de leur guerre & de leurs infultes ; car premierement pour
ce qui eft des Fourmis, qui quelquefois fe jettent en foule
fur un Arbre, & rongent fes feüilles ; elles ne viennent
communément aux Orangers, que parce qu'elles y font
amorcées par le couvein des punaifes ; ce couvein que tous
les Orangiftes connoiffent affez , fans que j'en faffe une
defcription plus particuliere , ne paroît faire d'autre préjudice aux Orangers,fi ce n'eft de les rendre fales,hideux,mal
propres partout,& defagreables à voir,eux qui demandent
principalement de la nettreté & de la propreté,tant en leur
bois qu'en leurs feüilles ;il provient donc de quelques meres Punaifes qui volent, &qu'on ne connoît auffi que trop ,
tant par leur couleur verte, que par l'extrême puanteur
qui fort de leur corps quand on les écrafe ; ces meres Punaifes font leur couvein en Automne , & de la même maniere à peu prés que les Vers à foye font le leur , elles le
font particulierement autour du bois maigre ,& fur le deffous des feüilles fales & confufes ; on le prendroit au com-

mencement pour de petites taches de rousseurs ; or pour
peu que d'abord il y en ait sur un Arbre, ce couvein venant à sentir les chaleurs de l'Esté suivant, il croît , il s'é-
tend, il s'enfle jusqu'à être de la grosseur & grandeur d'une
lentille, & enfin il éclôt, ainsi le nombre des Punaises se
multiplie, pour produire à l'Automne une quantité infinie
d'autres couveins; mais comme ce couvein n'est n'y errant,
ny fugitif, ny volatile , il est visible & attaché, & par consequent aisé à ôter ; si bien que prenant soin de le nettoyer
en quelque temps qu'on s'en apperçoive, & sur tout au sortir de la serre , comme on le peut facilement, soit avec les
doigts , soit avec une petite brosse , on sera aussi-tôt en seu-
reté contre les Fourmis , car elles cessent d'attaquer les
Orangers tout aussi tôt que les Punaises en sont ôtées.

A l'égard des Perce-oreilles, qui sont de petits insectes ,
longuets, roussâtres, fort vifs dans leur marche, & qui venans quelquefois à s'addonner aux Orangers , en rongent
les fleurs & les feüilles , & en gâtent la principale beauté ;
la persecution en est un peu plus fâcheuse que celle dont
nous venons de parler ; mais outre qu'elle n'est pas mortelle n'allant point jusqu'aux racines , & qu'elle arrive assez rarement, on a quelques expediens assez bons pour s'en
défendre ; le remede des cornets de papier , & des ongles
d'animaux à pieds fourchus est asez souverain; si bien que
prenant soin de mettre plusieurs de ces cornets, ou de ces
ongles en differens endroits de chaque Arbre, ces méchans
petits insectes qui ne font leur ravage que dans l'obscurité
de la nuit, ne manquent pas de s'y aller cacher, dés que
le jour paroît, ainsi visitant leur retraite de temps en temps
il est aisé de les y prendre, & de les écraser , & par ce
moyen on vient à les détruire.

On a encore l'expedient des vases , soit de terre ou de
bois, soit de plomb ou de cuivre ; leur figure est carrée, ou
en façon d'assiette creuse , & on en fait de deux sortes, les
uns sont pour mettre autour de chaque tige , les autres
pour mettre aux quatre pieds de chaque caisse, ceux qui
sont destinez pour la tige , sont de deux pieces qu'on re-
cole , ou qu'on ressoude aisément quand ils sont en place,
& qu'ils embrasent cette tige, sans y laisser aucun vuide
entr'eux & cette tige , & aprés cela on les remplit d'eau ;

G g ij

les autres sont tous d'une piece , & on met au dedans de
ces vases les pieds des caisses, ensuite on les remplit d'eau
aussi bien que les premiers , & cela étant, les Perce.oreil-
les qui ne sçavent pas nager, n'hazardent guéres de faire le
trajet de l'eau contenuë dans telles sortes de vases : ainsi
on empêche sûrement que ces Perce oreilles ne parviennent jusqu'aux Orangers , & ne les desolent : les mêmes
vases sont aussi un obstacle invincible contre les Foürmis ,
s'il s'en trouve d'assez opiniâtres pour venir à ces beaux
Arbres : quoy qu'il n'y ait plus de ce couvein qui les amor-
ce si puissamment.

Il y a bien plus, car il n'est pas seulement question de défendre lesOrangers de ces méchans petits animaux,il peut
encore leur arriver pendant qu'ils sont dehors d'autres inconveniens fort grands & fort fâcheux , qui leur sont communs avec tous les autres fruitiers:ce sont de grands vens
une gelée blanche assez forte , & sur tout une grosse grêle
&c. Mais outre qu'il est assez rare de voir arriver de tels
malheurs : un Jardinier est grandement à plaindre , & nullement à condamner quand il en est surpris , & particulierement à l'égard de la grêle : c'est un mal qui se forme à
nôtre insceu , & qui vient tout d'un coup accabler , si bien
qu'il n'est pas possible de s'en garentir , quelque soin qu'on
en puisse prendre : il faut donc estre preparé à s'en consoler en cas qu'il arrive.

A l'égard des vents qu'on a à craindre, comme ce ne sont
d'ordinaire que ceux d'entre le Couchant & le Midy , lesquels ne soufflent guéres que dans les commencemens
d'Automne , on a du avoir cette précaution de placer les
Orangers en lieu où ils soient à l'abry de la fureur de ces
vents : ce qui se peut aisément par le moyen de quelque
maison,ou de quelque muraille,ou de quelque bois qui leur
soit oposé,& où cependant les Orangers puissent au moins
une partie du jour estre vûs des agreables rayons du Soleil,

Et pour ce qui est de gelées, comme on ne sort guéres les
Orangers que vers la my May , & qu'on les serre communément vers la my Octobre:ce sont des temps où pour lors
on est apparemment hors du peril du mal qu'elles pourroient faire , la saison de ces sortes de gelées printannieres,
lesquelles sont des suites d'Hyver, finissant d'ordinaire à la

my-May , & le temps de celles qui annoncent fon cruel retour , n'étant pas encore revenu à la my-Octobre ; car pour
certaines petites gelées blanches , qu'on voit quelquefois ,
tant vers la my May , que dans les premiers jours d'Octobre , elles ne font pas fuffifantes pour faire aucun tort confiderable à des Orangers qui fe portent bien ; veritablement les infirmes en peuvent fouffrir , parce qu'ils font incommodez de tout , mais ils n'en auroient nullement fouffert ; s'ils avoient été vigoureux, cela veut dire, s'ils avoient
été habilement conduits.

Or puifque je fuis perfuadé , que la beauté , & la confervation des Arbres dont eft queftion, dépend en premier
lieu d'une bonne ferre , fi bien qu'on ne peut attendre que
du déplaifir , quand on s'embarque à avoir des Orangers,
fans commencer par une précaution fi neceffaire ; il s'enfuit donc , que devant que d'en venir à expliquer tout ce
qui regarde leur culture & leur conduite , la ferre eft la
premiere chofe dont il faut icy parler , comme la premiere
coudition dont il fe faut affeurer.

CHAPITRE II.

Des conditions d'une bonne ferre.

POur faire qu'une ferre foit bonne , elle doit ce me femble avoir cinq conditions principales, qui font premierement d'être bien expofée ; en fecond lieu d'être bien
percée , & munie cependant des fecours neceffaires pour
pouvoir bien fermer ces ouvertures au befoin ; en troifiéme lieu , que les murs en foient épais , & bien conftruits ;
en quatriéme lieu elle doit être bien couverte ; & enfin il
faut que le fol n'en foit pas creux ; examinons prefentement chacune de ces conditions.

Pour ce qui eft de la premiere condition il n'y a perfonne qui ne convienne , que la meilleure de toutes les expofitions eft celle du Midy ; enforte que le Soleil donne dans
cette ferre depuis les neuf à dix heures du matin , jufqu'à
ce qu'il fe couche, ou qu'il foit prêt de fe coucher : l'expofition du Levant qui reçoit le Soleil depuis fon lever jufqu'à Midy , ou un peu plus eft encore fort bonne : celle du

Couchant, qui a le Soleil depuis Midy jufqu'au foir, fe peut fouffrir faute des deux autres ; à l'égard de celle du Nord elle eft tres-dangereufe & tres-mauvaife, ne voyant que fort peu le Soleil , foit le matin, foit l'aprés dîné.

La feconde condition d'une bonne ferre, qui eft d'être bien percée, demande que les portes foient fi bien faites, que les Orangers y puiffent aifément paffer, & que de plus les fenêtres foient grandes, tant en hauteur, qui doit être à peu prés la même que celle du plancher, à la referve de l'apuy, lequel eft d'ordinaire d'environ trois pieds, qu'en largeur, qui peut être de cinq à fix pieds, afin que les ouvrant en Hyver chaque fois qu'il fait un beau Soleil, comme il eft important de le faire, tous les Arbres en foient veus, & pour ainfi dire rejoüis de l'afpect de fes rayons : & que s'il y a quelque peu d'humidité au dedans elle en foit ôtée par le moyen de cette belle lueur, qui a le don de deffecher l'humidité, ces fenêtres doivent encore avoir par dedans un Chaffis de papier double, c'eft à dire un chaffis qui foit colé de papier des deux côtez de fon épaiffeur, & par dehors un chaffis de verre : je compte pour fort peu de chofe les contre-vents de bois, fi les chaffis dont je viens de parler nous manquent : ces contrevents trompent beaucoup de curieux ; ces chaffis doivent être bien calfentrez en Hyver, pour empefcher que l'air froid du dehors ne puiffe par aucune ouverture penetrer au dedans : car fans doute il eft capable d'alterer l'air chaud & temperé qui étoit refté dans la ferre depuis les beaux jours des faifons precedentes, & fans lequel les Orangers ne peuvent conferver leur embonpoint.

En troifiéme lieu toutes les murailles de la ferre, & fur tout celles qui regardent le Nord, doivent avoir été bien conftruites de bon moîlon & de bon mortier, foit à chaux & à fable, qui eft fans contredit le meilleur, foit en plâtre qui n'eft pas mauvais, pourvû que la muraille ait été faite avec tant de foin, qu'il n'y foit point refté de petits vuides entre les pierres : dans les lieux où la pierre n'eft pas commune, elles doivent être faites, foit de bauge, c'eft à dire de terre détrempée & meflée de foin, de chaume, ou de paille, foit d'une double cloifon de bois, avec tout plein de terre, ou de fable dans le milieu : de maniere qu'enfin tout aumoins tant les unes que les autres de ces murailles ayent partout une épaiffeur d'environ deux pieds, ou deux pieds & demy : heureux ceux, qui outre cela ont encore du côté du Nord leur ferre adoffée à quelqu'autre bâtiment, ou à quelque montagne bien féche, ou méme à quelque bois de haute futaye.

En quatriéme lieu, comme le froid & l'humidité peuvent auffi bien penetrer par la couverture que par les côtez, le plancher d'en haut doit eftre bien épais, & méme pendant l'Hyver doit eftre couvert de foin ou de paille, à moins qu'il ne ferve de plancher à quelque logement habité, ou à quelque gallerie dont les feneftres foient tenuës foigneufement clofes durant le froid, ou à moins qu'il ne foit ceintré fort materiellement, & couvert encore de beaucoup de terre, ou d'autre chofe, comme nous venons de dire.

En cinquiéme lieu, le fol de la ferre, laquelle ne fçauroit jamais être trop féche, devroit, ce femble, eftre un peu plus haut, ou au moins égal au rés de chauffée de dehors : mais fur toutes chofes il ne doit eftre de guéres plus bas, autrement la ferre fera menacée de fervir d'égoût aux eaux de dehors, & par confequent menacée d'humidité, qui eft un mal plus dangereux méme que le froid, attendu qu'il y a peu de remedes contre celle-là, & qu'au moins il en eft quelques uns contre celuy-cy.

Ceux qui n'auront pas veu ce que j'ay dit cy-deffus contre le feu qu'on fait quelquefois dans les ferres, croiront d'abord, que parlant icy d'un remede contre le froid, cela fe doit entendre du feu du charbon qu'on peut faire en plufieurs endroits de la ferre : mais à Dieu ne plaife que ce foit jamais mon avis, puifqu'au contraire je fuis fort perfuadé, & méme convaincu que telle chaleur de feu n'eft pas moins nuifible aux Orangers que le froid & l'humidité le leur peuvent être, ainfi que j'efpere le prouver.

Aprés avoir parlé de la hauteur du fol de la ferre, refte à dire, qu'il peut eftre, ou de terre endurcie, ou de falpêtre battu, ou d'une aire de plâtre, ou d'un plancher de bois, &c. celuy-cy feroit le meilleur de tous

De ce que nous avons dit pour la hauteur du fol de chaque ferre ; il s'enfuit que les caves font tres-dangereufes,

&fouvent mortelles ; tant aux Orangers , Citronniers, Jaſſemins , Mirthes , &c. que generalement à tous les Arbriſſeaux encaiſſez ou empottez qu'on y ſerre , parce que les lieux bas & creux ſont d'ordinaire humides , & hors de la portée des rayons du Soleil , ſans leſquels rayons la ſerre ne peut jamais être bien conditionnée.

A l'égard de la profondeur de la ſerre, c'eſt à dire de la longueur, ou de la largeur en dedans , il ſeroit à ſouhaiter qu'elle ne fut pour l'ordinaire que d'environ quatre toiſes , mais cependant elle peut fort bien être de cinq à ſix , ou même d'un peu plus : la ſerre n'en ſera guéres moins bonne , pourveu que d'ailleurs elle ſoit bien haute & bien ſéche , & que le froid, non plus que l'humidité ne la puiſſent pas penetrer : ce ne ſont pas les rayons du Soleil donnant immediatement ſur les feüilles d'Orangers qui leur ſont eſſentiellement ſalutaires , puiſque rarement donnent-ils ſur la plûpart de celles qui ſont dans le milieu de la tête , quelque bien expoſé que ſoit cette tête : mais ce ſont les rayons du Soleil, donnans dans la capacité d'une telle ſerre, qui empêchent que l'humidité ne s'y forme, & par conſequent n'y faſſe aucun préjudice : Aprés avoir établi en general, que ſuppoſé qu'on ait une bonne ſerre, il eſt facile d'avoir de beaux Orangers, il faut preſentement expliquer en détail ce que je penſe de leur culture.

CHAPITRE III.

Des differentes parties qui regardent la culture des Orangers.

POur en parler le plus clairement qu'il me ſera poſſible il me ſemble qu'il faut examiner cinq principaux Articles, dont l'intelligence eſt pour les nouveaux curieux, que je veux inſtruire , c'eſt à dire pour ceux qui n'ont aucune connoiſſance de cette matiere , & la veulent acquerir.

Le premier Article qui eſt tres important, & doit deſabuſer de grands ſcrupules, regarde la compoſition de la terre ou terreau, qui eſt propre pour la nourriture des Orangers qu'on met en caiſse , ou en pot.

Le ſecond Article regarde la maniere de les élever de ſemence, & enſuite de les greffer, & regarde ſur tout la premiere

miere chose qu'il faut faire aux Orangers gros ou menus,
quand les ayant nouvellement venus du pays, soit qu'ils
soient tous dépoüillez, & sans mote, c'est à dire comme
d'autres Arbres fruitiers, soit qu'ils ayent des feüilles avec
une mote, &c. quand, dis-je, les ayant en cet état on les
veut mettre en pot ou en caisse.

Le troisiéme regarde la grandeur & la façon des caisses
dont on se sert pour cela, il regarde aussi l'operation qui
est à faire à la mote, & aux racines de ceux qu'on rencaisse de nouveau, &la maniere de faire les rencaissemens,
deux points principaux & essentiels pour nôtre culture,
enfin il regarde l'usage & la maniere des arrosemens.

Le quatriéme regarde ce qui est à faire à la tête de ces
Orangers, soit pour rétablir ceux qui ont été long-temps
negligez, ou mal conduits, ou ceux qui ont été gâtez par
la gelée, ou par les humiditez d'Hyver, soit pour parvenir
à avoir des Orangers, qui soient en tout temps beaux &
agreables dans leur figure, & qui soient toûjours bien
sains & bien vigoureux : en sorte qu'il ne leur arrive point
de se dépoüiller.

Le cinquiéme article doit expliquer la situation necessaire au lieu où on met les Orangers au sortir de la serre,
& doit marquer ce que tout le monde sçait assez, c'est à
dire le temps qu'il les faut serrer, & celuy qu'il les faut
sortir ; il marque aussi ce qui est à faire pendant six ou sept
mois, que les Arbres sont serrez, sur quoy particulierement je diray ce que je pense à l'égard du feu, que beaucoup de gens font dans leur serre.

CHAPITRE IV.

De la composition des terres propres à encaisser des Orangers,
Citronniers, &c.

COmme les Orangers & Citroniers sont à nôtre égard
des Arbres étrangers, si bien que, pour ainsi dire, ils
ne viennent que par artifice dans les climats sujets à de
grands Hyvers, comme celuy de l'Isle de France, & autres un peu Septentrionnaux, au lieu qu'ils viennent naturellement & aisément dans les pays chauds ; cette conside-

ration a fait qu'on s'eſt allé imaginer, que ce pouvoit être
en partie la faute de la terre qu'on y a, auſſi bien que la faute de l'air qu'on y reſpire, qui faiſoit que ces Arbres ſouf-
froient icy quelques incommoditez ; d'où vient que ſur cela chaque Jardinier ſe fait un grand myſtere de quelque
compoſition particuliere de terres, & c'eſt une matiere où
les opinions paroiſſent tres differentes , & fort partagées.

Les uns font conſiſter l'importance de la compoſition ,
tant à la pluralité des ingrediens, & ſur tout s'ils ſont difficiles à trouver , qu'à la doſe de chacun : les autres la font
conſiſter à remuer tres ſouvent ces terres ainſi mélangées ,
en ſorte que ſans ce remuëment ils croyent le reſte inutile :
il y en a qui donnent principalement à l'antiquité de la
compoſition ; ceux-cy voulans que les plus vieilles faites
ſoient les meilleures, comme les autres veulent que ce ſoit
les plus remuées ; la plûpart enfin ne font cas que des matieres legeres pour leur compoſition, ſçavoir de poudrette , de marc de vin, de terreau, de vieille couche , &c.

Je n'aurois jamais fait , ſi je voulois entrer dans le détail
des manieres de chaque Orangiſte ; il eſt tres-certain qu'il
n'y en a point qui ne pretende avoir quelque ſecret particulier & inconnu à tous les autres : ſi bien que pour rien
du monde il n'en voudroit faire part à perſonne.

Je veux bien ſupoſer qu'ils ont tous lieu d'être ſatisfaits
de leur façon de faire : ainſi ce n'eſt pas à moy à y trouver
à redire : & en effet on ne m'a jamais vû condamner perſonne ſur cela : cependant comme je crois avoir choiſi une
maniere ſimple & aiſée , qui me paroît tres-conforme & à
l'ordre general de la vegetation , & à la nature particuliere des Arbres dont eſt queſtion, je la veux expliquer à tous
les curieux , & leur faire entendre , comme quoy depuis
long-temps je m'en ſers tres-heureuſement : il y a auſſi
beaucoup d'honneſtes gens , qui pour leurs Orangers ont
trouvé bon de ſuivre en cela ma methode, & qui enſuite
ne manquent pas d'en rendre de bons témoignages.

Mais devant que d'en venir à cette explication , je crois
pouvoir dire encore une fois, que de tout ce que la terre
nous produit , ſoit plantes, ſoit Arbres , il n'y en a point , qui
en fait de leur culture paroiſſe, pour ainſi dire, d'une com-
plexion, ou d'une conſtitution plus aiſée , & plus accom-

modante que les Orangers, & les Citronniers : les differentes manieres dont ils sont gouvernés en differens endroits le justifient assez visiblement : on peut ce semble à
cet égard les comparer à de jeunes gens qui sont bien sains,
& bien vigoureux, mais qui en même temps sont abandonnez au dereglement & à la débauche ; la vigueur de la
jeunesse dans la plûpart repare & rétablit tous les desordres d'une vie dereglée, mais ce n'est que pendant un certain temps, comme si le corps d'un jeune homme s'accoû-
tumoit à ce qui enfin le doit absolument détruire, ou qui
au moins doit alterer cequ'il a de robuste, & de bien composé : ainsi nos Orangers sont d'un naturel extraordinairement vivace & vigoureux, si bien que par là ils réparent
& rétablissent facilement tout ce qu'une nourriture, qui
est peu conforme à leur espece seroit capable d'y gâter &
de corrompre ; en effet il n'en est pas de ces Arbres-là
comme de certains vegetaux, dont les uns ne peuvent absolument vivre que dans une terre séche & legere, les autres dans une terre humide & grasse, les Orangers vivent
dans l'une & dans l'autre ; mais veritablement ils réüssissent mieux dans l'une que dans l'autre.

Ce que j'ay crû être singulierement à observer pour la
culture de ces Orangers, qui, comme nous avons dit, sont
pour nos climats des Arbres étrangers, a été de bien regarder qu'elle est à peu prés la terre dans laquelle on les
voit naturellement bien venans, & d'essayer de leur en
donner icy une qui paroisse en approcher : dans cette recherche j'ay trouvé que c'est dans des terres fortes, grasses, ou lourdes ; que communément la nature les fait venir
beaux, grands & parfaits, & de là j'ay conclu, qu'il étoit
à propos, que l'art qui doit toûjours imiter cette nature,
leur preparât une terre qui fut pareillement grasse & lourde ; mais comme ces Arbres étans en caisse, cette terre
grasse & lourde qui les y doit nourrir, & qui n'y reçoit aucun secours de son voisinage, seroit sujette à sécher, & à
s'endurcir, & pour ainsi dire à se petrifier, de maniere,
que comme si cette terre étoit inutile à la vegetation, les
racines ne sçauroient s'y étendre, à moins qu'on ne leur
donne quelques secours, il s'ensuit qu'il faut être soigneux
non seulement de luy aider par les arrosemens, mais aussi

de faire en forte que l'eau de ces arrofemens la puiffe aifément penetrer par tout : j'ay donc crû qu'il falloit trouver
un moyen pour faire que cette terre fût auffi bien meuble
par nôtre induftrie, qu'elle eft lourde de fa nature.

On m'objecte d'abord à l'égard de cette terre lourde &
materielle dont je fais cas, que le Soleil qui ne nous voit
qu'obliquement, ne peut pas faire icy fur elle les mémes
effets qu'il fait fur celle des Climats où fes rayons portent
directement, & voilà l'objection la plus ordinaire que nos
Orangiftes me font : à quoy j'ay à répondre premierement, que comme tout le monde voit, & comme l'experience le confirme, la chaleur que nous avons icy pendant
les quatre ou cinq mois que les Orangers font dehors, eft
affez grande pour les pouvoir faire vivre tres-long temps,
& méme avec beaucoup de vigueur : en fecond lieu, que la
terre des caiffes étant en l'air, & par confequent veuë de
tous côtez par le Soleil, elle reçoit les impreffions de fa
chaleur, prefque auffi facilement que celle, qui étant en
plein champ n'en eft veuë que du côté de la fuperficie, &
enfin que la terre étant meuble, auffi-bien qu'elle eft lourde, elle eft par ce moyen-là renduë convenable à l'action
des racines, & à la penetration de l'eau : à plus forte raifon
eft-elle renduë facile pour recevoir toute l'impreffion de
la chaleur dont elle a befoin : fi bien que méme telle qu'elle eft par nôtre art, elle pourroit en recevoir trop dans
les pays les plus chauds.

Sur le fondement d'un tel raifonnement en quelque païs
que je me trouve, je cherche de la meilleure terre naturelle
& commune, & de la moins pierreufe qui foit dans le voifinage, c'eft à dire de la terre affez lourde, & affez folide,
non pas de celle qu'on appelle terre glaife, que je regarde
comme morte, mais de celle où toutes fortes de plantes
paroiffent venir naturellement fort bien ; je n'ay pas de
grands égards à fa couleur, quoy que d'ordinaire pour le
plaifir de la veuë la noire foit la plus agreable, & la plus
approuvée : je prends par exemple de la terre à Chenevie-
re & à bon Bled, de la terre de pré, de la terre de grand
chemin quand il eft en bon fond, ou qu'étant dans une fituation baffe il fert d'égoût à quelque bon fond plus élevé,
je prens de cette terre, autant que je puis en avoir befoin.

& fans me mettre en peine de prendre celle de deffus, quoy
que dans la verité elle foit bonne, & que d'ordinaire ce foit
la plus eftimée par beaucoup de gens, j'affecte plûtôt de
prendre celle qui eft au deffous, pourvû qu'elle me paroiffe
de la méme qualité de celle de deffus : je cherche toûjours
la plus neuve, c'eft à dire celle qui peut-eftre n'aura jamais
été éclairée du Soleil, & qui par confequent n'aura encore
fervi à la nourriture d'aucune plante ; fi bien que non feulement il eft à prefumer qu'elle a encore tout le premier
fel qui luy a été donné dans la creation du monde ; mais
qu'elle a de plus une grande partie de celuy qui luy eft venu des terres fuperieures aufquelles elle a fervi d'égoût.

Enfuite je cherche dans les Bergeries du crotin de Mouton fec, & à peu prés reduit en poudre : il eft peu de pays
où il ne s'en trouve, ou faute de cela je cherche d'ancien
fumier de ces Moutons reduit en terreau : je n'eftime pas
qu'il y ait rien de meilleur & de plus fouverain pour les
Arbres dont eft queftion : mais fi malheureufement je n'en
puis recouvrer, je me fers, ou de terreau de feüilles d'Arbres bien pourries, ou de terreau de vieille couche, qui n'a
pas été extraordinairement arrofée, fans me fervir jamais
de marc de vin par les raifons que je diray cy-aprés.

Et comme mon intention, ainfi que j'ay dit cy-devant,
eft que la terre que je veux preparer foit lourde & meuble, afin que d'un côté étant lourde & materielle, il s'y
puiffe faire de groffes racines plus feurement qu'il ne s'en
fait dans une terre legere, & que d'ailleurs étant meuble,
l'eau des arrofemens, & la chaleur du Soleil la penetre
plus aifément qu'elle ne feroit fi elle étoit abfolument
lourde & groffiere; aprés avoir regardé à peu prés combien
j'ay d'Arbres à encaiffer ; je fais ma compofition, de maniere que de cette bonne terre naturelle qui s'eft trouvée
dans le voifinage, il y en entre au moins de quoy faire la
moitié, & voilà ce qui donne la pefanteur que je crois neceffaire; à l'égard de l'autre moitié de la compofition, je
la fais particulierement de crotin de Mouton reduit en
poudre, fi j'en ay fuffifamment, ou celuy-cy me manquant
entierement j'ay recours aux autres ingredians cy-devant
marquez, c'eft à dire au terreau de vieille couche, & au
fumier de feüilles pourries, & tout cela par portions à peu

prés égales pour faire la moitié de ma compoſition ; voilà ce qui fait la legerté que j'y ſouhaite : je fais ce mélange le jour même que je m'en dois ſervir, ſi je n'ay pû le faire quelques jours auparavant, n'eſtimant pas qu'il ſoit neceſſaire de l'avoir fait beaucoup plûtôt.

Et ce qui me le perſuade eſt en premier lieu, que conſtamment chaque partie de terre a en ſoy ſon ſel particulier pour l'uſage de la vegetation ; en ſecond lieu, que conſtamment auſſi un grain de terre n'entre point dans un autre grain, encore moins dans le corps des racines, ainſi c'eſt ſeulement l'eau ordinaire, qui baignant toute cette terre empruntée, pour ainſi dire, du ſel de chaque partie, en prend plus ou moins, ſelon que la terre en a plus ou moins ; ſi bien que telle eau étant ainſi penétrée & aſſaiſonnée du ſel de ces bonnes terres : c'eſt elle ſeule, qui comme nous avons dit en tant d'endroits, ſert aux racines pour en former leur nourriture ou leur ſeve, ſur quoy nous avons à dire que cette ſeve ſe trouve d'autant meilleure que les terres où l'eau aura paſſé auront été plus fecondes & ſur tout moins lavées.

Or cela étant, il s'enſuit que l'ancienneté de compoſition, non plus que les frequens remuëmens n'y font rien pour rendre cette compoſition meilleure ; au contraire il ſemble qu'il ſeroit à ſouhaiter, que cette compoſition étant une fois faite, & les terres miſes en un tas, elles fuſſent à couvert des pluyes, de peur que les eaux en paſſant au travers, & s'écoulant plus loin, elles n'en tiraſſent une partie de ce qui eſt de meilleur, & le répandiſſent inutilement ſur les côtez, ou au deſſous de la maſſe.

Et afin de faire cette commpoſition avec plus de vîteſſe & de facilité, & même avec plus de juſteſſe, aprés avoir fait mettre par tas aſſez prés les uns des autres tout ce qui doit y entrer ; je prends autant de gens qu'il doit y avoir de differens ingrediens dans la compoſition, je les mets avec des pêles, ou bêches tout auprés de chaque tas, & ordonne à chacun de jetter également, & pêle mêle dans un lieu voiſin, & ſeparé une quantité égale de la matiere qui fait le tas, auprés du quel je l'ay poſté ; en ſorte que par exemple, ſi je n'ay qu'un tas de bonne terre, & un tas de crotin de mouton, il ne me faut que deux hommes qui jetteront également chacun de leur tas dans le nouveau tas qui eſt à faire

& fi avec le tas de bonnes terres j'ay deux ou trois autres
tas des autres ingrediens cy deffus propofez, je mettray
autant d'Ouvriers auprés du feul tas de la bonne terre,
qu'il y en aura tout enfemble auprés de tous les autres tas,
& ainfi en même temps qu'il fortira une peletée de matiere de chacun de ces deux ou trois tas feparez, il en fortira
auffi en même temps deux ou trois du feul tas de la bonne
terre, ainfi ma compofition fe trouve tout d'un coup faite
& parfaite fans qu'il foit befoin de perdre du temps, & faire un plus grand mélange ou remuëment des ingrediens
qu'on y aura mis.

De ce que je viens de dire, il paroît que je ne me foucie
pas de chercher, ny de vieilles terres d'égoût, ny de vieilles bouës féches & confommées, ny de cureures de mares,
ou de foffez, ny de fumier de pigeon, &c. tant parce que
je puis fort bien m'en paffer, quand j'ay les autres matieres dont je me fers, & qui ne me font pas de peine à recouvrer, (la facilité en Agriculture ayant pour moy des char-
mes infinis) que principalement parce que je les eftime
beaucoup mieux ; fi bien que je ne me fers des autres qu'au
défaut de celles-cy, c'eft à dire à la derniere extremité.

Il paroît encore, que je ne plante pas dans du terreau
tout pur, encore moins dans la poudrette toute pure, comme font quelques Jardiniers ; il eft bien vray que les Orangers pouffent affez bien dans cette poudrette pendant un
an ou deux : mais il eft vray auffi qu'ils n'y font aucune
mote ; ainfi ils font tres-difficiles à changer de caiffe, &
dans ce changement courent toûjours rifque de demeurer
fans aucune vieille terre autour des racines, & par confequent font fujets à ne rien faire l'année du recaiffement, &
à fe dépoüiller l'année d'aprés, au lieu que ceux qui ont
été encaiffez dans les terres dont je me fers, font une tres-
belle & bonne motte, de la quelle en rencaiffant on
peut, comme on doit retrancher une grande partie, en
forte que tant les vieilles racines que la vieille terre foient
notablement diminuées fans que l'Arbre coure aucun rifque de fe dépoüiller, mais qu'au contraire il devienne plus
vigoureux & plus beau, & commence dés l'année même à
faire beaucoup de jets nouveaux.

Il paroît auffi que je fais peu de cas du marc de vin . &

cela premierement parce que l'eau qui auroit le goût & la qualité de vin, comme en effet, si ce marc contenoit encore quelque sorte d'humeur, cette eau qui le laveroit seroit coupable de le prendre parce que dis je, cette eau ayant le goût & la qualité du vin, non seulement n'est pas bonne pour aucunes Plantes, mais que même elle leur est pernicieuse ; en second lieu, parce que ce marc n'étant en effet composé que de trois choses, qui ne contiennent plus aucun suc, sçavoir de pepin d'écorce de raisin & de rape il ne peut fournir aucun secours pour la vegetation : car d'un côté le pepin demeure d'ordinaire dur comme de petites pierres, si bien qu'il ne pourrit presque point pour se reduire en terre ; & de l'autre côté l'écorce & la rape ayant été extrêmement pressurées dans le pressoir, il ne leur reste plus rien qui puisse aider à la nourriture.

Ce que nous connoissons en ce que l'eau, dans laquelle a trempé long-temps du marc de vin, ne paroît pas au goût en avoir emprunté quoy que ce soit ; au lieu que l'eau qui a lavé du fumier de Mouton, ou du terreau de vieille couche, &c. paroît en avoir emprunté quelque chose d'extraordinaire, soit par son acreté, soit par son goût.

Et enfin quelque soin que j'en aye pû prendre, je n'ay jamais pû remarquer que le marc de vin servît d'engrais aux terres ; il sert au contraire à les rendre seulement plus legeres sans leur donner aucune autre bonne qualité, & c'est particulierement ce que j'évite pour les terres d'Orangers, dans lesquelles, outre que je ne veux pas une grande legerté ; je veux sur tout, que ce qui leur en doit autant donner qu'elles en ont besoin, ait encore en soy quelque chose d'utile, & même de souverain pour la nourriture des Plantes : joint que si le marc de vin étoit necessaire aux Orangers, que pourroient faire, ou plûtôt qu'auroient fait ceux qui en ont, & qui se trouvent dans des Pays où les Vignobles ne réüssissent pas.

J'ajoûteray icy, que pour ce qui est des climats froids & humides, & même pour les autres lieux où la terre est trop forte, & aproche trop prés de la nature de la glaise, il faut que dans la terre des Orangers il entre un peu plus de crotin de Mouton, ou de ces autres matieres qui sont legeres, & par consequent faciles à échauffer, ce que nous ne faisons

pas,

pas, soit dans les climats chauds, ou au moins temperez ;
soit dans les bonnes terres des autres pays ; ainsi en telles
occasions cela pourroit bien aller jusqu'aux deux tiers de
ce crotin ; j'ajoûterai enfin que cette derniere composition de terre peut être bonne pour tout ce qu'on peut élever d'autres Plantes, soit en pot, soit en caisse.

CHAPITRE V.

Maniere d'élever les Orangers de pepin, & ensuite de la ma-
niere de les greffer ; de la premiere culture qui est à faire à ceux
qu'on nous apporte tout de nouveau des Pays où ils viennent
aisément, & sans artifice, soit qu'on les ait apportez tous dé-
poüillez & sans mote, soit qu'on les ait apportez en mote, &
avec quelques feüilles.

A L'égard du premier article nous avons à dire, que
quoy qu'il soit vray qu'en certains climats les branches d'Orangers, & sur tout celles de balotin reprennent
de bouture ou de marcote, aussi facilement que font ici les
Groseillers, Figuiers, Coignassiers, &c. Cependant en ce
Pays icy où nous n'avons pas cette facilité, on n'éleve d'ordinaire les Orangers que de pepin, c'est à dire de la graine qui se trouve dans les Oranges bien meures, & même
pourries ; c'est au mois de Mars qu'on en met dans des vases ou dans des caisses pleines de terreau, soit de Mouton,
soit de vieille couche, autant qu'on trouve à propos d'en
semer, & là on les met deux ou trois doigts avant dans ce
terreau, soit par rayon, soit dans des trous séparez d'environ deux pouces ; on les met ainsi assez prés les uns des autres, ne pouvant juger s'il en levera beaucoup, mais toûjours
ayant intention de les éplucher pour en ôter une partie,
s'il en leve trop, & pour faire par ce moyen, que ceux
qu'on laisse profitent davantage, & en moins de temps.

Quand on veut ainsi semer, on choisit pour cela de bonnes especes d'Oranges, & principalement des Bigarades ;
de cela il en vient des sauvageons, qui au bout de deux ans
sont bons à être replantez séparément pour devenir plus
gros & plus grands, & au bout de cinq ou six ans, quand on
a pris soin de les bien cultiver, soit par de frequens petits la-

bours , foit par les arrofemens ordinaires , foit en les éla-
gant proprement , &c, ils deviennent affez grands & affez
forts pour pouvoir être greff.z.

On en greffe de deux façons , la premiere & la plus ordinaire eft de les greffer en Ecuffon à œil dormant dans les
mois de Juillet , Aouft & Septembre ; ces fortes de greffes fe
font de la même façon qu'aux autres Arbres fruitiers , &
toûjours autant que faire fe peut , tout auprés de la fuperficie de la terre , afin de faire des Arbres bien droits fur le
jet qui doit fortir de cet Ecuffon. La feconde maniere de
greffer les Orangers eft ce qu'on appelle en approche , &
cela fe fait dans le mois de May , mais pour telle maniere de
greffer il faut que le fauvageon foit affez gros , parce qu'il le
faut couper en tête , & y faire une incifion ou entaille , ou
même quelque fois une fente , afin d'y pouvoir apliquer , ou
aprocher la branche de l'Oranger , dont on veut avoir de
l'efpece par le moïen de la greffe , & pour lors il faut couper
un peu de l'écorce & du bois des deux côtez de cette branche , & enfuite il la faut inferer , ou faire entrer bien proprement dans le milieu de l'entaille , enveloper l'un & l'autre
premierement de cire ou de terre glaife , & en fecond lieu
d'un peu de linge , & enfin lier le tout enfemble affés ferme ,
pour pouvoir refifter à l'effort des vents , jufqu'à ce quenfin
vers le mois d'Aouft voyant la greffe prife , ce qui paroît en
ce qu'elle pouffe affez vigoureufement , on fepare ce fauvageon greffé d'avec l'Arbre qui avoit été aproché , ce qui fe
fait en fciant , ou coupant la branche aprochée immediatement au deffous de l'endroit où s'étoit faite l'aproche.

On éleve des Citronniers de la même maniere que je
viens d'expliquer pour les Orangers , & on greffe indifferemment les Orangers fur les Citronniers & Orangers ,
auffi bien qu'on greffe les Citronniers fur les Orangers &
Citronniers ; mais il eft certain que les Orangers réüffiffent mieux fur les fauvageons d'Orangers que fur les Citronniers & Balotins.

Il n'eft pas difficile de démêler les Orangers & Citronniers les uns d'avec les autres ; car les Citronniers & Balo-
t ns ont l'écorce jaunâtre & les Orangers l'ont grisâtre , outre que les feüilles d'Orangers font accompagnées d'un petit cœur auprés de la queüe , ce que les Citroniers n'ont pas

les Orangers greff z fur des fauvageons de leurs efpeces ,
pouffent d'ordinaire plus vigoureufement , & font moins
fujets à fe dépoüiller , que ceux qui ont été greff z fur des
Citronniers ou Balotins.

Icy aux environs de Paris nous n'avançons guéres de
femer de ces pepins, ny de les greffer, il n'y a qu'un peu
de curiofité qui puiffe l'engager à l'éprouver.

Les Marchands Genois nous peuvent aifément foulager
de cette peine , en ce qu'ils la prennent en leur pays avec
un fuccés facile & heureux , tant pour leur profit , que
pour nôtre fatisfaction ; tous les ans ils nous amenent icy
dans les mois de Février, Mars , Avril , May une grande
quantité d'Orangers , & Citronniers affez forts , & affez
grands , & les donnent à un prix fort raifonnable , tant
ceux qui viennent fans mote , que ceux qui viennent bien
emmottez.

Il eft particulierement queftion , foit les uns , foit les autres de les acheter bien conditionnez , tant pour la tige qui
doit être droite , faine, fans écorchure , & d'une bonne
hauteur , c'eft à dire depuis un pied & demy ou deux pieds
jufqu'à trois ou quatre , &c. que pour les racines , enforte
que ces Orangers foient auffi fains , que fi on venoit de les
arracher de la terre où ils ont été élevez , & pour cela il
faut que fur les chemins à venir de Genes à Paris ils n'y
ayent fouffert ny du grand froid , ny d'une trop longue féchereffe , ny de trop d'humidité , un feul de ces trois défauts
peut les avoir entierement gâtez , & par confequent les faire rebuter ; or on connoît s'ils font defectueux , en coupant
ou écorchant un peu , tant de la tige & des branches que
des racines , les unes & les autres doivent avoir l'écorce un
peu ferme , & d'un verd jaunâtre , il faut auffi que cette
écorce fe détache un peu du bois qui doit proître un peu
humide, & comme huyleux , la feve qui s'y doit être confervée faifant ce bon effet : Que fi cette écorce eft tres mole ,
ou comme pourrie & en boüillie, ou fi même elle eft tres-
dure & féche ; en l'un & l'autre cas ce font marques affeu-
rées de mort ; & pour lors d'ordinaire le bois au deffous de
l'écorce paroît noirâtre & marbé , & par confequent les
Arbres ne font bons qu'à jetter au feu.

A l'égard de ceux qui font venus fans mote , & qui cepen-

dant ont les bonnes marques, il y a à travailler tant à leur
tête qu'à leurs racines, à leur tête, c'est à dire à leurs branches, qui sont d'ordinaire toutes dépouillées de leurs feüilles, il les faut extrêmement racourcir, & les disposer en
veuë, que de leurs extremitez il en puisse vrai-semblable-
ment sortir de nouveaux jets qui soient capables de former
une belle tête, c'est à dire une tête qui soit ronde, & pleine, ainsi que nous l'expliquerons plus amplement cy-
aprés : A l'égard de leurs racines on prendra soin de leur
éplucher tres-bien le chevelu, qui d'ordinaire se trouve
sec ; on prendra aussi soin de leur racourcir les racines ;
pour ne laisser aux plus grosses qu'une longueur de quatre
à cinq pouces, & aux plus petites à proportion : on ôtera
les endroits gâtez ou écorchez ; & ensuite on mettra tremper tout le pied cinq ou six heures au moins dans de l'eau
ordinaire ; aprés quoy on les plantera dans des petits mannequins, ou dans de petites caisses, ou dans des vases
qu'on aura remplis d'un terreau un peu plus leger que celuy que je viens de composer pour les Orangers qu'on a de
longuemain, & qui ont une mote ; en sorte que pour ce
premier plan il n'y ait tout au plus dans la composition du
terreau que le quart de grosse terre, tout le reste étant des
ingrediens cy dessus marquez.

Cela fait, on met ces caisses, ces mannequins, ou ces vases dans des couches fort médiocrement chaudes, & faites
en lieu où le Soleil ne donne que peu, ou bien si on les met
en lieu où le Soleil donne beaucoup, & ou par consequent
il puisse incommoder ce nouveau plan, c'est à dire l'alterer & dessécher pendant les premiers mois ; en ce cas là on
couvre cette couche, soit avec des paillassons, soit avec des
toiles pendant les grandes chaleurs d'Esté pour les decou-
vrir dans les temps sombres & pluvieux ; on prend cependant soin de les arroser honnêtement, c'est à dire mediocrement, & de temps en temps, en sorte que la terre demeure
toûjours un peu humide, & on prend soin aussi, que la terre
de telle caisse, &c. conserve toûjours un peu de chaleur ;
bien entendu que pour peu qu'il y en ait il y en aura suffisamment, & même il vaut beaucoup mieux qu'il n'y en ait
point du tout, que d'y en avoir plus que de raison.

Avec de tels soins on sauve d'ordinaire une bonne partie

de tels Orangers ainſi encaiſſez , empotez ou emmanne-
quinez ; on les laiſſe toute l'année dans ces mêmes couches
juſques vers la my Octobre, qu'on vient à les ferrer pour
l'Hyver dans une ferre telle que nous la demandons , ou
bien on leur fait une couverture de fumiers ſecs , & de paillaſſons , &c. en ſorte que telle couverture ſoit ſuffiſante
pour les garantir de la rigueur du froid ; & l'année d'aprés
à la fin d'Avril , ou au commencement de Mai on les ſort
de cette premiere caiſſe , ou de ce premier pot , ſans rien
ôter de leur mote , ou bien s'ils ſont en mannequins , lequel
vrai ſemblablement ſe trouve preſque pourri au bout d'un
an , ſans ſe mettre en peine d'ôter ces reſtes de mannequins
de peur d'éventer les nouvelles racines, en l'un & l'autre
cas on les met chacun dans une caiſſe proportionnée à leur
grandeur, pour leur donner enſuite la culture ordinaire ,
& telle que nous l'expliquerons cy aprés , s'étudiant à commencer de leur former la tête pour parvenir à la beauté
dont ils ſont capables , & voilà quant aux Orangers, &
Citronniers qui ſont venus ſans mote & ſans branches.

Que ſi les Arbres ſont venus avec une mote , des branches & des fcüilles , il faut premierement examiner ſi cette mote eſt bien naturelle , car ſouvent ce ſont des motes
de glaiſe faites à plaiſir , & appliquées aprés coup ; ce qui
eſt aſſez aiſé à connoître par la maniere dont les petites racines y tiennent , car elles y doivent aſſez bien tenir ſi elles s'y ſont naturellement formées ; de maniere que ſi elles
n'y tiennent guéres , c'eſt une marque de ſupercherie en
telle mote : ſi donc il paroît conſtamment , que telle mote
ait été en effet appliquée , j'eſtime qu'il la faut ôter entierement , comme au contraire ſi elle eſt viſiblement naturelle , j'eſtime qu'il n'en faut ôter que trés-peu ; car apparemment elle ne doit être guéres groſſe , & en ce cas-là il
faut ſimplement rafraichir , c'eſt à dire racourcir les racines, comme en l'autre cas il les faut traiter de la maniere
que nous avons expliqué pour les jeunes Orangers , qui
ſont arrivez ſans mote.

Ayant fait à la mote ce qui nous aura paru neceſſaire, il
faudra venir à travailler à l'égard de la tête , & ce ſera
pour s'étudier à lui donner le commencement d'une figure
agreable , ce qu'on fera en lui ôtant une grande partie des

petites branches menuës & confuses que cette tête peut
avoir, en luy ôtant aussi ce qu'elle en a de grosses, qui ne
paroissent pas placées avec assez d'ordre & de simetrie,
pour pouvoir faire une tête parfaitement ronde & pleine,

Cela fait, j'estime qu'il faut mettre tremper cette mote
pendant un bon quart d'heure, c'est à dire tout autant de
temps, qu'étant entierement couverte d'eau on en verra
sortir des boüillons d'air ; aprés cela on la mettra égoûter
pendant autant de temps à peu prés qu'on l'aura fait tremper, & ensuite on l'encaissera de la même maniere que
nous encaissons ordinairement les Orangers au sortir d'une
vieille caisse.

CHAPITRE VI.

*De la grandeur, & des autres conditions qui sont à souhaiter aux
Caisses pour être bonnes.*

IL ne me semble pas qu'il y ait grand chose à dire à l'égard
de la grandeur & de la façon des caisses, car pour la grandeur on la doit d'ordinaire regler sur la grandeur des Arbres
qu'on y doit encaisser ; un petit Arbre paroît trop ridicule
dans une grande caisse, tout de même qu'un grand le paroît
trop dans une petite caisse ; mais cependant avec cette difference que celuy cy courroit risque de languir, & peut-
être de perir faute de nourriture, parce qu'il n'est pas possible qu'un grand Arbre avec toutes ses racines puisse suffisamment trouver à vivre dans un vaisseau qui ne sçauroit
contenir que peu de matiere, au lieu que le petit Oranger
qui se trouve dans une grande caisse ne peut craindre un pareil accident : car en effet on peut dire qu'il est dans cette
grande caisse tout de même que s'il étoit en pleine terre.

Et je ne vois pas grande raison de dire avec quelques curieux, que les grandes caisses empêchent les petits Arbres
de profiter, à moins que de soûtenir qu'ils seroient mal s'ils
étoient veritablement en pleine terre, on se trompe extrêmement si l'on croit qu'une racine ne puisse rien produire de soy ; quelque échauffée qu'elle soit, elle ne fera jamais rien, à moins qu'elle ne soit animée par le principe

de vie, ainſi que nous l'avons prouvé dans un des Chapitres du traité de mes reflexions; or l'impreſſion qui doit mettre ce principe en train d'agir vient plus facilement, & même plus vrai-ſemblablement par la ſuperficie que par les côtez.

Ce qui reſte à dire ſur le fait des caiſſes, c'eſt que leur fi-gure, laquelle tout le monde ſçait être quarrée, quoy qu'on en faſſe quelquefois de petites rondes, & d'autres longuettes, c'eſt, dis je, que leur figure eſt deſagréable, à moins que la hauteur, ſans y comprendre le pied, ne ré-ponde à la largeur; car d'être large ou baſſe, ou d'être hau-te & étroite, cela ne plaît nullement à la veuë; le pied doit être d'ordinaire de cinq à ſix pouces de haut pour les caiſ-ſes, qui ont depuis un pied & demy juſqu'à deux & trois pieds, elles peuvent avoir quelques pouces de moins, ſi elles n'ont que huit, dix, & douze pouces de large, & en avoir quelques-uns de plus, ſi elles vont juſqu'à trois pieds & demy, ou quatre pieds; on n'en voit guéres de plus grandes, que celles qui vont juſqu'aux quatre pieds.

Le meilleur bois à faire des caiſſes eſt le Chêne, parce qu'il dure long-temps, le Sapin, le Hêtre, le Chataignier, &c. n'y ſont point propres.

Les caiſſes peuvent eſtre de vieilles douves, ou de mer-rein neuf, quand elles n'ont environ que juſqu'à vingt ou vingt-deux pouces; mais ſi elles excedent cette grandeur, j'eſtime qu'il les faut faire de bois d'aſſemblage, c'eſt à dire de bois qui ait environ un bon pouce d'épaiſſeur, ou autrement elles ſeront fort ſujettes à ſe rompre & à ſe gâ-ter, par la difficulté qu'il y a de les remuer avec des le-viers quand elles ſont grandes, & pleines de terre, & par conſequent fort lourdes.

La grande importance des caiſſes, eſt d'avoir premiere-ment des pieds de chêne qui ſoient carrez, & forts à pro-portion de la grandeur de ces caiſſes; en ſecond lieu, d'a-voir un fond qui ſoit bien materiel, & ſoûtenu de bonnes barres bien cloüées & bien attachées; en ſorte qu'il puiſ-ſe long-temps porter la peſanteur du fardeau, & reſiſter à la pourriture que cauſent les frequens arroſemens; il ſeroit extremement à ſouhaiter que les Arbres puſſent eſtre longues années dans une même caiſſe ſans qu'on fûſt obligé de les changer; ils ſouffrent regulierement cha-

quefois qu'on les change, ainfi il eft grandement necefaire
de prendre garde que les caiffes ne s'effondrent pas, & méme pour les mettre en état de mieux refifter à la pourriture dont elles font menacées , & par conféquent de durer
plus long-temps, je fuis d'avis qu'on leur donne en dedans
une bonne couche de peinture à l'huile ; il n'importe pas de
quelle couleur elle foit , ou même qu'on en donne jufqu'à
deux, cela pourra paroître une vifion nouvelle, je le veux
bien, mais tout meurement examiné, on trouvera qu'elle
n'en eft pas moins bonne ; je m'en fers du depuis que je l'ay
imaginée, & m'en trouve tres bien; car dans la verité, outre
que c'eft une épargne confiderable en ce que les caiffes en
durent beaucoup plus ; il eft encore certain que les Orangers en valent mieux, en ce qu'on n'eft pas obligé de les
changer fi fouvent, pourvû que d'ailleurs on ait les égards
que j'ay tant recommandez pour encaiffer haut, & pour batre la terre dans le fonds de la caiffe devant que de rencaiffer.

On fçait afsez que le fond doit eftre percé de plufieurs
grands trous de terrier fi on la fait folide, ou qu'il doit eftre
difpofé de maniere que les ais qui le font foient afsez feparez les uns des autres, pour donner quelque petite fortie
au fuperflu de l'eau des arrofemens.

Dés qu'une caiffe va jufqu'à deux pieds & demy, j'eftime
qu'il la faut ferrer dans toutes les encoigneures, & même
par les deffous des barres d'en bas, afin que les leviers
dont on eft necefsairement obligé de fe fervir pour remuer
de fi gros fardeaux, ne rompent rien à ces barres ; j'eftime auffi qu'il faut qu'elles foient à guichets, c'eft à dire
que deux des côtez fe puifsent ouvrir, & fermer par le
moyen de quelques barres de fer, & de quelques crochets
qui foûtiennent ces barres, non pas afin que par là on puiffe donner des demy rencaifsemens, c'eft une maniere
que je n'aprouve nullement, & que je ne mets point en
ufage, j'en diray cy-aprés les raifons : mais afin que quand
il en faut venir aux rencaifsemens des grands Orangers,
on fafse fortir par ces guichets la plus grande partie de la
terre qui compofe leur mote, & que par ce moyen on puiffe plus facilement fortir les Arbres de la vieille caiffe, ce
qu'on ne fçauroit faire à moins que de la rompre ; expliquons prefentement ce qui eft à faire pour bien rencaiffer,

CHAP.

CHAPITRE VII.

Des rencaiſſemens , & de ce qui eſt à faire pour les faire bons.

POur en venir à rencaiſſer un Oranger , il faut qu'il y ait,
ou neceſſité de la part de la caiſſe , ou neceſſité de la
part de l'Arbre.

Au premier cas c'eſt une caiſſe toute rompuë , ſoit de
vieilleſſe, ſoit d'autre accident , en ſorte qu'elle ne peut
plus être tranſportée avec l'Arbre qu'elle contient , ou
bien c'eſt une caiſſe trop petite, pour pouvoir plus long-
temps nourrir ſon Oranger.

Au ſecond cas c'eſt l'apprehenſion d'un dépériſſement
prochain pour cet Arbre , apprehenſion fondée ſur ce que
les jets en ſont foibles & languiſſans , les feüilles jaunes &
miſérables , les fleurs petites & chifonnes , &c. ou ſur ce
qu'enfin une des principales conditions de la beauté d'un
Oranger étant à mon ſens, qu'il faſſe tous les ans de beaux
jets nouveaux , s'il a manqué d'en faire au dernier Printemps ; il eſt à préſumer qu'il lui manque quelque choſe,
& ainſi quoy que peut être il ait conſervé ſes feüilles le
verd qu'il avoit des deux années auparavant , il paroît cependant qu'il ne trouve plus dans ſa caiſſe autant de nourriture qu'il en a beſoin ; & partant, ſoit que ce ſoit par avoir
la terre trop vieille, & trop uſée , ou par avoir la caiſſe
trop petite, eu égard à la quantité de ſes racines, en l'un
& l'autre cas il en faut venir au rencaiſſement.

Heureux les Orangers , ou plûtôt heureux le Maîrre,
qui ayant des Orangers les a mis entre les mains d'un Jardinier aſſez habile, & aſſez éclairé pour ne pas attendre à
les rencaiſſer , qu'ils ſoient devenus infirmes & langoureux ; car s'il a ſoin de les rencaiſer devant que la maladie les ait entierement accuëillis, & qu'il le faſſe avec tous
les égards requis & neceſſaires , il eſt aſſeuré en premier
lieu, que régulierement ſes Arbres ne ſe depoüilleront
pas, & voilà une grande partie du chef d'œuvre ; il eſt aſſeuré en ſecond lieu, que l'année même du rencaiſſement
ils pouſſeront à peu prés autant que s'ils n'avoient pas été
rencaiſez de nouveau , en quoy conſiſte l'autre avantage

d'un bon rencaiſſement ; il eſt aſſeuré en troiſiéme lieu ,
que ſuppoſé que la tête ſoit conforme à l'idée de la b auté cy devant expliquée , il n'a preſque rien à faire à l'é-
gard de cette tête , c'eſt à dire qu'il n'a pas beſoin de luy
retrancher de ſes branches , quoi qu'il ait été obligé de luy
retrancher environ les deux tiers de ſa mote , & voilà le
comble de perfection à l'égard d'un Oranger nouvellement encaiſſé.

Il eſt donc trés important de ſe réſoudre à rencaiſſer dés
qu'on s'apperçoit , que quoique l'Arbre ait été habilement
& ſoigneuſement cultivé , cependant il a paſſé un Eſté ſans
pouſſer aſſez vigoureuſement , comme il avoit accoûtumé
de faire ; au lieu que ſi on ne rencaiſſe que quand les Arbres ſont actuellement malades & en mauvais état , on eſt
aſſeuré , que vrai-ſemblablement l'année même , ou au
moins certainement l'année d'aprés ils ſe dépoüilleront ,
que pendant l'année de leur rencaiſſement ils ne feront
aucuns jets , ou les feront jaunes & miſérables , que leurs
fleurs ſeront rondes & petites , tombans preſque toutes ſans
s'épanoüir , & que particulierement il leur faudra ôter une
trés-grande partie de leurs vieilles branches , & quelquefois même preſque toutes ; ainſi on ſera long-temps dans
le chagrin de voir ces Arbres miſerables , & long-temps à
attendre qu'ils ſe rétabliſſent , & reviennent en état de
donner quelque peu de contentement.

Il eſt à propos de dire icy , que quelquefois un Oranger
encaiſſé , ſoit qu'il ſoit nouvellement venu des Païs chauds,
ſoit que ſimplement il ſoit nouvellement changé de caiſſe,
qu'un tel Oranger , dis je , demeure quelquefois des deux
& trois ans ſans pouſſer , ni en racines , ni en branches,
quelque ſoin qu'on prenne de le bien cultiver , ce qui eſt
trés déſagreable ; mais quand telle choſe arrive , il ne
faut pas pour cela regarder cet Oranger comme un Arbre
deſeſperé , c'eſt à dire comme un Arbre à jetter ; car pourveu que ſa tige & ſes branches demeurent toûjours vertes ,
il donne par là d'aſſez bonnes marques de vie , ſi bien
qu'on a lieu d'en attendre un bon ſuccés : il ne faut pas
même ſe mettre en peine de le changer de caiſſe , & au
contraire continuant de le cultiver comme il faut , on
le verra enfin ſe mettre en train de répondre à la culture ,

comme il arrive assez ordinairement, cette maniere d'engourdissement ou de l'étargie venant enfin à être vaincuë par je ne sçai quoy qui nous est inconnu : mais quand un Oranger encaissé, par exemple de trois ou quatre ans, étant toûjours bien cultivé cesse une année de pousser, il faut, comme nous avons déja dit, le regarder comme un Arbre qui commence à tomber en infirmité, & ainsi sans y manquer il faudra se disposer à le rencaisser l'année d'après : or pour en venir à bien faire ce rencaissement, la premiere chose qu'il faut se proposer, est de retrancher environ les deux tiers de la vieille mote ; ce retranchement paroît terrible, à qui ne sçait pas la culture des Arbres encaissez, & cependant il est indispensablement necessaire chaque fois qu'on rencaisse, & sur tout si l'Arbre est encaissé de quatre ou cinq ans; à plus forte raison s'il est encaissé de plus long temps, car quelquefois il est expedient d'aller même jusqu'à retrancher la moitié de la mote, quand par la negligence, ou l'imprudence des anciens Jardiniers elle se trouve excessivement grosse, pour n'avoir pas été assez retaillée aux rencaissemens précédens, la seconde chose qui est à faire pour bien rencaisser, est qu'il faut devant que de commencer à décaisser faire deux observations importantes, l'une à l'égard de la terre de la mote, & l'autre à l'égard du bon & du mauvais état de la caisse ; pour ce qui est de la terre, si on voit qu'elle paroisse fort legere, en sorte qu'elle donne lieu de juger, qu'il se fera fait trés-peu de mote, pour lors il faut extrêmement arroser un jour devant que de commencer à rien faire, afin que l'eau de l'arrosement attache davantage la terre aux racines, ou autrement on court risque de voir tomber toute cette terre, & par conséquent voir les racines toutes nuës quand on sortira l'Arbre de la caisse, ce qui est une menace trop certaine, que l'Arbre s'en dépoüillera plûtôt ; que si au contraire la terre paroît solide & materielle, en sorte qu'on ait lieu de juger, qu'il se fera une bonne mote, pour lors on n'a que faire d'arroser devant que de commencer à décaisser, la terre tiendra assez aux racines, pour y pouvoir travailler sans aucun péril.

Pour ce qui est de la vieille caisse, il faut avoir consideré si elle est assez bonne pour pouvoir encore servir, & cela

étant il faut tâcher de la conferver, ou fi elle ne vaut plus
rien, & cela étant il n'y a rien à ménager. Or ce qui eft à
faire pour conferver la caiffe, foit caiffe à guichets, foit
caiffe ordinaire, & que tout autour de la mote, & tout
prés des quatre côtez de la caiffe il faut avec quelque hou-
lette de fer en retirer autant de la vieille terre, & couper
en même temps autant des vieilles racines qu'il fera poffible fans faire tort au tiers de la mote qui eft à conferver;
cette operation étant neceffaire, afin de parvenir à ébranler, & de prendre ce qui refte de cette mote, & qu'on n'auroit pû autrement arracher; cela fait, on la fort de la caiffe, foit à force de bras, quand elle n'eft pas exceffivement
grande & materielle, foit par le moyen d'une gruë, d'u-
ne poulie, & de quelques cordages, quand ce font de trés-
grands Arbres; & ainfi fans avoir rien rompu de la vieille
caiffe, on la conferve en fon entier, & on l'employe tout
de nouveau, foit peut-être à rencaiffer le même Arbre,
foit à en rencaiffer un autre, fi on a lieu de juger, qu'avec
quelques petites réparations dont elle a befoin, elle puiffe
étant employée durer encore tout au moins quatre ou cinq
ans.

Que fi cette caiffe ne vaut plus rien qu'à brûler, en ce
cas-là il ne faut que la rompre à force de coignees, & pour
lors la mote paroiffant toute entiere, il en faut comme à la
précédente retrancher environ les deux tiers, & même
quelquefois davantage; bien entendu qu'en l'un & l'autre
cas ces retranchemens fe doivent faire, non-feulement fur
les quatre côtez, mais auffi dans la partie du deffous; il faut
enfuite grater encore tout autour un peu de la vieille terre,
afin que jufqu'à l'épaiffeur de deux pouces les extrémitez
des racines qu'on aura taillées, paroiffans découvertes, elles viennent enfuite à être revêtuës des nouvelles terres du
rencaiffement; comme il faut tâcher de les en regarnir,
ainfi qu'il fera dit cy-aprés; & que par ce moyen elles en
produifent à leur extremité de nouvelles, qui foient bonnes
& vigoureufes, & par confequent capables de rétablir l'Arbre, &c.

J'avertis icy en paffant, qu'en coupant les racines, qu'on
trouve toutes entortillées & entrelaffées les unes dans les
autres, il faut extrémement prendre garde de bien arracher

tout ce qui eſt coupé, de peur que ſi on en laiſſoit quelque
partie, elle ne vint à ſe pourrir, & en pourrir d'autres voiſines, ce qui eſt aſſez dangereux.

Enfin ce retranchement, tant des terres que des racines
étant fait, je ſuis toûjours d'avis, que ſi la groſſeur & la peſanteur de telle mote le peuvent permettre, on la mette
tremper dans quelque vaiſſeau plein d'eau, ou dans quelque baſſin de fontaine (l'un & l'autre ayant aſſez de profondeur pour y pouvoir plonger la mote tout entiere) & qu'on
la laiſſe tremper dans cette eau, tant & ſi longuement,
qu'étant entierement plongée & couverte d'eau, on ne
voye plus de boüillonnement tout autour d'elle ; ce boüillonnement ſe faiſant, parce que l'eau pénétrant petit à petit
juſques dans les endroits de la mote, où les arroſemens ordinaires n'ont pû pénétrer, & où par conſéquent la féche-
reſſe étoit exceſſive & préjudiciable ; cette eau, dis je, pénétrant par tout fait ſortir l'air, qui ayant pris la place de l'ancienne humidité, y cauſoit de l'altération & du deſordre.

Ce boüillonnement donc fini, on ſort de l'eau cet Arbre
ainſi trempé, & l'ayant mis ſur quelque corps un peu élevé
de terre, par exemple ſur un billot de bois, ou ſur une caiſſe
couchée, on laiſſe égouter ſa mote juſqu'à ce qu'il n'en ſorte preſque plus d'eau ; la raiſon de cet égoutement, eſt que
ſi pendant que cette mote eſt ainſi ruiſſelante, on la mettoit dans la terre nouvelle d'une caiſſe, il s'y feroit un mortier trés pernicieux à l'Arbre, parce que comme on eſt neceſſairement obligé de battre, c'eſt à dire de preſſer la terre ſur les côtez de la mote, pour en faire entrer dans la
caiſſe, autant qu'il eſt poſſible, ſoit tout autour des racines dépoüillées, ſoit dans tous les endroits où il peut s'y
rencontrer du vuide, cela ne ſe pourroit faire, que la terre moüillée étant ainſi batuë & preſſée, il ne s'y fit du mortier, qui viendroit enfin à s'endurcir, & pour ainſi dire à
ſe pétrifier ; ce qu'il faut abſolument éviter.

Que ſi la mote eſt trop groſſe pour la pouvoir plonger
dans l'eau, il faut quand le rencaiſſement eſt fait, prendre
un bâton pointu qui ſoit dur, & aſſez gros, ou plûtôt une
cheville de fer faite exprés, pour tâcher par ce moyen de
percer cette mote en pluſieurs endroits, & enſuite verſer
de l'eau petit à petit, & à pluſieurs repriſes dans les trous

de cette mote, jusqu'à ce que voyant que l'eau ne s'imbibe presque plus, on ait lieu de juger qu'elle a pénétré dans toutes les vieilles terres de cette mote.

Accomodons presentement nôtre nouvelle caisse, quelle qu'elle soit, petite, médiocre, ou grande ; l'usage est, & j'estime que c'est un trés bon usage dont il ne faut nullement se départir, tant pour le bien des racines, que pour la conservation du fond de la caisse, je dis donc que l'usage est de faire un lit de platras au fond de chaque caisse, afin que les eaux des arrosemens s'échapent par là, & qu'il n'y croupisse aucune humidité capable de pourrir les racines, & le fond de la caisse : je veux que ces platras soient bien rangez, & que même ils soient asez gros, & cela s'entend à proportion de la grandeur de la caisse ; les plus gros cependant ne doivent avoir que trois à quatre pouces d'épaisseur, & les plus petits en doivent avoir tout au moins deux.

Cela fait on se contente d'ordinaire d'y jetter par dessus autant de terre préparée qu'il en faut pour y pouvoir placer la mote de l'Oranger ; en sorte que la superficie de cette mote réponde au bord de la caisse ; on acheve simplement & doucement de remplir les vuides qui peuvent être sur les côtez, & puis on fait un grand & ample arrosement : voilà au vrai la maniere ordinaire d'encaisser toutes sortes d'Arbres.

Mais comme je me suis aperçû que les terres mises de cette façon s'affaisoient en peu de temps, & que par consequent les racines touchoient bien-tôt le fond des caisses, dont il en arrivoit de grands inconveniens pour la beauté des Orangers, c'est à dire qu'ils jaunisoient, qu'ils faisoient de petits jets & de petites fleurs, qu'ils se dépoüilloient souvent, & qu'enfin on étoit obligé de les rencaisser tous les quatre ou cinq ans, je me suis avisé de faire quelque chose de plus, & je m'en suis bien trouvé pour les Orangers, mais en même temps j'ai fait ce grand soulevement parmi quelques-uns des Jardiniers Orangistes, qui sur cela aussi-bien que sur la composition des terres, m'ont regardé comme un Novateur, & pour ainsi dire comme un perturbateur du repos public, comme si je deshonorois en même temps, & eux, & leurs Ancestres ; le succés de ma maniere de faire, décide le procés à la confusion des envieux.

Voicy donc ce que je fais en rencaissant, aprés avoir mis

fur ce lit de platras un pied de terres préparées , lefquelles
je veux être féches , ou au moins trés-peu humides ; je les
fais beaucoup battre avec le poing fermé , ou avec quelque
billot de bois quand ce font de petites caiffes ; où je fais entrer quelqu'uns dans les caiffes fi elles font grandes pour
trépigner beaucoup les terres , afin que par ce moyen elles
prennent tout d'un coup prefque tout l'affaiffement que
leur propre pefanteur avec l'agitation du tranfport leur
feroit prendre à la longue au grand préjudice de l'Oranger , dont la mote defcendroit trop tôt au fond de la caiffe,
ce que je veux empêcher avec tous les foins poffibles , comme je m'en fuis cy devant expliqué.

Et comme mon intention eft premierement , qu'en rencaiffant la fuperficie de la mote excede de trois , ou quatre
pouces le bord de la caiffe , parce que je fçai certainement ,
que nonobftant le trépignement , cette mote à moins de
trois ou quatre ans fera tellement defcenduë , qu'elle fera ,
comme on dit , à fleur de caiffe , c'eft à dire qu'elle fera à
cet égard de la maniere que dans l'ufage ordinaire on a
accoûtumé de les mettre au moment qu'on les encaiffe ,
fans que pour cela le deffous de cette mote en foit mal placé ; & comme en fecond lieu je veux que cette mote rencontre trois ou quatre pouces de terre bien meubles , dans
laquelle les racines dépoüillées puiffent entierement & aifement s'infinuer ; de là vient que fur ces deux confiderations je me régle , foit pour mettre autant de terre qu'il en
eft de befoin , afin de remplir entierement jufqu'à l'endroit où touchera le fond de la mote , foit pour bien battre , ou bien trépigner à differentes reprifes ; & par diffe-
rents lits toute cette terre que je mets dans la capacité de
la caiffe ; bien entendu que les trois ou quatre derniers
pouces ne feront nullement trépignez.

Aprés toutes ces précautions je plante ma mote de maniere que la tige fe trouve bien au milieu de la caiffe , & qu'elle
foit bien droite , pour cela il faut foigneufement aligner en
diagonale de coin en coin de la caiffe , jufqu'à ce que l'œil
foit fatisfait de la fituation droite & à plomb , que l'Arbre
doit avoir ; enfuite pour remplir les places qui font vuides
autour de la mote jufqu'à la hauteur de la fuperficie de cette mote , je fais entrer à force , & avec des bouts de douve ,

je fais, dis-je, entrer à force autant de terre préparée qu'il
en faut, & par ce moyen j'asseure si bien mon Arbre, que
sans perdre son à plomb, il est dés le premier jour capable
de resister aux vents ordinaires, & aux remuëmens, ou
transports des caisses.

Or pour empêcher que cette terre, qui excede de beaucoup les bords de la caisse, ne vienne à tomber, & que sur
tout les arrosemens se puissent faire utilement & commodement sans que l'eau s'épanche par les côtez, je donne
ordre, que sur les quatre côtez de la caisse on y mette des
douves de quatre à cinq pouces de hauteur, & qu'on les
fasse entrer à force en dedans, & tout prés du bord (on
appelle cela mettre des hausses en terme de Jardinage) la
veuë n'en est nullement blessée, quand ces douves sont
proprement placées ; je sçay bien que si on les met grossierement, elles ne sont pas trop agréables à voir ; mais quoy
que ç'en soit, la necessité qui les demande, & l'utilité qui en
revient, font qu'on les souffre aisément, & qu'on s'y accoûtume sans peine ; aussi bien n'est-ce que pour peu d'années
qu'elles doivent demeurer : car dés que la mote est descen-
duë, elles deviennent inutiles, & ainsi on ne manque pas de
les ôter.

Enfin l'Arbre étant planté, & les douves mises, je fais un
petit cerne enfoncé de deux ou trois doigts dans le haut de
la terre, & cela dans les extremitez de la mote, & cette nouvelle terre ; ensuite à diverses reprises, & petit à petit je fais
verser de l'eau dans ce cerne pour arroser amplement cette
terre, qui doit être jointe & unie à l'extremité des racines
coupées, afin que se trouvans par tout bien garnies de cette
terre, elles soient en état de commencer au plûtôt leur
fonction, qui est d'en produire de nouvelles, &c. Je parleray dans le Chapitre suivant de ce qui regarde les autres arrosemens qui se font ensuite de ce premier.

Il est à propos de dire icy, qu'au lieu de caisse on se sert
quelquefois de vases, & même de nôtre temps on a voulu
persuader que certains vases d'une fabrique particuliere valoient incomparablement mieux que les caisses : j'avouë de
bonne foy que ce n'est pas mon avis fondé sur la longue experience que nous avons tous du bon usage des caisses, &
sur les grands inconveniens des vases ; je ne condamne point

que

que pour des Arbres médiocres on fe ferve de vafes , &
particulierement de ceux de cette nouvelle fabrique ; car
outre qu'ils font en effet agréables à la veuë , tant par leur
figure que par la diverfité de leur coloris , on y peut mer-
tre affez de terre pour nourrir pendant quelque temps de
ces fortes d'Arbres médiocres , fans être affujetti , foit à de
grands & fréquens arrofemens , lefquels je ne puis approuver , foit à de fréquens changemens , lefquels je n'approuve
pas davantage.

Mais pour ce qui eft des Arbres , qui étant grands ont
par conféquent beaucoup de racines , avec le don d'en faire une grande quantité de nouvelles , quand ils fe trouvent
heureufement plantez ; je n'eftime pas que les vafes , qui ne
fçauroient être d'une grandeur convenable pour leur fournir fuffifamment de matiere , & les entretenir long tems en
bon état , puiffent leur être auffi propres que nos caiffes ordinaires ; à l'égard des inconveniens qui viennent de l'ufage
de ces vafes , ils confiftent en ce que les Arbres qui ayans de
grandes têtes , ont befoin d'une affiette affez grande pour
pouvoir réfifter à l'impetuofité des vents , ne fçauroient
avoir cette affiette dans des vafes , qui régulierement ont
le pied d'une largeur médiocre , & ainfi ils font fort fujets
à être renverfez , & par conféquent à être gâtez , auffi-
bien que les vafes à fe brifer ; c'eft pourquoy ces Arbres
font menacez d'une fujetion dangereufe pour des rencaif-
femens inopinez , & hors de faifon.

Enfin fans entrer davantage en difcuffion de tout ce qu'on a
voulu faire de raifonnemens Philofophiques, pour établir la
neceffité de l'ufage de fes vafes , & fur tout par la confideration d'une douce Antiperiftafe que je n'ay pû comprendre ;
je fuis convaincu , que generalement parlant , cette nouveauté n'eft pas fort bonne , & qu'affeurément les caiffes
valent beaucoup mieux , & font d'un fervice mille fois plus
commode , quoy que dans de certains Manufcrits qu'on fait
courir depuis quelques années , on ait voulu publier que c'eft
une erreur ridicule de s'en vouloir toûjours tenir aux caiffes.

CHAPITRE VIII.

De tout ce qui regarde la maniere & l'ufage des arrofemens.

JE viens maintenant à l'ufage, & à la maniere des arrofemens ordinaires qui fe font aux Orangers, foit pendant l'Hyver qu'ils font dans la ferre, foit particulierement
pendant l'Efte qu'ils en font dehors ; c'eft icy à mon fens
une difficulté bien plus importante qu'elle ne paroît ; car
comme fi la chofe ne demandoit pas de fort grands égards,
la plûpart des Jardiniers perfuadez qu'ils font de la neceffité des arrofemens, mais les regardans principalement fur
le pied de la fatigue qu'il y a pour le port de l'eau, ils les
confient d'ordinaire au dernier, & au plus miferable de
leurs garçons, & fe contentent de les ordonner frequens &
amples ; frequens, c'eft à dire jufqu'à trois & quatre fois la
femaine, & même quelquefois plus fouvent ; amples, c'eft
à dire jufqu'à ce que l'eau forte abondamment par le fond
des caiffes, en forte que le voifinage de ces caiffes eft d'ordinaire fi moüillé, qu'il en eft prefque inacceffible.

Je veux bien que ces Jardiniers ayent quelque raifon de
moüiller beaucoup à caufe de la grande legereté des terres
dont ils fe fervent pour leurs encaiffemens, c'eft à dire que
felon moy ayant fait une premiere faute qu'ils ne connoiffent pas, ils y remedient auffi fans y penfer par une feconde, qui toute faute qu'elle eft à la confiderer en foy, empêche cependant pour un temps que la premiere foit auffi
pernicieufe qu'elle feroit fans la feconde.

Quant à moi je fuis fort fcrupuleux, & fort retenu fur
ces arrofemens ; je confeille fans doute d'en faire, parce
qu'ils font abfolument neceffaires, & fur tout pendant les
grandes chaleurs des mois de May, Juin & Juillet, que les
racines font, pour ainfi dire, plus vivantes, & plus animées
que pendant les mois précédens ; auffi ont-elles pour lors
plus de befoin d'agir, la faifon étant venuë que les Arbres
doivent fleurir, & pouffer leurs nouveaux jets, &c. mais
je ne confeille point d'arrofemens exceffifs, & tant de fois
réïterez ; ce que je veux, eft que pendant les mois cy devant marqués comme les plus importans pour la vegetation

on en faſſe ſeulement deux grands la ſemaine , & je me fixe
à ce nombre , parce que je ſçay certainement que dans les
terres lourdes & graſſes dont je me ſers , il n'y a aucune neceſſité de les faire ſi grands & ſi frequens ; je ſçay de plus
qu'ils ſeroient trés préjudiciables aux Arbres qui les rece-
vroient, & j'oſe même eſperer que nous verrons du changement dans l'uſage accoûtumé de ces arroſemens grands
& frequens , ſi on veut bien en apporter dans l'ancienne
compoſition des terreaux.

Il eſt certain que les terres qui ſont legeres , & qui , comme on dit , n'ont point aſſez de corps & de conſiſtance; il eſt,
dis-je , certain , que ces terres venans à être arroſées de
quelque maniere que ce ſoit , ne reſtent point quelque tems
humides, comme il eſt à ſouhaiter ; mais qu'au contraire
elles ſe ſéchent promptement par la grande facilité que
l'eau trouve, tant à paſſer au travers de ces terres, qu'à ſortir hors de la caiſſe, & ainſi les Orangers qui n'y trouvent
plus le ſecours , dont leurs racines ont abſolument beſoin
pour agir, ſont ſujets à s'y faner aiſément, ſi les arroſemens
ne ſont ſouvent reïterez ; c'eſt pourquoy dans telles terres
il y a neceſſité indiſpenſable de les faire ; mais comme ce
n'eſt que le defaut d'humidité qui fait ainſi faner les Orangers; ſans doute que s'ils ſe trouvoient dans des terres telles que nous les avons cy devant décrites, comme ce ſont
terres , qui pour peu qu'on les ait arroſées, ſe conſervent
naturellement fraîches & humides , ces Orangers ſeroient
exempts de cette infirmité, ſi bien qu'agiſſant pour lors ſelon l'extrême activité dont la nature les a doüez, ils feroient
beaucoup de bonnes racines , & par conſequent de beaux
jets, de grandes feüilles, de belles fleurs, &c. c'eſt à dire
en un mot, qu'ils ſe porteroient auſſi bien qu'ils le devoient
ſans être ſi ſouvent , & ſi amplement arroſez.

Les régles que je pratique en fait d'arroſemens , regardent
premierement ceux qui ſe font immédiatement, ſoit aprés
l'entrée, ſoit aprés la ſortie des ſerres, & regardent en ſecond
lieu ceux qui ſe font pendant tout le temps que les Orangers
ſont dehors, deſquels arroſemens j'en fais les uns grands &
les autres médiocres ; j'appelle grands ceux qui ſe font de
maniere que du fond de la caiſſe l'eau en ſorte, mais que ce
ſoit ſi peu que rien , & ceux-là ſont bons, pourveu qu'il ne

s'en faſſe pas trop ſouvent : j'appelle médiocre ceux qui ne
ſont que pour renouveller dans la partie ſupérieure de la
mote l'humidité qui a été conſommée , tant par la chaleur
& l'aridité de l'air , que par l'action des racines.

Pour ce qui eſt des arroſemens qui ſe font immédiatement
aprés l'entrée dans les ſerres , j'en veux un grand d'abord
qu'on a placé les Orangers à l'endroit où ils doivent reſter
pendant tout le temps qu'ils demeureront ſerrez : ce qui
autoriſe ce grand arroſement , eſt qu'il eſt neceſſaire pour
raprocher des racines la terre , qui en peut avoir été ſépa-
rée dans le tranſport : car comme dans le mouvement &
l'agitation de ce tranſport la tige a été ébranlée , les racines par conſequent l'ont été dans leur mote , & ainſi il pourroit reſter du vuide , c'eſt à dire de l'air entre la terre &
les racines , ce qui feroit un obſtacle invincible à l'action
de ces racines ; attendu , que comme nous avons dit tant de
fois , cette action des racines ne ſe fait en aucune plante ,
que quand les racines & la terre humide ſont immédiate.
ment unies : or un bon arroſement fait le bon effet de cette
réünion , & remedie aux deſordres qui ſont à craindre ,
quand l'Arbre n'eſt pas en état d'agir ſelon l'ordre de ſon
temperamment.

Ce grand arroſement étant fait à ces Orangers ſerrez ,
je ne leur en donne preſque plus d'autres , ſi ce n'eſt peut-
être quelques-uns de médiocres au commencement & à la
fin d'Avril , que la ſaiſon venant pour lors à ſe radoucir , les
Orangers ſerrez s'en reſſentent en même temps ; auſſi eſt-il
vray qu'on ne manque pas à ouvrir ſouvent les portes & les
fenêtres de la ſerre ; ainſi la chaleur du Soleil s'augmentant petit à petit , & ſes rayons , ou au moins l'air tout de
nouveau échauffé donnant ſur une partie des Orangers , il
arrive que les terres en ſont en même temps un peu plus
alterées , & auſſi un peu plus échauffées , ce qui fait que
leurs racines recommencent à pouſſer , ou plûtôt à augmenter leur action , je dis augmenter leur action , car certainement , comme nous l'avons dit ailleurs , les Orangers , auſſi-
bien que tous les Arbres verts agiſſent en tout temps , c'eſt
à dire agiſſent encore dans la ſerre , autrement & leurs fruits
& les feüilles tomberoient infailliblement , les uns & les
autres ne ſe tenant attachez , que parce qu'ils reçoivent in-

ceſſammens quelque rafraîchiſſement de ſeve qui les nourrit & les entretient en état, &c. mais véritablement ces Arbres agiſſent moins dans un temps, c'eſt à dire en Hyver, &
plus dans un autre, c'eſt à dire quand étans dehors la chaleur du Soleil, qui eſt le pere de tous les êtres vivans, les fa-
voriſe notablement ; hors ce temps-là du mois d'Avril, je
ceſſe abſolument d'arroſer pendant tout l'Hyver, & en cela
je ne dis rien de nouveau ; tous les Jardiniers ſages le pratiquent ainſi, il m'arrive même fort rarement d'arroſer dans
le commencement de May, parce que comme on eſt à la
veille de ſortir, je n'eſtime pas qu'il faille appeſantir par
des arroſemens les caiſſes qu'il faut remuer, & qui déja
ſont aſſez lourdes, aſſez difficiles à tranſporter.

Je veux dire ici en paſſant, que je ne fais nul cas de certains jets que quelques Orangers font quelquefois pendant
l'Hyver ; auſſi dans la verité ne ſont ils pas bons, leurs extremitez ne manquent guéres de périr, & toutes leurs feüilles de tomber, ſi bien qu'au lieu de me laiſſer par là perſuader qu'il faut en Hyver arroſer de tels Orangers pour les
aider à mieux faire, je me détermine plus volontiers à arracher de tels jets comme venans mal à propos, & par ce
moyen je fais que la ſeve qui ſe feroit perduë à les continuer
inutilement demeure dans les anciens, & les groſſit, & les
fortifie, tant en leur bois qu'en leur feüillage.

Ce que je demande d'ouvrage auprés des Orangers ſerrez, eſt qu'en veuë d'une grande propreté qui leur eſt neceſſaire, on acheve de nettöyer ceux où il paroît encore
quelque ordure de Punaiſes qu'on n'aura pû, & qu'on aura
oublié d'ôter, & que ſi quelqu'un par cy par là eſt menacé de ſe faner, on lui donne quelque peu d'eau, mais en
trés-petite quantité : ce n'eſt apparemment que quelques
racines de la ſuperficie qui ſouffrent : car l'arroſement fait
à l'entrée de la ſerre, aura ſans doute conſervé aſſez d'humidité dans le corps & dans le fond de la mote, attendu
que n'y ayant pour lors ny hâle, ny grande chaleur du Soleil capable de les deſſécher, il ne s'y eſt pû faire ſi tôt aucune altération, & conſtamment peu d'eau fera remettre
ces feüilles fanées ; à l'égard de ceux qui dans la ſerre ſe
tiennent toûjours bien vigoureux, ayant leurs feüilles de la
couleur & grandeur qui leur convient, & en même temps

bien droites & bien ouvertes, ils n'ont befoin que d'être regardez & admirez.

La même chofe que je viens de dire pour l'arrofement des Orangers ferrez, fe doit entendre, & même avec beaucoup plus de rigueur & d'exactitude pour l'arrofement de tous les Arbres & Arbuftes qui font pareillement ferrez, par exemple des Jaffemins & des Grenadiers, &c. les frequens arrofemens leur gâteroient les racines, & par confequent feroient tort à tout l'Arbre, auffi bien ne font ils pas fi agif- fans que les Orangers, Citronniers & Mirtes, ces derniers marquent auffi quelquefois par leurs feüilles qui fe fanent, le befoin qu'ils peuvent avoir d'un peu d'eau.

Je demande encore pour toutes ces fortes d'Arbres en- caiffez, foit qu'ils foient dans la ferre, foit qu'ils en foient dehors; je demande, dis-je, que la terre de deffus paroiffe toûjours fraichement remuée ou labourée; car outre que ces petits labours font un merveilleux fecours pour faire pénétrer l'eau des arrofemens; il eft certain qu'ils font un grand agrément pour les yeux, attendu qu'une terre qui fe fend, ou qui paroît avoir fait une maniere de croûte, eft fort défagréable à voir; je demande enfin qu'elle paroiffe un peu humide pour réjoüir davantage la vûë.

Il refte de parler des arrofemens de dehors, ce font ceux- cy qui demandent encore particulierement beaucoup de fa- geffe, & qui cependant font, ce me femble, faits d'ordinai- re avec moins de raifon.

J'eftime donc, que dés qu'on a forti les Arbres, & qu'ils font rangez dans la place où ils doivent demeurer, il faut auffi tôt leur donner à chacun un grand arrofement pareil à celuy que nous venons d'expliquer à l'occafion de l'arro- fement de l'entrée; il faut que cet arrofement y foit grand & ample, & même afin qu'il foit meilleur & mieux fait, il faut avec de groffes chevilles de fer, ou du bois dur percer la mote en differens endroits, & la percer avec quelque ef- fort, en forte pourtant qu'on évite autant qu'il eft poffible, d'écorcher les racines; ainfi par les differens trous que ces chevilles auront faits, l'on pénétrera plus avant, & plus amplement dans toutes les parties de chaque mote, où il eft neceffaire qu'elle pénétre.

Outre ce premier grand arrofement, j'en fais donner en-

core deux aſſez grands chaque ſemaine , pendant que je
vois les Arbres fleurir & pouſſer , c'eſt à dire dans les mois
de May, Juin & Juillet ; & ſi enſuite de ces trois mois juſqu'à la my-Octobre , qui eſt le temps de ſerrer , la ſéchereſſe , & la chaleur de l'Eſté ſont grandes , & que quoique
l'Oranger faſſe voir par ſes feüilles à demy cloſes, ou baiſſées
& molaſſes , qu'il a beſoin d'un peu de ſecours , & qu'en effet foüillant la terre un peu avant , elle paroiſſe ſéche ; je
veux encore qu'environ de dix en dix jours on faſſe un
grand arroſement, & que même quelquefois on en faſſe un
ſecond qui ſoit médiocre , & ſur tout pendant le mois
d'Aouſt, que d'ordinaire les Orangers ſe remettent à pouſſer , à condition toutefois qu'on ne fera point ce dernier
arroſement , ſi la terre paroît aſſez humide ; car ce n'eſt pas
toûjours la ſéchereſſe de la terre qui fait faner les feüilles , elles ſe fanent aſſez ſouvent dans les temps qu'il ſe prépare quelque orage en l'air , ou quand l'Oranger n'étant
pas encore bien établi en racines , il eſt trop expoſé au
grand Soleil ; & par conſequent il s'enſuit , que dans ces
temps là il ne faut qu'obſerver les terres , pour voir ſi elles
ſont , ou ſéches , ou humides , & régler ſur cela les arroſemens , c'eſt à dire qu'il en faut faire ſi les terres ſont ſéches ;
& qu'il n'en faut point faire , ſi elles ſont paſſablement humides , il n'y a perſonne qui n'ait éprouvé , que certains
Orangers ne laiſſent pas de paroître toûjours fanez quelque quantité d'eau qu'on leur donne.

Il eſt bien vray qu'aſſez ſouvent ayant à cet égard remarqué deux choſes ; la premiere, que quand quelques Jardiniers ont l'eau à commandement , ils ſont ſujets à trop
moüiller leurs Orangers , ſoit par eux, ſoit par leurs garçons , & la ſeconde que quelques autres ſont ſujets à ne les
pas aſſez moüiller , quand ils ne peuvent avoir d'eau qu'avec
beaucoup de peine , la pareſſe faiſant en cela violence à leur
naturel porte toûjours à beaucoup arroſer , ou à leur mauvaiſe habitude ; il eſt, dis je , bien vrai, qu'au premier de ces
deux cas j'exhorte volontiers à ne faire que de médiocres
arroſemens , étant certain qu'en telles occaſions on en feroit pour l'ordinaire de trop grands ; & au deuxiéme cas ,
j'exhorte à faire tout le contraire , c'eſt à dire d'arroſer
beaucoup , y ayant grand lieu de craindre, que n'ayant l'eau

qu'avec affez de peine , on n'arrosât pas fuffifamment. Je
fçay bien que les Jardiniers fages n'auront que faire de tels
ordres fi oppofez ; mais enfin pour concilier ces deux avis ,
je me fixe à la régle cy deffus prefcrite , fupofé que les terres
foient compofées de ma façon , & ainfi arrofans régulierement deux fois la femaine en de certains temps , qui font les
temps chauds , les temps de la fleur , & de la grande pouffe,
& cela de maniere que parmy ces arrofemens il y en ait au
moins toûjours un médiocre entre deux grands , & arrofant
feulement une fois tous les huit ou dix jours dans les autres
temps , on aura fes Arbres en trés bon état, pour ce qui con-
cerne les arrofemens ; fur quoy on pourroit dire que les
Orangers ont cela de commode , qu'à cet égard ils font
prefque comme les hommes fages fur le fait de la boiffon; car
comme ceux cy ne demandent ordinairement à boire qu'au
befoin , c'eft à dire quand ils font alterez ; fi bien que de les
faire boire quand ils n'en ont pas de neceffité , bien loin de
leur faire plaifir , on ne fait que les incommoder ; ainfi affez
fouvent les Orangers marquent ce femble eux mêmes le
temps qu'ils ont befoin d'être arrofez , en forte que furement
on leur fait tort quand on les arrofe mal à propos , au lieu
que pour ainfi dire , on leur fait plaifir quand on les arrofe
dans le temps que leurs feüilles molaffes & pliées donnent à
connoître que le pied a ceffé d'agir faute d'humidité. Mais
ce qui eft vrai fur le fait de cette comparaifon , eft que le Jardinier fage & habile ne doit jamais attendre que fon Oranger foit réduit à lui donner un tel fignal pour l'avertir de fon
devoir ; auffi ne doit il pas manquer à y répondre, fi le fignal
n'eft pas trompeur , ainfi que nous l'avons cy devant expliqué. Mais comme il y a des arrofemens bons & falutaires ,
il y en a auffi de mauvais & pernicieux ; je m'en vais expliquer ce que je penfe de ceux cy , pour y apporter la modé-
ration que j'eftime convenable.

CHAP.

CHAPITRE IX.

Inconveniens qui arrivent aux Orangers , tant par les trop grands
arrosemens , que par le feu qu'on fait dans les serres.

IL ne m'a pas été difficile de remarquer que l'eau étant
donnée avec trop d'abondance aux Orangers encaissez y
fait d'ordinaire deux grands desordres ; il est bien vray ,
qu'on ne s'aperçoit pas du mal au moment qu'il commence
à se former , mais enfin la suite ne le fait que trop sentir ,
quand il n'y a plus de moyen de l'empêcher.

Le premier desordre consiste en ce que ces grands & fréquens arrosemens de l'Esté accoûtument , pour ainsi dire,
ces Arbres à une maniere de vie, qui quoy que peu propre
pour eux , ne laisseroit pas cependant de les faire subsister,
si elle pouvoit leur être continuée l'Hyver ; la grande facilité qu'ils ont à s'accommoder de toute sorte de nourriture,
leur produiroit cet avantage si singulier ; mais comme on
sçait bien que de tels arrosemens leur seroient mortels pendant le froid , on ne manque pas de les leur retrancher , &
ainsi pour éviter l'inconvenient de la mort , qui est en effet
le plus grand de tous , on vient à tomber dans un autre , qui
n'est pas sans de grands desagrémens , c'est à dire presque
tous les ans ces Orangers ont le malheur de se dépoüiller :
or on ne peut faire reflexion sur un changement si fâcheux,
qu'on ne vienne en même temps à conclure , qu'il provient
sans doute de ce que les racines , faute d'avoir eu pendant
les sept mois de serre la nourriture qu'elles avoient accoûtumé d'avoir les cinq mois précédens,ont entierement discon-
tinué d'agir à leur ordinaire , & voilà pourquoy les feüilles
se trouvans sans le secours d'une seve perpetuelle dont elles
avoient besoin, n'ont pû se maintenir dans le poste où la
nature les avoit mises au moment de leur naissance ; si bien
que leur chute en est infailliblement survenuë , & pour lors
ne connoissant pas suffisamment la cause de ce mal , on fait
beaucoup de faux raisonnemens pour s'en prendre à d'autres choses , qui peut être n'y ont nullement contribué , suposé toûjours que la serre fut bien conditionnée.

En second lieu (& cecy est le plus important) comme la

qualité des jets dépend entiérement de la qualité des racines,& que les racines dépendent particulierement de la qualité de la nourriture ; il eſt indubitable , que quand celle-cy
eſt mauvaiſe & peu ſolide , les racines nouvelles qui s'en font
ne peuvent être que foibles & petites , & par conſequent la
ſeve qu'elles fabriquent étant d'une miſérable conſtitution ,
elle ne peut faire que des jets menus , courts , fluets , & des
feüilles petites , molaſſes , & ſouvent jaunes ; de là vient que
ces Orangers , qui faute de bonne nourriture pendant l'Eſté
étoient déja devenus infirmes , achevent , pour ainſi dire , de
tomber en langueur & en miſere ; quand le froid , qu'ils craignent ſur toutes choſes vient les attaquer ; le grand fond de
la vigueur qui leur eſt naturelle , les aura fait réſiſter long-
temps à la mauvaiſe culture qu'on leur aura faite : mais enfin
ce fond venant à s'épuiſer à la longue , ils ſeront venus dans
un état ſi languiſſant & ſi miſérable , que pendant quelques
années enſuite , on aura grand peine à les rétablir , & que
peut-être ils en mourront.

Nous avons dit ailleurs ce qu'il n'eſt pas hors de propos
de répéter icy , que ce n'eſt pas de la ſubſtance materielle
de la terre , que les racines compoſent la ſeve qui ſert de
nourriture à toutes les parties de l'Arbre , ce n'eſt purement
que de l'eau , qui ayant paſſé au travers de la terre a pris une
partie du ſel , ou de la qualité , dont cette terre étoit revê-
tuë ; de maniere que ſi cette terre , dont ſans doute le ſel
n'eſt pas infini , vient à être trop ſouvent lavée par de grands
& fréquens arroſemens ; il arrive enfin , que par ce moyen
elle perd tout ce qu'elle avoit de ſel , & ainſi au bout d'un
peu de temps les racines ne trouvans plus de ſel dans l'eau
qui humecte la terre , ou au moins n'y en trouvans que fort
peu , elles n'en peuvent faire de bonnes racines nouvelles ,
& par conſequent , ny de bonne ſeve , ny de bonnes branches , ny de bonnes feüilles , ny de belles fleurs , &c. comme
elles en font quand elles ſe trouvent dans une terre qui eſt
bonne , & médiocrement humide ; d'où je conclus , & ce me
ſemble avec aſſez de raiſon , que pour faire les arroſemens à
propos , il faut beaucoup plus de ſageſſe qu'il n'en paroît
dans la conduite ordinaire de la plûpart des Jardiniers.

D'un autre côté , par l'uſage du feu que la plûpart d'entr'eux affectent de faire dans les ſerres , les Orangers , &

Citronniers courent d'autres inconveniens, qui font encore trés-pernicieux, une longue experience me l'a appris, &
voici un raifonnement qui m'y a confirmé, ce feu eft ou
grand ou petit ; s'il eft petit, fa chaleur ne peut agir que fur
ce qui eft bien prés de luy, & n'agit nullement fur ce qui en
eft éloigné, par exemple fi on le met en bas, & en peu d'endroits, comme c'eft l'ordinaire, il ne peut agir, ny fur les
têtes un peu élevées, ny fur les côtez qui font oppofez, ou
éloignez de ce feu ; & fi on le met en lieu élevé, il ne peut
agir fur les branches baffes, ainfi fuppofé qu'il pût faire
quelque bien, ce que je ne crois pas, toûjours eft il vray,
qu'étant petit il n'en fait que peu, & en peu d'endroits, &
par confequent fon fecours n'eft pas confiderable, ou plûtôt
il eft inutile.

Que fi d'un autre côté ce feu eft grand, comme le propre
de tel feu eft de-deffécher ce qui eft humide par tout où fa
chaleur fe peut étendre, il deffechera fans doute l'écorce
des Arbres & des branches, & fur tout l'endroit où les
feüilles tiennent, & par confequent il retreffira & bouchera les canaux de la feve, qui doivent toûjours demeurer
humides & ouverts, pour fervir de paffage & de conduite
perpetuelle à la feve de ces Arbres, attendu que comme j'ay
dit cy-deffus, il eft indifpenfablement neceffaire, que fans
aucune difcontinuation, il leur vienne de la feve, tant à la
tige, & aux branches qu'aux fruits & aux feüilles, fi bien
que le defordre ne manque pas de leur arriver, dés que le
fecours difcontinuë, la feve étant fans doute à cette forte
d'Arbres ce que l'eau eft aux Poiffons, ce que l'air eft à tous
les vivans terreftres, & même ce que les fondations font
aux Edifices, & ce que la main eft aux poids qu'elle tient
fufpendus en l'air.

En tout cas, ce feu, comme difent les Philofophes, altere
l'air, c'eft à dire qu'il y caufe un changement notable ; car
il fait à fon égard la même chofe qu'il fait d'ordinaire à l'é-
gard de l'eau ; l'experience nous apprend, que fi l'eau qui
vient de boüillir, fe trouve bien tôt aprés dans un lieu où
elle ceffe d'être échauffée, elle eft, pour ainfi dire, bien
plus fenfible au froid, c'eft à dire qu'elle eft bien plûtôt gla-
cée qu'une autre qui n'aura pas été prés du feu ; ainfi pour
les impreffions du froid en ce qui regarde l'air, ce feu dans

M m ij

la ferre fait, que l'air de cette ferre eft beaucoup plus fuf-
ceptible de la gelée qui l'environne de tous les côtez, que
celuy qui n'aura fenti nulle chaleur de cette nature ; ces
fortes de chaleurs caufées par du charbon allumé, foit dans
un poêle caché, foit dans des terrines, quoi qu'elles foient
capables d'empêcher certains effets du froid à l'égard des
animaux, qui n'en prennent qu'autant qu'ils fentent en
avoir befoin ; cependant elles de l'empêchent pas affez à
l'égard des Orangers : ces Arbres n'ont pas le don de connoître au vray le degré de chaleur étranger qui peut leur
convenir contre le froid des Hyvers, & dans la verité, pour
pouvoir tirer avantage du feu artificiel en faveur de nos ferres ; il faudroit premierement que nous connuffions la jufte
mefure du befoin que ces Arbres en ont, foit pour être abfolument deffendus de l'attaque du froid, foit pour retrouver fi bien la chaleur perduë, que dans la fuite il ne leur en-
reftât aucune infirmité, mais nous n'avons point cette connoiffance : un Oranger qui a fenti la gelée, perd infailliblement fes feüilles, & devient infirme pour long temps :
il faudroit en fecond lieu, que dans toute l'étenduë de la
ferre cette chaleur fût toûjours en même état, ce qui n'eft
point, & ne peut pas être, car elle ne peut jamais être, ny
jufte dans fa durée, ny, comme difent les Philofophes, être
réglée dans fon intention ; cela veut dire, que comme tout
le monde l'éprouve affez, elle ne peut avoir une durée perpetuelle & uniforme, & principalement pendant la nuit,
qui eft le temps que le froid agit le plus vivement, & que le
Jardinier dort avec le plus de tranquilité ; par confequent
un feu, qui dans le commencement que le charbon s'alume
eft médiocre, qui devient aprés fort grand, & enfin la matiere venant à être confommée diminuë notablement, ou
finit tout à-fait ; un tel feu, dis-je, fait affurément un
grand defordre dans cette ferre, puis qu'il y gâte les branches voifines, qu'il y defséche les feüilles, & que fur tout il
altere l'air, qui fait icy tout le bien & tout le mal, felon qu'il
eft bien ou mal conditionné.

  J'eftime donc, que les véritables remedés pour conferver les Orangers ferrez contre le froid qui leur eft fi funefte
font, comme nous l'avons expliqué cy-deffus, une bonne
expofition, des portes bien épaiffes, & bien clofes, des fe-

nêtres bien fermées, avec de bons chaſſis doubles , & bien
calfeutrez, & principalement de fort bonnes murailles : mais
en cas que les ſerres dont on ſe ſert , n'ayent pas été bâties
d'abord pour être ce qu'elles ſont , comme il arrive aſſez ordinairement, car par exemple ce ſont des lieux qui auront
ſervi, ou de Sale, ou de Celier, ou d'Ecurie, &c. & à l'occaſion
de la curioſité , qui aura pris pour des Orangers , on ſe ſera
réſolu de les faire ſervir pour un temps d'Orangerie ; en tel
cas, dis-je, le plus ſûr eſt de faire bâtir , ſoit en dedans , ſoit
en dehors , (ſelon que les lieux le permettront) quelque
contre mur d'un bon pied d'épais , & cela de la hauteur , &
longueur de toutes les murailles ſuſpectes : ce contre mur
doit être de maſſonnerie bien faite , ou même dans un beſoin on le peut faire de fumier grand & ſec, & bien batu l'un
ſur l'autre ; en ſorte que pour le tenir toûjours en état , &
empêcher qu'il ne tombe , on ait ſoin de planter en terre environ de quatre en quatre pieds de groſſes perches , ou des
chevrons, tous joignans ce contre mur de fumier ſec.

Ces fumiers en dedans ne ſont pas ſans doute agréables,
ny à la vûë , ny à l'odorat, & même ils menacent de ſervir
de retraite aux Rats & aux Souris , qui ſont capables de
ronger l'écorce, ou les racines de nos Arbres ; mais outre
qu'on a beaucoup de moyens & de facilitez de détruire une
bonne partie de ces animaux, ils ne ſont pas à beaucoup prés
ſi funeſtes & ſi pernicieux aux Arbres ſerrez que les gelées ,
contre leſquelles tels contre-murs de fumiers ſont emploïez,
en attendant qu'on faſſe une bonne ſerre ; & cecy doit pareillement ſervir de réponſe à l'objection faite en faveur de
la veuë & de l'odorat : je ſouhaite extrêmement qu'on n'en
vienne point à une telle extremité , & qu'on ait toûjours
commencé à bâtir exprés une bonne ſerre.

Que ſi outre toutes ces précautions on s'aperçoit de quelque glace dans la ſerre , & cela par le moyen de quelque linge moüillé , ou de petits vaſes pleins d'un peu d'eau , leſquels pendant l'Hyver il eſt neceſſaire de mettre dans cette
ſerre en differens endroits , & ſur tout auprés des portes &
des fenêtres, & ſur le bord des caiſſes, afin d'obſerver , ſi le
froid , contre lequel on doit ici être toûjours en garde &
en inquiétude , aura été capable d'y pénétrer ; en ce cas-
là un remede infaillible pour avoir une chaleur douce , une

forme , & qui dure autant qu'on le peut fouhaiter , c'eſt d'y
allumer des flambeaux ou des lampes , de la durée deſquels
on ſoit aſſuré , & les mettre ainſi allumez, ſoit dans l'entre-
deux des chaſſis oppoſez aux fenêtres ; ſi c'eſt par là que le
froid a pénétré , ſoit auprés des portes , ſoit dans toute l'é-
tenduë de la ſerre , prenant ſi bien ſes meſures , que la flamme ne touche point aux Arbres , & qu'il n'arrive point de
ceſſation d'une telle chaleur , comme on le peut aiſément
faire ; l'experience d'une bougie allumée dans un Caroſſe
bien fermé , ou de pluſieurs dans une chambre pareillement
bien cloſe , ſervira pour confirmer cet expedient , comme
elles m'ont ſervi pour me le faire imaginer.

CHAPITRE X.

De ce qui eſt à faire à la tête des Orangers , tant pour rétablir ceux
qui ont été long-tems négligez, ou mal conduits, oumême gâtez, ſoit
par le froid , ſoit par l'humidité , ſoit par la grêle , que pour parvenir
à avoir des Orangers , qui ſoient en tout temps beaux & agreables
dans leur figure , & qui ſoient toûjours bien ſains , & vigoureux.

POur ſatisfaire à l'importance & à l'étenduë de ce Chapitre , j'eſtime qu'il faut ici d'abord propoſer l'idée que
je me ſuis faite de la beauté d'un Oranger , ſoit grand , ſoit
petit , ſoit médiocre ; car il en eſt de beaux des uns & des
autres , auſſi-bien que parmy les animaux de chaque eſpece
il en eſt de beaux de tout âge & de toute taille ; mais ce qui
eſt vray , c'eſt que rien n'eſt plus rare que de trouver des
Orangers qui ſoient en même temps fort grands , & parfaits , au lieu qu'il en eſt aſſez de médiocres qui ſont beaux,
& accomplis; il faut pareillement dire, que véritablement il
eſt de beaux Orangers en buiſſon (on appelle Orangers en
Buiſſon ceux dont les branches commencent dés le bas)
mais que ceux qui ont une tige belle , bien droite & haute ,
environ depuis deux pieds & demy juſqu'à trois ou quatre ,
ou tout au plus juſqu'à cinq , ont beaucoup plus d'agrément , & pour ainſi dire ont plus de nobleſſe & de majeſté
que les Buiſſons ; je ne ſuis pas trop pour les tiges qui paſſent cette hauteur , quoy que d'ailleurs elles ayent leur

beauté, & qu'elles ayent en effet quelque chofe de royal: elles feroient, ce me femble, admirables pour des Arbres en pleine terre, mais pour des Arbres en caiffe, elles entraînent de trop grandes fujetions & de trop grands embaras, tant pour le tranfport, & le remuëment, que particulierement pour la hauteur des portes, & des ferres : une ferre de quinze à feize pieds eft d'une belle grandeur, & peut affez bien s'accommoder à la portée de toutes fortes d'honnêtes curieux, mais dés qu'il en faut qui ayent des vingt, vingt-deux, & vingt-quatre pieds de haut, comme il en faut pour des Arbres, qui ayans des huit, neuf, ou dix pieds de tige, ou même davantage doivent avoir des têtes à proportion, & des caiffes de quatre à cinq pieds de haut ; je vous avoüe que cette hauteur me fait peur, y ayant, ce me femble, peu de gens qui puiffent parvenir à faire de tels bâtimens ; à peine même voit-on des portes de Villes qui ayent une telle élevation ; cependant nous devons grandement loüer l'habileté de celui, qui de nos jours a ofé élever de tels Arbres, & nous devons même efperer, que comme ils paroiffent dignes de la curiofité du plus grand Monarque du monde, nous les verrons bien-tôt faire un ornement extraordinaire dans fes Jardins.

Or donc, pour pouvoir dire que la tefte d'un Oranger, quel qui foit, poffede toute la beauté qui lui convient, j'y demande fix conditions principales.

La premiere, que cette tête foit d'une figure ronde, mais de maniere que cette rondeur foit large, étenduë, prefque plate, & aprochant de la figure d'un Champignon nouveau né, ou d'une calote, & que cependant ce ne foit point une rondeur affectée, comme celle qu'on donne à des Mirtes, des Ifs, des Filarias, des Chevres feüilles, des pieds de Bouys, &c. où l'on ne voit rien que de forcé & de contraint ; mais je veux que ce foit d'une rondeur naturelle, & qui, pour ainfi dire, ait un air libre, & fans art, comme nous en voyons d'ordinaire aux Marronniers d'Inde, aux Tilleulx, aux Chataigniers, &c.

La feconde condition eft, que cette tête foit pleine, fans avoir cependant ancune confufion par dedans, c'eft à dire, que dans le milieu elle ne doit pas être vuide, comme nous affectons que nos Arbres fruitiers le foient, mais elle doit

être garnie d'une quantité raisonnable de branches toutes
belles, toutes bien nourries, toutes presque égales en groffeur, & enfin toutes faciles à voir, & même à compter tout
d'un coup, si on le veut : c'est ici une des principales conditions de la beauté des Orangers ; mais en même temps
elle est une des plus rares, car beaucoup de gens ne content pas cette confusion pour un aussi grand défaut qu'il me
le paroît.

La troisiéme condition est, que les branches qui composent la tête de l'Arbre, soient si bien nourries, & si vigoureuses, que leurs extremitez au lieu de pancher du côté de
la terre, comme on en voit une infinité qui le font, se sou-
tiennent, & se redressent du côté de l'air, & que ces branches ainsi redressées soient chargées de belles feüilles bien
vertes & bien grandes ; & qu'enfin la derniere longueur,
qui est arrivée à chacune de ces branches, n'excede pas
d'ordinaire un demy pied ; les raisons de cette troisiéme
condition font premierement, que si les branches font pan-
chantes, c'est en elles une marque de foiblesse si grande,
que jamais ils ne sçauroient se redresser, & comme les
nouveaux jets ne viennent qu'aux extremitez des vieux,
desquels ils suivent naturellement la situation, il arrive
que tout ce que des jets ainsi foibles, & panchez viennent
à pousser, se trouve encore plus foible, & plus renversé,
& par consequent fait enfin un fort vilain effet : les raisons
de cette troisiéme condition font en second lieu, que si les
feüilles font petites & jaunes, elles marquent beaucoup
d'infirmité dans le pied, attendu que le naturel de cet Arbre
est de les avoir grandes, larges, vertes, épaisses, &c. elles
marquent par consequent, que bien-tôt elles viendront à
tomber, & à laisser cet Oranger sans l'ornement qui le doit
toûjours accompagner : enfin les raisons de la troisiéme
condition que j'ay proposée, font que si la derniere longueur
est excessive, c'est à dire d'un pied, ou davantage, comme
les feüilles ne font tout ou plus que trois ou quatre ans attachées à la branche qui les a produites, (& encore pour cela faut-il que tel Arbre soit trés-vigoureux) car à la plûpart de ceux que nous voyons, elles n'y restent guéres
qu'un an ou deux ; comme, dis-je, les feüilles ne vivent
que trois ou quatre ans, il arrive qu'enfin ces feüilles ve-

nans à tomber à leur tour il paroît de longues branches de-
poüillées qu'il ne faudroit point voir , & ainfi il fe fait quelque chofe de dégarny , qui déplaît entierement à la vûë ;
c'eft pourquoy fi quelque jet au Printemps prend le train
d'exceder la longueur du demy pied , il faut auffi-tôt le pincer pour l'affujettir à cette mefure.

La quatriéme condition demande principalement, que
l'Arbre faffe , ou foit en état de faire tous les ans beaucoup
de beaux jets au Printemps , autrement s'il n'en fait point ,
ou qu'il n'en faffe que de fort petits & de fort menus , il a du
défaut dans le pied , & ainfi dans l'année d'aprés il court rifque de fe dépoüiller , ce qu'il faut éviter par tous les foins
imaginables ; or les jets ne font beaux que quand ils font un
peu longs,& un peu gros;& que par confequent comme nous
venons de le dire , ils fe foûtiennent d'eux-mêmes fans pancher leur extremité , étant infaillible que pour lors ils ont
ces feüilles grandes , & bien vertes que nous fouhaitons , &
avec cela on évite feurement l'inconvenient du dépoüiller , puifque les feüilles qui ont trois ans paffez , venans à
tomber felon le cours de la nature , on a toûjours celles des
deux dernieres années avec celles de l'année courante ,
pour foûtenir l'ornement & la décoration de l'Arbre.

La cinquiéme condition veut qu'il faffe tous les ans , non
pas une quantité infinie de fleurs , mais une quantité raifonnable de celles qui font belles , c'eft à dire qui font grandes , longues, larges & lourdes , & qui enfuite donnent
fuffifamment de beaux fruits ; fur quoy je dois dire , que les
Orangers font au Printemps de deux fortes de fleurs , les
unes viennent fur le bois de l'année precedente , & communement celles-là font petites & rondes , & viennent par
confufion , de forte qu'il en tombe beaucoup fans achever
de fleurir , ce font les premieres à paroître au Printems :
malheur à l'Arbre qui s'en charge trop , & qui appartient
à des gens qui l'en trouvent plus beau ; c'eft une beauté de
peu de durée , la fuite n'en fera que fâcheufe , & dégou-
tante.

Je fçay bien que mes fentimens en cecy ne feront pas au
goût de tout le monde , y ayant beaucoup de curieux , qui
croyent qu'un Oranger ne fçauroit avoir trop de fleurs : je
ne puis m'empêcher de déclarer qu'à mon fens c'eft un er-

reur, dont eux-mêmes se guériroient par le temps ; je serois volontiers de leur avis, s'il étoit possible de marier la grande quantité de ces sortes de fleurs avec les autres conditions, dont il est vray que je fais plus de cas, la beauté de l'abondance des fleurs n'étant qu'une beauté d'environ quinze jours, au lieu que les autres sont des beautez de toute l'année, & par conséquent préférables.

Les autres fleurs d'Orangers viennent à l'extremité des jets de l'année, & communément celles-là ont toutes les belles & bonnes qualitez requises ; elles ne viennent pas en confusion, elles sont grandes, longues, & bien nourries, & ne commencent que dans la fin de Juin, ou dans les premiers jours de Juillet ; il est à souhaiter d'en avoir suffisamment de celles-cy.

Enfin la sixiéme condition de la beauté d'un Oranger demande qu'il soit net de toutes sortes d'ordures, de poussiere, & particulierement de Punaises, & de Fourmis : nous avons déja fait connoître au commencement de ce Traité, que rien n'est plus aisé que d'en venir à bout.

Aprés avoir proposé l'idée que je me suis faite d'une belle tête d'Oranger, & avoir principalement suposé, qu'on n'a pas manqué de faire à l'égard du pied, tout ce qui étoit necessaire pour le mettre en état de bien pousser ; car de là dépend tout le reste : il faut examiner presentement ce qui est à faire pour parvenir à cette idée, soit à l'égard des Arbres qui n'ont pas encore commencé leur tête, & sont nouvellement encaissez, soit à l'égard des autres qui n'ont reçû aucune conduite, ou pour ainsi dire aucune éducation.

Premierement, pour ce qui est de la rondeur, & de la plénitude de la tête je supose, qu'aprés l'avoir bien imaginée, ou au moins approuvée, on s'appercevra aisément des défauts qui lui sont contraires, si bien qu'on ne sera pas content de voir un Oranger vuide dans le milieu, ny un qui soit plat par quelqu'un des côtez, ou trop alongé par quelqu'autre, ny un qui monte en piramide comme un Cyprés, ou de qui les branches pour être trop foibles penchent vers la terre, comme sont d'ordinaire celles de ces Ceriziers, qu'on appelle tardifs ; on ne pourra pas même souffrir aucune branche, qui excedant les autres, défigure la rondeur commencée.

Et ainſi pour remedier au vuide, comme ce n'eſt pas un défaut qui ſoit ordinaire à l'Oranger, lequel au contraire eſt naturellement plein & confus, auſſi bien que la plûpart de tous les autres Fruitiers, on doit croire qu'il n'eſt vuide, que parce que quelque faux habile Jardinier aura affecté de le faire, ou parce que malheureuſement & inopinement quelque branche du milieu aura été rompuë : dans l'un & l'autre cas il n'eſt queſtion que de conſerver d'autres branches, que la nature ne manquera pas d'y pouſſer ſi l'Arbre eſt bien vigoureux, ou s'il n'y paroît pas aſſez de diſpoſition pour cela, attendu que l'Arbre eſt devenu malade & languiſſant, il ne faut que ſe réſoudre de bonne heure à ravaler une ou deux des plus groſſes branches voiſines de ce milieu, & être aſſeuré qu'étant ainſi ravalées elles en pouſſeront d'autres, qui corrigeront en peu de temps le défaut dont eſt queſtion.

A l'égard d'un Oranger imparfait dans ſa rondeur, qui par exemple ſe trouve plat par quelqu'un des côtez, ce défaut peut venir de deux cauſes ; c'eſt à ſçavoir, ou de quelque accident qui aura rompu quelque branche, laquelle naturellement contribuoit à la rondeur, & en ce cas il faut neceſſairement ravaler la partie conſervée juſqu'à l'endroit, où un Jardinier ſage & habile juge que la rondeur ſe peut le mieux rétablir.

Où il vient de ce que le Jardinier négligent, ou malhabile aura laiſſé pouſſer en liberté une ou deux groſſes branches, dans leſquelles toute la vigueur de l'Arbre paroiſſoit prendre ſon cours, pendant que la partie la plus foible demeuroit, pour ainſi dire, abandonnée, au lieu qu'il devoit pincer à une hauteur raiſonnable telles groſſes branches dans le temps qu'elles pouſſoient, ou au moins les tailler courtes l'année d'aprés au Printemps.

Telles branches étant pincées, ou taillées à propos, n'auroient pas manqué de pouſſer tout autour de leur extremité pluſieurs autres branches, qui auroient fait un Arbre rond ; ainſi pour corriger un tel défaut qui eſt grand à mon ſens, il en faut neceſſairement venir à une operation qui paroît cruelle, c'eſt à dire à ravaler toutes les branches échapées, & réduire tout l'Arbre à commencer une rondeur agréable à l'endroit que l'on juge le plus à propos, ce

N n ij

qui communement peut aller aux environs de l'endroit foible d'un tel Arbre , ou bien il faut commencer la figure fur
l'extremité de telles branches échapées, s'il y a apparence
que l'effet en doive eftre agreable , & cela étant on aban-
donnera tout ce qui étoit refté bas & foible.

Si la figure d'un Oranger paroît defectueufe en ce qu'un
côté fe fera trop allongé, il n'y a d'autre remede que celuy
de retrancher entierement toute la partie , qui pour ainfi
dire , eft fortie de fon rang , en s'alongeant plus qu'il ne
falloit.

La même chofe eft à faire pour celuy qui paroît pointu,
c'eft à dire qu'il faut retrancher tout ce qui eft emporté , &
qui mpêche que la tête n'ait cette rondeur un peu plate,
que nous fouhaitons.

Mais quand la plûpart des branches ont leurs extremitez
qui panchent en bas , c'eft un defaut qui leur vient de ce
qu'elles font trop foibles, car naturellemênt toutes les branches fe foutiendroient droites fi elles étoient affez groffes ,
& affez fortes pour porter le poids de leurs feüilles : or ce
défaut de foibleffe eft caufé , tantôt par la mauvaife nourriture , & tantôt par le grand nombre de branches qui font à
nourrir, eu égard à la vigueur du pied quelle qu'elle foit ,
grande ou petite , cette vigueur ne pouvant enfin aller
que jufqu'à un certain point ; c'eft pourquoy il faut que
le Jardinier foit affez habile, premierement pour fçavoir
donner une bonne terre , le Chapitre cy-deffus en traite
amplement ; & en fecond lieu ayant fait fon devoir de ce
côté-là , il faut qu'il fçache connoître certainement la
charge que fon Arbre peut porter , afin de ne lui laifser
de branches qu'autant qu'il en peut nourrir de belles, &
bien foutenuës.

Voyant donc un Arbre avec ce défaut de branches trop
panchées , lequel je fuppofe ne pas venir de la nourriture , j'eftime qu'il faut commencer par luy ôter une grande
partie de telles branches , c'eft à dire toutes les foibles ,
& fur tout celles qui ne contribuënt pas à rendre la figure
agréable, pour ne conferver que les fortes qui fe trouvent
bien placées.

Or telle operation fe doit particulierement faire dans le
temps de la pouffe des Arbres , & pour cet effet il eft necef-

faire de remarquer, que d'ordinaire en fait d'Oranger (il n'en eſt pas de même à la plûpart des autres Arbres) une branche qui naît, de quelque endroit qu'elle naiſse, ſoit du corps de l'Arbre, ſoit d'une autre branche, elle eſt accompagnée d'une ſeconde, & ſouvent d'une troiſiéme, ſur quoy on a cette reflexion à faire, que ſi la ſeve qui eſt partagée en deux ou trois canaux, étoit toute réduite à un ſeul, c'eſt à dire à une ſeule branche, cette ſeule branche qui ſe trouveroit avec une bien plus grande portion, en ſeroit aſſurement mieux nourrie, & par conſequent & plus groſſe, & plus forte, & plus capable de ſe ſoutenir droite, & de porter ſon poids.

Or on eſt le maître de raſſembler en un cette ſeve partagée, n'y ayant pour cela autre choſe à faire qu'à ebourgeonner, c'eſt à dire qu'à diminuer notablement le nombre de ces petits jets, juſqu'à n'en laiſſer d'ordinaire à chaque endroit qu'un ſeul, qui ſera celuy qu'on juge le plus propre & le mieux placé, en ſorte qu'il puiſſe contribuer à la belle figure qu'on s'eſt propoſée ; il faut faire cet ebourgeonnement tout le plûtôt qu'il eſt poſſible, afin qu'on ne laiſſe pas inutilement aller de la ſeve à des branches, qu'on ne doit pas conſerver ; & afin qu'en même temps cette ſeve trouvant non ſeulement ſon paſſage bouché, mais en trouvant un autre ouvert tout auprés, elle y entre pleinement, & le fortifie d'un conſiderable ſurcroît de nourriture, ce qui eſt auſſi immanquable dans le ſuccés, que la choſe eſt facile à executer.

Et il faut faire ſon compte, qu'il vaut beaucoup mieux n'avoir qu'un ſeul jet bien vigoureux, que d'en avoir deux ou trois médiocres ; le ſeul qui eſt vigoureux, & qui par conſequent a de belles & grandes feüilles, remplit bien davantage que beaucoup de petits, qui ne ſçauroient avoir que de petites feüilles.

Il arrive enſuite aſſez ſouvent, qu'une telle branche à qui on a fait venir la nourriture de deux ou trois, devient en peu de jours d'une grande longueur, ſi bien qu'elle excede de beaucoup ſes voiſines, & par conſequent ruine nôtre ſimétrie ; en ce cas là j'eſtime qu'il la faut neceſſairement pincer, pour ne luy laiſſer à peu prés que la longueur d'un demi pied, c'eſt la longueur que je voudrois pouvoir régler

à la pousse de tous les Orangers , pour faire que leur tête
crût au moins tous les ans d'un pied de large en diametre ,
mais non pas davantage , c'est à dire un demi pied de chaque côté dans toute la rondeur ; je ne veux pas qu'il en
soit de même pour la hauteur , un bon demy pied me suffit , on doit être content de cette augmentation d'étenduë
en diametre : puisqu'elle promet une toise de plus en six
ou sept ans ; c'est quelque chose de trés considerable ,
quand on y peut parvenir , & il faut croire que l'Oranger
ne fait pas son devoir , s'il n'y parvient pas , & la faute en
doit être imputée au Jardinier.

Que si toutes les branches pincées en repoussent bien-tôt
aprés d'autres , & qu'elles soient en assez grand nombre ,
& toutes assez bien placées , pour augmenter également
par tout la circonference de nôtre Oranger ; c'est une
bonne fortune dont il faut profiter , mais elle arrive rarement , & partant s'il n'y a que quelque peu de branches ,
qui ayant été pincées repoussent des jets nouveaux à leur
extremité , il n'en faut conserver aucun , à moins qu'il ne
contribuë à la beauté de la figure , ainsi il faudra ôter toutes les autres en les ébourgeonnant ; & si le Jardinier malhabile , ou mal-soigneux n'a pas fait l'operation du pincer que je viens de recommander , & qui se fait en Esté dans
le temps que tels jets étans fort tendres ils se cassent plus
aisément que du verre , il en faudra venir à la taille , & se
servir du coûteau , quand ils seront devenus durs , soit qu'on
le fasse à la fin de l'Esté devant que de serrer les Orangers ,
comme il est trés bon de le faire , soit qu'on le fasse au
Printemps quand on les met dehors ; car enfin il ne faut
pas absolumenr laisser aucune branche qui déborde &
gâte la rondeur que nous devons chercher.

La taille des Orangers a un avantage , que la taille de
beaucoup d'autres Arbres n'a pas , & particulierement à
l'égard des Pêchers ; il arrive assez souvent , qu'une branche de ceux-cy étant taillée ne repousse rien , parce que
la gomme la fait périr , mais en matiere d'Orangers quelque branche que ce soit qu'on ait coupée ou pincée à un Arbre vigoureux , soit foible , soit grosse , elle ne manque pas
d'en repousser beaucoup d'autres , & cela selon qu'elle est
plus ou moins forte & vigoureuse.

Je dois dire à propos du pincer en fait d'Orangers, qu'il ne faut jamais souffrir de longues branches nouvelles, si ce n'est à ceux qui sont nouveaux plantez, & qui n'avoient simplement que la tige sans aucunes vieilles branches; il est necessaire que ces sortes d'Arbres en fassent promptement d'assez grandes & d'assez dégagées pour former une tête qui soit proportionnée à la grosseur & à la hauteur de leur tige, ils ne la feroient pas, mais au contraire ils en feroient une petite & pleine de confusion, si suivant les régles cy-dessus établies on pinçoit court les jets vigoureux qu'ils font d'ordinaire les premieres années.

Le temps de la grande pousse des Orangers est aux environs du Solstice d'Esté, c'est à dire dans le mois de Juin, & c'est pour lors qu'il faut être soigneux d'ébourgeonner, & de pincer aussi bien que d'arroser un peu plus qu'à l'ordinaire, c'est à dire une fois ou deux la semaine, pour aider à cette premiere & grande action, & la faire durer plus long-temps: il se fait aussi quelquefois un considerable redoublement de pousse vers la fin de Juillet, & au commencement d'Aoust; il faut y avoir les mêmes égards qu'à la pousse du mois de Juin; mais si ce redoublement ne vient que vers la fin du mois d'Aoust, ou au commencement de Septembre il n'en faut pas faire grand cas; les jets de cette saison-là périront dans la serre, parce qu'ils n'auront pas eu le tems de s'aouster, ainsi le plus seur est de les arracher dés qu'ils paroissent, partant la seve qui les commençoit, demeurera dans les corps des branches où se faisoit ce redoublement, & les rendra plus fortes & plus vigoureuses.

Si on voit que quelque branche, qu'on aura laissée assez grande en rencaissant, ne pousse cependant dans toute son étenduë que beaucoup de petits jets jaunâtres, foibles & langoureux, au lieu de quelques forts & vigoureux, qu'on s'étoit attendu de voir sortir de son extremité, & & dont on croyoit avoir besoin pour la beauté de la figure, pour lors il ne faut faire aucun scrupule de la tailler dans le fort de la seve; tout ce qu'on conservera s'en portera beaucoup mieux.

J'ose même dire, qu'il n'est pas possible d'avoir des Orangers qui répondent à l'idée que je m'en suis faite, à moins qu'on n'ébourgeonne dans le temps de la premiere pousse,

& fur tout pour les Arbres qui n'ont pas encore atteint
cette grandeur de tête qui leur convient ; conftamment
ceux qui n'ébourgeonnent point du tout, ou qui attendent
à éplucher leurs Arbres que les fleurs en foient paffées, ont
véritablement plus de fleurs, mais auffi ils n'ont pas de fi
beaux Arbres.

Les premiers font les plus à condamner, en ce que toutes les branches de leurs Arbres font toutes pleines de tou-
pillons, & par confequent d'ordure & de Punaifes, & même n'ont que de fort petites fleurs ; les autres s'expofent
affez fouvent auffi-bien que les premiers à voir dépoüiller
les leurs, attendu qu'ils auront laiffé entrer une partie de
la vigueur de leurs Arbres dans des branches qui font à
ôter, au lieu de la ménager pour celles qui font à conferver, & qui en auroient été plus belles, plus fortes, & garnies de plus grandes fleurs & de plus grandes feüilles.

L'ébourgeonnement & le pincement ne contribuënt pas
feulement à arondir, remplir & étendre la tête d'un Oranger ; mais ils donnent encore toutes les autres perfections,
dont les Orangers ont befoin ; ils font que les jets en font
beaux, gros, vigoureux & foûtenus ; que les feüilles en font
grandes, larges & bien vertes, & que l'Arbre eft capable
de faire tous les ans au Printemps beaucoup d'autres jets
nouveaux ; ils font produire une quantité raifonnable de
belles fleurs, & de beaux fruits enfuite ; & enfin ils empêchent qu'il ne s'engendre fur la tête une fi grande quantité
de Punaifes & de Fourmis qu'on en voit fur les Orangers
trop touffus, & par confequent procurent cette netteté, qui
réjoüit & qui charme.

Et partant, fi fupofé toûjours la bonne ferre, un peu de
foin & d'induftrie nous fournit le moyen infaillible de faire
qu'en tout temps les Orangers foient beaux & agréables
dans leur figure, & qu'ils foient particulierement toûjours
bien fains & bien vigoureux pour tout le refte ; ne s'en-
fuit-il pas de là, qu'il n'eft pas difficile de fçavoir ce qui eft
à faire premierement pour établir ceux, qui peut être ne
font deffectueux que du côté de la figure, étant d'ailleurs
affez vigoureux, comme auffi pour rétablir ceux, qui véritablement ne manquent pas par la figure, mais par le principal, qui eft le défaut de vigueur, & enfin pour rétablir

ceux,

ceux, qui ayans ces deux défauts en même temps sont misérables & prests à périr.

Or en general le grand desordre des Orangers leur peut arriver en quatre manieres differentes; premierement du côté de l'encaissement, qui peut-être aura été mal fait, & en de méchante terre, ou qui n'aura pas été renouvellé au besoin; en second lieu il peut venir du côté de la serre pour y avoir été gâtez par le feu, le froid, ou l'humidité; en troisiéme lieu il peut venir de dehors pour avoir été tourmenté par la grêle, par les grands vents, ou par quelque accident inopiné; en quatriéme lieu, enfin il peut venir pour avoir été mal taillez, ou long-temps mal traitez de trop grands & trop fréquens arrosemens sans necessité, ou de trop peu d'arrosemens pendant les mois de May, Juin & de Juillet; car voilà, ce me semble, les principales manieres, dont les Orangers peuvent être réduits en misérable état.

Ce qui fait peur à cet égard, & donne même beaucoup de chagrin au Jardinier, est que pour rétablir ces Orangers, il en faut necessairement venir à de terribles abatis, tant du côté des racines que du côté de la tête, abatis, que peu de gens sont capables de faire à propos, & que presque tout le monde condamne à la premiere inspection, quelque bien-faits qu'ils soient, mais véritablement on doit esperer qu'au moins les Curieux habiles les approuveront, & que particulierement les succés, quoy qu'un peu lent & tardif, les justifiera.

Et premierement à commencer par ce qui est à faire à l'égard des racines d'un Oranger, ou Citronnier infirme, si ces Arbres paroissent vieux encaissez, si bien qu'on a lieu de juger que les racines touchent le fond de la caisse, & qu'ainsi ils n'y ont plus assez de nourriture, pour lors il faut se résoudre de les décaisser entierement pour leur ôter les deux tiers de leur mote, & d'abord il faut examiner si la terre de cette mote paroît fort legere; car si cela est, il la faut arroser extrêmement trois ou quatre heures devant que d'en venir au décaissement, afin que la terre étant bien moüillée les racines y tiennent un peu davantage, & qu'ainsi on puisse plus facilement être le Maître de n'en ôter que ce qu'on trouvera à propos; ce qui n'est point,

quand les terres sont legeres & séches, parce que pour peu
qu'on y touche , il en tombe beaucoup plus qu'on ne voudroit ; mais si la terre paroît assez materielle , on pourra
en décaissant se passer des arrosemens , dont nous venons
de parler ; que si ces Arbres ne sont encaissez que d'un an
ou deux, & qu'ils soient cependant encaissez trop bas, pour
lors il faut encore examiner , si les terres sont trop fortes,
ou trop legeres, si elles sont trop legeres, il faut commencer par une espece de demy rencaissement , c'est à dire,
qu'il faut leur mettre le plus qu'on pourra de terres mieux
conditionnées , & mieux préparées que les précédentes, &
cependant prendre garde de ne point ébranler l'Arbre , &
de ne point découvrir les racines, car cela sans doute leur
seroit préjudiciable ; mais si les terres sont trop materielles, ou si même elles ne le sont pas trop , je suis d'avis qu'on
fasse un entier décaissement pour retrancher une partie de
la mote, la mettre ensuite tremper, & puis la rencaisser de
la maniere cy-dessus expliquée ; car en verité tout ce qu'on
pourroit faire à la tête ne serviroit guéres de rien, si on ne
commençoit par le pied, qui est icy le fondement de tout ,
& le seul ouvrier capable de fournir au rétablissement, à
l'entretien , & à la conservation de la tête.

Aprés avoir fait au pied ce qu'il y falloit faire , il faut
en second lieu venir à travailler à la tête , & d'abord faire son compte, que ce qui est de plus affligé , ce sont les
extremitez des branches, ausquelles depuis quelque temps
la nourriture ne peut presque plus parvenir ; si bien qu'elles
sont alterées des sécheresses, soit parce que la seve est beaucoup diminuée dans le pied, soit parce que la tête est trop
chargée, eu égard à la vigueur du pied ; cecy étant à peu
prés semblable aux eaux des fontaines jallissantes , qui ne
sçauroient plus monter à la hauteur ordinaire, soit parce
que les sources sont affoiblies, soit parce qu'elles sont trop
partagées. Il faut donc rogner & ravaller ces extremitez
de branches, & les rogner même notablement , parce que
la prudence veut , qu'aprés avoir traité le pied comme un
infirme , on ne luy laisse plus de charge qu'à proportion de
ce qu'il en peut porter, c'est à dire à proportion de ce qu'il
est capable de faire : or suposant, qu'il est constamment infirme , comme nous venons de le voir dans les racines , on

à été obligé de lui retrancher une grande partie , c'eſt à
dire , que le nombre des Agens qui travailloient bien pour
faire vivre tout le corps de cet Arbre , étant de beaucoup
diminué par les grands retranchemens des racines , quoy
que véritablement ce ſoit pour un plus grand bien , il faut
auſſi à proportion diminuer beaucoup la charge de la tête.

De plus , comme on doit s'attendre , que vray ſemblablement il ſe fera de nouvelles branches aux extremitez des
vieilles qu'on a racourcies , il faut s'être fait une idée ſi juſte
de la beauté de la figure qu'on prétend former , qu'il ne
vienne aucune branche nouvelle , qui par ſa ſituation ne
puiſſe contribuer à cette beauté.

Or dans cette idée il faut être également ſage & hardy,
ſage pour ne couper qu'autant qu'il en eſt beſoin , hardi
pour ne conſerver cependant rien d'inutile ; il faut être
pleinement le maître de ſon operation , ſans avoir rien qui
gêne , ou qui inquiete , autrement ſi on ne travaille qu'en
tremblant , par l'aprehenſion d'être blâmé d'en avoir trop
coupé ; on tombe d'ordinaire dans l'inconvenient de n'en
couper pas d'abord aſſez ; ſi bien qu'on eſt enfin réduit à
en couper encore davantage deux & trois années tout de
ſuite , & ainſi on perd beaucoup de temps, dont on a grand
ſujet de s'en repentir.

Ce n'eſt pas que quelque habile qu'on ſoit à couper , on
n'ait encore quelquefois de certaines extremitez coupées ,
leſquelles meurent ſans avoir rien pouſſé , & ſur tout en fait
d'Arbres affligez de longues maladies , ſi bien qu'on eſt encore obligé de les couper plus bas , ce qu'il faut faire du moment qu'on s'aperçoit qu'il n'y a plus rien à eſperer (la ſéchereſſe accompagnée de noirceur ou de quelque fente le
fait connoître bien aiſément ,) & pour lors on n'a point à ſe
reprocher d'avoir trop abattu , qui eſt un reproche qu'on ne
doit jamais avoir lieu de ſe faire.

Car enfin , quoy qu'en faiſant de tels rencaiſſemens , il
faille couper beaucoup , il faut cependant être grandement
diſcret & retenu pour conſerver tout ce qui merite d'être
conſervé , & ſur tout à l'égard des groſſes branches ; il n'en
eſt pas de même des menuës , qui par quelques feüilles qui
y reſtent , ſemblent devoir donner quelque conſideration ,
au contraire, il faut, pour ainſi dire , être dur & impitoyable

à leur égard, telles feüilles ne manquans guéres de tomber
peu de jours aprés qu'on a rencaissé, & ainsi on n'a pas
avancé beaucoup de les avoir conservées.

Mais en cas qu'on n'ait pas été assez hardy pour ôter ces
petites branches en rencaissant, il faut sûrement les ôter
tout aussi-tôt qu'on les voit se dépoüiller, quand même on
en verroit sortir quelques jets passablement beaux, parce
qu'en effet il ne faut conter pour beaux jets, que ceux qui
sont gros & vigoureux, & qui naissans de quelque bon endroit de l'Arbre, soit des branches, soit de la tige, doivent
contribuër à la beauté de la figure ; jusques-là, que ceux
qui viennent à naître sur de méchantes branches foibles
des années précédentes, ne doivent, pour ainsi dire, être
consiterez que comme la fausse monnoye, qui a belle apparence, & rien davantage.

Je dois ici dire, qu'il n'en est pas aux Orangers comme
aux autres fruits, soit à pepin, soit à noyau, en ce qui regarde toute sorte de branches ; car par exemple les grosses
qu'on appelle de faux bois, sont d'ordinaire pernicieuses
aux Arbres fruitiers ; en effet en quelque endroit qu'elles
s'y presentent, il leur faut presque toûjours faire la guerre
pour les ôter, parce que rarement font elles du fruit, qui
est particulierement ce que nous y cherchons, & voilà
pourquoy nous y conservons avec tant de soin celles qui
sont foibles ; mais aux Orangers, comme il ne faut viser
qu'à avoir un Arbre qui soit de belle figure, & qui marque
beaucoup de vigueur, tant dans ses feüilles que dans ses
jets, sans se mettre beaucoup en peine de fleurs, qui ne
viennent d'ordinaire qu'en trop grande quantité ; de là
vient qu'il y faut conserver tout le plus qu'on peut de grosses branches, même celles de faux bois, pourvû que les
unes & les autres se trouvent bien placées ; en effet il n'y a
que celles là qui soient capables d'en faire d'autres grosses
autant que nous en avons besoin, & par consequent de
faire de grandes feüilles & de grandes fleurs, telles que
nous devons les souhaiter.

Il est encore à propos, que je fasse remarquer icy pour
la consolation de nos curieux, que les premiers jets qui se
font au bout des vieilles branches de ces Orangers qu'on a
rencaissez malades, que ces premiers jets, dis-je, bien loin

dé paroître fains & vigoureux , ils paroifsent eux mêmes malades & moribonds, mais cela ne doit nullement inquiéter ; ils font d'ordinaire comme la premiere eau qui fort des tuyaux d'une fontaine nouvellement faite ; cette premiere eau eft fale & bourbeufe, comme fe fentant des ordures du lieu fale où elle a pafsé ; le tuyau n'eft pas net d'abord, c'eft elle-même qui le nettoye , & qui eft poufsée par les vents, que les belles eaux nouvelles de la fource chafsent devant eux , & enfuite on n'en voit plus que de belles ; aufsi les premiers jets de l'Oranger malade font jaunâtres & langoureux ; parce que tel Arbre n'avoit dans fes branches qu'un refte de feve , pour ainfi dire malade , comme étant provenuë des racines malades , & malades de long temps ; ainfi il ne faut pas s'attendre que tel Arbre fafse fi-tôt de nouveaux jets vigoureux , & des feüilles grandes & vertes ; il ne s'en fera point, qu'il ne fe foit fait premierement de bonnes racines nouvelles par le moyen du retranchement des vieilles par le moyen de la bonne terre nouvelle qu'on luy a donnée en rencaifsant , & par le moyen de la bonne culture ; il faut obferver que ce qui viendra de bon jets nouveaux même , fe fera d'ordinaire au pied , & au defsous de ces premiers, qui font venus jaunes & malades , & qui par le feul effort de la rarefaction du Printemps ont été produits indépendamment des racines nouvelles faites ; mais ces derniers jets, qui poufsent plus bas en approchant du gros de l'Arbre , fe font par l'operation des racines nouvelles, lefquelles agifsans dans la bonne terre neuve qu'on leur a donnée , fe préparent une bonne feve , & confequemment font de beaux jets , &c.

Or tels Arbres nouvellement rencaifsez font quelquefois longues années fans pouvoir bien faire , & on pourroit dire, qu'ils refsemblent afsez à quelques animaux , qui ayans vécu long-temps d'une fort mauvaife nourriture , ont enfuite beaucoup de peine à fe rétablir quand ils en trouvent de fort bonne ; il femble que comme à ces animaux l'eftomac , les mufcles, les boyaux , &c. fe font retrecis par la faim & par la mifere ; tout de même à ces Orangers la peau qui couvre & la tige & les racines , & le fiege du principe de vie fe foit rendurcie ; de maniere que la chaleur qui doit réveiller & animer ce principe de vie , par lequel tout doit être mis en action , & réveiller en même temps les vieilles racines, pour commencer d'agir ne puiſe pénétrer juſqu'à eux, ny rarefier l'ancienne ſeve, & amolir la vieille écorce, pour donner paſſage aux nouvelles racines qui en doivent ſortir.

Mais quoi que tels Arbres nouveaux encaiſſez, ſoient quelquefois un aſſez long temps ſans rien faire, comme ſi en effet ils étoient engourdis; cependant il n'en faut rien deſeſperer, tandis qu'on y remarquera quelque apparence de vert; j'en ay veu eſtre des trois & quatre ans ſans rien pouſſer, & faire enſuite des merveilles.

Tous les Arbres font régulierement plûtôt des jets nouveaux que des racines nouvelles, comme nous l'avons expliqué dans le Traité des Plans; mais ſouvent les Orangers, auſſi bien que les Figuiers font plûtôt des racines que des branches, & font auſſi plus grande quantité de racines que de branches; on peut **vrai-ſemblablement** juger aux uns & autres, qu'il s'eſt fait des racines nouvelles quand on y voit des jets nouveaux, & ſi quelques-uns meurent, aprés avoir ainſi commencé à pouſſer, c'eſt une marque que les nouvelles racines ont peri, ce qui n'arrive que rarement.

Il faut encore ici obſerver, que ſi ſur les vieilles branches de ces ſortes d'Orangers dont nous parlons, il en ſort de nouvelles en pluſieurs endroits, & que les plus belles de ces nouvelles ſortent dans les parties plus voiſines du corps de l'Arbre; en tel cas il faut entierement raprocher ſur ces plus belles, & abandonner les autres, afin de ſuivre la vigueur & la force par tout où elle ſe déclarera.

Je ne penſe pas qu'il ſoit trop neceſſaire d'avertir, qu'il faut couvrir avec de la cire préparée les endroits coupés, ſoit aux groſſes branches, ſoit à la tige; c'eſt à quoy on ne manque guéres, tous les Jardiniers en ſont d'ordinaire fort ſoigneux, plût à Dieu le fuſſent-ils autant du reſte de la culture: cette cire préparée empêche que l'ardeur du Soleil n'altere rien à la playe, & elle ſe fait moyennant une trés petite quantité d'huile qu'on met fondre avec de la cire jaune neuve, en ſorte que telle cire demeure aprés cela un peu mole & facile à manier & à s'étendre; les Epiciers en vendent d'ordinaire de toute aprêtée, & pour la faire valoir davantage ils la colorent à peu de frais, ſoit de rouge, ſoit de vert, ſoit de bleu, mais telles couleurs y ſont abſolument inutiles.

A'prés avoir dit ce qui à mon sens est à faire en rencaissant un Oranger malade, il reste à dire ce qui est à faire à un Oranger, qui étant beau & vigoureux, a été battu & gâté par la grêle, ou par les vents, ou par quelque accident inopiné.

Ce n'est pas icy une opération terrible, comme celles que nous venons d'expliquer; le plus grand mal est d'ordinaire sur les feüilles que la grêle aura hachées & déchiquetées; les racines qui sont le point principal de l'affaire, n'en auront pas souffert, & ainsi il n'y aura pour cela aucune obligation de rencaisser : je suis donc d'avis, qu'en tel cas on se contente simplement d'ôter les feüilles, & s'il y a quelques jets rompus, on les coupera au dessous de l'endroit rompu : Que s'il y en a beaucoup de rompus d'un côté, en sorte que l'Arbre en dût paroître défiguré, en tel cas il faut se résoudre à en couper autant sur les côtez qui n'ont pas été gâtez qu'on aura coupé sur les autres : l'Arbre étant vigoureux, comme je le supose, on le verra bien-tôt rétabli par tout : mais s'il est langoureux, cet accident doit faire avancer le rencaissement; en sorte que si la grêle a donné dans la fin de May, ou dans les premiers jours de Juin, comme c'est d'ordinaire la saison la plus dangereuse pour la grêle, on le fasse tout aussi tôt avec un notable retranchement de branches : Que si elle n'a donné que sur la fin de Juillet, on se doit simplement contenter de leur retrancher ce qu'il y a de gâté, tant aux feüilles qu'aux branches.

CHAPITRE XI.

Ce qui est à observer pour transporter les Orangers, & les bien placer au sortir de la serre. Du temps qu'on les doit serrer, & du temps qu'on les doit sortir. De ce qui est à faire en les entrant, en les sortant, & pendant qu'ils sont dans la serre. Et enfin de l'ornement qu'on peut faire pendant l'Hyver dans les serres.

AUtant que le titre de ce Chapitre paroît long, autant la matiere en est elle courte & succinte : ce n'est pas qu'on ne la puisse embarasser de quelque petite difficulté, qui est de sçavoir de quoy je dois premierement parler, ou de ce qu'il faut faire en sortant les Orangers ; ou de ce qu'il faut faire en les entrant ; car d'un côté la partie suppose qu'on les a premierement entrez, mais aussi l'entrée suppose, que comme on les avoit ; soit de succession, soit de nouvelle acquisition, ils avoient déja été placez dehors, & ensuite serrez, c'est à peu prés la difficulté de l'œil & de la poule, & comme à mon sens ce n'est pas un point bien important, j'en laisseray la décision aux gens de loisir, & qui cherchent à plaisanter.

Je viens donc à mon affaire, & aprés avoir supposé, que pour le transport des caisses petites & médiocres tout le monde sçait se servir de civieres, ou de gros bâtons, qui avec de bons crochets embrassent le fond des caisses des deux côtez, ou avec des cordes envelopent les quatre pieds, & que pour transporter les grands Arbres, tout le monde sçait pareillement se servir de chariots fort bas, sur lesquels à force de leviers, on fait monter les caisses, & ensuite, soit par des hommes, soit par des chevaux on les conduit dans les lieux destinez.

Cela, dis je, supofé, je dis pour satisfaire au reste de la premiere partie de mon tître, que comme ces Arbres aiment le chaud, & que comme depuis la my May qu'on les sort jusqu'à la my Octobre qu'on les serre, il fait seurement le temps qu'ils demandent, ils se trouvent bien placez en quelque endroit qu'on les mette, pourvû que le Soleil y donne au moins une partie du jour, en sorte qu'ils sont heureusement placez d'être dans le voisinage d'un mur, ou d'un bois exposé au Nord ; & même cette situation est celle de toutes, qui depuis la fin d'Aoust jusqu'au temps qu'on les doit rentrer, leur est en effet la plus convenable ; parce qu'on les met à couvert des vents du Midy, & du Couchant qui soufflent en ces temps là, & qui d'ordinaire tourmentent horriblement les Arbres encaissez.

Si bien que si on en avoit la commodité, il seroit à souhaiter, qu'aprés les avoir exposez au Levant ou au Midy pendant les mois de May, Juin, Juillet, Aoust qui sont en effet les expositions les plus favorables pour eux en sortir de la serre, on les peut ensuite exposer au Nord jusqu'à la my Octobre qu'il les faut serrer : les expositions du Levant & du Midy couvrent les Orangers des vents

de

du Nord qui font froids , & les couvrent fur tout des vents
de galerne , lefquels régnent d'ordinaire au mois de May ,
& font fouvent accompagnez de gelées blanches , capables
de leur faire tort.

Pour ce qui regarde les temps de ferrer & de fortir , tout
le monde fçait , que comme ils ne craignent rien tant que
le froid , il les faut garentir de cet ennemy dans tous les
temps qu'il paroît , & que par confequent il leur peut nuire ; or les nuits ne ceffent d'ordinaire d'être froides &
dangereufes qu'environ la pleine Lune d'Avril , qui fe
trouve vers les huit , dix ou douze de May , & ainfi il fait
bon les fortir pour lors fans attendre plus tard , & fur tout
s'il paroît quelque difpofition à pluye dans le temps de cette pleine Lune ; car fi au contraire les vents froids régnent
il faut attendre que le temps fe foit remis au beau ; de plus
les nuits commencent à devenir froides vers le quinze Octobre , & ainfi pour lors il eft véritablement temps de fe mettre à ferrer les Orangers , tout au moins de les approcher le
plus qu'on peut des ferres , afin que fi la faifon fe trouve extrêmement belle , on puiffe differer pour quelques jours à
les mettre dedans ; car en effet tant qu'il fait beau dehors ,
il eft avantageux aux Orangers d'y demeurer , & fur tout
pour ceux qui allongent encore leurs jets ; mais auffi pour
peu qu'un changement de vents vienne à nous menacer de
froid , on puiffe commodement & promptement les mettre
à couvert.

J'obferve particulierement au commencement de May
de ne point fortir , comme je viens de dire , que la pleine
Lune d'Avril foit paffée ; on a d'ordinaire quelques gelées
à craindre jufqu'en ces temps-là , & je prends garde que
l'air paroiffe être devenu fort doux & fort temperé , & fur
tout qu'il y ait quelque apparence d'une petite pluye douce & chaude ; ces obfervations me déterminent à fortir
quelquefois devant la my-May , toûjours eft il certain
que quoi que les Orangers marquent , pour ainfi dire , de
l'impatience de fortir par les jets qui commencent à fe former dans la ferre , en forte que feurement ils feroient beaucoup mieux dehors , où l'air eft en effet plus doux , qu'ils
ne font dedans où l'air eft pour lors un peu plus froid ,
n'ayant receu depuis fi long - temps aucun favorable re-

gard du Soleil ; cependant comme la gelée d'une feule
nuit pourroit leur faire un notable préjudice , par exemple reüir beaucoup de feüilles , & ruiner l'extremité des
jets tendres & nouveaux ; je fuis d'avis qu'on ait de fort
grands égards à la difpofition de la faifon , & que plûtôt
on fe mette au hazard de manquer par les fortir un peu trop
tard qu'un peu trop tôt ; telle année qui eft douce & pluvieufe , il n'eft pas mauvais de hâter la fortie, telle autre
année qui eft féche, froide, & venteufe, la fageffe veut
qu'on la diffĕre, & même dans les lieux bas il fe faut moins
preffer de fortir que dans les lieux élevez , parce que d'ordinaire le grand air , & un peu de vent qui y fouffle, font
que les gelées y font bien moins à craindre.

Or comme une pluye douce eft à fouhaiter dans le temps
qu'on les fort , afin fur tout que les feüilles en foient lavées
& nettoyées de la poudre , qui peut les avoir accuëillis dedans la ferre ; par la même raifon en eft-il à fouhaiter
une autre un peu devant que de ferrer, afin qu'il ne refte fur
les feüilles aucune pouffiere du dehors ; toutefois il ne faut
point ferrer pendant la pluye, autrement fi les feüilles font
humides en ferrant , elles deviendront en peu de temps fales & vilaines à caufe de la poudre qui s'arrêtera deffus ;
toûjours les faut-il arrofer une bonne fois auffi tôt qu'on
les a arrangez dans la ferre , comme nous avons dit cy-deffus dans le Chapitre huit, où nous avons auffi amplement
parlé des arrofemens qui font à faire dehors.

Il n'eft pas neceffaire de répéter ici , qu'il faut avoir de
trés grands foins , tant pour empêcher que le froid ne pénétre dans la ferre , que pour ouvrir les fenêtres dés qu'il
fait un beau Soleil ; il en faut avoir auffi pour empêcher le
dégât des rats & des fouris ; nous en avons affez parlé en
traitant des conditions d'une bonne ferre.

Il refte feulement à dire, que neceffairement il faut laiffer quelque efpace entre la muraille & les caiffes , foit pour
empêcher que les branches ne touchent au mur, & par
confequent ne s'y gâtent , foit pour pouvoir de temps en
temps vifiter chaque Arbre , & l'arrofer s'il eft befoin ; il
refte encore à dire, que fi on a une ferre affez grande pour
y pouvoir faire deux rangs d'Arbres , & y ranger avec ornement & fymetrie, tout ce qu'on en a de toutes façons,

én sorte qu'on y puisse laisser une allée au milieu, pour joüïr
en se promenant de la beauté des Arbres serrez ; il reste,
dis-je, seulement à dire, qu'il est trés à propos de s'étudier
à le faire, & à embellir le lieu par plusieurs vases pleins de
fleurs de la saison, par quelque figure ronde & enfoncée,
qu'on peut faire en face de la porte, par l'arrangement de
petits Arbres & Arbustes au dessus des grands, par l'élevation même des grands sur quelques billots, comme sur autant de pieds d'estaux, afin de cacher autant qu'on peut
les murailles ; & cela étant, on cachera ensuite ces billots
avec des vases, ou de petites caisses, en sorte que le lieu
quel qu'il soit, paroisse plein & touffu ; les Citronniers, les
Limes, les Jasemins, les Mirtes, les Lauriers-Thins, les
Lentisques, quelques Lauriers cerises, & une infinité de
simples sont tous propres pour cela ; cette diversité de feüillages réjoüit, mais pour ce qui est des Grenadiers, & des
Lauriers rose, la figure dépoüillée des premiers fait peur,
& fait même mal juger des Orangers, & les petites feüilles
pointuës & grisâtres des seconds déparent en quelque façon le reste du theâtre.

Je demande aussi autant qu'il est possible, que mettant
dehors ce qui étoit si bien rangé dedans, on le dispose de
maniere qu'il s'en fasse une figure agréable, pour servir de
décoration à l'endroit où on vient de l'exposer ; & je veux
sur tout, que s'il est possible, on fasse en sorte que dans cette disposition la veuë en soit agréablement surprise, & même trompée en ce que le nombre paroisse plus grand qu'il
n'est en effet.

Nous avons, ce me semble, assez parlé de la figure des
Orangers, de leurs fleurs, de leurs feüilles, & de leurs jets ;
disons presentement un mot des fruits, pour marquer ceux
qui sont les plus à souhaiter, en quel temps il en faut conserver, & en quel temps il les faut cuëillir.

CHAPITRE XII.

Des fruits des Orangers & Citronniers.

TOutes les Oranges sont douces, ou aigres, ou aigres douces, c'est à dire mêlées d'aigreur & de douceur ; les aigres sont pour les sauces, les autres sont pour manger cruës, ainsi que d'autres Fruits : Dans la premiere classe il y en a de douçâtres, & pour ainsi dire fades, qui par conséquent sont désagréables, partant il faut éviter d'en avoir autant qu'on peut : les meilleures des douces sont les Oranges de Portugal, & celles d'une autre sorte de grosse Orange à écorce fine qui viennent des Indes : les petits Orangers de la Chine sont aussi fort agréables.

Dans la classe des Oranges aigres, les Bigarades sont les meilleures, les plus belles, & les plus considerables ; celles des Orangers qu'on appelle Riche-dépoüille, & celles des Orangers communs, soit greffez, soit sauvages sont aussi fort bonnes.

Il y a des Orangers, dont les fruits ont l'écorce extrêmement grosse & épaisse ; ceux-là ont fort peu de jus ; il y en a dont l'écorce est cornuë & bossuë, comme celles des Bigarades ; il y en a enfin dont l'écorce est douce, fine, & déliée.

Les bonnes Oranges à laisser noüer, sont celles qui viennent sur les jets de l'année, & fleurissent dans la fin de Juin, ou jusqu'à la my Juillet ; je n'estime pas qu'il en faille guéres laisser de celles qui viennent des jets de l'année précédente, aussi bien sont-elles fort sujettes à tomber sans pouvoir venir en grosseur.

Il n'en faut guéres laisser deux ensemble à une même extrémité, tant parce qu'elles s'empêchent de grossir les unes & les autres, que parce que leur pesanteur est capable de rompre le jet qui les porte.

Telles Oranges noüées en Juin ou Juillet, ne sont d'ordinaire bonnes à cüeillir, que quatorze ou quinze mois

aprés , & c'eſt pour lors qu'elles commencent à jaunir.

Les feüilles de l'Oranger nommé Cedrat , ont le même
goût que l'Orange même , & pourroient contribuër à faire de la limonade.

Parmi les Citronniers & Limiers , il y a des differences de douceur & d'aigreur auſſi bien que parmy les Orangers.

Il y en a auſſi parmy les Poncyres , & à l'égard des
uns & des autres , il y a à dire toutes les mêmes choſes que nous venons de dire pour les fruits des Orangers.

CHAPITRE XIII.

Des Orangers & Citronniers en pleine terre.

PUiſqu'il eſt vray que les Orangers & Citronniers viennent naturellement en pleine terre dans les Pays chauds
& temperez , & que ce n'eſt que par artifice qu'on en éleve en pots , ou en caiſſes dans les Climats , qui ſont ſujets à de grands Hyvers ; il s'enſuit que ces ſortes d'Arbres ont plus de diſpoſition à réüſſir de la premiere façon , dans laquelle leurs racines en liberté peuvent de
tous côtez prendre beaucoup de nourriture que de la ſeconde , ou ces mêmes racines étant réduites en trés peu
d'eſpece , & étant , pour ainſi dire , en priſon , & entou-
rées d'un air capable de les gâter , n'en peuvent avoir qu'u-
ne petite quantité.

Pour les planter & cultiver , il n'y a point d'autre myſtere à faire que pour planter d'autres Arbres fruitiers ;
tout l'embaras qui eſt à eſſuyer pour cela , ce ſont les
couvertures d'Hyver , leſquelles , outre qu'elles doivent
être ſi bien faites , & ſi épaiſſes , que le froid ne les
puiſſe pas pénétrer , ſont encore ſuſceptibles de trés-
grands agrémens par dehors , quand des gens habiles , propres , & éclairez en prennent ſoin ; ce qu'on

voit , & qu'on admire tous les ans dans les Jardins de Trianon , peut fervir de régle & d'inftruction à ceux qui feront en état de le pouvoir imiter.

Fin du Traité des Orangers.

REFLEXIONS

SUR L'AGRICULTURE

ET

SUR LA SEVE ET LA VEGETATION

DES ARBRES FRUITIERS.

PAR M. DE LA QUINTINIE.

REFLEXIONS
SUR
L'AGRICULTURE.

PREFACE.

A même application qui m'a fait connoître les défauts de Jardinage, que j'ai ci-devant expliquez, & ausquels j'ai tâché de remedier ; la même m'a donné lieu de faire de temps en temps quelques observations sur les Plantes, & quelques méditations sur la Physique ; & comme ces observations & méditations sont le véritable fondement, & la preuve essentielle de mes instructions ; J'ay crû, qu'aprés les avoir réduites en un Traité particulier, sous le titre de Reflexions, je devois aussi les donner au Public.

Il se pourra bien faire, qu'elles ne seront pas au goût de quelques-

Tome II.   Q q

uns de nos Philofophes , ma prétention feroit trop grande , fi elle alloit jufqu'à vouloir plaire à tout le monde ; mais peut-être que parmy les habiles gens de nôtre illuftre fiécle il y en aura quelqu'un , qui trouvera ici de quoi porter fes grandes lumieres plus avant que je n'ai fçû pouffer ma petite capacité ; & c'eft ce que je fouhaite paffionément , & que je crois même avoir raifon de devoir efperer , parce qu'en effet m'étant fi fortement appliqué depuis plufieurs années à penetrer dans les productions ordinaires de la nature , pour tâcher d'en tirer quelques fecours capables de perfectionner la culture de nos' Jardins ; il n'eft point poffible ce me femble , que mon travail paroiffe entierement inutil & infructueux , & que par confequent la fincerité de mon intention ne trouve au moins un petit nombre d'aprobateurs ; on fera fans doute content de la bonne foi , avec laquelle j'aurai ingenument déclaré l'ordre & le progrez de mon étude , avec la foibleffe , & les bornes de mon raifonnement ; il n'en faut pas davantage à mon ambition pour la fatisfaire.

Je m'en vais donc commencer par l'endroit qui a été le premier à réveiller ma curiofité , & à m'infpirer le deffein de faire des reflexions.

CHAPITRE PREMIER.

Etats differens , où paroiffent les Arbres fruitiers eu égard à la difference des deux faifons , l'Automne , & le Printemps.

Frigidus & fylvis Aquilo decuffit honorem.

O vid.

Turpis fine gramine campus, & fine crine caput, & fine fronde nemus.

Idem.

A Voir les Arbres fruitiers fur la fin de l'Automne , quand ils viennent d'être dépoüillez de l'ornement de leurs fruits & de leurs feüilles ; enforte qu'ils font réduits à ne donner plus , pour ainfi dire , aucun figne de vie , & à voir pareillement ceux qui ont été plantez tout de nouveau , qu'on prendroit moins pour de véritables Arbres , que pour de fimples marques d'alignemens : il femble dans la verité , que les uns & les autres foient tellement depourvûs du principe de vegetation , qu'il ne leur refte pas la moindre efperance de reffource.

Mais auffi à confiderer à l'entrée du Printemps , & les vieux , & les nouveaux , quand de tous côtez ils commencent , ou à fleurir , ou a pouffer des bourgeons & des branches , ne femble-t il pas , que ce foit une efpece de réfurrection , qui leur arrive , ou qu'ils n'ayent jamais été dans l'état pitoyable , où nous venons de les confiderer.

Deux chofes , qui feroient fans doute infiniment furprenantes , auffi bien que tant d'autres , que nous voyons tous les jours , fi elles étoient moins ordinaires dans le cours de la nature , & si nous n'étions pas autant accoûtumez que nous sommes à ces sortes de miracles continuels : toutefois il ne se peut que quand on se met à les regarder avec attention , on n'en soit grandement ébloüy , & qu'on ne devienne en même temps curieux d'en rechercher la cause & les raisons par tous les moyens imaginables.

Et en effet , c'est ce me semble une belle matiere à faire deux reflexions importantes & curieuses. La premiere , pour connoître d'où vient cette cessation d'action , qui est cause , que tout d'un coup ces Arbres paroissent morts , quoy qu'ils ne le soient pas : Et la seconde , pour juger comment se fait ce changement si merveilleux , qui quelques mois aprés , les remet en train d'agir tout de même qu'auparavant ; en sorte que les vieux plantez deviennent en peu de temps aussi beaux que jamais , & a leur imitation les jeunes produisans d'un côté beaucoup de racines , & de l'autre beaucoup de branches , font voir clairement , que bien loin d'être ce qu'ils paroissent , ils sont demeurez Arbres véritablement vivans , mais toûjours avec cette sujétion aux vicissitudes de la nature , & pour les uns , & pour les autres , que comme l'Automne & le Printemps reviennent tous les ans chacun a leur tour , il se fait aussi tous les ans dans les Jardins comme autant de changemens de Theatre , & de Scenes nouvelles. Ces Arbres à la premiere rigueur des gelées rentrent véritablement dans le même état de désolation , d'où nous les avons déja vû sortir ; mais aussi dés que le temps se radoucit au renouveau , paroissans comme victorieux de l'ennemi , qui les avoit en quelque façon détruits , ils se representent à nos yeux avec ce même éclat , & ce même agrément , qui nous avoient tant de fois charmez.

Pour expliquer avec plus de netteté ce que je pense sur ces états si differens de nos Arbres : j'ai crû ne le pouvoir mieux faire , qu'en me servant de comparaisons simples , vulgaires & palpables.

Et voilà pourquoi je me represente ici un Arbre artificiel , de quelque matiere solide qu'il puisse être , par exemple de fer , ou de cuivre : je me le figure droit sur son pied , & representant un Arbre véritable par le moyen des differens tuyaux qui le composent , le plus gros servant à faire la tige , & les médiocres à faire d'un côté les branches , & de l'autre côté les racines.

Je me represente aussi ces tuyaux remplis de lait , soit en toute leur étenduë , soit seulement dans une partie.

Cela posé , je conçois ici cette liqueur calme , & pacifique dans sa consistance naturelle , n'occupant de place , qu'a proportion de sa quantité ordinaire , & n'en occupant jamais plus dans une heure , que dans une autre , & cela seulement pendant tout le temps qu'il n'est point parvenu de chaleur étrangere jusqu'au voisinage de ces tuyaux ; mais d'abord que celle du feu a commencé d'en approcher de prés , soit par une des extremitez , soit par le milieu du corps de cet Arbre artificiel, je vois qu'il se fait aussi tôt de l'émotion dans cette liqueur, si bien que se raréfiant, comme disent les Philosophes, ou boüillonnant, & se gonflant, comme le vulgaire le peut dire, elle vient aussi tôt à s'élever plus haut que de coûtume, & à occuper en effet beaucoup plus de place qu'auparavant; en sorte que si quelques parties de ces tuyaux étoient vuides, cette liqueur montant, a mesure que sa chaleur augmente, vient en même temps a les remplir, ou si les tuyaux étoient entierement pleins, la liqueur se répand en dehors par les extremitez; jusques la même, que si elle ne les trouve pas ouvertes, elle creve les tuyaux, & se fait passage, pour sortir des lieux où elle ne peut pas se contenir.

Le bois vert mis dans le feu, & jettant une maniere d'écume par les extremitez, d'abord qu'il commence a brûler, peut, ce me semble, representer assez visiblement ce que je viens de proposer.

Or il est certain, que si en sortant cette liqueur de l'air ainsi rarefiée avoit le don, ou la faculté de devenir solide, elle produiroit, ou plûtôt elle seroit convertie en quelque espece de corps nouveau, qui ne discontinuëroit point de croître, tandis qu'à la place de la premiere liqueur échauffée, & devenuë solide, il s'en substitueroit une autre toute pareille; si bien qu'arrivant à celle-cy une chaleur telle qu'à la précédente, il en sortiroit aussi insensiblement une suite ordinaire d'autres effets à peu prés semblables.

Je prétens ici que les tuyaux representent l'écorce des Arbres, & que la liqueur pacifique dans ces tuyaux represente l'état, où est pendant l'Hyver la seve dans les Arbres : (la rigueur du froid, qui fixe le mouvement des matieres liquides, & empêche les effets naturels de la chaleur, avoit épaissi cette seve; & l'avoit tellement arrêtée, que faute d'avoir son impression ordinaire, elle étoit restée comme immobile, je veux dire sans aucune apparence d'action.)

Le feu réchauffant ces tuyaux, & au travers de leur solidité échauffant cette liqueur renfermée, represente l'air & la terre échauffées, & échauffans aussi tôt le corps des Arbres véritables.

Voici, ce me semble, l'ordre & la suite de cette opération merveilleuse, qui se fait au Printemps. L'air est le premier à se ressentir de cette chaleur par la reflexion des rayons du Soleil; & en même temps d'un côté l'écorce des Arbres, & de l'autre la terre voisine des racines de ces Arbres, se trouvent pénétrées de cette chaleur, l'une & l'autre échauffées communiquent aussi tôt ce qu'elles ont reçû de chaleur à toutes les parties de la plante qu'elles tiennent renfermées.

La seve donc répanduë dans toutes les parties des Arbres, & particulierement entre le bois & l'écorce, qui est le lieu où elle fait sa résidence, & sa fonction principale, & où elle avoit été en quelque façon morte pendant l'Hyver, parce que pour lors elle étoit exempte de toute sorte d'agitation ; cette seve, dis je, ne sent pas plûtôt au Printemps les premieres atteintes de cette chaleur du Soleil, que commençant à se mouvoir dans son lit, & pour ainsi dire, à bouillonner en soi même, elle s'étend, & cherche aussi-tôt à se donner plus de place qu'elle n'en occupoit ; si bien qu'étant ainsi agitée & continuant à se gonfler, ou rarefier, à mesure que la chaleur du Soleil augmente dans l'air & dans la terre, elle se pousse vers toutes les extremitez de l'Arbre, pour sortir des lieux, où desormais elle se trouve trop étroitement serree : c'est ainsi qu'elle commence d'entrer en action.

Mais son premier mouvement, ou sa premiere action commence à paroître vers les extremitez de dehors, qui sont pour lors les premieres échauffées comme plus voisines de l'air échauffé, & ne vient qu'au bout de quelque temps aux parties, qui étant renversées dans la terre, & par consequent plus éloignées de cet air échauffé, ont été les dernieres à ressentir l'impression de la chaleur.

Or par tout où cette seve agitée peut parvenir, elle fait aussi-tôt paroître ce qu'elle sçait faire, ayant ce don merveilleux de prendre de la consistance, & de la solidité à tous les endroits où elle se fait des issües.

Ce qui à la verité est infiniment difficile, & à comprendre, & à expliquer, tant à cause des allongemens, quand il n'y auroit qu'à les considerer en soi, & dans la liaison imperceptible, qui se fait tous les ans du vieux avec le nouveau, qu'à cause principalement de cette justesse de productions réglées & simetriques, qui sont observées dans l'étenduë de chaque branche ; car enfin sur toutes on voit des feüilles tenans à des yeux, qui sont espacez avec un ordre perpetuel & immarquable ; ainsi celles de certaines plantes les ont toûjours dimetralement opposez, & celles d'autres plantes les ont simplement en forme de degrez inferieurs les uns aux autres : il y en a qui de distance en distance ont des nœuds, qui separent la partie basse d'avec la partie haute, en sorte qu'on pourroit dire qu'elles ne sont que contiguës les unes aux autres, comme on voit à la Vigne, au Figuier, au Sureau, &c. & par tout, que n'y a t il pas à mirer pour l'origine des Fleurs & des Fruits, pour les différences de couleur, de goût, de figure, de senteur, &c. pour la diversité des feüilles, écorces, &c.

Suivons autant que nous pourrons le fil des actions de cette seve échauffée : nous avons déja dit que ses premiers effets à l'entrée du Printemps sont d'ordinaire du côté des parties de l'Arbre, qui sont exposées à l'air, parmi lesquelles nous avons la tige, & nous avons les branches, dont les unes sont grosses, & les autres menuës ; voici à mon sens quelles sont les operations de la seve pour chacune d'elles.

Les foibles & menuës , comme ayant l'écorce plus mince & plus déliée, font plus aisément pénétrées , que celles qui font plus fortes , & plus materielles ; & voila pourquoi ces menuës , & particulierement les boutons à Fruits qu'elles foûtiennent , font comme les avant coureurs de l'arrivée du Printemps ; ce qui paroît fur tout à l'égard de tous les Fruits à noyau , dont les boutons ont été achevez de former au dernier déclin de feve de l'année précédente.

La premiere action de la feve aboutit ici à enfler auffi tôt ces boutons à Fruit , & peu de jours aprés à les épanoüir ; & enfin fi la rigueur du temps ne s'y oppofe , elle fait que dans le cœur de ces boutons on y voit noüer ces Fruits, qui aprés avoir été l'objet de l'efperance , & de l'inquiétude des Jardiniers , les doivent combler de plaifirs , & récompenfer des depenfes , & des fatigues paffées.

Pour ce qui eft des yeux ordinaires , qui fe trouvent fur ces petites branches , & particulierement en Fruits à pepin , la feve en allongera peut-être quelqu'un vers l'extremité , où fe fait fon principal effort ; & entrant fagement dans les autres , qui font le long de la branche , elle y commence en même temps par tout de petites feüilles , & commence en quelques uns des boutons à Fruits pour le temps à venir : elle continuë même d'y achever pour le Printemps , fuivant ceux qu'elle y aura trouvés avec de certains commencemens un peu avancez dés l'année précédente.

A l'égard de la tige , & des groffes branches , la premiere action de la feve , qui au fortir de l'Hyver a été échauffée , cette premiere action , dis-je , aboutit uniquement en ce temps cy à y allonger d'abord les yeux , qu'elle y rencontre tous formez , & à y commencer en effet de nouvelles branches , & fouvent même quelques boutons à fruit , fans qu'il y foit encore venu aucun fecours de la part des racines. C'eft pourquoi la plûpart des branches coupées , & des Arbres plantez de nouveau paroiffent au Printemps pouffer quelque peu , & donner de certaines marques de vie , fans que , pour ainfi dire , ils foient encore véritablement vivans : ces petits commencemens de branches nouvelles ne nous raffeurent de rien pour la reprife des Arbres , à moins que du côté du pied , où eft le principal nœud de l'affaire , & la plus grande difficulté , il ne s'y faffe enfuite de bonnes racines nouvelles ; c'eft ici le grand chef-d'œuvre de l'Arbre , pour lequel il faut des efforts beaucoup plus confiderables , que pour ces petites productions , qui fe font du côté de l'air.

Voyons ce qui fe paffe dans l'autre élement , d'abord que cette même chaleur du Printemps en a temperé le froid naturel , & que la Terre échauffée a communiqué fa chaleur aux anciennes racines.

Nous devons concevoir, & être perfuadez, que comme la feve étant agitée dans la tige & dans les branches, ne peut fe contenir dans la place qu'elle occupoit, étant pareillement agitée dans les racines, elle ne peut abfolument s'y contenir ; & que comme le premier mouvement de feve a paru dans les petites branches, devant que de paroître fur les groffes, le même ordre de mouvement fe pratique à l'égard des petites racines, & à l'égard de celles qui font plus groffes : la feve donc venant ici dans fon gonflement à rompre l'écorce qui la renfermoit, elle en fort par toutes les iffuës qu'elle eft capable de s'y faire ; & pour lors de liquide qu'elle étoit devant que de fortir, fe trouvant folide au moment de fa fortie auffi bien dans la terre, qu'elle l'eft devenuë en fortant du côté de l'air ; elle prend dans terre l'être, la forme, & la nature de racines, tout de même que dans l'air celle des branches prend la nature de feüilles, de fruits, & d'autres branches, &c.

CHAPITRE II.

Reflexion fur l'origine, & fur l'action des racines.

C'Eft donc ainfi que fe fait le premier commencement de la plus importante opération des vegetaux, c'eft à dire la production des racines, à l'égard defquelles il eft bon de fçavoir qu'en naiffant elles paroiffent toutes blanches, & comme bouffies d'une certaine matiere molaffe, & fluide, & que même elles demeurent en ce même état pendant les premiers jours de leur allongement ; mais quelque temps aprés cette blancheur qui fent, pour ainfi dire l'enfance, vient à fe changer premierement en couleur vive & rougeâtre, comme fi elle reprefentoit l'âge viril, & c'eft en effet le temps de la grande action de ces racines : enfin aprés quelques années il fuccéde une autre couleur terne & noirâtre, qui marque juftement l'âge décrepit ; auffi eft il vrai, que telles racines n'étant plus capables d'agir, ou au moins que médiocrement, elles deviennent non feulement inutiles, mais même incommodes & pernicieufes : on pourroit peut être affez à propos les comparer aux dents gâtées des animaux, lefquelles comme il eft expedient de les arracher au plûtôt, parce qu'elles ne font plus qu'affliger, & caufer des infirmitez ; tout de même auffi ne fçauroit-on trop tôt décharger de leurs vieilles racines les pieds de nos Arbres qui commencent à languir : nous avons dit ailleurs quel eft l'effet d'un tel retranchement de vieilles racines pour remettre les Arbres dans leur premiere vigueur.

De ces premieres racines qui fe font, il y en a de foibles, c'eft à dire de menuës, & il y en a de fortes, c'eft à dire de groffes ;

celles qui naiſſent menuës , & qu'on appelle chevelu , viennent communément de l'extremité d'autres menues , & ne changent guéres jamais de condition , ni de claſſe ; elles demeurent d'ordinaire toûjours menuës & foibles , chacune racine n'agiſſant qu'à proportion de la force, ou de la foibleſſe dont elle ſe trouve en naiſſant ; & on peut dire avec verité que ces menuës ſont de miſérables ouvrieres , & de peu de durée : auſſi quelque faveur , & quelque protection qu'elles ayent auprés de la plûpart des Jardiniers , ſi je les honore quelque peu , pendant qu'elles ſont dans le ſein de la terre , je leur fais une guerre mortelle & impitoyable , quand elles en ſont dehors , c'eſt à dire quand les Arbres ſont arrachez , & que j'en fais des plans nouveaux : je tâche de juſtifier mon procédé à l'endroit où je traite à fond cette matiere.

A l'egard des racines qui naiſſent groſſes , c'eſt à dire fortes & bonnes , & provenantes d'un principe vigoureux , car elles ne ſçauroient provenir d'un qui ſoit foible ; celles cy ſont , pour ainſi dire le nerf principal des Arbres ; ce ſont elles qui en s'allongeans, & ſe groſſiſſans fourniſſent inceſſamment de la matiere propre à monter dans tout le corps de l'Arbre , ſoit pour produire de nouveau , ſoit pour allonger , & groſſir les nouvelles productions qui ſe font du côté de l'air ; & c'eſt à de te les racines qu'on eſt particulierement obligez , quand on a des Arbres beaux , grands , & vigoureux.

On doit ici ſçavoir , que nous avons de certains Arbres , & de certaines Plantes , auſquelles ce qui ſort en branche , par la raiſon qu'il eſt ſorti ſur la tête , ſeroit ſorti en véritables racines , ſi la partie qui leur a donné naiſſance , s'étoit trouvée couverte de terre ; & c'eſt ce qui s'appelle marcoter , ou provigner : réciproquement ce qui a pris la nature de racines , parce qu'il eſt ſorti dans la terre , auroit pris la nature de branches , s'il étoit ſorti d'une partie expoſée à l'air : plût à Dieu que telle facilité de faire racines en marcotant fût commune & naturelle à toutes ſortes d'Arbres , auſſi bien qu'elle l'eſt aux branches de Vignes , de Figuier , de Coignaſſiers , de Groiſeliers , de Mirte , &c. Les avantages que nous en tirerions , ſeroient d'un raport & d'une commodité infinie ; c'eſt une vérité qui n'a pas beſoin de grande déduction , pour être confirmée.

Mais ce que je trouve à propos d'ajoûter eſt , que ſi parmi les ouvertures que la rarefaction fait dans la racine , il s'en trouve quelqu'une tournée du côté ſupérieur de la terre , au lieu d'être comme les autres tournée vers la partie inferieure , ou au moins orifontalle ; en tel cas au lieu de racines nouvelles il ſe fera des rejettons d'Arbres nouveaux : cette obſervation n'eſt pas moins aſſurée que la précédente ; & je trouve ſi difficile à expliquer , d'où vient que des ouvertures , qui ne ſont différentes que par leurs ſituations , faſſent cependant des effets ſi differens , que j'a

voie

voüé de bonne foy n'avoir pû parvenir à en rendre aucune raifon capable de me fatisfaire.

Je reviens à la production de nos racines ; & je dis qu'à l'égard de
l'allongement, & de la groſſeur des branches on peut bien aiſément
s'imaginer d'où vient la matiere qui les fait, & cela par la comparaiſon d'un ruiſſeau qui s'allonge, ſe groſſit, & ſe fortifie à meſure
que la ſource de la fontaine, d'où il tire ſon origine, lui produit
abondance d'eaux nouvelles ; car c'eſt ainſi que la ſeve venant inceſſamment des racines aux parties ſuperieures de l'Arbre y eſt employée pour la facture merveilleuſe de tout ce que nous voyons s'y
faire de nouveau.

Mais pour trouver quelque comparaiſon materielle, qui repreſente au moins groſſierement, comme quoi ces racines ſont naiſſantes & agiſſantes en même temps, & ſur tout à l'égard des Arbres
qui ſont nouveaux plantez ; il eſt certain, que juſqu'à preſent je
n'en ay pû imaginer aucune : je craindrois de profaner la maniere
d'être des Anges, ſi j'oſois en tirer quelque paralelle, pour m'expliquer plus intelligiblement : car en effet, comme ces êtres ſpiri-
tuels agiſſent avec toute la perfection poſſible dés le premier moment que la création leur a donné l'être, auſſi ces racines nouvelles ne ſont pas plûtoſt ſorties de la vieille, qu'elles agiſſent pour
chercher leur nourriture, & par leur action, qui commence au même moment que commence leur être, elles contribuent a s'augmenter elles mêmes de groſſeur, de longueur & de nombre : elles ſont
par même moyen que l'Arbre qu'elles ſoûtiennent, augmente pareillement de groſſeur, de longueur, & de multiplicité de branches &
de Fruits ; & enfin au grand étonnement de l'eſprit humain elles ſont,
& tout d'un coup, & d'une même action leur propre bien, & le bien de
tout l'Arbre.

La premiere partie des racines nouvelles, qui par l'effort de la rarefaction vient de ſortir de la vieille, s'eſt non ſeulement employée
à nourrir, tant elle-même, que l'Arbre d'où elle dépend, mais à contribué au même inſtant à faire ſortir immediatement à ſon extrémité
une ſeconde partie de racines toute ſemblable à elle même pour ſervir à l'allongement & à la groſſeur d'elle qui étoit la premiere partie :
en ſorte que de ces deux parties jointes enſemble cette racine en devient, & plus groſſe, & plus forte, & plus longue ; & ce qui eſt admirable, cette ſeconde partie, qui doit ſa naiſſance à la premiere, co'tribu-
büe à ſon tour à nourrir & fortifier cette premiere ; & par un enchaî-
nement d'actions toutes enſemb'e, ces deux parties de racines enſemble
devenuës plus fortes, & plus capables d'agir, en produiſent à leur extrémité une troiſiéme ſi bien liée, ſi unie, & ſi étroitement incorpo-
rée avec les deux précedentes, qu'on ne ſçauroit plus les démêler l'une
avec l'autre ; les trois parties enſemble ne faiſans plus qu'un ſeul corps
de racines plus vigoureux dans ſon action, qu'il n'étoit un moment auparavant.

Et aprés que , pour ainfi dire , ces deux premieres parties ont donné l'être à cette troifiéme , elles reçoivent reciproquement d'elle le même fecours , que la premiere feule avoit reçû de la feconde , & ainfi en augmentant à tous momens de parties nouvelles à l'infiny , elles fe prêtent , & fe rendent tous ces bons offices mutuels , qui les faifans vivre & fubfifter , font encore , comme nous avons dit , vivre & fubfifter toutes les parties de cet Arbre.

Je ne fçaurois , à dire le vray , affez clairement comprendre ce miracle perpetuel de la nature dans les vegetaux : je vois bien que par le moyen de la rarefaction on peut comprendre à peu prés l'être des premieres parties de ces nouvelles racines dans le point de leur naiffance , & de leur origine ; mais en qualité de racines animées , & de racines agiffantes , je trouve une difficulté tres-grande à bien comprendre leur action fi fubite , foit à l'égard de la premiere & de la feconde partie , foit confequemment à l'égard de toutes les autres ; car enfin ces racines naiffantes ne demeurent pas un moment inutiles , à moins que par quelque accident impreveu elles ne viennent à mourir ; & pour lors la mort de l'Arbre s'enfuit indubitablement.

L'action qui fe fait dans le flambeau qu'on allume , n'auroit elle point quelque rapport à celle qui fe fait icy dans la premiere production de ces racines ; & n'en pourrions-nous pas tirer quelque fecours pour l'intelligence de ce premier point de noftre vegetation : En effet ce flambeau demeureroit inutile , & fans aucune action dans la place qu'il occupoit , jufqu'à ce que lui ayant été communiqué d'ailleurs un peu de premier feu , & de premiere flamme , il s'eft en même temps trouvé en état de commencer de lui-même a brûler & à éclairer ; ce premier feu , & cette premiere flamme s'eftant auffi toft augmentez eux mêmes par leur propre operation.

Ainfi l'Arbre dans la terre demeuroit inutile , & fans aucun mouvement de vegetation , jufqu'a ce que par un fecours étranger , c'eft-a-dire par l'effort de la rarefaction , fon principe de vie ayant fait produire de petits commencemens de nouvelles racines aux extremitez de celles qui lui eftoient reftées , il a commencé en même temps de faire toutes les fonctions d'un Arbre vivant , ces nouvelles racines s'eftant auffi-toft augmentées & accruës par leur propre operation.

Et comme l'augmentation du premier feu , & de la premiere flamme de ce flambeau eft provenuë , de ce que leur action ayant fondu neceffairement une plus grande quantité de la matiere voifine , qui eft propre pour leur entretien, elle a fourny par là une plus grande nourriture nouvelle à l'un & à l'autre , & par confequent les a rendus plus capables d'agir chacun à leur maniere.

Tout de même noftre premiere racine eftant animée par le

secours qui l'a produite, elle a commencé de s'augmenter elle-même, à mesure que préparant par son action necessaire une plus grande quantité de seve nouvelle, & devenant par là plus forte & plus vigoureuse dans cette même action, elle a produit plus grande quantité d'autres racines, par le moyen desquelles cet Arbre est devenu generalement plus beau, plus grand & plus vigoureux.

Nous voyons bien que dans nostre flambeau c'est la plus grande chaleur qui fond la plus grande quantité de matiere combustible ; nous voyons ensuite que cette matiere étant fondue, sert à augmenter cette même chaleur, par qui de solide qu'elle estoit, elle a esté renduë liquide ; si bien que la chaleur étant augmentée, elle a davantage de force pour mieux subtiliser la matiere sur qui elle agit, c'est à-dire pour la convertir en vapeurs & exhalaisons plus subtiles, & par consequent plus propres à faire une plus grande flamme ; la flamme augmentée augmente reciproquement la chaleur par qui elle est produite, & ainsi c'est une maniere de circulation qui se fait icy entre la chaleur, la flamme & la matiere combustible.

Et comme à proportion que les flambeaux agissent sur une plus grande quantité de matiere, à proportion aussi éclairent-ils mieux ; ainsi à proportion que nos Arbres font de meilleures racines, & en plus grande quantité, à proportion aussi produisent-ils plus de branches, & font en état de vivre plus long temps.

C'est pourquoy comme les Arbres de plein vent font une plus grande quantité de racines que les Arbres d'Espalier, parce que ceux-là en produisent toute autour de leur circonference, au lieu que ceux cy n'en peuvent faire qu'au tour de la moitié. De là vient que d'ordinaire la grandeur, la grosseur, & la durée des Arbres de plein vent surpassent de beaucoup celle des Arbres d'Espalier.

Et quoy que le principe de vie qui fait agir ces racines, soit au commencement le même dans l'un que dans l'autre, ainsi que le feu qui a allumé un grand flambeau, est le même que celui qui en a allumé un petit ; cependant ce principe de vie paroist se fortifier davantage dans tel Arbre, qui produit plus de racines, qu'il ne fait dans tel autre qui en produit moins ; comme si à mesure que chaque racine commence d'estre, elle devenoit en quelque façon un agent particulier : enforte que se servant avantageusement du secours qu'elle a reçû, & qu'elle continuë de recevoir du principe de vie, sans lequel elle demeureroit privée de toute fonction, elle agit de jour en jour plus vigoureusement, & augmente veritablement sa capacité d'agir, à proportion qu'elle devient, & plus grosse, & plus longue, & plus multipliée : c'est ainsi que le premier feu & la premiere flamme du flambeau font fortifiez par la nourriture nouvelle qu'ils se preparent, en augmentant à tous momens, & leur chaleur, & leur lueur ; mais veritablement plus dans le grand, & moins dans le petit, avec cette différence pourtant à l'égard de nos Arbres, que ce premier feu, & cette première flamme periffent tous deux en même temps que la première matiere, qui en leur donnant l'être s'eft confommée, & pour ainfi dire anéantie; au lieu que le principe de vie de nos Arbres fubfifte toûjours, quand même ils viennent a perdre une partie de ces racines, par le moyen defquelles nous leur avons vû faire de fi grands progrés pour l'augmentation de leur beauté, & de leur étenduë.

Il faut donc convenir neceffairement comme d'une verité trés-conftante dans l'ordre de la nature, que dans chaque plante il y a un certain principe de vie, qui foûtenant l'effet de cette rarefaction, foûtient en même temps & l'être & l'action de ces racines naiffantes : il faut que ce foit ce principe interieur, qui cooperant avec chacune d'elles dans l'employ que la nature leur a impofé, aide chacune à faire ce qui leur feroit impoffible fans fon fecours, & par conféquent c'eft ce principe feul, qui fait que ces racines feules font capables d'attirer ou de recevoir.

J'expliqueray cy-aprés ce que je penfe fur ce grand problême de l'action des racines : je me contenteray prefentement de dire, qu'il y a tres-peu de ces racines qui puiffent agir toutes feules, quand une fois elles ont été féparées de l'Arbre, avec lequel elles ont pris naiffance; je dis fimplement feparées; car de racines une fois arrachées, & depuis replantées, je n'en fçache point qui foient capables de reprendre & d'agir; & partant fi les racines d'Orme, de Rozier, de Vigne, de Figuier, de Framboifier, & de quelques autres Arbuftes infiniment vivaces fe peuvent vanter de produire quelquefois; en forte que de la partie de leur extrémité, qui ne tient plus à cet Arbre, duquel elles étoient les membres principaux, il en naiffe des Ormes, des Roziers, de la Vigne, &c. il eft certain que c'eft un Privilege fingulier, qui leur eft uniquement accordé, fi bien qu'on n'en fçauroit tirer de conféquences generales pour le refte des Arbres & des Plantes ; c'eft donc un principe de vie, qui dans chacune fait agir leurs racines, & donne la derniere perfection à ce qu'elles ont efté capables de faire.

Il faut même avoüer, qu'à l'égard de ce principe de vie il y a de notables degrez de différence d'Arbre à Arbre, auffi-bien qu'il y en a de fond de Terre à fond de Terre : la chaleur du *Soleil* étant égale dans fon principe, échauffe par exemple également un petit quartier de Terre également bonne, & également expofée, & échauffe auffi également tous les Arbres qu'on y a plantez ; & cependant quoi qu'ils paruffent tous bien conditionnez, quand on les y a mis, on en voit tel qui pouffe de tous côtez avec vigueur, & tel autre qui n'y fait rien du tout, ou n'y fait que languir.

Tels défauts ne peuvent regulierement venir d'ailleurs que de la part des Arbres, puifque la part de la Terre nous l'avons fuppofée avec toutes les bonnes qualitez qui lui font neceſſaires ; & que le Soleil qui agit également , ne peut recevoir aucun reproche de ſon côté.

Les Arbres plantez agiſſent donc dans la Terre , premierement par leur principe de vie ; puiſque c'eſt lui , qui étant animé par la chaleur , fait que les vieilles racines en produiſent de nouvelles , à l'action deſquelles en ſuite chaque Arbre eſt obligé de la nourriture , qui le fait ſubſiſter & croître. L'uſage a établi de donner à cette nourriture le nom de ſeve , & ainſi ce ſera le terme dont nous continuërons de nous ſervir plus ordinairement , quand nous parlerons cy-aprés de cette matiere.

CHAPITRE III.

Reflexion ſur la nature de la ſeve.

DEvant que de faire entendre ce que c'eſt à mon ſens que cette ſeve , laquelle on pourroit dire être à l'égard des plantes , ce que le chile ou le ſang ſont à l'égard des animaux : comme en effet l'eau dans les entrailles de la Terre eſt à l'égard de ces mêmes plantes , ce que les alimens dans l'eſtomac ſont à l'égard de ces mêmes animaux : il eſt à propos de remarquer , que comme le propre de la Terre eſt de ſervir à la production & nourriture des vegetaux , parce qu'elle a en ſoy l'eſprit , ou la qualité de fecondité neceſſaire pour de tels ouvrages ; auſſi eſt il vray qu'elle n'en ſçauroient faire la fonction , à moins qu'elle ne ſoit raiſonnablement humectée ; c'eſt ainſi par exemple que le Sené qui a une qualité purgative , ne la ſçauroit exercer , ſi ce n'eſt par le moyen d'un peu d'eau , ou d'autre liqueur , dans laquelle on l'infuſe , & à laquelle cette infuſion la fait communiquer ; mais auſſi tout de même que cette qualité purgative devient preſque inutile , ſi la quantité d'eau eſt exceſſive à proportion de la quantité du Séné , tout de même nôtre Terre deviendra infertile , & pourriſſante à tous les Arbres fruitiers ; auſſi bien que pour la plûpart des plantes , ſi elle eſt en quelque façon noïée d'eau ; elle veut un peu d'humidité , mais elle n'en veut pas exceſſivement , la trop grande abondance lui eſt auſſi préjudiciable , que la trop grande diſette le peut être.

A l'égard de cette diſette d'eau , il eſt vray auſſi de dire qu'elle n'eſt jamais dans la Terre que la ſterilité ne s'y trouve inſeparablement : c'eſt pourquoy tout ce qui s'appelle bonne Terre , eſt d'ordinaire accompagnée de toute ſorte d'humidité , qui n'eſt autre choſe que de l'eau veritable répanduë dans toutes les parties

de cette Terre : ce font pour la plûpart les pluyes & les neiges ,
les ruiſſeaux , & les fontaines voiſines , & quelquefois les arroſemens artificiels qui la fourniſſent & la ſupléent ; & comme cette
eau par ſa peſanteur penetre au travers de toutes les parties de la
Terre , elle devient en terme de Phloſophes impregnée du ſel ni-
tre de cette Terre , c'eſt à dire du ſel de fecondité , ou en terme
de Jardiniers elle devient aſſaiſonnée des qualitez de cette Terre , juſqu'à en prendre le gouſt quel qu'il puiſſe être , en ſorte
même qu'elle le communique aux plantes qu'elle nourrit : l'experience des Vins qui ſentent le terroir , auſſi bien que de beaucoup
de fruits qui le ſentent pareillement , nous confirment aſſez cette
verité.

Une partie de cette humidité avec tout cet aſſaiſonnement ſenſible
ou inſenſible , ſert à faire des mineraux & des fontaines ; & une partie , comme nous avons déja dit , ſert à la production & nourriture de
mille ſortes de vegetaux : celle-cy dans chaque Terre eſt originairement d'une ſubſtance égale pour toute ſorte d'Arbres & de plantes , &
n'eſt en effet que cette eau , dont nous venons de parler , mais elle ſe trouve en un moment tres differente , & de couleur & de gouſt ,
& de conſiſtence , d'abord que par l'action des racines elle eſt entrée
dans chaque plante en particulier , & qu'elle a ceſſé d'y être de l eau pure
& ſimple.

Car premierement de liquide qu'elle étoit , devant que d'entrer dans
ces racines , elle devient en ſuite par ſucceſſion de temps preſque toute
ſolide , & pour ainſi dire métamorphoſée , ſoit en nature de fruits & de
feüilles , ſoit en nature de bois , d'écorce , & de moëlle , & y fait un corps
plus ou moins dur & ſerré , ſelon qu'il convient plus ou moins à la
deſtinée de chaque fruit , de chaque Arbre , & de chaque plante en
particulier.

C'eſt ainſi peut-eſtre que la ſimple roſée répanduë ſur certaines fleurs
des Jardins & des Prairies ſe trouve changée , partie en Miel , partie en Cire , & partie en matiere de petites logettes , d'abord que
nos Abeilles l'ayant ramaſſée avec leur induſtrie ordinaire , l'ont
façonnée en elles-mêmes , ſuivant les talens qu'elles ont reçû de la
nature.

Cette ſolidité nouvelle qui ſurvient à la ſeve , ne ſeroit-elle
point un effet ſingulier , qu'on pourroit aſſez à propos attribuer à
la vertu de la peau dans les fruits , & à la vertu de l'écorce dans
le bois ; l'un & l'autre ſont vray ſemblablement compoſées des
parties les plus groſſieres de cette ſeve , & il ſemble qu'elles ayent ,
pour ainſi dire , le don de lui communiquer de la condenſité ,
quand elle vient à les baigner chacune par leurs parties internes ,
ce qui ſe fait dans le temps , par exemple , que cette ſeve paſſant
entre l'écorce & le bois , ſe porte par une eſpece de filtration naturelle & vigoureuſe , non ſeulement juſqu'au ſommet de chaque
plante , mais même , ſi ſon abondance le peut permettre , ſe por-

te par deſſus ce ſommet pour l'allonger & pour l'étendre.

Ce feroit donc la vertu de cette écorce , qui dans le bois y fe-roit cette matiere ſi dure & ſi épaiſſe , que la diſſolution n'en peut arriver que par la force du feu , ou par la longueur d'une humi-dité pourriſſante , & ainſi ce feroit la peau , qui dans les Fruits y feroit ſimplement une maniere de congelation agreable , mais con-gelation facile à diſſoudre quand on veut , ſoit par la maſtication ordinaire , ſoit par toute ſorte de chaleur , ou de compreſſion vio-lente.

Le ſel ordinaire qu'on applique auprés d'un vaſe remply de liqueurs , & entouré de glace, a tout de même la proprieté de congeler ces liqueurs au dedans de ce vaſe ; & c'eſt de là que l'induſtrie des bons Officiers a trouvé moyen de fournir pendant les plus ardentes chaleurs de la Cani-cule toutes ces different es manieres de neiges artificielles , & de rafrai-chiſſemens ſi delicieux.

Mais aprés tout cela il reſte une grande difficulté pour expliquer com-ment la peau & l'écorce deviennent elles mêmes ſolides , & comment elles ont le don de procurer de la ſolidité , & même de ſe multiplier, & de s'étendre ; cette difficulté paſſe ma portée, auſſi-bien que la plûpart de ce qui ſe fait dans la vegetation.

Ce n'eſt pas aſſez que cette eau devenuë ſeve par l'action des racines ſe voye ſucceſſivement changer en un corps ſolide , elle éprouve encore beaucoup d'autres changemens , qui ne ſont pas moins admirables ; une partie devient puante quand elle vient à faire l'Oignon , le Porreau , l'Abſinthe , &c. Une autre devient odoriferante dans la Jonquille , le Baume , le Jaſmin , &c. Celle-cy eſt mortelle dans l'Aconit & dans la Ciguë , & celle-là devient contre-poiſon dans l'Antorat & dans la Rubarbe ; l'une devient amere & viſqueuſe dans le bois des Fruits à noyau , l'autre eſt laitée & gluante dans les Figuiers , & dans les Titimales : celle-cy paroiſt huileuſe dans les Marronniers d'Inde , & cette autre eſt claire & douce dans les Meuriers , dans les Fruits à pepin , dans les Saules , & ſur tout dans la Vigne , & dans celle-cy y fait le Vin , qui ce me ſemble peut bien eſtre regardé comme un veritable chef-d'œuvre que la nature commence , & que l'induſtrie perfectionne.

Sur quoy peut on s'empêcher d'eſtre profondement eſtonné ? quand on vient à conſiderer , que ce qui n'a qu'une liqueur douce, ſimple , & de mediocre gouſt , durant qu'elle eſt ſeparée dans cha-que grain de Raiſin en particulier , parvient cependant à faire une liqueur ſi precieuſe, ſi forte , & ſi noble , quand elle eſt ſortie de ces pe-tits grains.

Choſe étrange en effet , que cette ſimple liqueur au ſortir de ce petit reduit , dans lequel elle a pris naiſſance avec cette aigreur in-ſupportable que tout le monde connoiſt , & dans lequel elle s'eſt enfin adoucie par la chaleur du Soleil , qui l'a conduite juſqu'au

temps de la maturité , au fortir dis je de ce petit réduit naturel cette fimple liqueur fe trouvant raffemblée en plus grande quantité ,
& renfermée dans un plus grand vaiffeau artificiel , elle éprouve
ce changement merveilleux , qui la rend les delices du genre humain ; car enfin elle n'eft pas plûtoft dans ce grand vaiffeau , que
d'elle-même elle s'y échauffe extraordinairement jufqu'à boüillir , comme fi elle y étoit forcée par la proximité d'un feu étranger,
& là en s'agitant avec violence , elle trouve moyen de fe purifier ,
fi bien qu'elle acquiert cette perfection qu'on n'auroit jamais crû
lui pouvoir arriver , fi l'experience ne nous avoit convaincu du contraire.

Il y a bien plus ; car cette feve , qui par exemple dans tous les
pieds des Arbres à pepin eft infipide , & d'un femblable goût pour
chacun en particulier , devient tres differente à chacun des Fruits
differens , que chaque Arbre a le don de produire ; elle eft parfumée
dans les uns , & ne l'eft pas dans les autres ; elle eft douce & fu-
crée dans la Bergamotte & le Bon-chrétien ; aigre & revêche dans
le Franc-real & l'Angober , &c. Et celle qui dans le Coignaffier
faifoit naturellement un Fruit dur , âcre & infipide , fi en fortant
de la tige de ce Coignaffier elle entre d'un cofté dans une greffe de Beurré ou d'Ambrette , elle y fera des Fruits tendres & fu-
crez ; fi d'un autre cofté elle entre dans un greffe d'Amadote , de
Robine , & de gros Mufc , elle y fera des Fruits caffans , & parfu-
mez ; les differentes greffes faifans en quelque façon dans certains
Arbres à l'égard de la feve qui vient des racines , ce que dans les
fontaines jalliffantes font differens ajuftoires à l'égard de l'eau qui
vient d'une fource élevée ; l'eau de chaque fontaine étant de foy
indifferente à reprefenter quelque figure que ce puiffe être , fe laiffe facilement determiner à la reprefentation d'un verre , d'une couronne, d'une fleur de lys , &c. felon la difference de l'ajuftoire , par l'ouverture duquel fa propre pefanteur la forçant de fortir , l'éleve dans
les airs.

Pareillement la feve du pied de chaque Coignaffier étant indifferente
à faire tel ou tel fruit , fe laiffe determiner par le moyen des greffes ,
pour faire celui ci plûtoft que tout autre.

La deduction de toutes les differences qui arrivent à la feve felon les
differentes efpeces d'Arbres où elle entre , n'eft pas moins admirable
qu'infinie.

Le Charlatan , qui avec de l'eau fimple qu'il beuvoit , faifoit en même
temps fortir de fa bouche tant de fortes d'eaux , & de fi differentes en
couleur , en goût & en fenteur , faifoit artificiellement quelque chofe à
peu prés de femblable à ce que la nature fait dans les pieds des Arbres
qu'on a greffez de differens fruits.

Or de cette feve , qu'on peut dire en effet n'eftre que de l'eau
preparée par les racines , il en peut bien veritablement entrer quelque peu dans toute la maffe de l'Arbre , pour maintenir le de-

dans

dans, qui eſt déja fait ; mais la plus grande partie monte principalement entre le bois & l'écorce, pour faire quelque effet nouveau, par exemple, pour groſſir & pour allonger tout l'Arbre , pour faire les feüilles , les fleurs & les Fruits , &c.

CHAPITRE IV.

Reflexion fur le paſſage de la Seve.

LEs preuves convaincantes que nous avons, que cette feve monte principalement entre le bois & l'écorce, font fondées fur un grand nombre d'experiences inconteſtables , dont la premiere eſt celle des greffes ; car enfin il eſt certain que ces greffes ne peuvent eſtre heureuſement appliquées, qu'entre ce bois & cette écorce, & qu'elles ne ſçauroient réüſſir , à moins que l'Ecuſſon , ou la petite branche qui doit ſervir de greffe n'ayent chacun leur écorce, & que l'un & l'autre ne ſoient ſi adroitement placez , que la feve qui monte du pied, rencontre juſtement dans ſon chemin le dedans de l'écorce de ces greffes.

Il n'y a que la Vigne ſeule qui ſe greffe ſans cette ſujetion de rencontre d'écorce : auſſi à proprement parler n'a t elle point d'écorce, ſon bois eſtant ſi poreux, que la ſeve monte abondamment au travers, & par toutes les parties , tant de la tige que des branches : elle eſt en effet de toutes les plantés que nous connoiſſons , celle qui paroiſt au Printems attirer le plus de nourriture , & même elle a le don de la façonner : de maniere qu'au ſortir du ſep, d'où elle ſort aiſément par la moindre inciſion qu'on y fait en ce temps la ; elle ſe conſerve long temps ſans ſe corcompre , en cela tres differente de la ſeve des fruits à noyau , qui au ſortir de l'Arbre ne ſe conſerve pas plus long-temps que le ſang des animaux extravaſé ; car elle devient gomme , pourriture , & eſpece de cangrene , tout auſſi-toſt qu'elle eſt hors de ſes vaiſſeaux naturels.

Il n'y a , dis-je, que la Vigne qui ſe puiſſe greffer en fente dans le milieu , ſans aſſujettir , comme j'ay dit , à faire rencontrer écorce à écorce : car pour la greffe en Ecuſſon elle ne peut abſolument s'en accommoder ; tous les autres Arbres pourroient eſtre greffez de la même maniere que la Vigne , ſi tout de même qu'à elle il leur montoit par le milieu de l'Arbre ſuffiſamment de ſeve, pour pouvoir incorporer & unir individuellement chaque greffe au corps de l'Arbre greffé , ce qui n'eſt pas.

De là vient auſſi , que comme il ne ſort jamais de nouvelles branches d'aucun endroit des coſtez de l'Arbre qui manquent d'écorce , auſſi n'en ſort il jamais du milieu d'une tige étronçonnée , ou du milieu d'aucune branche coupée, & non pas même du

milieu d'aucun sep pareillement étronçonné ; au lieu que regulierement au tour de l'extremité de chaque tronçon garni d'écorce , qui est l'endroit où se vient rendre tout ce qui se prepare de
seve dans le pied , il se fait plusieurs branches qui percent cette
écorce , & qui en naissans s'attachent à la partie du corps de l'Arbre la plus voisine de cet endroit d'écorce percée ; mais cette union
n'est pas à beaucoup prés si forte que celle qui se fait quand la nouvelle seve vient à l'extremité de la vieille branche pour en faire l'allongement.

La seconde experience , qui prouve que la plus grande partie de
la seve monte entre le bois & l'écorce , est fondée sur cette quantité d'eau qui sort par les extremitez d'une piece de bois qui brûle , &
sur tout si elle brûle peu de temps aprés qu'elle a esté separée du
pied qui la nourrissoit ; cette eau sortant comme une maniere d'é-
cume blanchâtre & boüillonnante paroist naître d'entre le bois &
l'écorce , & de là on la voit ensuite tomber , & se convertir en eau
veritable.

Sur quoy , ce me semble , on ne peut pas dire que ce soit autre chose qu'une résolution de la seve , qui faisoit originairement la
nourriture de l'Arbre ; elle étoit premierement entrée par le canal des racines agissantes , mais avec cette difference d'elle à elle-
même , qu'aprés avoir esté en entrant façonnée par l'action de ces
mêmes racines , pour prendre la nourriture , & la qualité de seve
propre pour telles especes d'Arbres , elle s'étoit ensuite une peu
épaissie , depuis que la branche qu'elle devoit nourrir & allonger
avoit esté separée du corps vivant , dont elle faisoit partie , ou
depuis que l'Arbre même tout entier avoir esté arraché de sa place ; elle y étoit veritablement restée dans une maniere d'assoupis-
sement , à pouvoir être conservée les années entieres sans alteration , pourvû que l'Arbre , ou la branche se trouvassent en lieu
raisonnablement chaud & humide : si bien qu'au bout de ce
temps là cet Arbre , ou cette branche venans à retrouver tout ensemble le secours d'une bonne terre , ou d'un bon pied d'Arbre , &
le secours des rayons favorables du Soleil , se remettant au même train des autres vegetaux qui ne sont pas sortis de place : l'experience que nous avons des Arbres & des greffes qui nous viennent sains & sauves des Païs lointains , ou que nous y envoyons
si heureusement en de certains temps de l'année , justifie assez cette
verité.

Mais enfin si cet Arbre & cette branche au lieu d'être replantez , ou employez en greffe , viennent à être mis au feu , nous
voyons que la partie de seve , qui n'avoit pas été encore convertie en bois , & s'étoit simplement épaissie faute d'action , se trouvant fortement échauffée par la proximité du feu , elle se refond ,
& se rarefie jusqu'à sortir par les extremitez en façon de milles
petites sources , & cette eau , qui devant que d'entrer pour être

feve , n'étoit effectivement que de l'eau , & qui entrant dans chaque Arbre s'étoit laissée déguiser en tant de differentes manieres ,
foit pour le gouft & la couleur , foit pour la confistance , & la proprieté reprend quand elle en fort , la même simplicité naturelle ,
qu'elle avoit devant que d'entrer , sans qu'on y remarque les moindres reftes de ces grands changemens qu'elle avoit soufferts , à la
reserve de quelque peu d'acrimonie en fumée , qui n'eft seurement
qu'un accident de ce feu , par lequel telles pieces de bois viennent
d'eftre détruites.

Je sçay bien que ce n'eft pas seulement d'entre le bois & l'écorce que le feu fait ainsi fortir de cette eau rarefiée, mais qu'il en fait encore
fortir de toutes les parties du corps du bois succeffivement , & circulairement les unes aprés les autres; ce qui se fait à mesure que la chaleur pene-
trant plus avant, attaque auffi succeffivement & circulairement les parties
interieures de ce bois.

Mais bien loin de detruire ce que nous avons allegué , pour prouver que la feve monte principalement entre le bois & l'écorce , la
verité de cette propofition n'en paroift que davantage eftablie &
fortifiée ; parce que chaque partie interne de ce bois ayant efté en
fon temps voifine de l'écorce , & partant amplement baignée de la
feve qui avoit fon paffage par là , n'étant même compofée que de
cette feve devenuë épaiffe ; il n'eft pas trop étrange de voir , que
dans fa deftruction elle foit reduite à la même matiere dont elle
étoit originairement fabriquée ; & pour appuyer encore mieux
cette opinion , nous avons deux autres preuves qui me paroiffent
fortes , & plaufibles.

La premiere que comme c'eft la feve qui étant venuë à s'épaif-
fir , & pour ainfi dire a fe refroidir pendant un certain temps , cole
& attache fortement l'écorce au corps de chaque Arbre , de maniere que pour lors on ne fçauroit que difficilement les détacher
l'un d'avec l'autre ; auffi quand cette feve vient à eftre échauffée ,
foit par les rayons du Soleil à l'entrée du Printemps , & en Efté ,
foit en une autre faifon par la chaleur violente de noftre feu ordinaire , elle déprend & détache fort aifément cette écorce du corps
de l'Arbre , c'eft une obfervation qui n'eft ignorée de perfonne , & qui nous eft fenfiblement reprefentée par l'ufage de la cole
forte , dont les Ouvriers fe fervent tous les jours en tant de rencon-
tres.

A l'égard de la feconde preuve il n'y a qu'à confulter la compofition interieure de cette écorce , du cofté qu'elle joint au bois ,
auffi bien que la partie exterieure du bois , du cofté qu'elle touche
immediatement à l'écorce ; on y appercevra de part & d'autre une
infinité de petits fillons & de petits canaux , qui dans leur affiette
font feparez les uns des autres par autant de petites areftes , &
apparemment que ces areftes , tant de la part de l'écorce que de
la part du corps de l'Arbre , font autant d'areftes ; ou de fillons

reciproques deftinez par l'ordre de la nature à s'entrelaffer les uns dans les autres , pour attacher enfemble & le bois à l'écorce , & l'écorce au bois ; en forte que la féve y trouve fuffifamment de paffage , pour s'élever par là jufqu'au fommet des plantes , c'eft à-dire, s'il m'eft permis de parler ainfi , pour aller à tous momens rafraîchir toutes leurs parties d'une nouvelle nourriture , & allonger & groffir , autant que la faifon le permet , celles qui peuvent eftre ou allongées ou groffies.

Je ne fçay fi à voir tous les rayons , qui dans chaque piece de bois fortent d'auprés de la moëlle , pour venir jufqu'à l'écorce , comme fi c'étoit autant de lignes droites tirées du centre d'un cercle à fa circonference , & qui tous enfemble reprefentent affez bien le corps du Soleil , de la maniere à peu prés que les Peintres l'ont reprefenté; (cette figure fe voit clairement en coupant une rave par le milieu :) je ne fçay , dis je , fi au lieu d'établir , qu'au travers de la maffe de l'Arbre il monte de la féve de bas en haut le long des fibres qui compofent le corps de l'Arbre ; nous ne pourrions point affez vray-femblablement juger par ces rayons , que ce font les veritables canaux , par lefquels la féve , (qui comme nous avons tant de fois repeté , a fon lit & fon action principale entre le bois & l'écorce) penetre & s'infinuë pour continuer de nourrir les parties les plus internes de chaque plante , ne fçachant precifément à quel autre ufage peuvent fervir des rayons faits avec tant d'art & de juftefle.

Nous avons dit cy devant en parlant de cette eau , qui dans la terre eft devenuë féve par l'operation des racines , qu'elle éprouve un nombre infini de changemens dans les plantes differentes où elle eft reçûë.

CHAPITRE V.

Reflexions fur la caufe de la difference des féves , & fur l'effet des greffes.

L'Opinion de la Philofophie moderne, qui attribuë à la feule diverfité des pores cette grande difference, tant de féve que de corps fublunaires , eft veritablement ingenieufe & agreable ; mais j'avouë de bonne foy que je ne fuis pas capable de l'entendre : je ne puis en effet concevoir , qu'un fuc de mortel qu'il étoit devienne falutaire , ou d'infipide devienne fucré , ou de puant devienne agreable à fentir , fi fimplement fans autres circonftances il lui arrive un changement de demeure , c'eft-à-dire , fi au fortir des pores faits d'une telle figure , qui le faifoient eftre ce qu'il eftoit , il entre dans d'autres pores faits d'une figure differente , qui le feront eftre tout le contraire.

Ce n'eſt pas que volontiers avec tant d'honneſtes gens , qui font profeſſion de cette doctrine , je ne l'euſſe pareillement embraſſée , & ſur tout , s'il eſt vray que par cette doctrine de pores ils pretendent donner d'aſſez bonnes raiſons , pour expliquer intelligiblement le grand changement qui ſe fait dans les Arbres par le moyen des greffes ; je demeure d'accord que la comparaiſon de l'ajuſtoir paroiſt en quelque façon favorable à leur deſſein : elle a d'abord quelque maniere d'éclat qui ébloüit , & qui touche ; mais j'oſe dire qu'il ne va pas , ce me ſemble , juſqu'à perſuader & convaincre : le myſtere des greffes eſt certainement trop obſcur , & trop envelopé , pour eſtre par là ſuffiſamment éclaircy ? le nombre des grandes diſparitez qui s'y trouvent ſurpaſſe de bien loin cette petite convenance , qui a fait d'abord un ſi grand bruit : expliquons en quelques-unes , & voyons ce que cette explication operera pour aider à nous inſtruire.

Un ajuſtoir à force de ſervir s'uſe à la longue , ſe mine, & ſe gâte entierement : noſtre Ecuſſon au contraire ſe fortifie d'autant plus qu'il eſt employé à faire ſa fonction.

Chaque ajuſtoir ne peut repreſenter qu'une certaine figure ; chaque Ecuſſon produit une infinité d'effets ſeparez les uns des autres, & tres-differens entr'eux , ſçavoir une écorce , du bois, des feüilles, des fleurs , des fruits , &c. Et ces fruits mêmes differens par leur couleur , leur figure , leur goût , leur chair , leur graine , &c. joint que par là on pourroit dire , que noſtre Ecuſſon qui produit une infinité d'autres Ecuſſons , produiroit en effet une infinité d'ajuſtoirs , ce qui ne peut en façon du monde convenir aux ajuſtoirs ordinaires des fontaines , leſquels ſont incapables de ſe multiplier ; joint auſſi que toutes ſortes d'ajuſtoirs peuvent ſervir à toutes ſortes d'eaux ; & que cependant chaque Ecuſſon eſt reſtraint & limité à une eſpece de fruits particuliers ; ceux par exemple , qui ſont à pepin ne pouvans ſervir qu'à pepin , ny tous les autres pareillement chacun dans le détroit de leur categorie ne pouvant ſervir à des eſpeces étrangeres.

Et partant , qui eſt-ce qui peut eſtre clairement convaincu par cette comparaiſon , comme quoy il ſe peut faire qu'un petit nombre de pores tout ſeul ait le don de faire changer par luy - même toute la diſpoſition d'un grand nombre d'autres pores tous differens ?

Et pour augmenter icy noſtre difficulté , il me ſemble qu'il eſt vray de dire , que ce petit nombre de pores eſt comme eſtranger & foible , & en quelque façon alteré dans la greffe qu'on applique ; au lieu que s'il eſt permis de parler ainſi , le grand nombre eſt comme chez ſoy , & ſoûtenu d'un pied fort & vigoureux ſur lequel cette greffe étrangere vient à eſtre apliquée ; ſi bien que vray ſemblablement le petit nombre devroit s'accommoder au grand , & ceder à l'impreſſion , que le fort ſelon l'ordre de la

nature peut donner au foible ; & cependant voicy une occasion où
le grand cede presque honteusement , & le petit a tout l'honneur
& tout l'avantage de son costé : un miserable Ecusson dépaïsé , &
dépourvû du secours de ses parens , dont il sembleroit avoir necessairement besoin , pour se pouvoir au moins conserver dans son
être specifique , ce petit Ecusson n'ayant avec soy qu'un peu de seve
paternelle vit , & non seulement se maintient dans son espece ,
mais se trouve assez le maître , pour mener comme en triomphe
cette grande quantité d'autre seve étrangere , parmy laquelle il se
vient mêler : c'est un petit ruisseau , qui arreste au milieu de sa course
un torrent impetueux & violent, & le reduit à se contenter pour un temps
de son petit lit , au lieu de suivre cette route furieuse où il étoit emporté.

Le pied vigoureux d'un Arbre par la détermination du secours
ordinaire de son action , & par le moyen de la seve que ses racines
ont preparée , alloit à faire un certain Fruit d'un tel goût , d'une telle
couleur , d'une telle figure , &c. cette seve trouvant en son chemin une
ou plusieurs petites greffes qui lui étoient inconnuës , plie d'abord sous
leurs ordres , & se laisse déterminer à faire des Arbres differens , & des
Fruits differens.

C'est ainsi qu'un Coignassier qui étoit en train de faire des
Pommes de Coin , que tout le monde sçait être un Fruit dur ,
revêche , pierreux & desagreable , fait cependant un , ou plusieurs
Poiriers , & un nombre infini de Poires tres-bonnes & tres-dou-
ces : un Amandier , qui n'alloit qu'à faire des Amandes fait des Pêches , des Prunes , des Abricots , &c. tout cela par l'entremise de
quelques petits Ecussons , qui estant pour ainsi dire revestus d'un
caractere dominant , se presentent au passage de cette seve , en
sorte qu'elle est entierement obligée de prendre la route qu'ils luy
prescrivent , & par là est soumise & assujetie à ces changemens si
grands & si surprenans qui nous arrivent tous les jours par le moyen de
nos greffes.

A voir de quelle maniere , & avec quelle autorité cette petite
greffe se sert avantageusement de la chose même qui seroit capable de la néïer & de la détruire , ou au moins de luy faire changer
de parti ; ne semble-t il pas que ce soit un enfant foible & étranger qu'on vient mettre à la teste d'une armée qui combat , &
dans le temps même qu'il combat , je vois cette armée toute en
feu , & continuant vigoureusement ce qu'elle avoit commencé par
l'ordre d'un premier General , je vois cet enfant qu'on luy vient
mettre à la teste , exprés pour luy donner des ordres nouveaux , &
luy faire employer sa force & son courage à l'execution d'un dessein tout different ; en effet , cet enfant , tout enfant qu'il est , dispose sur le champ cette armée à faire une entreprise toute contraire : il faut bien que ce soit par quelque caractere Royal qu'il
porte en sa personne ; & voilà pourquoy cette armée toute nom-

breufe, toute vigoureufe, & toute agiffante qu'elle étoit pour un autre ouvrage, reconnoiffant d'abord cette autorité fouveraine, fuit aveuglement, & execute fans aucune repugnance tout ce que cet enfant veut bien lui ordonner ; mais veritablement ce n'eft peut-eftre pas pour long-temps qu'elle lui obéït : il pourra bien venir quelque nouveau Commandant, qui aura le même avantage fur ce dernier, que ce dernier s'eft trouvé avoir dans la conjonéture que nous venons d'expliquer ; & ainfi cette feve aprés avoir paffé par les ordres de celui-ci, deviendra elle-même avec toute fa nouvelle livrée l'inftrument d'obéïffance & d'execution pour un autre.

Certes on peut dire, que quoy qu'il n'y ait rien de plus ordinaire & de plus aifé dans le monde que de greffer ; cependant dans toute la produétion des vegetaux il n'y a rien qui foit plus digne d'admiration, ny gueres rien de plus impenetrable à l'entendement de l'homme.

Il femble que la nature ait icy voulu borner le cours de nos curiofitez, & confondre la vanité de nos petites lumieres : il femble qu'elle fe foit contentée de nous avoir infpiré la maniere d'apliquer l'agent au patient, fans nous vouloir laiffer découvrir les reffors qu'elle remuë dans une telle application, pour en faire fortir cette quantité innombrable d'effets fi furprenans ; & dans la verité quand nous le fçaurions, peut-être n'en deviendrions-nous pas pour cela plus capables de greffer, que nous le fommes fans le fçavoir : peu d'experience a efté fuffifante, pour fçavoir la maniere & le fuccés de toutes fortes de greffes en toutes fortes de Fruits : contentons-nous de profiter de ce que nous fçavons de longue main en cette matiere, & fans perdre icy de temps à vouloir foüiller plus avant : regardons ailleurs d'autres chofes que nous ne faifons qu'avec peine, & encore ne les faifons-nous gueres bien, & cherchons ce qui nous peut rendre habiles à les faire plus parfaites, & avec plus de facilité.

De tout ce que nous avons dit cy-devant fur cette matiere de greffes, je ne puis m'empêcher de conclure, qu'il faut bien fûrement qu'il y ait en cela quelque autre chofe de plus extraordinaire, que ce qu'on vient d'attribuer à une fimple rencontre de certains pores figurez d'une telle, ou d'une telle autre maniere.

CHAPITRE VI.

Reflexion fur les differens effets de la feve dans chaque plante, & fur l'opinion qui admet les pores.

DE plus quand je vois dans chaque Arbre qu'une certaine quantité de feve, qui de foi eft indifferente à faire bois,

feüilles , fruits , écorce , &c. monte par exemple dans une branche
de Noyer , de Maronnier , d'Oranger , de Cerifier , &c. Et que dans
de certains endroits de telles branches cette quantité de féve , aprés
y avoir fait premierement des fleurs , qui font le commencement
des fruits , vient paifiblement , & fans aucune diftinction de parties
à entrer toute entiere dans la queuë de chacune de ces fleurs , quelque menuë qu'elle foit ; & quand aprés ces premieres démarches
de féve je vois qu'immediatement au fortir de la queuë , cettte quantité de féve fe partage fi habilement , que dans la Noix par exemple une partie va faire au dehors une écorce verte , épaifle & amere , une partie va faire une coquille dure avec les pellicules internes qui luy font adherantes , une partie fait au dedans de cette coquille des feparations & cloifons juftes & reglées , comme autant
de petits appartemens propres à former & loger le corps de cette
Noix , une partie fait la peau qui luy fert d'envelope , & enfin une
autre fait cette Noix douce , & exempte de toute forte d'amertume , quoy qu'elle en foit entourée de tous coftez , & qu'elle en foit
pour ainfi dire , fortie & derivée.

Quand j'examine encore tous les autres Fruits , & que pareillement au fortir de la queuë j'y vois faire une efpece de feparation &
de partage de feve pour la fabrique & compofition de chacun de
ces Fruits , & cela conformement à leur nature ; tellement que
dans l'un ce qui à noftre égard vaut le mieux , fe prefente le premier au dehors , & le moins bon fe cache au dedans , comme il arrive aux Pêches , Cerifes , Prunes , &c. Et à l'autre ce qui eft de meilleur fe forme au dedans , & le plus mauvais luy fert par dehors
comme d'une maniere de rampart , par exemple aux Chataigniers ,
Noifetiers , Orangers , &c. Et quand d'un autre cofté je vois des
Fruits precieux , tels que font les Figues , les Perdrigons , les Pêches , &c. expofez à toutes les injures , tant de l'air que des animaux fans autre défenfe qu'une petite peau fort mince & fort déliée qui
les envelope, pendant que des Chataignes , des Noix , du Glan, des Avelines, &c. font défenduës par tant de piquants , tant de peaux & tant d'é-
corce.

Quand , dis-je , confiderant cette œconomie conftante & immua-
ble dans chacun des vegetaux , je la veux expliquer par une multitude infinie de pores indifferemment figurez ; je ne puis m'empêcher d'avoüer , que je me perds entierement dans cette meditation ,
& cela faute de pouvoir affez clairement penetrer dans mille difficultez , qui en foule & tout d'un coup fe prefentans à ma curiofi-
te , me broüillent & m'étourdiffent entierement.

Sçavoir par exemple , comme quoy fe font tous ces pores , par
qui , en quel endroit , & en quel temps ils fe font , car apparamment
ils ne fortent pas tout a fait du dedans de la terre , & ne font pas pefle
mefle renfermez dans cette eau , dont les racines ont fçeu former de la feve.

Sçavoir

Sçavoir s'ils sont tous faits en même temps pour pouvoir estre en-suite separez, ou si le premier fait a le don & le pouvoir d'en faire d'au-tres au besoin, & ce seroit ce me semble prendre le grand chemin de l'infini.

Sçavoir bien l'origine & la situation de ce premier tel pore, qui au sortir d'une queuë petite & menuë en doit engendrer, ou trouver en son chemin un si grand nombre d'autres qui soient propres, les uns pour cette écorce & cette chair, les autres pour cette graine & ce par-fum, &c.

Sçavoir si cette petite queuë est veritablement la matrice où se forment tous ces pores, ou bien si elle n'est simplement que le ca-nal, par lequel, sans y laisser rien du leur, ils ne font que passer pour aller faire ces Fruits si beaux, si bons, si tendres, si parfu-mez, &c.

Sçavoir comment se determine ce nombre de pores, pour finir juste-ment à un certain point la longueur de cette queuë dans les Fruits & dans les feüilles, pour finir cette petite demie feüille en cœur, qui se trouve immediatement devant la grande feüille des Orangers, pour finir la grandeur de cette coquille à la Noix & à l'Amande, les inter-valles de longueur dans les plantes qui sont en soy separées par differens nœuds, comme aux Roseaux, à la Vigne, au Sureau, au Bled, &c. & faire sur chacune tous ces efforts d'une mesure toûjours si juste, & si bien compassée.

D'ailleurs, quand au mois de Janvier ou de Février, ayant semé par exemple une trentaine de graines de Melons sur une couche, elles ne germent, ny ne levent pas à beaucoup prés toutes ensemble, & qu'il y a quelquefois des trois, quatre, cinq & six semaines d'intervalle des pre-mieres aux dernieres sur cela.

Je demanderois volontiers à ceux qui veulent que la vegetation se fas-se par une introduction violente de petites parties de la terre dans les po-res de la plante.

Premierement si les petites parties introduites ont des pores, ou si elles n'en ont pas; supposé qu'elles en ayent, il se fait donc une introduction de pores en d'autres pores, où est ce que cela nous con-duiroit?

Secondement, si les pores font tous faits dans la graine de-vant que d'estre semée, ou si la chaleur de la couche les for-me; le dernier ne se peut dire : mais à l'égard du premier je deman-de en

Troisiéme lieu, si ces pores sont toûjours ouverts & prests à recevoir, ou si c'est la chaleur de la couche qui les ouvre.

En quatriéme lieu, supposé que ces pores fussent ouverts, je de-mande s'il y avoit quelque chose dedans cette ouverture, ou rien du tout.

En cinquiéme lieu, supposé encore qu'ils fussent ouverts, je demande pourquoy il ne se fait pas d'introduction, aussi-bien, &

aussi-tôt dans une graine que dans l'autre.

En sixiéme lieu, supposé cette introduction, pourquoi constamment ces corpuscules, qui viennent apparemment de bas en haut, n'entrent dans la graine que pour sortir & descendre aussi-tôt en bas, afin d'y être convertis en racines.

En septiéme lieu, je demande s'il se fait aussi des pores dans ces racines, & si les corpuscules viennent seulement par ces pores nouveaux, ou si ils continuent de venir par le même endroit de la graine, par où ils ont commencé d'entrer pour les faire?

Je voudrois bien encore sçavoir, s'il y a du bois plus poreux l'un que l'autre; j'avouë bien qu'il y en a qui ont les pores plus grands les uns que les autres, par exemple le Liége en comparaison de l'Ebene; mais je ne pense pas qu'il y en puisse avoir qui en ayent plus les uns que les autres, attendu que le bois ne se fait que par la jonction de de plusieurs petites parties qui viennent successivement les unes aprés les autres.

Si chaque racine a autant de pores l'une que l'autre, d'où vient qu'il y en a qui agissent plus les unes que les autres? la Vigne & le Figuier, par exemple font infiniment plus de racines qu'aucun autre Arbre.

Pourquoi ne pas attribuer ces grands effets à une activité qui se trouve plus grande dans le Figuier & dans la Vigne qu'elle n'est pas dans tous les autres vegetaux? tout de même que nous voyons beaucoup plus d'activité dans un tel homme que dans un tel autre; & dans un animal d'une telle espece, que dans un autre d'une autre espece.

Je voudrois bien aussi sçavoir, pourquoi il arrive quelquefois que certains Arbres nouveaux plantez font long-temps en terre, par exemple des trois & quatre mois, & même trois & quatre années sans aucune apparence d'action, tout de même que certains Noyaux, & certaines Graines, qui font pareillement en terre des années entieres sans germer, &c.

La vision des Filieres choque ce me semble, en ce que comme aux veritables Filieres il faut quelqu'un qui tire à soi, & non pas quelqu'un qui pousse devant soi, tout de même dans ces racines comparées aux Filieres il faudroit quelque agent au dessus des racines, qui tirât à soi ce qu'on n'a garde d'admettre; aussi est-il impossible de le comprendre, par exemple, dans nôtre graine de Melons, & nôtre noyau qui germe, & dont la premiere action est de commencer à descendre, devant que de commencer à monter.

C'est asseurément une matiere trés épineuse & trés-obscure.

Disons donc encore un coup, que sans doute il y a ici quelque chose de plus qu'une simple rencontre de pores grands ou petits, figurez d'une telle, ou d'une telle maniere; il faut bien prendre de plus loin cette détermination, qui arrive dans les Arbres, & dire que ce principe de vie qui les anime, comme

ſous avons dit , eſt un agent neceſſaire & forcé ; j'expliqueray cy-
aprés plus au long cette penſée ; c'eſt lui qui en cette qualité par
une chaleur étrangere , & une humidité convenable ſe trouve de-
terminé à former telle & telle quantité de parties pour la peau de
ce Fruit , pour ſa chair , ſon eau , ſon goût , ſon parfum , ſa graine,
ſa queuë , ſon bois , &c. C'eſt luy , qui par le moyen de la ſeve qu'il
fait preparer dans les racines , rend les Arbres capables de recevoir
un nombre infini de changemens , tout de même que l'humidité de
la terre rend cette terre capable de produire , ou plûtôt de ſervir à la production de tant & tant de plantes , & toutes ſi differentes.

Le pied vivant de chaque Arbre eſt en effet à l'égard de certaines greffes ce que chaque terre eſt à l'égard d'une certaine quantité de ſemences & de Plantes , & même en quelque façon ce que
l'air eſt à l'égard des differens inſtrumens de Muſique , & ce que
l'eau eſt à l'égard des differens ajuſtoirs des fontaines jalliſſantes :
c'eſt à dire que la ſeve qui ſe trouve dans le pied de chaque Arbre,
eſt indifferente à ſervir pour la compoſition de tel , & de tel effet,
& par conſequent elle eſt ſuſceptible de grandes varietez ſelon
les differentes greffes qu'on y peut appliquer , & qui ont cependant quelque rapport & quelque convenance avec elle ;
mais malheureuſement aprés tout cela il ne me reſte encore que
de l'embaras & de la confuſion dans l'eſprit , en ſorte que je ne vois
rien qui ſatisfaſſe ma curioſité quand je la pouſſe un peu trop
avant.

Je me ferois encore volontiers accommodé de cette opinion
nouvelle , ſi j'avois pû enſuite parvenir à quelque connoiſſance
certaine , qui m'euſt non ſeulement appris , quelles ſont toutes
les figures incomparables de ces pores , mais qui m'euſt particulierement appris à diſpoſer cette nature quand je voudrois ,
pour faire des pores convenables à mes intentions , & pour
l'empêcher d'en faire qui lui fuſſent oppoſez : Mais comme il
n'y a pas grande apparence que cette Philoſophie nous produi-
ſe un tel avantage , puiſqu'en effet perſonne encore n'a pû y
parvenir , & qu'auſſi bien , quelque choſe qu'on puiſſe dire , il
faut toûjours remonter à la Providence divine , & avoüer , que
s'il eſt vray que dans le ſentiment de ces Meſſieurs chaque
Fruit par exemple eſt purement & ſimplement d'un tel gouſt ,
d'une telle groſſeur , d'une telle eſpece , &c. par la raiſon qu'il a
ſes pores d'une telle & d'une telle figure ; il faut dis-je avoüer que
c'eſt cette divine Providence toute ſeule qui a ordonné que telle figure de pores feroit poſitivement un tel & un tel Fruit : cela étant ,
trouve-t-on que cette opinion contente davantage , pour penetrer
dans l'individu de chaque choſe , que ce qui étoit établi pour recon-
noiſtre d'une autre maniere les ordres prochains de la toute Puiſſan-
ce.

Tt ij

Que si pour établir davantage cette opinion , on veut dire qu'il se pourra un jour faire de si bonnes Lunettes , ou Microscopes , que par leur moyen on pourra découvrir ces petits pores , & que ce n'est que faute d'experience & de loisir , qu'on n'a pû encore y parvenir , ne peut on pas aussi esperer qu'il s'en fera , qui serviront par exemple à découvrir le mouvement attractif des racines , contre lequel on est si soulevé.

Joint qu'à dire le vray je ne sçaurois comprendre ce que peut faire un assemblage de pores , & comment chacun peut tenir à ses voisins , à moins que d'établir quelque chose , qui ne soit point pore , & qui serve de lien & d'union à tout ce qui l'est : je demeure bien d'accord , que dans chaque ouvrage de la nature il y en a plusieurs , & même de plus grands dans les uns , & de plus petits dans les autres ; mais comme les pores ne peuvent être que de petits corps , c'est à dire de petites parties figurées , vuides de matiere solide par dedans , & entourez de leurs côtez , il faut bien que ces côtez soient solides , & qu'ils soient joints les uns aux autres par quelque chose , qui soit different de ce qu'ils sont ; ainsi il faut tomber dans un abyme , & dans une discussion plus difficile à démêler , que l'idée des accidens & des facultez ; & c'est beaucoup dire , parce qu'il n'est pas plus possible que plusieurs pores ensemble fassent un corps palpable , sans être determinez par quelque chose de solide , qu'il est possible que dans l'Arithmetique plusieurs zero ensemble composent un nombre effectif , à moins qu'ils n'ayent à leur tête un de ces neufs principaux caracteres , ausquels le consentement de l'homme a donné le pouvoir de les determiner.

L'opinion qui veut que tous ces changemens ne puissent être attribuez qu'à differentes qualitez que l'Auteur de la nature a trouvé bon d'établir en chaque corps , revient beaucoup davantage à ma portée , & à la foiblesse de ma conception.

Je ne prétens point décider icy en Maître , laquelle des deux opinions est la plus claire & la plus raisonnable : je prétens seulement déveloper , si je puis , ce que mon étude & mes remarques sur la vegetation me font rouler de pensées dans la tête , & fais sur cela volontiers les mêmes souhaits que j'ay fait sur tout ce Livre en particulier.

Il est bien vray que j'ay fait quelquefois des reflexions sur d'autres ouvrages de la nature , par exemple sur les têtes de tous les oyseaux d'une certaine espece , qui sont embellies chacune d'une hupe , ou d'une crête , pendant que tous les oyseaux d'une autre espece sont marquez de quelque autre diversité dans leur plumage ou dans la composition de leur corps.

Il est vray encore que j'ay souvent admiré , comme quoy les Rossignols & les Serins ont une disposition miraculeuse à réjoüir les hommes de leur chant , pendant que les Pyes , les Geais , les

Corneilles, &c. les étourdiffent de celui que la nature leur a donné; mais comme je me fens l'efprit en repos, quand à confiderer toutes ces merveilles, & une infinité d'autres, je viens fimplement à concevoir que l'Auteur de la nature a pris plaifir d'établir toutes ces belles differences, qui font l'agrément de cette merveilleufe machine du monde, fans m'aller imaginer qu'avec une diverfité de pores on en puiffe rendre aucunes raifons bonnes & convaincantes.

Auffi me foumettant entierement à l'ordre de la Providence pour toute la varieté qui fe trouve parmi nos Fleurs, nos Fruits & nos Graines, &c. Je me contente de penfer, & de dire que telle a été la difpofition du grand Ouvrier, lequel auffi bien dans ce qui nous paroît petit, que dans les grands ouvrages de la création du Ciel & de la Terre, a voulu faire voir fa puiffance, non feulement infinie, mais même (s'il nous eft permis de parler en ces termes) il nous la voulu faire voir infiniment ingenieufe.

CHAPITRE VII.

Reflexion fur l'action des racines.

JE reviens à l'action des racines de nos Plantes, pour voir fi j'y comprens quelque chofe, & fi de là je puis tirer quelque bonne inftruction pour nôtre Agriculture : examinons à peu prés fi effectivement ces racines ont un don, ou une faculté attractive, par le moyen de laquelle, à l'imitation de ce que font dans les inteftins les veines mezaraïques, elles fuccent & attirent par leur extrémité cette eau imbibée du fel de la terre, ou fi ces racines fans avoir befoin d'aucune faculté attractive, étant à peu prés faites comme le couvercle des encenfoirs reçoivent fimplement par leurs pores des vapeurs & des exhalaifons qui fortent inceffamment des entrailles de la terre.

L'une & l'autre de ces deux opinions a fes patrons, & fes partifans, elles font toutes deux fort problematiques, & foutenuës de raifons belles, & apparemment bonnes ; mais comme je ne fais icy qu'un fimple recüeil de mes reflexions d'Agriculture, je ne ferai pas moins retenu fur cette matiere, que je l'ay été fur celle des pores ; ainfi je prendrai le parti d'avoüer ingenument, que je ne me fens pas affez éclairé pour prononcer décifivement en faveur d'aucune des deux opinions.

Toutefois quoi qu'il foit trés-difficile d'expliquer, ou de faire une idée de ce qui s'appelle dans les êtres fublunaires faculté, ou qualité ; je ne puis m'empêcher d'avoüer que mon penchant va plûtôt à approuver les facultez vivantes & attractives que les Filieres inanimées : en effet il me paroît affez naturel de donner fimplement & uniquement de l'action à ce qui a befoin d'agir , c'eft à dire aux Plantes , afin qu'elles puiffent attirer la nourriture qui leur eft neceffaire , tant pour fe conferver dans leur individu, que pour croiftre & multiplier leur efpece, & de là je conclus volontiers qu'il faut donc qu'elles agiffent.

Certainement la terre ne devroit point s'effriter comme elle fait, fi les vegetaux ne la fucçoient de la même maniere que les petits animaux fuccent les tettes de leur mere , & comme ceux cy n'attendent point que le laict les vienne chercher ; auffi nos racines n'attendent-elles point que ces vapeurs ou ces exhalaifons viennent fe prefenter à leurs pores : il s'en éleve fans ceffe des entrailles de toute forte de Terres , fans que pour cela ces Terres ceffent d'êtres neuves , c'eft à dire propres à faire heureufement toute forte de productions ; & comme il n'eft pas vray que la bonté des bonnes Terres s'ufe jamais , ou fe diminuë le moins du monde , à moins qu'elles ne foient employées à la nourriture de quelques Plantes étrangeres : il s'enfuit neceffairement , que quand ces Terres ceffent d'être fecondes à leur ordinaire , comme nous les voyons en effet devenir fteriles : cette fterilité leur vient de l'action des racines , qui par leur mouvement attractif les ont dépoüillées du fel de fecondité , dont la nature les avoit pourvûës , auffi à voir de quelle maniere les racines d'une plante encaiffée fortent en abondance par les ouvertures qui les approchent de la terre du dehors pour y aller croiftre , & fe multiplier : je ne fçay aprés tout , fi on ne feroit point affez bien fondé pour leur donner quelque efpece de mouvement local.

En effet c'eft fur le fondement des raifons qui me determinent en faveur de l'attraction que je trouve mon compte à laiffer peu de racines aux Arbres que je plante ; il ny a pas de doute , que fi j'avois lieu de penfer que la feve , fans avoir befoin d'aucune action de la part des vegetaux , entrât fimplement dans les racines par des trous ou pores qu'elle y trouvât ouverts , comme il eft certain que les Arbres ont d'ordinaire befoin de beaucoup de feve , je devrois croire, que plus je leur laifferois d'anciennes racines , & plus auffi laifferois-je d'ouvertures capables de recevoir cette feve , & d'animer ces Arbres , & qu'ainfi il en monteroit davantage dans le corps de ceux à qui j'aurois laiffé beaucoup de racines, que dans le corps de ceux à qui j'en aurois laiffé moins.

Ce qui pourtant eft entierement contraire à mon experience ; par laquelle je fçay feurement que quelque bon Arbre que ce foit , planté en bonne terre avec peu de racines, & raifonnablement courtes , il devient plus beau , & le devient en moins de temps, qu'un autre également bon , planté à la même heure , & dans une terre femblable à qui on aura laiffé une grande quantité de racines , & toutes longues.

Il faut pofer cette experience pour un fondement certain & in-

faillible ; je ne l'avance qu'aprés une application de plus de trente années , & dans laquelle fans aucune prévention , je me fuis toûjours de
plus en plus fortifié.

De là eſt venu que j'ay étably cette maxime , que plus on laiſſe de racines à un Arbre en le plantant , & moins en fait il , & de moins bonnes
aprés être planté , & que tout au contraire moins on lui en laiſſe , pourvû qu'elles ſoient bonnes & paſſablement courtes , plus auſſi en fait-il de
nouvelles , & de mieux conditionnées. Voici à quoi j'attribuë cette difference ſi notable & ſi eſſentielle.

CHAPITRE VIII.

Reflexion ſur le principe de vie des plantes.

JE poſe pour un autre fondement qui me paroît certain, duquel j'ay cy-
devant parlé , & prétens cy-aprés en parler plus à fond ; c'eſt à ſçavoir
que dans chaque Arbre & dans chaque Plante il y a un principe de vie ,
qui ſeul aidé cependant de toutes les circonſtances neceſſaires , c'eſt-à-
dire de bonne terre , d'humidité ſuffiſante , des rayons du Soleil, &c. fait
agir toutes les parties de chaque Arbre & de chaque plante ; en ſorte que
l'Arbre ou la Plante viennent immanquablement à perir , d'abord que
ce principe vient à être détruit, & qu'elles ſe conſervent auſſi avec toute
la vigueur neceſſaire , pendant qu'il n'arrive aucune alteration à ce principe.

Or ce principe de vie n'a pas une même & ſemblable ſituation dans
toutes les Plantes ; en quelques-unes il eſt ſitué dans cet œil exterieur de
la Plante , qui eſt le premier à paroître hors de la terre , & à la diſtinguer des autres Plantes , comme nous voyons par exemple aux Melons ,
aux Pois, aux Laituës , aux Raves , & à toutes les Fleurs annuelles : ce
premier œil ôté , tout le bas de ces Plantes meurt auſſi-tôt & ſans reſ-
ſource.

A d'autres Plantes il eſt ſeulement dans les Bulbe , ou Oignon ,
comme aux Tulipes , Jacintes , Imperialles , Anemones , &c. Ces
ſortes de Plantes ne periſſent que quand leur Oignon vient à être
corrompu par le chaud , par le froid , par les humiditez , ou par
quelqu'autre ſorte d'accident qui le coupe , ou qui l'écraſe : ainſi
cet œil exterieur de la premiere pouſſe étant ôté, la Plante ne laiſſe
pas de vivre.

A d'autres Plantes , outre qu'il eſt principalement à l'endroit que
nous marquerons cy-aprés pour tous les grands Arbres , il s'en
trouve encore comme quelque ſemence dans toutes les parties externes qui les compoſent , comme il paroît aux branches de Vigne , de Figuier , de Cognaſſiers , de Groſeillers , de Saules, d'Ifs,

de Giroflées jaunes, & à toutes les autres qui prennent aisément de bouture ou de marcote.

Enfin à d'autres comme à tous les Arbres, tant ceux que nous appellons Fruitiers, que ceux qui ne le font pas, le principe de vie me paroiſt eſtre ſeulement entre la tige qui monte & la racine qui deſcend; on a beau couper la tête, on a beau raccourcir les racines, pourvû qu'il n'arrive rien de fâcheux à l'endroit, où eſt établi le ſiege de ce principe de vie, tant s'en faut que l'Arbre en devienne moins vigoureux, qu'au contraire cette operation contribuë à le faire repouſſer plus abondamment, tant à l'extremité de la tige racourcie, qu'aux extremitez des racines taillées.

Ce qui a contribué à me faire juger de l'endroit où ce principe de vie me paroiſt étably, n'eſt autre choſe que d'avoir fait germer par exemple des noyaux d'Amandes & de Pêches, ou des graines de Melons, de Laituës, & d'autres graines potageres, &c. Et d'avoir vû, que quand elles ont eſte ſuffiſamment humectées & échauffées dans la terre, la ſubſtance qui étoit renfermée dans les uns & dans les autres étant gonflée & rarefiée par cette chaleur humide, & ne pouvant plus par conſequent ſe contenir, ny dans ſes coquilles, ny dans ſes pellicules, il ſe fait une ouverture par la partie, que ces noyaux ou ces graines ont la plus pointuë en quelque ſituation que les uns ou les autres ſe trouvent; de là il en ſort d'abord un commencement de racine blanche aſſez groſſe à proportion du corps, d'où elle ſort, ce commencement de racine s'allonge en deſcendant vers le centre de la terre, ſe groſſit & ſe multiplie en d'autres mediocres racines qui ſortent dans toute ſon étenduë, devant qu'il paroiſſe encore quoy que ce ſoit, qui prenne le chemin de monter vers la ſurface.

Mais enfin quand cette racine s'eſt en quelque façon aſſez établie, pour eſtre capable de nourrir la tige de l'Arbre dont elle fait le fondement; pour lors du même endroit d'où nous l'avons veu naiſtre; nous voyons que pour donner paſſage à la tige qui ſe prepare, ce noyau acheve de s'ouvrir entierement, & c'eſt pour lors que la tige commence à ſe preſenter, & à ſortir du même point d'où nous avons veu la racine prendre ſon origine; enſuite ſecouruë de l'action des racines, elle monte inſenſiblement, perçant au grand étonnement de tout le monde la condenſité & la peſanteur de la terre qu'elle trouve en ſon chemin; ſi bien qu'enfin au bout de quelques jours hors de la ſuperficie de cette terre on découvre de petites feüilles, qui marquent preciſement l'eſpece & l'extremité de cette tige; & quand elle a tant fait que de percer toute cette maſſe de terre, qui par ſa dureté paroiſſoit devoir s'oppoſer invinciblement à la ſortie de feüilles ſi tendres & ſi delicates, pour lors elle croiſt quaſi à veuë d'œil, & monte juſqu'à faire ces Arbres ſi prodigieux, qui eſtonnent preſque la nature elle-même.

Je

Je prétens donc que dans les Plantes il y a un certain principe de vie, & c'eſt ce que les Philoſophes nomment l'ame vegetante ; & je prétens que ce principe de vie eſt un agent neceſſaire & forcé ; de maniere qu'en de certains temps il ne peut s'empêcher d'agir viſiblement, n'y s'empêcher même de ſuivre quelquefois une determination exterieure que l'homme eſt capable de lui donner.

Mais pour cela, il faut premierement que la partie des vegetaux où ſe fait la principale reſidence de ce principe ſoit exempte de toute ſorte d'infirmitez : il faut en ſecond lieu que ce principe ſe trouve meu & animé par une chaleur qui ſoit convenable à ſon temperament ; & il faut enfin que ſi la plante a des racines elle les ait ſaines & placées dans une terre qui ſoit bonne & ſuffiſamment humeſtée ; pour m'expliquer plus intelligiblement, je crois être obligé de dire que nous avons icy quatre choſes eſſentielles à conſiderer.

La premiere, que le ſiege du principe de vie doit être bien conditionné, parce que s'il eſt alteré de chancres, de pourriture, de gelée, de ſéchereſſe, ou d'autres accidens facheux, il ſera tout a fait incapable de profiter de la chaleur dont les plantes ont beſoin, n'étant plus en effet qu'un corps defeſtueux preſque inanimé, & peut-être entierement mort.

La ſeconde, que cette chaleur convenable doit ſe faire ſentir à propos, tant dans la terre que dans l'air, parce que certaines plantes ſont faciles à être promptement échauffées ou animees, comme il paroît à toutes les fleurs Printannieres, aux Maronniers-d'Inde, aux Framboiſiers, aux Aſperges, & à la plûpart des Plantes Potageres, &c. & comme il paroît particulierement aux Oignons de Couronne Imperialle & de Tulipe, &c. Les uns pouſſent leurs racines, & les autres leur tige, ſans être même plantez dans terre ; & cela dans le temps qu'on pourroit en quelque façon dire, que l'inſtinſt de la vegetation ſe reveille dans ces Plantes, c'eſt-à-dire dans le mois d'Aouſt.

Certaines autres ſont d'un temperament plus froid & plus difficile a émouvoir, ainſi que nous le remarquons aux Muriers, aux Figuiers, aux Narciſſes du Japon, aux graines d'If, de Cerfeüil muſqué, &c. & c'eſt ce qui fait qu'il ne faut pas trop s'étonner, ſi toutes les Plantes n'entrent pas en aſtion dans un même temps, quoi que la chaleur en ſoi ſe trouve égalle pour toutes, autant dans l'air que dans la terre, & que par conſequent en ce qui eſt de ſon fait, elle ſoit propre & ſuffiſante a les échauffer & animer toutes également : c'eſt la difference des temperamens, qui ſeul fait cette difference d'aſtions promptes ou tardives.

La troiſiéme conſideration qui eſt ici à faire, eſt que l'aſtion de ce principe eſt reſtrainte & limitée dans la circonference d'un certain temps ; en quelques Plantes elle eſt plus longue, comme aux grands Arbres, & particulierement à ceux qu'on appelle Ar bres verds , sçavoir Ifs , Espicias , Houx , &c. Et aux Orangers pareillement , dans la plûpart desquels Arbres elle n'a presque aucun intervalle de cessation , ny l'Esté , ny l'Hyver , en sorte que cette action subsiste toûjours en exercice , tandis qu'aucune des quatre conditions necessaires ne luy manque : en d'autres cette action est plus courte , & ne peut estre prolongée au dela des termes qui luy sont prescrits , comme aux Laituës, Pois, Tulipes, Anemones, Jacintes, &c. lesquelles n'ont que peu de temps à paroistre en action , & paroissent aussi la plûpart mortes quelques mois après qu'elles ont donné de veritables marques de vie.

La quatriéme chose que nous avons à considerer , est que les racines doivent être non seulement saines , mais aussi placées dans une terre qui soit bonne , & suffisamment humectée ; parce que si premierement les racines ont de la corruption , de la secheresse , ou quelque grand défaut ; ou si en second lieu étant saines , elles sont entourée d'une terre qui soit mauvaise & usée , ou enfin si la terre étant veritablement bonne, elle manque de l'humidité qui luy convient, en ces trois cas il ne se fera aucune action visible de la part de ces Plantes.

C'est une verité assez connuë de tout le monde , sans qu'il soit besoin de la vouloir plus amplement établir ; nous en voyons de grandes preuves , paticulierement en Esté , soit aux Arbres qui sont en caisse , soit à ceux qui sont nouvellement plantez ; parce que si les uns & les autres viennent à manquer de l'humidité , sans laquelle ils ne peuvent agir , & qu'ils soient par consequent incommodez d'une chaleur excessive , ou d'une aridité mortelle : ils paroissent d'abord comme pâmez & moribonds ; mais il est vrai aussi qu'on ne leur a pas si tost donné le secours qui leur est necessaire, c'est à dire de l'eau , soit par pluye , soit par arrosemens , que presque en même temps ils éprouvent le même changement qu'on voit si souvent arriver aux hommes quand ils souffrent des defaillances de cœur.

En effet comme ceux-cy de demy morts qu'ils étoient reviennent en santé , d'abord par exemple qu'ils ont pris quelque peu de vin, ou d'autre liqueur precieuse , ce qui se fait , parce que la faculté nutritive venant à agir sur cette nouvelle nourriture , elle s'en sert utilement à raccommoder tous les membres affligez , en leur faisant part à chacun du remede qui lui vient d'arriver dans l'estomac ; tout de même aussi cet Arbre , qui étant en caisse , ou nouvellement planté , souffre de la disette d'humidité , n'est pas plûtôt secouru par la presence de l'eau qui vient moüiller toutes ses racines , & particulierement vers les extremitez , qu'aussi tost le principe de vie , qui ne cesse d'animer ces mêmes racines pendant qu'il est suffisamment échauffé , les fait agir sur cette terre humectée , & de leur action prompte en retire abondance de seve ; si bien que cette seve montant , & se partageant

dans tout ce qui compofe l'Arbre, tant branches & feüilles, que fleurs &
fruits, elle les remet tous dans le bon état d'où ils avoient commencé
de fortir au moment, que faute d'humidité les racines avoient cessé d'a-
gir.

Bien entendu que cette cessation d'action ne doit pas avoir esté
trop longue, parce qu'autrement elle feroit devenuë mortelle, le
principe de vie ne pouvant absolument subsister, s'il n'a toûjours un
peu d'humidité pour l'entretenir; & cette humidité ne pouvant provenir
que de l'action des racines, tout de même que les longs évanoüissemens,
où les abstinences trop longues font d'ordinaire mortelles à l'animal, n'étant pas possible qu'il fasse longue vie fans nouvelle nourriture.

Bien entendu encore que les fleurs, les fruits & les feüilles, qui font
toutes parties delicates & paffageres, ont beaucoup plus befoin d'un perpetuel fecours de feve pour fe maintenir dans leur être & dans leur beauté, que n'ont pas les Oignons & les autres parties de l'Arbre, qui étant
plus folides, & plus materielles, fe confervent auffi un affez long-temps
en vie, quoy que les racines ne faffent aucune action qui leur foit avanta-
geufe.

Or il faut tenir pour conftant, qu'encore que la plûpart de la feve qui
fe prepare par ces racines, monte aux parties fupérieures de l'Arbre,
neantmoins elle ne les allonge pas toutes en tout temps; quelquefois elle
ne fait au plus que les fortifier imperceptiblement, les groffir, & les mettre en eftat de faire de plus beaux Jets, d'abord que la feve montant en
plus grande abondance, fe trouvera fuffifante pour faire les allongemens,
ainfi que nous remarquons affez fouvent à certains redoublemens de feve
qui fe font dans les Solftices & les Equinoxes d'Efté.

Je pretens enfin, que c'eft ce principe de vie, qui étant mû &
animé, comme il doit être, fert auffi en même temps à animer,
encourager, & à donner de la vigueur à ces racines, de maniere que leur
action forte ou foible dépend entierement du mouvement, ou de l'impreffion forte ou foible, qui leur vient de la part de ce principe; & comme le fond de vigueur ou d'activité, qui eft dans ce principe n'eft pas infini, mais proportionné à la nature de l'Arbre qu'il fait vivre, il fe partage neceffairement dans toutes les racines qui en dépendent, & qu'il doit
faire agir; il les anime toutes chacune felon l'étenduë de fon pouvoir,
comme étans autant d'inftrumens qui lui font neceffaires pour faire fa
fonction.

CHAPITRE IX.

Reflexion sur le peu de racines qu'il faut laisser aux Arbres qu'on plante.

DE là il est facile de conclure, que plus est grand le nombre des racines dépendantes de ce principe, & plus petite aussi est la portion du mouvement & de l'impression qui arrive à chacune.

Il doit donc être vrai, que quand trois ou quatre racines reçoivent pour elles seules toute l'impression d'une certaine vigueur, laquelle auroit pû être distribuée à une plus grande multitude, chacune de ces trois ou quatre s'en trouvant mieux pourvûë, est par conséquent capable de plus grandes productions, que si l'impression avoit été partagée à une douzaine.

Il n'est pas moins vrai que cette impression ne pouvant jamais être inutile dans la partie qui l'a reçûë ; celle-ci agit à proportion de ce qu'elle est en soi, c'est-à dire qu'elle y agit fortement, si elle est forte, & foiblement si elle est foible, or l'effet de cette impression dans la racine, n'est autre chose que la production d'autres racines, & par conséquent si l'impression est petite & foible, elle ne produira que de petites & foibles racines.

C'est de là que dépend la bonté ou la vigueur de ces racines, & la beauté de la durée de tout l'Arbre ; en sorte que quand leur operation est grande & heureuse, l'Arbre ne sçauroit manquer de produire amplement du côté de la tige & des branches ; & quand au contraire elle n'est que petite & miserable, l'Arbre aussi ne croît que mediocrement & miserablement.

Passons plus avant, & disons que l'intention de celui qui plante en bonne terre étant d'avoir le plûtôt qu'il pourra un Arbre qui soit vigoureux, & capable de durer long-temps : il doit en le plantant s'étudier uniquement à le disposer, de maniere qu'il parvienne promptement à faire de ces sortes de bonnes racines nouvelles, comme les seules choses qui soient capables de faire ce qu'il souhaite.

Pour y parvenir plus aisément, il doit être averti premierement, qu'il faut à la verité, que la plûpart des Arbres qu'on plante ayent des racines ; mais quelque quantité qu'ils en ayent, elles ne leur serviront de rien, si elles n'en produisent de nouvelles à l'endroit où on les plantera.

Il doit être averti en second lieu, que ce seront les grosses & fortes racines nouvelles, qui feront que les Arbres deviendront beaux, grands, touffus, & bien attachez à la terre ; les petites & foibles n'y font que de tres-petits efforts, & laissent toûjours des

marques de langueur & d'infirmitez , soit aux feüilles , soit aux branches.

Il doit sçavoir en troisiéme lieu , que ces grosses & fortes racines
nouvelles ne peuvent sortir que de deux endroits , c'est-à-dire , ou de
la tige même , ce qui arrive rarement , ou bien d'autres anciennes
racines qui soient grosses & fortes ; ce qui arrive d'ordinaire , les
petites & foibles n'en pouvans produire que de semblables à elles-
mêmes , c'est à dire d'autres petites & foibles , & consequemment
peu utiles.

Il doit sçavoir en quatriéme lieu , que parmi ces racines anciennes ,
grosses & fortes , desquelles il faut esperer qu'il en sortira de nouvelles
qui soient bonnes , il y en a de beaucoup meilleures les unes que les autres : les bonnes & principales sont les dernieres faites au pied de cet
Arbre ; il est aisé de les connoître par une peau unie , & une couleur rougeâtre qui les distingue d'avec les vieilles ; celles-ci paroissent en
effet noires, ridées & raboteuses : (toutes marques du rebut qu'il en faut
faire.)

Il doit sçavoir en cinquiéme lieu , qu'il ne se peut faire de ces sortes
de bonnes racines , si ce n'est par le secours de l'impression qui doit venir
du principe de vie , & que cette impression sera d'autant plus forte & vigoureuse , que plus mediocre sera le nombre des racines conservées, ausquelles elle sera partagée.

Il doit même sçavoir , que cette impression sera d'autant plus effica-
ce , qu'elle se fera dans une distance plus proche du principe qui l'a produit ; cette proximité ne se doit pas entendre à la derniere rigueur ; mais
comme on entend quand on dit que les yeux bien clair-voyans
distinguent mieux les objets proches que les objets éloignez étant
certain que tout excez est vicieux , comme disent fort bien les Philosophes.

En sixiéme lieu , il doit être averti que communement ces bonnes racines nouvelles , qui attachent fortement les Arbres à la terre , & les
nourrissent amplement , viennent à l'extrémité de ces anciennes , lesquelles on a laissé en plantant , pourvû qu'elles ne soient que mediocrement longues , & que cette extrémité ne soit qu'environ un pied avant
dans la terre.

De maniere que parmi ces racines qui se forment tout de nouveau , les plus éloignées du corps de l'Arbre sont d'ordinaire les
plus grosses & les plus vives , & valent par consequent beaucoup mieux que celles qui sont sorties plus prés de la tige , lesquelles on remarque toûjours être un peu plus menuës que les
autres.

Enfin puisque cette extrémité de vieilles racines ne doit pas
être fort éloignée de la tige ou qu'autrement l'Arbre ne pourroit pas parvenir à se mettre en état de resister à l'impetuo-
sité des vents , il doit sçavoir , qu'il est important de les racourcir raisonnablement les unes & les autres , & toutes à proportion

de leur force & de leur foiblesse , c'est-à-dire racourcir davantage les plus foibles , & racourcir moins les plus fortes , ayant pour maxime, que la plus grande longueur des plus fortes , & pour les grands Arbres , ne doit être au plus que de neuf à douze pouces d'étenduë , & que pour les plus foibles il suffit de leur en laisser aux unes deux , aux autres cinq , ou six au plus.

Cela présupposé , nôtre Jardinier doit conclure premierement , que pour planter heureusement un Arbre dans une bonne terre , il ne faut donc conserver de racines que celles qui paroissent bonnes , jeunes , & assez grosses , & que par consequent il faut entierement retrancher toutes les chifonnes , comme toutes celles à qui on donne le nom de chevelu , & toutes celles , qui étant vieilles paroissent usées ou pourries , ou même abandonnées ; cet abandonnement se connoist aisément , quand au dessus des anciennes il s'en est produit de plus jeunes , de plus grosses , & de plus belles.

En second lieu sans prendre , comme j'ay dit , ma maxime à la rigueur & au pied de la lettre ; il conclut , que pour mediocre que soit le nombre des racines conservées , il sera suffisant pour recevoir tout le mouvement du principe de vie de l'Arbre , & par consequent pour être capable d'en produire de nouvelles , qui soient bonnes & utiles ; ainsi il se contentera quelquefois d'une seule si toutes les autres ne valoient rien ; quelquefois il n'en gardera que deux ou trois , & quelquefois aussi il en laissera quatre ou cinq au plus , bien separées les unes des autres , & faisans toutes ensemble ce que nous appellons un lit , ou un étage de racines : en ce cas là elles pourront être si bien disposées en plantant l'Arbre environ à un pied de profondeur , que du côté de la surface de la terre elles se trouveront hors de l'inconvenient de perir par le chaud , ou par le froid , ou par le fer de la Bêche ; (huit ou neuf pouces de terre suffisent pour les en garentir ,) & se trouveront cependant en état de profiter de la chaleur vivifiante du Soleil , & de l'humidité necessaire & nourrissante qui doit être dans la terre.

Enfin pour derniere conclusion il doit se fortifier dans cette pensée , que si l'Arbre nouveau planté avec peu de racines , & toutes courtes , n'a pas assez heureusement profité les deux premieres années , il n'auroit pas mieux certainement réüssi , quand on lui en auroit laissé davantage , & de plus longues , attendu que les racines ne pouvans absolument agir qu'en vertu de l'impression du principe de vie bien conditionné & animé par la chaleur , il ne se seroit rien fait davantage pour le succés du plan , quand il y en auroit eu douze , que n'y en ayant que deux ou trois ; ainsi sans perdre temps à attendre inutilement l'effet de quelque esperance , dont tous les Jardiniers sont extrêmement susceptibles , il se resoudra promptement à planter selon les mêmes

principes un autre bon Arbre à la place de celui , qui , comme disent les Jardiniers en terme assez significatif , n'a fait que languir & re-
chigner depuis qu'il est planté.

Voilà donc nôtre Arbre nouveau planté suivant toutes les regles que je
me suis proposées, tant à son égard qu'à l'égard de la terre : il pousse de
bonnes racines nouvelles , & reçoit par leur moyen la nourriture , qui le
fait croître de tige & de branches , le fait subsister avec vigueur , & produire tous les ans des feüilles & des fruits.

CHAPITRE X.

Reflexion sur le mouvement que fait la seve , du moment qu'elle est preparée dans les racines.

OR pour bien faire entendre de quelle maniere cette nourriture, qui
commence d'entrer au Printemps dans chaque racine , se separe au
même instant dans la tige , & dans toutes les branches , feüilles & fruits
de l'Arbre , afin de nourrir , grossir , fortifier & allonger chaque piece en
particulier : je ne crois pas me pouvoir servir d'une comparaison plus juste & plus instruisante , que de celle d'un flambeau , qui étant allumé au
milieu d'une Caverne obscure , éclaire en un moment, & tout d'un coup
dans toute sa circonference tous les endroits de la Caverne , où sa lumiere peut penetrer.

La seve dans les Arbres étant une chose liquide , legere , & subtile,
laquelle aussi bien que les vapeurs & les exhalaisons paroît tenir de la
nature de l'air, & avoir par consequent son centre dans les parties hautes,
plûtôt que dans les parties basses : cette seve, dis-je, me donne lieu d'esperer , que le rapport de subtilité de matiere qui paroît se trouver
entr'elle & la lumiere , pourra faire la comparaison dont je me
sers.

Mais cependant toute juste qu'elle est en certain sens , j'y remarque
d'ailleurs cette grande difference , que les principaux effets de la lumiere
se faisans dans les parties de l'air les plus voisines du corps lumineux , qui
en est & la source & la cause , ses autres effets diminuent notablement ,
à proportion que les autres parties de l'air se trouvent plus ou moins éloignées de cette source , & cela fondé sur l'ordre de la nature , qui veut
que chaque agent ait la sphere de son activité reglée , & agisse d'ordre plus efficacement sur ce qui est raisonnablement proche , que sur
ce qui en étant beaucoup plus loin , se trouve en quelque façon hors de
sa portée.

Au lieu que les plus considerables effets de la seve se font
dans les parties les plus éloignées des racines , qui en font la ve-

ritable fource ; cette feve voulant , pour ainfi dire , fe porter avec impe
tuofité vers les extrémitez de l'Arbre où eft fon centre , ne fait que paffe
brufquement & legerement par toutes les autres parties qui la conduifent
à ce centre.

Ces extrémitez de branches font donc les premieres parties de
l'Arbre qui reçoivent abondamment la feve que les racines preparent dans la terre , & les autres parties de ces branches , quoi
que plus voifines de la tige , ne profitent de cette feve , qu'à proportion qu'elles font plus ou moins éloignées de la fource qui l'a
produite : le plus grand avantage que le bas de ces branches en
reçoive , lui vient feulement du fejour que cette feve qui monte
inceffamment vers ces extrémitez , eft contrainte quelquefois de
faire dans le voifinage de ces parties baffes : ce fejour arrive quand
ce qui étoit déja monté de premiere feve , ne pouvant pas affez tôt
fortir dehors , pour être employé à faire des branches , des feüilles & des fruits , fert d'obftacle à l'effort de celle qui eft montée
la derniere ; & par confequent l'arrêtant en chemin pour quelque
temps , fait qu'elle demeure un peu loin de ces extrémitez , en attendant que le paffage s'y rende libre pour la laiffer fortir comme la
precedente.

Il me femble qu'il fe fait en ceci la même chofe à peu prés
que ce qui arrive a un ruiffeau , qui coulant vers fa pente eft ar-
refté dans fon chemin par l'obftacle de quelque chauffée : ce
ruiffeau s'empreffant d'aller à fon centre , qui eft au de là de cette
chaufsée , s'y porte inceffamment avec toute la vîteffe que fa propre pefanteur lui peut donner ; & cependant toute l'eau nouvelle ,
qui continuë à tous momens de couler de la même fource , par laquelle l'une & l'autre ont été produites : cette eau nouvelle , dis je,
cherchant à fuivre naturellement le cours de celle qui a pris le
devant , comme la premiere fortie , elle fe trouve arreftée en
chemin par cette premiere , en forte qu'elle ne peut pas même
arriver jufqu'à la digue , par la raifon que la premiere s'étant ,
pour ainfi dire , faifie de ce principal pofte , l'empêche de paffer outre , tout de même que la digue empêche cette premiere de couler
plus avant.

De là il arrive premierement que l'une & l'autre étant ainfi arrêtées ,
il fe fait un grand amas d'eau dans une certaine étendue de païs , en fecond lieu , que les parties de cette eau , qui font les plus éloignées
de la digue , s'étendent enfuite à droit & à gauche , & par confequent moüillent , nourriffent , & noïent même quelquefois les
Plantes qui fe trouvent fur les côtez , & qui n'auroient été prefque
ny arrofées , ny nourries : fi cette eau au lieu de trouver la digue
dont eft queftion , avoit pû librement parvenir jufqu'où fa pente la devoit conduire.

Tout de même auffi la feve , dont la fource eft aux racines ,
voulant felon fon inclination parvenir à l'extrémité des branches

où

où elle tend comme à son centre, est, comme nous avons déja dit, arrêtée quelquefois assez loin de son but par celle qui étoit montée la premiere, & qui n'a pas eu encore le temps de se pousser entierement dehors, pour achever de faire son devoir.

Si cette derniere montée fait tant soit peu de séjour à l'endroit où elle
est arrêtée : elle ne manque pas assûrement d'y faire quelque chose de
nouveau, qui marque qu'elle y a été arrêtée, sa demeure ne pouvant jamais être inutile en quelque endroit qu'elle se fasse , & voici ce qu'elle
opere.

Quand elle est abondante , comme il arrive ordinairement dans la tige & dans les grosses branches : ce qu'elle a de plus violent,& qui aproche le plus de la premiere montée s'y prépare en quelque façon pour y
aider la premiere à produire de nouvelles branches , plus ou moins grosses , & plus ou moins nombreuses selon son abondance (nous expliquerons ci-aprés l'ordre de la sortie de ces branches) & ce qu'elle a de moins
impetueux fait tout autour d'elle la même chose que la petite quantité
paroît faire dans les branches mediocres, c'est-à-dire que l'une & l'autre
enflent & arondissent les yeux qui se rencontrent auprés de leur passage
& de leur séjour, & par ce moyen y commencent des boutons à fruits ,
assez souvent même y en achevent quelques-uns, lors que heureusement
elle se trouve dans la juste mesure qui est necessaire pour les achever ; delà vient que j'ay avancé cette maxime , les boutons à fruit se forment
quelquefois sur le foible du fort , & quelquefois sur le fort du foible.

CHAPITRE XI.

Reflexion sur la production des boutons à fruit.

POur entendre la maxime que je viens d'avancer , il faut sçavoir que
la premiere partie est pour les boutons à fruit, qui veritablement se
forment quelquefois sur les grosses branches;mais ils ne se forment que
dans les parties éloignées de l'extrémité de ces branches , c'est-à-dire en
bas : Et la seconde partie de la maxime est pour les boutons qui se forment sur les branches foibles en un lieu tout contraire de celui des grosses , c'est à dire à l'extrémité de ces foibles.

Il y a donc , comme nous avons dit ailleurs , deux sortes de
branches , de fortes & de foibles , sur chacune desquelles il se forme des boutons à fruit ; il me semble qu'il n'y auroit pas grand inconvenient de prétendre que la seve qui se trouve dans toute l'étenduë de ces branches , y fait, pour ainsi dire , un corps de seve : cette maniere de m'expliquer m'est necessaire , pour faire nettement entendre ma
maxime.

De cette seve il est constant & indubitable , comme j'ay déja dit que toûjours il en vient beaucoup plus à l'extremité de toute sorte de branches , qu'il n'en demeure dans toutes les autres parties.

Or je donne le nom de fort , tant à toute la branche qui est grosse & forte , qu'à la partie de toute sorte de branches quelles qu'elles soient , où se trouve assemblée la plus grande abondance de cette seve.

Et je donne le nom de foible , tant à toute la branche menuë & foible , qu'à la partie de toute sorte de branches quelles qu'elles soient , où se trouve la plus petite quantité de cette seve.

Cela posé , il est certain que dans les branches grosses & fortes , où se trouve par consequent un grand concours de seve , le fort de cette seve se portant toûjours vers leur extrémité , elle s'y rend par consequent en grande abondance : cette abondance quelque ample qu'elle soit est veritablement propre à y faire beaucoup de branches , mais nullement à y former des boutons à fruit , l'experience certaine nous apprenant , qu'ils ne se forment jamais qu'aux endroits , où il se trouve une certaine quantité de seve , qui soit presque également éloignée , & de l'excez du trop , & du défaut du trop peu.

C'est apparemment par cette raison-là que nous ne voyons jamais de boutons à fruit à l'extremité de la taille d'une grosse branche , à moins que la seve par quelque obstacle inconnu n'ait été detournée d'y venir toute ensemble selon son cours ordinaire : mais cependant sur les parties basses de cette grosse branche , où la seve n'est , ny si abondante , ny si agitée , il s'y en forme assez souvent quelqu'un par la suite des temps.

Voilà pourquoy j'ay crû pouvoir dire en termes de maximes que les boutons à fruit se forment quelquefois sur le foible du fort, c'est à dire sur la partie foible de la branche forte ; voulant que par cette partie foible on entende la partie basse de cette branche forte , parce que dans cette partie basse , y ayant en effet beaucoup moins de seve que dans la partie haute , c'est à dire à l'extremité il s'y trouve par consequent une disposition prochaine à y faire quelquefois de ces beaux boutons à fruit que nous y admirons.

La premiere partie de la maxime bien entenduë ; la seconde ne souffrira pas ce me semble grande difficulté ; ainsi disant que les boutons à fruit se forment quelquefois sur le fort du foible , on verra bien que cela veut dire qu'ils se forment à l'extremité des branches , dans lesquelles , comme à tout prendre , il y a veritablement une quantité de seve assez mediocre par comparaison de celle qui se trouve plus abondante dans les grosses : il y en a cependant plus à leur extremité qu'il n'y en a pas aux autres endroits de ces mêmes branches ; & c'est pourquoy il s'y en treuve suffisamment de quoy faire la juste mesure , qui est necessaire pour la fabrique, facture, ou conformation de ces boutons à fruit.

De là vient en effet que les branches d'une certaine taille mediocre , qu'on peut dire n'être ny grosses , ny chifonnes , sont d'ordinaire les premieres à se charger de boutons à fruit : elles commencent les premieres années d'en avoir à leur extremité , & continuënt d'année en année à en produire dans toute leur longueur :
mais successivement de partie en partie , & en raprochant de cette
grosse branche d'où elles sont issuës , jusqu'à ce que enfin elles achevent d'en former à la derniere partie , qui approche le plus de l'endroit qui leur a donné naissance.

CHAPITRE XII.

Reflexion sur le peu de durée des branches à Fruit.

NOus disons ailleurs en vûë de suppléer aux accidens qui suivent ces sortes de branches à fruit , qu'elles ne sont jamais de
longue durée en aucune sorte d'Arbres , mais qu'en fruits à noyau , & sur
tout en Pêches elles n'en donnent jamais deux fois de suite en un même
endroit ; elles perissent d'ordinaire la même année qu'elles ont fructifié ,
qui est l'année d'aprés qu'elles ont été produites , & si quelques-unes ne
perissent pas , c'est qu'étant devenuës un peu plus grosses , qu'elles n'é-
toient , elles ont poussé à leur extremité quelques autres branches à fruit
pour l'année suivante , mais enfin au bout de ce temps-là elles deviennent séches & inutiles , & par consequent il les faut ôter.

A l'égard des fruits à pepin ces sortes de branches durent un peu
plus long temps , & continuënt de fructifier dans toute leur longueur jusqu'à cinq & six années tout de suite , & enfin tombent
dans la condition commune des branches à fruit , qui est de perir en fruc-
tifiant.

Il semble que sur cette maniere de perir pour ces branches à
fruit on en pourroit presque dire la même chose qui se dit communement de tous les fruits qui se gâtent en certain temps , le rapport qu'il y a des uns aux autres ne paroist pas trop mal fondé pour
souffrir la comparaison ; car tout de même que le premier degré ,
ou la premiere marque de corruption en matiere de fruits est la
perfection de leur maturité , c'est à dire qu'ils ne sont jamais si
prés de se corrompre , que quand ils ont atteint leur maturité
parfaite , tout de même aussi la premiere marque de destruction
aux mêmes branches est le commencement de leur fructification ,
c'est à dire que justement elles commencent à se détruire au moment
comme disent les Jardiniers qu'elles commencent de se mettre à
fruit.

Or pour rendre quelque raison apparente de cette destruction

particuliere , on ne peut pas dire , que cette branche à fruit se dé-
truise elle-même , attendu qu'elle n'a point d'action separée de l'action
generale de la plante , dont le grand but est de se conserver : il est donc
bien plus à propos de dire , comme je le pense , que les endroits par où
s'échape le peu de seve qui fait le fruit , c'est à dire les branches foibles ,
ces endroits , dis je , ne se trouvans pas pourvûs d'une assez grande
quantité de seve pour se fortifier , & pour resister aux injures de l'air , elles sechent insensiblement , & enfin perissent en peu de temps , au lieu
que les autres endroits , où est cette abondance de seve , c'est à dire les
branches fortes , grosses & vigoureuses , ayans tous les jours des rafraî-
chissemens de seve nouvelle , & ayans par consequent de quoy se fortifier de plus en plus contre les injures de l'air , elles ont aussi la bonne fortune de la longue durée.

CHAPITRE XIII.

Reflexion sur la composition interieure des boutons à fruit.

TOute la Philosophie se tourmente beaucoup , pour pouvoir expliquer la facture interne de ces boutons à fruit ; il est vray que la
composition & l'arrangement de ces petites feüilles envelopées les unes
dans les autres , qui font ces boutons , & les distinguent des autres parties de l'Arbre , font la matiere d'une belle , mais difficile meditation ; je
voudrois bien penetrer solidement dans la connoissance de ce chef d'œuvre.

Mais aprés y avoir long-temps travaillé fort inutilement ; je tâche de
me consoler , & de contenter ma curiosité, en disant grossierement & ingenuëment , que ces boutons se peuvent bien former à peu prés comme
se forment les Choux à pommes & les Laituës pommées : voyons si nous
entendons le mystere de ceux-cy , & si de là nous pourrons passer à l'intelligence des autres.

Pour bien entendre nostre comparaison , il faut se souvenir , que
parmy les Plantes , les unes ne produisent d'ordinaire que pour les
dehors , c'est à dire pour allonger & étendre leurs extremitez , &
ce sont , tant celles qui s'élevent dans l'air , comme par exemple ,
les Arbres , les Asperges , les Artichaux , &c. que celles qui ram-
pent sur la terre , comme les Melons , les Citroüilles , le Lierre , &c. les autres pendant un certain temps produisent seulement
pour le dedans , & pour se ramasser davantage en elles-mêmes ,
jusqu'à ce qu'enfin elles prennent le chemin de ces premieres ; &
ce sont toutes celles qui pomment , comme Choux & Laituës pommées , & même celles qu'on lie pour les faire blanchir , comme
Chciorées , Chicons , Alfanges , &c. Les premieres Plantes ne
poussent qu'aux extremitez de ce qu'elles ont une fois poussé : les

autres ne pouſſent d'ordinaire qu'immediatement autour de leur cœur, &
de la même maniere à peu prés qu'on croit voir l'eau naître dans la ſource d'une fontaine.

Cela poſé, nous diſons, que tout de même que, ny les Choux,
ny les Laituës ne ſçauroient pommer, ſi leur pied eſt trop vigoureux, la grande vigueur les faiſant d'abord monter en tige, tout
autant que leur force le permet ; & les faiſant enfin convertir en
graine, quand la force eſt fort épuiſée : tout de même auſſi il ne ſe
peut guéres former de boutons à fruit ſur les Arbres, ou ſur les branches
trop vigoureuſes, la grande vigueur les faiſant allonger en bois, au lieu
de s'arrondir, comme il ſeroit neceſſaire pour devenir en effet, boutons à
fruit.

Il faut donc une certaine mediocrité de vigueur dans ces ſortes
de plantes, pour y former leurs pommes, de la même maniere
qu'il faut une certaine mediocrité de ſeve dans les Arbres fruitiers,
pour y former leurs boutons à fruit.

Or pour entendre de quelle maniere ſe forment ces pommes dans
ces Choux & dans ces Laituës ; il faut ſçavoir premierement, que
les envelopes externes ſont d'ordinaire les premieres productions
que ces plantes ont formées, & qui ont auſſi-tôt commencé d'être, que
les plantes même; en ſecond lieu, que de toutes ces feüilles de la premiere
production il n'en reſte d'ordinaire qu'une petite quantité, qui croiſſant
à proportion de la qualité du Choux & de la Laituë ſervent comme de
Remparts & de Baſtions au dehors, pour conſerver le plus precieux qui
eſt au dedans, & qui eſt en quelque façon comme le cœur & le Magazin
de la place.

De là il arrive enfin que quelques-unes de ces vieilles feüilles exterieures venans par l'ordre de la nature, & quelquefois par l'induſtrie du Jardinier à approcher leurs extremitez fort prés les unes
des autres, elles forment un ceintre naturel, & comme une eſpece de calote, qui renferme & couvre entierement le cœur & le dedans de ces Plantes : ce cœur qui eſt le ſiege du principe de vie de
la plante, ſecouru de l'action des racines qu'il anime, & ſemblab-
ble, comme nous avons dit, à la ſource d'une fontaine, ſe voit auſſi
bien qu'elle naître ſans ceſſe autour de ſoy une infinité de petites
productions, qui ſont autant de jeunes feüilles ; celles-cy étant em-
pêchées de s'étendre, s'entrelaſſent & s'envelopent pour un temps
les unes dans les autres, en attendant qu'elles puiſſent être aſſez
fortes pour forcer & pour rompre les barrieres, qui les reſſerrent
ſi étroitement : Or comme elles ne ſont point expoſées aux injures
de l'air elles demeurent tendres, blanches & delicates, de plus,
comme elles ſont en grand nombre & en peu de place, elles ſe preſ-
ſent ſi fort les unes les autres, qu'elles font enfin un corps dur & ſolide ;
& voila ce qu'on appelle des pommes de Choux, & des pommes de Laituës.

N'y a-t-il pas quelque apparence que les boutons à fruit des nos Arbres ſe forment abſolument de la même maniere que ces ſortes de pommes ? ſans doute que c'eſt en partie la forme & la figure , qui font la difference de leurs dénominations ; aux Arbres la petite rondeur noirâtre & pointuë, qui fait & renferme la fleur , eſt mieux batiſée par le nom de bouton, qu'elle ne le ſeroit par le nom de pomme ; pour ce qui eſt des Choux & des Laituës, leur groſſeur, & leur rondeur leur fait donner plus à propos le nom de pomme que celui de bouton.

A l'égard de ces boutons d'Arbres , nous ne voyons d'abord que les enelopes exterieures d'un bourgeon , qui bien ſerrées les unes contre les autres mettent à couvert de toutes les injures de l'air ce qui inceſſamment , interieurement & inſenſiblement vient à naître dans le cœur de ce bourgeon.

Les Oignons au dedans de la terre ſe font encore apparemment de la même maniere à peu prés que les pommes de Choux & de Laituës ſe forment au dehors de cette même terre.

Or tout de même que ces Oignons , ces Choux & ces Laituës ayans reçû, pour ainſi dire , une eſpece de renfort par une augmentation de ſeve , viennent à s'ouvrir & à pouſſer au dehors , ce qu'ils avoient long-temps tenu caché dans leur enceinte : tout de même auſſi ces boutons à fruit de nos Arbres venans à recevoir au Printemps quelque augmentation interieure , tant par la premiere rarefaction , que par la nourriture nouvelle , ils crevent , & laiſſent enfin ſortir & épanoüir cette fleur , qui porte en ſoi le commencement du fruit.

Ce commencement du fruit eſt un petit aiguillon renfermé dans le cœur de cette fleur ; c'eſt lui qui contient veritablement en ſoy la ſemence de ce fruit : l'un & l'autre n'avoient été formez que dans le déclin des chaleurs , & de la ſeve de l'Eſté precedent ; une chaleur temperée au renouveau aide à l'Arbre à perfectionner ce qui n'étoit proprement qu'ébauché ; & ſi les injures de l'air n'y viennent rien détruire , le Jardinier y trouve la matiere agreable de ſes ſouhaits & de ſon eſperance, auſſi-bien que la nature y trouve de quoy multiplier quelque eſpece d'Arbres.

Voilà juſqu'où mon eſtude m'a conduit , pour commencer à penetrer tant ſoit peu dans la conſtruction interieure des boutons à fruit : j'avoüe de bonne foi , que ce n'eſt pas avoir beaucoup avancé , veu particulierement cette grande difference qui ſe trouve parmy les uns & les autres , en ce que les boutons des fruits à noyau n'envelopent qu'une Fleur chacun , & les boutons des fruits à pepin en envelopent juſqu'à dix & douze , & qu'il y a tant de differences dans leur couleur, grandeur, &c.

Quotque in flore novo pomis ſe fertilis arbos induerat, totidem Autumno matura tenebat.
Virg. Geor. 4.

CHAPITRE XIV.

Reflexion sur d'autres effets de la seve , tant pour grossir
que pour allonger.

JE viens encore à parler des effets qui doivent leur naissance & leur
être au séjour que fait la seve dans certaines parties des Arbres :
& je dis qu'ils sont, ce me semble, visiblement justifiez par l'exemple de ces
ces têtes de Saules qui grossissent extraordinairement au prix de leur tige , ce qui provient asseurement de ce que les branches de leur sommet
étant souvent coupées proche du lieu d'où elles sortent , la seve qui s'y
rend toûjours à son ordinaire, ne pouvant pas sortir d'abord qu'elle y est
arrivée , se trouve cependant contrainte d'y séjourner quelque peu de
temps , & ainsi s'attachant & s'incorporant en partie à l'endroit où elle
est arrestée , fait que cette tête devient beaucoup plus grosse que tout le
reste où la seve ne fait que passer.

J'estime qu'on peut dire avec assez de vray-semblance , que la
seve fait la grosseur des branches d'Arbres , & de toutes sortes de
Plantes , de la même maniere à peu prés que la cire fonduë fait la
grosseur des bougies , & de toute sorte de flambeaux , avec cette seule difference , qui cependant n'altere en rien la comparaison que la
seve monte de bas en haut entre le bois & l'écorce , parce qu'elle va
chercher le centre des êtres qui sont legers ; & qu'au contraire la
cire fonduë se répand de haut en bas le long de la méche suspen-
duë , parce que tout-de même elle va chercher le centre des corps
qui ont de la pesanteur ; & s'il arrive qu'une partie de cette cire fonduë fasse plus de séjour en un endroit qu'en un autre , elle ne manquera pas d'y faire le même effet que fait la seve aux extremitez
des Arbres étronçonnez : Je ne trouve dans nos mecaniques rien de
plus juste que cette cire fonduë , pour representer au naturel de
quelle façon la seve qui est quelque chose de liquide , sert pourtant
à grossir un corps solide par la solidité qu'elle acquiert elle-même ;
elle se grossit en effet , comme si c'étoit autant d'envelopes appliquées
successivement les unes sur les autres , & lesquelles il n'est pas trop difficile de démeler à la vûë, quand on vient à considerer l'extremité de quelque tronçon d'Arbre , ou les Oignons , les Raves , & autres racines coupées par la moitié.

Mais à l'égard de l'allongement des branches , & de toute sorte de Plantes , lequel se fait aussi , parce que les parties nouvelles
venans à s'approcher des anciennes , il s'y fait d'une année à l'autre une sorte d'union si étroite , & en terme de Philosophes , une
sorte d'incorporation si intime , & si individuelle , qu'il n'est pas

poſſible , ny de les diſtinguer à la veuë , ny de les déprendre , ou detacher les unes d'avec les autres : à l'égard de cet allongement , dis-je , il faut bien que la ſeve nouvelle ait en quelque façon la proprieté d'amolir & de fondre l'extremité dure de chaque branche ; & de chaque tige de l'année precedente, pour pouvoir marier le liquide nouveau avec le ſolide vieux , en ſorte qu'il s'en faſſe enſuite un corps entierement ſemblable , ſans qu'on y puiſſe remarquer la moindre difference de l'un à l'autre.

Je ne puis m'empêcher de dire que cecy eſt pour moy un autre ſujet d'une grande admiration : l'induſtrie des hommes n'eſt point ce me ſemble encore parvenuë à rien faire qui ſoit ſemblable à cet allongement imperceptible de branches ; quoy que les couleurs des Peintres appliquées en divers tems , & la ſoudure qu'employent les Orfévres & les Fondeurs , faſſent veritablement quelque choſe , qu'on peut dire en approcher ; il faut recourir a quelqu'autre effet de la nature , pour nous pouvoir repreſenter nettement cette union ſi parfaite ; & ce ſera à la glace , qui par la rigueur du froid ſe forme ſur toute ſorte d'eau , & par exemple dans le baſſin d'une Fontaine : il eſt vray que la partie de la ſuperficie de cette eau qui aura eſté gelée aujourd'hui , ne pourra abſolument eſtre diſtinguée de la partie interieure de cette eau même , qui gelera demain , & ainſi ſucceſſivement de partie en partie , à meſure que le froid continuë de les penetrer ; mais la comparaiſon des Goutieres , où les glaçons s'allongent à meſure que le froid de l'air s'augmente , repreſente encore plus clairement cet allongement de branches que nous avons de la peine à comprendre dans les Arbres , quoy que pourtant , & ces nœuds & ces yeux ſi artiſtement placez par certains intervalles , & accompagnez de feüilles & de fruits , faſſent à nos conceptions des difficultez juſqu'à cette heure impenetrables.

D'ailleurs nous ne ſçaurions guéres profiter de ces deux comparaiſons , à moins que dans l'intervalle d'un jour à un autre il n'y ait quelque ceſſation ſenſible de froid , enforte qu'il y ait apparence certaine , que pendant un certain temps il aura ceſſé de geler ; car quand la gelée continuë ſans relâche , elle ne fait à l'égard de l'eau pendant le grand froid de l'hyver , que ce que la ſeve fait pendant les chaleurs du Printemps & de l'Eſté à l'égard des branches allongées , toute la difficulté roule ſur le premier allongement qui ſe fait au ſortir de l'Hyver , & cela par le moyen d'une ſeve liquide qui monte tout de nouveau à l'extremité des branches dures & ſolides de l'année precedente.

A la verité l'Arbre ſe fend aiſément dans ſa longueur , c'eſt à dire du pied à la tête , comme ſi dans cette ſituation les fibres , ou parties de bois qui en compoſent le corps , n'étoient en quelque façon que des fils colez les uns aux autres , mais pour ce qui regarde la largeur à le prendre à travers d'un côté à l'autre , il eſt

impoſſible

impossible de le fendre , les parties sont tellement compactées &
liées ensemble les unes aux autres que chacune paroît faire un petit tout parfait en soy , & que sans le secours d'un instrument bien
tranchant la separation n'en peut être aucunement faite.

Les effets de ce sejour de seve à l'égard de nos Arbres fruitiers sont encore justifiez par le contraire de ce sejour , c'est à-dire par quelque passage trop precipité de la seve, comme il arrive quand la seve , & sur tout
des Fruits , soit à pepin , soit à noyau , étant pour ainsi dire débauchée, au
lieu de suivre son cours ordinaire , qui est de venir d'un pas reglé aux extremitez des branches , se fait en chemin des sorties extraordinaires dans
quelqu'autre partie de l'Arbre , & y produit en peu de jours ce que nous
appellons des branches de faux bois : cette seve ainsi dereglée s'échapant
avec quelque sorte de fureur & de violence , creve & monte impetueuse-
ment , & ne fait pendant ce premier effort aucun sejour dans son passage.

De là vient que les yeux qui sont les plus prés de cette sortie,
sont fort éloignez les uns des autres , sont plats & mal nourris ; &
à peine même paroissent-ils marquez ; au lieu qu'aprés que la violence dé ce premier effort s'est un peu ralentie , la seve n'allant plus
que son train ordinaire , il semble qu'elle ait ses pauses reglées , &
ainsi vers l'extremité de cette même branche elle fait ses yeux plus
prés à prés , & mieux nourris , si bien que le bas ne pouvant selon
son merite recevoir que le nom honteux de faux bois ; le haut cependant peut à juste titre se conserver le nom honorable d'un bois
veritablement bon & bien conditionné.

Cette comparaison des effets de la seve dans les branches avec
les effets de la lumiere dans un lieu nouvellement éclairé , nous a
peut-être porté un peu trop loin ; mais je n'ay pû expliquer en
moins de termes ce que je pensois de la promptitude , avec laquelle
cette seve preparée par les racines paroît se porter subitement à
toutes les extremitez des branches ; je souhaite seulement que j'aye
été assez heureux pour me faire entendre.

CHAPITRE XV.

Reflexion sur d'autres effets du plus & du moins de la seve.

JE reviens encore à une autre parité de raison , que je découvre
entre la lumiere du flambeau , & les racines de nos Arbres ,
pour appuyer davantage mon sentiment sur l'operation differente des racines à l'égard de la seve qui grossit , allonge & étend cet
Arbre.

Tout de même que plus le corps lumineux est gros & éclai-
rant , plus loin aussi fait il aller ce qu'il répand de lumiere , tout

de même plus les racines qui agiſſent ſont groſſes , fortes & vigoureuſes , & plus loin auſſi ſe porte la ſeve , ou nourriture qu'elles
preparent,

Ainſi il eſt facile d'expliquer d'où vient qu'on voit mourir les
extremitez de certains Arbres , ou de certaines branches , ne
croyait point en effet qu'il y en ait d'autre raiſon à rendre , ſi
ce n'eſt que ſûrement au pied de ces Arbres il ne ſe fait plus de
groſſes & vigoureuſes racines , & par conſequent il ne ſe prepare plus une aſſez grande quantité de ſeve , pour être capable de
monter auſſi haut qu'elle avoit accoûtumé de faire , ſoit dans les
années precedentes , ſoit même dans la ſaiſon où on remarque
ce défaut.

La ſeve par exemple montoit peut-être autrefois juſqu'à la hauteur de trois & quatre toiſes , & preſentement elle ne ſçauroit plus
monter que juſqu'à dix ou douze pieds , ce qui paroît aſſez en ce
qu'il ne ſe fait plus de branches nouvelles ailleurs que beaucoup
au deſſous de l'ancienne extremité des vieilles.

D'un autre côté la ſeve dans le commencement de l'année avoit
pouſſé des branches juſqu'à la hauteur de deux ou trois pieds , &
ſur la fin de l'Eſté le bout de ces branches noircit , & meurt de la
longueur de cinq ou ſix pouces : la racine paroiſſoit avoir aſſez bien
travaillé dans le Printemps , où la terre étoit dans un temperamment de chaud & d'humide propre à la vegetation ; mais la chaleur de l'Eſté ayant par ſon excez conſommé cette humidité , ces
racines qui n'étoient que menuës & foibles , n'ont pû ſe défendre
de ſon attaque , comme font celles , qui en d'autres Arbres ſont
groſſes & vigoureuſes : nous avons parlé ailleurs des remedes qu'il
faut employer contre de tels accidens.

Or d'autant plus que la racine eſt vigoureuſe , d'autant plus auſſi
agit-elle vigoureuſement , & par conſequent d'autant plus attire-
t'elle de nourriture , & d'autant plus en fait elle monter ; c'eſt la
vigueur de cette racine , qui fait que la ſeve s'élevant juſqu'au ſommet des Arbres , les allonge encore plus qu'ils ne l'avoient jamais
été ; comme la foibleſſe , qui eſt cauſe que cette ſeve n'étant pas
aſſez abondante pour monter bien haut , s'arrête beaucoup plus
bas qu'elle n'avoit accoûtumé de faire.

Il eſt bien vray qu'il ſemble , que comme chaque animal a ſa grandeur
reglée , & comme chaque fontaine eu égard à la quantité de ſes eaux , &
à la grandeur du tuyau qui les conduit , ne les peut élever que juſqu'à une
certaine hauteur , par rapport au dernier lieu de repos d'où elles décen-
dent.

Tout de même auſſi la hauteur , & la circonference de chaque Plante paroît être reglée , en ſorte qu'il y a un certain terme,
juſqu'où la ſeve peut veritablement parvenir pour faire de nouvelles branches , mais ne ſçauroient abſolument monter plus haut
pour y faire aucune production ; ainſi pourvû qu'un Arbre

qu'on a par exemple reconnu ne pouvoir aller que juqu'à la hauteur de douze pieds , soit ravalé de cinq ou six , autant de fois qu'on
le voit parvenu aux douze , il paroîtra toûjours vigoureux , parce
qu'il travaillera pour remonter jusqu'où sa force se peut élever , &
par consequent ne tombera jamais dans l'inconvenient de se voir deshonorer par aucune marque de mort à ses extremitez,

Le Jardinier habile doit s'être rendu sçavant en cette connoissance par les observations qu'il aura été capable de faire , soit dans
la conduite des Arbres , soit dans la culture de la terre , la difference du
bon & du mauvais fond contribuë beaucoup à decider du pouvoir & de
la vigueur de cette seve , en tel fond qui est veritablement bon , un Arbre
se portera vivement jusqu'à cinq ou six toises de hauteur , & ainsi à proportion pour sa circonference , & en tel autre fond , qui est beaucoup
moins fertile , un Arbre de pareille espece aussi bien conditionné que le
premier , ne pourra passer une hauteur de dix ou douze pieds , tel fond est
propre à faire produire , sans être presque cultivé , tel autre n'est propre à
rien , si son infertilité n'est corrigée par tous les soins , & tous les secours
du Jardinage.

CHAPITRE XVI.

Reflexion sur l'ordre de la sortie des branches nouvelles.

A Yant expliqué de quelle maniere la seve entrée dans les racines me
paroit ensuite monter, & se répandre dans toutes les parties superieures de l'Arbre ; je croirois être presentement obligé de dire comment
je pense, que les branches nouvelles sortent à l'extremité des branches de
l'année precedente : & d'où vient que cette sortie paroît d'ordinaire si
reglée, que les plus hautes ont communément quelque avantage de grosseur & de longueur sur les plus basses.

Je me serviray de la même comparaison que j'ay déja faite de
l'eau d'un ruisseau , qui étant pour quelque temps arrêtée par
une digue , ne peut continuer sa course vers le centre de sa pente ; cette eau qui s'est ramassée jusqu'à faire un corps considerable , comme on voit aux grands Estangs , venant ensuite à trouver dans un moment quelques ouvertures égales , tant au corps
de la digue , qui soûtenoit principalement son grand poids , qu'en
quelques parties des murailles des côtez , qui ne servoient simplement qu'à l'empêcher de s'étendre trop loin ; cette eau , dis-je,
ayant fait , ou trouvé toutes ces ouvertures sortira en même temps
par chacune d'elles , mais sortira d'ordinaire en beaucoup plus
grande quantité , & avec plus de violence par la brèche de la digue , qu'elle ne fera par les brèches des côtez , & encore en sor-

tira-t-il à proportion davantage par celles des côtez, qui ayant une ouverture semblable approcheront le plus prés de cette digue, que par celles qui en seront plus éloignées ; le poids de l'eau qui tend toûjours à son centre, & qui augmente sa pesanteur à mesure qu'elle approche davantage de ce centre, fait cette différence considerable, qui est connuë à tout le monde.

La seve dans nos branches y fait à peu prés les mêmes effets ; car y ayant trouvé plusieurs ouvertures égales, & c'est ce que nous appellons les yeux, elle sort en même temps par celles qui sont les plus hautes, mais sort en plus grande abondance par la derniere, c'est à dire par l'œil qui est à l'extremité, & où se fait le plus grand effort de la seve, que par les autres qui en sont éloignées ; ensuite si elle est assez abondante, & assez pressée de sortir par la nouvelle faite, elle se décharge dans les yeux plus bas, mais proportionnément davantage dans ceux qui approchent le plus de cette extremité, & moins dans ceux qui en sont plus éloignez.

Et tout de même qu'il arrive quelquefois que l'eau de ce ruisseau qui trouve une digue en front, & qui trouve des murailles sur les côtez, se faisant elle-même des sorties en fait une plus grande par l'un des côtez que par la principale digue, & ainsi sort en plus grande abondance, par où apparemment elle devoit sortir en plus petite quantité : de même aussi voyons nous quelquefois dans nos Arbres, que les branches nouvelles qui sortent à l'extremité de celle qui a été taillée, au lieu d'être plus grosses que toutes les autres qui en sont en même temps sorties, se trouvent cependant du nombre des plus foibles.

Pour expliquer autant que nous pourrons la cause d'un effet si contraire à l'ordre du naturel de la seve, nous disons que ce changement provient de ce que la seve cherchant par l'effort de son activité naturelle à faire sa principale sortie par l'extremité de cette branche, a trouvé quelque obstacle interieur que les Jardiniers ne connoissent pas toûjours ; cet obstacle l'empêchant de parvenir toute en corps à cette extremité, n'y en a laissé passer qu'une partie, & cependant ce fort de l'abondance s'étant jetté sur quelqu'un des yeux qui étoient au dessous du plus haut, la seve a commencé d'y faire son principal effet ; & à l'égard de tous les autres yeux elle s'y est jettée plus ou moins abondamment, selon qu'ils se sont trouvez plus ou moins voisins de celui qui a servi de passage au torrent de la seve.

Le peu de seve qui a passé à l'œil, ou aux yeux plus haut, n'y ayant fait que des branches mediocrement grosses, leur a communiqué ce qu'elle a accoûtumé de faire à toutes les branches foibles, c'est-à-dire une disposition prochaine à faire promptement des boutons à Fruit ; c'est pourquoy dans la taille je regarde toûjours cette branche comme une des plus importantes & des plus precieuses à conserver pour le Fruit.

Or de bien comprendre comment ce plus , & ce moins de feve font des effets fi differens; j'avoüe de bonne foi, que ny mes obfervations, ny mes meditations n'ont encore pû m'en donner une intelligence fuffifante ; je vois bien que cela eft , & j'en tire cette maxime fi paradoxe , que le Fruit eft une marque de foibleffe , mais je n'ay pû encore aller jufqu'a découvrir la maniere dont cela fe fait , ny les raifons pour lefquelles cela fe fait.

Je ne fçaurois non plus comprendre d'où vient que la terre s'ufe & s'effrite en nourriffant des Plantes qui luy font en quelque façon étrangeres , par exemple du Bled , des Arbres , & des Legumes , & ne paroît pas s'effriter en nourriffant des Chardons , des Horties , & une infinité d'autres fortes de méchans Herbages.

Aprés tant d'obfervations n'eft-il pas permis de conclure , que de toutes les manieres fur lefquelles l'efprit de l'homme exerce fes raifonnemens & fes conjectures , peut être n'y en a-t-il aucune où il foit plus difficile de raifonner jufte que celle de la vegetation ; c'eft un champ d'une vafte étenduë , un champ ouvert à tout le monde , où chacun a la liberté d'entrer & de foüiller autant que bon lui femble ; mais où peu de gens réüffiffent à deffricher heureufement , tant eft grand le nombre des fingularitez qui le compofent : rien n'eft fi aifé , ny fi ordinaire que d'y tomber dans de grandes erreurs , quand on pretend tirer beaucoup de confequence de plante à plante , & établir en même temps beaucoup de maximes generales.

CHAPITRE XVIII.

Reflexion fur la difference des effets de la feve dans les parties exterieures des plantes.

IL eft bien vray qu'à l'égard de ce qui fe paffe dans les entrailles de la terre , la production des racines , & la nourriture de toutes les plantes s'y font apparemment d'une égale maniere : nous l'avons cy-devant expliqué au Chapitre des Plants ; mais en ce qui paroît au dehors , il femble que ce foit comme autant de petites Republiques , qui fe gouvernent differemment les unes des autres , & qui dans leur façon de faire n'ont rien de commun avec leurs voifines , la politique de l'une étant affez fouvent tout-à-fait oppofée à la politique de l'autre : c'eft ainfi par exemple que tous les Oifeaux qui conviennent à la verité dans leur maniere de fe multiplier , c'eft à-dire par les œufs , different cependant fi notablement dans leur taille , dans leurs couleurs , dans leur ramage , dans leur façon de vivre & de faire , &c.

La nature a mis dans les vegetaux une fi grande diverfité en chacun ; qu'on pourroit vrai-femblablement dire , qu'elle n'a pas moins eu l'intention de nous faire admirer les sources inépuisables de ses productions differentes, que de confondre l'esprit de l'homme, quand il aspire à pouvoir penetrer dans tous ses secrets, & rendre raison de chacune de ses operations.

De tout temps il y a eu de grands esprits, qui ont travaillé pour se rendre intelligens dans cette matiere, dans nôtre siecle nous en voyons beaucoup qui l'étudient avec empressement ; mais aprés avoir examiné quelqu'un des vegetaux, s'il arrive peut-être que hors les qualitez medecinales on y ait fait quelque legere découverte, on est assez enclin à se flatter aussi-tôt, jusqu'à croire qu'on est parvenu à le connoître entierement, soit dans sa cause, soit dans sa maniere d'être ; & de là on ne fait pas grande difficulté de tirer des consequences pour les autres, & cependant pour peu qu'on veüille pousser ses reflexions plus loin, il se presentera au même instant un grand nombre d'autres vegetaux tous contraires, qui éblouïssent, & qui font par consequent capables de renverser tous les raisonnemens déja faits, ou de donner au moins de grandes atteintes à la plûpart des maximes generales qu'on aura voulu établir.

Par exemple, à considerer d'un côté la maturité des Poires, des Pommes, des Raisins, &c. Et à considerer de l'autre côté l'ordre des Fleurs aux Tubereuses, aux Lys, aux Jacinthes, aux Pieds-d'Alloüettes, &c. Pour juger à l'égard des uns lequel endroit de chacun est le plûtôt meur, & à l'égard des autres, lequel calice est le plûtôt épanoüi ; on trouve infailliblement que tant dans ces fruits que dans ces feüilles, tout ce qui est le plus prés de la queuë, & par consequent le plus prés de la tige & des racines, & par consequent encore le plûtôt fait, formé & façonné, a l'avantage d'étre le premier à acquerir, ce qui à nostre égard luy convient de plus parfait, mais qui à son égard approche le plus de sa fin & de sa destruction : sur cela on ne manque pas de vouloir conclure en terme de maximes generales, que dans les plantes, plus une partie se trouve voisine de l'endroit d'où luy vient la nourriture, & plûtôt aussi parviennent-elles à sa maturité & à sa perfection.

Mais si en même temps on considere les Figues, les Melons, les Pêches, les Prunes, les Abricots, &c. on trouvera que la premiere partie meure, & la meilleure, est celle qui se trouve la plus éloignée de la queuë, & par consequent la plus éloignée de la tige, & des racines.

Si on regarde aux Orangers, aux Jassemins, aux Oeillets, aux Rosiers muscats, &c. les premieres Fleurs sont celles des extremitez de chaque branche, & pour achever d'embarrasser nostre Phisicien il n'a qu'à considerer les Framboisiers & les Lauriers rose, parce que ny dans les uns, ny dans les autres il n'y paroit rien de reglé, soit pour l'ordre de la nature des Fruits, soit

pour l'ordre de l'ouverture des fleurs ; c'est quelquefois ce qui est
le plus éloigné qui meurit ou fleurit le premier : & c'est quelquefois aussi ce qui est le plus prochain ; ces inégalitez , où si
vous voulez ces desordres sont assez difficiles à fixer par des maximes.

Que deviendra donc icy celle qu'on a crû pouvoir établir en
general de la maturité des Fruits : & de l'épanoüissement des
Fleurs ? il faut donc necessairement faire de differentes maximes
selon les differentes especes & des fruits & des fleurs que la nature nous
produit.

Si au Printemps on examine l'endroit d'où naissent beaucoup de
fruits , comme Poires , Pommes , Pêches , Prunes , Abricots, Cerises , Groseilles , &c. on trouve que c'est sur de certaines branches ,
qui sont au moins faites une année ou deux auparavant ; c'est là que
dans l'Esté precedent sur le declin de la seve les boutons à fruit ont été fa-
çonnez.

Dés qu'on a acquis cette connoissance , ne croit-on pas pouvoir sur cela établir affirmativement , que les Fleurs ont precedé
les fruits d'assez long temps ; mais si d'un autre costé on regarde la
Vigne , le Noyer , le Maronnier , le Meurier , le Coignassier , le
Framboisier , l'Azerolier , &c. on trouvera qu'icy la nature agit
tres-differemment de ce que nous venons de luy voir faire sur d'autres sujets : les Fleurs n'y sont anterieures que de peu de jours à
leurs fruits ; puis que les uns & les autres ne se formans que sur
des branches produites dans le Printemps même , ces Fleurs & ces
fruits naissent avec le bois qui les doit soûtenir , il y a cependant
cette difference entr'eux , que les uns se font aux extremitez , comme les Noix , les Marons , les Azeroles , les Coins , & ceux-là d'ordinaire arrestent la branche entierement , en sorte qu'elle ne s'allonge plus , si ce n'est peut-être aux Noyers & Chataigniers , sur
lesquels nous voyons quelquefois , qu'aprés les Noix & les Marons formez à l'extremité d'une branche , il y vient une assez grande quantité de seve pour la faire encore notablement allonger ;
les autres sont formez au bas de la branche , & ne l'empêchent jamais de s'allonger , par exemple , la grappe de Raisin , & quelquefois la Meurre , &c. peut-on rien voir de plus opposé pour la naissance
des Fruits.

Si à la plûpart des Arbres on regarde à l'Automne l'endroit des
branches qui se dépoüille le premier , on trouve que c'est d'ordinaire leur extremité qui commence à paroître dénuée , comme si
les racines n'agissans plus pour lors si vigoureusement , ou la chaleur de l'air n'étant plus si proportionnée à leurs besoins , la seve ne
pouvoit plus par consequent continuër de monter jusqu'en haut ;
si au contraire on regarde aux Pois , aux Féves , aux Artichaux ,
aux Choux , & à la plûpart des autres Legumes , & même aux
Amandiers & Pêchers fort vigoureux , on trouvera que la partie

bafſe eſt la premiere ſéche & fanée , durant que l'extremité eſt encore verte & pouſſante : comment ajuſter deux effets de ſeve ſi contraires l'un à l'autre.

Si on regarde les fleurs des Fruits, tant à pepin qu'à noyau , on
trouve que le Fruit ſe trouve au même endroit où étoit la fleur , parce que celle-cy en ſe paſſant paroît faire place à l'autre , pour lequel elle a fleuri ; mais ſi on regarde aux Noyers , Chataigniers ,
Noiſetiers , comme auſſi au Bled de Turquie , &c. on trouve qu'il
n'y a nul Fruit où étoient les fleurs , & qu'au contraire pour ces ſortes d'Arbres le Fruit ſe forme à l'extremité de la branche , ſur laquelle il n'a paru aucune fleur ; & que pour le Bled de Turquie la
fleur ſe forme au haut de la tige , & le Fruit ſort du nombril de
chacune des feüilles inferieures.

Si on regarde l'ordre de la production des Fruits, on trouve que
reglement la nature commence par des boutons à fleurs , qu'elle
fait paroître , & comme nous avons dit aux Arbres à pepin chaque
bouton contient pluſieurs fleurs , & conſequemment pluſieurs
Fruits ; aux Arbres à noyau chaque bouton ne contient qu'une
fleur , & conſequemment un Fruit unique ; or d'un petit éguillon ,
qui ſe trouve dans le milieu de chaque fleur , le Fruit ſe forme trois
ou quatre jours aprés qu'elle eſt épanoüie , & cela s'étend , ſi le
temps eſt favorable, c'eſt à dire ſi le froid ne gâte pas ces precieux
commencemens ; ainſi chaque Fruit eſt d'ordinaire precedé de
ſa fleur : mais la Figue naît tout d'un coup parfaite ſans fleurir ,
& pour les Melons , Concombres , Citroüilles , &c. le Fruit eſt la
premiere choſe qui paroît , & c'eſt ſeulement quelques jours aprés
la naiſſance de ce Fruit, qu'a ſon extremité on voit une fleur achever de ſe former , & enſuite s'épanoüir : veritablement c'eſt de la
bonne fortune de cette fleur que dépend la perfection de ce Fruit ;
en ſorte que ſi elle n'eſt pas capable de reſiſter au froid & à ſes autres ennemis , ce Fruit vient à mourir preſque auſſi-toſt qu'il a pris
naiſſance.

De plus , quoique d'ordinaire il ne reſte rien de la fleur avec le
Fruit ; en ſorte que celui-cy n'ait accoûtumé de paroître que quand
la fleur eſt entierement paſſée : cependant au Grenadier pour la
conſtruction ou compoſition du Fruit il reſte une partie de la Fleur,
ou plûtoſt une partie du Fruit , naît en même temps que la fleur ,
& luy ſert pour ainſi dire de berceau ou de coquille , tant pour la
conſervation de cette fleur , que pour ſervir d'enveloppe à une maniere de liqueur congelée , & aux grains ou pepins , qui ſont l'eſſen-
ce & la ſubſtance de ce Fruit.

Et au Gland la premiere choſe qui paroît , c'eſt encore une
maniere de coquille entre ronde & plate , qui eſt produite ſur
la fin de Iuillet , & qu'on peut dire lui ſervir de fleur : puis qu'elle n'en a point d'autre ; en effet c'eſt du milieu de cette coquille que ſort peu de jours aprés ce Fruit, qu'on prétend avoir

été

été la nourriture des premiers hommes.

Et comme chaque Arbre est composé de plusieurs branches , les unes fortes & les autres foibles , si on regarde à quel endroit se forment regulierement la plûpart des fruits ; on trouve que d'ordinaire ce n'est point sur les grosses branches , mais au contraire sur les foibles que la nature prend soin de fructifier.

Si toutefois on regarde à quel endroit de la Vigne se forment les grappes , & à quel endroit des figuiers se forment les figues , on trouve que rarement en vient-il sur les branches foibles , & que communement il s'en fait beaucoup sur les grosses , fortes & vigou-reuses ; comment faire pour reduire sous une seule maxime ce choix de differentes situations à faire du fruit.

Si on regarde la maniere dont les arbres s'allongent , tant par leurs tiges que par leurs branches ; on trouve que durant la gran-de action de la seve , c'est à dire au Printemps & en Esté , ce qui est extremité dans un premier moment , ne l'est pas à l'autre moment qui le suit , la seve qui monte incessamment a formé de nouveau bois , aussi bien que de nouvelles feüilles par dessus cette extremi-té precedente ; & à son tour ce nouveau bois doit incontinent re-cevoir d'une nouvelle seve le même traitement qu'il avoit fait luy même à l'extremité du bois precedent.

Si en même temps on regarde aux Artichaux , aux Asperges , aux grappes de Raisins , à toutes les feüilles & tous les fruits , aux Tulipes , aux Oeillets , & à la plûpart des fleurs , on trouve que ce qui est une fois extremité , demeure toûjours extremité , en sor-te que leur augmentation se fait par dedans & nullement par dehors , comme il se fait à l'extremité de l'allongement des bran-ches d'Arbres , l'Asperge , l'Artichaut , la Tulipe , & la plûpart des fleurs paroissent sortir toutes entieres du cœur de la plante ; mais veritablement petites , & croissent ensuite interieurement par le se-cours d'une nouvelle nourriture ; à voir comme elle s'élevent in-sensiblement de tige , & qu'elles sont poussées en haut par cette nouvelle seve , ne semble-t-il pas que cela se fasse de la même ma-niere à peu prés que ce qui est dans un tuyau ou dans un canon, qui est poussé ou chassé par la partie basse , pour aller sortir à la partie superieure.

Si on regarde d'où viennent la blancheur & la delicatesse des Laituës liées , du Celeri , des Cardons d'Espagne , des Porreaux , &c. on trouve qu'elle vient de ce qu'on a étouffé ces legumes , soit avec du fumier sec , ou des feüilles séches , soit avec de la terre ou du terreau , en sorte que le grand air a perdu la liberté de les pouvoir rafaichir & penetrer à son ordinaire ; ainsi ces parties étouffées n'étant plus immediatement éclairées des rayons du Soleil , ont non seulement perdu leur couleur verte avec ce qu'elles avoient de dur , d'amer & de desagreable , mais aussi ont acquis une certaine blancheur avec cette bonté , cette delicateſſe que nous ſouhaitons , & ſi d'un autre côté on regarde le blanc & le vert des Aſperges, on trouve que le plus mauvais & le plus dur eſt juſtement tout ce qui étant privé de l'aſpect du Soleil par la terre , ou par le fumier qui l'environne eſt entierement demeuré blanc , au lieu que le meilleur & le plus delicat eſt la partie qui ſe trouve verte & rougeâtre : choſe à mon ſens aſſez difficile à comprendre & à expliquer, que dans les Plantes l'air en attendriſſe l'une , & enducciſſe l'autre dans le même temps.

Aux Marguerites & Giroflées rouges panachées , la naiſſance eſt blanche pour un temps, & enfin par les rayons du Soleil cette premiere couleur d'enfance vient inſenſiblement à ſe changer au plus beau rouge du monde.

Aux Oeillets , aux Tulipes , &c. le beau vif qui les accompagne en naiſſant , les abandonne quand le Soleil les a quelque temps éclairées.

La plûpart des Poires ſont colorées en fleuriſſant, & aprés la fleur , les unes deviennent vertes ou griſes , les autres blanches , ou jaunes, quelques-unes ſur la fin reprennent une couleur plus vive que jamais.

Les Abricots en approchant de leur maturité, de verts qu'ils étoient, deviennent premierement blancs,& paſſent de là à ce beau vermillon qu'on y admire.

Les rayons de ce Soleil blanchiſſent les avant-Pêches , noirciſſent les Meures , rougiſſent d'une couleur éclatante les Ceriſes , les Fraiſes , les Framboiſes , &c. Et d'une couleur de pourpre la plûpart des Pêches , & enfin donnent un nombre incroyable de diverſes teintures, tant aux Prunes & aux Fruits , qu'à toutes les fleurs qui paroiſſent ſur la terre : voilà beaucoup de differences bien eſſentielles.

Si on regarde aux feüilles de chaque Plante , communement on ne trouve qu'une feüille à chaque queuë , & ces feüilles ſont attachées aux branches par petits étages , comme par degrez éloignez les uns des autres en forme d'échiquier , & cependant en certaines Plantes on trouve des queuës chargées , l'une de trois , cinq & ſept feüilles , comme le Sureau , le Noyer , le Roſier , les autres de ſept , neuf , onze , comme le Frêne ; quelques-unes en ont même juſques au nombre de dix-ſept , dix-neuf , & vingt-un , comme l'Acacia , & toûjours par nombre impair , & pour lors quand il ſe trouve une ſi grande quantité de feüilles ſur une ſeule queuë , bien loin d'eſtre par degrez en forme d'échiquier , comme nous avons dit cy-deſſus , elles naiſſent diametralement oppoſées l'une à l'autre.

Aux Meuriers nous voyons au mois de May , que de chaque œil ou bouton des branches de l'année precedente il ſort quelquefois quatre & cinq Meures , & même par fois il en ſort une branche plus ou moins longue ſelon l'abondance de ſeve qui parvient à ce bouton.

Aux Figuiers du nombril de chaque feüille pouſſée depuis le Printemps juſqu'a la my-Juin , qui eſt a peu prés le temps du Solſtice , &
par conſequent du redoublement de ſeve dans nos Plantes , il en
ſort pour lors regulierement une Figue pour l'Automne , & c'eſt ce
que nous appellons les ſecondes Figues , dont le nombre ne paſſe
guéres en ces Climats-cy celui de cinq ou de ſix , ou de ſept au plus ſur
chaque bonne branche.

Je dis bonne branche , car chaque branche n'a pas cet avantage
d'eſtre bonne : les foibles ne l'ont pas , ny les gros rejettons nouveaux du pied , ny toutes les branches ſorties de la taille faite ſur le
vieux bois , ny même les groſſes branches qui naiſſent en faux bois
du corps de l'Arbre ; ſi bien qu'il n'y a de bonnes branches que celles qui naiſſent raiſonnablement groſſes , & ſuivant l'ordre naturel ,
dans lequel ſont produites les branches en toute ſorte d'Arbres , ainſi que
nous l'avons cy devant expliqué.

Les Figues qu'on appelle de la premiere ſeve , naiſſent à la my-
Avril , & naiſſent tout d'un coup aſſez groſſes devant qu'il paroiſſe
encore aucune feüille ; elles naiſſent de l'ancien nombril de la
queuë de certaines feüilles de l'année precedente , c'eſt-à-dire d'auprés l'endroit où étoient les feüilles , qui l'Eſté precedent avoient
été pouſſées , & n'avoient point produit ce qu'on appelle Figues
ſecondes pour l'Automne. Une grande partie de ces Figues de la
premiere ſeve , ſont d'ordinaire aſſeurées de meurir à la fin de Juillet , & pendant le mois d'Aouſt , s'il ne ſurvient point de fraicheurs
qui les faſſent tomber , & ſi pendant ces mois de chaleur elles ne
ſont point gâtées , ou par trop de pluye , ou par des ardeurs
extraordinaires ; mais pour les ſecondes nous ne devons eſperer de voir meurir que celles qui étant nées dés la my-Juin
ſe trouvent preſque en groſſeur devant la fin de Juillet , & encore
faut-il que ce ſoit dans un terroir aſſez chaud & ſec , & que l'Automne ſoit accompagnée de chaleur , & par conſequent exempte
de gelées & de pluyes froides , comme nous l'avons eu l'année 1670. &
1676.

Ce n'eſt pas ſeulement les Figues , qui naiſſent du nombril des
feüilles ; c'eſt une condition qui leur eſt commune avec la plûpart
des autres Fruits , & meme au Gland & au Jaſſemin ; mais le Raiſin
naiſt a l'oppoſite , & de l'autre côté de la feüille , ce qui paroiſt une
choſe tres-finguliere , & encore plus , de ce qu'a la plûpart des Vignes il ne ſort d'ordinaire qu'au trois , quatre & cinquiéme nœud
d'en bas de la branche ; au lieu que tous les autres fruits naiſſent
dans toute l'étenduë de la branche , que nous appellons branche à
fruit , & naiſſent même plûtôt vers ſon extrémité, que dans ſon commencement.

Les Coignaſſiers font leur fruit de la même maniere que les
Framboiſiers , Azerolliers & Grenadiers font le leur , c'eſt-à-dire
à l'extremité des petites branches qui ſortent des groſſes aux mois

de Mars & d'Avril ; & cependant les Poiriers greffez sur Coignaffier ne font du fruit que fur les branches produites un an auparavant.

La plus grande abondance de feve comme nous avons fouvent
dit , monte communement à toutes les Plantes entre le bois & l'é-
corce , & peut être auffi en monte-t-il quelque peu au travers du
bois ; mais à la Vigne, qui, pour ainfi dire, n'a point d'écorce, la
plus grande abondance, comme nous l'avons déja dit , monte abfolument au travers du bois.

La groffeur des Fruits fe fait par la nourriture , c'eft à dire par la
feve , qui au fortir de la branche coulant par le canal de la queuë,
parvient au dedans de ce fruit entre le cœur & la peau, & s'y épaif-
fit enfin conformement à la nature de chacun : la groffeur du bois ,
& de chaque tige fe fait apparemment de la même maniere.

L'ordre de la production des fruits eft , que communément les plus
beaux foient à l'extremité des branches , & fur tout de celles qui
font foibles & qu'il ne s'en fafle qu'une fois chaque année aux endroits qui peuvent fructifier ; mais la nature pratique le contraire
pour les Figues, car premierement elle en produit deux fois par an ;
en fecond lieu elles ne les produit guéres que fur les groffes branches , enforte que particulierement pour l'Automne elle n'en fait que
fur les Arbres qui ont affez de vigueur ; & en troifiéme lieu elle
place les premieres & les plus groffes dans les parties les plus éloignées de l'extremité , & les autres à proportion qu'elles en font plus
ou moins éloignées : auffi communement eft-ce le même ordre qu'elles
fuivent en meuriffant.

La maniere dont le Figuier d'Inde s'y prend à faire ces productions , tellement que fans avoir ny tige ny branches , il fe fert de
fes feüilles pour fe multiplier & s'accroître , n'eft pas à mon fens
la moins étonnante de toutes celles que nous admirons tous les
jours.

Regulierement toutes nos Plantes fleuriffent affez long-temps
devant que de faire & de perfectionner leurs graines , le Pourpier
toutefois fait la fienne , fans avoir prefque aucunement fleuri ; dés
que le pied eft affez gros, il s'éleve un peu en differentes tiges , &
fait d'abord cette graine blanche , tendre , & tout ce femble détachée l'une de l'autre , il la tient bien renfermée dans plufieurs petites coques , & enfin meuriffant il la noircit & endurcit ; pour lors
les coques s'ouvrans elles nous font voir ce petit trefor , qu'elles
avoient fi foigneufement caché.

Les Fleurs des fruits ont entre elles de grandes differences de
couleurs ; les Poiriers, Abricotiers , Cerifiers , Orangers fleuriffent blanc , les Pommiers rougeâtre , les Grenadiers orangé , les
Pêchers violet clair ; & parmi toutes ces Fleurs , il y en a de doubles & de fimples , il y en a de grandes , de mediocres , & de
petites.

La Dentelure que la nature a , pour ainfi dire , pris plaifir de faire autour des feüilles de la plûpart des vegetaux , & laquelle eftant fi differemment taillée dans chaque efpéce , doit avoir donné lieu aux hommes
premierement d'en faire , & enfuite d'en faire de tant de façons , & de
tant de manieres ; cette Dentelure , dis-je , merite bien de trouver quelque place parmy nos meditations.

Ce qui fe paffe à l'égard de nos Oignons de Tulipes , paroît
devoir mettre toute la Philofophie à bout : au mois d'Octobre
on les met en terre , ils y font leurs racines , & du milieu de chacune il en fort au mois de Mars fuivant , une tige chargée de fa
fleur , jufques-là rien d'extraordinaire ; il en eft de même aux Cou-
ronnes Imperialles , aux Jacinthes , Tubereufes , Jonquilles , &c.
Mais cette tige qui a paru fortir du milieu de cet Oignon de Tulipe , tout de même que la tige de ces autres Oignons eft fortie du
milieu des leurs , fe trouve enfin placée en dehors , & à côté de
l'Oignon , ce qui ne fe fait point aux autres Plantes : comment comprendre ce changement de place ; l'Oignon fe refferoit-il tout de nouveau , ou
fe montant pafferoit-il imperceptiblement au travers d'un des côtez de
cet Oignon , &c. En verité c'eft icy un myftere de vegetation , qui ne
peut être regardé avec affez d'étonnement & de confufion.

Ce recuëil d'obfervations iroit à l'infini , fi j'en voulois icy rapporter tant d'autres que j'ay faites dans nos vegetaux ; c'eft affez
ce me femble , qu'il foit conftant , qu'il y a en chaque Plante une
determination particuliere , certaine & infaillible pour le commencement & la durée de fon action , pour fa maniere d'être en dehors ,
pour la qualité de la terre qui lui convient , pour le goût , la couleur & la
groffeur de fon Fruit , pour la figure , groffeur , & couleur de fa graine ,
pour la difference de fes feüilles & de fa tige , pour l'endroit de l'Arbre où
fe fait le fruit & la graine , &c.

Et que comme j'ay dit plufieurs fois , il foit tres-difficile d'expliquer
toutes ces differentes fingularitez par un grand nombre de pores , & de
diverfes figures , & par des corpufcules proportionnez , qui viennent
à les penetrer.

Je n'en diray pas davantage pour le prefent , & finiray aprés avoir feulement expliqué quelques reflexions qu'il m'eft autrefois arrivé de faire
fur la pretenduë circulation de feve dans les Plantes.

CHAPITRE XVIII.

Reflexion sur l'opinion qui admet la circulation de seve.

COmme je suis persuadé , que premierement dans les vegetaux il se fait au Printemps une rarefaction certaine , qui commence le premier mouvement de la vegetation ; & qu'en second
lieu il y a dans chaque Plante un principe de vie , qui étant un agent
necessaire & forcé , soûtient les premiers effets de la rarefaction ,
ainsi que j'ay cy-devant expliqué : le mouvement des Pendules
peut , ce me semble , servir à me faire entendre ; dés qu'on a monté le peson , on donne un petit branle à la Pendule , & tout le monde sçait ce qui s'ensuit : Or il ne me paroist guéres possible de marier cette circulation avec l'action des racines que nous voyons se
grossir & s'allonger elles-mêmes dans le même temps qu'elles attirent la nourriture , & voicy mes difficultez.

C'est que premierement je ne puis m'imaginer quand commence cette
circulation , ny en quel endroit elle commence; en second lieu je ne vois,
ny sa necessité , ny son utilité : en troisiéme lieu , supposé qu'il y en eût ,
je ne sçay s'il faut dire qu'il n'y en a qu'une generale dans chaque Arbre ,
ou qu'il y en a autant qu'il y a de branches , &c.

A l'égard du temps & de l'origine , s'il étoit vrai qu'il y eût une
circulation ; il faudroit necessairement qu'elle ne commençât que
dans le moment que les racines commencent d'agir , & que ce fût,
par ces racines qu'elle commençât , ainsi il y auroit un temps où il
ne s'en feroit point , puisque les racines n'agissent pas toûjours &
comme la principale raison , qui fait que dans l'animal on admet la
circulation , est pour la purification du sang , que l'on pretend devoir être au hazard de se corrompre , à moins qu'il ne soit dans un
mouvement perpetuel : il faudroit conclure de là , que la seve dans
les Plantes se corromproit pareillement , d'abord qu'elle cesseroit
de circuler , & qu'ainsi on verroit perir tous les Arbres d'abord qu'ils
seroient sans action , soit pour être empéchée par le froid , soit pour
se trouver hors de leur terre ; & qu'à plus forte raison les branches separées de l'Arbre qui les à produites , periroient sur le champ; tout de même
que les membres d'un animal perissent d'abord qu'ils sont separez de cet
animal ; cependant rien n'est plus contraire a l'experience de tous les
plans, & de toutes les greffes , qu'on envoye si souvent & si heureusement
dans les pays éloignez , sans qu'il leur arrive le moindre accident , pourvû que la chaleur ne les altere pas.

Mais de plus , supposé que cette circulation fût veritable , &
qu'elle ne commençât qu'au moment que les racines commencent

d'agir : par où fauvera-t-on la production des branches qui fe font
au Printemps independamment des racines ? Or on ne peut douter
qu'il ne s'en faffe , puis que beaucoup d'Arbres nouveaux plantez
en font au Printemps , fans qu'ils ayent produit aucunes racines ;
& puifque la plûpart des Arbres arrachez en Hyver , & laiffez fur
la terre , & même la plûpart des branches coupées en ce temps-
là , & mifes par une de leurs extremitez dans la terre , pouffent
de petits jets au renoûveau , fans avoir encore rien fait dans cette terre.

Mais enfin comment expliquer cette circulation , quand les
Amandes des Noyaux , ou les graines ordinaires germent dans la
terre , & qu'il en fort pendant quelques jours une racine qui s'allonge en defcendant , fans qu'il paroiffe aucune production qui monte ; quand vers le mois d'Aouft l'Oignon d'Imperialle fans être en-
terré , pouffe tout de même fes racines , & ne pouffe point de tige;
quand les autres Oignons pouffent leur tige en Automne & au
Printemps , & ne pouffent point de racines; quand les Tulipes, les
Tubereufes , & particulierement les Afperges montent ; en forte
que ce qui a d'abord paru extremité le demeure toûjours , & ainfi
la partie monte toute entiere de bas en haut , quand les branches à
l'extremité de celle qui a efté occupée ou pincée , font produites
avec cette difference de groffeur & de longueur que nous avons
cy-devant expliquée , en forte qu'il s'y fait une diftribution de feve
fort inégale , quand fur les branches foibles les boutons à fruit fe
forment feulement à l'extremité , & fur les groffes fe forment feulement au bas : il me femble qu'il eft bien difficile de trouver de la
circulation dans tous ces exemples , & dans un nombre infini d'autres tous femblables que je pourrois icy alleguer,

Or fi on peut affez bien prouver qu'en quelques plantes il n'y en
ait point , ne peut-on pas abfolument conclure , qu'il n'y a nulle raifon
pour en admettre dans les autres.

Joint que pour faire voir l'impoffibilité de la circulation , il eft
vray de dire , qu'elle fuppoferoit en chaque branche trois chemins diftincts & feparez : deux pour l'aller & le revenir de la feve imparfaite , & un troifiéme pour le retour de la parfaite , fçavoir le premier pour la premiere route , l'autre pour fervir de
paffage au retour , & la troifiéme pour conduire la feve parfaite
à l'endroit où elle devroit demeurer : je ne dis pas qu'il faudroit
des chemins pour monter & pour defcendre , parce que fouvent
les extremitez des branches font pendantes , & regulierement celles des fruits le font toûjours ; à parler auffi proprement , on ne
pourroit pas dire que la feve monte , quand en effet elle defcend ;
mais je dis fimplement qu'il faudroit plufieurs chemins pour aller & revenir.

Or je demande , comment par exemple on pourroit trouver ces
trois chemins dans une queuë de Cerife ? comment cette feve qui

auroit fon premier mouvement pour monter aux extremitez , d'où elle devroit defcendre auffi tôt vers les racines : comment , dis-je, elle feroit déterminée à defcendre vers ce Fruit qui pend , & de la determiner jufqu'à l'endroit où elle avoit quitté la route qui la conduifoit en haut , pour prendre auffi toft ce chemin qui la devroit ramener en bas , & puis reconduire au dernier lieu , où fa deftinée de fruit & de feüilles la doit porter.

Je demande encore s'il ne fe fait point de circulation pour le fruit, auffi bien que pour le bois ; & cela étant , ces deux feves au retour ont-elles chacune leur chemin particulier , (ce qui fera une grande multiplication de chemins ,) ou bien fe mêlent-elles enfemble , & cela fera une confufion malheureufe de deux feves , dont on veut que l'une foit beaucoup plus épurée , & plus excellente que l'autre

Voilà , ce me femble , bien des allées & des venuës , dont la nature , qui eft fi fimple dans fes operations , ne s'accommode guéres volontiers : pourquoy la feve n'acquereroit-elle pas tout d'un coup fa perfection au moment que les racines l'ont attirée : tout de même que l'air eft tout d'un coup éclairé , d'abord que la lumiere du Soleil où des flambeaux vient à fe prefenter ; de plus fuppofé que la circulation dût être neceffaire pour perfectionner la feve , je demande où eft ce que s'acquiert cette perfection , ce ne peut pas être à la premiere entrée des racines , puis qu'on veut qu'elle y foit comme indigefte , ce ne peut pas être aux extremitez des branches & des Fruits , puis qu'elle ne s'y arrefte pas ayant encore deux voyages à faire ; car fi elle s'y arrêtoit , il s'enfuivroit qu'elle feroit parfaite , & que par confequent il feroit inutile de retourner à fa premiere fource : ce ne peut pas être auffi à la feconde vifite qu'elle vient rendre aux racines , parce qu'elle s'y arrêteroit feurement ; car comme il eft indifferent à la feve parfaite d'être employée à faire les racines ou la tige , les branches , ou les feüilles ou les fruits , elle feroit fixée au premier endroit où elle fe trouveroit accompagnée des degrez de perfection qui lui conviennent.

Je demanderois encore volontiers , en cas que l'extremité où la feve devoit venir , eût été retranchée , comment fe feroit la communication des chemins de l'un à l'autre , & ce que deviendroit la feve , qui feroit preparée pour être Fruit , en cas qu'elle fût arrêtée à my-chemin , en forte qu'elle ne pût plus remplir fa déftinée.

Il eft donc vray , que cette doctrine de circulation entraine neceffairement une grande fuite d'embarras , que nous pouvons ce me femble heureufement fauver , en difant que ce principe de vie qui fait tout agir , quand la chaleur du Soleil luy en a donné l'impreffion , donne d'abord , & en entrant à cette eau , qui a été attirée , une qualité de feve parfaite , qui cependant de foy eft

indifferente

indifferente à devenir Fruit , feüille , ou bois , & que comme cette
feve a les degrez de la rarefaction , qui luy conviennent ; elle se
trouve legere , & propre à s'élever vers toutes les extremitez , que
si elle est tres-abondante , elle fait par tout beaucoup de bois & de
feüilles , & le tout grand & materiel a proportion de son abondance ; que si elle est en tres-petite quantité , elle fait des fleurs presque
par tout , & assez de fruits ensuite , mais veritablement elle les fait
icy de petite taille ; que si enfin elle est mediocre en de certains
endroits , comme sur les branches foibles ; & au bas des branches
fortes , elle y fait premierement des boutons à fruit , & enfin de beaux
fruits.

Mais pour pouvoir comprendre & expliquer cette belle distri-
bution de seve vers toutes les parties dont l'Arbre est composé ,
soit pour commencer chacune , & la continuer autant qu'il lui
convient , soit pour la déterminer à sa juste grandeur , il semble que
la nature s'y soit formellement opposée , comme si elle avoit pris soin de
se couvrir d'un voile obscur , pour n'être apperçûë dans le temps qu'elle
produit & qu'elle engendre ; tellement que nos lumieres ordinaires
ne sçauroient penetrer jusques dans le secret mysterieux de cette vegetation.

Je veux bien que dans l'animal il y ait une circulation de sang ;
les vaisseaux , aussi-bien que tout le corps de l'animal y sont parfaits dans toute leur étenduë ; sans qu'il y faille imaginer un commencement & une fin , ainsi ils contiennent fort bien le sang & les
esprits , pour les empêcher de sortir par aucune extremité ; mais
dans nos Arbres qui s'allongent sans cesse par dehors , il faut sup-
poser que les vaisseaux sont ouverts par leurs extremitez , & qu'ils
s'allongent incessamment par là , tout de même que fait la masse
entiere de l'Arbre ; ainsi nul rapport de vaisseaux d'animal à vaisseau d'Arbre , & par consequent l'induction m'en paroît vitieuse & imparfaite.

La troisiéme difficulté qui reste , pour expliquer si la circulation
estant admise il faut dire qu'il n'y en a qu'une generale dans chaque Arbre , ou qu'il y en a autant de particulieres , qu'il y a en effet
de branches , n'est peut-être pas la moindre de toutes les autres ;
parce que de n'en admettre qu'une generale , on aura bien de la
peine à concevoir la reprise des branches , qui étant plantées de
boutures , deviennent en peu de temps des Plantes parfaites ; il faudroit bien dire que dans chacune de ces branches il y avoit une circulation veritable , laquelle avoit cessé d'agir au moment qu'il leur
estoit arrivé d'estre separées de l'Arbre sur lequel elles avoient esté
produites ; mais que d'abord ayant esté replantées elles s'étoient trouvées
en état d'agir par elles mêmes , leur circulation avoit aussi commencé à
faire son devoir , & qu'ainsi elles étoient parvenuës à se rendre parfaites.

Or si pour l'explication de la bouture on admet des circulations fingulieres dans chaque branche , il en faudra neceffairement admettre plufieurs dans chacune de ces branches , puis qu'en effet pouvant eftre divifées en plufieurs parties , fi on remet en terre chacune de fes parties , avec toutes les-conditions neceffaires , elles reprendront auffi aifément que fi on avoit planté les branches entieres ; & cela étant , n'eft-ce pas ce progrez à l'infini , qui eft le plus horrible monftre du raifonnement ? mais quand la branche couchée fait racine à l'endroit de fa courbeure , & que de là en avant cette partie du dehórs qui étoit la plus menuë , devient en peu de temps beaucoup plus groffe que celle qui tient encore à l'Arbre:ne faudroit il pas dire qu'il s'eft fait neceffairement une circulation nouvelle? fi bien que l'ancienne à fini, ou qu'au moins elle eft demeurée inutile , joint que je ne puis voir le moyen d'ajufter toutes ces circulations particulieres avec la generale ; pour les faire agir de concert , & par fubordination quand elles font de compagnie dans un même Arbre.

Tant d'embarras , & tant d'inconveniens me déterminent fans doute à n'avoir pas grande créance à cette nouvelle opinion de circulation de feve , quoy que j'aye une extrême confideration pour le merite de ceux qui l'ont imaginée.

CHAPITRE XIX.

Reflexion fur l'opinion qui veut établir une entrée de nourriture par les parties fuperieures des plantes.

Quelques-uns ont voulu dire , qu'il n'entroit pas feulement de la nourriture par le canal , & l'operation qui fe fait des racines dans la terre , mais qu'il en entroit auffi du cofté de l'air par les parties fuperieures de l'Arbre , & fondent leur opinion fur ce que , fi pendant l'Efté on ferre étroitement certaines branches en quelque endroit de leur longueur , ou que même on en dépoüille entierement une partie , celles qui font au deffus du lien , ou au deffus de l'endroit dépoüillé , ne laiffent pas fouvent de groffir & de s'allonger.

A quoy je répons , que la premiere vegetation que nous avons vû faire aux Amandes , aux Noyaux , & aux grains femez , ne peut abfolument s'accorder avec cette neceffité de nourriture aërienne , puifque cette vegetation fe fait dans les entrailles de la terre, fans avoir aucune communication avec l'air.

Je répons de plus , qu'il n'eft guéres poffible de lier fi étroitement cette branche dont eft queftion , que la feve , qui eft une humeur non feulement fubtile & delicate , mais auffi violente dans fon operation , ne trouve quelque paffage fous ce lien ; & quoy que fa plus grande abondance doive monter entre le bois &

l'ecorce ; il eſt cependant vray que toûjours il en monte quelque
peu au travers des fibres du bois , & même la nature , qui par la
grande averſion qu'elle a pour le vuide , fait des choſes ſi extraordinaires , peut fort bien faire icy , que la ſeve qui eſt arreſtée en
chemin , ſoit par ce lien , ſoit par cette grande ecorchure , penetre
cependant au travers du bois , pour aller nourrir les parties ſuperieures ,
qui periroient infailliblement , ſi elles n'étoient promptement ſecou-
ruës.

Enfin on pourroit bien encore répondre , que cette enflure , &
cet allongement de l'extremité de telles branches , ſont plûtoſt une
eſpece d'hydropiſie , qu'une veritable augmentation d'une bonne conti-
nuité ; puis qu'en effet ces ſortes de parties ſuperieures des branches liées
ou dépoüillées periſſent en fort peu de tems, quand le canal d'en bas n'eſt
pas promptement rendu libre pour laiſſer paſſage à la veritable nourriture.

Les grands allongemens qui ſe font des Plantes, dont l'origine ſe trouve
fort bas dans la terre , comme par exemple un oignon de Tulipe ou d'autre fleur.

L'extremité pointuë & piramidale de chaque branche ; la naiſſance de
toutes les branches, qui ſont toûjours tournées & determinées a monter ,
& jamais a deſcendre.

L'origine des branches qui viennent ſur le dos ou coude de celles qu'on a courbées violemment vers la terre ; les faux bois qui
naiſſent vers le pied des Arbres quand le haut a eſté mal traité , les
extremitez des branches qu'on voit perir pendant que le bas eſt vigoureux , comme auſſi les extremitez des Plantes qui meurent , ou
ſe fanent , quand pendant les chaleurs on les a nouvellement remi-
ſes en terre , les greffes en flute , &c. Toutes ces obſervations me paroiſſent entierement contraires a la décente de ſeve qu'on pretendoit venir
du coſté de l'air , tant au travers de l'ecorce , que par les extremitez des
branches.

Le gouſt des Fruits qui ſentent le terroir , juſtifie bien auſſi de ſon
coſté que la nourriture vient apparremment d'un fond de terre , qui
a un tel gouſt , & non pas de l'air qui n'en a aucun ; car ſeurement
s'il en entroit de la ſeve au travers du bois , il pourroit bien en entrer auſſi au
travers de la peau des Fruits ; & ainſi la queuë qui paroît être l'unique &
veritable canal de la nourriture des Fruits , ſe trouveroit , pour ainſi dire,
avoir beaucoup de camarades dans ſa fonction naturelle : c'eſt pourquoy
on pourroit bien luy reprocher qu'elle n'eſt pas entierement neceſſaire

Il eſt bien vray que les Arbres ont neceſſairement beſoin d'être
entourez d'un air temperé , qui tienne leur ecorce aiſée à dilater
& a détacher du corps du bois qu'elle couvre , afin de donner
paſſage a la ſeve qui vient des racines ; mais je ne crois pas
pour cela qu'il ſoit vray de dire , qu'il entre de la nourriture par
cette ecorce , juſques-la même que ſi l'air étoit trop chaud autour

d'une tige toute nuë, comme il arriveroit à des Arbres qu'on auroit mis en Espalier à quelque exposition du Midy dans des climats de Zone torride, bien loin que par cette tige il entrât quelque sorte de nourriture, le passage de celle qui doit venir d'en bas par le canal ordinaire en seroit tellement empêché, que toute la partie superieure de l'Arbre en periroit infaillibiement, & ainsi la seve ne pouvant monter aux parties superieures, creveroit dans le pied, & y feroit une infinité de rejettons nouveaux.

Ceux qui par des incisions faites sur quelques plantes, pretendent prouver cette intromission de seve par les parties d'en haut, ou prouver même la circulation à cause de l'humeur qui sort en abondance par de telles incisions, paroissent à mon sens se servir d'un moyen peu solide pour l'établissement d'une opinion si extraordinaire.

Car premierement, s'ils viennent à couper ou à rompre l'extremité de cette plante, ils verront de part & d'autre aux deux extremitez coupées une grande quantité de sources de seve, qui par de petits trous visibles & apparens boüillonne en sortant tout autour de chacune, tant de celle qui a conservé sa situation, que de l'autre qui a été separée de la premiere.

En second lieu, si l'incision est faite par le bas, il en sortira non seulement quelque quantité de cette seve qui monte incessamment, mais aussi un peu de celle qui étant déja montée, & ayant toûjours esté soûtenuë de la nouvelle qui monte, ne peut s'empêcher de retomber faute du secours, & de l'appuy qui luy est ôté par les incisions : c'est ainsi que le jet des eaux jalissantes retombe si promptement à chaque fois que le robinet vient à être fermé.

Et enfin si l'incision prouvoit suffisamment, il faudroit que toute la seve superieure décendît par une seule ouverture ; tout de même que toute la liqueur superieure d'un vase se pert par le premier trou qui se trouve au dessous d'elle ; mais cependant l'experience nous apprend, que d'autant d'incisions qui se font, tant au dessus, qu'au dessous de la premiere, il en sort toûjours de la seve, mais plus abondamment par la plus basse & moins par la plus haute, & seurement ce ne peut être que le même effet que je viens d'expliquer pour la premiere,

---

CHAPITRE XX.

Reflexion sur la conformité de seve, qui se trouve pour la facture, tant du bois & des feüilles que du fruit.

NOus n'avons guéres de Plantes, qui tout le long de l'Esté fassent plus de racines, & par consequent plus de seve que les

Figuiers , ainſi nous pouvons aſſez ſeurement faire nos obſervations & nos raiſonnemens en fait de ſeve ſur celle qu'on peut remarquer en toutes les parties du Figuier ; elle me paroiſt entierement d'une même couleur, d'un même goût, & d'une même conſiſtance, tant dans le bois, & la queuë des feüilles & du Fruit, que
dans le Fruit même quand il eſt encore tout vert ; car quand il eſt
meur & qu'on le détache, on n'y apperçoit aucune marque de
cette ſeve blanche, dont il en reçoit ſi grande quantité devant que de
meurir

Et de là on pourroit bien conclure en general, qu'il n'y a pas
grande difference de la ſeve qui fait le Fruit, d'avec celle qui entre
dans la compoſition de toutes les autres parties de l'Arbre, puis
qu'en effet elle paroiſt ſi ſemblable au ſortir de la queuë & à l'entrée du Fruit ; auſſi-bien s'il étoit vray que la ſeve qui doit faire le
Fruit, eût certains degrez de perfection particuliere qui ne ſe rencontre pas dans celle qui fait le bois, que voudroit-on que devint
cette ſeve à Fruit, ſi celui qu'elle devoit faire & nourrir periſſoit devant
que d'eſtre en nature, ou devant que d'eſtre parfait, comme il arrive ſi
ordinairement ; il faut bien qu'elle ſe mêle avec tout le reſte, & qu'elle
ſoit pareillement employée à la production d'autre choſe qui ne ſoit pas
fruit.

Voilà pourquoy les Arbres qui n'ont point de fruit ſont beaucoup plus de bois, que ceux qui en ſont chargez ; & voilà encore
pourquoy je crois être toûjours bien fondé à ſoûtenir, que toute la difference conſiſte au plus & au moins de ſeve, le peu faiſant les fleurs & le fruit, comme le beaucoup fait l'écorce & les feüilles.

Joint ce que j'ay tant de fois repeté, que le fruit ſur les branches foibles ſe forme à leur extremité, comme ſur les branches
fortes il ſe forme vers la partie la plus baſſe, pour faire voir qu'il
s'en forme par tout, & qu'on ſe trompe grandement, quand pretendant rendre la veritable raiſon, pourquoy les Fruits ſont d'ordinaire ſur les branches foibles, & particulierement à leur extremité, on veut dire que cela provient de ce que la ſeve à neceſſairement beſoin de ſe cuire, & de ſe perfectionner, ce qu'elle ne ſçauroit faire qu'en paſſant dans une longueur conſiderable de petits canaux.

Quand bien même cette penſée auroit quelque apparence de
bon fondement ; comment expliquer la production des grappes de
Raiſin, des pommes de Coin, des Meures, des Azerolles, des
Framboiſes, &c. qui ſe forment en même temps que le bois, ſur
lequel tous les ans la nature nous le vient preſenter au Printemps,
car en effet par exemple ſur chaque vieille branche de Vigne taillée tous les ans au Printemps il en ſort autant de nouvelles branches qu'on y a laiſſé d'anciens yeux, & ſur chacune de ces branches nouvelles il en ſort des grappes en même temps que ces bran-

ches sortent, & cela n'arrive d'ordinaire qu'au troisiéme, quatriéme & cinquiéme nœud de chacune, & puis la branche continuë de s'allonger.

Cela posé pour certain comme il est, je demande comment on peut dire, que la seve faute de cuisson, ou de preparation suffisante a esté imparfaite jusqu'à chacun de ces trois yeux : que là il s'en est fait de bien assaisonnée, de sorte qu'elle s'est partagée en parfaite & imparfaite : la premiere ayant esté employée d'un costé à faire une grape de Raisin dans quelqu'un de ces trois nœuds, & de l'autre à faire des feüilles & des branches ; & cependant toûjours du bois, de la moëlle & de la peau dans l'intervalle de chacun des nœuds, pour la formation desquels l'une & l'autre seve ont apparemment concouru ; enfin aprés cette separation de seve parfaite & imparfaite il se fait une réünion des deux, pour ne faire plus de l'année que du bois & des feüilles au dessus de ces grapes : tout de bon je ne suis pas encore assez clair-voyant là-dedans, pour donner dans ces sentimens subtils & elevez de quelques uns de nos Philosophes modernes.

CHAPITRE XXI.

Reflexion sur l'opinion de ceux qui raisonnent sur la production des Fruits, tout de même que sur la generation des Animaux.

NOus en avons encore, comme j'ay déja dit dans le Traité de la taille, qui sur la production des Fruits veulent raisonner de la même maniere que sur la generation des Animaux : les Animaux, disent-ils, ne produisent leurs semblables, que quand ils sont vigoureux, n'etans nullement capables de produire quand ils sont infirmes, & ainsi la generation est une action de vigueur dans tout l'ordre de la nature : donc les Arbres qui sont des êtres naturels, ne sont pareillement capables de faire leurs Fruits, que quand ils ont beaucoup de force & de vigueur, & par consequent cette generation de Fruits ne peut pas être regardée comme une marque de foiblesse ; ils ajoûtent aussi, que dans les ouvrages de la nature la force ne se doit mesurer que par la qualité noble & importante des effets qui ne peuvent être produits que par une vigueur & une puissance extraordinaire.

Ce sont à la verité des propositions & des inductions plausibles & vraisemblables, avec lesquelles, quand d'ailleurs elles sont soustenuës d'une reputation d'habileté fort établie, on peut persuader ceux qui ne sçavent pas se deffendre.

Quoy que j'aye une singuliere veneration pour le merite & pour les ouvrages des habiles gens qui raisonnent de la sorte ; j'avoüe

toutefois que j'aurois peine à me taire , si je voyois , que pour décrier plus aisément mes maximes , on me fit par exemple avancer
celle-cy , que je n'entens pas (l'abondance d'humidité , qui fait
produire aux Arbres beaucoup de bois & de feüilles , est un effet de
leur force) je puis bien avoir dit , & je le redis encore , que les fleurs
& les fruits aux Arbres sont des marques de leur foiblesse , ou de
leur peu de seve , comme l'abondance des belles branches sans
fruits , est la marque certaine de leur force , ou de l'abondance de
leur seve ; le terme d'humidité ne me paroist pas fait pour signifier
la seve qui est dans l'Arbre : je crois qu'il ne se doit icy prendre ,
que pour l'humidité de la terre où un Arbre se trouve planté ; ainsi
il y a grande difference entre abondance de seve , & abondance
d'humidité : on ne voit guéres une abondance de seve dans les Fruitiers , qui ont à leur pied une abondance d'humidité , ils ne manquent guéres de perir , quand leurs racines viennent à estre sub-
mergées d'eau , & ne prendroient jamais si on les plantoit dans des
terres par trop marécageuses ; au lieu que d'ordinaire ils font beaucoup de bois & peu de fruits , quand étant pourvûs d'un principe de
vie vigoureux , & plantez dans une terre bonne & mediocrement humide , ils produisent de bonnes racines , qui leur fournissent à la teste une
abondance de seve.

Il faut donc prendre garde de ne pas confondre ensemble ces deux termes d'humidité & de seve , puis que la seve ne s'entend que de la nourriture qui est dans l'Arbre, & l'humidité ne se doit entendre que de l'eau qui
peut estre au pied de cet Arbre.

Ce qui peut avoir donné lieu de vouloir raisonner sur la generation des Plantes , comme on a jusqu'à present raisonné sur la generation des animaux , est , ce me semble , qu'on a crû que le Fruit
étoit à l'égard de l'Arbre la même chose que doit être le petit Animal à l'egard du pere qui l'a engendré ; & par ce raisonnement il
faudroit conclure , que comme un jeune Lion ressemble parfaitement dans toute la conformation de son être au Lion son pere , que
pareillement une Poire & une Cerise doivent ressembler entierement dans toute leur conformation au Poirier & au Cerisier , qui
les ont produites , jusqu'à devoir esperer que cette Poire & cette
Cerise atteindroient insensiblement , & par succession de temps leur
hauteur , leur grosseur , & leur figure , comme le Lionceau atteint
celle du Lion.

La nature nous fait bien voir , que sa maniere d'agir ne répond
pas à ces sortes d'inductions ; & ainsi c'est tout au plus si on peut dire qu'une partie du Fruit de chaque Arbre est à l'égard de ce même Arbre, ce que la semence des Animaux est à l'égard de ces mêmes Animaux.

Je ne suis pas assez instruit en Anatomie , pour sçavoir si la matiere seminale des Animaux demande autant de force & de vigueur
pour estre formée au dedans du corps , que pour estre utilement

employée à la generation ; mais toûjours me femble t-il fçavoir, que perfonne ne s'apperçoit , ny du temps , ny de la maniere dont elle fe forme , non plus que du temps ny de la maniere dont fe font les mufcles , les os , les cartilages , &c. Et qu'apparemment c'eft par la providence de la nature, que de toute la maffe des alimens , une partie eft employée à former cette femence , & le refte fert a l'augmentation , ou à la confervation de ce qui compofe tout l'Animal , fans qu'il fe faffe jamais aucun effort fenfible pour fabriquer & perfectionner tout ce qui fe produit au dedans du corps.

Mais j'ajoûte qu'on feroit extrêmement trompé , fi on croyoit comme une verité conftante , que chaque fruit fût le fourreau ou l'étuy d'une femence capable de produire un Arbre tout femblable à celuy qui l'a produit : la multiplication generale des Arbres ne fe fait guéres par les fruits ; & en effet , qui eft-ce qui a jamais vû un Prunier de Perdrigon , ou un Bigarotier venu de noyau ; qui eft-ce qui voit un Figuier ou un Meurier venu de graine , un Poirier de Bon-Chrêtien , ou de Bergamotte venu de pepin ; quoy qu'il foit ordinaire que le Chêne vienne du Gland , le Marronnier du Marron , & ainfi de quelques autres Arbres : la nature a pourvû par d'autres voyes à cette multiplication fi admirable , & a voulu qu'elle fe fit , tantôt par des Marcottes & des boutures , tantôt par des rejettons du pied , quelquefois par differentes manieres de greffes , &c. J'explique ailleurs une partie de ces beaux refforts,dont la nature trouve à propos de fe fervir pour perpetuer chaque efpece , & je viens à foûtenir affirmativement.

Que fi après avoir voulu établir pour une maxime certaine , que tels Sapins n'ont de la force , que parce qu'ils ont été nourris dans une Montagne du Midy , & tels ne font foibles , que parce qu'ils ont été élevez dans une Montagne du Nord : on vouloit enfuite paffer de là à nos Arbres fruitiers , pour tirer des confequences des uns aux autres : il eft grandement à craindre qu'on courroit quelque rifque de faire des raifonnemens peu folides : ce font deux champs bien differens entr'eux , & qui demandent auffi des raifonnemens qui ne le foient pas moins.

Ce qui fe peut dire des Fruits , n'a guéres de rapport à ce qui fe peut dire des Sapins ; dans ceux-cy on n'a que faire de chercher des diftinctions d'une partie du corps de l'Arbre d'avec une autre partie : c'eft affez qu'on confidere fimplement l'Arbre en foy tout entier pour s'en pouvoir fervir à faire des mâts , des ais , des poutres , des folives , &c. mais en Arbres fruitiers on eft obligé de faire diftinction de branche , c'eft à-dire de la groffe d'avec la menuë , & de la fauffe d'avec la bonne : on regarde icy les ouvrages merveilleux de la nature pour la diftribution de la feve , qui entre dans ch que partie dont ils font compofez , & à l'égard des Sapins , il ne faut regarder au plus que l'ufage particulier , auquel on les peut deftiner pour la conftruction d'un bâtiment : Il importe

peu

peu à la nature, qu'un Sapin foit propre à faire un plancher ; ou à
ne le pas faire : mais on pourroit dire qu'il luy importe beaucoup,
qu'un Arbre fruitier faffe des Fruits pour la nourriture des plus nobles
parties de la compofition du monde ; & cependant à l'égard de ces Fruits
c'eft de tout ce qui fe paffe dans la vegetation la partie qui luy coûte le
moins à faire, & qui donne le plus de peine à concevoir au Philofo-
phe.

Et pour confondre en toutes occafions ce grand raifonnement des hommes, cette même nature fait voir dans nos Arbres une fageffe bien differente de celle qu'elle fait paroître dans la compofition & dans la confervation de chaque Animal parfait, comme fi elle avoit voulu par la couper entierement chemin à toutes les confequences qu'on voudroit tirer
des uns aux autres.

La diftribution de la nourriture dans les Animaux parfaits fe
fait par portions égales dans chacun des membres, qui font entr'eux une égale fimetrie, en forte que d'ordinaire le bras droit
n'en reçoit pas davantage que le gauche, ny une des jambes davantage que l'autre : & ainfi du refte : au lieu que dans les Arbres
fruitiers la feve s'y diftribuë par parties extremement inégales ; peu
de branches en effet s'y reffemblent parfaitement, il en eft de fort
groffes, & d'autres fort menuës, quelques-unes même tiennent un
milieu entre les deux, il va beaucoup de feve dans les premieres, il
en va fi peu que rien dans les petites, & mediocrement dans les dernieres.

Il arrive auffi quelquefois que de certaines petites branches venant à recevoir plus de feve que l'ufage particulier, auquel elles paroiffoient defti-
nées n'en demandoit, deviennent en peu de temps d'une groffeur extraordinaire, & que reciproquement quelques unes, aprés avoir efté dans un
temps regardées comme groffes par comparaifon à d'autres qui l'étoient
moins, ceffans enfin de recevoir autant de feve que leur premiere
groffeur en devoit efperer, deviennent du nombre & de la claffe des petites.

On pourroit peut être dire, & même affez à propos, que la feve fait icy la même chofe à peu prés, que ce qu'on voit faire au courant de l'eau dans le lict de certaines Rivieres ; ce courant n'eft pas
toujours regulierement en un même endroit, par exemple dans
un temps il fe porte tout entier du cofté de la rive droite, & comme
fi s'ennuyant bien tôt aprés de la route qu'il avoit lui même choi-
fie, il prenoit plaifir à changer fouvent de place, on le voit au bout
de quelques mois, ou fe remettre entierement vers la rive oppofée,
ou s'établir dans le milieu du terrein qui luy eft deftiné ; mais de
quelque cofté qu'il fe laiffe aller, ce n'eft pas d'ordinaire pour y faire de
grands fejours.

Tout de même auffi dans les branches, qui font le veritable lict
de la feve, nous voyons arriver par cy par là, & de temps en
temps une maniere d'agrémens capables de furprendre ; cette fe-

ve n'eſt pas toûjours conſtante a ſuivre les premiers chemins qu'elle avoit pris dans les commencemens , telle année elle fait une eſpece de débordemens dans une branche foible , qui étant ſur le point
de nous donner du Fruit , en perd abſolument toute la diſpoſition,
ſi bien que ſe mettant a groſſir & à s'allonger notablement au prix
de ce qu'elle étoit , elle prend l'être , le temperament , & la qualité de celles qui ne ſont propres qu'à faire du bois , & de là vient
qu'elle s'attire auſſi un traitement tout contraire à celuy qu'elle avoit accoûtumé de recevoir.

Telle année auſſi nous voyons arriver , que celle , qui pour ainſi
dire , avoit commencé dans ſon enfance à vivre ſur le pied d'une
groſſe branche , c'eſt-a-dire d'une branche à bois , changeant tout
d'un coup de parti vient a augmenter le nombre des branches à
Fruit , parce que le canal qui fourniſſoit de quoy la maintenir dans
ſa premiere condition , ayant reçû quelque alteration interieure ; cette
groſſe branche s'eſt trouvée reduite a la portion des petites.

Et ce qui eſt icy de plus admirable , c'eſt que la nature qui dans
chaque eſpece d'Animaux parfaits , a ce ſemble un ſeul & unique
moule , par le moyen duquel elle leur fait a tous une figure égale,
& un air aſſez uniforme dans les uns & dans les autres , ne cherche dans la diſpoſition & la figure de nos Fruitiers , ny ajuſtement,
ny ſimetrie , ny égalité , ny reſſemblance : en chaque Animal les
yeux & les oreilles , le ventre & les pieds , &c. ſont regulierement
placez aux mêmes endroits du corps , ſans qu'il ſoit permis de faire aucune tranſpoſition de membres , à moins que d'en faire des
monſtres affreux : mais dans les Arbres Fruitiers on eſt content
de la nature , pourveu que l'Arbre faſſe de beau bois , & donne de
bons Fruits , que ce ſoit dans le haut , ou dans le bas , ou à droit, ou
à gauche , tout cela nous eſt indifferent auſſi bien qu'à la nature;
elle a même cette complaiſance pour le Jardinier habile , qu'elle
veut bien , pour ainſi dire ſuivre ſes ordres & ſa conduite , & par
conſequent prendre telle figure qu'il luy veut donner , juſques-
là même qu'elle ſe ſoûmet à produire , ou du bois , ou du fruit,
en quelque endroit que ce ſoit de l'Arbre , qu'il trouve bon de luy marquer.

Partant , puiſqu'en même temps il eſt indubitable , que dans
tout le corps de l'Arbre il n'y a pas une ſeule partie exterieure
quelle qu'elle ſoit , qui ne puiſſe ſervir a la production , & que
dans les Animaux il n'y en a qu'une ſeule qui puiſſe ſervir à une
fonction ſemblable ; y a-t'il apparence de raiſonner entierement d'une
même maniere ſur la generation des Arbres, & ſur la generation des Animaux.

Il y a dans les Arbres Fruitiers un détail de fonction de ſeve,
où peu de gens ſe ſont aviſez de décendre , & peut-être même
ſont-ils aſſez excuſables de ne l'avoir pas fait , parce que des ſcien-
ces , & plus brillantes , & plus relevées , ou même des emploie

importans & necessaires ne leur ont pû permettre de s'y appliquer,
& quoy qu'à tout homme, qui en deux ou trois matieres soit acquis un grand fond d'habileté, il fût bien séant, s'il étoit possible,
d'en avoir autant acquis en toutes celles qui sont connuës, cependant je ne sçay si on seroit bien receu à dire, par exemple, qu'un
Astrologue, qu'un Mathematicien, qu'un Architecte, ne peuvent
passer pour être d'assez habiles gens dans leurs professions, à moins
qu'ils ne soient consommez en toutes sortes de sciences ; seroit-il
possible, que celui qui est infiniment éclairé dans ces belles connoissances passât pour un homme ignorant, parce qu'il ne seroit
pas parvenu à estre bon Jardinier, je ne le sçaurois croire : car comme on auroit raison d'imputer à l'Architecte en qualité d'Architecte, si une cheminée fumoit, si une chambre n'avoit pas une place commode pour un lict, si la simetrie n'étoit pas regulierement obser-
vée dans un Palais; aussi auroit on ce me semble tort de lui imputer comme Architecte, si les Arbres Fruitiers d'un Jardin n'avoient pas une
figure agreable, & ne faisoient pas abondance de beaux & de bons
fruits.

Disons davantage, qu'il y a un nombre infini de curiositez, qu'on
peut appeller inutiles à l'égard de nostre Jardinier, parce que tous
les raisonnemens du monde ne lui sçauroient servir de rien pour y
acquerir de nouvelles lumieres ; ainsi par exemple quand on sçait
que le Marbre d'une telle Montagne de Genes, ou la Pierre d'une
telle Carriere de S. Leu ont toute la bonté necessaire pour la construction & la solidité des Statuës & des Bâtimens, pendant que le
Marbre & la Pierre de tels & de tels autres endroits sont connus de
tout le monde pour être de mauvais Materiaux ; à quoy servira t'il
de se mettre en peine de vouloir rendre raison, d'où vient la bonté
de ceux-là, & le défaut ou l'imperfection de ceux-cy, puis qu'on ne
sçauroit parvenir à trouver les moyens de corriger l'un, & de perpetuer l'autre ? il doit suffire de sçavoir au vray où sont les bons pour
s'attacher uniquement à les choisir, & où sont les mauvais pour les rebuter incessamment,

En Italie les Sapins du midy sont bons, je le veux bien, ceux
du Nord ne le sont pas à la bonne heure, l'experience du Pays
a donné cette connoissance, mais je crois que sur cela on se trom-
peroit beaucoup, si sans avoir aucun égard à la difference du fond
de terre ; ou vouloit dire en general, que ce qui rend ceux-cy mauvais, n'est absolument autre chose, que d'avoir été élevez dans une
exposition du Nord, puisque les Mariniers d'aujourd'huy soûtiennent, que les meilleurs Sapins qu'on puisse employer à faire des
Masts, viennent des Regions les plus Septentrionales de la Nor-
vegue, & si au contraire on vouloit avancer, que les Sapins
du Midy ne sont bons, que parce que la grande chaleur du
Soleil est seule capable de comprimer la matiere dont ils sont
pourris, & par consequent de serrer & d'endurcir fortement leurs

fibres , ce qu'elle ne peut faire pour les autres , qui font dans un lieu que le Soleil ne regarde pas à plomb : comment pourra-t-on appliquer ce raifonnement aux Sapins élevez dans un pays où il ge-le prefque toûjours ? N'eft il pas naturel au froid , auffi bien qu'au chaud de refferrer , d'endurcir , & de fortifier ? Et n'eft-il pas vray auffi qu'il vient plus de pluyes par les vents du Midy que par les vents du Nord , & que par confequent ce qui eft expofé au Midy eft d'ordinaire pour le moins autant humecté que ce qui eft expofé au Nord.

Tout de même je dis qu'en vegetation il n'eft pas trop affuré de philofopher en general , il eft fur tout important d'examiner chaque chofe en particulier , & toûjours en veuë d'acquerir , non pas fimplement de ces lumieres , qui ne font que repaître une vaine curiofité d'efprit , mais particulierement de celles qui contribuënt à donner aux Ouvriers de nouveaux degrez de connoiffance & d'habileté : défions-nous des opinions qui ne font au plus que probables , & qui par confequent ne fçauroient fervir à établir des maximes affûrées , deffendons-nous des préventions , qui nous font embraffer avec trop de déference ce qui peut avoir efté avancé par un homme veritablement illuftre en certaines matieres particulieres , mais pour avoir voulu trop entreprendre , s'eft peut être mêlé mal à propos de dogmatifer fur quelques-unes qu'on pouvoit dire n'être pas fon gibier.

Tout le monde fçait , que les Arbres venus en pleine campagne & en lieu fec , ont le bois plus dur que ceux qui font venus dans les Forefts & dans les lieux humides , mais je crois qu'il n'importe guéres que les Arbres de la campagne ayent efté élevez à des expofitions du Midy , ou à des expofitions du Nord , la pleine campagne dans chaque Climat ne reconnoiffant guéres ces differences d'expofitions , témoins les Vins de Verfenay , qui font encore meilleurs à l'expofition du Nord , que ceux qui font venus à l'expofition du Midy , malgré la maxime des anciens Auteurs : quiconque auroit voulu prendre cette maxime au pied de la lettre , & chercher de grands raifonnemens pour la maintenir , & pour l'étendre , combien d'herefies n'auroit-il point fait en matiere de Vignobles ?

Quoi qu'il foit vray que l'afpect du Soleil foit une des plus precieufes , & des plus importantes conditions pour favorifer les Plantes , cependant fi la bonté manque du cofté du fond , quelque afpect qu'il y ait , ou du Midi , ou du Levant , nous ne verrons guéres pour cela de productions qui réjoüiffent , de là vient cette difference fi grande , qui fe trouve entre les Vins d'une même cofte , quoy que toute entiere elle n'ait qu'une feule & unique expofition , de là vient encore qu'il y a tant de Terres marécageufes qui demeurent inutiles , tant de Plantes qui font abandonnées fans culture , & tant de grandes Colines qui ne produifent rien. Si les Tuyaux d'Orgues , & les inftrumens de Mufique ne font

Aufter vites fibi objectas nobilitat , aquilo fœcundat, elige plus velis , an melius.
Crefcentius.
Palladius.

Quippe folo natura fubeft.
Virg. Georg. 2.

effectivement bons & bien faits , à quoy fervira. t'il de les mettre entre
les mains de fçavans Muficiens & d'habiles Organiftes? L'ame de tous les
hommes n'eft elle pas d'une égale fubftance , & d'une égale perfection ,
d'être dans les uns comme dans les autres: cependant à quoy attribuërons
nous cette différence étonnante des grands Miniftres & des grands Philofophes d'avec le Peuple ftupide, groffier, brutal & barbare , fi ce n'eft à
la différence du temperament, & des organes.

Il eft donc conftant, qu'à l'égard des productions de la terre c'eft le fond
bon ou mauvais que nous devons regarder comme la principale fource
des differences que nous y remarquons ; c'eft affez pour nôtre ufage &
pour nôtre befoin, que nous fçachions feurement que les Arbres des Forefts croiffent plûtôt en hauteur , & font auffi plus droits de tige , que
ceux qui viennent dans les Buiffons ; or nous le fçavons fi bien que nous
n'en pouvons douter, parce que l'experience nous apprend , que naturellement chaque Plante cherche d'être immediatement regardée des rayons du Soleil , & que partant celle qui craint , pour ainfi dire , de fe voir
étouffer par le voifinage des autres qui l'entourent , femble s'élancer avec
impetuofité , pour porter fon fommet vers l'endroit où elle aura plus
d'air ; & comme , s'il m'eft permis de parler ainfi , l'inftinct de chaque
Plante en particulier eft à cet égard femblable à l'inftinct de chacune de
fes voifines ; de là vient que toutes enfemble agiffans comme à l'envi les
unes des autres , elles tâchent d'avoir l'avantage l'une fur l'autre , & ainfi
s'allongent toutes également ; de maniere que dans les Forefts bien é-
paiffes tous les Arbres regulierement y deviennent & plus hauts & plus
droits que ceux qui ne viennent pas en de femblables fituations , & fi les
Forefts font trop épaiffes les Arbres y parvenans trop tôt à une grande
hauteur, n'auront pas eu le temps d'acquerir une grande folidité convenable & fuffifante , & par confequent fe trouveront foibles , au lieu que
les Arbres venus en pleine campagne , & en petite campagne , n'ayans
pas eu cet empreffement violent de s'élever fi tôt en hauteur, ont infenfiblement profité de la nourriture qui leur eft venuë , & qui a été fagement
employée , tant à les groffir qu'à les allonger avec une proportion reglée
& convenable de leur groffeur avec leur longueur.

Cette experience doit fuffire , pour nous apprendre auffi bien qu'aux
Charpentiers qu'elles fortes d'Arbres meritent nôtre choix , ou nôtre rebut pour eftre propre, ou ne l'eftre pas à faire dans nos Bâtimens de bonnes Poutres , & de bonnes Solives.

CHAPITRE XXII.

Reflexion sur les décours, pleines Lunes, &c.

Disons maintenant ce que nous penfons touchant les décours , & les pleines Lunes , dont nos pauvres Jardiniers paroiffent fi perfuadez.

Ils ne peuvent fouffrir que je traite de vifion , & peut-être de folie un ufage fi vieux & fi pratiqué , difent-ils , dans tous les fiecles , & dans tous les coins du monde : ils pretendent que fuivant la doctrine du temps paffé tout Vendredy porte décours , & fur tout que le jour du grand Vendredy porte bonheur pour toutes les femences ; en forte que femant ce jour-là , celles de qui l'on veut avoir bientoft du fruit , elles le donnent à point nommé , comme les Melons , les Concombres , les Pois , &c. Et auffi femant le même jour celles, qui felon leurs fouhaits ne devroient pas monter fi toft en graines , par exemple toutes fortes de Plantes potageres , Choux , Laituës , Ofeilles , &c. il femble qu'elles s'arreftent comme par un profond refpect qu'elles rendent au jour qu'on les a mifes en terre , pendant que tout ce qui a efté femé à d'autres quartiers de Lune vient à rebours de toutes les intentions du Jardinier.

Ils ne fçauroient convenir , que cette pratique de leurs Peres foit une fauffeté groffiere , ny que ç'en foit encore d'autres , tout ce que la tradition leur a appris ; c'eft à fçavoir , que ny les Plans , ny les Greffes , ny la Taille ne reüffiffent point à donner bien-toft du Fruit , fi on ne les a fait en décours , en forte que d'autant de jours , difent-ils , qu'en tous ces Ouvrages on approche du dernier de la Lune , d'autant d'années avance-t'on pour faire donner plûtôt du Fruit.

Ils ajoûtent même ces bonnes gens , que ce qui fait que quelque Arbres font fi long-temps à donner du Fruit, n'eft autre chofe que d'avoir été ou plantez , ou taillez , ou greffez en Croiffant , ou en pleine Lune, & foutiennent que c'eft une experience infaillible, & qui ne peut être difputée , à moins que de vouloir contredire tout ce qu'il y a de mieux établi dans le monde.

Pour moy il me femble qu'il n'y a rien de plus erronné , tant pour la chofe en foy , que pour le raifonnement qu'on en peut faire.

A l'égard de la chofe ; je protefte de bonne foy , que pendant plus de trente ans j'ay eu des applications infinies pour remarquer au vray , fi toutes les Lunaifons devoient eftre de quelque confideration en Jardinage , afin de fuivre exactement un ufage que je trouvois eftably , s'il me paroiffoit bon , mais qu'au bout du com-

pte tout ce que j'en ay appris par mes observations longues & frequentes , exactes & sinceres , a esté que ces décours ne sont simplement que de vieux dires de Jardiniers mal-habiles ; ils ont crû par
là , non seulement mettre à couvert leur ignorance à l'égard des points
principaux du Jardinage , mais en même temps ils ont esperé de s'acquerir par ce jargon quelque croyance auprés des honnêtes gens qui n'enten-
dent rien en agriculture.

Il faudroit que j'en fusse venu à un terrible excés d'effronterie & de te-
merité, si j'avois entrepris d'insulter , & de détruire une maxime aussi ancienne que les siecles mêmes , & soûtenuë encore d'un nombre infini de
Partisans persuadez & opiniâtres , à moins que je n'eusse mis dans mon
party toute l'autorité d'une experience solide , & éloignée de toute sorte
de preventions.

Il est vray que j'ay travaillé en critique severe dans toutes les parties du
Jardinage , & que me défiant de tout ce que j'ay trouvé établi , tant dans
les livres que dans la pratique de nostre temps ; j'ay tenté toutes sortes
de voyes , soit pour détruire les raisonnemens des Auteurs , soit
pour convaincre de fausseté les principes de tous nos Jardiniers , mais
ce n'a jamais esté qu'avec de bons desseins , & de sages resolutions d'embrasser toûjours la bonne doctrine , & d'exterminer si je pouvois la mauvaise.

J'ay donc suivi ce qui m'a paru bon , & j'ay condamné ce qui m'a
paru ne l'être pas ; les décours ont esté du nombre des reprouvez ,
& en effet greffez en quelque temps de la Lune que ce soit , pourvû
que vous le fassiez adroitement , & dans les saisons propres pour chaque greffe , & sur des sujets convenables à chaque sorte de fruit , &
qu'enfin le pied soit bon & bien disposé , en sorte qu'il n'ait ny trop
de seve , ny trop peu , & qu'il ne soit ny trop fort , ny trop foible,
vous reüssirez certainement , tout au moins à la plus grande partie,
sans que vous puissiez vous rien imputer à vous même , en cas que les
greffes ayent peri.

Et tout de même semez & plantez toutes sortes de graines , ou
de plans en quelque quartier de la Lune que ce soit , je vous répons d'un succés égal de vos semences & de vos plantes , pourveu que vostre terre soit bonne , bien preparée , que vos Plans ,
& vos semences ne soient point défectueuses , & que la saison
ne s'y oppose pas ; le premier jour de la Lune , comme le dernier sont entierement favorables à cet égard , chacun le peut
éprouver par luy même , & me condamner ensuite comme un im-
posteur , si j'avance icy une doctrine fausse , mauvaise , & pour ainsi dire
heretique.

Aprés avoir examiné la chose en soy ; examinons presentement
le raisonnement qu'on en peut faire , comment est-il possible ,
qu'une influence particuliere d'un quartier de Lune puisse en même temps à l'égard des Plantes concilier deux choses si contraires,
& y faire deux effets si diametralement opposez l'un à l'autre , ce

feroit un fecret admirable , de faire que la Lune fe mît d'intelligence avec ces Jardiniers , pour faire que telle Plante montât **en**
graine , parce qu'ils le voudroient , & empêchât cependant telle
autre d'y monter , parce que pareillement ils feroient bien aifes
qu'elle n'y montât pas ; il n'y auroit à la verité rien de fi commode dans le Jardinage , mais certainement auffi il n'y a rien de fi contraire à la raifon & à l'experience ; & partant comme j'efpere qu'on
ne s'amufera plus à ces pleines Lunes & à ces décours , je ne crois
pas qu'il foit neceffaire de fe mettre en peine de les décrier davantage.

Fin des Reflexions fur l'Agriculture.

TRAITE'

TRAITÉ

DE LA

CULTURE

DES FLEURS.

DIVISE' EN DEUX PARTIES.

A V I S.

CE Traité de la Culture des Fleurs n'est point composé
par M. de la Quintinie; cét excelent homme qui a poussé le Jardinage beaucoup plus loin que pas un de ceux qui s'y
sont appliquez jusqu'à present, en faisant part au Public de
ses découvertes & de ses Experiences, n'a écrit que sur la
Culture des Jardins Fruitiers & Potagers, & sur celle des
Orangers. Quoique dans les Préceptes qu'il a donné, il y en
ait plusieurs qui se peuvent fort bien appliquer aux Fleurs &
à leur Culture, il est certain neanmoins que cette sorte de
Jardinage demande plusieurs choses particulieres dont il n'a
nullement traité. C'est ce qui a engagé à mettre au jour
ce Traité & à le joindre à l'Ouvrage de M. de la Quintinie,
afin qu'il ne manquât rien à la satisfaction des Curieux,
qui bien souvent font leur plaisir des Fleurs, aussi-bien que
du reste du Jardinage.

DE LA
CULTURE
DES FLEURS.

PREMIERE PARTIE.

DE LA CULTURE DES FLEURS EN GENERAL.

CHAPITRE PREMIER.

Du Jardinier Fleuriste, & des qualitez qu'il doit avoir.

N Jardinier doit être jeune, soigneux, diligent, & assidu ; il faut qu'il sache la région & les effets, au moins des quatre vents principaux, pour faire le discernement d'une bonne situation. Quelque intelligence des ordres de l'Architecture lui est necessaire pour former la figure d'un Plan, & compasser régulierement les figures d'un parterre.

Il doit aussi connoître parfaitement toutes sortes de Fleurs, pour les savoir placer dans les endroits qui leur sont propres.

Pour la pratique de sa profession, il doit outre ces connoissances avoir fait provision de tous les outils & de tous les instrumens qui sont a l'usage du Jardin, sça-

voir, une Bêche, une Pelle, une Pioche, une Serpe, un Râteau, une Regle, des
Cordeaux, & une Equierre, deux Cribles, un gros pour les oignons, & un fin
pour les graines, un Matteau, un Arrofoir, & quelques cloches de verre ou de
terre cuite, fans ouverture par le haut, avec lefquelles dans les grandes chaleurs
de l'Eté, on couvre quelques plantes délicates, qui craignent la trop grande ardeur du Soleil ; le Couteau & la Scie pour enter, & generalement toutes les commoditez requifes pour la culture & la propreté du Jardin. Toutes ces chofes doivent être ferrées dans quelque endroit proche, afin de s'en fervir au befoin.

CHAPITRE II.

De la Situation du Jardin Fleurifte.

L'Affiette d'un Jardin doit avoir un peu de penchant, afin que dans les temps
de pluye, l'eau fe puiffe écouler fans croupir.

Son afpect veut être tourné vers l'Orient & à l'abri du vent de Bife ; Il faut
qu'il foit fermé de muraille, ou du moins entouré d'une forte haye vive.

Faute de puits, il faut y faire une cîterne, ou du moins une foffe pour garder
l'eau de la pluye, afin d'en arrofer les plantes dans les temps qu'elles en auront befoin. Il eft bon d'y laiffer deux places vuides, l'une à l'ombre, pour y retirer en
Eté les pots de fleurs, & les guarantir par là des exceffives chaleurs. Et l'autre doit
être à l'abri du froid, pour les défendre de la rigueur de l'hyver.

CHAPITRE III.

De la Figure & du compartiment du Jardin Fleurifte.

UN Jardin doit être quarré, parce qu'outre que cette figure paroît plus fpa-
cieufe & qu'elle tient plus de fleurs, elle eft encore bien plus facile à faire que
les autres.

Le compartiment des planches doit être compaffé en forte que dans chacune,
on puiffe mettre de plufieurs fortes de fleurs: & il eft bon d'en laiffer quelques-unes
de vuides pour mettre dedans des pots *de Giroflées*, de *Hyacinthes* des Poëtes, des
Tubereufes ou autres fieurs qui ne font point communes dans la faifon.

Dans les petits Jardins, au lieu de bordures de *Buis*, de *Mirthe* & femblables,
on conduit des traits de briques blanches bien cuites, & bien ajuftées, entre lefquelles on peut planter des fleurs communes, qui étant proche de l'entrée & expofées à la premiere curiofité d'un chacun, font comme les gardes & le luftre de
plus précieufes qui font au milieu du parterre.

Les bordures ne doivent point être faites *d'Auronne*, de *Thym*, d'*Hyfope*, de *Lavande*, ni d'autres femblables plantes, parce qu'elles deffechent la terre, & qu'elles tirent l'humeur des oignons & des racines qui en font proches, mais elles doivent être faites de la maniere ci-deffus, avec du marbre, ou au moins avec des bri-

ques blanches bien cuites & bien unies, afin qu'elles joignent mieux. Il faut les mettre sur le côté & non pas de plat , parce qu'elles font ainsi un trait bien plus délié ,
& qu'elles tiennent plus ferme étant enfoncées dans la terre , par deſſus laquelle
elles ne doivent déborder , que de trois ou quatre travers de doigts tout au plus.

CHAPITRE IV.

De la Qualité du Terroir propre aux Fleurs.

Omme il y a deux choſes qui produiſent les fleurs , ſçavoir les racines & les
oignons , auſſi y a-t'il deux ſortes de terroir propres à les faire venir ; l'un
compoſé d'une terre graſſe & liante , & l'autre d'une terre maigre & legere. C'eſt
une regle generale , que toutes les racines demandent une terre graſſe & bien détrempée , qui ait été au moins l'eſpace de trois ans à s'apprêter & aſſaiſonner , &
qui n'ait point de méchante odeur.

Les oignons au contraire ſe plaiſent dans une terre maigre & legere ; & celle
des Jardins , pourvû qu'elle ſoit un peu amandée , leur eſt meilleure que pas une
autre.

Il la faut changer tous les trois ans , & pour cet effet on en ôte de chaque
planche la hauteur d'un demi pied ou environ , pour y en remettre de la
nouvelle.

CHAPITRE V.

Des Fleurs en general , & pour les connoître.

IL faut toûjours choiſir entre les Fleurs , celles qui ſont les plus belles & les plus
eſtimées. Il en faut mettre chaque eſpece à part , & particulierement celles qui
ont la fleur plus groſſe que l'oignon ; par exemple , la *Jonquille d'Eſpagne double* ,
le *Narciſſe Royal* , & entre les racines , les *Renoncules* ; parce que ces ſortes de fleurs
ne veulent point ſouffrir la compagnie des autres.

Les *Tulipes* & les *Anemones* peuvent être placées autour des planches proche des
bordures , & les autres fleurs au milieu , mêlées avec d'autres eſpeces; & ainſi dans
chaque planche la diverſité des fleurs ſera tres gaye & tres-agreable a la vûë.

La connoiſſance de ces eſpeces de fleurs eſt neceſſaire , pour ſçavoir dans quelle
ſituation elles doivent être miſes , c'eſt à dire , s'il faut les planter à l'ombre ou au
Soleil ; dans une terre ou graſſe ou legere ; dans des pots plûtôt qu'en pleine terre :
Et c'eſt en cela principalement qu'il ſe faut exercer pour cultiver chaque eſpece ſelon ſes qualitez & ſa nature.

CHAPITRE VI.

Maximes generales concernant la culture des Fleurs.

UN bon Jardinier ne doit pas ignorer la maniere de cultiver les Fleurs , quoi qu'elles ne se cultivent pas toutes de la même façon ; car comme elles sont differentes entr'elles , aussi leur faut-il donner à chacune une recherche particuliere. C'est pourquoi il faut connoître le temps de travailler au Jardin , la regle qu'il faut suivre pour planter , l'ordre qui se doit observer a recüeillir les graines , la façon de les semer , la Saison de transplanter , la maniere d'arroser les plantes , le temps d'arracher les plantes inutiles , & les heures d'ôter les animaux malfaisans , & enfin quand & comment il faut tirer & conserver les oignons & les racines des fleurs , afin que toutes choses se fassent régulierement.

CHAPITRE VII.

Quand il faut travailler au Jardin.

LE temps le plus propre pour travailler au Jardin, c'est à dire semer & de planter les oignons & les racines des fleurs , est depuis l'Equinoxe de Septembre jusques à la fin d'Octobre , parce que les pluyes qui sont alors frequentes, rafraichissent & détrempent la terre , dont la grande secheresse fait mourir les plantes.

CHAPITRE VIII.

Regle qu'il faut tenir pour planter.

SI le Jardinier veut planter regulierement ses fleurs , il doit auparavant tirer sur une carte le dessein & le plan de son Jardin ; & à proportion qu'il plantera les oignons & les racines dans les planches de son parterre , il les marquera de la même maniere dans celles qui sont figurées sur sa carte , afin de mieux connoître la qualité des fleurs qu'il a mises en chaque planche.

Voici ce qu'il faut observer dans chaque planche pour bien planter. On creuse la terre à la profondeur d'un pied ou environ , & on la jette dans le sentier , ou dans l'endroit le plus commode. Il faut délicatement remuer avec une petite Bêche ce qui demeure au fond , de peur d'ébranler les bordures de briques qui sont autour.

Cela fait , on crible de la terre au dessus de la planche, jusques à ce qu'elle soit revenüe à la hauteur , & l'ayant bien unie avec un roüable , ou le dos du râteau , on y place les oignons dans une distance proportionnée.

Pour les bien arranger , il faut auparavant marquer la terre avec la regle ; & tirer des rigoles avec un piquet en long & en travers , en forme de grilles ;

& dans les croisées on met les oignons , quatre doigts sous terre , & on les éloigne les uns des autres plus ou moins , selon la grosseur ou la petitesse qu'ils ont : Aprés on les recouvre de la même terre , qui s'eleve deux doigts au dessus de l'extremité des bordures, puis on l'égale avec un rouleau. Et si les pluyes & la pesanteur même de la terre la faisoit affaisser , on remplit la profondeur qui s'est faite , avec de la terre criblée , mais qui soit maigre & legere.

Autour des bordures, comme on a déja dit, on pourra mettre des *Anemones* ou des *Tulipes* : Mais il faut bien se donner de garde d'y mettre des Renoncules, parce que cette sorte de fleur , aussi bien en pleine terre que dans des pots veut être seule.

Ayant achevé de planter le Jardin dans cette regularité, il faut bien nettoyer & époussetter autour des bordures, & balayer les sentiers & les chemins avec un balay de jonc, qui y est plus propre que les autres , dont la rudesse fait des marques sur la terre, ce qui cause au Jardin la même difformité que la verole aux petits enfans.

CHAPITRE IX.

Maniere de planter dans des Pots.

LEs pots vernis sont les meilleurs, mais generalement tous doivent avoir autant de hauteur , que d'ouverture ; neanmoins le fond doit être plus étroit de deux ou trois doigts que l'entrée, afin d'en pouvoir facilement & sans danger tirer les plantes avec leur terre.

Si on veut mettre des oignons dans des pots , il faut prendre de la terre maigre & legere passée par un crible, & la faire entrer dans les pots jusques à la hauteur du lict sur lequel il faut planter l'oignon , qui doit être de quatre doigts au dessous de l'entrée du pot, ou plus ou moins, selon que le requiert la qualité de la plante qu'on y met.

Il ne faut planter qu'un oignon ou une racine dans chaque pot , & s'il est assez grand pour en tenir davantage, il faut, pour éviter la confusion , n'y en mettre que de la même espece, & les éloigner à quatre doigts du cordon du pot, pour leur faire recevoir plus de nourriture de toutes parts.

Le lict étant rangé & applani de la maniere qu'on vient de dire, il faut y placer proprement les oignons ou les racines puis les couvrir de la même terre, tant qu'elle s'eleve un peu au dessus du pot, sa pesanteur fait qu'elle s'affaisse toûjours assez.

Aprés qu'on les a plantés de cette sorte , il ne faut pas d'abord les exposer aux rayons du Soleil , & principalement si la chaleur prédomine en Automne.

Si ce sont des oignons, il faudra les tenir en un endroit à l'ombre , mais pourtant aeré : Et si ce sont des racines, on attendra qu'elles commencent à germer ; & alors on les arrangera au Soleil & à l'air, dans l'ordre que l'on jugera à propos pour l'embellissement du Jardin. Voyez ci-aprés dans la Seconde partie le traité des Tulipes & des Oeillets.

CHAPITRE X.

Maniere de recüeillir les graines.

LEs graines de quelque forte de plante que ce foit fe recüeillent ainfi.

On laiffe à la plante une fleur ou deux tout au plus, c'eft à dire de celles qui font plus vigoureufes, & qui ont été des premieres a fleurir, à la referve defquelles on coupe toutes les autres.

La graine de ces fleurs refervées étant meure on la recüeille foigneufement, & on la garde pour la femer en Automne.

Il faut pourtant excepter de cette regle, les graines de *Giroflées*, & d'*Anemones*, qu'il faut femer auffi-tôt qu'on les a cüeillies, un jour avant la pleine Lune, dans lequel le vent vienne du côté du Midy, parce que ces deux chofes-là, plûtôt que toute autre, ouvrent les pores de la terre, & donnent de la force aux femences, c'eft pourquoi fi dans ce temps-là le vent n'étoit pas du Midy, ou fi par le foufle d'un autre vent l'air fe refroidiffoit, il faudroit attendre jufques à la pleine Lune fuivante.

CHAPITRE XI.

Quand & comment il faut femer.

LA meilleure faifon de planter c'eft le mois de Mars, & le mois de Septembre à la pleine Lune, c'eft a dire depuis le feize jufqu'au vingt, conformément au proverbe qui dit.

> *Dans la nouvelle Lune, il faut planter des Fleurs :*
> *Les femer en decours, & par cette obfervance,*
> *On leur procure l'excellence*
> *Et la vivacité des brillantes couleurs.*

Pour femer voici la regle qu'il faut fuivre ; les graines qui ont l'écorce dure, & qui ont de la peine a lever, doivent être un peu fenduës, parce que recevant ainfi plus de force en dedans, & ayant le paffage plus libre par dehors, elles germeront aifément.

Pour bien connoître les graines, il faut les mettre dans l'eau, celles qui vont au fond font les meilleures.

Pour les empêcher d'être mangées par les animaux, qui vivent en terre, il faut les mettre tremper dans une infufion de jus, ce qui non feulement fert à les conferver, mais fert encore à les faire venir plus belles & plus variables.

Aprés cette infufion, on les feme dans de bonne terre, mais legere & paffée par un crible fin, préparée pour cet effet dans des Pots, ou dans des cuviers.

Ces graines ainfi femées, doivent être recouvertes de terre, de la hauteur
d'un

d'un doigt , si elles font grandes ; ou d'un demi doigt au moins , si elles font petites.

On les met au Soleil deux à trois heures , & tous les jours , quand le Soleil se
couche , on les arrose à petites goutes doucement au travers d'un balay.

Quand elles font levées , on les laisse tout le jour au Soleil , & on les moüille
de la maniere qui vient d'être dite , sans manquer , tous les soirs , & à proportion qu'elles s'eleveront au dessus de terre , elles s'enfonceront aussi en dedans.

Il faut remarquer que les graines des oignons doivent être plus mediocrement arrosées, & il suffit de les entretenir humides , de peur que la quantité
d'eau ne les fasse pourrir , attendu qu'elles font tendres & plus petites que les autres.

CHAPITRE XII.

Dans quelle Saison il faut transplanter.

ON transplante les fleurs au Printemps & en l'Automne , au mois de Mars &
au mois de Septembre.

Cela se fait dans la nouvelle Lune , depuis le dix jusques au quartorze, mais particulierement le douziéme de la Lune , & alors on transplante en bonne terre
toutes sortes de fleurs, soit dans des pots, ou en pleine terre également.

Il faut en hyver les garantir du froid , en les mettant à couvert en quelque endroit qui soit pourtant aëré ; Et dans l'Eté , il faut les défendre de la chaleur , en
les retirant dans un endroit où le Soleil ne soit pas trop ardent.

Les oignons qui viennent de graine , ne se transplantent qu'aprés deux années ,
au bout desquelles on les met en bonne terre & legere , pour leur faire avoir des
fleurs a la troisiéme ou à la quatriéme année.

Il faut mettre dans les planches les petits oignons , peu avant en terre &
proche les uns des autres , au lieu que les gros doivent être plus enfoncez & plus
éloignez.

CHAPITRE XIII.

L'heure & la Maniere d'arroser les Plantes.

PEndant l'hyver les Plantes ne demandent pas d'être humeêtées d'une grande
quantité d'eau , mais pour lors , il les faut arroser mediocrement, deux ou trois
heures aprés Soleil levé , & jamais le soir , parce que le froid de la nuit pourroit
geler la terre , ce qui feroit infailliblement mourir les plantes.

Quand on les arrose en hyver, il faut prendre garde a ne les point moüiller, mais
mettre seulement de l'eau tout à l'entour.

Et tout au contraire en Eté , il les faut arroser le soir aprés le Soleil couché
& jamais le matin , parce que la chaleur du jour réchauferoit l'eau , & cette eau

Tome II. D d d

échaufée brûleroit tellement la terre , que les Plantes tomberoient dans une langueur , qui les feroit flétrir & fécher.

U bon Jardinier doit fçavoir , que quand les Plantes font encore naiſſantes &
petites, elles demandent moins d'eau , que quand elles deviennent grandes : C'eſt
pourquoi quand elles font venuës à une certaine grandeur il faut plus les arroſer
qu'auparavant , ce qui veut de la conduite & du foin.

CHAPITRE XIV.

Le temps & la Maniere d'ôter les herbes inutiles.

LA politeſſe & la propreté d'un Jardin , ne ſert pas ſeulement à contenter la
veuë , elle ſert encore à donner la vie & la nourriture aux fleurs ; C'eſt pourquoi on doit non ſeulement arracher des ſentiers & des chemins les herbes infruc-
tueuſes , & en ôter toutes les immondices , mais il faut auſſi avoir foin de bien
nettoyer les planches de toutes les plantes inutiles.

Cela ne ſe doit pas faire quand la terre eſt trop ſéche , parce qu'alors on ne feroit que couper ces herbes , & on laiſſeroit aux racines , qui reſteroient ſous terre ,
plus de force & de facilité pour en pouſſer de nouvelles.

Il ne faut pas auſſi le faire quand la terre eſt trop moüillée , parce qu'en arrachant les racines , la terre qui y eſt attachée viendroit auſſi , ce qui cauſeroit un
grand dommage aux plantes voiſines.

Le temps le plus propre pour cela eſt , quand la terre n'eſt ni trop ſeche ni trop
humide , mais quand par la mediocrité de l'humidité & de la chaleur , elle eſt plus
relâchée & plus facile à manier , & que les herbes font aſſez grandes : il faut avoir
ſoin au même temps de reparer proprement la terre avec les mains , afin de rétablir les planches dans l'égalité qu'elles avoient auparavant.

CHAPITRE XV.

Le Temps & la Maniere de purger un Jardin des Animaux malfaiſans.

LEs animaux qui font le plus de mal dans un Jardin, font les *Chenilles* , les *Limas* , les *Vers* , les *Pucerons* , les *Punaiſes vertes* , les *Aſcarides* , les *Fourmis* , les
Souris & les *Taupes*.

Pour ôter les *Chenilles*, il faut tous les matins ſecoüer chaque plante avec la main.
Alors ces Inſectes demi mortes & roides du froid & de la gelée de la nuit tombent
facilement par terre , ſur laquelle on les écraſe , en mettant le pied deſſus.

Quant aux *Limas* , le Jardinier doit avoir grand foin de les chercher ſoir & matin , & particulierement en temps de pluye ; alors ils ſortent de terre pour aller à
la pâture , ainſi on les trouve & on les tuë aiſément.

Pour les *Vers* , il faut ſuivre la même méthode , parce que c'eſt auſſi dans le tems
pluvieux qu'ils ont coûtume de ſortir de leurs trous , & ſi on les veut faire ſortir
en d'autre temps, il ne faut que répandre ſur les chemins une décoction de graines
ou feüilles de chanvre , & auſſi tôt on les verra paroître.

Pour les *Pucerons*, on fiche en terre une baguette de la hauteur d'un demi pied, au haut de laquelle on met un gaudet le goulet en bas , dans lequel ces petits animaux, qui aiment à être cachés, ne manqueront pas de se venir mettre , & ainsi on les tue sans peine ; ou bien il ne faut que mettre sur le pot un morceau de linge humide , les Pucerons s'y amassent tous , & il est facile de les tuer.

Pour faire mourir les *Punaises vertes* , qui mangent les boutons de roses , & gâtent les autres fleurs, on prend du vinaigre que l'on jette sur les plantes , cela les fait toutes mourir.

Contre les *Ascarides* , & autres semblables vermines , qui s'attachent plûtôt aux plantes qui sont dans des pots, qu'aux autres , on prend ce pot que l'on met dans un sceau où il y a de l'eau, en sorte que le pot puisse tremper à la hauteur de cinq ou six doigts, il faut le laisser là pendant l'espace d'un quart d'heure, & ces petites bêtes inondées de cette humidité , sortiront aussi tôt.

Pour les *Fourmis*, il faut prendre un ou plusieurs os , à demi décharnez , & les jetter à terre dans les endroits où ces petits animaux font leur demeure, attirez par cet appas , ils accourent à grandes bandes , & quand ces os en sont tous couverts, on les retire , & on les jette dans le feu ou dans l'eau , & réiterant cela plusieurs fois , on les exterminera aisément. Ou si on les voit sur terre marcher en rang , on les consumera avec du feu de paille, ou de la cendre chaude.

Pour les *Souris*, il faut prendre des chats , plus il y en a , & mieux c'est. On les écorche & on en remplit de paille les peaux , & les ayant bien recousuës & mises comme s'ils se tenoient sur leurs pieds , on les frotte par dehors de leur propre graisse, & on les met dans les endroits où les souris ont accoutumé d'aller , l'odeur de cette graisse , & la vûë de leurs ennemis les épouvante & leur fait prendre la fuite. On peut encore mettre des *trappes* & des *souricieres* & semer par ci par là une composition de verre broyé mêlé avec du plâtre & du fromage , & il ne faut point se servir de poison, ni d'arsenic, crainte des grands accidens qui en peuvent arriver.

Pour les *Taupes*, lorsque l'on voit la terre se soulever, & quelque chose qui y remuë , il faut s'en approcher sans bruit, de peur que la Taupe ne s'enfuye , parce qu'encore qu'elle n'ait pas l'usage de la vûë, elle a neanmoins l'oreille très subtile: s'étant ainsi approché , il faut prestement renverser une bêchée de terre, par ce que très souvent avec cette terre , on tire aussi l'animal : Que si la terre étoit trop ferme pour être renversée , il faudroit en ce cas ficher plusieurs fois la bêche dans cét endroit , afin d'étourdir au moins la Taupe à force de coups.

CHAPITRE XVI.

Le Temps & la Maniere de tirer & de conserver les oignons & les racines.

IL faut tirer les oignons & les racines tous les trois ans , pour le plus tard.

Le veritable temps de les tirer , c'est depuis le commencement de Juin jusques à la fin d'Aoust.

Alors il s'arrachent plus facilement, parce que la terre se trouve sechée par la chaleur du Soleil. Il faut tirer avant les autres ceux qui fleurissent les premiers , comme les *Narcisses* & les *Bassins*.

En creusant pour les tirer il faut observer cette regle-ci.

Il faut ôter adroitement la terre avec la pioche, par l'entrée de la planche, & prendre garde que le fer ne touche ni ne perce quelque oignon, & si par hazard cela arrivoit, il faudroit prendre aussi-tôt de la terre bien seche & bien aduste, & la répandre sur la blessure. Cela y est excellent.

Quand on a retiré les oignons, il ne faut pas laisser de repasser une seconde fois dans le même endroit, afin qu'il ne demeure rien qui empêche l'ordre, & l'arrangement des autres oignons que l'on y pourra mettre après.

Cette regle est pour toutes les planches.

Les cayeux ne doivent point être détachés des gros oignons qui les ont produits, mais il faut les y laisser unis avec leurs tuniques & pellicules, & les garder dans une loge ou une serre chaude & seche, où on les laisse étendus a terre ou sur une table l'espace de huit jours, après quoi il faut les terrer dans des paniers, chaque espece à part, & les pendre aux soliveaux de quelque autre loge tournée au vent de Bise, qui est un air très-salutaire aux oignons, parce qu'il les conserve en les maintenant toûjours frais.

Il faut sçavoir que les petits oignons, comme ceux des *Jonquilles* & semblables, pour être mieux conservés, doivent être envelopés dans du papier & enfermés dans des boëtes.

Il y a des gens qui les tirent tous les deux ans, foüillant chaque année une partie de leur Jardin, ce qu'ils font après l'Equinoxe de Septembre, en observant ce qui suit.

Ayant creusé soigneusement une planche, & levé tous les oignons, ils en ôtent subtilement ce qui s'étoit multiplié; & après avoir accommodé leurs planches de la maniere qu'il a été dit ailleurs, ils la replantent en même temps de la même maniere qu'elle étoit, & mettent à part ce qui s'y étoit multiplié, pour le placer dans un endroit separé.

Les racines se doivent tirer de la même maniere que les *Anemônes* & les *Argomones*, qu'il faut lever tous les ans, soit qu'elles soient dans les pots, ou en pleine terre, parce qu'elles sont fort sujettes à pourrir.

Quand elles seront seches, avant que de les remettre dans les paniers, il en faut arracher toutes les languettes superfluës: on les garde comme les oignons.

Pour les *Renoncules*, il faut les ôter de terre dés que les feüilles en sont séchées, & après que les racines en auront été essorées, on les mettra dans des boëtes avec du sable.

Les autres plantes qui ont une racine perpetuelle, se tireront au mois d'Octobre ou de Novembre, & il faut les replanter aussi tôt.

CHAPITRE XVII.

Ouvrages qu'il faut faire au Jardin Fleuriste chaque mois de l'année.

EN JANVIER.

IL faut couvrir les plantes qui craignent le froid, avant le mauvais temps, & n'attendre pas que la terre soit durcie par la gelée.

Sur les canaux couverts, il faut tenir des fouricieres tenduës pour prendre les Rats de Jardins & les mulots qui vont la chercher de quoi paître. L'a-
morce fera des pois, des amandes, ou des avellaines. On doit preferver des grandes pluyes & des gelées les Anemones qu'on auroit plantées dans des pots, comme auffi plufieurs jeunes plantes qu'on auroit femées dans des pots ou dans des
caiffes.

EN FEVRIER.

IL faut obferver les mêmes Articles du mois précedent. Au commencement de
ce mois on doit femer fur couche les plantes jardines à porter leurs fleurs ou
leurs fruits en ce pays, comme *Balfamine*, *Melanzene*, *ou Pommes d'amour*, *Da-*
tura, *Canne d'Inde*, *Pomme d'Ethyopie*, *Pomme dorée*, *Amaranthe ou Paffevelours*,
ayant foin de les preferver des gelées, les couvrant lorfqu'elles font levées de cloches de verre, & jettant de la paille par deffus, s'il eft befoin; comme on a coûtume de faire pour conferver les Melons.

EN MARS.

APrés le dix ou douze du mois, & même plus tard on ôte les couvertures des
Plantes.
Il vient quelquefois de grands vents ou de grands hâles qui deffechent la terre,
pendant lefquels on ne doit ni femer ni tranfplanter.
A la mi Mars on peut replanter les plantes fibreufes, comme les *Violettes de*
Mars Hépatiques, *Paquetes*, *ou Marguerites*, *Primeveres*, *Ellebores*, *Camomilles*,
& femblables.
En ce même temps on femera fur couche divers fortes de graines, comme *Oeil-*
lets, *Giroflées*, *Bafilic*, *Oeillets d'Inde*, *Marjolaine*, *Phafeol incarnat d'Inde*, *Mer-*
veille du Perou, *ou Herbe à Suiffe*, *Creffon d'Inde*, *Souci double*, *Volubilis* des trois
efpeces, *Poivre d'Inde*, *Myrthe*, *Carouge ou Carobe*, & d'autres que la fraîcheur de
la terre ne permet pas d'y femer.
Pour ce qui eft des *Oeillets*, des *Giroflées*, *Myrthe* & autres plantes qu'on tire de
la ferre, il faut les mettre à l'ombre pendant huit ou dix jours, pour les préparer à
ne pas craindre les chaleurs.
L'on tranfplante les Arbuffeaux qui craignent le froid, comme les *Jafmins d'Ef-*
pagne, *Orangers*, *Myrthe*, *Laurier Rofe & les Ciclamen Automnaux*.
Il vient quelquefois des gelées de nuit qui fe fondent le lendemain au Soleil,
& qui durent quelquefois quatre ou cinq nuits; pendant ce temps, il faut foigneufement couvrir les Tulipes pour les preferver, d'autant que ces fortes
de gelées caufent des taches blanches dans leurs Feüilles, ce qui les fait mourir
fouvent.
On doit obferver la même chofe aux Anemones, aux Oreilles d'Ours, aux Jacinthes brumales & aux Cyclamens printaniers, afin de preferver leurs fleurs de
ces gelées.

EN AVRIL.

LE commencement de ce mois eft la meilleure faifon pour tranfplanter toutes
fortes de plantes fibreufes fpecifiées au mois précedent.

On tire de la ferre toutes les plantes qui craignent le froid , fi on avoit oublié de les tirer en Mars.

Il faut arrofer foigneufement les *Renoncules* & les *Anemones*, lors que la terre eft deffechée , & auffi toutes les plantes qu'on tiendra dans des pots ou dans des caiffes.

Il faut préferver des vents , des pluyes , de la grêle & du Soleil ardent , les *Tulipes panachées*, *les Oreilles d'Ours*, *les Anemones*, *les Renoncules*, & autres belles fleurs, & pour cet effet tenir des paillaffons ou couvertures toutes prêtes dés le commencement de ce mois.

EN MAY.

ON tranfplante les Cyclamens Automnaux , fi on les veut changer de place, car autrement cela n'eft pas neceffaire.

En ce mois-ci la graine d'*Anemone* fe trouve meure , il la faut recüeillir & tenir en lieu fec , jufqu'au temps de la femer.

On départ les *Giroflées mufquées doubles* , dites *Julianes* , pour les multiplier.

On feme diverfes fortes de graines , de plantes annuelles , pour avoir des fleurs tout le long de l'Eté , comme *Souci double* , *Thlafpi de Candie* , *Mufcipula*, *Scabieufe veloutée* , *Cyanus* de toutes fortes , & *Penfées* de Jardins.

Les *Iris bulbeux* fleuriffent vers la fin de ce mois : lorfqu'ils font fleuris , on coupe leur tige , que l'on fiche en des pots pleins de terre , & on les tient ainfi en une fale fraîche, pour les faire durer plus long temps. On les peut auffi tranfplanter en même temps , les arrofant auffi tôt qu'ils feront replantez.

A la fin de ce mois on commence à déplanter les *Tulipes* plus hâtives , qui font deffechées.

On couvre les autres comme au mois précedent , pour les préferver des pluyes trop frequentes.

EN JUIN.

ON peut encore femer diverfes fortes de graines de plantes annuelles , pour en avoir des fleurs vers l'Automne.

Il faut recüeillir les graines meures comme de *Jacinthes Orientales* , *Narciffes* , *Oreilles d'Ours* , *Renoncules* , & autres femblables , & les garder en lieu fec , pour les femer chacune en fa faifon.

On déplante les *Tulipes* & on les replante incontinent qu'elles fe trouveront dépoüillées , ou qu'elles fembleront fe deffecher : on les met fort avant en terre , ou en un lieu frais moins avant , les arrofant par le deffus pour tenir feulement la terre fraîche.

Il faut déplanter les *Anemones* & les *Renoncules* , aprés les pluyes qui viennent vers la fin de ce mois , non pas devant.

On peut à la fin de ce mois lever les plantes qui ne veulent pas demeurer longtemps hors de terre & les replanter incontinent , comme *Cyclamens printanniers*, *Jacinthes Orientales & autres Jacinthes bulbeufes* , *Iris* , *Fritillaires* , *Hemerocales* , *Martagons* & autres femblables.

EN JUILLET.

ON peut encore lever les *Cyclamens printanniers* & les plantes bulbeuses specifiées au mois précedent, pour les transplanter aussi-tôt.

La graine de *Cyclamen printannier* se trouve meure en ce mois : il la faut recüeillir, & semer en même temps dans des pots.

On ente en approche les *Myrtes*, *Jasmins*, *Orangers*, *Rosiers* & autres pareils
arbrisseaux.

Depuis le commencement de ce mois jusqu'en Septembre, on fait des marcotes
d'Oeillets.

EN AOUST.

AU commencement de ce mois on seme la graine d'*Anemones*, la couvrant legerement de terre, & on la tiendra à l'ombre, & on l'arrosera souvent, pour
empêcher que la terre ne se desseche.

On plante aussi les Anemones simples, pour en avoir des fleurs en Automne &
tout le long de l'hyver.

C'est la saison pour semer les graines de *Narcisse* & de *Jacinthes Orientales*.

EN SEPTEMBRE.

ON transplante les *Myrthes*, *Lauriers-Rose*, *Jasmins*, & toutes autres especes
d'Arbrisseaux qui sont sujets à la gelée, ou toûjours verts, & aussi toutes sortes de plantes fibreuses, comme *Hepatique*, *Oreilles d'Ours*, *Elleborre*, &c.

Il faut semer les graines d'*Oreilles d'Ours*, *Renoncules*, *Alaternes*, *Iris*, *Couronne
Imperiale*, *Martagons*, *Hemerocale*, *Tulipe*, *Pied d'alloüette*, *Thlaspi de Candie*, *Pavots*,
& generalement les plantes annuelles qui ne sont pas sujettes à la gelée.

On plante toute sorte d'*Anemones*, aprés les premieres pluyes qui viennent dans
ce mois, & aussi les *Renoncules de Tripoli*.

EN OCTOBRE.

ON peut encore planter & semer toutes les plantes & les graines specifiées au
mois précedent.

Il faut mettre dans la serre par un beau temps, sur la fin de ce mois, les arbrisseaux qui craignent la gelée, comme *Orangers*, *Myrthes*, *Jasmins*, *Lauriers Rose* &
autres semblables, en laissant toutes les portes & les fenêtres de la serre ouvertes,
jusques à ce qu'il y ait lieu de craindre que la gelée y puisse entrer, car alors il faut
avoir soin de les fermer.

EN NOVEMBRE.

IL faut préparer les paillassons ou couvertures pour les plantes qui sont sujettes
au froid, afin de les couvrir lors qu'on jugera le temps disposé à la gelée.

On peut planter & semer encore les plantes fibreuses & les graines marquées
au mois de Septembre.

Voyez & observez les Articles du mois de Janvier. Ce mois est la meilleure
saison pour planter les *Tulipes panachées*, principalement dans les petits

Jardins renfermez de hautes murailles, & qui n'ont gueres de Soleil.

EN DECEMBRE.

IL faut obferver les Articles contenus au mois de Janvier , où l'on renvoye le Lecteur pour éviter les redites.

CHAPITRE XVIII.

Plantes qui font fujettes à perir par la gelée.

COmme il y a des Gelées plus âpres les unes que les autres, & qu'ainſi les plantes y refiſtent plus ou moins, felon qu'elles font délicates ou robuſtes , il eſt à propos d'en faire la diſtinction , & de les diviſer en trois Claſſes. *Dans la premiere,* feront les plus tendres au froid & qui ont peine à refiſter même aux premieres gelées. *Dans la feconde ,* celles qui ne meurent que par de plus fortes gelées. *Dans la troiſiéme ,* celles qui y refiſtent encore davantage & qui ne periſſent que par de grands hyvers. Ce font là comme trois degrez de gelées qu'il faudra obſerver, afin d'en garantir leſdites plantes par des couvertures convenables.

Liſte de celles qui craignent le froid au premier degré.

Aloë d'Afrique.	Melanzene ou Pomme d'amour.
Amaranthe ou Paſſevelours.	Naſturtium Indicum.
Amaranthus tricolor.	Narciſſe du Japon & autres Narciſſes
Balſamine mâle.	des Indes.
Baſilic.	Oeillets d'Inde.
Canne d'Inde.	Ornithogalon d'Arabie.
Elycriſon ou fleur immortelle.	Phaſeol incarnat des Indes.
Figuier d'Inde d'Amérique , tres-épi-	Poivrier d'Inde.
neux.	Pomme d'Ethiopie.
Figuier d'Inde de la grande eſpece.	Pomme dorée.
Gladiole d'Ethiopie.	Pomme épineuſe , dite Datura.
Rubarbe arborée.	Sariette d'été.

II.   Plantes qui craignent le froid au fecond degré.

Aloë d'Amérique.	Jacinthe du Perou.
Anemones.	Jaſmin d'Eſpagne.
Aron des Indes.	Jaſmin jaune des Indes.
Cyclamen Printanier.	Iris de Suze.
Cyclamen de Verone.	Laurier Roſe.
Digitale ferruginée d'Eſpagne.	Myrthe.
Fleurs du Soleil.	Narciſſe à bouquet du Levant.
Giroſliers.	

Oeillets

Oëillets.

Orangers.

Phalangium de Crete.

Renoncules de Tripoli doubles & simples.

Renoncules de Portugal.

Soucis doubles.

Violiers doubles de quelque couleur qu'ils soyent.

III. Plantes plus robustes qui craignent le froid au troisième degré.

Bellis d'Espagne.

Fritillaires de Montagnes.

Geneft d'Espagne à fleurs blanches.

Grenadier a fleur double & autres.

Jacinthe à fleur double & autres.

Jacinthe Orientale Zunbuline.

Iris Bulbeux.

Lychnis ou Jacée blanche double.

Marjolaine.

Matricaire à fleur double.

Pavot épineux.

Plante de la passion.

Veronique à fleur double.

Violiers simples, car les doubles resistent moins au froid.

CHAPITRE XIX.

En quel Solage ou Aspect on doit planter les Fleurs.

EN ceci il faut considerer quel est le naturel de la Plante qu'on veut mettre en terre, ce qui consiste en deux choses. I. Si elle est sujette à la gelée ou non, ce qu'on pourra apprendre par la Table precedente. II. Si elle aime la terre grasse & humide, ou maigre & seche, ce qu'on apprendra par les deux tables suivantes : Et ayant par là reconnu sa nature, il sera aisé de la placer au lieu qui luy sera le plus propre, par exemple, si vous reconnoissez qu'elle craigne la gelée, ou qu'elle aime une terre seche, il faudra la planter au lieu le plus chaud du Jardin. Au contraire si elle ne craint pas l'hyver & qu'elle aime une terre grasse & humide, vous la mettrez au lieu le plus froid & a l'ombre, comme celui qui conserve le plus d'humidité pendant les chaleurs de l'été. Toutes les autres plantes se pourront placer par tous les autres endroits du Parterre. Ainsi vous leur donnerez le lieu où elles se plairont le mieux & où par consequent elles profiteront davantage.

Plantes qui aiment la terre grasse & humide.

Anemone de Bois.

Anemone 3. de Mathiole.

Bassinet double.

Calceolus Mariæ.

Cyclamens Automnaux.

Ellebores.

Fritillaires communs.

Fumeterre Bulbeufe.

Laureole.

Laurier thym.

Limonium vulgaire.

Marguerites.

Martagons.

Muguet des Bois.

Nasturtium Indicum.

Narcisse blanc double.

Narcisse jaune double à molette d'éperon.

Oreilles d'Ours.

Orobus Panonique.

Penfées jaune & les communes aussi.

Pervanche.

I halangium de Virginie.
Primevere de toutes fortes.
Pulfatille.
Renoncule bouton d'or.
Renoncule blanche double d'Angle-
terre.
Satyrions.

Sedum ferratum.
Serpentaire à trois feüilles d'Ameri-
que.
Soucy double.
Veronique grande & petite.
Veronique droite.
Violettes.

Plantes qui aiment la terre maigre & féche.

Abrotane mâle & femelle.
Geneft d'Efpagne.

Marjolaine.
Rofmarin.

CHAPITRE XX.

Saifons les plus propres pour femer les graines.

LEs graines fe peuvent femer en diverfes faifons, mais il y en a quelques-
unes qu'il faut neceffairement femer au Printems, d'autres en Automne feulement, & d'autres en diverfes faifons, comme l'on verra cy-aprés. Cela s'entend
pour les graines qu'on connoît, car pour les autres qu'on ne connoît pas encore,
comme fi l'on en recevoit venant de pays étrangers, fans noms, ou qu'elles fuffent de plantes à nous inconnuës, il faudroit en ce cas les partager en trois portions égales, pour en femer l'une en Automne en pleine terre, ou dans des pots,
& les deux autres au Printemps, une en pleine terre ou dans des pots, & l'autre enfin fur couche, comme les femences des plantes qui font fujettes à la gelée. C'eft là
l'unique moyen de les élever furement, car fi on les femoit toutes en même tems,
& que ce ne fût pas la faifon propre, il ne faut pas douter qu'elles ne viendront
pas en perfection. Il y a encore d'autres regles generales pour femer des graines
qu'on connoît, foit qu'on les ait recüeillies foi même, ou reçuës d'ailleurs.

I. Si ce font des plantes annuelles craignant la gelée, il les faut neceffairement
femer au printems.

II. Si ce font des plantes annuelles & qui ne craignent pas le froid, la faifon la
plus propre c'eft l'Automne.

III. Si elles font produites de plantes vivaces & perennelles, il les faut femer
devant que leurs meres plantes, pouffent leurs germes, foit qu'elles craignent la
gelée ou non.

Graines qu'il faut femer au Printemps en pleine terre ou dans des pots.

Alaternes, en Automne auffi.
Ambrette, pour en avoir des fleurs en
été.
Anagallis Lufitanica.
Beleveder.
Chondrille aux fleurs carnées.
Coquelicot double.
Cyanus de toute couleur.
Laurier-rofe.
Laurier-thym.

Lolac.
Marjolaine.
Mufcipula.
Nafturtium Indicum, & fur couche
auffi.
Oeillets, & fur couche auffi, on les peut
femer encore en Eté & en Automne.
Scabieufe.
Soucy double.
Thlafpi de Candie.
Violiers ou Girofliers fi on veut.

Graines qu'il faut semer au Printems sur couche, pour delà être transplantées en pleine terre, quand elles sont levées.

Amaranthe ou Passevelours.
Balsamine mâle.
Basilic.
Canne d'Inde.
Fleur du Soleil.
Geranium triste.
Girofliers, si on veut.
Hediscrum clypeatum.
Melazene.

Nasturtium Indicum.
Œillets, & en pleine terre aussi.
Œillets d'Inde.
Phaseol incarnat des Indes.
Pomme d'Ethiopie.
Pomme dorée.
Pomme épineuse.
Violier ou Giroflier, si on veut.

Graines qu'il faut semer en Automne.

Alaternes.
Ambrettes.
Ancolies.
Antirrhinon.
Argemones.
Chamæ-Iris.
Coquelicoc.
Couronne Imperiale.
Cyanus de toutes sortes.
Cyclamen.
Digitale.
Erygium planum.

Fraxinelle.
Hepatique, si on veut.
Muscipula.
Nigelle de Damas & autres.
Oreilles d'Ours.
Pavot.
Pavot épineux.
Pied d'aloüette de toute sorte.
Scabieuse de montagne.
Thlaspi de Candie.
Tulipes.

CHAPITRE XXI.

Memoire des Saisons ausquelles chaque plante se trouve en fleur, selon les douze mois de l'Année.

EN JANVIER.

Aconit d'hyver.
Anemones simples de toutes couleurs.
Anemone violette à peluche rouge, & les Regates *plantées au commencement de Septembre.*
Cyclamens hyvernaux.

Jacinthe brumales.
Narcisse du Levant à bouquets *de diverses espèces.*
Primeveres simples de diverses couleurs.

EN FEVRIER.

Aconit d'hyver.
Anemones simples.

Anemones à peluches natives.
Crocus printaniers.
Ee 3

Hepatiques simples.
Iris de Perse.
Leucoïon à trois feüilles, ou perce neige.

Leucoïon hexaphyllon.
Violiers jaunes à grandes fleurs , *sont quelquefois en fleur en ce mois.*

EN MARS.

Aconit d'hyver.
Anemones de toutes especes.
Chamæ-Iris de toute couleur.
Chalcedoine petite à fleur double.
Cyclamens printaniers.
Crocus printaniers.
Fritillaires.
Hepatiques double & simple.
Iris tubereux.
Jacinthe Zumbuline.
Jacinthes brumeles
Jacinthes étoilé. s d'Allemagne.
Jacinthes Orientales.
Jonquille simple à grand calice.

Iris de Perse.
Leucoïon hexaphyllon.
Leucoïon triphyllon.
Narcisse a bouquets de toutes sortes.
Narcisse jaune double commun.
Narcisse jaune double d'Angleterre.
Narcisse jaune simple.
Narcisse jaune doré , dit de Tradesque.
Oreille d'Ours hâtif.
Primevere simple de diverses couleurs.
Tulipes precoces.
Trou bons d'Espagne , qui est une espece d Jonquille.
Violiers jaunes d Allemagne.

EN AVRIL.

Anemones de toutes sortes.
Chamæ Iris de toutes couleurs.
Couronne Imperiale.
Chevre-füille.
Cyclamens printaniers.
Fritillaires d toutes especes.
Giroflée simple & double de toutes les especes.
Hepatique double.
Jacinthe striée d'Allemagne.
Jacinthes grapucs , dites Grapettes.
Jacinthes Orientales tardives.
Jacinthes d'Angleterre.
Jonquille double.
Jonquille reflexe on renversée.
Iris de Florence.

Marguerites.
Muscari.
Narcisse à bouquet de toutes sortes.
Narcisse jaune doré vulgaire.
Narcisse d'Angleterre ; dit Tombron doub'e.
Narcisse blanc à calice Orangé.
Narcisse blanc double.
Oreilles d'Ours.
Pensées.
Primeveres.
Pulsatille.
Renoncules de Tripoli.
Tulipes.
Violettes de Mars.

EN MAY.

Anemones 3. de Mathiole.
Ancholies.
Chamæ-Iris à feüilles étroites.
Cyanus de toutes couleurs.
Fraxinelles.
Gladioles.

Giroflée de toutes sortes.
Geranions de toutes sortes.
Horminum de Crete.
Hemerocalle jaune.
Jacinthe a panache.
Iris bulbeux hâtifs.

Lys Afphodele jaune.
Lys orangé hâtif.
Lychnis dit Jacée double , blanche &
  rouge.
Marguerites.
Muguet des bois.
Oeillets de montagne.
Oeillets des Poëtes.
Penfées.

Pivoines de toutes fortes.
Phalangium des Alpes.
Renoncules de toutes les efpeces.
Rofes.
Syringa.
Sedum ferratum.
Tulipes tardives.
Veronique grande & petite.
Violiers mufqués doubles & fimples.

EN JUIN.

Antirhinon de toute couleur.
Argemone.
Clematis Panonnica.
Cyanus de toutes les couleurs.
Digitale de toutes efpeces.
Filipendule.
Giroflée de toutes efpeces.
Geranion de toutes efpeces.
Horminum de Crete.
Jacinthe tubereufe des Indes.
Iris bu beux.
Iris maritime.
Iris jaune varié d'Angleterre.
Lychnis double blanche & rouge.

Lychnis alcine-foliis.
Martagons.
Nafturtium d'Inde ou capucine.
Oeillets de toutes fortes.
Orangers.
Ornithogalon à Alpi.
Penfées.
Phalangion de Virginie.
Pied d'Aloüette hâtif.
Sauge à fleur blanche.
Thlafpi de Candie.
Veronique grande & petite efpece.
Viola Pentagonia.

EN JUILLET.

Ambrette ou fleur du grand Seigneur.
Bafilic.
Campanelle.
Cyclamen de Veronne.
Cyclamen pourpré odorifierant;
Digitale ferruginée d'Efpagne.
Erpigium planum.
Fafeol d'Inde nacarat.
Garanium trifte & celui de Crete.
Giroflée.
Grenadier à fleur double & fimple.
Jacinthe tubereufe des Indes.
Laurier Rofe.
Limonium.

Lunaire de Crete.
Lychnis dit Jacée blanche.
Marguerites.
Nafturtium d'Inde.
Oeillets.
Penfées.
Pied d'Aloüette double de toutes cou-
  leurs.
Rofe Mufcade.
Rofe d'outremer.
Soucy double.
Thlafpi de Candie.
Veronique grande & petite.
Volubilis à feüilles de mauves.

EN AOUST.

Ambrette.
Atteractus ou Oculus Chrifti.
Beleveder.

Campanelle bleuë & blanche.
Canne d'Inde.
Clematis de toute efpece.

Cyclamen de Verone.
Cyclamen pourpre odoriferant.
Cyclamen automnal Byzantin.
Elycrson ou fleur immortelle.
Geranium triste.
Giofliers jaune.
Jasmin d'Espagne.
Jasmin jaune odoriferant des Indes.
Jacinthe tubereuse des Indes.
Laurier-Rose.
Limonium de toutes sortes.
Lychnis blanche double.
Merveille du Perou.
Myrthe de toute sorte.
Nasturtium d'Inde.

Oeillets d'Inde de toute sorte.
Orangers.
Passe-velours.
Pensée jaune de montagne.
Pied d'Alouette de toutes couleurs.
Plante de la Passion.
Phaseole incarnat d'Inde.
Rose Muscade.
Rose d'outremer.
Souci double.
Thlaspi de Candie semé en Mars ou
    Avril.
Veronique.
Volubilis de toutes especes.

EN SEPTEMBRE.

Amaranthus tricolor.
Ambrette semée au printems.
Anagallis de Portugal.
Antirrhinon de toutes couleurs.
Aster Atticus, ou Oculus Christi.
Basilic.
Beleveder.
Bellis grande d'Espagne.
Canne d'Inde.
Campanelle à fleur blanche.
Colchiques Automnaux.
Cyclamens d'Automne.
Eupatorium de Canada.
Fleur du Soleil.
Girofliers.
Gantelée bleuë & blanche.
Geranium de Crete.
Geranium triste.
Jasmin d'Espagne.
Jacinthe tubereuse des Indes.
Laurier-Rose.
Lychnis blanche double.
Limonium de toutes sortes.
Lys-Narcisse des Indes.

Melanzene ou Pomme d'amour.
Merveille du Perou.
Myrthe de toute sorte.
Nasturtium d'Inde.
Narcisse de Portugal automnal.
Oeillets d'Inde de toute sorte.
Orangers.
Passe-velours.
Pensée.
Pomme dorée.
Plante de la Passion.
Pomme épineuse.
Phalangion de Virginie.
Phaseole incarnate des Indes.
Renoncule de Portugal double & sim-
    ple.
Rose Muscade.
Rose de tous les mois.
Souci double.
Thlaspi de Candie semé au Prin-
    tems.
Veronique se trouve encore en fleur.
Volubilis pourpré.

EN OCTOBRE.

Amaranthe tricolor.
Aster Atticus.
Antirrhinon.
Beleveder.

Canne d'Inde.
Cyclamen d'Automne.
Nasturtium d'Inde.
Oeillets d'Inde.

Orangers.
Oeillets.
Passevelours.
Pensées semées en Aoust.
Pomme dorée.
Pomme d'Ethiopie.
Pomme épineuse.
Pomme d'Inde.
Phalangium de Virginie.

Plante de la Passion.
Renoncule de Portugal double & simple.
Rose Muscade.
Rose d'outremer semée au Printems.
Souci double.
Veronique se trouve encore en fleur.
Violettes se trouvent encore en fleur.

EN NOVEMBRE.

Antirrhinon.
Girofliers.
Gantelée.
Marguerites.
Oeillets.
Pensée.
Veronique.

Violette double.
Jasmin d'Espagne.
Rose Muscade.
Cyclamen de Perse hyvernal.
Ellebore noir hâtif.
Anemones simples de toute couleur.

EN DECEMBRE.

Anemones simples de toutes couleurs,
    & les peluchées hâtives.
Cyclamen de Perse hyvernal.
Cyclamen d'hyver commun.
Primevere simple.

Souci double.
Oeillets.
Antirrhinon.
Girofliers.

CHAPITRE XXII.

Catalogue des fleurs odoriferantes.

Boüillon blanc. Chevre feüille. Cyclamen Bisantin. Cyclamen de Perse, de Verone printannier. Datura. Fleurs de la Passion. Geranion triste. Giroflée double & simple. Giroflée jaune. Jacinthe Orientale. Jacinthe tubereuse des Indes. Jasmin d'Espagne. Jasmin jaune d'Inde. Iris pour la plus grande partie. Jonquilles pour la plûpart. Leucoion bulbosum hexaphyllon. Lys blanc. Lys Asphodele. Muguet des bois. Narcisses pour la plus grande partie. Nasturtium Indicum. Nard de montagne. Oeillets. Orangers. Pensées cultivées. Pommes de Paradis. Renoncules jaunes de Portugal & automnaux. Satyrium odorant. Syringa. Tillot vulgaire. Tymelée. Violettes de Mars. Violier musqué double.

Explication de quelques termes particuliers concernant la Culture des Fleurs, par ordre Alphabetique.

A

Ajuster, peigner & refendre l'Oeillet.
Quand l'Oeillet est entierement épanoüi si on voit qu'il ne tourne pas bien les feüilles, ou qu'elles ne soient pas dans un bel ordre, ni bien arrangées, il faut disposer tellement ses feüilles avec les doigts de la main bien nets, bien lavez & sans sueur, qu'elles trouvent chacune leur place & leur

rang & pour donner même plus de largeur a la fleur , on pourra plier les extremitez de la colle , ainsi pliée par les bouts , on appelle cette façon de traiter l'Oeillet, *l'ajuster, le peigner, le refendre.*

Amander. Voyez la Quintinie, Explication des termes du Jardinage.

B

Bequiller. V. le même , lettre B.

Blanc. C'est une roüille qui est jaune & quelquefois blanche qui se met sur le pied & sur les feüilles des plantes & les fait mourir.

Bouton , Maître bouton. C'est celui qui fleurit le premier & qui est au plus haut du dard.

Bouture. V. la Quintinie. C'est de menus jets des herbes , des joncs , & de tout ce que des racines poussent. V. aussi Furetiere.

Brin. V. la Quintinie.

Broüille. V. le même.

C

Cayeu. V. le même.

Chancre. V. Galle.

Chaton. C'est ce qui enferme la graine de la Tulipe , &c.

Châtrer. C'est couper des rejettons qui croissent vers le pied.

Châtrer un Oeillet. C'est couper les marcotes , lors qu'elles montent à dard , dans le second nœud le plus voisin du pied de l'Oeillet.

Claye. V. la Quintinie.

Cloche. C'est le haut de la fleur , lequel forme comme une espece de calice. On l'appelle vase en calice : mais on dit du Jacinthe & de l'oreille d'Ours, la cloche de ce Jacinthe est belle. Voyez aussi la Quintinie pour les autres significations de ce mot.

Se cofiner. Il se dit des Oeillets & veut dire que les feüilles se frisent , & qu'au lieu de demeurer étenduës , elles se recoquillent & se plissent. Les feüilles de mes Oeillets se recofinent. Voyez *la Quintinie.*

Collet. C'est le haut de la plante; endommager le Collet d'une plante.

Cosse. C'est un petit tuyau dans lequel la graine se forme. Voyez la Quintinie, Furetiere & Richelet.

Couche, V. la Quintinie.

Couleur de soupe de laict. Est un blanc impur.

D

Dard ou montant. Il se dit en parlant de certaines fleurs , & signifie ce petit brin droit & rond en forme de Dard qui est au milieu du calice de certaines fleurs , le Dard commence à montrer. Les arrosemens frais & gras font du bien a l'Oeillet , quand il commence de pousser son Dard. Voyez *Richelet & Furetiere.*

Dardille. C'est la queue d'un Oeillet.

Dardiller. Se dit de certaines fleurs , & veut dire , pousser son Dard. L'Oeillet dardille. V. *Richelet.*

Dentelé. V. la Quintinie.

Déplanter. V. le même.

Déplantoir. V. le même.

E

Ecusson jaune. Les Iris bulbeux à feüilles étroites portent une marque jaune assez large , & au milieu de chaque menton ce qu'on nomme *écusson jaune.*

Etamine. Se dit parmi les fleuristes , de ces petites parties qui sont dans les Tulipes , dans les Lys , & d'autres fleurs , autour de la graine , suspenduës sur de petits filets. *Les Tulipes* les plus estimées , sont celles qui ont le fond bleu *& les étamines* noires : ce mot vient de *estamina* , c'est à dire petits filets. V. *Furetiere.*

Etendarts. Se dit des Iris bulbeux & signifie les trois feüilles superieures qui s'élevent au dessus des autres pour former les fleurs. On les appelle aussi , *les Voiles.*

F

Fane. Voyez la Quintinie.

Faner, se faner. V. le même.

Fia-

Fiamette. Couleur de fiamette. C'est ce qui est d'une couleur qui tire sur le rouge. V. *Richelet.*

G

Gagner un Oeillet. C'est un terme parmi les curieux d'œillets, pour dire que de la semence qu'on en a faite, il en est venu quelque bel Oeillet nouveau. Voyez *Richelet & la Quintinie.*

Gale ou Chancre. C'est une tache qui vient ordinairement sur les fanes de l'œillet &c. Et gagne peu à peu jusqu'au cœur, si on n'a pas soin de couper celles qui en sont attaquées. V. *la Quintinie.*

Glaise, *terre glaise.* Voy. la Quintinie.

Godet. Ce mot se dit de certaines fleurs, & veut dire ce qui contient la fleur. Le grand Narcisse a le *Godet* jaune, le Jacinthe a le *Godet* incarnat.

H

Hâtif. V. la Quintinie.

Hazard. Par ce mot on entend une Tulipe &c. qui se trouve panachée, qui ne l'étoit point l'année précedente.

L

Langues. Ce mot se dit des Iris bulbeux, qui portent ordinairement neuf fueilles en chaque fleur, les extremités des trois fueilles qui s'enclinent vers la terre, se nomment *Mentons.* Les trois qui sont jointes à celles-ci & dont les extremités se relevent en haut, se nomment *Langues.*

M

Marcote. V. la Quintinie. Voyés aussi *Furetiere.*

Marne. Voy. la Quintinie.

Mentons. Voyés cy-dessus, *Langues.*

Montant. Voyés Dard.

N

Navet est la racine d'une plante (C'est le nave d'un Oeilleton)

Tome II.

O

Oeil. Il se dit de l'Oreille d'Ours. C'est le petit rond du milieu, presque toûjours jaune ou de couleur de Citron. L'Oreille d'Ours est agreable quand elle a l'œil grand & bien arrêté.

P

Paillasson. Voy. la Quintinie. Voyés aussi *Furetiere & Richelet.*

Paillettes ou étamines. Voyés étamines. Paillettes noires ou brunes.

Panache V. Quintinie. C'est un agreable mélange de couleur dans une fleur. (Anemone, Tulipe, Oeillet, qui a un beau panache.

Se parangonner. Se dit des Tulipes, &c. & veut dire que la Tulipe reviendra tous les ans nettement panachée.

Patte. V. la Quintinie.

Planches. Voy. le même.

Plantoir. V. le même.

Platte-bande. C'est un morceau de terre assez étroit qui regne le long du parterre, où l'on met d'ordinaire des fleurs (une belle platte-bande.)

Puceron. Voy. la Quintinie.

Pur. Voy. le même.

Sable noir, c'est le sable noir gras qui se trouve dans les marais, dans les prairies, dans les lieux voisins des rivieres & ruisseaux.

T

Terre & ses differences. V. la Quintinie.

Terre legere. C'est le terrau de Cheval, la terre de Jardin usée & commune, la terre de saule, la terre jaune, &c.

Terrot ou terrau. V. la Quintinie, c'est un vieux fumier & bien pourri mêlé avec de la terre.

Tulipe parangonnée, c'est à dire qui revient tous les ans nettement panachée.

V

Voiles. Voyés Etendarts.

Fff

DE LA CULTURE DES FLEURS.
SECONDE PARTIE.

DE LA CULTURE DES FLEURS EN PARTICULIER.
CHAPITRE PREMIER.
De l'Ache Royale.

L'Ache qu'on appelle Royale, parce qu'on dit qu'on la servoit anciennement sur la table des Princes, est de deux façons, l'une *jaune* & l'autre *blanche* : Toutes les deux dans l'extrémité de leur tige, forment un g and panache rempli de fleurs semblables à celles du Lylas. Elles fleurissent dans le Printems & sentent fort bon.

L'Ache demande mediocrement de Soleil avec une terre grasse & humide : Les racines sont quant à la premiere espece rougeâtres, & en forme de glans, & quant à la seconde, toutes blanches : elles se plantent de la profondeur de trois doigts à un demi pied de distance : on la leve tous les trois ans pour en ôter le peuple.

CHAPITRE II.
De l'Amaranthe.

L'Amaranthe fait une fleur semblable à un panache teint d'une couleur de pourpre si vive, qu'elle se maintient long-temps sans rien perdre de sa couleur, même en la mettant sê her au four elle se garde pour l'hyver, auquel temps la mettant tremper dans l'eau, elle reprend l'éclat & la couleur qu'elle avoit dans l'été. Elle fleurit depuis le mois d'Aoust, jusqu'a la fin de l'Automne.

Les *Amaranthes*, particulierement les rares, veulent être semées & élevées sur couche en bonne chaleur avec des cloches de verre, ou de terre, au commencement du mois d'Avril le cinq ou sixiéme jour de la nouvelle Lune s'il se peut : mais aprés qu'elles auront deux pouces de haut, & quatre ou cinq feüilles, il faut les faire au grand air, en élevant lesdites cloches sur des fourchettes, & lorsque les nuits seront chaudes, vous ôterez entierement les cloches de dessus les *Amaranthes*, & les remettrez sur les fourchettes au matin, & tout cela durant l'espace d'un mois ou six semaines : & quand les *Amaranthes* seront bien fortes, & que le doux temps sera venu, c'est à dire environ fin de May, ou commencement de Juin, vous les planterez où vous voudrez avec leur motte & par un temps de pluye, s'il se peut, c'est une fleur extrêmement délicate à élever dans les pays froids.

Voilà la maniere de gouverner les belles Amaranthes quand on veut les avoir en fleur de bonne heure, c'est à dire dés le mois de Juillet.

Mais pour en avoir plus tard, on les seme en pleine terre bien amandée & composée d'un tiers de sable, mise dans des pots au commencement de May, & en ce cas, elles ne portent qu'au mois d'Aoust.

Au lieu de pure terre on peut mettre des crottins de Cheval tous chauds dans de grands pots, les bien preffer, & mettre par deffus deux pouces de haut de bon terrain mêlé de fable, & femer les *Amaranthes* dedans, & y mettre quelques verres deffus pour les faire avancer.

Elles viennent mieux dans des pots qu'en pleine terre.

Il faut bien arrofer les *Amaranthes.*

Il eft bon de les avoir tôt, afin que leur graine ait tout le temps de bien meurir, & de même il faut la laiffer dans la terre durant l'hyver fur fa fleur & dans fa paille, quelque féche qu'elle paroiffe, jufques a ce que les gelées fortes foient paffées, alors vous l'égrainerez fi bon vous femble.

Les belles *Amaranthes* font bordées de jaune, & il en vient qui donnent autant de différentes figures à leurs petits bouquets, qu'il y en a fur leur pied, qui eft tout de fleur & en tres-grande quantité, jufques à la groffeur d'un pied ou environ de large, & d'un pied & demi & plus de haut.

Cette fleur dure deux à trois mois, & eft une efpece d'immortelle ; il y en a de plufieurs couleurs, fçavoir de violettes, de pourprées, de cramoifi, d'orangées, de rouges, de jaunes, &c.

C'eft une fleur merveilleufe & des plus belles qu'on puiffe voir, & qui eft maintenant fort eftimée parmi ceux qui la connoiffent bien.

Elle fe plaît où il n'y ait pas trop de Soleil, dans une tres-bonne terre, tres-fouvent arrofée.

CHAPITRE III.

DES ANEMONES.

ARTICLE I.

De la beauté des Anemones.

LEs *Anemones* nous font venuës des Indes. Monfieur Bachelier grand Fleurifte & des plus curieux les en apporta, il y a environ foixante ans.

La fane de l'*Anemone* eft fi agreable qu'elle en releve la beauté.

Plus elle eft frifée plus elle eft jolie.

Sa touffe baffe & bien garnie fait feule plaifir à voir.

Il y a bien de la délicateffe fur la tige de l'*Anemone* ; pour être belle, elle doit être grande a proportion de la groffeur de fa fleur, & la porter fans baiffer ; trop haute ou trop baffe elle eft defectueufe, trop groffe ou trop menuë de même.

Le brillant du coloris eft toûjours une qualité admirable dans les fleurs ; ainfi dans les *Anemones*, comme dans toutes les autres, les ternes font à méprifer, ce n'eft pas à dire qu'il n'y ait à choifir que des *incarnats*, *des couleurs de feu, des blanches* ou d'autres couleurs éclatantes, car il y en a de *bifares* & des *brunes* qui font merveilleufes, mais il faut qu'elles foient luftrées.

Les *Nuancées* font rares & précieufes.

Les *Veloutées* font auffi les belles.

Les *Panachées* font preferables aux pures, pourvû qu'elles ayent les autres qualitez de la beauté.

Une *Anemone* pour être belle doit être grosse, & pommée; & il faut que la peluche fasse le dôme comme le pavot.

La peluche doit être fort garnie de bequillons.

Les grandes feüilles doivent exceder la grosseur de la peluche , mais pas de beaucoup.

Quand les grandes feüilles sont pointuës ou étroites, c'est un grand défaut.

Les bequillons doivent aussi être arrondis par le bout ; les pointus sont desagreables.

Plus les bequillons sont larges , plus la fleur est considerable , si elle n'a point d'autre défaut.

Quelque grosseur & quelque coloris qu'ait une *Anemone* , dont les bequillons sont fort étroits , elle est detestable , c'est ce qu'on appelle un *Chardon*.

Le cordon doit un peu se faire voir , & ne point exceder les premiers bequillons , ni faire le bourlet par son épaisseur.

Quand le cordon est de plusieurs couleurs differentes de sa peluche , ou des grandes feüilles , l'*Anemone* en est plus belle.

Le cordon ne doit point du tout avoir de grain , c'est une illusion que de dire qu'il y a du grain qui s'allonge en fleurissant , & de pretendre que ce grain muable n'est point la marque fatale à la plante.

Tout grain est une marque infaillible , que quand l'*Anemone* a quelques années , elle se vuide du milieu de la peluche , & ne conserve plus que peu de bequillons.

Ceux qui prisent leurs *Anemones* quand elles ont du grain , n'en connoissent pas la conséquence : Il y a tant de difference entre une *Anemone* a grain qui n'a que trois ou quatre ans , & une qui en a dix ou douze , que si elle vaut un Loüis dans son commencement , elle ne vaut pas cinq sols sur la fin.

Les *Anemones* dont le cordon est fin & sans grain ne se vuident point.

Il ne faut pas juger entierement de la beauté d'une *Anemone* la premiere ou la seconde année de sa naissance ; la vigueur d'une *Anemone* si nouvelle resserre souvent les nuances & ses panaches , & elle embellit par la suite.

La culotte aide à connoître quand une *Anemone* doit augmenter en coloris. Ce qu'on appelle culotte est la moitié du dessous des grandes feüilles la plus proche de la queuë , qui est ordinairement de differente couleur , que le bout des grandes feüilles.

Quand la peluche est d'une seule couleur d'abord , & les grandes feüilles de deux , il y a lieu d'esperer que le même coloris de la culotte pourra monter dans les bequillons de la peluche.

Il y a des *Anemones* qui varient , qui sont panachées une année par grandes pieces emportées sur les grandes feüilles , les bequillons bordés , une autre année tout sera larmoyé , & une autre année les grandes feüilles seront tiquetées & les bequillons purs. Ces *Anemones* sont preferables à d'autres , car par leurs mêmes oignons , vous aurez des differences comme si c'étoit d'autres plantes.

ARTICLE II.

Terre propre aux Anemones.

NOus n'avons point eu de curieux jusques à present qui ait pû donner aucune regle sur la terre des *Anemones*, ils se sont presque tous contentez

de la terre naturelle de leurs Jardins avec les amandemens qu'ils ont jugé
neceſſaires, où ceux qui ont creu rafiner, en faiſant rapporter de nouvelles terres,
ſe ſont trouvez ſi peu ſatisfaits de leurs experiences, qu'ils ne s'en ſont pas van-
tez.

Il y a des terres plus heureuſes les unes que les autres pour cette plante ; mais il
faut toûjours les aider un peu.

On ſçait generalement que l'*Anemone* veut une terre legere, mais on ſçait generalement que l'*Anemone* eſt gourmande, il lui faut de la nourriture, le ſable neam-
moins lui plaît fort il faut donc le fortifier par des terres & terrots convenables &
avec des quantités experimentées.

Tous les terrots chauds & gras ſont tres nuiſibles à l'*Anemone*. On pouſſe la
plûpart des plantes par ces ſortes de terrots, on a voulu eſſayer a pouſſer celle-cy
de même & on a tout gâté. La poudrette auſſi bien que le fumier de pigeon y ſont
tres funeſtes.

Il ne faut que de trés legers engraiſſemens avec du terrot de fumier de cheval
pourri de deux ou trois années, ou avec du terrot des herbes qu'on arrache dans
les jardins, des füilles d'Arbres, des gouſſes vertes de féves & de pois : Tout
cela reduit en terrot fait merveille. Les raclures d'allées bien conſumées s'y peuvent mêler & fort a propos.

La meilleure terre ſe compoſe avec cinq hotées de ſable, trois hotées de terre
fraîche, & quatre a cinq hotées de terrot.

On mêle toute cette terre compoſée au commencement d'une Automne, pour
ne s'en ſervir que l'année enſuite au même temps.

Le long de cette année, il la faut faire paſſer quinze ou vingt fois par la claye,
& quand on la doit mettre dans la planche, il la faut paſſer au crible de fil d'archal.

Ne vous contentez pas ſeulement de mettre cette terre compoſée dans vos planches, ſi le fond de la terre de vôtre Jardin n'eſt pas ſablonneux & leger ; car s'il
étoit de terre forte ou glaiſe, outre qu'il retiendroit trop les pluyes d'Automne,
qui gâtent fort les *Anemones*, les chaleurs du Printems attireroient une vapeur
trop groſſiere qui nuiroit a la racine de vos *Anemones* : par conſequent ſi vôtre
fond eſt de terre forte, faites creuſer vos planches d'un pied & demi, & rempliſ-
ſez en la moitié de terre ſabloneuſe, & l'autre moitié de vôtre terre compoſée
pour les *Anemones*.

Si vous faiſiez jetter au fond du creux de vos planches de tres gros platras re-
couverts de tripes de fagot, vous feriez beaucoup mieux, & enfin l'égout eſt tres-
neceſſaire aux terres où l'on plante des *Anemones*.

Il faut tous les ans de nouvelle terre a ces plantes, elles s'y plaiſent mieux que
dans celles qui y ont déja ſervi.

ARTICLE III.

Temps & Maniere de planter les Anemones.

IL y en a qui plantent dés environ la ſaint Jean Baptiſte les *Anemones*, qu'ils auront gardées de l'année precedente, & par ce moyen ils ont des fleurs en Automne, pourveu qu'ils les mettent en bonne terre neuve, & un peu amandée, &
qu'il les arroſent ſouvent durant les ſechereſſes.

D'autres les plantent plus tard ; vers la Saint Remy d'Octobre, pour les avancer de pouffer , & les confervent dans la terre durant l'hyver , mais il faut qu'il ne gele point du tout.

Mais le temps de planter les *Anemones* eft de prévoyance. Il faut juger à peu prés , fi l'Automne fera plus pluvieufe ou féche.

Heureux celui qui tire jufte. Si l'Automne eft pluvieufe , plantez à la mi-Octobre ; fi elle eft féche , plantez à la mi-Septembre , à moins que vos terres de fond du Jardin ou chaudes comme les fables , ou froides comme les terres fortes , ne vous faffent avancer ou reculer : il faut toûjours planter quinze jours plus tard qu'ailleurs , dans les terres fablonneufes , *l'Anemone* y avance trop.

Lifez ci-aprés le commencement du Chapitre de la maniere de planter les Tulipes , vous trouverez les mêmes façons qu'il faut faire aux *Anemones* , tant pour dreffer les planches pour leurs mefures , que pour l'arrangement des oignons fur terre.

Les *Anemones* ne doivent point être mifes en terre plus avant de trois bons doigts ; il faut faire leurs places avec la main dans la terre en forme de plantoir , crainte de rompre leurs pattes , & prendre toûjours garde qu'elles ne fe trouvent à l'endroit des traits croifez.

Pour regarnir vos planches aux places des oignons qui pourriffent , plantez plu-fieurs oignons dans plufieurs pots , un oignon feulement dans chaque pot.

L'*Anemone* fort de terre trois femaines aprés y avoir été mife , vous voyez bien alors où il en manquera ; ne vous impatientez point de gratter jufqu'a l'oignon , ni de voir s'il eft pourri ou pareffeux , attendez plûtoft un grand mois , car en grattant quand l'oignon fe trouve bon , on caffe des pouffans qui fouvent le font perir. Mais enfin quand il n'y a plus d'efperance , ôtez vos oignons pourris de leur place , & regarniffez vos planches de ceux de vos oignons qui font dans vos pots qui auront pouffé , car s'ils n'avoient pas pouffé , ils pourroient bien être pourris , comme ceux des planches.

Il ne faut pas manquer de décrire les *Anemones*, comme il fera parlé des Tulipes cy aprés.

Les bulbes d'*Anemones* fe gardent deux ou trois ans fans les replanter , les te-nant en lieu fec.

Si vous plantez des *Anemones* dans des pots en Mars , vous en aurez des fleurs vers la faint Jean Baptifte d'aprés , pourvû qu'ils foient bien gouvernez.

Par ce même moyen , vous en pouvez avoir encore des fleurs en tous les mois du Printemps , de l'Eté & d'une partie de l'Automne ; il n'y a qu'à en planter en tous les mois du Printemps.

ARTICLE IV.

Gouvernement des Anemones depuis qu'elles font en terre , jufqu'à la fleur.

IL femble en cette plante encore plus qu'en toute autre que la délicateffe foit annexée à la beauté. Plus vos *Anemones* font belles , plus elles ont befoin de foin ; elles veulent être arrofées en Automne , lorfqu'il y a de la fechereffe , & on leur fait grand plaifir de les couvrir de toiles cirées quand il pleut trop.

Il ne faut pas fe preffer de les couvrir de paillaffons aux premieres gelées , elles en valent mieux pour être un peu endurcies au froid ; mais dans les fortes gelées , couvrez fortement par deffus vos paillaffons avec du fumier éteint , & felon que

la rigueur de l'hyver redouble , redoublez vôtre couverture : vous pouvez manquer en couvrant peu , & vous ne sçauriez trop couvrir.

Qu'on ne neglige pas de découvrir & de donner de l'air aux *Anemones*, quand le
temps est adouci & que la gelée est passée , mais de crainte d'être surpris , recou-
vrez les tous les soirs.

Si le froid recommence, recommencez vos couvertures , & toûjours couvrant &
découvrant , attrapez la fin des gelées. Ne laissez pas dans le milieu de la Lune ,
lors que le temps clair vous promet encore quelques gelées blanches , de les couvrir la nuit avec des paillassons seulement.

Pour la propreté de vos planches , & même pour conserver les fannes de vos
Anemones , nettoyez les feüilles pourries , & si elles tiennent au pied , coupez les
avec l'ongle , ne souffrez que des feüilles vertes.

Si tôt que les boutons commencent au Printems à venir à vos *Anemones* , car
les boutons prematurez avortent ordinairement , arrosez au milieu ou à la fin
du mois de Février & couvrez les soirs , & recommencez vos arrosémens au bout
de trois ou quatre jours selon la sécheresse ou l'humidité : voyez-en les raisons
generales ci après au Chapitre des Tulipes ; mais outre cela les *Anemones* demandent beaucoup plus d'eau , & souvent même dans le temps de leur production.

On leur donne l'eau telle qu'elle vient du puits , c'est à dire sans être reposée ni
échauffée au Soleil.

En Mars, il faut les arroser, quelquefois en Avril souvent, ce que vous continue-
rez tant qu'elles soyent en pleine fleur , & quand les fleurs seront bien épanoüies ,
vous les mettrez à l'ombre & les garderez de la pluye, afin qu'elle durent plus
long temps , parce que c'est la pluye qui les gâte & les referme.

Lorsque vos planches sont en pleine fleur , si l'ardeur du Soleil est extrême ,
abriez-les , ôtez-les par jour trois ou quatre heures du grand chaud , elles en dureront bien plus long temps.

Vous trouverez ci-après dans le Chapitre des Tulipes , ce qui est recommandé
pour les remarques au temps de la fleur , imitez-les , & si l'on vous a donné des
Anemones sans vous faire leurs portraits, ne manquez pas de les décrire, afin de pouvoir l'année d'après arranger vos couleurs, ou plûtôt les disperser pour rendre vôtre planche plus agreable par la varieté. La claire donne du lustre à la brune , & la
brune augmente le brillant de la claire. De plus il seroit malplaisant si vous plan-
tiez au hazard , qu'il se trouvât sept ou huit *Anemones* blanches prés les unes des-
autres , & de même sept ou huit viollettes & sept ou huit rouges. Décrivez donc
vos fleurs pour les placer avec jugement.

ARTICLE V.

Temps auquel se déplantent les Anemones , leur ordre & leur conservation.

C'Est le Soleil qui regle le temps auquel on doit déplanter les *Anemones* , il y
a eu des années où elles ont été déplantées un grand mois plûtôt qu'à d'autres , mais la marque sure est , quand la fanne jaunit pour sécher. Il ne faut pas la
laisser sécher entierement, quand la plante n'a plus de seve, elle s'échauffe dans la
terre & est sujette à pourrir par la moindre humidité.

Il faut suivre toûjours , en déplantant, l'ordre de vos memoires, & bien reconnoître vos plantes.

Laissez les secher dans une chambre à l'air avant que de les serrer dans leurs boëtes : ne les mettez pas pour cela en lieu trop chaud , elles en seront mieux de secher lentement.

Epluchez les ensuite en ôtant tout le pourri & ce qui n'est pas de l'oignon vif, car il y a souvent au bout de l'Anemone ou vers le cœur , une certaine quantité de l'oignon qui est spongieuse , qui se rétressit en sechant & qui aide beaucoup à la pourriture l'année d'après quand elle n'est pas bien ôtée , c'est pourquoi ne craignez point , en nettoyant , de couper jusques au vif.

L'Oignon d'Anemone se garde bien une année ou deux sans être planté , il en fait même plus grosse fleur : & comme il y a des années pourrissantes , & que malgré tous les soins , les grandes gelées en font beaucoup perir , reservez toûjours au cabinet de quoi vous remonter , la précaution est de conséquence en cette rencontre , & il y a eu des Curieux desolez faute d'en avoir.

ARTICLE VI.

Des Graines des Anemones , du temps de les semer , & de leur Culture.

LEs Anemones doubles ne portant jamais de graines , nous n'avons que celles des simples a cultiver. Une certaine vertu particuliere dans une graine , plûtôt que dans un million d'autres , jointe à une disposition de la terre , necessaire pour la duplicité , réüssit heureusement ; ou pour remonter plus haut que les causes secondes , cette bonté infinie du souverain Estre qui songe a tout , jusqu'à nos plaisirs innocens , fait produire quelques *Anemones* doubles , parmi un tres-grand nombre de simples.

Il n'est pas inutile à la fleurison des *Anemones* simples , de marquer les fleurs qui ont un tres-grand vase , une bonne ferme dans les feüilles , des couleurs éclatantes ou bizarres , & un coloris lustré , satiné , ou velouté. C'est de celles la qu'il faut prendre la graine pour en faire vos semences , & qu'il y a plus de sujet d'esperer d'heureuses productions , que des blanches , des pointuës , & des couleurs ternes.

On ne doit cüeillir cette graine que quand elle quitte la tête de la tige & qu'elle est prête à s'envoler ou à tomber , car alors elle est meure : On la met dans une boëte , & on la conserve sechement jusqu'au mois d'Aoust pour la semer.

La façon de cette semence est a remarquer , & faute de la bien pratiquer , les graines pourront être perduës.

On ne doit semer cette graine que sur une terre bien préparée ; si vôtre terre est forte , répandez dessus beaucoup de terrot de fumier de cheval tres-pourri ; si vôtre terre est legere & sablonneuse , mêlez avec vôtre terrot autant de terre franche bien déliée & meure. Couvrez de quatre bons doigts de haut de vôtre amandement la terre que vous voulez semer , donnez après un petit labour de côté pour mêler vôtre amandement avec la terre du Jardin , puis avec la fourche à fumier remêlez ensemble , & vôtre terre & vôtre amandement , de sorte que cela s'enfonce environ parmi quatre bons doigts de vôtre terre ; unissez le tout au râteau & ne vous contentez pas de cela ; car la dent du râteau qui fait son creux nuiroit à la semence mais prenez une baguette bien unie & la passez legerement sur la terre ; abbatez toutes les hauteurs & remplissez les creux.

La graine d'*Anemones* , autrement la bourre d'*Anemones* , se tient tellement ensemble , qu'il faut la separer : mettez dans un seau ce que vous avez envie d'en semer ,

mer, & jettez deſſus du ſable fort ſec ou de la terre fort déliée, maniez & rema-
niez vos graines juſques à ce qu'elles ſoient entierement déjointes, autrement elles s'étoufferoient en groſſiſſant, ſi elles ſe tenoient enſemble.

Semés les fort claires, & quand vous en aurez couvert vôtre terre environ une
toiſe de long, crainte que le vent ne la boulverſe, ſurpoudrez la de terre & terrot mêlés enſemble, & ne la couvrez d'abord qu'a demi pour l'arrêter ſeulement,
& recommencez à la ſemer comme vous avez fait d'abord.

Quand vos ſemences ſont toutes répanduës & à demi couvertes, recommencez
à les ſurpoudrer encore avec la même terre & terrot juſques à ce qu'elles ſoient
couvertes entierement, & que toute cette premiere & ſeconde couverture n'ail-
lent qu'a l'épaiſſeur d'environ un petit doigt.

Unnißez aprés cela vôtre terre avec vôtre baguette, couvrez-la de grande paille de la ſimple épaiſſeur d'une paille ou deux ſeulement ; car le Soleil tuë cette
graine, tant elle eſt delicate; jettez quelques petites baguettes ſur vôtre paille, pour
empêcher que le vent ne l'enleve, & arroſez legerement par deſſus vôtre paille,
jettant ailleurs le fond de l'arroſoir, ſi-tôt qu'il ne verſe plus tres-délié, de peur
qu'il ne faſſe des creux qui enterreroient trop la graine. Ce premier arroſement
doit être grand de cinq à ſix arroſoirs, pour une toiſe de platte bande de trois pieds
de large. Continuez à arroſer bien moins pourtant de cinq ou ſix jours en cinq ou
ſix jours, quand il ne pleut point : laiſſez vôtre paille quelque quinze ou dix-huit
jours, afin que vôtre graine germe deſſous.

Quand vous ne verrez pas vôtre graine germer, car quelquefois elle ne germe
qu'au bout de cinq ou ſix ſemaines, ne laiſſez pas d'ôter vôtre paille au bout de
quinze ou dix-huit jours, & prenez garde que vôtre terre ne ſeche point, mais
auſſi reglez vous, car ſi vous l'arroſiez trop, la graine pourroit pourrir.

Vous devez faire cette ſemence au mois d'Aouſt, & ſi toutes vos meſures ſont
bien priſes & que vous vous gouverniez à propos, pluſieurs de vos graines fleuriront au mois de Mars ou d'Avril enſuite.

Nettoyez ſoigneuſement vos planches de toutes les méchantes herbes, elles
étouffent les graines dans leur naiſſance & les déracinent, quand on les enleve
trop fortes.

Couvrez bien vos planches de graines pendant les gelées, & les découvrez au
temps doux.

Continuez vos nettoyemens & arroſemens le Printemps en ſuite, & lors que vos
graines, qui ſont devenuës des pois ou de petits oignons, veulent ſecher leurs
fannes, déplantez-les avec grande patience, ou jettez la terre de leurs planches
juſques au deſſous des pois dans un crible tres fin de fil d'archal, toute la terre paſſe & les pois demeurent, mettez-les ſecher tout d'un coup en lieu tres-ſec avec
leurs fannes & leurs racines, en les frottant entre les mains quand elles ſont ſéches. Ces fannes & ces racines s'en vont en pouſſiere les pois demeurent nets vous
les replantez par planches l'Automne ſuivante, & lors qu'ils fleuriſſent vous par-
courez vos planches ce qui peut y avoir de doubles, que vous écrivez quand elles
en valent la peine, & que vous devez conſerver avec grand ſoin; parce que ce ſont
des eſpeces uniques, que perſonne ne ſauroit avoir ſans vôtre conſentement, les
belles fleurs uniques ſont bien d'un plus grand prix que celles qui ſont d'une même
beauté & qui ſont communiquées.

ARTICLE VII.

Liste des Anemones à peluche.

L'*Albanoise*, est toute blanche, sinon un peu d'incarnat au fond des grandes feüilles & de la peluche.

Albertine, est de couleur de chair nuë d'incarnat, aucuns la nomment *Parangon* ou *Passe-calla*.

Abicante, les grandes feüilles sont d'un blanc sale, sa peluche est blanche à l'extremité, couleur de rose ; en Bretagne on la nomme *carnée*.

Amarantine, ses grandes feüilles sont d'un rouge blafard, sa peluche d'un Amarante brun, sur laquelle vient par fois une houppe ou floquet incarnadin.

Angelique, est blanche, à peluche gris de lin.

Asiatique, ses grandes feüilles sont blanches mêlées d'incarnadin, sa peluche est de couleur de grenade mêlée de blanc.

Asterie, ou *Astrée*, est blanche mêlée d'incarnat, elle fait grosses fleurs.

Augustine, ses grandes feüilles sont blanches mêlées d'incarnat, sa peluche couleur de feu.

Blanche vulgaire, celle-ci est toute blanche, les fleurs en sont petites.

Bleüe ou *quasi bleüe*, sa fleur en son entrée approche du bleu, par aprés elle s'éclaircit, & finalement devient gris de lin.

Boulonnoise, ses grandes feüilles sont blanches à fond incarnat, sa peluche entremêlée de blanc, d'incarnat & citron : elle demeure long-temps en fleur, la peluche est fort bien rangée.

Briotte, a les grandes feüilles blanches mêlées d'incarnadin, sa peluche toute incarnadine.

La Bury, est d'un blanc sale mêlé d'incarnat, sa peluche est fort étroite.

Candiotte, a les grandes feüilles d'un gris blanchâtre, sur le fond incarnat, sa peluche incarnate bordée de feüille morte verdâtre.

Cassandre, est toute de couleur de fleur de pêcher, plus haute en couleur que la Persiquine vulgaire.

Carnea grossa, est toute de couleur de chair en incarnat, sa peluche assez large : elle a été élevée en Italie.

Cazette ou *Cassettane*, a les grandes feüilles rouges bordées de couleur de soufre, sa peluche d'un haut rouge de feu.

Celestine, a les grandes feüilles blanches, sa peluche blanche, mêlée de citron, qui blanchit sur la fin.

Celidée, porte les grandes feüilles blanches mêlées d'incarnat, sa peluche celadon mêlé de couleur de rose.

Clitie, est d'une couleur de chair entre-mêlée d'incarnadin, sa peluche fort bien rangée à la maniere des soucis doubles, & c'est une des plus belles *Anemones* à peluche qu'on puisse voir.

Colombine, est toute d'une couleur, qui retire plus à la fleur de pécher qu'au Colombin, ainsi elle a été mal nommée, elle est fort vulgaire.

Cord ou *Violet* ou *Cinq Couleurs*, a les grandes feüilles & la peluche rouge, sa fraise ou cordon (qui croît plus qu'aux autres *Anemones*) devient de couleur violette tirant sur l'Amaranthe, peu de jours avant qu'elle défleurisse, sa tige ne se soutient pas bien droite, ce qui fait qu'on ne l'estime guere.

Cramoifie, eft d'un rouge brun velouté, fa peluche fort bien rangée.

Damafine, eft incarnate & blanche panachée diftinctement ; c'eft une des plus belles Anemones qu'on puiffe voir.

Dorifmene, a fes grandes feüilles incarnates mêlées de blanc, fa peluche rougeâtre.

Exiftée, Perfiquine nouvelle & tres-belle.

Extravagante, eft ainfi nommée à caufe que fa peluche eft d'une figure toute extraordinaire, fa couleur étant blanche, rouge & verte.

Gabrielle, fes grandes feüilles font blanches, fa peluche verte, blanche & incarnate.

Galipoli de Toulouze, eft de couleur de feu mêlé de blanc.

Gayetane, fes premieres fleurs font blanches a peluche pourpre, mais les dernieres deviennent colombines mêlées de fleur de pêcher.

Heriffée, fes grandes feüilles font rouges & quelquefois mêlées de blanc, fa peluche eft de couleur de feu.

Incarnadine d'Efpagne, celle-ci porte le nom de fa couleur qui eft tres vive.

Jolivette, eft de couleur de chair mêlée de rouge, fa peluche couleur de brique.

Indique, fes grandes feüilles font couleur de chair mêlées d'incarnat, fa peluche celadon blanchiffant mêlée de rouge.

Juliane, a les grandes feüilles blanches mêlées d'incarnat; fa peluche eft incarnate.

Limofine, eft de même couleur que l'extravagante, verd, rouge & blanc, & lui reffemble affez du refte.

Lionnoife, a les grandes feüilles & la fraife ou cordon verte blancheâtre à fond colombin, fa peluche colombine, a l'extremité gris.

Mantuane, eft de couleur de citron à fond incarnat.

Marguerite de Martelleti, eft de couleur fiamefe ; fa peluche qui reffemble affez bien à une fleur de Marguerite, eft fouvent entre-mêlée d'une autre peluche, qui vient plus large que la premiere.

Melidore, eft de toute couleur de feu, brune à fond blanc.

Merveille de Bretagne, eft moitié blanche & moitié cramoifie.

Meteline, eft d'un gris fale mêlé de vert & d'incarnat.

Milanoife, eft une Perfiquine, qui fait de groffes fleurs.

Morefque, eft d'un mêlé d'incarnat, fa peluche eft étroite.

Morette, eft de couleur de chair, la peluche eft blanche aux pointes rouges.

Morine, eft d'un haut violet approchant du pourpre, tant en fes grandes feüilles, qu'en fa peluche.

Nantoife, eft toute incarnate : elle vient de belle hauteur.

Natolie, eft blanche mêlée d'incarnadin, tant en fes grandes feüilles qu'en fa peluche.

Noiron, a les grandes feüilles rouges, fa peluche rouge, mêlée d'une couleur noirâtre.

Olinde, a les grandes feüilles violettes, quelquefois bordées de blanc, fa peluche eft toute violette.

Orientale, eft d'un gris lavandé, tirant fur la couleur d'ardoife, tant en fa peluche qu'en fes grandes feüilles : elle fait de groffes fleurs.

Panne Ifabelle, on la nomme ainfi à caufe que fa peluche eft de couleur Ifabelle ; fes grandes feüilles font colombines, ou plûtôt couleur de pêcher : Il faut noter que celle-ci eft fujette à dégenerer en fa peluche, laquelle change par fois fa couleur, & devient comme les grandes feüilles.

Parisienne, a les grandes feüilles blanches, sa peluche au commencement est couleur de citron pâle, qui blanchit après.

Parmesane, porte les grandes feüilles blanches à fond rouge, sa peluche couleur de rose incarnat & feüille morte jaunâtre.

Perciquine, est toute de couleur de fleur de pêcher, sa peluche bien rangée est fort commune à Paris.

Picarde, nommée par quelques uns *Junon*, est blanche mêlée de couleur de fleur de pêcher, tant en sa peluche qu'en ses grandes feüilles ; elle produit de grosses fleurs.

Piedmontoise, ses grandes feüilles & sa peluche sont d'une Isabelle tirant sur l'incarnat.

Provençale, est verte & fleur de pêcher assez belle.

Quadricolor, dite à Paris *Amaranthe régale*, Monsieur Morin en avoit de quatre especes.

La premiere porte ses grandes feüilles rouges mêlées de blanc, sa peluche d'un amaranthe brune, & une houpe ou floquette rouge au milieu.

La seconde porte ses grandes feüilles toutes rouges, sa peluche amaranthe brune ; sa houpe d'incarnat bordé de blanc.

La troisiéme dite *Belle Françoise*, a les grandes feüilles blanches mêlées d'un peu de rouge ; sa peluche est d'amaranthe brune comme les autres précedentes, sa houpe incarnadine.

La quatriéme, a les grandes feüilles rouges mêlées de blanc, sa peluche amaranthe brune, excepté le milieu qui est incarnat, celle-ci est la plus rare des quatre.

Renonculée, la couleur de celle-cy est toute de peluches larges ne portant de grandes feüilles comme les autres Anemones ; elle est de couleur rose séche, tirant au violet.

Régale, est rouge mêlée de blanc, principalement en ses grandes feüilles.

Rouge vulgaire, celle cy est toute rouge, & fort commune.

La saint Carle, est d'un blanc sale & rouge vers le fond : sa peluche est fort déliée.

Sanguine de Martelletti, est toute rouge, sa fleur n'est pas si grande que la rouge vulgaire.

Scalla, a les grandes feüilles d'un blanc sale : sa peluche couleur de feu.

Sermonette, a les grandes feüilles & la peluche couleur de feu entremêlée de chamois.

Cynople, est toute carnée differente toutes fois de la *Carnea grossa*, ci devant décrite.

Syrienne, ses grandes feüilles sont Isabelle pâle nué de carné, sa peluche vertclari, nué aussi de couleur de chair.

Toscane, est d'un rouge blafard mêlé quelquefois de feüille morte : elle dure beaucoup plus long-temps en sa fleur que beaucoup d'autres.

Tripolitaine, est de couleur de citron blanchissant, s'eleve haut de terre & fait de grosses fleurs.

Turquoise, est blanche à fond incarnat, tant en sa peluche qu'en ses grandes feüilles, elle est tres-tardive à fleurir, & fait ses tiges hautes.

Victorieuse, a ses grandes feüilles couleur de chair, mêlée d'incarnat, sa peluche feüille morte & incarnate.

Violette vulgaire, celle-cy en fleuriſſant eſt toute violette, mais aprés elle devient pâle & griſâtre : Les italiens la nomment *Pavonaſſo*, les Flamans, *Cat do Tabon*.

CHAPITRE IV.

Des Baſſins.

Il y a des Baſſins de diverſes ſortes & de differentes couleurs , car il y en a de blancs , de jaunes , de pâles , de ſimples , de doubles , de grands , de communs, de hâtifs & de tardifs.

Les *grands* ſont de deux façons , les uns unis , & les autres ſeparez : les unis jettent ſix feüilles blanches & larges, qui portent l'une ſur l'autre avec le gaudet au milieu de la même couleur.

Les *ſeparez* ont pareillement ſix feüilles blanches avec un petit gaudet de même couleur ; mais elles ſont bien plus étroites & plus ſeparées , & ne s'étendent pas ſi bien que les premieres.

Les *Petits* , ne different des grands que par la petiteſſe de leurs fleurs.

Le *pâle* , a les feüilles larges & bien unies , avec un gaudet couleur de citron.

Le *jaune* , fait une fleur un peu plus petite & a le gaudet un peu plus couvert en couleur.

Le *double* , eſt le plus eſtimé , tant à cauſe de l'abondance de ſes feüilles , que parce qu'il eſt plus agreable à la vûë , mais comme il eſt rare , il manque bien ſouvent à fleurir.

Les *Baſſins* veulent avoir du Soleil , de la terre comme les potagers. Il faut leur donner la profondeur de ſix doigts, de la diſtance d'un demi pied. Au bout de trois ans les lever pour en ôter le peuple. Eux & les *Narciſſes* veulent être les premiers levez & les premiers replantez.

CHAPITRE V.

Du Boüillon de Conſtantinople.

Il éleve ſa tige à deux pieds de hauteur ou environ , elle eſt entourée de pluſieurs taſſes , qui s'étallant & pullulant , jettent quantité de boutons , leſquels étant ouverts forment comme une balle fleurie & ces fleurs qui ſont pleines de feüillages rouges , reſſemblent à des *Marguerites*. Cette fleur doit être eſtimée , parce qu'elle dure tres long temps en fleur & durant l'Eté.

Cette plante veut être au Soleil , mais dans une terre graſſe & détrempée. La racine ſe taille par morceaux , & dans le commencement du Printemps on les met dans des pots à la profondeur de deux doigts & on l'arroſe bien ; en hyver , on la retire dans un lieu chaud , & l'Eté quand elle eſt en fleur on la met à l'ombre, pour faire durer les fleurs plus long-temps , & les rendre plus belles.

CHAPITRE VI.

Des Catilinettes ou Marguerites d'Espagne.

LEs Catilinettes, que quelques uns appellent *les Marguerites d'Espagne*, élevent une tige, qui se divise en plusieurs petites branches, qui se chargent de petits boutons longuets & marquetez, lesquels étant ouverts paroissent autant de petites boules rouges fort agreables à voir. Elles ne demandent rien qu'un grand Soleil, une bonne terre & quantité d'eau.

CHAPITRE VII.

Des Clochettes.

LEs Clochettes que quelques-uns appellent *Narcisses sauvages*, & les autres *Narcisses bâtards d'Espagne*, different non seulement en grandeur & en figure, car il y en a de grandes, de petites, de simples, de doubles ; mais encore en couleur, les unes sont jaunes claires, les autres sont d'un jaune lavé & quelques-unes blanchâtres.

La simple jette six feüilles, au milieu desquelles sort un gaudet, qui est presque de la longueur d'un demi doigt, étroit & rond par le fond, qui s'élargissant à l'ouverture, fait la figure d'une trompette ou d'une cloche.

La petite ne differe de la grande que parce qu'elle est trop petite, luy ressemblant entierement en tout le reste.

La jaune lavée & la blanchâtre hors la couleur ne different en rien de la precedente.

Il y a quatre sortes de clochettes doubles, sçavoir trois grandes & une petite. Les grandes different ainsi.

La premiere fait une fleur semblable au Narcisse rosat, bien que le gaudet de celui-ci soit plus rond que celui de l'autre.

Cette fleur pour l'abondance de ses feüilles est fort sujette à se dépecer.

La seconde espece fait sortir du fond de son gaudet un bouquet de feüilles assez gouffu.

La troisiéme a deux gaudets l'un dans l'autre, ce qui la rend tres-agreable.

La petite espece double ouvre un tour ou deux de feüilles, au milieu desquelles s'éleve un gaudet avec d'autres feüilles assez plaisantes à voir.

Les Clochettes se doivent planter au Soleil, dans un terroir comme pour les potagers. Il ne leur faut que quatre doigts de profondeur & la moitié d'un empan de distance : on les leve tous les trois ans pour les décharger de leurs cayeux.

Comme les eaux ou les neiges les font souvent crever il faut en ce cas, en revêtir les boutons avec de petites robes de carte ou autre chose legere, & les arroser doucement.

CHAPITRE VIII.

Du Col de Chameau.

LE *Col de Chameau* eſt ainſi nommé, parce qu'en fleuriſſant il panche la tête, & courbe le col comme un chameau. Il eſt autrement appellé, *Narciſſe à la tête longue*, ou *Narciſſe couronné*. Il s'en trouve de trois ſortes, de blanc ſimple, de double & de blanc pâle.

Le blanc ſimple étend ſix feüilles, du milieu deſquelles s'éleve un gaudet, dont l'extremité eſt bordée d'un petit trait rouge.

Le blanc pâle a la fleur plus petite, mais il porte auſſi bien davantage, en faiſant quatre ou cinq ſur chaque tige.

Le blanc double, à cauſe de la plenitude de ſes feüilles & de ſon gaudet doré orné d'une ligne rouge, qui l'environne, enfermé d'une couronne, peut juſtement être appellé *le Narciſſe couronné*, car il eſt de tous, pour ſa figure, ſa plenitude, & ſa bonne odeur, le plus beau & le plus eſtimé.

Il y en a beaucoup qui nomment cette fleur, *Roſe de Nôtre Dame*.

Cette fleur dans toutes ſes trois eſpeces, ne veut pas avoir beaucoup de Soleil; elle ſe plaît dans un fond de bonne terre graſſe & détrempée, de la profondeur de quatre doigts, un demi empan de diſtance. Il la faut recouvrir avec la terre à potager pour la faire plus facilement fleurir. On les tire tous les trois ans pour en détacher les cayeux.

CHAPITRE IX.

De la Conſoude Royale.

CEtte plante eſt nommée *Trachelio d'Amerique*, & par pluſieurs, *la fleur du Cardinal*: Elle pouſſe ſa tige comme une aſperge, & quelquefois elle ſe diviſe en pluſieurs petites branches, qui ſe chargent d'une infinité de fleurs ſi bien arrangées, qu'elles ſemblent un panache: Elles ſont toutes d'une certaine couleur, qui donne dans le rouge brun, de ſorte que ces fleurs ſemblent être de Veloux, elle eſt ſemblable à *l'éperon de Chevalier*, elle eſt ſimple.

Elle aime le grand Soleil, une terre graſſe & détrempée, elle ſe conſerve mieux dans des pots à la profondeur de deux doigts. Quand on l'arroſe on l'oppoſe promptement au Soleil. L'Hyver on la ſerre dans un lieu chaud & aëré. On la leve tous les ans au mois de Fevrier pour en ôter le peuple, que l'on met dans d'autres pots pour en avoir de la race.

CHAPITRE X.

De la Cornette.

LA *Cornette* comme un arbriſſeau a pluſieurs petites branches, qui portent quantité de fleurs faites comme les gaudets des *clochettes* doubles; elle eſt violette par les bords & tire au rouge: Elle a une bonne odeur, & comme elle vient de graine, on la reſeme tous les ans.

CHAPITRE XI.

De la Couronne Imperiale.

CEtte fleur est encore appellée le *Lys Royal*. Elle jette au dessus de sa tige, comme une petite rouffe de feüilles, qui produit de tres-agreables fleurs, qui pouffent autour de cette verdure & pendant en bas forment une *Couronne*, que l'on appelle *Imperiale*.

Ces fleurs qui ressemblent à des Lys, bien qu'ils n'ayent pas les bords renverfez & qu'ils ne s'écartent pas tant à l'ouverture, ne viennent pas toûjours dans un nombre égal, parce que quelquefois il en fleurit peu, & quelquefois beaucoup: Elles ne font pas aussi toûjours de même couleur, parce que tantôt elles font jaunes & tantôt orangées &c. Ce n'est pas feulement dans la couleur que cette *Couronne* est changeante, mais aussi dans l'ordre & l'arrangement de fon tour, car il y en a à un, à deux, & à trois étages. Du milieu des fleurs, il s'éleve de certains petits brins jaunes, au nombre de fept, dont celui du milieu est plus long & plus gros par le bout que les autres. Chaque feüille de cette fleur a dans le fond une certaine humeur aqueufe, qui forme comme une perle tres-blanche, qui diftille par après peu à peu des gouttes d'eau tres-nettes & tres claires. Bref cette fleur est tres-agreable à la vûe, mais bien loin de plaire à l'odorat, elle est extrémement puante.

La *Couronne Imperiale* ne veut de Soleil que mediocrement, une terre à potager, la profondeur & la diftance de quatre doigts. Comme l'oignon n'a point de robe, & qu'il est fort tendre, il ne faut le lever de terre que pour en détacher les cayeux, ce qui fe fait au mois de Septembre, où on les replante aussi-tôt: Et fi on les veut tenir hors de terre, il les faut ferrer dans des boctes, & les envelopper dans du papier.

CHAPITRE XII.

Du Cyclamen.

OUtre le *Cyclamen* rouge commun, que l'on voit venir en quantité de foi-même dans les champs, il s'en trouve encore de quatre efpeces, de blanc, dont il y en a un qui est tout blanc, & un autre qui a l'extremité rouge, tous deux ont la fleur fimple. La troifiéme efpece est double, & toute remplie de feüilles: toutes ces trois fleurissent au Printemps, & ont une odeur tres agreable. Il y en a encore un blanc qui fleurit en Automne, qui quoi que fans odeur, ne laisse pas d'être fort estimé.

Le *Cyclamen* du Printemps veut être au Soleil, & celuy de l'Automne fe plaît à l'ombre; mais il leur faut à tous deux une bonne terre, graffe & legere. On les plante à deux doigts de profondeur dans de grands pots, dans lefquels quand la racine fe fera tellement multipliée, qu'elle les remplira, ce qui fe connoit à l'épaiffeur des feüilles, on en leve en motte une partie, que l'on replante dans d'autres pots.

Ses racines fe multiplient, ou en les coupant après que fes feüilles font tombées

bées, ou en les femant. De ceux qui se coupent , chacun doit avoir un œil entier & qui ne soit point entamé. Il faut recouvrir de cire d'Espagne ceux que l'on coupe , & les ayant replantés il leur faut mettre de la terre maigre , tout proche , mais tout le reste doit être de terre grasse & legere. Et afin que la grande humidité ne leur nuise pas , il ne les faut arroser que quand ils auront commencé a pousser.

Pour les faire venir de graines , on fait ainsi. On fait sortir la graine qui est dans le bouton : Celuy du Printemps se semera au Printemps , & celuy de l'Automne en Automne , dans des pots preparés avec de bonne terre pour cet effet ; aprés quoi il faut les mettre au Soleil , & on ne les transplante qu'au bout de trois ans.

CHAPITRE XIII.

Du Dictame.

Dioscoride & Theophraste font mention de trois sortes de Dictame ; mais pour nous qui nous arrêtons plûtôt à la beauté des fleurs, qu'a l'usage de la Medecine, nous n'en distinguons que deux , qui ornent particulierement nos Jardins, sçavoir celuy de Candie & le nôtre. Ils produisent tous deux plusieurs petites branches menuës , qui s'élevent jusques à deux pieds de hauteur ou environ, revêtuës de feüilles qui sont tres bien arrangées deux à deux tout autour. Les plus hauts produisent a leur extremité des pannaches de fleurs : celui de *Candie* est rougeâtre & *le Nôtre* est blanc. Ils sont d'autant plus à estimer qu'ils ont une qualité merveilleuse, elle est telle que les fleurs qui ont été meurtries , ou blessées sur le pied, quoi qu'elles fussent sans odeur, pour peu qu'on les y fasse toucher , il leur communiquera la senteur qu'il exhale, & qui pour être forte , n'en est pas moins agreable. Il demande une culture ordinaire.

CHAPITRE XIV.

De l'Eternelle.

Les feüilles & la tige de cette plante sont d'une certaine couleur verte blanchâtre. Au haut des tiges, il vient de petites fleurs ramassées en bouquets, qui sont autant de petits boutons jaunes de paille, & d'autant que la fleur, quoy que coupée de dessus le pied, se conserve fort long-temps, sans changer de couleur, on la nomme *Eternelle*. Il ne lui faut que la culture commune & ordinaire.

CHAPITRE XV.

De l'Ecarlatte ou Croix de Chevalier.

Cette fleur que quelques-uns appellent *Reine des plantes* , à l'extremité de sa tige produit quantité de petits boutons, qui forment comme un parasol, lesquels s'étant ouverts semblent autant de petites croix d'écarlatte , & c'est pour cette raison qu'il y en a qui le nomment la Croix de Chevalier.

Elle veut beaucoup de Soleil , une terre à potager : on l'arrose quand elle en a besoin.

CHAPITRE XVI.

E Lle est encore appellée *Narcisse Chaperonné* , du nom de celui qui l'a trouvée. D'autres la nomment *Lys marbré* , & d'autres *Meleagaride*, qui veut dire *Poule d'Afrique* , parce qu'elle est tachée comme cet animal.

Du haut de sa tige , il pend deux fleurs en forme de clochettes tachées de couleurs en forme d'échiquier , mais il y en a qui ne sont que d'une seule couleur, lesquelles ont les côtes blanchâtres , sur lesquelles s'étend une certaine ligne verte jusqu'au milieu de la feüille , & du milieu de la fleur il s'éleve de petits filets entre six petits brins jaunes , qui semblent couverts de poussiere.

La Fritelleria est plus seurement dans les grands pots que dans des planches. Elle ne veut pas trop de Soleil , une bonne terre grasse & détrempée la profondeur de trois doigts , & on la leve au mois de Septembre.

CHAPITRE XVII.

Des Gans.

L E *Gan* est une fleur qui vient de graine ; il s'en trouve de trois couleurs , car on en voit de *blanc*, de *rouge* & d'*incarnat*. La feüille de cette fleur est comme la bourroche , sinon qu'elle est plus grande & moins rude : La tige qui s'éleve quelquefois à trois pieds de terre, se couvre dés le fond de quantité de boutons qui font comme une longue pyramide , & quand les fleurs sont ouvertes, il semble que c'est autant de gans , & c'est pourquoi on leur a donné ce nom par le rapport de leur figure.

Cette plante veut beaucoup de Soleil , une terre à potager ; on l'arrose quand elle en a besoin.

CHAPITRE XVIII.

Genest blanc.

C E *Genest* s'éleve si haut & si proprement , qu'on le pourroit compter avec les Arbres , il pousse plusieurs branches desquelles s'éleve une quantité de petits brins délicats & pointus, qui s'étendent jusques à la hauteur d'un pied & demi, ou deux pouces:& ses brins jettent de certaines petites feüilles faites comme celles de la ruë , & des fleurs en grande quantité, qui sont rouges par le fond & toutes blanches au reste , lesquelles étant de prés attachées aux branches semblent autant de perles destinées pour leur ornement.

Ce *Genest* veut le Soleil mediocrement , une terre à potagers : dans les chaleurs il faut l'arrofer, & parce qu'il vient de graine on en feme, & comme fa femence a l'écorce dure, on pratique pour l'attendrir les regles qui ont été données cy devant dans le Chapitre des graines, dans la premiere Partie de cet ouvrage.

CHAPITRE XIX.

De la Giroflée.

L A *Giroflée* éleve fa tige, & a fes feüilles faites comme la fauge, à l'extremité des branches & dans les nœuds par ci par-là, il y vient quantité de fleurs ramaffées en bouquet. Il y en a de blanches, de rouges & d'autres couleurs.

Elle veut la même culture que les Oeillets & pour en avoir du plant, il en faut femer la graine.

CHAPITRE XX.

De la Gigantine ou Farnefienne.

E Lle éleve fa tige à la hauteur d'un homme, & jette plufieurs branches qui fe divifent encore en d'autres plus petites. Ces branches produifent grande quantité de fleurs jaunes : Les feüilles qui font autour font frifées dans le milieu & pendent à de petites queuës. Elle fleurit dans l'Automne.

Elle aime le grand Soleil & une terre graffe & humide ; on la plante à quatre ou cinq doigts, & tous les deux ans on la leve pour la détaler. Il faut l'arrofer dans le temps.

CHAPITRE XXI.

Des Jacinthes.

L Es *Jacinthes*, pour leur diverfité, font comme autant de Prothées dans les Jardins, qui font agreablement la guerre avec les Narciffes, car il s'en trouve de tant de fortes, & de fi differentes couleurs, que c'eft une merveille.

Ces fleurs femblent de petits gaudets, qui fortent de leur tige attachés feparement chacun fur une petite queuë : Elles forment par en bas un petit bouton au deffus duquel il s'éleve comme de petits canaux plus étroits, qui s'élargiffant à l'ouverture avec certaines petites feüilles découpées & renverfées, font la figure d'autant de petits lys. Elles fleuriffent la plûpart tout autour de la tige, les unes plus dures, les autres plus claires.

Il y en a qui n'amenent que peu de fleurs ; & d'autres qui fleuriffent en abondance, que l'on appelle pour ce fujet *Polyanthes*, c'eft à dire bien fleuries. Les unes ont des gaudets communs & les autres en ont de plus grands, & on les appelle Orientaux.

H h h ij

Il y en a qui ont des feüilles & d'autres qui n'en ont point : Il y en a de fimples & de doubles. Il s'en trouve de hâtifs , de communs & de tardifs.

La couleur en eft fi differente , que l'on en voit de blancs , qui ont le gaudet incarnat, de rouges , de lavez , de bleus , de cendrés , de couleur de rofmarin , de verts , & de plufieurs autres couleurs , de forte qu'il ne faut pas s'étonner fi étant fi differens les uns des autres , il ne demandent pas tous une femblable culture. C'eft pourquoi nous les diviferons en trois ordres pour plus grande facilité.

Nous mettrons dans le premier rang ceux qui demandent une culture generale.

Dans le fecond, ceux qui en veulent une particuliere , & dans le troifiéme nous ne parlerons que des *Jacinthes* , qui ont eté apportées des Indes.

ARTICLE I.

Premier ordre des Jacinthes.

LEs *Jacinthes* que nous mettons dans le premier rang , font le blanc commun, le blanc dont le gaudet eft incarnat, *le blanc clair*, qu'on appelle le *Jacinthe du Parfumeur*, *le bleu tirant au rofmarin* , *le bleu couvert* , qui eft de la couleur d'une Turquoife , & tres- odoriferant, on l'appelle *Jacinthe de Bizance* ou de *Constantinople* : *Le cendré* , *le violet cramoifi hâtif* , *le violet à feüilles frifées* , nommé *le riche cramoifi* , *le violet marbré* , *le bleu mourant double* , qui a quantité de petites feüilles.

Tous les *Jacinthes* cy deffus nommés veulent être expofés au Soleil, demandent la terre comme celle des potagers. Il leur faut donner la profondeur d'un demypied & autant de diftance de l'un à l'autre. Au bout de trois années on les leve pour les décharger d'une tres-nombreufe multiplication.

ARTICLE II.

Second ordre des Jacinthes.

CEux que nous mettons dans le fecond rang , font *le blanc hâtif* , *le blanc tardif Oriental* , *le Violet feüillu* , *l'incarnat lavé tardif* , *le bleu Polyanthe* , *le verd double* , *le refineux* ou *grenu de Cyprés* , *le blanc de Flandres* , *l'incarnat tardif* , *le Turquois* & *le tanné d'Efpagne.*

Le Jacinthe blanc hâtif fe plaît affez au Soleil , dans une terre comme celle des potagers : Il lui faut quatre doigts de profondeur & un empan de diftance : & d'autant qu'il multiplie beaucoup , il faut le lever tous les deux ans pour en ôter les cayeux.

Le blanc tardif Oriental veut auffi un lieu expofé au Soleil, & une terre de même que le precedent , la profondeur d'un demi pied & autant de diftance : celui-ci fe leve tous les ans dés que les feüilles en font féches, parce qu'il a l'oignon fort tendre , de forte que fi on le laiffe en terre , ou le Soleil le brûle , ou l'eau le pourrit.

Le Violet feüillu & *l'incarnat lavé tardif* demandent la même culture que le precedent.

Le Bleu polyanthe veut le Soleil , une terre neuve & maigre , un demi pied de profondeur & autant de diftance : il faut en recouvrir les oignons avec deux doigts de bonne terre graffe & bien détrempée , afin que la maigre qui eft deſſous empêche la pourriture , & que la bonne & graſſe de deſſus leur donne un aliment temperé : il faut les lever tous les trois ans pour en ôter les cayeux.

Le vert double ſe plaît plus a l'ombre qu'au Soleil, parce que le grand Soleil l'éclaircit tellement qu'il devient cendré. Il veut le terroir des potagers, un demi pied de profondeur , & autant de diſtance. Il s'éleve comme le precedent.

Le reſineux ou grenu qui étend ſes fleurs en forme de grappes , demande du Soleil, la terre , la profondeur, la diſtance , & levé comme les autres ci-deſſus.

Le Cyprés , qui eſt un Jacinthe ſemblable a l'Arbre de ce nom , eſt encore appellé Jacinthe de Sienne , parce que c'eſt dans le Jardin du Duc de Sienne qu'on dit qu'il a été premierement élevé. Il ne veut pas beaucoup de Soleil , mais une bonne terre forte, la profondeur de quatre doigts & un empan de diſtance. Il ne veut point être mêlé avec d'autres fleurs , & veut être levé comme ceux ci-deſſus.

Le blanc de Flandres, Le Turquois & l'incarnat, ne veulent pas beaucoup de Soleil , demandent la profondeur de trois doigts & quatre de diſtance. Et comme les oignons n'ont point de robe & qu'ils ſont fort petits , ils ne ſont pas trop bien hors de terre , c'eſt pourquoy il ne les en faut pas tirer , mais ſeulement ôter les cayeux.

Le Tardif jaune d'Eſpagne demande l'ombre , une bonne terre forte. Il faut le planter & le lever de la maniere des autres.

ARTICLE III.

Des Jacinthes d'Inde.

IL y a deux ſortes de Jacinthes qui ont été apportés des Indes en ce païs-ci. Le premier eſt le *Polyanthe étoilé* qu'on appelle encore le *Jacinthe du Perou*. Il produit à l'extremité de ſa cyme, comme un gros épi compoſé de pluſieurs boutons , qui s'écartant & ſe ſeparant les uns des autres, forment un bouquet rempli d'étoiles varié d'incarnat blanc & bleu : Il eſt vrai qu'ils ne fleuriſſent pas tous à la fois, mais ils commencent par le bas, & quand les uns fleuriſſent, les autres paſſent, c'eſt ce que nous appellons *Jacinthes des Poëtes.*

Cette fleur veut être à l'ombre, une terre de potager, quatre doigts de profondeur & un empan de diſtance : & parce qu'elle multiplie beaucoup , il faut en lever l'oignon tous les ans

La ſeconde eſpece de *Jacinthe d'Inde* c'eſt la *Tubereuſe*, voyés ci aprés au Chapitre de la *Tubereuſe.*

CHAPITRE XXII.

Des Jaſmins.

IL y a pluſieurs eſpeces de Jaſmins ; car outre le *jaune ſauvage* & le *blanc commun* nous avons encore celui d'*Eſpagne double*, celui d'*Arabie*, d'*Amerique* & le grand *Jaſmin d'Inde* qui a la fleur toute rouge , & celui de *Catalogne*.

Ce *Jaſmin de Catalogne* produit dans l'extremité de ſes branches une ſi grande multitude de fleurs , qu'il y en a abondamment pendant tout le Printemps & l'Automne. Il eſt d'un blanc pâle , qui devient à la fin taché de marques incarnates :

chaque fleur a cinq ou six feüilles en ovale, une fois auſſi grandes que celles du Jaſmin commun : il a tres bonne odeur.

Le Jaſmin d'Eſpagne double eſt de la même couleur , & a auſſi 5. ou 6. feüilles partagées en étoiles , du milieu deſquelles il s'en éleve encore 3. ou 4. qui le reſſerrent quelquefois comme une petite balle. Il ſent auſſi tres-bon , mais il a l'odeur plus forte que le precedent. Cette fleur ſe maintient 4. ou 5. jours dans ſa beauté ſur la plante , de laquelle elle ne tombe jamais , mais elle ſéche deſſus & par fois les boutons ſe r'ouvrant , fleuriſſent une ſeconde fois.

Le Jaſmin d'Arabie , que les Arabes appellent *Zambach* , & que d'autres nomment *Lylas d'Arabie* , parce peut être qu'il a les feüilles ſemblables à nôtre Lylas blanc , mais ſans tranches autour de l'ouverture.

Il fleurit au Printemps, & pendant toute l'Automne, les fleurs en ſont d'un blanc pâle, qui jaunit dans le fond , elles naiſſent au haut des branches & ſont délicates attachées à leurs petites queuës. Elles ont deux tours de feüilles ; au nombre de neuf ou douze , tout au plus , avec un petit tuyau , & exhalent une merveilleuſe odeur , qui approche beaucoup de celle de la fleur d'Orange.

Le Jaſmin d'Amerique , appellé en ce païs-là *Quamoclit*, & autrement par quelques uns, comme l'Americain, le *Jaſmin rouge d'Inde* , le *Jaſmin à mille feüilles*. Cette plante porte à chacune de ſes branches une fleur ou deux de couleur de roſe ſéche , mêlée de quelques lignes d'autre couleur & ayant cinq filets pâles. Ces fleurs s'étendent en tuyau , & puis à l'orifice elles ſe partagent en cinq quartiers : Elles fleuriſſent au commencement du mois d'Août & ne finiſſent qu'au mois de Septembre. Cette plante eſt pleine de nœuds , de branches & de feüilles qui ſemblent des plumes , éleve & étend ſi bien ſes branches , qu'on en peut facilement couvrir quelque tonnelle que ce ſoit.

Le grand Jaſmin d'Inde , jette un grande abondance de boutons dans l'extremité de ſes branches qui pendent en bas , tous leſquels boutons ſe reſſerrant enſemble font un bouquet tout rouge , & étant crûs à la grandeur d'un demi doigt , ils s'ouvrent , & de leur ouverture ſortent comme des tuyaux de la longueur d'un doigt d'une couleur jaunâtre , menus par en bas , plus gros par le milieu , & un peu plus ſerrés par le col , qui renverſe cinq feüilles découpées & fait la figure d'un Lys : Il ſort du fond quelques brins jaunâtres , dont celui du milieu qui eſt blanchâtre , eſt plus long que les autres. Ceux qui ont de petites lignes de couleur dorée , peu à peu ſe couvrent de rouge , & ſe chargent tellement de cette couleur qu'ils ſemblent de velours. Cette plante fleurit l'Eté , & ne contribuë pas peu pour lors à l'ornement des Jardins.

Le Jaſmin jaune odoré d'Inde, qui pouſſe des branches dés le bas du pied juſqu'à la cime, deſquelles naiſſent les fleurs attachées à leurs queuës comme le jaſmin commun , mais arrangées d'une telle maniere , que chaque cime de branche ſemble un bouquet de fleur fait à plaiſir , eſt jaune , & quoi qu'il ait les fleurs plus petites que le Jaſmin de Catalogne , elles durent pourtant plus long-temps , outre qu'au prix que la plante profite , les fleurs s'augmentent d'année à autre. Il ſent bon non ſeulement frais , mais auſſi quand il eſt flétri & ſéché.

D'autant que les Jaſmins ſont des fleurs délicates de leur nature , on doit avoir un ſoin particulier de les cultiver regulierement.

Le Jaſmin de Catalogne veut un grand Soleil , l'aſpect du Levant , une terre graſſe & détrempée & être arroſé ſouvent. Il ſe conſerve mieux dans des pots qu'en pleine terre. Pour en perpetuer l'eſpece on en ente des brins ſur des jaſmins communs , qui doivent être plantés plus de six mois auparavant dans des pots : on les plante au mois d'Octobre , & les meilleurs sont ceux qui ont le plus de racines , qui sont plus unis & qui ont moins de nœuds : Le brin doit être de la grosseur d'un doigt : A la fin de la Lune de Mars , il faut enter ceux d'enbas , & ceux qui sont plus proches du pied sont les meilleurs ; Aprés en ayant ôté tout le germe avec des ciseaux , on coupe l'œil de tous les germes , & faisant ainsi ils redoubleront & porteront quantité de fleurs. On les replante tous les ans dans la même terre à la fin de la Lune de Mars : Il le faut arroser quand il en a besoin. On le taille ric à ric de la tête de l'ente, on le peut enter en écusson au mois de Juin & au mois de Juillet : L'hyver il le faut serrer de peur du froid , & s'il est en pleine terre, il faut le couvrir avec des nattes , des planches ou couvertures propres à cela.

Le *Jasmin d'Espagne* , étant de la même espece , demande la même Culture.

Le *Jasmin d'Arabie* demande la même situation , la même culture & les mêmes sujetions. Il a pourtant cela de plus , que tous les ans on lui coupe les brins , comme il a été dit du Jasmin de Catalogne , lesquelles branches ainsi coupées se redoublent. La seconde année on les taille , leur laissant les branches un peu plus longuettes : Continuant la troisiéme & la quatriéme année à les tailler, on les laisse toûjours plus longues , jusques à ce qu'elles paroissent assez grosses pour ne leur ôter que le bois sec & le mauvais.

Le *Jasmin d'Amerique* se resseme tous les ans , parce qu'il ne s'ente pas : Et comme la graine en est trop dure il la faut laisser infuser dans l'eau au Soleil jusqu'à ce qu'elle s'enfle , & en plantant aprés deux ou trois dans chaque pot , en bonne terre grasse à la profondeur de deux doigts : Ce qui se doit faire au mois de Mai & de Juin au commencement de la lune. Il la faut continuellement arroser sur le milieu du jour pour la faire lever par la chaleur du Soleil , l'humidité de l'eau & la bonté de la terre en huit jours de temps. Quand elle s'est élevée de deux doigts , on leve la terre en motte qui y tient & l'on n'y en laisse qu'une , & celles qu'on a tirées se replantent à part dans d'autres pots aprés quoi il les faut toûjours arroser , même il est bon de mettre les pots dans des seaux & arroser encore la terre par dessus.

Il faut lui disposer des supports , afin qu'il se puisse facilement élever , & quand il est élevé , on coupe toutes les extremités pour lui donner plus de force & lui faire jetter plus de fleurs.

La Culture du *grand Jasmin d'Inde* est semblable à la precedente ; c'est pourquoi il lui faut aussi preparer une perche ou quelque bois pour lui lier du fil de fer, dont les nœuds ne se pourrissent pas : il veut être en bonne terre , on l'arrose abondamment tous les soirs au Printemps & dans l'Eté.

Pour le perpetuer avant que les boutons grossissent dans le Printemps,on en coupe un brin , qui doit avoir trois yeux , on le ratisse un peu avec le couteau par bas , puis on le plante jusqu'au deuxiéme œil, de sorte qu'il n'y a que le troisiéme qui est hors de terre , ainsi il prend promptement racine & pousse du vert & des fleurs en peu de temps.

Le *Jasmin jaune d'Inde* , pour être perpetué doit être cultivé de cette maniere. On choisit une des branches les plus basses , & sans la détacher de la plante , on la coupe proche du pied environ d'un doigt : cette entaillade faite en dehors doit aller jusqu'à la moëlle en travers , & commencer en dessus , & l'ayant un peu entr'ouvert , on y met une petite pierre , puis on recouvre la playe avec un

peu de craye détrempée ou de terre glaise. Il faut remettre au deſſus du pot des
morceaux de tuile pour empêcher que la terre que l'on met pour couvrir l'entaillade, ne tombe : Aprés l'avoir bien arroſée, on la met au Soleil, a l'abri de la bize :
Il faut le retirer du froid pour peu qu'il en faſſe, parce qu'il le craint plus que toute autre choſe. Au bout de l'an la racine provignée ayant pris des racines du pied,
ſe replante promptement en bonne terre dans des pots que l'on a preparés exprés,
& par cette induſtrie on ſupplée au défaut de la nature de cette plante qui ne graine point.

CHAPITRE XXIII.

Des Jonquilles.

BIen qu'il y ait grand nombre d'eſpeces, de Jonquilles, elles ſe reduiſent pourtant a douze, qui ſont les plus ſingulieres & les plus eſtimées, elles ſe nomment.

La *Jonquille de Lorraine*, la *Jonquille recoquillée*, la *Jonquille au grand gaudet*, les *Jonquilles d'Eſpagne*, *grande & petite*, *la ſimple & la double*, ſont toutes d'un jaune clair.

Outre celles-ci il y a encore *la grande Jonquille blanche & la petite*, *la blanche à gaudet citronné*, *& la blanche & la verte d'Automne*.

La *Jonquille de Lorraine* unie a ſix feüilles d'un beau jaune clair, qui portent les unes ſur les autres, & c'eſt pour cette raiſon qu'elle eſt appellée unie : Elle a le gaudet au milieu, qui s'éleve de la groſſeur d'un demi doigt & eſt friſée par le bord : Elle n'apporte pas beaucoup de fleurs, mais elle ſupplée bien a ce défaut par la vivacité de ſa couleur, & parce que c'eſt celle de toutes les Jonquilles qui eſt la plus durable & la plus aſſurée.

La *Jonquille recoquillée* eſt ainſi appellée, parce que le bord de ſes feüilles ſe renverſe. Elle eſt différente de la precedente dans ſon gaudet, qui eſt plus large & moins pliſſé, comme auſſi dans ſa couleur qui eſt plus couverte ; & outre cela elle eſt bien plus couverte dans ſa fleur.

La *Jonquille au grand gaudet* eſt ainſi nommée, parce que ſon gaudet, qui eſt également rond & beau, eſt pourtant beaucoup plus long que celui des deux autres eſpeces ci-deſſus, bien que ſes fleurs & ſes feüilles qui ſont découpées en étoiles ſoient plus étroites.

Les *Jonquilles d'Eſpagne*, ainſi dites parce qu'elles ont été apportées d'Eſpagne, ſont infinies dans la diverſité de leurs fleurs, parce qu'il y en a qui les apportent grandes, d'autres petites, les unes claires, les autres plus pleines, elles ſont pourtant toutes de la même couleur, qui eſt un beau jaune clair, & ont une tres-agreable odeur.

La *grande Jonquille blanche* eſt différente de la grande ſimple d'Eſpagne, pour la couleur & pour l'odeur, parce que celle-ci ne ſent rien.

La *petite blanche* differe auſſi de celle d'Eſpagne, en ce qu'elle a la fleur étroite & qu'elle eſt ſans odeur.

La *blanche au gaudet citronné*, ne differe de la grande blanche, que parce qu'elle a le gaudet d'une autre couleur : cette même jonquille produit quatre ou cinq fleurs blanches, qui tirent à une couleur blanchâtre, avec le gaudet au milieu,

mais

mais un peu plus obfcur. On l'appelle encore *Jonquille de Mouton* , parce qu'elle pend en bas , & rebrouſſe ſes feüilles en haut , & ainſi fait la figure d'un mouton qui cornaille.

La Jonquille blanche d'Automne jette trois fleurs blanches qui n'ont pas grande odeur ; Elle pouſſe ſa tige avant les feüilles.

La Jonquille verte étoilée, qui vient auſſi en Automne, a les feüilles découpées en étoiles : Elle fleurit avant que de jetter aucun vert du pied.

Les Jonquilles ne veulent avoir du Soleil que mediocrement , & demandent une terre qui ne ſoit ni forte ni legere ; la profondeur de trois doigts & autant de diſtance , on les leve tous les trois ans pour en ôter le peuple.

La blanche & la jaune double ſont mieux dans des pots que dans des planches. Elles veulent un fond de terre graſſe & détrempée , mais le lit ſur lequel on les plante doit être d'une terre maigre ; dans laquelle ayant couché les oignons , on les recouvre de même terre legere & maigre à la hauteur d'un pied de terre bien graſſe.

Quand la terre eſt un peu ſéche ces jonquilles veulent être legerement arroſées , parce que cela les fait merveilleuſement profiter.

Il ne les faut lever que pour en couper les filets & les cheveux,& cela ſe doit faire au mois de Septembre. Il faut les replanter auſſi-tôt , parce que ces petits oignons ſont hors de terre comme les petits enfans à la mammelle , qui ſouffrent beaucoup quand ils ſont éloignez du ſein de leur mere.

Neanmoins ſi on les veut garder quelqu peu de temps hors de terre , on le peut faire , mais il les faut envelopper dans du papier & les ſerrer dans des boëtes.

CHAPITRE XXIV.

De l'Iris.

IL y a pluſieurs ſortes d'Iris , car il y en a de communs , de Perſe, de ſimples & de doubles.

Le ſimple au haut de ſa tige, étend ſes feüilles, dont les unes ſont renverſées , & les autres ſe tiennent droites. Il ne porte qu'une fleur ou deux & change de couleur & de figure , en quoi il n'eſt pas ſtable.

Le double a les feüilles du milieu petites & redoublées. Il change auſſi de couleur & de figure.

L'Iris de Perſe eſt aſſez agreable , il a la tige courte & tendre , il écarte trois feüilles, d'un bleu enfonce, qui ſe renverſent & ſont traverſées par le milieu d'une ligne orangée & d'une autre violette : les autres trois feüilles du milieu ſe tiennent droites & ſont d'un bleu clair. Il fleurit dans l'hyver & ne fait pas plus de ſept ou huit fleurs , dont l'une paſſe pendant que l'autre fleurit.

Il y a une autre eſpece d'Iris qu'on appelle *de Portugal* ou *d'Andalouſie* parce qu'il eſt venu de ce païs-la : Cet Iris jette du haut de ſa tige douze ou quinze fleurs attachées fort court , ſur de petites queuës de double couleur , parce que quelquefois elles ſont d'un bleu couvert & d'autrefois d'un blanc de laict , & ſont faites comme les autres *Iris* , ayant ſix feüilles , dont il y en a trois en dedans & trois en dehors qui ſe renverſent. Elles fleuriſſent au milieu de l'hyver.

L'Iris aime à avoir mediocrement de Soleil, une terre à potager, trois doigts de profondeur, & autant de distance.

Liste des Iris bulbeux.

LEs *Iris bulbeux* portent ordinairement neuf feüilles en chaque fleur, les extremités des trois feüilles, qui s'inclinent & panchent vers la terre, se nomment *Mentons* : les trois qui sont jointes à celles-cy, & dont l'extremité se releve en haut, se nomment *Langues* ; & les trois superieures qui s'elevent au dessus des autres pour former la fleur, se nomment *étendars* ou *voiles*. Il faut remarquer que tout *Iris bulbeux* aux feüilles étroites porte une marque jaune assez large, & au milieu de chaque menton ce qu'on nomme *Ecusson jaune*, duquel il ne sera fait mention cy-aprés parce qu'il est commun à tous les Iris, & aussi pour éviter les redites.

La varieté des couleurs qui se rencontre aux Iris est grande, provenant en partie des divers climats où ils sont élevés, & c'est de là que sont venuës tant d'especes differentes, & qui ont pris differens noms : ou de ceux qui les ont élevés les premiers de graine, ou des païs d'où ils sont venus, ce qu'on pourra remarquer en ceux qu'on va décrire.

L'Iris Agaté, a les mentons & les langues d'un jaune doré mêlé de terre d'ombre, les étendars gris panachés de violet.

L'Iris d'Afrique, a les mentons jaunes mêlés de bleu, les langues de bleu clair, les étendars violets.

L'Iris d'Alep, a les mentons jaunes, les langues & les étendars blanc soupe de laict mêlé de jaune.

L'Iris d'Amboise, a les mentons jaunes, les langues jaune & bleu, les étendars d'un gris de lin pâle.

L'Iris des Anciens a les mentons blancs, bordés de bleu pâle, les langues & les étendars bleus, il est tres odoriferant & tardif à fleurir.

L'Iris d'Arabie, a les mentons d'un jaune doré, les langues de feüille-morte enfumée, les étendars violets.

L'Iris d'Armenie, a les mentons jaunes & feüille-morte, les langues d'un jaune pâle mêlé de feüille-morte, les étendars violets.

L'Iris d'Auvergne, a les mentons jaunes & mêlés de bleu, les langues de pur bleu, les étendars sont violets pannachés de bleu & de feüille-morte.

L'Iris du Bois, a les mentons jaune pâle, les langues & les étendars blancs tirant au bleu pâle, il demeure noir, du reste il ressemble à *l'Iris de Castille*,

L'Iris Blaisois, a les mentons de jaune & d'aurore, les langues jaunes, mêlé de bleu, ses étendars gris de lin rayés d'aurore en long par le milieu.

L'Iris des Bretons, a les mentons & les langues jaunes, les étendars d'un blanc terni.

L'Iris de Brie, a les mentons jaunes, les langues blanches, aux extremités jaunes, les étendars sont blancs pannachés de bleu.

L'Iris de Bologne, a les mentons, les langues & les étendars d'un blanc sulphuré.

L'Iris de Calabre, porte sa fleur toute jaune.

L'Iris Camelotté, a les mentons jaunes & feüille-morte, les langues de couleur de tristamie, les étendars couleur de gorge de ramier, & feüille-morte : c'est l'Iris de Morins lors qu'il se pannache, soit par vieillesse ou autrement, ainsi que sont les Tulipes de simple couleur qui se pannachent avec le temps.

L'Iris de Candie, a les mentons d'un vert d'olive jaunâtre, les langues aussi ont de la même couleur entre-mélee de bleu pâle, les étendars sont gris de lin.

L'Iris de Castille, a les mentons jaunes, les langues & les étendars couleur de soupe de laict qui est un blanc impur.

L'Iris de la Chine, est pannaché de bleu, il demeure noir, ne s'élevant de terre que de la hauteur d'un demi pied ou environ.

L'Iris de Crete, est tout blanc, s'éleve en haut & fait sa fleur assez ample.

L'Iris Damassé en bleu pannaché de violet, c'est l'Iris de Portugal, quand il se pannache.

L'Iris d'Egypte a les mentons & les langues bleus, les étendars violets.

L'Iris de Florence est tout blanc comme l'Iris de Crete cy-devant décrit, mais celui-ci ne croît pas si haut, & sa fleur n'est pas si ample.

L'Iris de la Floride, a les mentons d'un bleu mêlé, les étendars violets, mêlez de gris de lin.

L'Iris de la Frontiere, a les mentons bleus & jaunes, les langues sont d'un bleu chargé, les étendars violets.

L'Iris des Feüillans, a les mentons de couleur feüille-morte, les langues tristamie, les étendars couleur de gorge de pigeon ramier.

L'Iris de Gascogne, a les mentons & les langues d'un gris de perle, les étendars de bleu pâle.

L'Iris grand Seigneur, a les mentons d'un jaune qui est bordé de feüille morte, les langues gris de lin mêlé, les étendars gris de lin chargé.

L'Iris de Grece, a les mentons & les langues de bleu mêlé d'un peu de jaune, les étendars violets avec du blanc.

L'Iris de Guinée, a les mentons de couleur feüille-morte, les langues d'un bleu mêlé, les étendars sont violets.

L'Iris des Indes, a les mentons & les langues jaunes, les étendars sont d'un gris de lin mêlé de violet.

L'Iris de Judée, a les mentons jaunes mêlés de bleu, les langues & les étendars sont d'un violet chargé, il porte sa fleur plus courte que les autres Iris.

L'Iris de l'Abbé, a les mentons, les langues & les étendars d'un haut pourpre, est tardif à fleurir & ne croit guere haut, quand il passe hors de la terre, le fourreau de ses feüilles est verd marqueté d'un pourpre où rouge pourpre, à la maniere de la plante nommée *grande Serpentaire*.

L'Iris Levantin, a les mentons isabelle mêlé de terre d'ombre, les langues d'un blanc & clair bleu, les étendars mêlez de violet.

L'Iris des Lombards, a les mentons & langues blancs, les étendars sont bleus.

L'Iris de Lorraine, a les mentons blancs, les langues & les étendars blancs, tirans au bleu mourant.

L'Iris de Lybie, a les mentons jaunes, les langues & les étendars sont d'un jaune mêlé.

L'Iris de Macedoine, a les mentons & les langues d'aurore & jaune, les étendars couleur de gorge de pigeon ramier.

L'Iris des Maldives, a les mentons d'un jaune paille, mêlé de bleu, les étendars de clair bleu mêlé de jaune.

L'Iris de Melinde, est tout couvert de pensées, excepté l'Ecusson qui est jaune doré & plus petit qu'à aucun autre Iris.   Iii ij

L'*Iris de Mexique*, a les mentons jaunes, les langues jaunes mêlées de bleu, les étendars gris de lin & violets.

L'*Iris de Milan*, a les Mentons & les langues d'un clair bleu, les étendars gris de lin,

L'*Iris des Moluques*, a les mentons de jaune aurore, les langues couleur de citron mêlé de bleu, les étendars bleus à fond violet.

L'*Iris Oriental*, a les mentons d'un bleu violet & jaune, les langues violettes, les étendars sont violets pannachés de pourpre : c'est l'un des plus beaux Iris qu'on puisse voir.

L'*Iris parfait*, les mentons sont d'un violet rougeâtre, panaché de pourpre, les langues de violet mêlé, les étendars sont d'un violet fort vif, il passe pour un des beaux Iris du temps.

L'*Iris de Picardie*, a les mentons feüille morte, & bleu enfumé, les étendars sont de couleur de gorge de pigeon ramier.

L'*Iris de Picardie pannaché*, les mentons de celui cy sont mêlés de feüille morte & de pourpre, les langues d'une feüille-morte enfumée, les étendars sont pourpre colombin & un peu de feüille morte : c'est l'Iris precedent lors qu'il se pannache par vieillesse, comme font aussi les Tulipes.

L'*Iris des Poëtes*, a les mentons d'un vert d'olive mêlé de bleu, les langues & les étendars sont bleus.

L'*Iris de Poitou*, a les mentons & les langues jaunes, les étendars de feüille-morte.

L'*Iris de Portugal*, dont il est ci-devant parlé, est fort commun, il porte sa fleur toute violette & est des plus hâtifs.

L'*Iris du Puy*, a les mentons jaunes & de couleur de terre d'ombre.

L'*Iris des Pyrenées*, a les mentons jaunes, les langues mêlées de bleu, les étendars sont de clair bleu.

L'*Iris Rochetain* porte ses mentons & ses langues jaunes, les étendars gris de lin.

L'*Iris Royal*, a les mentons feüille-morte pâle pannaché de terre d'ombre, les langues feüille-morte sont mêlées de bleu, les étendars gris de lin pannachés de violet.

L'*Iris de Savoye*, a les mentons jaunes d'aurore, les langues sont d'un jaune enfumé, les étendars feüille-morte.

L'*Iris de Savoye pannaché*, est le precedent lors qu'il pannache par vieillesse, comme il arrive à plusieurs autres Iris & aux Tulipes.

L'*Iris Senois*, est tout jaune comme l'Iris de Calabre, mais celui-cy porte ordinairement 5. ou 6 fleurs sur la tige, lors principalement que sa bulbe est assez grosse, autrement il n'en porte que 2. ou 3. comme la plûpart des autres Iris.

L'*Iris de Sicile*, est tout jaune aussi, mais sa fleur n'est pas si ample que l'Iris de Calabre.

L'*Iris des Suisses*, a les mentons jaunes, les langues & les étandars sont d'un jaune mêlé de bleu.

L'*Iris Syrien*, a les mentons de terre d'ombre, les langues & les étendars sont de clair bleu.

L'*Iris de Tartarie*, a les mentons d'un jaune pâle mêlé, les étendars de bleu impur.

L'*Iris de Tourraine*, a les mentons & les langues de jaune bleu & les étendars bleus.

L'Iris de Turquie, a les mentons de minime clair , les langues font d'un bleu mêlé de feüille-morte , les étendars violets.

L'Iris des Vallees, a les mentons de bleu mêlé de feüille-morte, les langues d'un bleu mêlé , les étendars violets.

L'Iris de Valois, porte les mentons jaunes , fes langues font d'un jaune mêlé , les étendars gris de lin fale , rayé de jaune en long par le milieu : il reſſemble fort à *l'Iris Blaiſois* cy-devant décrit.

L'Iris des Vaudois , eſt tout bleu , excepté l'écuſſon jaune qui eſt au milieu de chaque menton , & porte fouvent 12. ou 15. feüilles en fa fleur.

L'Iris Venitien , porte les mentons d'un bleu mêlé de blanc , les langues bleuës, les étendars font violets,

---

CHAPITRE XXV.

Du Laurier d'Inde.

LE *Laurier d'Inde*, qu'on appelle auſſi *Laurier d'Amerique* , a les feüilles ſemblables au citronnier , & fait des fleurs blanches , qui fe ramaſſent en grappe.

Il veut du Soleil mediocrement , une bonne terre graſſe & humide , il veut être fouvent arrofé : on le taille au mois de Mars , & on n'ôte que ce qui eſt fec.

CHAPITRE XXVI.

Du Lylas.

LE Lylas blanc éleve fes branches & les étend, & à leur extremité,il produit de petites fleurettes blanches fur de petites queuës , elles font ſi remplies de petites feüilles qu'elles reſſemblent à un panache , non feulement il eſt tres-beau,mais il répand encore une tres agreable odeur.

Le Lylas bleu apporte des fleurs coupées en croix & tellement preſſées , qu'elles forment une grappe de la longueur d'un demi pied , ou environ , elles font auſſi tres belles & tres odoriferantes.

CHAPITRE XXVII.
Des Lys.

LE *Lys* eſt une plante bulbeufe ; il y en a de pluſieurs differentes couleurs , il s'en voit de pourprés , de blancs , de couleur de mine , les uns fans odeur , les autres puants , de rouge lavé, de rouge vermeil , d'orangé , de blanc de laict & de pluſieurs autres couleurs.

Le *pourpré* qu'on appelle *Martagon de Montagne*, jette du haut de fa tige de petites branches , où viennent des fleurs d'un pourpre vif , tantôt plus claires & par fois toutes blanches : les feüilles de ces fleurs en s'ouvrant , fe frifent & fe renverfent , de forte que du milieu , il s'éleve certains petits brins avec leur petits chapiteaux , celui du milieu s'éleve plus haut que les autres.

La couleur de mine, de l'extremité de sa tige, répand de certaines branches incarnates, desquelles pendent des fleurs de couleur de mine, & parce qu'il a les feüilles frisées & herissées, il y en a qui l'appellent *Riche-Madame*. Il s'en trouve aussi de jaunes.

Celui de pompone est semblable au precedent, mais il a l'odeur puante & desagreable.

Le rouge lavé est de deux sortes, le petit & le grand : *Le grand* est si fecond dans ses fleurs, qu'il en produit quelquefois jusques à soixante d'un rouge pâle, qui tire à l'orangé. *Le petit* ne fleurit pas avec tant d'abondance, mais sa couleur est plus gaye.

Le rouge vermeil est bien plus fecond en oignons qu'en fleurs. Il en produit une si grande quantité, que non seulement ils se forment entre les feüilles de sa tige, mais encore entre les fleurs, il est d'autant plus agreable que sa couleur est éclatante.

L'Orangé, que quelques-uns appellent *Jacinthes des Poëtes*, porte grande abondance de fleurs orangées marquées de quelques traits d'une couleur brune.

Le blanc, que l'on appelle aussi *Lys de Nôtre-Dame*, ou *de Saint Antoine de Padoüe*, parce qu'il fleurit dans le temps que viennent ces festes, est connu de tout le monde dans sa couleur & dans sa figure, c'est pourquoi il est inutile d'en parler. Il y en a de doubles, mais il fleurit tres difficilement.

Les Lys veulent mediocrement de Soleil, une terre bonne & legere, la profondeur d'un empan & autant de distance. On les leve pour ôter la grande abondance de peuple aprés qu'ils sont défleuris & on les replante aussi-tôt.

Le Lys-Flamme, que quelques-uns ont appellé *Tubero Indiano*, pousse du pied quantité de grandes feüilles pointuës par en haut, dont la couleur est blanchâtre par le bas : & d'un vert gay par le haut. Du milieu de ses feüilles qui sont nerveuses, épaisses, larges & longues presque comme le bras, sort une tige noüeuse, au bout de laquelle il vient de grandes fleurs, qui ont chacune six feüilles frisées par le bord. Elles sont comme verdâtres par dessous, & violettes par dessus, mais peluës en sorte qu'elles semblent de veloux mêlé de quelques petites taches blanches. Ces feüilles sont traversées par le milieu d'un certain trait relevé, & du fond de la fleur il s'éleve un certain brin entouré d'autres petits filets, qui forme à son extremité un petit bouquet couronné de trois pierres précieuses.

Il fleurit au mois de Mars & d'Avril. Les fleurs n'en durent qu'un jour & sont fort puantes. Il vient assez facilement par tout & en grande quantité. Sa racine séchée a presque la même odeur que l'Iris.

CHAPITRE XXVIII.

Des Marguerites.

LEs *Marguerites* ont les feüilles d'enbas semblables à la betoine. On les appelle *Marguerites*, parce que les fleurs, qui sont quelquefois simples & quelquefois toutes pleines de feüilles sont d'un blanc pâle & ressemblent à des *perles*. Elles veulent être cultivées dans une terre grasse, humide & bien au Soleil.

CHAPITRE XXIX.

Des Martagons.

IL y en a de differentes couleurs, de pourprés, de blancs, de couleur de mine &c.
Voyez ce qui eſt dit au chapitre des Lys. Cette fleur en eſt une eſpece & demande la même culture.

CHAPITRE XXX.

Du Mollet d'Inde.

QUi eſt la *Therebentine à petites feüilles* & que d'autres appellent le Lentiſque
du Perou. Il produit ſes fleurs jointes & reſſerrées enſemble , formant une
grappe de la longueur d'un empan ou environ , d'une couleur blanche avec certains petits filets rougeâtres par dedans. Il fleurit dans les mois d'Aouſt & de Septembre.

Le *Mollet d'Inde* ou *du Perou* , veut être au grand Soleil , dans une terre forte ,
qu'il faut renouveller tous les ans. En le taillant il n'en faut couper que les extremités qui ſont ſéches.

CHAPITRE XXXI.

De la Mouſſe Grecque.

IL y a quatre ſortes de *Mouſſe Grecque* , ſçavoir la *jaune hâtive* , la *jaune tardive*,
la blanche & la vineuſe. On appelle autrement cette Mouſſe Grecque , *Jacin-*
the Botriole & Jacinthe de Calcedoine & grenuë , parce que depuis le milieu de ſa tige juſques au haut , elle ſe charge en forme de grappe d'une infinité de petites fleurettes rondes & longuettes , qui blanchiſſent par le bord & repandent une odeur
tres-agreable.

Voila comment eſt faite la *Mouſſe Grecque jaune.* Les deux autres eſpeces,char-
gent le haut de leur tige d'une infinité de fleurettes rondes , qui paroiſſent comme
autant de petites perles , & c'eſt pour cela que quelques uns les ont nommées *bou-*
quets de perles. Leur couleur eſt blanche & vineuſe & n'ont point d'odeur.

CHAPITRE XXXII.

Du Muguet.

LE *Muguet* qu'on appelle auſſi *Lys des Vallées* , eſt de deux ſortes ; car il y en
a de blanc & de rouge ; l'un & l'autre s'eleve à la hauteur d'un demi pied & ſe
charge d'une multitude de petites fleurs , qui ſont comme de petits gaudets ronds
& avec des bords renverſés comme les Lys : Elles pendent en bas attachées ſur de
petites queuës courtes, elles ſentent merveilleuſement bon. Le blanc & le rouge ſe

connoît à la racine , car celui qui a la racine pâle , fait la fleur blanche , & celui qui a la racine brune, en rapporte de rouges. On les connoît aussi aux feüilles, parce que les feüilles plus claires & plus larges marquent le blanc , & celles qui sont plus chargées & plus étroites dénotent le rouge.

Cette plante veut être mise à l'ombre en bonne terre, il faut la planter de la profondeur de trois doigts : on la leve rarement , parce que plus elle est pressée , & mieux elle fleurit: Cela se fait au mois de Decembre, en coupant proprement avec un couteau le peuple qui se replante après ; & dans le même mois tous les ans , il faut ôter la vielle terre & en remettre de la nouvelle.

CHAPITRE XXXIII.

Du Myrthe double.

IL s'éleve à la hauteur d'un petit arbrisseau : Il pousse des branches toutes revétuës de feüilles semblables à celles du Myrthe commun , qui produisent des fleurs blanches remplies de feüilles, & cette espece de Myrthe est si feconde qu'elle fleurit presque toute l'année.

Il veut mediocrement du Soleil , une bonne terre grasse & humide , on la taille au mois de Mars & on n'en coupe que ce qui est sec.

CHAPITRE XXXIV.

Des Narcisses.

LEs Narcisses sont de plusieurs sortes & de differentes couleurs. Car il s'en trouve de blancs, de jaunes & de couleur de citron , de simples , de doubles , de grands, de petits , de hâtifs , de mediocres & de tardifs.

Les plus communs sont le *Constantinopolitain* , le *Boncore*, celui de *Raguse* , le *Crenellé* , le *jaune* , le *sauvage étoilé*, le *petit* & le *grand Rosal*, le *montagnard tardif*, celui de *Narbonne*, l'*Anglois* , le *tiers de Matthiole* , l'*Hemerocale de Valence*.

Celui de *Constantinople* ou de *Bisance* , qu'on appelle encore *Calcedonien*, produit à l'extremité de sa tige douze fleurs, qui ont les feüilles blanches & épaisses , mais il y vient au milieu de certaines petites feüilles jaunes avec le gaudet.

Le Boncore ne differe du premier , qu'en ce qu'au milieu des feüilles blanches, il a le gaudet crépu & pelissé. On lui a donné le nom de *Boncore* , parce que celui qui l'a trouvé le premier s'appelloit ainsi.

Celui de *Raguse* , au lieu de petites feüilles blanches qui dans les autres se font au milieu , a un petit cercle jaune crépu , avec plusieurs tours qui le remplissent & parce qu'il est venu de *Raguse*, le nom lui en est demeuré.

Le Crenellé ; est de deux façons : Il y a le grand & le petit.

Le grand produit des fleurs en quantité ; mais il en avorte plusieurs : Les feüilles en sont blanches, mais au milieu de quelques unes , il s'étend une petite fleur jaune fort élevée , qui à son extremité a la figure d'un petit cornet.

Le petit , n'apporte que 4. ou 5. fleurs , qui ont six petits cornets , qui forment une étoile de même couleur.

Les jaunes , ont plusieurs differences , neanmoins toutes les fleurs ont leurs
feüilles

feüilles & le gaudet d'un jaune doré , & different seulement en grandeur & en ce qu'ils ont plus ou moins de couleur.

Le sauvage étoilé, fait la fleur double , dont les feüilles sont d'un jaune de paille , & rangées comme une Etoile.

Le petit en forme de Rose , est d'un jaune clair & tout plein de feüilles : on l'appelle aussi *Narcisse frisé* , parce qu'il a les feüilles crêpues & ridées comme un chou & une laituë , mais il est fort sujet à avorter,

Le grand en forme de Rose , que l'on appelle aussi *Sylvestre ultramontain* , ne produit qu'une fleur : Il pousse dans le milieu , au lieu de gaudet , quantité de feüilles redoublées , dont les unes sont d'un jaune clair & verdoyantes , quand elles s'ouvrent & qu'elles se dévelopent peu à peu il semble que ce soit une rose jaune , mais quelquefois la neige & les eaux le font crever.

Le montagnard tardif, jette trois ou quatre fleurs qui ont les feüilles blanches & plus grandes que celles du Narcisse commun , mais elles sont rompuës & disposées dans la figure d'une Etoile. Elles ont le gaudet large , couleur de citron & quelquefois orangées.

Le Narcisse de Narbonne jette une ou plusieurs fleurs incomparablement plus petites que celles des autres Narcisses. Il a le gaudet jaune & grand, qui s'élargit a son ouverture en forme d'une cloche.

L'Anglois , a la fleur un peu plus grande que le precedent , il a aussi le gaudet jaune , mais égal par tout.

Le tiers de Matthiole , à l'extremité de sa tige , qu'il a plus platte que ronde , répand dix ou douze fleurs blanches , qui étendent six feüilles longues & étroites séparées les unes des autres & partagées en Etoiles , au milieu desquelles s'éleve le gaudet : mais comme ces feüilles sont extrêmement débiles , & principalement au bord, elles sont de peu de durée. Ces fleurs s'ouvrent l'une aprcs l'autre , trois ou quatre à la fois , & pendant que les premiers se passent , les autres fleurissent.

Le Narcisse Hemerocale de Valence , fait sortir au haut de sa tige 8. ou 10 fleurs semblables à celle dont nous venons de parler , qui sont si resserrées a se faire voir , qu'elles ne paroissent qu'une ou deux à la fois , & celles qui sont fleuries commencent à flétrir quand les autres sont prêtes de s'ouvrir. Cette fleur a beaucoup de rapport avec les clochettes blanches , ayant les feüilles de même couleur , longues , étroites , separées & faisant la figure d'une Etoile : au milieu s'éleve un gaudet frisé par le bord , qui pour sa longueur est comme une clochette : Cette fleur est si foible qu'à peine dure-t-elle un jour entier , aussi est ce pour cela qu'elle porte le nom d'Hemerocale , qui signifie fleur ou beauté d'une journée.

Toutes ces especes de Narcisse , veulent être cultivées de la même maniere , c'est à dire bien exposées au Soleil , dans une terre pareille à celle des Jardins potagers.

Il faut les enterrer six doigts sous terre , & les éloigner d'un demi pied les uns des autres.

Au bout de trois ans il faut les lever pour en ôter les cayeux qui sont multipliés.

Du Grand Narcisse appellé le Nompareil.

Outre les especes de Narcisses susdites , il y en a encore d'une autre sorte , la f-

Tome II.   K k k

quels pour être plus grands & plus étendus, ont été nommées les *Incomparables* ou *Nompareils*.

Ce sont *le jaune doré, le jaune pâle, & la couleur de citron, bordé d'orangé, le grand blanc, le petit blanc & le couleur de citron double.*

Le jaune doré, a six feüilles d'un jaune éclatant, bien unies & bien ouvertes avec le gaudet, qui s'élargissant dans le fond, s'enfle presque à la grosseur d'un doigt.

Le jaune pâle ne diffère du precedent qu'en ce qu il a les feüilles plus étroites, separées & frisées, & que sa couleur qui est jaune en naissant, changeant peu à peu, devient jaune & blanchâtre.

La couleur de citron, bordé d'orangé ressemble mieux au jaune doré, parce qu'il fleurit d'abord d'un jaune pâle & en croissant, il se maintient toûjours de la même couleur : Il a le gaudet plus grand & bordé d'une couleur d'orange, les feüilles plus larges & plus pressées:

Le grand blanc répand ses feüilles & les écarte, mais le petit les tient plus serrées & plus unies : ainsi le grand Narcisse blanc qui a le gaudet jaune, ne diffère en rien du petit, sinon que celui-ci a les feüilles plus courtes, & le gaudet d'une couleur plus vive.

La couleur de citron double jette jusques à trois rangs de feüilles assez grandes, & dans ces tours croissent quantité de certains petites feüilles d'un jaune tres brillant ; & cette fleur est si belle dans sa plenitude & sa bonne grace, qu'on peut justement lui donner le nom de *grand Narcisse* & de *l'incomparable*, parce qu'elle renferme ensemble toute seule les beautés qui se trouvent separement dans toutes les autres.

Cette sorte de Narcisse demande une situation mediocrement solaire, & une terre semblable à celle des potagers : elle veut être enterrée de la profondeur de quatre doigts, & avoir quatre pouces d'intervalle. Il faut les lever au bout de trois ans, pour les décharger de la nombreuse quantité de tailles qui se feroyent.

Des Narcisses d'Inde.

Il y a encore six autres sortes de *Narcisses*, que l'on appelle *d'Inde*, parce qu'ils ont été apportés de ce païs-là, comprenant dans ce nombre celui de *Virginie*, comme ceux-ci sont differens dans leurs fleurs & dans leurs couleurs, aussi veulent-ils être diversement cultivés.

Pour en faire le dénombrement, le premier est le *Narcisse de Virginie* ; le second le *Narcisse de Jacob* ; le troisiéme *le Narcisse tirant au Lys rouge* ; le quatriéme *le Narcisse tirant au Lys vineux* ; le cinquiéme *le Narcisse tirant au Lys spherique* ; le sixiéme & dernier, *le Narcisse écaillé à double fleur.*

Le Narcisse de Virginie porte le nom d'un païs d'où il est venu, d'abord qu'il fleurit, il est d'un blanc sale, mais peu à peu se chargeant de couleur, il devient enfin d'un beau rouge clair; il répand ses feüilles comme une Tulipe de Perse, mais un peu plus grandes, sans les ouvrir jamais.

Il vient mieux dans les pots qu'en pleine terre : il ne veut pas être enfoncé plus avant que deux doigts, il lui faut donner peu de Soleil, & ne le pas lever souvent.

Le Narcisse de Jacob jette jusques à quatre fleurs de six feüilles chacune, de pourpre, languissant par le bas, & dégenerant en couleur d'orangé par le haut, chaque fleur dans sa forme ressemble au Lys blanc : elle a six filets longs & blanchâtres qui s'amortissent en petits boutons qui tirent au jaune, & le filet du milieu plus grand que les autres, tire au rouge : Cette fleur au contraire de toutes les autres, paroît d'abord avec la tige, & quand elle est ainsi fleurie, elle commence à jetter son verd & ses feüilles.

Le Narcisse de Jacob doit être dans un pot, il veut une terre maigre & sablonneuse, on l'enfonce de deux doigts, il demande l'eau & le Soleil jusques à ce que les premiers froids ayent séché ses feüilles, & alors il le faut serrer dans un lieu ouvert & bien aëré, & l'y laisser sans lui rien faire jusques au milieu du mois de May, alors il faudra soigneusement lever la terre de dessus, jusques à ce que l'oignon soit découvert, prenant garde de n'en point offenser les racines : Cela fait, on détache délicatement les cayeux de l'oignon, que l'on recouvre de la terre, puis on l'arrose jusques à ce que la terre soit bien détrempée, & puis on le met au Soleil & à la pluye, ne laissant pas pour cela de l'arroser quand il en a besoin. On le leve rarement pour le décharger des petits oignons qu'il faut planter dans d'autres pots à part. On a pourtant remarqué que quand on lui donne la culture ordinaire, cy-devant enseignée, il en fleurit beaucoup mieux.

Le Narcisse rouge tirant au Lys rouge, & autrement appellé *le Narcisse Madame*, jette vingt fleurs & davantage, petites, longuettes, & de couleur verdâtre ; Elles s'ouvrent l'une après l'autre, elles sont pendantes, droites, serrées & fort drües ; Elles ont la figure du Lys blanc & la même grandeur, mais les feüilles en sont plus pressées & moins renversées : dans le commencement elles sont d'un blanc mêlé de rouge, plus elles vieillissent, & plus elles deviennent colorées : Le fond du dedans est blanchâtre comme par le dehors : Elles ont six filets qui sont aussi blanchâtres dans le pied & rougeâtres par le haut, & qui se terminent en une petite cime ronde, qui semble un petit bouchon : Celui du milieu n'a point de bouton, mais il est plus long & plus coloré que les autres. Il fleurit au commencement de Septembre.

Le Narcisse vineux clair, auquel on donne aussi le nom de *Faussel-Madame*, ne differe du precedent, qu'en ce qu'il a la tige plus foible & plus tortuë. Il pousse moins de fleurs & les fait plus petites & d'une couleur moins chargée.

Ces deux Narcisses font mieux dans de grands pots qu'en pleine terre maigre & legere : Il les faut enfoncer trois doigts dans la terre & point davantage. On les éleve tres-rarement.

Le Narcisse spherique, ou *Ornithogal spherique*, & qui par plusieurs & plus communement est appellé *l'Indien*, mais que les Jardiniers modernes connoissent encore mieux par le nom de *Girandole*, pousse la fleur avant la tige, laquelle s'élevant peu à peu, s'ouvre à la fin comme une bouche, dans laquelle on en découvre plusieurs, qui s'élargissans de tous côtez font comme une sphere: au haut de la tige il se forme quantité de filets rouges assez longs, entre lesquels il croît encore de petites tiges de la longueur d'un demi pied, larges d'un doigt, de figure triangulaire dans l'épaisseur, vertes & rouges, avec de petites têtes comme des coques de Tulipes : entre ses tiges il y en a qui sont pendantes & d'autres qui se tiennent droites : de leur extremité sort une fleur de cinq feüilles, de couleur cramoisi & retroussées par dessus & annelées : La feüille de dehors s'éleve avec six filets au milieu, de même couleur, fort agreables à la vûë, & couverts de petits chapeaux mouvans & assez grands, qui tous ensemble se diminuent en une couleur de jaune brun. Le septiéme est plus long que les autres, il grossit & se re-

tord par le bout d'en haut , pour faire un bouton de couleur de pourpre. Ces fleurs
font éloignées les unes des autres de l'efpace de trois doigts ou un peu plus : elles
fleuriffent l'une aprés l'autre , & pas une ne s'épanoüit , qu'il n'en fleuriffe une autre à la place ; c'eft au mois de Septembre qu'elles paroiffent & elles durent un
mois.

On lui doit donner la même culture qu'aux precedens, prenant garde feulement
qu'il lui faut moins de chaleur & plus d'humidité , c'eft pourquoi il en faut avoir
plus de foin que des autres.

Narciffe écaillé, qui s'appelle encore *Suertro Colchique*,& plus fouvent *Indien*,jette
de fa robe une fleur femblable à une grenade qui a fix feüilles & quelquefois davantage , d'un beau rouge de feu , & ces feüilles renferment quantité de petites
fleurs d'une couleur incarnate à demi ouvertes. De chacune de ces fleurs il fort
trois filets rouges , qui ont un chapeau jaunâtre : quand cette plante eft fleurie &
que fa tige monte en graine , les feüilles du pied commencent à pouffer,& ne viennent point que fa fleur ne foit tombée , mais fa beauté vaut bien qu'on prenne la
peine de la faire venir.

Ce Narciffe doit plûtôt être mis dans des pots remplis de terre maigre & fa-
bloneufe, que dans les planches , à trois d'oigts de profondeur. Quand les feüilles
en font féchées , s'il eft dans une planche , il faut laiffer fécher la terre tout autour , & y en ajoûter de nouvelle par deffus, de peur que les eaux & le Soleil ne lui
faffent tort : & s'il eft dans des pots , on le doit ferrer dans un endroit à l'abri ,
mais pourtant bien aëré.

CHAPITRE XXXV.

DES OEILLETS.

ARTICLE I.

Qualités que doivent avoir les beaux Oeillets.

ON pardonnoit autrefois aux petits Oeillets pourveu qu'ils euffent la fineffe , & on fouffroit les gros , quoi qu'ils fuffent broüillées , le bon goût
blâme ces manieres, il faut s'attacher à la beauté de fleurs , & méprifer les défauts.

Un Oeillet doit être large , & avoir du moins 8. ou 9. pouces de tour. Les
beaux en ont 14. ou 15.

Il faut qu'il foit garni de beaucoup de feüilles , il y a des Oeillets larges avec
20. ou 30. feüilles feulement; on n'en fait point de cas.

L'Oeillet eft beaucoup plus beau , quand il pomme en forme de houpe , que
lorsqu'il eft plat.

Quand fon blanc eft tres-broüillé de moucheture , il eft infupportable. Plus il
eft net , plus il eft beau. On doit fouhaiter qu'il n'y ait point du tout de moucheture , mais y ayant tres-peu d'efpeces de cette qualité , on eft contraint de tolerer
quelque legere imperfection , en faveur de plufieurs beautés.

L'Oeillet beaucoup dentelé eft fort imparfait. Toute figure pointuë au bout de
la feüille des fleurs eft deteftable , & gâte la forme auffi bien en Tulipes , & en
Anemones qu'en Oeillets.

Il eſt fort difficile d'avoir des Oeillets de la groſſeur que nous les ſouhaittons , ſans qu'ils crevent , s'ils ne crevoient pas ils en ſeroient plus beaux , étant auſſi gros ; mais comme on en a b ſoin pour divers uſages , on peut laiſſer beaucoup de boutons , & pluſieurs dards ſur les plus gros , dont on veut faire preſent aux Dames , ils en viennent un peu moins larges & ne crevent pas tant l, quelquefois point du tout , pourveu qu'on leur aide. A l'égard des Oeillets qu'on deſtine au theatre , on doit les pouſſer à tout ce qu'ils ſont capables de produire , parce que le carton avec lequel ont releve les feüilles qui tombent à travers les feüilles de la coſſe y remedie fort juſte , & remet la fleur dans ſon état naturel.

Un Oeillet accommodé & refendu en eſt plus agreable , c'eſt une vieille erreur dont on eſt revenu , de preferer un petit Oeillet qui s'arrange tout ſeul , à un tres-gros qui demande la main , les feüilles de cette fleur ſe diſpoſent mal quelquefois , ou ſe colent par la roſée , il faut bien les ajuſter. On doit toûjours arranger les choſes le mieux qu'elles peuvent être : il ne faut pas les outrer , ni étriper une fleur en l'élargiſſant , ce ſeroit lui prêter une beauté pour l'enlaidir.

Plus la fleur eſt mêlée également de pannaches & de couleur , plus elle eſt belle. Les gros pannaches par quart , ou moitié de feüilles ſont plus beaux que les petites pieces.

Quand le pannache eſt bien tranché & point imbibé , c'eſt toûjours mieux.

Les pieces de pannaches bien emportées , qui s'étendent depuis leur racine juſqu'à l'extremité des feüilles de l'Oeillet , ont plus d'agrément que les pieces de pannache ſans naiſſance , ce qu'on appelle en Tulipes , *à Yeux* , ou *à iſle* , & qui ſont les plus recherchées en cette fleur.

Regle preſque contraire dans les deux fleurs , qui neanmoins a ſa raiſon , à cauſe de la largeur de la feüille de la *Tulipe*, qui eſt bien differente de celle de *l'Oeillet*. Lors que toutes les pieces de pannache d'une Tulipe prennent de ſon fond , elles font une égalité fade de diſpoſition. Le contraſte de pieces à Yeux ou à Iſle enrichit bien mieux le pannache , ſur une large feüille étenduë. L'Oeillet n'en a point beſoin , ſon pannache prend toûjours differemment dans toutes ſes feüilles , le blanc domine ſur l'une & ſur l'autre couleur , outre que les feüilles ſe cachent les unes les autres , & que le pannache ſe voit inégalement , ce qui ſuffit pour cette varieté de diſpoſition , que la beauté du deſſein demande.

On ne parle point des qualités de cet Oeillet qu'on nomme *Le nouveau Monde* : c'eſt une production extraordinaire de la nature , qui merite plûtôt le nom de *Monſtre* que *d'Oeillet*. C'eſt un Oeillet , ſi on le veut , qui ſans coſſe pouſſe une vingtaine de boutons étrogrognés arrangés en rond , qui demande qu'on lui arrache le vert qui couvre ces boutons pour pouvoir pouſſer ſes feüilles ſans ordre & ſans diſpoſition , & qui rabaiſſe mollement ſes premieres feüilles ſur ſon dard beaucoup plus qu'un Pavot. Quand on l'a long-temps arrangé ſur un carton , ſa groſſeur ſurprend ceux qui croyent que c'eſt un Oeillet comme un autre , car s'ils ſçavoient que c'eſt vingt boutons & par conſéquent vingt Oeillets enſemble , ils ſeroient ſurpris de le voir ſi petit , il eſt fort broüillé & fort peu eſtimé des connoiſſeurs.

ARTICLE II.

Du Pot dans lequel il faut planter l'Oeillet.

LE Pot contribuë beaucoup à la beauté de l'Oeillet & à sa conservation.
Premierement à sa beauté , car plusieurs se servent de pots ou trop grands
ou trop petits & s'apperçoivent visiblement de ce défaut. Si le pot est trop grand ,
l'Oeillet prend aussi trop de nourriture , & pousse de fortes racines , mais un
petit bouton qui ne fait pas une grosse fleur. Si le pot est trop petit , l'Oeillet
manque de nourriture & restraint si fort ses racines , que le montant ne profite
pas.

Le pot le plus convenable doit être d'une mediocre grandeur , plus étroit par
le bas que par le haut , contenant environ autant de terre qu'il en peut contenir
en la forme d'un chapeau,

Secondement , il contribuë à la conservation de l'Oeillet , en le preservant de
la trop grande humidité & de la séchereffe , l'une lui causant la pourriture &
l'autre le blanc. C'est ce qui fait qu'on ne doit pas approuver ceux qui mettent les Oeillets en pleine terre. *La premiere raison* , est tirée de la trop grande
fraîcheur qui se trouve dans la terre. *La seconde* , de la dureté de la terre dans
les grandes chaleurs. *La troisiéme* , du trop de nourriture que l'Oeillet prend ,
ce qui le fait crever , ou de trop peu , ce qui le fait venir trop petit. *La quatriéme* , de l'experience que nous avons de l'Oeillet, qui n'est jamais si bien
pannaché , ni si regulierement tranché que dans les pots : au contraire , il devient confus , broüillé & sans beauté. *La cinquiéme*, tirée de la difficulté de marcoter. *La Sixiéme* , tirée des maladies , sur tout de la pourriture , qui lui survient
plus frequemment que dans les pots.

Mais il faut observer les deux choses suivantes qui regardent les pots. La premiere de ne point se servir de pots nouvellement faits , parce que le feu qui les a
cuits se conservant encore dans la terre du pot , quoy qu'imperceptiblement ,
cause le blanc dont il se trouve attaqué , n'y ayant rien de si mortel pour l'Oeillet
que le feu ; & ainsi pour éviter le mal que les pots nouveaux pourroient causer , il
faut , ou les laisser douze heures dans un tonneau rempli d'eau , pour éteindre ce
qui peut rester de feu , ou les remplir de terre 8. ou 10. jours avant que de planter
l'Oeillet.

La seconde chose à observer , c'est de bien faire percer les pots , pour donner
issuë à l'eau , mais il faut bien se garder de les faire percer au fond , car si on
vient à les poser sur la terre , les trous qu'on y aura fait se boucheront sans doute par une espece de mortier qui se fait sous le pot , ce qui empêchera l'eau de
s'écouler & deux maladies mortelles arriveront , la pourriture & le jaune. Si on
les met sur des ais posés sur des tretaux , l'eau n'aura pas son cours avec assez de
facilité , & ainsi pour lui donner plus d'écoulement , il faut faire percer ce pot
en deux differens endroits immediatement au dessus de la jointure du fond avec le
corps du pot.

Il ne le faut percer qu'en deux endroits , car qui feroit faire plus de trous, il donneroit trop d'issuë à l'eau : en sorte qu'il n'y resteroit pas assez d'humidité pour
substenter l'Oeillet , & il arriveroit que la terre perdroit toute sa graisse & sa substance par le trop prompt écoulement de l'eau.

ARTICLE III.

De la Terre neceſſaire à l'Oeillet

C'Eſt ici le point le plus neceſſaire pour faire réüſſir l'Oeillet , ainſi il faut expliquer ce qu'il faut éviter & ce qu'il faut obſerver.

I. Il faut éviter la terre trop graſſe , trop legere , trop humide , & trop féche.

La terre trop graſſe eſt entierement nuiſible , parce qu'outre qu'elle s'endurcit aux premiers rayons du Soleil , elle met la racine de l'Oeillet comme dans une eſpece de priſon , lui ôtant la commodité de s'étendre dans le pot : cette ſorte de terre a une certaine malignité préjudiciable à toutes les plantes , d'ailleurs elle cauſe deux méchans effets ; 1. de faire crever l'Oeillet dans ſon bouton. 2. de le faire pourrir , outre la quantité de vers qu'elle engendre.

On appelle terre trop graſſe , le blanc limon , la terre à potier , mais non pas le ſable noir gras , qui ſe trouve dans les prairies , dans les lieux voiſins des rivieres & des ruiſſeaux.

La terre trop legere n'eſt aucunement propre , car ſi la terre trop graſſe a trop de nourriture , celle-ci n'en a pas aſſés ; par exemple , qui mettroit l'Oeillet dans le pur terrot de Cheval qui eſt fort leger , il feroit mal , comme celui qui le mettroit dans le pur terrot de vache qui eſt trop gras.

Il s'enſuit que quand on ſe ſert d'une terre trop legere , la tige de l'Oeillet devient fort maigre , les marcottes ſans vigueur , le montant fort menu , & le bouton petit , qui ne produit pas par conſequent une belle fleur.

La grande raiſon eſt qu'il n'y a pas aſſés de nourriture en cette terre. On appelle terre legere , le terrot de Cheval , la terre de jardin uſée & commune , la terre de ſauls , la terre jaune , &c.

La terre trop humide eſt encore nuiſible , comme le pur terrot de vache qui eſt extrêmement froid & humide , la terre de marais tremblant , qui n'eſt point ſemblable au ſable noir.

La terre ſéche eſt auſſi nuiſible , comme celle d'égoût de bouë , de ſable d'argile , de pure terre jaune. Voila ce qui eſt à éviter.

Voici ce qui eſt à obſerver , mais auparavant il faut remarquer qu'il faut donner aux incarnats une terre bien differente des autres , & de fait pour les incarnats , il faut une terre compoſée , mais legere , & pour les autres une terre compoſée , mais forte & nourriſſante.

La terre pour les *incarnats* ſera compoſée , moitié de terrot de Cheval bien pourri , & moitié de ſable noir qui ſe trouve dans les marais , dans les prairies & ſur les bords des rivieres ou des ruiſſeaux.

Cette terre qui s'appelle ſable noir , quoique graſſe & humide , n'eſt pourtant pas trop peſante quand elle eſt mélangée avec le terrot de Cheval : La terre de taupiniere eſt encore merveilleuſe : Ces deux terres ainſi jointes , bien preſſées & bien criblées , & ſur tout bien mêlangées ſont propres.

Pour les violets , les pourprés , les rouges & les autres , à l'exception des incarnats , même pour les picotés , il leur faut donner une terre comme on va le dire.

Le corps de la terre ſera deux tiers de ſable noir , & l'autre tiers au total ſera moitié terrot de Cheval & moitié terrot de vache , l'un & l'autre bien pourri

& reduit en terre , & fur cette maffe bien criblée & mélangée il faudra mettre une fixiéme de terre jaune , c'eft a dire de cette efpece d'argile douce & moëlleufe qui fe trouve facilement & qui fera bien criblée & mêlée avec la maffe fur laquelle elle aura été jettée.

Cette compofition eft bonne. Premierement , le fable gras & noir eft fans doute la meilleure terre que nous ayons , la plus fertile & la plus recherchée , elle ne pourrit point les plantes qu'elle porte , elle eft nourriffante , mais point trop lourde ni pefante , au contraire elle eft maniable , douce & legere , bonne par confequent pour l'Oeillet qui ne demande qu'une terre de cette qualité.

Le terrot de Cheval eft auffi fertile & contribuë à l'abondance des plantes , parce qu'il donne de la legereté à la terre , & en même temps une bonne nourriture à la plante.

Le terrot de vache n'eft pas moins bon , parce qu'il eft gras & humide , & entretient l'Oeillet dans une égale humidité & fraîcheur.

La terre jaune eft bonne. Premierement parce qu'elle lie les autres terres. Secondement , parce qu'elle donne & conferve un vert admirable à l'Oeillet.

Secondement , la bonté de cette compofition provient du mélange de ces quatre fortes de terres , car qui ne fe ferviroit que de pur fable noir , il perdroit fes Oeillets , parce que l'Oeillet ne demande pas une terre pure & naturelle , mais une compofée. Le terrot de cheval rend le fable noir plus leger , celui de vache donne de l'humidité & de la graiffe à la terre jaune , les unit & donne une nouvelle feve à l'Oeillet pour conferver fon vert.

Un autre curieux moderne n'eft pas du fentiment du precedent. Il dit que c'eft un amufement de faire differente terre pour les Oeillets de differentes couleurs, il ne fait qu'une même terre pour tous fes Oeillets , auffi bien pour les incarnats que pour les autres , il fuit en cela fes experiences , & dit qu'il n'y a jamais eu de plus gros Oeillets & de toutes couleurs que les fiens.

Il compofe fa terre en cette maniere : Il met trois pannerées de terre franche , trois pannerées de terrot de fumier de cheval , & deux pannerées de terrot de fumier de vache. Il dit que l'Oeillet veut une terre fraîche nourriffante & mediocrement legere : la fienne : dit-il , lui convient parfaitement , un peu de fable noir n'y pourroit pas nuire , mais il n'en met point & ne s'en trouve pas mal.

Il faut toûjours preparer les terres un an avant que de s'en fervir , les paffer fort fouvent à la claye & au crible de fer délié quand on veut empoter.

ARTICLE IV.

Façon de Marcotter les Oeillets.

IL faut obferver le temps , la façon , la qualité de la terre & l'afpect du Soleil.

Le temps ne doit être ni trop avancé ni trop reculé. Plufieurs marcottent avant la faint Jean , en quoi ils font mal. Premierement , parce qu'ils alterent le pied de l'Oeillet qui doit porter la fleur , & font caufe qu'elle ne vient pas en fa perfuction. Secondement , les marcottes pouffant de fortes racines , il faut les lever neceffairement dés le mois de Juillet , & bien fouvent elles montent à dard durant l'hyver , ce qui les fait avorter.

D'autres retardent trop , en marcottant feulement fur la fin du mois d'Aouft,

parce

parce qu'alors les nuits commençant à devenir froides & le Soleil moins ardent ,
les marcottes ne prennent pas si facilement racine , & il faut se servir de secours
étrangers.

La veritable & meilleure Saison de marcotter l'Oeillet , est depuis le 20. Juillet jusques au mois d'Aoust aprés que les premieres fleurs des Oeillets sont pas-
fées , car si on entreprend de les marcotter dans leurs pleines fleurs , on les fera
passer en peu de temps.

Le façon de marcotter est necessaire , & les manquemens qu'on y fait causent
souvent la perte de l'Oeillet par la pourriture , & on empêche qu'il ne prenne
racine , car si on fend trop avant la marcotte , il est bien difficile de la preserver
de la pourriture , par la trop grande ouverture , si on n'a pas le soin de la lever
de bonne heure. Si au contraire on ne l'entaille pas suffisamment , elle ne prendra
racine que tres-difficilement , n'y ayant pas assez d'ouverture.

La veritable maniere de bien marcotter , c'est de se servir du canif , &
aprés avoir bien couché la marcotte faire une incision au milieu du nœud le
plus prés du pied de l'Oeillet , autant que faire se pourra , pourveu que le bois
soit assez tendre , & qu'il y ait de la seve , mais sur tout , que l'incision ne
passe point la moitié ou les deux tiers du nœud , & aprés avoir mis un sol
marqué dans l'incision , pour éviter le dommage qu'on pourroit faire à l'Oeillet , on coupera dans le nœud de quoi faire ouverture a la marcotte , & ensuite la terre du pot étant bien labourée on l'y couchera avec le crochet en la soû-
tenant par un petit baton , pour la tenir toûjours ouverte , & lui faire prendre
racine plus facilement. Il ne sera pas hors de propos de couper les extremités des
feüilles.

Pour la qualité de la terre propre à marcotter , la plus legere est la meilleure ,
afin que la marcotte pousse ses fibres plus facilement , n'en soit point empêchée par la dureté de la terre. Cette terre sera composée de deux tiers de terrot
de cheval bien pourri , & l'autre tiers de sable noir ou de terre de marais , qu'il
faudra bien cribler & mêler ensemble , & aprés avoir labouré le terrot du pot
sur lequel est la marcotte , avec un morceau de bois fait en forme d'espatule ,
il faut mettre cette terre composée , sur le pot pour y coucher la marcotte ; si on
ne veut se servir de petits entonnoirs de fer blanc ou de potelets , dans lesquels on
pourra mettre 1. 2. ou 3. marcottes , selon la proximité , sur tout lors qu'on ne
peut qu'avec peine bailler la marcotte dans le pot : joint que les marcottes
prennent racine plus facilement dans ces petits entonnoirs . pourveu qu'elles
ne se rencontrent pas proche des bords , des ouvertures & des petites parois ,
soit des pots ou des entonnoirs , car si cela arrivoit , ils ne feront rien , la
terre ne les ayant pû embrasser , & par le secours de ces entonnoirs , il n'y a point
de branche que l'on n'embrasse , ni de montant que l'on n'arreste pour lui faire
prendre chevelure.

Les marcottes étant faites , il faudra les arroser tous les jours , mais avec moderation.

L'Aspect sera de les mettre à l'ombre durant 3. ou 4. jours , aussi tôt qu'ils
auront été marcottés , aprés quoi , il faudra leur donner le Soleil qu'ils avoient
avant que d'être marcottés , & prendre garde vers le 8. de Septembre , si les marcottes auront racine , tant pour les mieux faire reprendre en leur donnant de l'air ,
que pour les exposer au Soleil du midi , en les arrosant frequemment.

Et comme il se trouve des Oeillets qui ont peine à prendre racine , il sera tres-bon de faire une couche au commencement d'Octobre & d'y mettre les pots d'Oeillets qui n'auront point pris racine, pourvû que la couche ne soit point trop chaude. On a reconnu par une longue experience, qu'il n'y a point de meilleur moyen que celuy-là, pour leur faire prendre racine & leur donner un vert merveilleux.

D'un seul maître pied on en tire quelquefois 20. ou 30. marcottes, sans touteois l'avorter, lui laissant toûjours quelque Oeilleton pour l'entretenir & l'animer à repousser autant de nouveaux rejettons qu'on lui a fait de blessures, ce qui arrivera, si l'arrosoir le visite souvent, ce que Monsieur Morin dit, qu'il ne faut point craindre de faire, non plus que de l'exposer au grand Soleil, puis que les chaleurs de l'un & l'humidité de lautre, doivent achever cet ouvrage.

D'autres pour marcotter, ayant incisé le nœud de la marcotte, font un entaille au dessous, en levant la piece jusqu'a l'incision faite, par ce moyen arrétant d'un côté la seve qui monte a ce nœud, & de l'autre lui laissant un petit conduit pour lui porter la vie; d'où il arrive que ce nœud venant insensiblement à grossir en peu de jours, il jette de toutes parts de petits germes blancs, qui deviennent des cheveux, & ces cheveux se changent en racine, qui foisonnent peu aprés en abondance, portant toute la seve a la marcotte, qui n'est aucunement affoiblie par cette methode, & se trouve hors du danger de plusieurs maladies, qui attaquent les Oeillets marcottés.

C'est perdre sa peine & son temps, que de faire couchure d'un dard ou montant, car étant tout plein de moelle, il est fort sujet à pourriture, & ce sera un grand miracle s'il échappe l'hyver suivant.

ARTICLE V.

Maniere de bien Oeilletonner.

IL n'y a point d'artifice qu'on n'ait inventé pour faire prendre racine à des petits Oeilletons separés de leur tige. Les uns en ont planté dans de la terre de Saule, parce qu'elle est extrémement legere, & qu'elle a je ne sçai qu'elle qualité secrette pour s'attacher fortement à ce qu'elle embrasse: Les autres ont preparé du crottin pur & ayant encore un peu de chaleur, où ils ont fait de nouvelles épreuves.

Il y en a qui ont pétri du terrot avec de la terre glaise, & de cette composition ils ont enveloppé plusieurs pieds.

Communement on les fend, puis on les met en terre, ayant jetté & reserré dans l'ouverture 2. ou trois grains d'orge ou d'avoine, afin que ce germe venant à sortir, il anime son voisin par sa vigueur & par son exemple, pour ainsi dire, à en faire autant.

Il y a de la science à bien tailler un Oeilleton, tant afin qu'il reprenne facilement, que pour empêcher qu'il ne tuë sa mere l'en separant.

L'arracher de sa tige & laisser une longue playe, qui suit necessairement la main meurtriere qui le veut avoir de la sorte, c'est assez pour tuer l'un & l'autre, & si on y veut prendre garde cette cicatrice ne se guerira qu'aprés plusieurs mois durant lesquels la tige est susceptible d'une tres-dangereuse gangrenne. Pour à quoi obvier, il le faut couper avec des ciseaux, non pas tout joignant le maître montant, où la nature l'a attaché, mais à deux ou trois nœuds prés du cœur de l'Oeilleton; ainsi il arrivera que ce qui demeure, en poussera de nou-

veaux , & que celui qui eſt coupé n'aura pas tant de bois a entretenir. Un Oeilleton ſeul & qui ne ſera pas chargé de beaucoup de rejettons , reprendra plus
facilement qu'un autre , a cauſe qu'il ſuccera aſſez de douceur de la terre pour
s'entretenir , juſqu'a tant qu'il faſſe chevelure , ce qu'il ne peut pas lors que ſa
famille eſt grande.

Les plus forts ne ſont pas les meilleurs , & les plus petits languiſſent trop long-
temps. Il faut les prendre de bonne ſorte , n'y laiſſer que deux ou trois nœuds
tout au plus , les fendre en quatre , & commencer la fente au dernier deſdits
nœuds pour la terminer au ſecond , ébarbant à deux ou trois doigts près du
cœur de l'Oeilleton toutes les extremités de ſon feüillage , puis l'ayant mis en
ce lugubre équipage , il faudra le laiſſer tant ſoit peu au Soleil pour l'affoiblir ,
& enſuite vous le jetterés dans un ſceau d'eau pour y prendre de nouvelles
forces.

Quelques heures écoulées , vous le verrez plus vert que jamais , & ouvrant lar-
gement comme un rave fenduë , les quatre parties de ſa cicatrice , bien diſpoſé
a ſe conſerver , & à ne ſe laiſſer pas ouvrir.

Alors l'ayant tiré de ce bain , vous le planterés à l'ombre dans une terre extremement legere , compoſée de trois quarts de terrot de cheval , l'y enfonçant
doucement juſqu'au ſecond nœud , afin que la terre entre dans cette délicate ouverture & qu'elle l'invite a l'embraſſer promptement par quelques nouvelles che-
velures , l'arroſant par après d'une main liberale , & continuant enſuite avec
grand ſoin , ſans permettre aucunement que le Soleil le regarde.

Ce petit famelique ſucera fortement la ſeve de la terre qui l'environne , & de
petites pointes blanches ſortiront d'entre l'écorce & le bois , qui croîtront comme des cheveux , & enfin deviendront des racines , par le ſecours deſquelles il
grandira , & ſe fortifiant donnera des fleurs en ſa ſaiſon toutes pareilles à la tige ,
dont il a été ſevré , ſi elles ne ſont pas plus vives & plus belles : Ouvrage qui
paroîtra bien-tôt au dehors par des jets nouveaux , & par un feüillage qui mul-
tipliera de toutes parts. Si cela arrive un peu avant l'hyver , il ne faudra pas
toucher à ce petit treſor , mais ſi c'eſt au Printemps il ne faut rien craindre de
le tranſplanter avec ſa motte & de le mettre au large.

Un fameux curieux veut qu'on les plante en pepiniere dans des pots , ou qu'on
les mette dans la couche , & qu'on les couvre de cloches de verre , ſon ſentiment
n'étant point qu'on doive œilletonner avant l'Automne , ou du moins avant la
fin de l'Eſté , afin que la chaleur ne puiſſe deſſécher la terre , ni affoiblir l'Oeilleton , qui reprendra bien plus facilement dans un pot mis ſur la couche couvert
d'une cloche de verre , comme l'experience le fait aſſez viſiblement connoître au
regard des marcottes qui ont peu de racines , leſquelles étant aidées de la couche
& de la cloche , pouſſent en même temps de tres fortes racines , quand bien même elles auroient été détachées du pied ſans aucune chevelure que de deux ou
trois fibres.

ARTICLE VI.

Maniere d'empoter l'Oeillet & comme il le faut planter dans le pot.

C'Eſt inutilement qu'on fait bien marcotter l'Oeillet , lui donner un pot convenable, & une terre bien diſpoſée,ſi on ne ſçait pas le planter comme il faut:
Car ſi on le plante trop avant dans le pot , la pourriture l'attaquera infaillible-

ment au cœur , qui fera enveloppé de la terre , ou qui en fera trop voifin , fi au contraire on ne le met pas affez avant dans le pot , fa racine fe trouvera découverte l'Eſté & fera fuſceptible de fécherefſe , ce qui empêchera fon avancement, & faifant fécher fon montant , le rendra fi fo.b.e qu'il ne pourra pas prendre un bouton raifonnable.

Voici la Maniere de bien planter l'Oeillet. Quand on aura levé le petit crochet qui tient la marcotte & qu'on aura reconnu qu'elle aura pris racine , on détachera la marcotte de fon pied en la coupant avec le canif ou cifeau , le plus prés que faire fe pourra de fa tige , pour l'obliger à pouffer des racines des deux côtés , c'eſt à dire qu'il faudra la couper au niveau de l'incifion , & faire les deux jambes égales , & aprés avoir ratraîchi fa racine ou fa chevelure ou fes fibres , comme on voudra les appeller en coupant l'extremité de la racine auſſi-bien que de fes feüilles , on la plantera dans un pot rempli de terre difpoſée en la maniere qui fuit.

C'eſt ici où on eſt obligé de declarer les experiences des Curieux Fleuriſtes , pour preferver les Oeillets de tous accidens , & les faire venir dans leur perfection ; & de faire voir quel doit être le fond du pot , dans lequel fa marcotte doit être plantée , quand elle a été détachée de fon pied ; la terre dont il doit être rempli ; la façon avec laquelle la terre doit être miſe dans le pot , le temps auquel la marcotte y doit être miſe , fon arrofement & fon afpect de Soleil aprés avoir été plantée.

Le fond du pot doit être de terreau pur de cheval en affez grande quantité , en forte que les trous qui font au fond du pot foient entierement couverts. *La premiere raifon* de cela eſt que le terreau de cheval qui eſt fort fec & leger , ne bouche jamais ces trous , par lefquels l'eau peut facilement s'écouler , quand il y en a trop dans le pot , & que la terre eſt trop humide. *La feconde* , c'eſt qu'il produit toûjours de la graiffe & de la nourriture a l'Oeillet , fans arrêter le cours des trop grandes eaux , au lieu que fi vous mettez au fond du pot des démolitions de plâtre ou des pierres ou de la tuile , comme plufieurs pratiquent , outre que l'Oeillet n'en tire aucune nourriture , l'eau s'écoule trop vîte & ne laiſſe pas dans le pot une certaine humeur feconde & benigne. *Si vous ne mettez* ni terreau ni demolition au fond du pot , vous faites pis , parce que la terre vient à fe fécher au fond du pot & le bouche , de forte que l'eau n'a plus fon cours , & l'Oeillet prend le jaune & la pourriture.

Pour la terre dont le pot doit être rempli , on remarque par une experience fenfible , qu'il faut planter l'Oeillet en Automne , dans la terre qui lui eſt preparée pour y demeurer durant l'année , fans être changé ni replanté au Printemps , comme on pratique ordinairement , & à cet effet le mettre feul dans un pot.

Cette experience eſt appuyée de raifons. *La premiere* , que l'Oeillet doit avoir une bonne terre pour fe garantir durant l'hyver des incommoditez de cette faifon , particulierement de la fécherefſe durant plus de trois mois de prifon , qu'il demeure dans la ferre , fans avoir toutes fes commoditez , comme le grand air, l'arrofement & les pluyes. *La feconde* , c'eſt qu'il refifte plus vigoureufement aux mauvaifes influences qui viennent au Printemps , quand on le fort de la ferre. *La troifiéme* , c'eſt que lors qu'on le change de terre en un autre pot au Printemps , on lui donne auſſi un changement de nourriture qui lui caufe des maladies , joint qu'on le fait languir par ce changement , en donnant du jour à fa racine , & durant sa langueur , c'est a dire durant le temps qu'il n'a pas repris encore une nouvelle terre , il survient des pluyes froides ou de la grêle , qui lui procurent *le blanc* , *le jaune* , & *la gale* , & bien souvent *la pourriture* , au lieu que quand il est dans sa terre depuis l'Automne , il est a l'épreuve contre toutes les influences du Ciel. *La quatriéme* , est une peine épargnée pour le Fleuriste , qui n'est pas obligé de faire deux fois le même travail , & replanter. *La cinquiéme* , c'est que lors qu'on met plusieurs marcottes dans un même pot, & que l'une vient à prendre la maladie , elle la communique bien tôt aux autres, comme il arrive aux malades qui sont dans un même lict , & aux pestiferez dans un air contagieux. *La derniere raison* , c'est que l'Oeillet en devient plus gros , plus large & plus beau.

Si l'on ne veut point se servir de cette invention , on pourra se servir de la façon ordinaire de planter les Oeillets pour l'hyver , en leur donnant une terre composée moitié de terreau de cheval , moitié de terreau commun , mettant en chaque pot 3. ou 4. marcottes au plus pour ne les pas étouffer & pour remedier aux maladies qui leur pourroient arriver.

Voici la maniere de mettre la terre dans le pot. Aprés avoir mis le terreau au fond , il faut remplir le pot jusqu'au dessus du bord de la terre destinée & disposée pour l'Oeillet , & ensuite l'enfoncer de 2. ou 3. efforts des deux mains sans pourtant la pétrir comme on fait la pâte, en sorte qu'elle soit affaissée sans aucune violence , jusqu'au milieu du cordon , aprés quoi on remplira le surplus du pot jusques à fleur de bord , de pur terreau de cheval bien pourri & reduit en terre , le plus sec qu'il se pourra. Cela fait , on plantera la marcotte de telle sorte , que la racine soit couverte de la terre qui est dessous le terreau & qu'elle ait le terrot encore au dessus , & en la plantant , on appuyera des mains autour de la tige pour l'affermir dans la terre , & de plus on la soûtient par deux petits bâtons de sa hauteur , mis en croix de saint André , qui seront pointus par le bout, pour éviter qu'elle ne soit tourmentée des vents , mais sur tout il faut bien se donner de garde d'enfoncer la marcotte , & c'est le sujet pour lequel on a dit cy-dessus , qu'il faloit marcotter le plus prés du pied que faire se pourroit , afin de faire une marcotte haute de pied , à l'exemple de Messieurs les Fleuristes de l'Isle qui en usent ainsi.

Quelques uns demanderont à quoi sert ce terreau au dessus du pot & pourquoi on le met. On leur répond par avance que c'est une des plus belles experiences qu'on ait fait pour conserver l'Oeillet. I. Parce que quand on arrose l'Oeillet nouvellement planté ou autrement , il ne se fait point de creux à la terre qui est imbibée plus facilement , pourveu neanmoins qu'on se serve de certains petits entonnoirs de fer blanc , dont les veritables curieux se servent, qui sont percés de petits trous par lesquels l'eau sort en forme de pluye.

I I. Le terreau empêche que la terre ne s'endurcisse par les arrosemens & par les grandes pluyes.

I I I. Parce que ce terreau conserve toûjours au pied de l'Oeillet une certaine humidité , qui lui est favorable particulierement durant les grandes chaleurs.

I V. C'est que l'arrosement & la pluye qui tombe sur le terrot , en fait distiller la graisse & la substance sur la terre qui nourrit l'Oeillet.

V. Il le preserve des gelées durant l'hyver.

V I. Il empêche que l'humidité ou la moisissure ne vienne au pied de l'Oeillet pendant l'hyver qu'il est enfermé.

Quant au temps auquel il faut planter la marcotte, on a déja dit ci-deſſus qu'il ne faut pas marcotter ſi tôt : en voici la raiſon. C'eſt afin de n'être pas obligé de la planter ſi-tôt, & empêcher qu'elle ne monte a dard. Car pour bien faire il ne faut planter les marcottes, que le plus tard qu'on peut, c'eſt a dire à la Saint Remi, c'eſt ſans doute la meilleure ſaiſon, parce qu'elles ſont pour lors arroſées des pluyes du Ciel qui les fortifient extrêmément, & que le changement de terre arrête leur montant, d'où vient que quand on reconnoît qu'une marcotte ſemble pouſſer a dard avant l'hyver, il la faut tranſplanter deux ou trois fois, & on reſſerre par ce moyen ſon montant : C'eſt un des plus beaux ſecrets pour éviter leur avancement dans un temps qu'on ne doit ſouhaiter que l'occaſion de les fortifier.

Pour ſon arroſement & ſon aſpect, après qu'elle a été plantée ; Il eſt certain qu'une plante nouvellement levée & miſe en terre, a beſoin d'eau & d'ombre. C'eſt pourquoi il faut arroſer l'Oeillet auſſi-tôt qu'il a été planté, mais avec moderation, & continuer cet arroſement moderé tous les jours, ſi le Ciel ne lui envoye pas le ſien : Il faut auſſi le mettre à l'ombre durant 10. & 11. jours, même 15. s'il n'avoit point de fortes racines ; & après qu'il ſera bien repris & bien affermi, ce qui ſera vers le 15. d'Octobre, il faudra l'expoſer au Soleil levant, c'eſt la ſituation la plus favorable. Si vôtre Jardin ne vous permet pas de donner cette place ſans incommodité, mettez vos marcottes ailleurs, mais que ce ſoit en un endroit, où elles n'ayent le Soleil qu'environ le tiers du jour. Elles ſeront mal en plein midi.

Vous conſerverez beaucoup mieux vos Oeillets ſur des ais élevez par des tretaux qu'à plate terre, les pluyes d'Automne s'écoulent plus aiſément, les vers n'entrent point dans les pots, ils ont plus d'air, ils pourriſſent moins & fleuriſſent mieux.

Les Oeillets ainſi plantez & expoſez, il ne s'agit plus que de ſe précautionner contre les méchantes pluyes & contre les gelées.

I. Contre les pluyes qui ſurviennent ſur la fin du mois d'Octobre, leſquelles étant froides, & commençant déja a participer de la malignité de celles de l'Hyver, engendrent des taches ſur les fannes des Oeillets, qui leur cauſent le plus ſouvent la mort. Nous appellons les taches la gale, le charbon, comme ſi c'étoit une eſpece de peſte. Il y en a de différentes couleurs, les unes ſont noires, les autres rougeâtres, les autres tirant ſur un gris ſale : quoi qu'il en ſoit, elles ſont toutes trois pernicieuſes à l'Oeillet. Le remede le plus ſouverain, eſt de nettoyer avec la pointe du canif la feüille qui en eſt atteinte, pour éviter qu'elles n'étendent leur gangrenne, & ne la communiquent à la tige, ou couper la feüille pour éviter le mal.

Pour empêcher que l'Oeillet ne contracte cette maladie, il faut ſur la fin d'Octobre, ou au plus tard au commencement de Novembre, le priver de l'arroſement du Ciel, en le mettant à couvert avec de la toile cirée, ou ſous un petit toict qui ſera fait dans le Jardin, & qui ne lui ôtera point la reſpiration de l'air, mais qui le préſervera de toutes méchantes influences, & de temps en temps il faudra lui donner l'arroſement artificiel d'une eau qui aura été expoſée au Soleil pendant quelque temps, & on le laiſſera dans cette ſituation juſqu'à la gelée. Trop d'eau peut aider à la pourriture ou faire monter à dard vos marcottes. Elles ſouffrent aiſément la ſoif en Automne & en Hyver.

On n'arroſe jamais les Oeillets, que d'eau qui ait été repoſée & échauffée par le Soleil, l'eau trop froide leur nuit, neanmoins l'eau de puits fraîchement tirée, qui est chaude en hyver, leur est bonne quand ils sont enfermez dans la serre.

II. Il faut empêcher que l'Oeillet ne soit atteint de trop grandes & fortes gelées, mais aussi il ne faut pas s'allarmer mal à propos des premieres gelées, qui ne sont pas dommageables à l'Oeillet, au contraire elles lui sont favorables.

ARTICLE VII.

En quel temps il faut mettre l'Oeillet dans la Serre.

IL est certain, I. Que les gelées blanches n'ont rien de méchant pour lui. II. Que l'Oeillet peut souffrir durant deux jours une assez forte gelée, c'est pourquoi si l'on voit sur la fin de Novembre, ou au commencement de Decembre que la gelée vienne âpre & piquante, sur tout dans un commencement de Lune, il faudra en diligence faire transporter l'Oeillet dans la serre, car les grands froids le font mourir, sauvez-l'en absolument, & si vous n'avez pas de serre, mettez-le en quelque chambre bien close, ou au pis aller à la cave, si elle n'est pas humide. L'esprit doit faire inventer les moyens selon la disposition des lieux.

ARTICLE VIII.

De quelle maniere l'Oeillet doit être traitté dans la Serre.

IL faut bien prendre garde à la situation de la Serre, & qu'elle soit tellement disposée, que l'air y puisse entrer aisément, quand on le desire, & l'empêcher aussi quand on veut dans les grandes gelées.

Sa situation la plus favorable, c'est l'exposition au midy, comme sont ordinairement exposées les orangeries.

Comme les lieux humides sont tres-dommageables à l'Oeillet, il faut que la serre soit bâtie à rez de terre, & qu'elle ne soit point dans un enfoncement ensorte que l'Oeillet puisse prendre de l'humidité, car si une fois la terre est humide, la moisissure s'attachera infailliblement à la plante, & la pourriture ensuite.

Il faut donc qu'une serre soit percée de deux croisées & d'une porte au milieu sans autre enfoncement que d'une marche, qu'elle soit voutée, sinon que le plancher de dessus soit garni de foin, pour empêcher la gelée de penetrer dans la serre, que les croisées soient d'un chassis de verre & garni d'un autre chassis de papier qu'on puisse lever pour donner de l'air dans la serre au besoin, qu'il y ait des contre-vents aux croisées, une double porte de bois, & un chassis de papier entre les deux portes, & que dans le plus fort des gelées, on mette des nattes pour couvrir les croisées & la porte, ce sera un moyen pour éviter que la gelée ne cause du dommage dans la serre.

Car il faut bien se donner de garde d'y porter le feu, & cela pour plusieurs raisons. *La premiere*, c'est qu'il fait secher l'Oeillet. *La seconde*, s'il ne le rend entierement sec, il l'attendrit de telle sorte que sa perte s'ensuit. *La troisiéme*, qu'il le fait jaunir. *La quatrième*, qu'il le fait éfiler. *La cinquiéme*, qu'il engendre le blanc, qu'on appelle le *Feu*: maladie incurable, & pour plusieurs autres raisons, dont on n'experimente que trop bien la verité, lorsqu'on se sert du feu pour préserver l'Oeillet de la gelée.

D'où vient qu'on a requis ci-dessus, qu'on donnât ordre par d'autres moyens que par le feu, pour empêcher qu'une *forte gelée* n'entre dans la serre, on dit *forte gelée* ; car l'Oeillet souffre facilement les gelées communes, notamment lorfqu'il a eſſuyé ſur la fin de l'Automne 2. ou 3. jours de froid pour l'endurcir & le préparer à ne pas craindre les plus violentes froidures, dont il ſera difficilement attaqué, ſi l'on bouche ſi bien la porte & les croiſées de la ſerre que l'air ne puiſſe pas entrer, & quand ainſi ſeroit, qu'il y auroit trouvé paſſage, la gelée qu'il pourra cauſer ne ſera pas grand mal : car à la verité l'Oeillet s'aſſoiblira tant ſoit peu, & cette foibleſſe continuera durant le dégel, mais par aprés il recouvrera ſa premiere vigueur, autant qu'un priſonnier en peut avoir dans ſa priſon, car il ne faut pas attendre que l'Oeillet ait une même diſpoſition, un même vert, une même ſanté, s'il faut ainſi dire, que s'il n'étoit point enfermé : on voit que ſon vert pâtit, que ſa feüille blanchit, que ſes fannes & ſa tige s'amolliſſent, mais tous ces ſignes d'indiſpoſition n'en préſagent point la mort, & de fait une pluye douce du Printemps, le rétablit en ſon entier, comme on le fera voir ci aprés. Il ne faut donc point deſeſperer quand on le verra atteint de ces marques de foibleſſe, que lui cauſe la priſon.

Il y en a qui ont des voutes dans leurs Jardins, leſquelles n'ont d'autre ouverture que la porte, on ne les blâme point, pourvû qu'elles ſoient expoſées au Soleil, qu'elles n'ayent point de profondeur, qu'elles ſoyent bâties a rez de terre, en un mot qu'elles ne ſoient point ſujettes à l'humidité : mais il n'y faut ſerrer les Oeillets que le plus tard qu'on peut, & quand la gelée ſera paſſée, il faudra les tranſporter dans une chambre pour les remettre encore dans la voute, ſi la gelée revient, ce qui ſeroit embarraſſer un Fleuriſte qui auroit 400. pots d'Oeillets.

La Serre ainſi diſpoſée & garnie d'ais ſoûtenus par des tretaux pour y poſer les Oeillets le plus prés de la porte & des fenêtres qu'on pourra, on les placera par degrez, afin qu'ils participent tous également d'un même air, & de temps en temps on les viſitera pour voir s'ils n'auront pas beſoin d'être changez de place, & même on leur donnera quelque arroſement, mais ſeulement dans la neceſſité & dans la forme ci aprés preſcrite.

On dit dans la neceſſité, parce qu'il ne faut point donner d'eau à l'Oeillet dans la ſerre que le plus tard qu'on peut. I. Parce que c'eſt à tort qu'on arroſe une plante qui n'a pas ſoif. II. Parce que la trop grande humidité qui ſe trouveroit dans le pot, pourroit y engendrer la pourriture. III. Vous feriez monter l'Oeillet avant ſon temps. IV. Il ſeroit plus expoſé aux attaques du froid & de la gelée.

Il ne faut pas auſſi par des raiſons oppoſées, le priver d'eau quand il en a beſoin pour raſſaſier ſa ſoif, pour empêcher la ſechereſſe, pour éviter qu'il ne ſe flétriſſe, mais en lui donnant de l'eau, il faut que ce ſoit avec prudence & moderation, en la forme qui ſuit.

Il faudra faire proviſion de petites terrines de terre, faites en forme de plateaux, & mettre un pot dans chaque terrine, ſucceſſivement les uns aprés les autres ſelon le beſoin : & comme on n'aura point manqué de mettre de l'eau au Soleil, on verſera environ une chopine de Paris de cette eau même, dans chacune de ces terrines qui s'y trouveront comblées, puiſque les terrines qui pourront contenir environ trois demi ſeptiers de la même meſure, ne pourront point ſouffrir plus d'une chopine d'eau, le pot y étant. Quoi qu'il en ſoit le pot tirera de l'eau par le bas, & elle n'endommagera ni les fannes, ni la tige, & autant qu'on pourra il faut faire en ſorte que l'eau ne gagne point le deſſus du pot, afin qu'elle n'y cauſe point d'humidité, ce qui pourroit faire venir la moiſiſſure.

II

Il suffira que la racine soit abreuvée pour communiquer à sa plante l'effet de cet
arrosement merveilleux, qui lui donnera une force toute nouvelle, dont on s'appercevra bien-tôt par la fermeté de ses feüilles.

Quand on dit qu'il faut ainsi donner de l'eau à l'Oeillet, on entend qu'il
faut si-bien prendre son temps que ce ne soit pas dans un temps de gelée, ou
à la veille de la gelée ; ce qu'on peut facilement connoître & prévoir, car il
faudroit laisser languir l'Oeillet encore quelque peu de temps, plûtôt que de le
faire geler dans une eau nouvellement gelée, qui glaceroit facilement la
terre.

Quand on dit aussi qu'il faut lui donner de l'eau qui ait été exposée au Soleil,
on entend autant qu'il se pourra, & que le Soleil ait quelque ardeur, mais à ce
défaut on pourra se servir de l'eau de puits nouvellement tirée, comme il a été
dit cy dessus, parce qu'outre qu'elle n'est pas froide, elle n'a rien de méchant
durant l'hyver.

Il ne sera point encore hors de propos pour la culture de l'Oeillet, de lui ôter
dans la serre les feüilles qui se trouveront séches, parce que comme elles sont
plus susceptibles d'humidité, elles pourroient bien aussi faire venir la pourriture,
qui est le mal le plus à craindre durant l'Hyver.

Comme les rats font une cruelle guerre aux Oeillets quand ils sont dans la serre, un nouveau Curieux s'est servi heureusemeut du remede suivant, pour empêcher le dégât que ces cruels ennemis pourroient faire ; il a fait une pâte dont
il a mis quelque portion dans des cartes, ou bien il a fait rôtir des noix qu'il à
un peu humectées, & a poudré les noix rôties avec de la poudre qui fait le principal ingredient de sa pâte, qui se compose ainsi : Il faut prendre quatre onces
de vieux fromage, deux onces de beurre frais, une once & demi d'arsenic, un
quart d'once de sublimé corrosif, sept ou huit grains de musc en poudre, une
once & demie de farine d'avoine, & de tout faut faire une pâte molle. Si on poudre les noix avec la poudre d'arsenic, de sublimé corrosif & de musc, on n'a
pas à apprehender que les chats en mangent.

ARTICLE IX.

Quand on doit sortir l'Oeillet de la Serre.

C'Est ici qu'il ne faut témoigner ni trop d'impatience ni trop de lenteur, car
qui voudroit sortir l'Oeillet trop tôt, feroit mal, comme celui qui le sortiroit trop tard : par exemple qui en useroit ainsi dans le mois de Février : il se
mettroit au hazard de perdre ses Oeillets par la rigueur du froid qui continuë encore dans ce mois, ou par la neige, ou par les gréles, ou par la pluye froide. Qui
les sortiroit sur la fin d'Avril, il feroit aussi mal, parce que l'Oeillet languiroit dans
la serre, & poufferoit son dard sans profiter.

La meilleure & la veritable saison pour transporter hors de la serre, c'est la
semaine de la Passion dans le Carême, pourveu que le temps ne soit point encore
disposé à la gelée, & que le Ciel n'envoye point ses mauvaises influences, comme les neiges & la gréle, ce qui n'arrive pas frequemment dans cette semaine.
On peut les sortir plûtôt, pourveu que l'hyver n'ait rien eu d'âpre & de piquant:
on remarque ici ce qui se doit pratiquer ordinairement, lors que les Saisons sont
dans leur reglement.

Quoi qu'il en soit il faudra disposer des couvertures, pour mettre l'Oeillet à couvert en cas de befoin , dans un lieu où le Soleil ne pourra point envoyer fes rayons , à quoi il faudra bien prendre garde pour plufieurs raifons. I. Parce que l'Oeillet qui a été long temps enfermé , étant fort tendre , venant a être expofé au Soleil , il s'affoibliroit tellement qu'il feroit fort difficile de le relever de fa foibleffe. II. L'Oeillet ne doit point être traité plus cruellement que les autres plantes , même les plus robuftes , qui n'éprouvent pas les ardeurs du Soleil au fortir des lieux où elles etoient enfermées. III. L'Ombre eft amie de toutes les plantes & les fortifie. IV. Le Soleil du mois de Mars eft quelquefois fi chaud , qu'il deffèche la terre & les plantes qu'elle porte. La cinquième raifon eft tirée de l'experience.

Il faudroit donc en tranfportant l'Oeillet de la ferre , le placer fur des ais mis à l'ombre , & lui donner une couverture , foit paillaffon , foit de toile cirée foit de bois , laquelle fe baiffera ou fe levera à la veuë d'un bon ou mauvais temps, du chaud ou du froid , du vent ou du calme, pour mettre l'Oeillet à couvert des infultes de trois de fes ennemis , des pluyes froides , de la grêle & du grand vent , qu'on appelle *Gale de Mars* , qui lui eft extrêmement nuifible , car étant entouré de bons paillaffons & bien couvert , il fera bien difficile qu'ils puiffent faire aucun mal ; & fi le Ciel veut bien lui donner fes pluyes douces , comme il arrive affez fouvent , il faudra baiffer toutes les couvertures du deffus & du bas, & lui faire refpirer un air libre en recevant cette celefte rofée qui lui fera prendre en peu de temps fon vert naturel , fa premiere vigueur , fon état avant fa prifon : mais fi le Ciel lui refufoit fes pluyes , il faudra avoir recours à l'arrofement artificiel , car l'Oeillet fortant de la ferre , il faut qu'il foit arrofé du Ciel , ou de la main du Fleurifte fans y manquer , autrement le grand air lui caufera de grandes incommodités,

Et ainfi après avoir été expofé huit ou dix jours à l'ombre , le Fleurifte qui n'aura point planté fes Oeillets en la forme qui a été dite ci-deffus , c'eft à dire qui ne les aura point mis en Automne dans une terre à demeurer toute l'année , pourra la Semaine fainte les tranfporter dans la terre & en la forme prefcrite dans les Chapitres quatre & cinq de ce Traité des Oeillets , en les mettant à l'ombre après qu'ils auront été tranfplantez durant huit jours , pendant que ceux qui auront été mis l'Automne dans leur terre naturelle à demeurer , feront expofez à l'afpect du Soleil , qui leur eft utile & naturel, jufques à ce que ceux qui auront été de nouveau tranfplantez au Printemps, foyent en état de leur faire compagnie, & d'être expofez avec eux à un même ou different afpect. Arrachez adroitement toutes les feüilles pourries , fi elles quittent d'elles-mêmes , coupez-les fi elles refiftent. Tenez toûjours vos plantes propres,

ARTICLE X.

Quel lieu , quel afpect , & quelle fituation il faut donner à l'Oeillet.

CEtte queftion eft tout à fait d'experience , & plufieurs pechent fur cette matiére par excés ou par défaut. Par excés , en expofant leurs Oeillets à l'afpect du Midi : Par défaut , en leur donnant fi peu de Soleil , qu'il n'ont point la force de pouffer leur dard. L'Oeillet ne veut ni le trop ni le trop peu , il lui faut une mediocrité en toutes chofes , & c'eft la plante du monde qui demande le plus de regle & de moderation.

En effet le grand Soleil le deffèche , l'affoiblit , le rend maigre , en forte qu'il ne peut profiter que par de grands & fiequens arrofemens : Par une raifon contraire & oppofée , l'abfence du Soleil le fait jaunir , retarde fa fleur , & la rend tres-petite : Voila les maux que l'excés & le defaut lui caufent.

Voici le Lieu , l'Afpect & la Situation qui lui font favorables.

Pour le Lieu , premierement le grand air lui eft commode , l'Oeillet qui a été une fois enfermé ne demande plus que des lieux fpacieux ; Nous en voyons la difference par ceux qui font élevez dans les petits Jardins , dont les fleurs n'ont pas la même largeur que ceux qui font élevez en plein air , nous voyons une femblable difference entre ceux qui font cultivez dans les Jardins des villes , & ceux qui font élevez dans les Jardins de campagne , les derniers l'emportent le plus fouvent en groffeur & en largeur , mais non pas toûjours en beauté. Secondement les lieux marécageux , les prairies & les marais qui font voifins des lieux où il font cultivez , ne contribuent pas peu à leur bon fuccés , d'où vient que les Oeillets viennent plus beaux , plus gros & plus larges dans les païs bas que dans aucuns lieux , joint qu'ils s'y portent beaucoup mieux , & que rarement ils les perdent , au lieu qu'en France à mefure que nous avançons dans les Lieux chauds , les Oeillets en font moins vigoureux & moins larges.

Pour l'Afpect , celui du Soleil levant depuis fix heures du matin jufques à onze , & celui du couchant , depuis trois heures jufques à fix ou fept du foir , eft fans doute le plus propre , parce qu'à ces heures-là l'ardeur du Soleil n'eft pas fi violente , mais le meilleur des deux , c'eft le Soleil levant. I. Parce que l'Oeillet qui a été arrofé le foir precedent ne doit point demeurer fi long-temps dans fa boue. II. D'autant que le Soleil levant eft favorable à toutes les plantes , particulierement à l'Oeillet qu'il récrée vifiblement en le faifant monter peu à peu. III. Le Soleil couchant conferve encore quelques reftes des grandes ardeurs du midi , ayant échauffé l'air & la terre , au lieu qu'au matin il fe trouve un air frais , qu'il diffipe peu à peu par fes rayons. IV. L'Oeillet ayant été refroidi durant la nuit , tant par la fraîcheur , que par l'arrofement & la rofée , il eft bien jufte qu'il foit réchauffé par les premieres vifites du Soleil , qui font douces & benignes.

Monfieur Morin dit pourtant , que l'experience lui a fait connoître , qu'en expofant l'Oeillet au grand Soleil & l'arrofant foigneufement tous les jours , vifiblement on le fera croître & profiter davantage en huit jours , qu'il ne feroit autre part en trois mois : Mais fi l'arrofoir de fon maître l'oublie un ou deux jours il eft certain qu'il eft perdu fans reffource.

La fituation de l'Oeillet doit auffi être obfervée : car il faut éviter de le pofer contre des murailles , pour plufieurs raifons. I. L'Oeillet n'ayant point d'air autour de fa tige , il ne pouffera fes marcottes que d'un côté , ou s'il en pouffe , elles languiront ou s'étoufferont par le manquement d'air. II. La reverberation du Soleil qui vient de la muraille & donne fur l'Oeillet , l'endommage notablement & le féche par une ardeur trop violente. III. Cette fituation engendre des maladies à l'Oeillet , *le blanc* particulierement. IV. Les animaux qui en veulent à fa deftruction , trouvent un chemin bien facile pour l'attaquer , fe fervant de la muraille comme d'une échelle pour attaquer le pot de l'Oeillet , & s'en rendre bien-tôt les maîtres , comme font les fourmis & les perce-oreilles , qui auront encore cet avantage , aprés avoir fait leur butin , de fe retirer en bon ordre dans quelques ouvertures de la muraille , pour s'y cacher durant le jour & recommencer leur ravage durant la nuit ; les limaçons , les chenilles

& les autres animaux ennemis de cette fleur , se serviront de cette même route pour lui faire insulte.

Il faut donc que l'Oeillet soit mis dans un lieu spacieux, autant qu'on le pourra , ou du moins qu'il ait de l'air suffisamment, qu'il soit exposé au Soleil levant pour le mieux , ou au couchant , si on le veut , & posé sur des ais soûtenus par des treteaux de telle maniere que l'air se puisse communiquer autour de sa tige , & que le Fleuriste puisse faire la ronde a l'entour de ses œillets, qui seront placez par degrez sur les treteaux , afin que les premiers ne puissent point couvrir les seconds, les seconds les troisiémes , & ainsi des autres, ni leur ôter la respiration de l'air , la vûe du Soleil , ni la douceur des arrosemens.

ARTICLE XI.

Quel doit être l'arrosement de l'Oeillet.

L'Oeillet exposé & disposé ainsi qu'on vient de dire , s'il n'est point favorisé des arrosemens du Ciel , il faudra lui donner l'eau de la terre, en la forme & maniere qu'on va marquer.

I. Il faut que le pot soit dans une égale situation, en sorte qu'il ne panche ni d'un côté ni d'autre, afin que l'eau se puisse étendre sur le pot , & se communiquer également à toute la plante, & de plus empêcher que l'eau ne flue & ne tombe hors du pot , à quoi il faut bien prendre garde pour trois considerations.

La premiere , est que la plante est privée de son arrosement, dont elle aura peut-être grand besoin. *La seconde* , c'est que le Fleuriste est obligé pour conserver ses œillets, de redoubler ses peines en donnant un second arrosement. *La troisiéme* , c'est que la graisse & la nourriture du terreau qui est dans le pot tombe avec l'eau.

II. Si la terre du pot est dessechée & que par sa secheresse elle se soit détachée du pot , laissant un vuide entr'elle & le pot , il faut absolument remplir ce vuide par le doigt de la main , en le passant sur la terre autour du dedans du pot , comme elle étoit auparavant , c'est à dire qu'il faut de cette même terre , qui est dans le pot , boucher les ouvertures que la secheresse aura faites à l'entour du dedans du pot , pour les mêmes raisons qu'à l'Article précedent , tirées du besoin d'un arrosement nouveau pour faire de la graisse & nourriture perduë , parce que l'eau qui sera versée sur le pot fluëra par les ouvertures , & passera sans laisser aucune humidité dans le pot.

III. Il faudra dés le matin tirer de l'eau de puits & la verser dans un tonneau ou bassin qui sera exposé en un lieu où le Soleil donnera le plus, pour être échauffée par l'ardeur de ses rayons & lui faire perdre son froid naturel , qui est plus grand dans l'Eté que dans une autre saison.

C'est ici qu'il faut examiner l'eau dont on se doit servir pour arroser l'Oeillet, & les motifs de ceux qui usent d'eau mélangée, pensant lui faire du bien.

Sur la quantité de l'eau , il faut dire premierement que l'eau des rivieres dans l'Eté est merveilleuse pour deux raisons. *La premiere* , parce qu'elle est legere. *La seconde* , parce qu'elle est trempée ayant reçû la chaleur du Soleil, mais comme les Jardins des Fleuristes ne sont pas toûjours situez au voisinage des rivieres , ce leur seroit une grande peine d'en faire venir journellement.

L'eau des petits ruisseaux ni des fontaines n'est convenable à l'Oeillet , qu'entant qu'on l'aura tranſportée dans des tonneaux & expoſée au Soleil pour deux raiſons.

La premiere, que cette eau conſerve toûjours une certaine crudité qui ne ſe diſſipera qu'en la ſeparant de ſon lit.

La ſeconde, c'eſt que cette eau retient toûjours ſon froid par la proximité de ſa ſource, & par la communication d'autres ſources, qu'elle trouve dans ſon chemin : or l'eau trop froide n'eſt aucunement propre à l'Oeillet.

C'eſt la raiſon pourquoi il ne faut pas ſe ſervir d'eau de puits fraîchement tirée, du moins durant l'Eté, fondé ſur ſa crudité & ſa trop grande froideur, qui ſaiſit l'Oeillet dans ſon alteration & lui cauſe le même mal, que l'eau nouvellement tirée à ceux qui en boivent, lorſqu'ils ſont extrêmement échauffez dans la ſueur, c'eſt à dire la pleureſie, puiſque *le blanc* qui lui ſurviendra infailliblement ou la pourriture, ou la gale, par cette eau froide, eſt à l'Oeillet ce que la pleureſie eſt à l'homme.

L'eau bourbeuſe n'eſt pas moins pernicieuſe, parce qu'elle laiſſe avec elle ſes égoûts, dont elle n'eſt point purifiée : l'eau puante eſt à éviter, parce qu'elle engendrera la corruption à l'Oeillet.

Les eaux minerales & les ſouffrées qui ſe rencontrent quelquefois dans quelques veines de terre, ſont à rejetter comme mortelles à l'Oeillet.

L'eau tiede miſe ſur le feu eſt pire que toutes les autres, ſoit durant l'Eté, ſoit durant l'hyver; d'autant qu'elle participe de la chaleur du feu qui cuit l'Oeillet en peu d'heures.

L'eau la plus convenable pour l'arroſement de l'Oeillet, & pour la commodité de celui qui le cultive, c'eſt celle de puits expoſée dés le matin au Soleil & verſée ſur le pot avec l'arroſoir prudemment & dans le temps.

I. Avec l'arroſoir de fer blanc, afin que l'eau s'imbibe plus facilement, & que la terre ne s'endurciſſe point par la violence de l'arroſement.

II. Avec prudence, parce qu'il faudra conſulter les beſoins de l'Oeillet, en ne lui refuſant pas ce qui lui eſt neceſſaire, mais auſſi en ne lui donnant pas ce dont il ſe peut paſſer; & de fait ſi les pluyes ſont frequentes & abondantes, c'eſt en vain qu'on l'arroſe : mais s'il en eſt privé, il faut quand on voit ſa terre commencer à ſe deſſecher, l'arroſer tous les jours ſans y manquer, mais peu, pour l'entretenir toûjours dans une humidité égale, ſuffiſamment pourtant, en ſorte qu'il n'en puiſſe pas ſouffrir, c'eſt la prudence qui en fera le reglement.

III Le temps, parce qu'il ne faut arroſer l'Oeillet que ſur le ſoir, environ le Soleil couché, autrement qui l'arroſeroit en plein Soleil, outre qu'il ne tireroit aucun profit de l'arroſement, parce que le Soleil deſſecheroit incontinent la terre, c'eſt qu'il lui feroit venir des taches tres pernicieuſes & feroit ſecher ſes feüilles & peut-être ſa tige : Qui voudroit auſſi l'arroſer le matin avant la Soleil levé, outre que le Fleuriſte ſeroit fatigué de ſe lever ſi matin, le Soleil venant à darder ſes rayons ſur les feüilles qui ſe trouveront encore moüillées, il les ſecheroit pareillement; & de plus ce ſeroit le priver des avantages qu'il reçoit pendant la nuit, de ſe rafraîchir de la chaleur du Soleil qu'il a ſenti pendant le jour.

En l'arroſant il faudra autant qu'on pourra épargner ſes feüilles, mais il ne faut pas en cela ſe gêner trop.

Il y en a pluſieurs qui ſe ſervent de la façon avec laquelle on arroſe les Oeillets dans la ſerre, en ſe ſervant de petites terrines de terre & laiſſant les pots dans les terrines durant l'Eté, y verfant de jour à autre de l'eau fuffifamment pour arrofer la plante, mais cette methode n'eft point tant à approuver. I. Parce qu'il faudroit une trop grande quantité de terrines. II. Parce qu'il feroit à apprehender que l'Oeillet n'eût trop d'humidité. III. Parce que dans les pluyes, l'Oeillet prendroit un double arrofement, & la pluye venant à remplir les terrines, ce feroit laiffer toûjours l'Oeillet dans le bourbier.

Et par ces raifons on ne peut approuver le deffein de ceux qui fe fervent d'eau mêlangée pour arrofer leurs Oeillets, comme d'eau detrempée de fiente de pigeon, ou de bois fervant à teindre, ou du crottin de Cheval, ou de fiente de vache, fi non en la maniere qui fera dite ci-après. I. Parce que la fiente de pigeon eft trop chaude pour l'Oeillet, & quoique détrempée dans l'eau elle ne laiffera pas de faire venir le blanc à l'Oeillet. II. Parce que le bois à teindre ne pourra point contribuer à fon avancement, ni à fa beauté. III. Le crottin de cheval donnera à l'eau une chaleur étrangere, qui n'eft propre qu'aux plantes qui ne peuvent être élevées que tres-difficilement dans les pays froids & moderez, comme les Tubereufes, les Narciffes de Conftantinople & autres plantes de cette nature qui font cultivées dans les fufdits pays froids ou moderez. L'Oeillet demande un chaud naturel, une eau qui n'ait point d'autre chaleur que celle que lui donne le Soleil. IV. La fiente de vache ne lui eft point favorable, qu'entant qu'on s'en fert rarement & prudemment : *Rarement*, parce qu'on n'en doit ufer que deux ou trois fois au plus. *Prudemment*, d'autant qu'on doit prendre la fiente de vache la plus nouvelle, la bien délayer dans le tonneau avec l'eau dont il fera rempli, & fur tout ne donner l'arrofement ainfi compofé, que dans un temps de grande fechereffe & durant l'Eté, & en voici les raifons.

I. La fiente de vache de foi eft trop froide pour l'Oeillet, & qui voudroit s'en fervir frequemment, empêcheroit le progrés de l'Oeillet en refroidiffant fa terre.

II. Elle conferveroit trop long-temps l'humidité à l'Oeillet.

III. Elle feroit une efpece de coéne fur le pot, laquelle avec le temps pourroit bien caufer la pourriture au pied de l'Oeillet.

IV. Elle donneroit par fa graiffe trop de nourriture à l'Oeillet, & le feroit crever dans fon bouton.

V. C'eft que cette eau ainfi mêlangée de fiente de vache, n'eft utile que pour donner quelque rafraîchiffement à l'Oeillet, mais non pas pour le refroidir.

Qui voudra donc dans les grandes chaleurs de l'Eté, fe fervir pour arrofer fes Oeillets d'une eau mêlangée avec de la fiente de vache, il ne fera point mal, au contraire il fera tres-bien, pourvû que ce ne foit que deux ou trois fois au plus & dans l'Eté.

Un celebre Curieux donne fuccinctement des préceptes tres-utiles pour l'arrofement de l'Oeillet & des marcottes. Il dit qu'à proportion que vos marcottes fe fortifient, il faut les arrofer plus fortement. Plus il fait chaud, plus il faut leur donner à boire.

Quand le dard ou montant (c'eft la même chofe) commence à monter, & que l'œillet va travailler à fes fleurs, c'eft alors qu'il faut le vifiter foigneufement pour prendre garde à tous fes befoins.

Ne lui menagez point l'eau, une plante ne travaille point dans la fechereffe.

Prenez bien vôtre temps dans quelques jours fort chauds pour arrofer vos œillets avec de l'eau dans laquelle vous aurés mis détremper de la fiente de vache: cet arrofement frais & gras leur fait un bien indicible quand ils commencent à pouffer le dard, & leur fert jufqu'a la fleurifon, à moins qu'un chaud exceffif ne vous permît de donner un pareil arrofement quand le bouton groffit, ce qui feroit encore merveille.

ARTICLE XII.

Comme il faut cultiver l'Oeillet à mesure qu'il pousse son dard.

IL faut ici avertir le Fleurifte de faire provifion de quantité de baguettes, & de fil ou de jonc pour foûtenir la tige de l'œillet.

Le bois de ces baguettes, doit être autant qu'on le peut, choifi fur les buiffons de coudre ou noifetier, parce que ce bois eft extremement droit, moëleux, d'une belle longueur, fans nœuds, en un mot d'un beau blanc fous fon écorce, digne de fervir d'appui à une plante auffi curieufe que l'œillet. Ce n'eft pas que plufieurs ne fe fervent de druneau, de la pruine ou femblable bois, mais le druneau fe plie au Soleil: la pruine fe féche trop tôt, & l'autre bois ne peut pas être plus beau que le coudre.

La baguette fera de la groffeur du petit doigt, de la hauteur de quatre à cinq pieds fans écorce, c'eft à dire qu'il faudra ôter la pelûre du bois, pour bannir l'humidité qui pourroit être entre la tige de l'Oeillet & le bois de la baguette, & lui donner plus d'ornement, elle fera pointuë par un bout pour entrer plus facilement dans la terre du pot, & ne pas endommager la racine. Car qui ne voudroit point la faire pointuë par le bout, il pourroit bien fe mettre au hazard de déraciner l'œillet, en détachant les fibres de fon pied, & même pour mieux éviter cet accident, il faudra ficher la baguette à la diftance d'un travers de doigt de la tige de l'Oeillet & l'enfoncer jufqu'au fond du pot, afin qu'elle puiffe mieux refifter au vent; car fi elle n'avoit point de refiftance, il fe pourroit bien faire que la baguette venant à être renverfée par le vent, le dard de l'œillet qui eft attaché a la baguette, pourroit bien fe rompre.

Ceux qui voudront être les plus prévoyans commenceront dés le mois de Mars à faire couper ces baguettes, & aprés en avoir ôté la pelûre, ils en feront plufieurs bottes, liant chaque botte par le bas, par le milieu & par le haut, & enfuite ils mettront les bottes dans le four, pour les faire fecher, ni plus ni moins qu'on fait les cerifes, les raifins & autres fruits, cet expedient eft pour éviter qu'elles ne coffinent au Soleil:

Quand l'œillet commencera à pouffer fon dard, il faudra en même temps ficher la baguette dans le pot, & a mefure qu'il montera l'arrêter à la baguette, avec du fil ou du jonc, l'un & l'autre font bons; le fil pourveu qu'il foit gros & de chanvre: le jonc, c'eft à dire, celui qu'on trouve dans les marais & prairies. Il faudra donner à chaque nœud de l'œillet un fil ou un jonc jufques au dernier nœud du maître bouton; j'appelle maître bouton, celui qui fleurit le premier & qui eft au plus haut dard: & comme il y a bien fouvent dans un même pot plufieurs marcottes provenant d'un même pied, qui montent à dard, fi on veut bien les laiffer monter & ne les pas châtrer, comme on dira ci aprés, il faudra auffi donner à chaque dard une baguette & les arrêter comme deffus, & fi la plufpart des marcottes ont monté, & qu'il s'en trouve jufqu'a 4. ou 5. on pourroit bien fe fervir de ces baguettes, pour en faire comme de petites cages qui foûtiennent les montans de l'œillet.

On entre dans le detail , pour obliger ceux qui lient tous les montans d'un œillet à une même & feule baguette & qui en font comme un fagot , de changer de methode , & en voici les raifons. I. Ils étouffent la plante. II. Ils empêchent les marcottes de profiter. III. Ils ne peuvent point ôter facilement les boutons inutiles & fuperflus. I V. Ce n'eft point tenir l'œillet dans une fi grande propreté qu'il demande.

Pour paffer plus outre. Quand le Curieux verra l'œillet pouffer de toutes part des montans & qu'il ne laiffera point de fuccefleurs , on entend des marcottes , puifque celles qu'il aura pouffé feront montées à dard , il faudra en diligence châtrer les marcottes autant que l'on trouvera à propos , en coupant le dard au fecond nœud , afin qu'il en arrive deux bons effets : le premier que l'œillet puiffe produire de nouvelles marcottes : Le fecond que celles qui paroiffent ordinairement pouffer fur le pied , puiffent profiter , & qu'elles rempliffent la place de celles qui auront monté , joint qu'il fera tres-avantageux au maître dard d'en ufer ainfi , puifqu'il deviendra plus gros & mieux nourri & donnera par confequent une plus groffe fleur , en lui ôtant une partie des autres montans qui lui déroberoient de fa fubftance & l'affoibliroient en forte que la fleur n'en deviendroit pas fi groffe ni fi large.

On explique ceci en détail pour le faire mieux entendre & plus clairement.

I. Quand on fe fert du mot de châtrer , il ne faut pas le croire impropre & indecent : Impropre , parce que c'eft *châtrer un Oeillet* , que d'empêcher fa production : Indecent , parce qu'on s'en fert pour les autres plantes , comme les giroffliers , les melons , & autres qui n'ont point les qualités de l'œillet.

II. Châtrer l'œillet , c'eft à dire couper fes marcottes , lors qu'elles montent à dard dans le fecond nœud le plus voifin du pied de l'œillet.

III. On dit qu'il faut ainfi châtrer l'œillet , pour faire pouffer plus aifément les petites marcottes qui paroiffent au pied de l'œillet : car s'il y a plufieurs marcottes au pied , dont quelques-unes foient montées & que les autres paroiffent ne pas pouffer à dard , il faudra bien fe garder de châtrer celles qui montent , parce qu'en les coupant , on donneroit lieu aux autres qui ne montoient pas , d'en prendre le chemin , en recevant une plus forte feve ; fi au contraire toutes les marcottes montent & qu'on ne les châtre point, outre qu'on alterera le maître dard , c'eft qu'il ne reftera au Curieux qu'un pied fans marcotte au lieu que s'il avoit pourveu à faire cette diffection en temps & lieu , il auroit donné lieu à l'œillet de pouffer de petites marcottes dans fes nœuds foit au pied , foit dans les marcottes ainfi châtrées , qui pouffent bien fouvent de nouveaux rejettons.

Quand l'œillet aura ainfi été arrêté à la baguette , & châtré , il ne fera plus queftion que de lui ôter les feüilles que la chaleur du *Soleil* aura fechées , & enfuite lui donner un petit labour , lors qu'il commencera à pouffer fon bouton , en la forme cy après.

Il faudra avec un petit morceau de bois fait en fpatule de Chirurgien , large d'un poûce , d'une mediocre épaiffeur , gratter la terre du pot de la profondeur de deux pouces dans toute l'étenduë du pot , fans pourtant approcher plus prés du pied de la plante que de deux pouces à l'entour pour obvier aux accidens qui pourroient arriver à fa racine. On demandera à quoi fert ce labour ? On répond qu'il contribuë notablement à fortifier la plante de l'Oeillet , & à rendre fa fleur

plus

plus groffe & plus large. I. parce qu'il donne de nouvelles forces à fa racine,
qui étoit refferrée par la dureté de la terre. II. Il rend fa terre plus legere,
III. Il lui donne plus de nourriture. IV. Il fait pouffer plûtôt le bouton & lui
fait prendre une forme plus propre pour éclore une belle fleur. V. Cela eft fondé
fur l'experience.

Et comme par ce labour on aura mêlé le terreau qui étoit fur le pot avec la terre
il faudra mettre au deffus du pot de nouveau terreau de cheval bien pourri & réduit
en terre, lui donner auffi-tôt un arrofement, pour éviter que les vents ne le chaf-
fent hors du pot, étant fort leger, & en même temps pour le lier par le moyen de
cet arrofement avec la terre du pot.

Et fi les arrofemens & les pluyes avoient fait tellement diminuer la terre, qu'elle fût affaiffée jufques au deffous du cordon du pot, il faudra remplir le pot de la
même terre, dont il aura été rempli en plantant l'Oeillet jufqu'au milieu du cordon, & le refte jufqu'à rez du bord du pot de terreau de cheval, qu'il faudra arrofer,
comme dit eft, fans pourtant enfoüir l'Oeillet.

Si vous obfervez bien tout ce qui vient d'être dit, vous aurez affeurement de
belles fleurs, pouvû que vous ôtiez auffi à l'Oeillet les boutons fuperflus, comme
on dira à l'Article fuivant.

ARTICLE XIII.

Qu'on doit ôter à l'Oeillet les boutons fuperflus.

C'Eft en vain fe donner beaucoup de peine pour bien cultiver l'Oeillet, & tâcher de lui faire porter une belle fleur, fi vous lui laiffez tous fes boutons,
c'eft auffi en vain efperer d'en avoir fatisfaction, fi vous lui en ôtez plus que de
raifon. Car d'une part vous le ferez venir trop petit & d'une autre vous le ferez fendre dans fon bouton ; Il faut donc remedier à ces deux exrremitez & dire
qu'il ne faut point trop laiffer de boutons, ni trop peu.

I. Il n'en faut point laiffer trop, parce que c'eft alterer le maître bouton, par
la raifon que le dard, qui lui donne la feve, la partage avec tous les autres boutons, aufquels il la communique, & lui diminuë par conféquent fa vigueur,
au point que fa fleur n'en fera point fi groffe ; comme par exemple ceux qui laiffent croître des boutons dans tous les nœuds de l'Oeillet, depuis le bas de fa tige jufques à fon fommet, font tres-mal, & s'apperçoivent vifiblemént du tort
qu'ils font à la fleur : Ceux qui laiffent deux boutons fur la même queuë de l'Oeillet, [qu'on appelle en Picardie, *Dardille*] fe trompent encore dans leur attente,
parce qu'ils fe nuifent tous deux enfemble, en fe dérobant l'un à l'autre par leur
voifinage une feve, qui n'eft fuffifante que pour un. Ceux qui laiffent pouffer
dans un même nœud deux queuës, qui portent chacune un bouton, fe portent
préjudice pareillement, quoi qu'elles pouffent de differens côtez, pour les mêmes raifons que deffus.

On ne fçauroit comprendre quels font les motifs de ceux qui en ufent ainfi, fi
ce n'eft qu'ils aiment mieux la quantiré des fleurs que la qualité, le nombre que
la beauté, au lieu qu'un veritable Curieux ne s'attache qu'à faire réüffir le maître bouton, qui doit faire feul l'ornement de toute la plante par fa groffeur &
largeur, & ne fe met en peine des fuivantes, qu'entant qu'il en faut pour lui faire
compagnie.

II. Il n'en faut point trop ôter, car comme c'eft alterer le maître bouton, lui

en laiſſant trop , parce que la ſeve eſt diſperſée ; c'eſt auſſi lui donner trop de
ſeve , & l'obliger à crever en lui en laiſſant trop peu: Ceux là donc qui ne laiſſent qu'un bouton ou deux ſur chaque montant de l'Oeillet , ſe mettent au hazard de ne pas jouir du fruit de leur travail , & de ne pas voir éclorre l'objet de
eur eſperance , puis qu'outre qu'il peut arriver quelque accident , qui pourroit
les priver de la fleur , il eſt bien difficile que leur maître bouton ne creve par
trop de ſeve , & d'ailleurs pourquoi ſe ſevrer volontairement des fleurs , quand
ell es ne ſont pas nuiſibles à l'Oeillet ? On ne le cultive pas ſeulement pour voir
ſon vert & ſes fanes , mais auſſi pour admirer ſes fleurs , c'eſt le but du Fleuriſte , c'eſt le ſujet de ſes ſoins.

Il y a pourtant de certains Oeillets auſquels il ſeroit bon de ne laiſſer que deux
boutons , mais ils ſont en petit nombre , & il ne faut point prendre un particulier , pour ſervir d'exemple à tous.

Le mieux eſt d'ôter les boutons qui pouſſent dans le premier & ſecond nœud
du dard , plus prés du pied , pourveu qu'il reſte encore quatre nœuds au montant , qui ayent tous pouſſé des boutons , & de ne laiſſer ſur chaque queuë ou
dardille qu'un ſeul bouton , & il eſt bon d'ôter les boutons , qui ſe trouvent
trop proches voiſins du maître bouton , afin qu'il ne lui diſputent point la ſeve.

Il ne faudra donc laiſſer ſur chaque dard que quatre boutons , ſi ce n'eſt que
l'Oeillet fût ſujet ou à crever ou à devenir trop petit , l'experience le fera connoître , & ſuivant les connoiſſances qu'on en aura , il faudra laiſſer plus ou moins
de boutons.

Voila ce que dit fort au long l'Autheur du nouveau traité des Oeillets ; un autre Curieux en parle plus ſuccintement , & voici ce qu'il enſeigne.

Caſſez ou coupez à un nœud prés du pied les marcottes qui montent.

Ne laiſſez qu'un dard au pot , dont vous voulez avoir de beaux Oeillets .

Mettez à ce dard une baguette de coudre ou noiſetier , ou d'autre bois non
pliant. Il faut éguiſer la baguette par le bout qui entre dans la terre , elle in-
commodera moins les racines , piquez-la à deux ou trois doigts du pied , il n'en
ſera aſſi fort ébranlé.

Liez vôtre dard à vôtre baguette & à chaque nœud du dard , crainte qu'il
ne caſſe en pouſſant , & pour ne vous pas tant aſſujetir , ne commencez à le lier que
lors qu'il eſt un peu grand.

Si vôtre pot a trop de marcottes , & que vous jugiez qu'en lui ôtant les petites
vous ne ferez pas monter les autres , vous lui ferez plaiſir de le décharger , & ſes
fleurs en ſeront incomparablement plus belles.

A moins qu'un Oeillet ne ſoit d'une nature extraordinaire pour trop crever , il
ſuffit de laiſſer trois boutons ſur le dard : Il faut arrêter les autres dardilles dés
qu'elles naiſſent.

Si vôtre œillet peut ſouffrir même que vous ne lui laiſſiez qu'un bouton , &
que cela contribuë à la plus grande beauté de ſa fleur , faites-le. La premiere
fleur étant toûjours la plus large , elle eſt l'unique eſperance du Curieux , il neglige le reſte.

C'eſt à l'égard des pots que l'on deſtine au theatre qu'il en parle ainſi , on n'en
ſçauroit trop pouſſer la fleur , pour les autres , laiſſez leur plus d'un dard , mais
jamais plus de 3. ou 4. fleurs ſur chaque dard.

Otez avec exactitude les boutons qui viennent autour des boutons que vous
ſouhaitez qui fleuriſſent , ils ſe mangent les uns les autres. Il leur faut de la diſtance
pour profiter.

On peut aider quelques boutons à fleurir , il y en a qui groſſiſſent en forme
de culs d'artichaux , courts & gros ſeulement prés de la queuë ou dardille & menus à la pointe , il faut lier ceux-là avec du fil , ils ſe rempliſſent du bout &
s'allongent mieux.

Tout œillet qui menace de crever doit être lié. Ce n'eſt pas que la ligature
l'en empêche toûjours , mais il en creve moins , quelquefois point.

Le ſecours d'ouvrir un peu le bout de l'écoſſe de tous côtez eſt tres-bon.

Lors que vous avez une belle eſperance d'un tres gros bouton , & que vous
craignés par le temps qu'il lui faut pour fleurir entierement , que le Soleil ne le
brûle , ou que les pluyes ne le pourriſſent , couvrez ſa fleur avec le deſſus d'une
boëte ordinaire à confiture , ſur le bord de laquelle vous faites un trou avec un
fer rouge , vous paſſez ce deſſus de boëte par le haut de la baguette à laquelle
le dard eſt lié , & avec un petit coin de bois que vous fichez dans le trou du deſſus de la boëte , vous l'arrêtez contre la baguette , juſte ſur vôtre fleur , qui ainſi eſt
couverte. Il n'y a que vos tres-gros & beaux boutons qui meritent ce ſoin, ſans lequel pluſieurs fleurs ſont gâtées avant que de fleurir.

A meſure que vos œillets fleuriſſent beaux,arrangez en la fleur en la peignant ou
refendant;mettez y le Carton , ſi elle en a beſoin, & placez ſon pot ſur vôtre theatre. On n'y doit jamais mettre un œillet ſans l'avoir accommodé , il y a de la différence , d'un qui eſt ajuſté , à un qui ne l'eſt pas , comme du blanc au noir.

Arrangez vos fleurs ſuivant leurs couleurs , un mélange entendu eſt un tres-
grand agrément.

Il faut arroſer les pots qui ſont ſur le theatre un peu plus ſouvent que s'ils étoient
à leur place ordinaire , mais plus legerement. L'eau conſerve la fleur plus long-
temps.

ARTICLE XIV.

Comment on doit aider l Oeillet pour le faire fleurir.

Q Uand vous verrez le bouton de l'œillet également *gros & long* , vous pouvez eſperer une belle fleur , ſi l'eſpâce de l'œillet eſt belle , & pour cet effet
gardez vous bien de toucher à ce bouton , qui n'a pas beſoin de la main du Fleuriſte , mais laiſſez-le éclore ſans impatience. Si au contraire le bouton eſt *gros* &
court , defiez-vous en , car il ſe fendra certainement : il en ſera de même s'il n'eſt
point égal dans ſa groſſeur & dans ſa longueur.

Or pour éviter la diſgrace qui en pouroit arriver , il faudra ſe ſervir de gros
fil de chanvre , dont on ſe ſert pour lier le montant de l'œillet à la baguette , &
avec le fil arrêter le bouton au tiers de ſa coſſe , ſans le trop ſerrer , parce que
cela l'empêcheroit de fleurir , & ſans le ſerrer trop peu , parce que vous ne l'em-
pêcheriez point de crever : vous diſpoſerez tellement vôtre fil ſur la coſſe qu'elle ne puiſſe ſe fendre , & pour s'en mieux défendre , vous ouvrirez la côte avec
la pointe d'une epingle ou d'un aiguille , ou d'un inſtrument propre à cela , comme on en dépeint ici la figure ,

Et vous la fendrez également dans toutes fes jointures jufques au fil , pour donner jour à la fleur afin qu'elle forte plus aifément du bouton.

D'autres y appliquent la peau d'un côte de féve , ou un anneau de faule ,
(comme pratique M. le grand & fameux *Fleurifte* Prevôt ,) lequel venant à fe
fecher foûtient également fon peintuté feüillage , & le Curieux y fait entrer
doucement un anneau de canne , ou d'argent &c. pour réparer le manquement ,
auquel toute fon induftrie n'a pû remedier.

Il y a quelques Fleuriftes qui mettent l'œillet à l'ombre , lors qu'il commence
à fortir de fon bouton , & n'attendent point que fa fleur foit éclofe , pretendant
qu'ainfi il fleurit avec plus de facilité & de beaute : mais comme les marcottes
languiffent étant trop long tems a l'ombre , il eft mieux de ne laiffer fleurir les
œillets , que dans leur fituation & leur expofition depuis le mois de Mars. Les
rofées font , qu'il fleurit plus promptement ; que le blanc de l'œillet en devient
plus grand , & que les marcottes n'en fouffient pas : On a pourtant vû de bons
effets de les avoir expofez a l'ombre.

Quand l'œillet fera entierement épanouï & fleuri , fi l'on voit qu'il ne tourne pas bien fes feüilles , & qu'elles ne foient pas dans un bel ordre & arrangement , le Fleurifte pourra fuppléer a ces manquemens , en difpofant tellement
fes feüilles avec les doigts de la main bien nets , & bien lavez & fans fueur , quelles trouvent chacune leur place & leur rang , même pour donner plus de largeur à la fleur , il pourra plier les extrémitez de la côte , cela donne moyen à l'œillet d'étendre fes feüilles fur la colle , ainfi pliée par fes bouts , comme fur une ronda-
che : on appelle cette façon de traiter l'œillet , l'*ajufter* , le *peigner* , le *refendre*.

Il y a de certains œillets qui ayant les feüilles extrêmement tendres & delicates , les renverfent , comme *le grand Chambellan* , *le Charmant de nos jours* , *le Morillon de la Croix* , *le beau Cramoify* & autres femblables : ce feroit perdre la beauté de ces œillets qui font tres-rares , fi on ne foutenoit pas les feüilles qui fe renverfent , il faudra donc à cet effet mettre derriere la fleur de l'œillet un petit carton de figure ronde , moins grand que la fleur de l'œillet qui paroîtra peu , mais
qui lui fervira d'apui & lui donnera un éclat & une largeur merveilleufe. Il faudra en ufer de même quand l'œillet aura collé , afin que le carton fuplée au defaut de la colle , dans l'endroit qui fe trouvera crevé.

ARTICLE XV.

Comment il faut garentir l'Oeillet des infectes qui l'endommagent.

Rois fortes d'infectes attaquent l'Oeillet pour le détruire , *le Puceron* qu'on
appele *pou vert* , la *Chenille verte* & le *Perce oreille*.

Le *Puceron* ne peut faire aucun mal tout feul à l'œillet , parce qu'il eft fi petit
& fi facile à contenter , qu'il ne peut point dérober beaucoup de féve à l'œillet:
mais ce petit animal jaloux de cette aimable plante , cherchant à lui faire incef-

famment la guerre , affemble tous fes camarades en troupe pour l'affaillir , & le terracer en lui fuccant la feve , qui fait fa force & fa vigueur : on en voit quelquefois une quantité prodigieufe attachée à la plante de l'œillet , & par une efpece de fineffe , fe cacher fous les fanes durant le jour , pour en fortir la nuit & butiner l'œillet. Ce butin confifte à prendre la feve de l'œillet , ce qui l'empêche de profiter.

En effet , fi le Fleurifte n'a pas le foin de nettoyer la plante de ces petits animaux , il la verra languir & le dard devenir fec.

Pour s'apperçevoir quant elle en fera attaquée , il n'y aura qu'à remarquer certaines petites taches blanches en forme de points fur les feüilles , qui font comme les repaires de ces petites bétes , cela découvre leur malignité , & donne jour pour les abolir.

Pour bien faire , il ne faut point aprehender de les écrafer avec les doigts de la main , ils n'ont rien de venimeux ni d'infect , on l'ôte auffi avec la plume , car ni l'eau , ni le Soleil , ni les pluyes ne les peuvent faire mourir , & pour s'epargner la peine de le faire à plufieurs fois , il fera neceffaire au matin au Soleil levant , d'aller à la découverte de ces petits ennemis , qu'on trouvera affemblez tous enfemble fous les feüilles de l'œillet , & en deux coups de doigts on en fera quelquefois un maffacre de plus de mille. Ils s'adreffent particulierement aux violets & aux plus délicats , ne voulant pas trouver de refiftance.

La Chenille verte fait bien plus de dégât , & donne bien une autre atteinte à l'œillet , car elle ne fucce pas feulement la feve , mais elle le ronge , & coupe le montant , & pour fe mettre mieux à couvert de la recherche du Fleurifte , elle fe cache ordinairement de jour fous le cordon du pot , croyant y trouver un abry , ou du moins échaper à fes yeux ; mais la malheureufe ne prend pas garde , qu'en laiffant une efpece de mouffe blanche dans le nœud de l'œillet qui eft un fignal infaillible de fa prefence , elle donne lieu d'en faire la recherche , & de la trouver enfin fous le cordon du pot ou quelquefois fous l'œillet même , quelquefois auffi on la pourra trouver cachée dans cette mouffe ; qu'il faudra foigneufement ôter avec les doigts : car c'eft encore une efpece de repaire , qui pourroit bien donner naiffance à de femblables animaux , & il femble quelquefois que vous trouviez du crachat fur les fanes de vos œillets , c'eft une mouffe dont fe couvre cet infecte , dont la bave deffeche les ma cotes.

Le Perce-oreille eft l'ennemi capital & declaré de l'œillet , parce qu'il l'attaque de toutes parts , dans fon montant , dans fon bouton , dans fa fleur : Dans fon montant en rongeant l'écorce : Dans fon bouton en s'y faifant ouverture , avant que fa fleur foit éclofe , Dans fa fleur , en coupant la racine de fes feüilles , qui faifoient fa beauté , & dont elle fe trouve depoüillée au Soleil levant.

Pour éviter le mal que cet infecte peut caufer à l'œillet , il faut avoir foin de placer les tretaux fur lefquels les ais qui foûtiennent les pots font pofez , dans un lieu fort net , fans herbe , éloigné du buis & des autres plantes qui pourroient lui fervir de refuge & d'azile ; & fi par malheur elles continuoient leur ravage , il faudroit defcendre les pots de leur place , découvrir le lieu où elles fe retirent pour en faire un carnage , non pas avec la main , car elles ont quelque chofe d'infect , mais avec de l'eau boüillante , ou une pierre , ou le plat d'une béche ; il fe prend avec de petits cornets de papier , de carte ou de drap , qu'on fiche le foir fur le bout de petits bâtons , & qu'on vifite le lendemain matin : Mais pour les exterminer il ne faut que mettre fur le pot un morceau de linge humide , car s'y amaſſant tous en troupe, il ſera facile de les y tuer.

Il y a encore d'autres inſectes qui font la guerre à l'œillet, comme une eſpece d'araignée verte & venimeuſe, *le limaçon, la fourmi* & une eſpece de *chenilles blanches.*

L'*Araignée verte,* environ le commencement de l'Automne, ſe jette ſur le feüillage de l'œillet, où elle file une toile dont elle ſe couvre, ſous laquelle elle fait le guet pour ſurprendre les petits moucherons qui viennent ſuccer la roſée & le miel de nôtre fleur, laquelle voulant s'exempter de loger ce mauvais hôte replie ſes feüilles, & les reſerme autant qu'elle peut, mais en vain, ſi bien que s'y trouvant contrainte, vous la voyez jaunir petit à petit, & abandonner toutes les feüilles qui ſont infectées de ce venin, qui ſe fanent & fletriſſent en bien peu de tems.

Or ce ſeroit peu ſi cette malicieuſe bête arrêtoit là ſes entrepriſes, & n'inventoit point d'autres ruſes : En ce tems là l'œillet commençant à grener, il arrive que ce larron domeſtique perce & fait ouverture dans ſa coſſe, où imperceptiblement, & en ſecret il dérobe le threſor que la nature y cachoit, ſi bien que le Fleuriſte venant à chercher la graine, n'y trouve plus rien, ſans qu'on puiſſe découvrir le voleur qui eſt dans la coſſe, ſi on n'y regarde de bien prés.

Qui voudra éviter cet accident, qu'il veille à ſurprendre l'animal qui en eſt cauſe ; car ayant decouvert le mal, on y a trouvé le remede, puiſque trouver cet ennemi, c'eſt le vrai moyen de le vaincre.

Le Limaçon aſſez frequent dans les lieux humides & aquatiques, s'attachant aux dards & montant de l'œillet les coupe en deux, & aprés avoir bavé ſur toutes les fleurs, cherche une autre branche pour la ronger, ne ceſſant jamais qu'il n'ait ravagé tout l'œillet où il s'eſt une fois trouvé attaché.

Si les *Fourmis* veulent venir à vos fleurs d'œillets, mettez du miel dans un gobelet poſé prés de vos pots, elles iront toutes au miel & laiſſeront les fleurs.

La Chenille eſt ſeule, mais elle ne laiſſe pas de faire un grand dégât, qui eſt d'autant plus dangereux, que la cauſe en eſt preſque inconnuë aux plus clairvoyans, car ſe retirant de jour ſous le pot de l'œillet, le long des bords, ou dans le nœud des petites baguettes, la nuit ſeulement elle ſe met en compagne, & va à la picorée de toutes les plus belles fleurs encore en bouton, & avant qu'elles viennent à ſe déveloper, perce en rond le tuyau, s'y enfermant bien ſouvent pour y ſuccer à plaiſir & piller le petit magazin des graines que la nature y prepare, ſi bien que vous ne voyez jamais une fleur d'œillet en ſa perfection, mais les unes à demi mangées & les autres entierement perduës,

Le remede à ce mal, eſt de ſurprendre cet animal & lui faire ſon procés.

ARTICLE XVI.

En quel lieu l'œillet doit être mis quand il eſt fleuri, & ſur tout qu'il le faut preſer-
ver du Perce-oreille & de la Fourmi.

LA pluye, le Soleil, le grand arroſement, le Perce-oreille & la Fourmi bleſſent l'œillet dans ſa fleur & en terniſſent l'éclat.

La pluye : Il eſt certain que l'eau qui tombe ſur la fleur de l'œillet le ternit, le tache, le corrompt, & le flétrit en un moment.

Le Soleil ne fait pas moins de mal à ſa fleur, parce qu'il deſſeche tellement la terre, que ſa fleur ſe deſſeche auſſi.

Le grand arrofement, le fait paſſer en un inſtant, ſur tout lors qu'il eſt ſur ſa fin.

La fourmi ronge ſa fleur & le perce dans ſes feüilles ; On a dit ci-deſſus comme il l'en faut garantir.

Le Perce oreille eſt le plus cruel de tous, parce que, comme il a été dit, il mange ſa fleur, ou du moins il coupe ſes feüilles dans leur racine, en ſorte qu'elles tombent &c.

Le moyen de preſerver l'œillet de tous ces accidens, c'eſt de faire faire un toict, ſoit des paillaſſons, ſoit de bois dans un lieu où le Soleil n'envoye point ſes rayons, ou du moins les plus ardens, c'eſt à dire quand le Soleil y paroîtroit une heure le jour, pourveu que ce ſoit au levant ou au couchant, il ne cauſeroit aucun mal, & enſuite diſpoſer des tretaux pour y poſer des ais a la diſtance de quatre doigts de la muraille, & y placer l'œillet fleuri, comme ſur un amphiteatre, afin que ſes fleurs en puiſſent mieux paroître.

On met une diſtance de 4. doigts de la muraille ; afin que la fourmi & le perce-oreille n'y puiſſent monter ; mais comme elles pourroient bien ſe ſervir du tretau, comme d'une échelle, pour attaquer l'œillet dans ſa fleur, le Fleuriſte aura ſoin avant que de placer les œillets fleuris, de poſer les pieds des tretaux dans de petits plateaux de bois, ou dans de petites terrines de terre, qu'il tiendra toûjours pleines d'eau, en les rempliſſant tous les jours ; ces petits animaux qui abhorrent l'eau, n'oſeront ſe mettre à la nage pour butiner l'œillet.

Il y a un autre expedient, pour garantir l'œillet de leur inſulte, avec plus de facilité, c'eſt qu'il faut mettre de la glu mêlée avec de l'huile à brûler, au haut de chaque tretau, aprés l'avoir étenduë ſur de petits parchemins de la largueur de 2. ou 3. doigts, & de tems en tems il faut rafraichir ces parchemins, en y mettant de la glu nouvelle, & ainſi ces petites bêtes ſe prennent.

Si par hazard, quelques-unes reſtoient cachées, ſoit dans le pot de l'œillet, ſoit dans les ais, ſoit dans le deſſus des tretaux, ou bien qu'elles ayent volé, du moins le perce-oreille, qu'on dit avoir des aîles, il faudra mettre au bout des baguettes des ongles de mouton, ou de veau, ou de petits cornets de papier, comme il a été dit ci devant, ou de petites cartes, en forme de capuce, ou de l'étoffe en la même forme ou pluſieurs brins de balay mis enſemble, en differens endroits ſur les ais qui ſoûtiennent les pots, & le matin le Curieux ne manquera pas d'y trouver ces ennemis cachez.

Il ne faut donner d'arroſement à l'œillet fleuri, qu'autant que les marcottes en auront beſoin pour ne point languir, car l'œillet n'en a point beſoin pour ſa fleur, il n'y a que les rejettons qui en demandent, mais auſſi tôt que la premiere fleur eſt paſſée, qui eſt toûjours la plus belle, il ne faut point manquer de donner un arroſement copieux & abondant à l'œillet, & le porter au lieu où il étoit avant ſa fleur, afin de lui donner lieu de former ſa graine.

<h2 style="text-align:center">A R T I C L E XVII.</h2>

De la graine de l'œillet, du tems qu'il la faut ſemer & de ſon plan.

POur faire graine l'œillet, il faut I. ſe garder de l'expoſer en ſortant de l'ombre où il étoit pendant ſa fleur, au Soleil du midy, car la coſſe de l'œillet ſecheroit, & ſa plante prend ou le blanc, en ſortant d'un air frais pour en prendre un brûlant, c'eſt pourquoy aprés ſa premiere fleur paſſée, il faudra le placer dans ſa premiere ſituation, & dans l'aſpect du Soleil où ſa fleur a fleuri, ſi ce n'eſt qu'on voulût le marcotter pendant le tems qu'il a été à l'ombre, ce qu'il eſt bon de faire , & 4. ou 5. jours aprés le mettre dans ſa ſituation ordinaire, qui eſt celle qu'il a eu depuis le mois de Mars juſqu'à ſa fleur.

II. Aprés qu'il aura demeuré quelque tems en cette ſituation , pour ſouffrir peu à peu la chaleur du Soleil , il faudra vers le huit de Septembre l'expoſer au Soleil du midy , & l'arroſer frequemment pour l'obliger à grainer plus facilement , parce que le grand air, l'eau & le Soleil produiſent ſa graine , qu'il ne faut cüeillir que quand elle eſt bien meure. Ceux qu'on tient à couvert ne portent point de graine.

III. Pour conſerver celle qui ſe trouvera dans ſa coſſe , qui eſt un petit tuyau dans lequel elle ſe forme , il faudra garantir ſa coſſe des pluyes frequentes qui pourront arriver avant ſa maturité , parce qu'autrement elle pourriroit, parce que ſa coſſe étant comme un vaſe , elle retient l'eau qui pénetre par aprés le vaſe où la graine eſt reſſerrée , & la corrompt par ſes approches.

IV. Il faut faire choix de ceux qui ſont plus feconds , & qui portent graine plus volontiers , pour en avoir plus de ſoin durant le tems qu'elle ſe forme & la faire venir en maturité. Les uns grainent plus facilement que les autres, ce que l'on a bien reconnu par l'exemple de *l'orpheline* qu'on a nommé depuis *Abondante* , ou la *mere des œillets* , parce que cet œillet graine extrêmement , & reüſſit admirablement dans les productions , ayant donné *le Nompareil*, *l'Atteſte* & *le Medor*, qui ſont des œillets tres-rares.

V. La ſaiſon la plus ordinaire de cüeillir la graine de l'œillet, c'eſt ſur la fin du mois de *Septembre* , ou au commencement d'*Octobre*, quelquefois plûtôt, quelquefois plus tard, ſelon la diſpoſition des tems.

Quand on aura cüeilli la graine , il faudra mettre chaque eſpece dans un papier ſeparé , pour les diſtinguer par écrit , aprés avoir laiſſé ſecher cette graine ſuffiſamment , en ſorte que l'humidité ne puiſſe point la corrompre , & ſemer chaque ſorte de graine auſſi ſeparément dans des terrines , donnant à chacune une marque chifrée , pour connoître les eſpeces qui reüſſiſſent & les ſeparer de celles qui dégenerent.

La ſaiſon pour ſemer l'œillet , eſt differemment obſervée ; Les uns le ſement en Automne , les autres au Printems

Les premiers , au nombre deſquels eſt l'Autheur du Livre qui a pour titre la conſoiſſance & culture parfaite des tulipes rares , des anemones , des œillets fins &c. veut qu'on cüeille la graine quand elle eſt bien meure , & qu'on la ſeme auſſi-tôt ſur couche , ou ſur terre bien fumée & bien diſpoſée , ayant ſoin de l'arroſer ; il dit qu'elle pouſſe ſon plan aſſez tôt, & aſſez vigoureuſement pour être replantée dans l'Automne & produire ſa fleur l'année d'aprés , & que les pareſſeux qui attendent au Printems ſuivant à la ſemer , y perdent une année.

Mais l'Autheur du traité des œillets n'eſt pas de ce ſentiment, & il dit que la graine qui n'a point de repos , n'a point auſſi aſſez de force , pour pouſſer un beau rejetton qui languira durant l'hyver , ou bien qui ne produira pas une fleur qui puiſſe répondre à l'attente du Fleuriſte : la raiſon qu'il aporte , c'eſt , dit il, qu'il faut laiſſer meurir la graine , ſans vouloir la ſemer auſſi tôt qu'elle a été cüeillie : Il faut lui donner du repos , ni plus ni moins qu'on en donne aux belles Anemones , qui aprés avoir demeuré dans le cabinet du Fleuriſte , pouſſent des fleurs beaucoup plus larges qu'elles n'auroient fait , ſi elles avoient été miſes en terre annuellement.

Son

Son avis est qu'il faut femer au Printems, non pas en Février, comme font quelques uns, mais dans la femaine fainte a caufe de la pleine Lune, s'en étant toûjours bien trouvé.

La façon de femer les œillets, c'eft de remplir les terrines dont on voudra fe fervir, de terre compofée moitié de terreau de cheval, & moitié de terre de marais
ou de fable noir, mais feulement jufques au cordon de la terrine, & enfuite répandre la graine fur la terre & l'affaiffer avec le plat de la main, puis aprés remettre de la même terre jufques au milieu du cordon de la terrine, & le reftant jufques à rez du bord, de terreau de cheval, & après avoir donné un arrofement confiderable fur la terrine, l'expofer au Soleil, pour faire pouffer la graine.

Le temps de mettre le plan de l'œillet en terre, c'eft ordinairement dans le mois
de Juillet, ou au commencement d'Août, après la premiere pluye qui furviendra, & il faut bien fe garder de le faire durant la fechereffe, car le plan ne re-
prendroit point, quelque arrofement qu'on pût donner, au lieu que fi vous at-
tendés la pluye, & fi vous le couvrés durant 7. ou 8. jours de quelque toile cirée
ou de paillaffons, pour les mettre à l'abry de l'ardeur du Soleil, comme on fait
pour les giroffliers, vous lui donnerés vigueur par l'humidité qui fe trouvera dans
la terre, par l'ombre qu'il recevra, & par l'arrofement que vous lui donnerés de
tems en tems, au point qu'il ne flétrira point, mais prendra de bonnes & fortes
racines.

ARTICLE XVIII.
Des Maladies de l'Oeillet.

Utre les maladies des œillets, defquelles il a déja été parlé ci-devant, les
plus ordinaires font *le blanc, la pourriture, & la gale.*

Le blanc eft une efpece de tache blanche, qui s'attache aux fanes de l'œillet,
& dont peu à peu comme une pefte, elle gagne le cœur, en forte que la mort s'en
enfuit, quelque diligence que vous puilliés apporter à couper fes fanes, ce venin
eft fi mortel, que quand il ne paroîtroit qu'à l'extremité des fanes, il ne laifferoit pas de caufer les mêmes ravages, que s'il s'étoit attaqué d'abord au
corps de la plante, c'eft ce qui fait croire à tous les Curieux, que c'eft une maladie interne qui vient de la racine, & qui fe communique par aprés au refte de la
plante.

La caufe de cette maladie, vient de la trop grande fechereffe, d'une mauvaife
expofition de l'œillet, d'un mauvais arrofement, des broüillards & d'autres accidens.

Comme le blanc eft une maladie incurable de l'œillet, il ne fert de rien d'en pro-
pofer des remedes.

Pour le preferver pourtant des accidens que caufe cette maladie, le grand
fecret eft, 1. de le preferver des nuits froides & des broüillards, car on remarque par des experiences fenfibles qu'ils engendrent cette maladie, & de fait *le
blanc* ne prend ordinairement à l'œillet qu'au Printems & à l'Automne, & c'eft
rarement qu'il en eft attaqué dans l'Eté, fi ce n'eft fur la fin, ou qu'on l'ait
privé de fes arrofemens neceffaires. I I. C'eft d'expofer l'œillet en grand air, &
en effet on remarque que les œillets élevés dans les jardins de campagne, ne font
point fi fufceptibles du blanc. III. C'eft de ne fe fervir d'aucun remede mais d'arrofer plus abondamment & plus frequemment les œillets malades, & les laiffer

guerir d'eux-mêmes : Et on se trouvera tres-bien de ces arrosemens , soit qu'ils ayent sauvé l'œillet de cette maladie , soit que d'eux mêmes ils ayent recouvré leur santé. Quoique c'en soit , il n'en faut point trop esperer , il n'en faut point aussi desesperer , comme font ceux qui les arrachent dès la premiere atteinte ; il faut se donner patience , & voir si la tache blanche ne se trouvera point en un blanc tirant sur le rouge ou sur le jaune , parce que pour lors , il faut esperer la guerison & croire que le blanc n'étoit point de mauvaise qualité : Ce qu'on éprouve a *l'Indicrose* , qui semble d'abord être attaquée du blanc , mais par après le blanc change en une couleur rougeatre , qui ne lui fait aucun tort. IV Il faut reconnoître quels sont les œillets les plus sujets au blanc , pour en avoir plus de soin , & les en preserver. Par une visible experience les *Incarnats* en sont beaucoup plus susceptibles que les autres , & ce doit être une raison pour laquelle on leur donne une terre plus legere qu'aux rouges & aux violets.

La *pourriture* est une espece de gangrene qui ronge l'œillet petit à petit , elle vient ordinairement de la trop grande humidité de la terre , du trop d'ombre , des mauvaises eaux , des lieux humides &c.

Quand elle n'a point atteint le cœur de l'œillet , mais qu'elle demeure au pied , on pourra sauver l'œillet en coupant avec le bout du canif tout ce qui se trouve pourri au pied jusques au vif , & ensuite on bouchera la playe que l'on y aura faite , avec de la cire molle , pour éviter que l'eau ny l'humidité n'y puissent avoir entrée : on pourra par ce moyen sauver les marcottes qui étoient sur le pied , en les marcottant de bonne heure , mais il ne faut pas attendre qu'il porte une belle fleur cette année-là. Si quelques unes des marcottes avoient de la pourriture , il faudroit les retrancher comme des membres pourris , afin qu'elles ne corrompissent point les autres , ni le pied.

Le jaune est a l'œillet ce que la jaunisse est aux femmes ; elle vient d'une eau mauvaise retenuë trop long-temps dans le pot , qui par une humidité excessive & maligne a vitié la racine de l'œillet , en sorte qu'il languit & devient jaune.

Le remede autant qu'on en peut donner à une plante à demi morte , c'est d'exposer l'œillet en un lieu où le Soleil envoye ses rayons deux heures le matin sans l'arroser , ni lui donner la pluye du ciel jusqu'a tant que cette grande humidité qui est dans le pot soit passée, & que la racine qui étoit enfermée comme dans un choc que de boue soit desséchée , & cette maladie vient ordinairement du defaut des issuës qui doivent être au fond du pot de l'œillet , parce que l'eau y demeure & y croupit, n'ayant point d'écoulement , & cause l'humidité qui engendre cette maladie.

La *kale* , est une tache qui vient ordinairement sur les fanes de l'œillet , & gagne peu à peu jusques au cœur , si on n'a pas soin de couper celles qui en sont attaquées.

Cette maladie vient ordinairement dans le Printems & dans l'Automne par les vilains broüillards & les pluyes froides , quelquefois aussi durant l'Hyver par l'humidité de la terre ou du tems.

Les œillets qui y sont les plus sujets , sont ceux de couleur de Rose & de Chair, comme *l'Indicrose* , *la Maréchale* &c. Les *Incarnats* en sont aussi susceptibles.

Pour empêcher le progres de cette maladie , il faut faire deux choses, ou couper les fanes qui en sont atteintes , ou si on ne veut point deshonorer l'œillet , il faudra le gratter avec la pointe du canif, pour éviter que le mal ne se communique à la tige.

ARTICLE XIX.

Des noms des Oeillets, & de la maniere de les leur donner.

IL ne faut point changer le nom des Oeillets donnez par les Curieux , parce qu'on s'abuse souvent en faisant recherche d'une fleur qu'on possede; d'où vient que quelques-uns curieux du bonheur de celui qui a élevé *le Sauvage*, se sont persuadez de devenir Auteurs d'un si bel œillet , en lui donnant le nom de *Dromadere*, du *beau Leuys*, &c.

Monsieur I. Laurent Notaire de Laon , dans son abbregé pour les arbres nains , &c. donne une methode de baptiser les œillets & leur donner des noms pour les distinguer en leurs couleurs , &c. Et pour y réüssir , il dit qu'il faut que les premieres lettres de ces noms marquent les premieres lettres de ceux de leurs couleurs.

Par exemple , un blanc panaché de rouge , on doit l'appeller le bon Roi , ou le Baron Royal , ou le Benedictin reformé , ou la belle Rachel , ou le bon Riche , ou le beau Rustique , ou le bon Receveur , ou le brave Roland , ou le bien Rayé : Le B. de ces noms signifiera Blanc , & l'R. denotera rouge.

Autres exemples. Pour un blanc panaché de couleur de chair , ce sera *le bon Chapelain*, ou *la belle Charlote*, ou *la bonne Chalonnoise*, ou *le beau Chapeau*, ou *le bien Charitable*, ou *le bon Chanoine*, par la même regle que ci devant.

Pour un blanc panaché de violet , ce sera *la bonne voye*, ou *la bonne villageoise*, ou *le bon vieillard*, ou *le beau visage*, ou *le bon Vice Roi*, ou *le bien venu*, ou *le bien vif*, par la même adresse.

Pour le gris de lin & pourpre, ce sera *le grand Prieur*, ou *le grand Pape*, ou *le grand Prêtre*, ou *le grand Provincial*, ou *le grand Pompée*, ou *le gros Paul*, ou *le grand Président*, ou *le grand Partisan*, ou *le Greffier Présidial*, ou *le gros Pierre*, ou *le grand Philippe*, ou *le grand Poussin*, ou *le grand Philosophe*, par la raison ci dessus.

Choisissez ces noms ou en inventez d'autres , si vous pouvez , & quand vous aurez plusieurs œillets de même couleur , qui seront pourtant differens en leurs ouvrages & en leurs formes , vous leur donnerez de ces divers noms, devant & ci aprés déclarez , ou d'autres que vous forgerez ainsi qu'il vous plaira , avec addition de quelque epithete , si bon vous semble , on en donnera des preuves ci dessous.

Pour un blanc & incarnat , ce sera *la belle Julie*, ou *Julienne*, ou *la bonne ou belle Indienne*, ou *le blanc Jacobin*, ou *la brave Judith*, ou *le bon Jardinier*, ou *la belle ou bonne Infante*, ou *le Bacha Ibraim*, ou *le bon Joseph*.

Pour un blanc panaché de pourpre , ce sera *la belle Paule*, ou *le bon Prince*, ou *le beau Poupon*, ou *le bon Patriarche*, ou *le brave Prophête*, ou *le beau Prieur*, ou *le bon Pasteur*, ou *le bon Paroissien*.

Pour le gros blanc , ce sera *le grand Berger*, ou *le gros Benedictin*, ou *le grand Bailly*.

Pour un rouge & gris de lin , ce sera *le Rodomont Gaillard*, ou *le General Roze*, ou *le grand Religieux*, ou *le gros Ruby*.

Pour un gris de lin & violet , ce sera *le General Vuirtemberg*, ou *le grand Vicaire*, ou *le grand Varlet*, ou *le grand Vaillant*, ou *le gentil Vicomte*, ou *le gai Vualon*, ou *le grand Visir*.

Pour un rouge & couleur de chair , ce sera *le ravissant Conseiller*, ou *le Chanoine*

Regulier, ou *le rusé Commissaire*, ou *le Cœur Royal*, ou *le Chaste Roy*, ou *le Rodeur changeant*, ou *le Capucin Reformé*.

Et ainsi des autres couleurs, cette methode locale vous fera facilement connoître la couleur de vos œillets, ce que ne font pas tous les beaux noms que vous pourriez autrement leur donner.

Une ardoise à chaque pied d'œillet, portant un de ces noms ci-dessus declarez, ou autres par la même adresse, vous fera connoître sa couleur en tout temps.

Vous pouvez garder les noms qu'on a déja donnez à quelques-uns, & y ajoûtant quelques qualitez par la susdite adresse, elles nous en feront aussi connoître les couleurs, comme par exemple, *la Duchesse d'Avaro*, qui est un blanc panaché de violet, donnez lui la qualité *de bonne Veuve*, vous marquerez la couleur comme il a été dit : de même pour la *Sainte Agnés*, qui est un autre blanc & violet, ajoûtez y *brave Vierge*, & vous sçaurez la couleur.

Pour *le Commandeur*, qui est un blanc panaché de rouge, ajoûtez, *bien reglé* ; & à *la Junon*, qui est aussi un autre blanc & rouge, ajoûtez ces mots, *belle rêveuse*, vous sçaurez ainsi les couleurs & conserverez les noms, & de même des autres, il n'y a rien de si facile.

Liste des Œillets violets.

A
Altesse.
Astre du monde violet.
Archiduchesse.
Astropole.
Archevêque.
Arche de triomphe.
Alidor.
Aurore naissante.
Artamene.
Admiral Tromp.

B
Belle Déesse.
Bâton Royal.
La Brasarde.
Beau de nos jours.
Belle du jour.
Belle Hortense.
Belle Agnés.
Belle Iris.
Beau Recturier.

C
La Conquéte.
Conquête de Bacquelan.
Conquête du Lutoir.
Carme mitigé.
Catalan,
Conquête d'Estrées.

Comtesse.
Comtesse d'Ether.
Cour Royale.
Charles d'Autriche.
Charles le Hardy.
Conquête Verdier.
Charmant d'Hongrie.
Conquête constant.
Conquête de l'Aube.
Conquête des Prés.

D
Duc de Longueville.
Duc de Guise.
Disputé Triomphant.
Le Dauphin.
Dorimene.
Duchesse de Boheme.
Duc de Candal.
Duc de Milan.
Duc de Duras.
Dauphin triomphant.

E
Elisé d'Estrées.
Etendard du jour.
Excellente Bury.

F
Favori.
Florebertine.

Saint Fouray.

G
Grand Conquerant.
Grand Prieur.
Grand Préaux.
La Gentille.
Grand Céfar.
Grande beauté.
Grand Noir.
Grand Jupiter.

H
Le Heros.
Le Hardy.

I
Illustre Pontoise.
Iditiot.

L
Loüis Conquerant.

M
Medor.
Marquis du Quesnoy.
Morillon d'Artois.
Morillon violet.
Morillon sivel.
La Majestueuse.
Morillon le Févre.
Maître des Postes.
Marquis d'Assentar.
Mustapha violet.

N
Nompareil de Compie-
gne.
Nompareil Royal.
Nompareil de Rhodes.
Nouvelle Enfiol.
Nouvelle Enceinte.
O
Olidan.
Orpheline.
P
Primô Paftorelle.
Polimor.
Perle Royale.
Paffe-rofé violet.
Patriarche le grand.
Prince de Chimay.

Pâle mitigé.
Paon Royal.
Pourpre enfoncé.
Paffe-croifette.
La Princeffe.
Petit David.
Pourpre furdaffant.
Princeffe aimable.
R
Raviffante Landouche.
Roy des Maures.
La Reine d'Efpagne.
S
Sans fouci.
Superbe de France.
Scarbourg.
Superbe Verdier.

Souveraine Royale.
T
Tertiô violet.
Threforier.
Triomphe des Oeillets.
Triomphe des Couleurs.
Theatre du monde.
Le Luton.
V
Unique de Flandre.
Unique Imperial.
Unique Royal.
Unique triomphant.
Victoire de Maftricht.
Violet choifi.
Unique des couleurs.
Unique Dauphin.

Liftes des Oeillets rouges.

A
L'Augufte.
Aimable Orphée.
Aimable rouge.
Agreable en beauté.
B
Balas.
Beau cramoifi.
Baradas.
Beauté triomphante.
Bel inconnu.
Beau threfor.
Brifar.
Belle Ecoffoife.
Baltanie.   **C**
Charmant de nos jours.
Conquête malin.
Couronne Royale.
Cloris.
Cramoifi Royal.
Cleopatre.
Conftantin.
Conquête rouge.
Cardinal de Boüillon.
D
Dupe Philippes.
Duc d'Yorck.
Duc de Duras rouge.
Duc d'Anjou.

E
Elcüe des Granges.
Etendard Royal.
F
Saint Felix.
France triomphante.
G
Grand Charlemagne.
Grand Maréchal.
Grand Argentier.
Grand Cramoifi de l'Ifle.
Grand Amiral de France.
Guimberlin.
Geant.
General de France.
Grand Chambelan.
I
Illuftre en beauté.
L
Loüis triomphant.
M
Morillon de la Croix.
Morillon Bellone.
Morillon d'Irlande.
Morillon magnifique.
Morillon Hardi rouge.
Morillon de Gand.
Morillon d'Efpagne.
Morillon de Mont.

Morillon d'Hybernie.
Morillon de la Cour.
Mitigé.
Monfieur de la Ferté.
N
Nompareil le grand.
O
Oriflamme.
P
Le Prince.
Prince d'Efpinoy.
Prince des Pais-Bas.
Prince d'Orange.
Procris.
Saint Paulin.
R
Le Roy d'Alger.
La Royale Poncet.
Roy d'Angleterre.
Roy de Flandres.
Rouge Sergent.
S
Soldat.
Sortie Royale.
Sophy de Perfe.
T
Tournoifien rouge.
V
Uranie.

Lifte des Incarnats.

B
Beau Daumon.
Benjamin.
D
Duc de Florence.
E
Etat de France.
F
Flamboyant.
Feu de Ligny.
Feu de Rhodes.
Feu & blanc.
G
Grand Incarnat.
Grand-Cyrus.

Grand Etendard.
Grand Albardier.
Grand Turc.
H
Hipolyte.
I
Incarnat Imperial.
Incarnat Jancille.
Incarnat Lambinoy.
Incarnat Caron.
Incarnat le Gille.
Incarnat de Doüay.
Incarnat de Fremnes.
Incarnat de Compiegne.
Incarnat tiedié.

Incarnat bâty.
Incarnat blonne.
Incarnat d'Ache.
Incomparable.
M
Monftre pâie.
P
Polyphile.
S
Sauvage.
T
Tertiò de Paris.
Triomphe Imperial.
V.
Victorieux.

Lifte des Oeillets couleur de Rofe.

C
Celimene.
Charles d'Autriche Rofe.
Celadon.
Comteffe d'Hollande.
D
Doralife.
F
Saint François Xavier.
G
Groffe Magdelon.
Grande Rofe Thomas.

I.
Indicrofe.
Ifabelle.
M
Madame d'Humieres.
Monftrueufe.
Madame Dorieux.
P
Pucelle de Flandres.
R
Rofe d'Hollande.
Rofe d'Ifdrid.

Rofe Royale.
Rofe permanente.
Rofe de Jerico.
Rofe triomphante.
Reine en beauté.
Rofalinde.
S
Saliné.
Sylvie.
T
Tour de Babel.

Lifte des Oeillets blancs.

B
Belle Douce.
Blanc racine.

Blanc de Paris.
Blond de perle.

Beau blanc.
Rofe blanche.

Lifte des Oeillets piquetez.

A
Augufte triomphant.
Aftre du monde.
Aftre triomphant.
Amiral de Frife.
Amarillis.
Agréable.
Apollon.
Alcidon.
Augufte le grand.

B
Belle Aminthe.
Beau piqueté.
C
Charles-Quint.
E
Etoile du jour.
Eudoxia
Eminentiffime.
G

Gros piqueté.
I
Indimion.
Jupiter.
Junon.
L
Lys parangonné.
M
Mars.
Mercure.

Maſtricoy.	Piqueté gagné.	Roy d'Hongrie.
P	Pulcheria.	**T**
Piqueté Imperial.	Piqueté Briefmans.	Triomphe de Lille.
Piqueté de Tournay.	Piqueté pourpre.	**V**
Piqueté de branche.	**R**	Verdure luiſante.
Piqueté du Change.	Reine Marguerite.	Venus.

Liſte des Oeillets Tricolor , Quadricolor , Quincolor.

T	Quadricolor d'Amiens.	La joliete des 4 couleurs.
Tricolor de Compiegne.	Quincolor d'Amiens.	La Chinoiſe.
Tricolor Poncet.	La diverſité des trois cou-	Le Zelardois.
Q	leurs.	La Conquête de Los.

On ne prétend point exclure par ces Liſtes les Oeillets qui ſeront échapez , ou à la memoire, ou a la connoiſlance de l'Auteur deſdites Liſtes.

ARTICLE XX.

Deſcription par ordre Alphabetique de quelques beaux Oeillets en détail.

Oeillets Violets.

APpelles, eſt un violet brun ſur un fin blanc , qui porte tres-bien ſes feüilles , il vient de la graine recüeillie de l'*Orpheline*, ſa plante eſt délicate, il porte neanmoins une fleur aſſez large : Il lui faut laiſſer trois boutons ſur le montant.

Altieſſe, eſt un violet de même eſpece ſur un blanc, qui paroît d'abord carné, mais qui dans la ſuite devient un blanc de lait ; ſa plante eſt délicate & ſon verd pâle, il vient large & porte de gros panaches fort détachez ; il a été élevé a Compiegne , & gagné de la graine de l'Orpheline. Il faudra lui laiſſer ſur ſon maître dard quatre boutons. Il graine, mais il faut preſerver ſes marcottes de pourriture, parce qu'il y eſt ſujet.

Aſtre du monde violet, c'eſt un violet pourpre clair extrémement rond, qui tourne bien ſes feüilles , ſon blanc eſt aſſez fin & ſon panache regulier , mais il eſt marqué de quelques mouchetures , qui ne le rendent point pourtant broüillé ; ſa plante eſt roüſte & vigoureuſe, mais ſes marcottes ont peine à prendre racines , ſa fleur eſt aſſez large ; il ne lui faudra laiſſer que trois ou quatre boutons : Il s'apelle autrement *Iris pourpré*.

Archiducheſſe, violet ſur un blanc paſſable , fort rond , de médiocre largeur, élevé à Lille ; il ne faudra lui laiſſer que quatre boutons ſur ſon maître dard.

Aſtropole, eſt un violet brun admirable , ſur un blanc de lait fort détaché , ſa fleur aſſez large, mais ſa plante délicate, ſujette au pucerons : Il graine , & ſes marcottes n'ont pas de repugnance à prendre racines. Il a été elevé à Lille , & ne doit porter que trois ou quatre boutons tout au plus.

Arche de triomphe, eſt un pourpre enfoncé ſur un blanc paſſable ; ſon panache eſt gros, ſa fleur ronde & large ; ſa plante délicate , abordante en marcottes , & facile à prendre racine ; elle eſt ſujette aux taches blanches , comme à une eſpece de gale qui s'attache à ſes fanes : Cet œillet s'appelle autrement, *Archi-triomphant*, il vient de Lille ; il ne lui faut laiſſer que quatre boutons.

Artamen, eſt un violet brun ſur un fin blanc , gagné de *l'Orpheline* ; il ne faut lui laiſſer que trois boutons , parce qu'il vient petit ; autrement ſa plante eſt robuſte, & ſes marcottes vigoureuſes.

Admiral Tromp, est un violet sur un fin blanc, qui vient de Lille ; sa fleur est large.

B

Bâton Royal, est un pourpre sur un tres-grand blanc, il porte une fleur de médiocre largeur, mais bien remplie de feüilles & fort ronde ; sa plante est délicate, & ses marcottes foibles, & susceptible du jaune & de la gale : il le faut preserver des dernieres pluyes de l'Automne & du Printemps, & ne lui laisser que trois boutons. Il vient de Lille.

Belle Agnès, est un ancien œillet marqué de peu de violet sur un blanc passable, il créve facilement, mais aussi il est facile à gréner ; c'est ce qui doit le faire reserver, il faudra lui laisser six boutons.

Beau Roulier, est un violet sur un fin blanc, qui vient d'Amiens ; sa fleur est large & ses feüilles bien rangées ; sa plante est fort délicate, mais fort hâtive à porter fleur ; il est sujet au blanc & à la pourriture : Il faudra lui laisser cinq boutons.

C

La Conquête, est un violet brun admirable, sur un blanc de neige ; sa fleur est tres-large, n'est point sujette à créver, & porte graine volontiers ; sa plante est robuste, mais les marcottes ont peine à prendre racine : Il a été élevé à Lille ; il a un défaut dans sa fleur, c'est que sur sa fin il cossine ses feüilles, c'est à dire qu'il les tourne en forme de petits cornets ; il peut souffrir quatre boutons. Quelques-uns ont voulu croire que c'étoit le Primo ; il n'y a point de différence dans la fleur, mais seulement dans le fanage.

Conquête Bacquelan, est un pourpre & blanc, fort détaché & large, sujet au blanc, ses marcottes sont délicates, mais sa fleur est riche, portant des panaches de pieces emportées ; il se trouve à Lille. Il faut lui laisser 4. à 5. boutons.

Conquête du Sautoir, c'est un violet pourpre & blanc regulierement panaché, large & rond, garni de feüilles, qui gréne & ne créve point, sa fleur est assez jardine, sa plante est assez vigoureuse. Il a pris sa naissance à Lille chez Mr du Sautoir. Il ne lui faut laisser que 4 boutons sur son montant.

Carme mitigé, c'est un pourpre enfoncé sur un blanc passable, c'est à dire, ni blanc de lait, ni blanc carné, ni fin blanc, c'est à dire un blanc commun : afin de se faire entendre quand on se servira de ce mot de passable, c'est un ancien œillet qui n'est pourtant point à rejetter, parce que son pourpre est enfoncé, ce qui ne se trouve pas toûjours dans les œillets.

Conquête d'Estrées, est un violet & blanc qui porte une grosse fleur, & qui pourtant ne se fend point, sa plante est delicate : Elle a été élevée à Lille, & peut gréner si on la conserve bien ; il faudra lui laisser quatre boutons.

Comtesse violet blanc, c'est une bonne fleur, le blanc en est fin, la panache reguliere, & sa plante assez forte ; elle vient de Lille : il lui faut laisser quatre boutons, pour lui donner lieu de pousser une belle fleur & porter graine.

Comte d'Esther, est un violet & blanc qui est passable : Il se trouve à Lille. Laissez-lui quatre boutons sur son montant.

Conquête Verdiere, violet foncé sur un fin blanc, il porte graine, sa plante est assez délicate, & sa fleur n'est point hâtive, il faut lui laisser quatre boutons.

Cour Royale, est un violet brun & blanc regulierement panaché, sa fleur est grosse & large & sa plante vigoureuse : il se trouve à Lille ; il pourroit bien créver, si vous lui laissiez moins de six boutons.

Charles le Hardy, c'est un tres-bel œillet, il est pourpré sur un blanc tres fin, sa fleur est fort grosse & détachée, tissüe de gros panaches qui sont pieces emportées : Il se

trouve

trouve à Lille, il faut lui laisser quatre ou cinq boutons sur le principal montant.

Conquête Constant, c'est ce qu'on appelle, *Medor*, dont on parlera ci-après.

Conquête de l'Aube, est un violet brun sur un grand blanc : Il est fort rond & garni de feüilles, aussi sa fleur est large & bien tranchée, mais sa plante, qui est delicate ne produit pas beaucoup de marcottes, & il faut bien souvent la la fleur en vieux pied. Il se trouve à Peronne : quatre boutons lui sont suffisans. Il a pris naissance à Lille, chez Monsieur de Laube.

Conquête des Prez, est un violet & blanc, qui porte une grosse fleur avec de gros panaches. Il a pris naissance à Lille ; il faut lui laisser cinq boutons.

D

Duc de Longueville, c'est un pourpre tellement enfoncé qu'il paroît noir, son blanc paroît d'abord carné, mais dans la suite de sa fleur, il devient blanc de laict, qui rehausse encore la beauté de ce pourpre. Ses panaches sont gros & sa fleur tres large, sa plante est délicate & sont verd pâle, les marcottes prennent difficilement racine, aussi elles sont sujettes aux tayes qui viennent sur les fanes, elle est fort hâtive : Comme elle n'est pas sujette à crever, il ne faut laisser que quatre boutons.

Duc de Guise, est un beau pourpre sur un fin blanc : sa fleur est large, ses panaches détachez, facile à porter graine : quatre boutons ne nuiront pas sur son montant. Il se trouve à Lille.

Disputé triomphant, c'est un violet assez fin sur un beau blanc, sa fleur n'est pas large, c'est pourquoi, il ne lui faut laisser que trois boutons.

Dauphin, est un tres-beau pourpre sur un fin blanc ; il est fort large & bien garni de feüilles, rond & bien tranché, ses fanes larges & fortes, ses marcottes ne prennent pas bien racine & poussent à dard avant le temps : ses panaches sont de pieces emportées. Il ne faut lui laisser que cinq boutons.

Dorimene, est un pourpre sur un fin blanc, qui fleurit tres large, ses panaches détachez, mais sa plante délicate & peu vigoureuse, puis qu'on a peine d'en tirer des marcottes. C'est une production de la graine d'Orpheline, venuë à Compiegne. Quatre boutons lui suffisent.

Duchesse de Boheme, est un violet brun sur un beau blanc. Il n'est pas beaucoup détaché, mais il est large, sa fleur est assez hâtive, portant graine. Quatre boutons sont avantageux à sa fleur.

Duc de Milan, est un violet brun ou pourpre clair, sur un beau blanc : sa fleur est large & ronde, garnie de feüilles, ses panaches gros, sa plante médiocrement forte. Il ne créve point, c'est pourquoi on pourra lui laisser 4. boutons, pour tâcher d'en avoir la graine. On le trouve à Lille communément.

Duc de Duras, est un tres-beau violet & blanc, sa fleur est grosse régulierement tracée de gros panaches, qui sont bien détachez : sa plante est assez délicate, mais son verd est beau : Le puceron l'attaque & le blanc facilement. Il le faut préserver des méchantes pluyes, sur tout si on veut qu'il graine. Laissez-lui quatre boutons.

Dauphin triomphant, est un œillet fort nouveau. On dit que le blanc en est tres-beau, & son violet admirable, tres-bien tranché & de gros panaches. On vend sa marcotte à Lille onze florins.

E

Excellente Bary, c'est un pourpre noir sur un fin blanc, qui n'est point fort détaché : sa plante difficile à élever, étant sujette à la pourriture. Quatre boutons lui suffisent.

Tome II.   P p p

Florebertine, eſt un tres bel œillet pourpre brun, ſur un grand blanc fort rond & large, garni de feüilles, ſes panaches ne ſont pas bien détachés, mais neanmoins ſa fleur a grand éclat par l'arrangement de ſes feüilles, & par la beauté de ſes couleurs : Il ſe trouve facilement à Compiegne & à Noyon. Sa plante reſiſtant aux influences de l'air, on ne lui laiſſe que quatre boutons, & cependant il ne créve pas.

G.

Grand Conquerant, eſt un violet brun ſur un blanc aſſez fin, ſa fleur eſt fort groſſe, & comme elle eſt garnie de beaucoup de feüilles, elle s'éleve en la façon d'un petit dôme ; ſes panaches ne ſont point fort gros, ni fort détachés, ayans des moûchetures ſur les feüilles, mais qui ne terniſſent point la beauté de ſa fleur. Sa plante eſt robuſte, mais neanmoins ſuſceptible du blanc : Quoi que ſon bouton ſoit gros, il ne ſe fent pas : Il faudra pourtant lui laiſſer cinq boutons, & voir s'il grénera.

Grand Prieur, eſt un violet pourpré ſur un blanc de laiĉt, ſa fleur eſt fort ronde, large & tracée de gros panaches, il ne créve point : ſa plante eſt forte & ſon verd admirable, qui donne toûjours eſperance d'en voir ſortir une belle fleur, pourvû qu'on ne lui laiſſe que 4. à 5. boutons ſur ſon principal montant.

Grand Preaux, qui s'appelle autrement *Paon Royal*, eſt un violet & blanc, qui porte une groſſe fleur, le panache eſt fort & détaché, il graine, auſſi ſa plante eſt robuſte, ſujette pourtant à la galle, ou aux taches de couleur de gris ſale. C'eſt aſſez de quatre boutons ſur ſon maître dard.

Grand Céſar, c'eſt un violet & blanc, large ; il eſt fort bien détaché, & porte une groſſe fleur, & il graine.

Grande Beauté, eſt un violet brun ſur un blanc de laiĉt ; ſa fleur eſt large, ſes panaches gros, & fort détachés, ſa plante vigoureuſe, ſujette neanmoins au blanc. Il faut la preſerver des broüillards, elle graine, ſe trouve à Compiegne. Il ne lui faut laiſſer que cinq boutons.

Grand Noir, c'eſt un pourpre fort enfoncé, grand & large ; ſa plante eſt pourtant fort delicate, ſa fleur n'eſt pas fort détachée, ayant des mouchetures ſur ſon blanc, qui eſt fin. Cinq boutons ſuffiſent.

I.

Illuſtre Pontife, on l'apelle autrement *le beau de Verny*. Il vient d'Amiens, c'eſt un violet pourpré qui graine ; ſa fleur n'eſt pas bien large, mais ſon panache eſt détaché. Quatre boutons ſont ſuffiſans ſur ſon dard.

Iditiot, c'eſt ce qu'on appelle autrement *Tertio violet*, c'eſt un violet brun fort détaché, ſur un blanc de laiĉt, médiocrement large, bien rond, fort hâtif, ſa plante aſſes délicate, ſujette à la pourriture, elle graine : C'eſt une fleur tres fine ; trois ou quatre boutons tout au plus ſuffiſent : Elle ſe trouve facilement à Amiens.

M.

Medor, c'eſt un pourpre clair, qui s'appelle autrement la *Conquête Conſtant*, parce que c'eſt Monſieur Conſtant de Compiegne qui l'a élevé de la graine de l'Orpheline : ſon violet pourpré, quoique clair, paroît beaucoup parce que ſon blanc eſt tres-fin : ſes panaches ſont gros & détachés, & accompagnés quelquefois de certaines mouchetures violettes, qui ne ſe rendent point pour cela confuſes ; ſa fleur fort ronde, aſſez large, mais ſa plante forte & robuſte, rarement ſujette au blanc ; il ne créve pas. Quatre boutons lui ſuffiſent.

Morillon ſivel, eſt un violet & blanc, ſa fleur tracée de gros panaches, & large : il eſt fort hâtif, il ſe trouve à Lille, graine difficilement, & 4. boutons lui ſuffiſent.

La Majestueuse, est un pourpre sur un fin blanc, sa fleur est grosse, & sa plante vigoureuse : son verd est bien conditionné. Il ne lui faut laisser que cinq boutons.

Morillon le Févre, c'est un œillet qui se trouve à Lille, qui porte un tres-beau violet sur un fin blanc ; ses panaches sont fort détachez sur la fleur, qui est large & ronde, sa plante assez vigoureuse & ses marcottes faciles à prendre racine : laissez sur son dard quatre boutons.

Maître des Postes, c'est un violet & blanc, fort large.

Mustapha violet, c'est un violet clair, sur un beau blanc fort détaché : La fleur n'en est pas beaucoup large, mais elle est fine. Sa plante est délicate & porte graine. Trois ou quatre boutons lui suffisent.   N.

Nompareille de Compiegne, son violet est fort clair, mais son blanc est tres-fin ; ce qui lui est de particulier, c'est qu'il porte autant de violet que de blanc ; ses panaches sont pieces emportées, s'il en fut jamais, & les couleurs se succedent les unes aux autres, c'est à dire qu'aprés un panache violet, il succede un gros panache blanc ; aprés cela un blanc, un violet, ni plus ni moins que les couleurs qui sont sur les jupes rayées des femmes : Sa fleur est assez large, sa plante tantôt vigoureuse, tantôt delicate, sujette bien souvent au blanc ; on pourroit lui donner sans injustice le nom du Morillon, puis qu'il en porte les qualitez ; il est quelquefois sujet à dégenerer à cause de ses gros panaches, si son violet étoit pourpre ou plus brun qu'il n'est pas, ce seroit un œillet sans prix, rarement il graine, l'Orpheline est sa mere, le jardin de Monsieur Constant est le lieu de sa naissance. 4. boutons lui suffisent.

Nompareil Royal, est un violet clair venu de Lille, tracé sur un blanc de neige, fort détaché de sa fleur, qui n'est pas bien large, mais fine, sa plante est délicate & ses marcottes prennent volontiers racine, il ne creve pas. 4. boutons lui suffisent

Nompareille de Rhodes, c'est une fleur de grosseur prodigieuse, le violet en est beau, mais le blanc n'est pas fin, sa plante est forte & ses marcottes vigoureuses, il se trouve à Lille. Il faut bien prendre garde que le bouton ne se casse, portant une si grosse fleur, aussi il faut lui en laisser six sur son principal dard.

Nouvelle Enceinte, son nom lui est bien convenable, puisque c'est une grosse fleur panachée d'un beau pourpre sur un fin blanc, elle se trouve à Lille, elle porte un beau vert & de bonnes marcottes. Il faut lui laisser 4. boutons.

O

Oliban, est un violet clair qu'on trouve à Lille, il paroît beaucoup sur le blanc de lait qu'il porte, sa fleur n'est pas bien large, ni sa plante fort robuste, il est sujet à la pourriture, il le faut préserver des grandes eaux, en lui donnant un arrosement fort moderé : ses marcottes sont aussi délicates & prennent difficilement racine, 4. boutons accommoderont sa fleur.

Orpheline, c'est la mere des beaux œillets, quoi qu'elle même n'ait pas de grands traits de beauté, c'est pourtant un violet brun sur un fin blanc, mais la fleur n'en est pas fort large : elle renverse les feüilles de sa fleur, les ayant extrêmement tendres & délicates ; d'où vient que la moindre eau ternit sa fleur en un moment. Sa plante n'est pas bien vigoureuse & ses marcottes ne prennent racines qu'à l'extrémité : Il faut lui laisser jusques à 7. & 8. boutons, puisqu'elle graine facilement & qu'elle a donné des rejettons d'une beauté tres-rare.

P

Primò, c'est le même Oeillet que la Conquête dont il a été parlé ci-dessus, les

P p p ij

mêmes couleurs, le même blanc, semblable en qualité, ils ne different que dans le feüillage, mais c'est si peu qu'on n'y doit point aporter de difference.

Pastorelle, est un violet brun, tirant sur le pourpre, tracé de gros panaches sur un fin blanc, sa fleur tardive, mais large, sa plante assez robuste, ses marcottes neanmoins ont peine à prendre racine, elle casse dans son bouton, si on ne lui en laisse six, elle graine rarement, pour faire avancer sa fleur, il faut l'expoſer quelquefois au Soleil du Midi.

Polimir, c'est un élevé du même temps que le Primo, il est vio'et brun sur un beau blanc, il ne lui cederoit point en beauté, s'il avoit d'auſſi gros panaches, & il feroit même plus beau, parce qu'il est plus large & plus garni de feüilles que le Primo, sa fleur sort en forme de Dome, mais elle prend fort peu de panaches, c'est la fleur la plus ronde qu'il y ait, sa plante est délicate, quoi que son vert soit vigoureux, le puceron l'attaque, & ses marcottes languiſſent le plus souvent, comme étant ſujet à la pourriture, il faut lui laiſſer 4. à 5. boutons, quoi qu'il ne ſoit point ſujet à caſſer. Il ſe trouve à Lille.

La perle Royale, autrement le *Tuton*, est un beau violet & blanc : sa fleur mediocrement large, mais sa plante foible & ſujette au blanc. Laiſſez-lui 4. boutons.

Paſſé Roſe Violet, c'est un beau violet blanc & large, mais plat, son panache est de pieces emportées, ne creve point, il faut lui laiſſer 5. boutons. Il ſe trouve à Lille.

Patriarche le grand, autrement dit *Grand Patrice*, est un violet brun ou pourpre clair sur un tres-grand blanc, l'œillet est fort large, portant de gros panaches, sa plante est aſſez délicate & ſujette au blanc. 4. boutons lui ſuffiſent. Il a été élevé à Lille.

Paſſe mitigé, c'est un œillet tout ſemblable au *Carme mitigé*, ce qui le rend plus beau, c'est qu'il est plus large & ſes panaches plus gros. Il est à Lille.

Le Prince de Chimay, c'est un pourpre clair sur un blanc de laict, sa fleur n'est que mediocrement large, mais bonne & fine, sa plante est délicate, d'un beau vert, tardive à porter fleur, il graine & ne caſſe point 4. boutons lui ſuffiſent.

Pourpre ſurpaſſant, c'est un tres-beau pourpre sur un blanc de laict, sa fleur tranchée de gros panaches, large, qui ne créve point, pourvu qu'on lui laiſſe 5. boutons. On la trouve à Lille.

Princeſſe aimable, est violet & blanc, bien tranché, sa fleur large, & sa plante vigoureuſe, ne créve pas, en lui laiſſant 5. boutons, elle est fort eſtimée à Lille.

R.

Reine d'Eſpagne, est un violet clair sur un beau blanc la fleur en est mediocrement large, le panache en est gros, mais non pas bien détaché, sa plante est délicate, on la trouve à Amiens, Laiſſés 4. boutons sur son dard.

S.

Superbe de France, est un violet & blanc, la fleur n'est pas bien large, mais le panache est regulier : sa plante est ſujette à prendre le blanc. On le trouve en Flandre; il faut lui laiſſer 4. à 5. boutons.

Scarbourg, est un beau pourpre enfoncé qui porte une fleur large, tracée de gros panaches sur un fin blanc ; sa plante est d'un beau vert. Il ne caſſe point, & on peut en eſperer la graine & lui laiſſer 4. à 5. boutons.

Superbe Verdier, la fleur en est fort groſſe, c'est un violet sur un fin blanc, à panaches détachés, ses marcottes ſont fortes, il ne caſſe point en lui laiſſant cinq boutons.

Souveraine Royale, est une groſſe fleur panachée de violet & blanc : sa plante est si delicate, qu'on ne peut l'elever que difficilement : Elle vient de Lille, ne casse point dans ses boutons, pourveu qu'elle n'en porte pas moins de 4. a 5.

T

Treforier, est un tres-beau pourpre brun sur un fin blanc, se trouve à Compiegne, sa fleur est fort large, tranchée de panaches de pieces emportées. Ne creve pas, en lui laissant 5. à 6. boutons sur son maître dard.

V

Unique de Flandres, est un pourpre & blanc, large & bien détaché, élevé à Lille. Sa plante est assez delicate, difficile à prendre racines, porte graine, ne creve pas, en lui laissant jusqu'à 5. boutons.

Unique Imperial ou *Royal*, c'est un violet & blanc, semblable au *Primo*, large, tranché de gros panaches, sur un fin blanc, il porte graine, & ne se fend pas dans ses boutons, qui ne lui seront pas ôtés jusqu'à 4. a 5.

Unique Triomphant, violet & blanc régulièrement tranché à gros panaches, se trouve a Lille, sa plante est robuste, sa fleur hâtive, ne creve pas en lui laissant 5. boutons.

Victoire de Mastrich, c'est un tres beau pourpre, sur un fin blanc, gagné aprés la conquéte de cette ville ; ses panaches sont gros, il fleurit tres bien, ne creve point en lui laissant 5. boutons.

Unique Dauphin, est un violet brun sur un fin blanc, sa fleur est petite mais délicate, sa plante ne l'est pas moins, étant sujette à la pourriture & aux pucerons. Il ne lui faut laisser que 3. boutons.

Oeillets Rouges.

A

L'Auguste, est un cramoisi & blanc, qui porte une grosse fleur, qui casseroit si on lui laissoit moins de 5. a 6. boutons. Sa plante est vigoureuse & se trouve en Flandres.

Aimable Orphée, est aussi un cramoisi & blanc, sa fleur n'est pas bien large, mais bien tranchée, sa plante est d'un beau vert, abondante en marcottes, élevée à Lille. Il ne lui faut laisser que 3. ou 4. boutons.

B

Beau Cramoisi, autrement appellé *Grand Chambellan*, *Balas*, porte sa couleur par son nom, mais ce qui lui est de particulier, c'est son blanc qui pourroit le disputer avec la neige : ses panaches sont emportés, si on en a jamais veu, extrêmement détachés sans moûchetures, sa fleur tres-large, garnie d'une tres-grande quantité de feüilles, aussi il faut se défier de son bouton & ne lui en laisser que six, pour l'empécher de crever : Sa plante est vigoureuse & d'un beau vert. Il vient de Lille. Son défaut c'est 1. qu'il ne graine point. 2. que sa fleur n'est pas hâtive. 3. son plus grand défaut c'est que comme les feüilles de sa fleur sont fort délicates, elles se renversent, en sorte qu'il faut les soûtenir par de petits cartons, il n'est pourtant pas toûjours necessaire, parce que quelquefois les fleurs se soûtiennent, sur tout lors qu'on a le soin de bailler les extremités de la Cosse.

Baradas, est un rouge brun dont la fleur est fort large, & garnie de quantité de feüilles, qui lui font faire un dome au milieu de sa fleur : ses panaches sont gros, mais non pas fort détachés : son blanc n'est point carné, il n'est pas aussi fin : ce qu'on peut dire, c'est que sa fleur est grosse & d'un beau rouge : sa plante eſt ſujette au blanc : il lui faut laiſſer 4. ou 5. boutons.

Beauté triomphante, eſt un rouge de ſang, ſur un blanc de laiĉt, ſes panaches ſont petits auſſi bien que ſa fleur, qui n'eſt point garnie de beaucoup de feüilles : L'œillet eſt pourtant fin & ſa plante vigoureuſe. Il ne lui faut laiſſer que 3. ou 4. boutons. Se trouve à Lille.

Bel inconnu, rouge clair ſur un beau blanc, ſa plante eſt délicate, ſujette aux taches griſâtres & difficile a prendre racines. Trois boutons ſuffiront pour ſon maître dard-

Beau Treſor, c'eſt un beau rouge ſur un grand blanc, ſa fleur eſt ronde & large, ſes panaches détachés : Il graine & ne creve pas, & ſe trouve à Lille. Il eſt hâtif, abondant en marcottes, ſujet à dégenerer & au blanc. 4. boutons ſuffiſent.

Belle Eſcoſſoiſe, c'eſt un même œillet que le *bel inconnu*, ſous différent nom.

Batavie, eſt un rouge fort clair, qui prend un peu de couleur de roſe. Il eſt fort large ſur un blanc qui n'eſt point fin. Il caſſe facilement ſi on ne lui laiſſe au moins ſix boutons. La beauté de ſa fleur eſt ſa groſſeur. Il a porté 14. poûces de tour. Sa plante eſt neanmoins foible & ſujette au blanc, ne portant pas facilement ni marcottes ni graine. Il vient de Noyon.

C

Conquête Malin, eſt un cramoiſi hâtif, ſur un blanc paſſable, aſſez large, ſa plante robuſte. Il ſe trouve à Lille.

Couronne Royale, c'eſt un cramoiſi ſur un fin blanc, ſes panaches ſont fort détachés, ſes fanes bien conditionnées, ſon bouton gros, qui donne une fleur large, hâtive & qui graine. Cinq boutons lui ſuffiſent.

Cloris, eſt un cramoiſi blanc & paſſable, ſa fleur n'eſt ni petite ni large, ſes panaches aſſez détachés, mais ſa plante foible. Il ſe trouve a Lille. 4. ou 5. boutons ſuffiſent.

Conſtantin, eſt un rouge brun ſur un blanc de laiĉt, portant de gros panaches de pièces emportées ſans moûchetures, il a peine à fleurir, ſa fleur étant fort tardive ; il rejette ſes feüilles, qui ſont délicates, & il a beſoin du ſecours du Fleuriſte. Il creve ſi on ne lui laiſſe 5. ou 6. boutons.

Conquête rouge, c'eſt une même eſpece d'œillet, que le bel inconnu & la belle Eſcoſſoiſe.

Cardinal de Boüillon, eſt un beau rouge panaché ſur un blanc de laiĉt, Sa fleur eſt large, bien tranchée, il graine, & ne creve point, ſi on lui laiſſe 4. à 5. boutons. Il ſe trouve à Lille.

D

Duc d'Yorc, eſt un beau rouge ſur un fin blanc, bien detaché, ſes panaches petits, auſſi bien que ſa fleur, mais elle eſt fine & porte graine. Son feüillage eſt beau & ne creve point.

Dupe philippe, cet œillet, pour avoir eu differens noms, comme de *Prince d'Epinay*, qui eſt ſon veritable nom, & *de Saint Felix*, n'a point été changé en nourrice, c'eſt un rouge de ſang ſur un fin blanc, ſa fleur eſt large, quoi qu'elle ne ſoit pas chargée de feüilles, ſes panaches ne ſont pas gros, mais fort diſtincts & détachés, ſa plante qui eſt vigoureuſe a l'ambition de ſe vouloir élever au deſſus de toutes les autres plantes d'œillets, on a peine à lui trouver des baguettes aſſez hautes. Ses fanes ſont d'un beau vert & ne ſont pas ſujettes aux tachs. Tout ſon defaut c'eſt d'être plat, car il ne caſſe point, ſi vous lui laiſſés quatre ou cinq boutons.

Duc d'Anjou , est un rouge clair sur un blanc assez fin , sa fleur est mediocrement large , mais fort ronde & bien garnie de feüilles , les panaches bien tranches. Il graine , mais sa plante est sujette au blanc & difficile à conserver. Il faut lui laisser quatre boutons.

E

Eleve Desgranges , c'est un rouge brun tirant sur le pourpre extrêmement enfoncé sur un blanc assez fin : ses panaches sont fort gros & de pieces emportées , mais un peu confus , & accompagné de moûchetures. M. l'Abbé Desgranges l'a elevé dans Paris : son montant s'eleve fort haut , ses fanes sont fort vertes & sa fleur hâtive & mediocrement large. Il est tout semblable à l'œillet qu'on appelle *le Soldat* , tant par sa couleur , que par sa façon de fleurir & par son feüillage. Il ne creve pas en lui laissant quatre a cinq boutons.

Etendart Royal , est un cramoisi blanc bien tranché de gros panaches detachés , sa fleur est hâtive , son feüillage d'un beau vert & sa plante forte : Il se trouve à Lille , il ne creve pas lui laissant cinq boutons.

F

France triomphante , c'est un beau cramoisi sur un fin blanc , tres-large & panaché regulierement , sa plante est d'un beau vert. Elle se trouve à Lille trois ou quatre boutons lui suffisent.

G

Grand Maréchal , est un rouge brun sur un blanc qui n'est point fin : ses panaches ne sont point entierement détachés , mais c'est une fleur large , ronde & garnie de beaucoup de feüilles qui sortent en dome , & qui graine. Il se trouve à Lille , & ne casse pas si on lui laisse quatre à cinq boutons.

Guimberlin , c'est un Morillon fort semblable au Morillon de Gand , ou au Tourisien rouge. Il vient de Normandie , sa fleur est autant large qu'un Morillon le peut être , son blanc est de laict , & son rouge si bien detaché, qu'on le peut admirer comme une rareté surprenante. Son defaut est. I. qu'il est sujet au blanc & à la pourriture. I I. que son bouton creve , si on n'a soin de l'en empêcher , il ne faut pourtant pas lui en laisser plus de cinq sur son montant , parce qu'il ne donneroit point une fleur aussi large qu'on le doit souhaiter. C'est une fleur tres fine , tardif a porter sa fleur.

Grand Argentier , est un rouge brun tout semblable au grand Maréchal.

Grand Cramoisi de Lille , son nom porte sa couleur & le lieu de sa naissance : son blanc est admirable tant il est fin , sa fleur large tracée de gros panaches non confus. Il graine , & ne creve pas si vous lui laissés six boutons.

Grand Admiral de France , est aussi un cramoisi sur un beau blanc , se trouve a Lille , sa fleur est hâtive , sa plante robuste & abondante en marcottes , ne creve point si on lui laisse quatre à cinq boutons.

Grand Chambellan , c'est le même œillet que le beau Cramoisi.

L

Loüis Triomphant , cramoisi & blanc , sa fleur n'est pas bien large , mais sa plante porte beaucoup de marcottes ; il est fin , il porte graine , ne creve pas si on lui laisse 5. boutons.

M

Morillon de la Croix , il a beaucoup de ressémblance *au beau Cramoisi & au Grand Chambellan* ; il diffère pourtant en quelque chose , mais non pas en beauté , & en couleur , car son cramoisi est tres-vif sur un blanc de neige , ses panaches sont de pieces emportées, detachés autant que l'on peut souhaiter, la fleur fort large & garnie de feüilles, qui font foibles & délicates au point qu'elles fe renverfent fur fa coffe ; fa tige eft groffe & fes marcottes vigoureufes. Il fe trouve à Lille. Il faut lui laiffer fix boutons pour éviter qu'il ne creve.

Morillon Bellone, fon rouge eft tout particulier, parce qu'il n'eft point fait en forme de panaches, mais en forme de points : fon blanc eft de laict, fa fleur n'eft pas bien large, mais fort tardive, fujette à crever & au blanc. Se trouve à Amiens. Il faut lui laiffer fix à fept boutons au moins.

Morillon Magnifique, c'eft un rouge de fang fur un blanc de laict, fa fleur n'eft pas bien large, ni garnie de feüilles : fes panaches ne font pas gros, mais il eft extrêmement rond & détaché, il eft difficile à cultiver. Il fe trouve à Lille, 4. ou 5. boutons lui fuffifent.

Morillon de Gand ou *Tournifien rouge*, ne font pas beaucoup differens du *Guimberlin*, fi ce n'eft que le dernier eft tant foit peu plus large : le refte de la fleur eft femblable.

Morillon d'Efpagne, c'eft un rouge cramoifi fur un fin blanc, à gros panaches détachez & de pieces emportées, fa fleur eft large, & porte graine, ne creve point, fi on lui laiffe cinq boutons.

Morillon du Mont, *Morillon d'Hibernie*, font deux beaux œillets femblables, cramoifi & blanc, fes panaches font fort gros & détachez fur un grand blanc, larges, portant graines, non fujets à crever avec fix boutons fur le maître dard. Ils fe trouvent à Lille.

Morillon de la Cour, c'eft un cramoifi & blanc fort nouveau.

Marquis d'Humieres, eft une production du *grand Marechal*, & il eft rouge brun, tout femblable, fauf qu'il n'eft point fi large & fa plante n'eft point fi vigoureufe.

P

Le Prince d'Epinoy, voyez ci-deffus le dupe Philippe.

Procris, eft un rouge brun pourpre fur un beau blanc, il n'eft point diffemblable de *l'éleve Defgranges & du Soldat*, puifque fa couleur & fon blanc fe reffemblent beaucoup. Sa tige s'éleve de même & fon finage n'eft pas fort different.

Saint Paulin, eft un œillet monftrueux en groffeur, mais non point chargé de panaches qui font tres-petits, il eft fujet à crever.

R

Roy d'Alger, eft un rouge tirant fur le cramoifi portant de beaux panaches fur un fin blanc & nullement confus. La fleur eft large mais tardive, fe trouve à Lille, & graine. La plante produit beaucoup de marcottes, mais elle eft fort fujette au blanc, il ne lui faut laiffer que quatre boutons.

Roy d'Angleterre, eft un œillet tres-rare, d'un tres-beau rouge cramoifi fur un blanc de laict, fa fleur eft affez large, mais ronde au dernier degré, fa plante eft vigoureufe, qui ne produit pas beaucoup de marcottes. Il faut lui laiffer 4 boutons.

Roy de Flandres, c'eft un rouge brun, mais d'une groffeur prodigieufe fon blanc n'eft pas bien fin, mais fa fleur porte le plus fouvent 14. pouces de tour : fes panaches font gros, fa plante forte, mais qui ne produit pas beaucoup de racines, elle ne creve pas, lui laiffant cinq ou fix boutons.

Œillets Incarnats.

B

Beau Daumont n'eft autre que *l'incarnat Laubinoy*, c'eft un fecond nom qu'on lui a impofé avec celui de *l'Epicier*, c'eft un tres-bel œillet élevé à Paris, fa couleur

leur eſt de feu aſſez vif, ſon blanc n'eſt pas des plus fins, mais un peu carné ſa fleur eſt large, quoi qu'elle ſoit platte, mais ce qui lui eſt de propre, c'eſt qu'il graine facilement, a de gros panaches d'une couleur fort recherchée, ſa plante eſt delicate, ſujette au blanc & même à la pourriture, il ne creve point d'ordinaire, il faut pourtant lui laiſſer cinq boutons.

Benjamin, eſt un incarnat clair ſur un fin blanc, ſa fleur eſt large & tiſſuë de gros panaches, mais elle n'eſt pas fournie de feüilles, ſa plante eſt delicate, ſuſceptible de pourriture & de blanc, il ne caſſe pas en lui laiſſant quatre boutons.

D

Duc de Florence, eſt un incarnat clair ſur un fin blanc, mais ſes panaches ſont confus, ſa plante eſt aſſez robuſte, mais tardive à porter fleur, ne caſſe pas ſi on lui laiſſe quatre à cinq boutons.

F

Feu de Ligni, le feu en eſt vif ſur un tres-grand blanc, il eſt large, mais ſa plante eſt foible, ſe trouve à Lille, ſon defaut eſt qu'il degenere tres-facilement, il graine & ne creve point, ſi vous ne lui refuſez cinq boutons.

Feu & blanc, eſt un belle fleur, ſes panaches ſont gros, ſon blanc eſt fin, il eſt fort large, & même monſtrueux.

G

Grand Incarnat autrement *Incarnat Royal*, *Incarnat Imperial*, eſt un incarnat pâle dont les panaches ne ſont pas gros, mais elle n'eſt pas fournie de feüilles, elle eſt tardive & porte graine, ſa plante eſt ſi vigoureuſe, que les fanes ſont preſque ſemblables à celles de pourreau, elles ſont quelquefois atteintes de taches rouſſâtres, il ne caſſe point en lui laiſſant cinq ou ſix boutons ſur ſon principal dard, ſe trouve à Lille.

Grand Cyrus, porte une belle fleur tracée d'un gros panache d'Incarnat pâle ſur un fin blanc bien détaché, il eſt ſujet au blanc & à la pourriture, il ne creve, pas, ſi on lui laiſſe cinq boutons.

Grand Albardier, c'eſt un incarnat vif ſur un fin blanc, il approche du Tertiò de Paris, ſauf que ſon feu n'eſt pas ſi vif, ſon blanc auſſi eſt plus grand : ſa fleur eſt aſſez large, mais ſes panaches ne ſont pas bien gros ni détachez, ſa plante eſt vigoureuſe & ſa tige s'éleve extrêmement haut. Il vient de Flandres, cinq boutons lui ſuffiront pour l'empêcher de crever & en recüeillir la graine.

Grand Turc, eſt un incarnat pâle ſur un beau blanc, le panache eſt fort gros, mais confus, la fleur n'en eſt pas large, il pourroit paſſer pour un Motillon, ſa plante eſt aſſez délicate, ne creve pas en lui laiſſant quatre boutons.

H

Hipolite, eſt un incarnat clair ſujet au changement, parce que ſon blanc eſt quelquefois carné & quelquefois blanc de laiét, tracé de gros panaches, quelquefois auſſi de petits : il caſſe facilement ſi on ne lui laiſſe ſix à ſept boutons.

I

Incarnat Imperial, voyez *grand Incarnat*.

Incarnat Carou, ſon veritable nom eſt *l'Incarnat Jancille*, autrement le *grand Etendart*, il vient de Lille, ſon blanc eſt fort fin & ſes panaches aſſez gros, mais il eſt petit, il eſt fort rond & ſa plante vigoureuſe & d'un beau vert, ſujette aux poux vers & pucherons, ſon finage vert, quatre boutons lui donneront une belle fleur.

Incarnat Cezille, eſt un gros œillet d'un Incarnat pâle, garni de feüilles, ſujet à crever, ſon blanc eſt aſſez fin & ſa plante auſſi forte qu'on la puiſſe deſirer &

<table>
<tr><td>*Tome II.*</td><td>Qqq</td></tr>
</table>

abondante en marcottes , sa fleur est hâtive & six boutons lui suffisent.

Incarnat des Fremnes , c'est un incarnat venu de Lille chez son parain Monsieur des Fremnes , son panache est assez regulier , mais il est suivi de quelques mouchetures qui en diminuent la beauté , sa plante est mediocrement forte , & porte des marcottes abondamment , il faut lui laisser quatre boutons.

Incarnat Railly , est un gros incarnat sur un fin blanc , originaire de Flandres , large , qui ne creve pas , en lui laissant cinq boutons bons pour la graine , sa fleur est assez bien tranchée , sa plante assez vigoureuse.

Incomparable , est couleur de feu & blanc , mais le blanc n'en est pas bien fin , ni le panache détaché , il a pourtant sa beauté qui consiste dans sa couleur , rondeur & grosseur , sa plante est d'un beau vert , sujette au blanc , au chancre , autrement appellé la pourriture , il graine , il faut lui laisser quatre a cinq boutons.

Incarnat Blonne , est un incarnat pâle , mais le blanc en est tres fin ; son particulier , c'est d'être un tres-gros œillet , garni de feüilles & d'avoir un panache fort détaché. Il se trouve a Lille , il ne creve point en lui laissant quatre a cinq boutons , sa plante n'est pourtant pas robuste , étant sujette a la pourriture.

Incarnat d'Ath , est incarnadin sur un fin blanc , il porte une tres large fleur fort détachée & tranchée de gros panaches , il se trouve a Lille , sa plante est vigoureuse , pas sujette aux maladies ; il faut lui laisser quatre a cinq boutons.

M

Monstre pâle , est un incarnat pâle d'une grosseur prodigieuse , sujet à crever ; il se trouve a Lille. Il faut lui laisser six boutons.

P

Polyphile , est de couleur de feu sur un grand blanc , ses panaches fort détachés , son particulier est que toutes ses fleurs paroissent en même-temps , & que la derniere est aussi large que la premiere ; il faut le laisser fleurir en Soleil. Il graine , mais sa plante est difficile à conserver étant sujette au blanc & à la pourriture.

S

Le Sauvage a pris sa naissance à Paris , il porte son nom de celui qui l'a élevé , quelques uns l'ont nommé le *Dromadere* , d'autres l'ont appellé *le Grand Loüis.* C'est un œillet admirable ; son incarnat n'est pourtant pas vif , mais son blanc est extrêmement fin , les feüilles de sa fleur sont larges & épaisses , ses panaches sont fort gros & de pieces emportées , sa rondeur est à estimer , mais sa grosseur quelquefois de 14. pouces de tour , & sa façon de fleurir en forme d'une espece de dome , le rendent sans prix : sa plante est forte & robuste , dont les marcottes prennent facilement racines , son défaut est qu'il casse si on ne lui laisse plusieurs boutons , jusques à six ou sept , & on s'en trouvera bien.

T

Le Tertio de Paris , c'est le frere du Sauvage , ayant été élevé au même lieu , leur couleur est pourtant différente , mais non pas leur beauté ; celle ci est d'un incarnat vif brun surpassant , c'est à dire de couleur de feu ponceau enfoncé ; son blanc n'est pas fin , mais un peu carné : sa fleur n'est pas large comme celle du Sauvage , mais ses panaches ne sont pas moins gros ni détachés , & sont de pieces emportées , les feüilles n'en sont pas si larges ni si épaisses , d'où vient qu'elles se renversent & qu'on est obligé de se servir de cartons : Il ne casse pas aussi comme le Sauvage , & quatre ou cinq boutons lui suffisent : sa plante est assez robuste , quoique son vert ne soit pas des plus beaux , ses marcottes prennent racines facilement & ne sont pas sujettes aux maladies , sa fleur n'est pas si hâtive que celle du Sauvage.

V

Victorieux, eſt auſſi appellé *le Flamboyant*, & par d'autres *l'Incarnat à doubles
feüilles*, d'autres l'ont nommé *le petit Sauvage* : c'eſt un incarnat vif ſur un fin blanc
tracé de gros panaches de pieces emportées, mais la fleur eſt plate n'étant pas garnie de beaucoup de feüilles, elle eſt pourtant aſſez large, ſa plante eſt robuſte &
ſon feüillage aſſez particulier, étant fort court & fait en forme de petit cyprez, il
ne creve pas. Il ne lui faut que quatre boutons.

Oeillets de couleurs de Roſe & de Chair.

C

Celimene, eſt un œillet de couleur de Roſe fort large, mais confus, ſujet à crever, il graine, ſa plante eſt vigoureuſe, laiſſez lui huit boutons.

Celadon, eſt de couleur de chair tirant ſur celle de Celadon, ſon blanc tres fin &
ſa fleur eſt large, mais comme ſa couleur eſt tres pâle, elle ne donne pas dans les
yeux & on n'en fait pas grand cas.

Comteſſe d' Hollande, eſt de couleur de Roſe pâle ou de chair vive : elle eſt fort
large & ſon blanc fort fin tracé de panaches détachées, ſa plante délicate, mais
abondante en marcottes, il faut lui laiſſer ſix boutons. Il ſe trouve à Liſle.

D

Doralice, eſt un œillet de couleur de roſe vive tirant ſur l'Indicroſe, ſon blanc
eſt fin & ſa fleur fort large, mais ſa plante eſt délicate & ſi ſujette au blanc & à la
pourriture, qu'à peine peut on la conſerver. Il lui faut quatre a cinq boutons.

G

Groſſe Madelon autrement *Tour de Babel*, c'eſt un œillet d'une groſſeur prodi-
gieuſe, mais c'eſt tout, car il creve; ſon blanc n'eſt pas fin, il eſt broüillé & confus, ne graine pas, mais il porte quatorze à quinze pouces de tour : il faut lui laiſſer ſept ou huit boutons, ſa plante eſt extrêmement forte.

L

Indicroſe ou *Roſe Indique*, c'eſt un œillet le plus charmant qui ſe puiſſe rencontrer dans les couleurs douces, il eſt fort large, extrêmement rond & garni de
feüilles, ſon blanc de laiċt, ſes panaches gros & fort détachés, qui paroiſſent d'a-
bord de couleur de ceriſe, enſuite de couleur de roſe, & ſur la fin de couleur de
chair. Il ne creve pas ſi on lui laiſſe 5. ou 6. boutons: ſa plante porte un large feüillage, vigoureux, & ſujet pourtant aux taches, qui paroiſſent comme le blanc d'abord,
mais qui n'ont rien de méchant. Ses marcottes ont peine à prendre racine & ſont
ſujettes à la pourriture, ſa fleur eſt printaniere, auſſi on la doit planter en Automne. & la préſerver des trop grandes pluyes, ſe trouve a Liſle, Amiens, &c.

Iſabelle, eſt de couleur de roſe pâle ou chair, ſon blanc tres fin & ſes panaches de pieces emportées, ſa fleur fort large & garnie de feüilles qu'elle renverſe
quelquefois, ne caſſe point avec cinq ou ſix boutons; produit beaucoup de marcottes, qui ſont ſujettes aux taches blanches rougeâtres, c'eſt à dire à la gale & au
roux, qui eſt une eſpece de gale : ſa fleur eſt le plus ſouvent hâtive.

M

Madame d'Humieres, eſt de couleur de roſe claire, ſa fleur d'un grand blanc
tracé de gros panaches, large, mais tardive, ſa plante extrêmement difficile à
prendre racines, elle eſt forte & robuſte, & creve ſi on ne lui laiſſe cinq boutons:
ſe trouve à Liſle.

Madame d'Orieux, ne diffère en rien de l'œillet précedent, ſinon que ſa couleur eſt plus pâle.   Q q q ij

R

Rose d'Istrie, c'est une couleur de rose pâle ou de chair sur un fin blanc. Comme les panaches sont d'une couleur fort pâle, ils ne paroissent pas beaucoup sur un si grand blanc, sa fleur est large garnie de beaucoup de feüilles : sa plante qui paroît robuste ne l'est pourtant pas, parce que les marcottes qui sont atteintes de gale, ne prennent que difficilement racines : il ne creve point avec cinq boutons.

Rosalinde, a la même ressemblance que *l'Isabelle*, sauf qu'elle ne fleurit pas si large ni si bien.

Rose d'Hollande, c'est la même que *la Rose de Jerico*, sa couleur fort pâle, mais son blanc de laict, il ne creve point avec cinq boutons.

Rose Royale, c'est une tres-grosse fleur, d'un blanc tres-fin & regulierement tranché, sa plante est vigoureuse, fertile en marcottes & d'un beau vert : il vient de Lille, cinq boutons feront éclore de belles fleurs, elle n'est pas hâtive.

Rose permanente, est une fleur fine, pas beaucoup large, mais delicate : Elle ne casse pas en lui laissant cinq boutons : elle demeure toûjours de couleur de rose, ne changeant pas sa couleur, sa fleur dure long temps, elle se trouve à Lille.

Oeillets blancs.

B

Belle Douce, est une grosse & large fleur garnie de beaucoup de feüilles, dont la plante est forte & vigoureuse, elle ne creve point avec cinq ou six boutons.

Blanc Racine, est un blanc aussi large que le premier. Monsieur Racine a fait la conquête de cet Oeillet.

Blanc de Paris, il est commun à Paris.

Blonde de perle, est un blanc de perle fort large & d'un beau vert, elle se trouve à Lille.

Rose blanche, c'est une veritable rose blanche, parce qu'il n'est rien plus large, ni plus feüillu que la Rose blanche, sa plante est foible, mais sa fleur ne casse point lui laissant cinq boutons.

Oeillets piquetez.

Auguste Triompke, est un des plus beaux piquetez, à cause de sa largeur & de la quantité de ses feüilles, mais il est fort tardif à fleurir à cause de la foiblesse & délicatesse de sa plante. Il faut lui donner du Soleil jusqu'à midi & le planter dans une terre legere, & lui laisser cinq ou six boutons, autrement il creveroit : il se trouve à Lille, à Paris, &c.

Astre du Monde, est un piqueté extrêmement moucheté sur l'extrêmité de ses feüilles : sa fleur n'est pas fort large, mais fort ronde & bien prise dans ce qu'elle contient, sa plante n'est pas fort robuste ; Elle est susceptible de blanc & de pourriture. Il se trouve a Lille, à Amiens, &c.

Astre triomphant, il est large & fort piqueté, sa plante mediocrement forte, il est à Lille, il lui faut quatre boutons.

Amarillis, Agréable, Belle Aminte & l'Etoile du jour, sont quatre piquetez à peu prés de même sorte, & ne different que par leur couleur & leur feüillage, mais non pas en largeur, ni en grosseur, il faut leur laisser quatre à cinq boutons, se trouvent à Lille.

Apollon, est un piqueté de brun sur un fin blanc : l'œillet est petit & sa plante fort fujette au blanc & a la pourriture. Il eft à Lille , il ne lui faut laiffer que quatre ou cinq boutons.

Beau piqueté , fort femblable à la verdure luifante. Il eft piqueté de pourpre clair , fort gros & large , mais fujet a crever, fi on ne lui laiffe fix ou fept boutons. Il pouffe auffi quelquefois deux boutons dans fa fleur. Il prend auffi quelquefois panaches.

Eudoxia , eft un œillet tres fin , le blanc en eft beau , il fleurit facilement , fa fleur eft mediocrement large & fa plante eft fort délicate , fujette à la pourriture & porte graine quatre boutons fuffifent.

Eminentiffime , c'eft un tres-bel œillet , il eft bien piqueté fur un beau blanc affez large , fa plante vigoureufe , fe trouve a Lille , 4 ou 5 boutons lui fuffifent.

Gros piqueté , c'eft un tres-rare œillet par fa groffeur , qui eft prodigieufe pour un piqueté , & par fon blanc qui eft tres-fin. Il eft difficile a élever , fa plante étant fi foible & fujette à pourriture , qu'a peine peut-on le conferver : il faut lui laiffer quatre ou cinq boutons.

Indimion , eft un piqueté de brun fur un fin blanc , large & ne caffant point ; fa plante eft d'un beau vert , qui n'eft point fujette aux maladies : il fe trouve à Lille , quatre boutons lui fuffifent.

Jupiter . Junon , *Mars* , *Mercure* , *Venus* , font toutes divinitez piquetez de brun fur un fin blanc , mais les fleurs en font petites : elles fe trouvent a Lille.

Lys parangonné. Cet œillet eft parfait quant à fa fleur ; car il eft tres-bien piqueté , large & garni de feüilles , fon blanc eft fin , mais fa plante eft délicate , fujette à la pourriture , & fes marcottes ne prennent racines que dans fa couche , fi on ne le marcotte dans le commencement de Juillet ; Il creve fi on ne lui laiffe au moins fix boutons : il fe trouve à Lille.

Piqueté Tournay , il eft d'un beau vert , facile à prendre racine , fa fleur mediocrement large , fon blanc eft fin , il fe trouve communement dans la Picardie, quatre boutons lui fuffifent.

Piqueté du change , fa fleur eft fort mouchetée , large , mais tardive , il ne créve point avec fix boutons.

Pulcheria , eft un œillet fort piqueté , mediocrement large , fa plante peu feconde en marcottes , fa fleur eft tardive , & cinq boutons lui fuffifent.

Piqueté belmans , eft gros & large , fa plante eft fort délicate & fes marcottes difficiles à venir.

Piqueté Pourpre , eft fort bien piqueté d'un beau pourpre mediocrement large , fa fleur fort ronde , fa plante foible mais d'un beau vert , fe trouve à Lille.

Triomphe de Lille , eft un piqueté fin fur un beau blanc , fa fleur large , fa plante vigoureufe : il veut quatre boutons.

Verdure luifante , voyez le beau piqueté.

Oeillets *Tricolor* , *Quadricolor* , *Quincolor.*

Tricolor de Compiegne , il eft pourpre , de couleur de rofe pâle & blanc , le pourpre eft enfoncé & le blanc tres fin , mais ce qui eft de furpaffant pour un tricolor , c'eft qu'il eft gros & large , fa fleur fort ronde , fournie de beaucoup de feüilles tracées de gros panaches de pieces emportées , qui fe fuccedent les unes aux autres, c'eft à dire qu'un panache de pourpre fuit celui de rofe pâle fur un fin blanc, qui doit paffer plûtôt pour un panache que pour le champon : le fond de l'œillet ne créve point avec cinq boutons : fes marcottes ne font pas fortes , la pourriture attaque le *tricolor*, c'est pourquoi il faut le preserver des méchantes pluyes.

Le *Tricolor Poncet*, ne differe du premier qu'en grosseur, n'étant pas si large ni son blanc si fin, ni ses couleurs si bien détachées.

Quadricolor & Quincolor d'Amiens, ils seroient beaux, s'ils étoient détachés & gros, mais ils sont confus & peu larges & sujets à dégenerer, ne se maintenant plus de deux ans dans la même fleur.

La diversité des trois couleurs, cet œillet est fort bizarre, mais qui porte une grosse fleur, qui a sept couleurs fort distinctes & separées, son blanc est fin sur lequel paroît un brun noir & un beau rouge ; sa plante est mediocrement forte : il se trouve à Lille : il ne créve point avec cinq boutons qui graineront.

La Joliete ou Joliveté des quatre couleurs, est un œillet panaché d'un beau pourpre fort brun, d'un beau rouge & de couleur de rose, sur un fin blanc, mais toutes ses couleurs sont tres bien & également distinctes & détachées ; il se trouve à Lille facilement.

La Chinoise, est un tricolor rare, son blanc est de laict tranché de gros panaches bruns, comme s'ils étoient noirs & de couleur de rose, sa fleur large se trouvera à Lille, cinq boutons suffisent.

Le Zelandois, c'est un quincolor dégeneré : on en fait cas à cause de sa couleur qui est fort bizarre.

La Conquête de Los, est de couleur d'Ardoise, & se trouve à Lille.

CHAPITRE XXXVI.

Des Oreilles d'Ours.

L'Oreille d'Ours est Françoise : Il s'en trouve dans les prez de plusieurs Provinces de France, mais avec cette différence de celles des jardins, que *les premieres* sont toutes de méchantes couleurs & tres petites cloches, & *les autres* triées parmi de bonnes semences, ont ces qualitez desirables dans les fleurs qui font plaisir à voir.

Quoi qu'elle soit Françoise, les François ne sont pas les premiers qui en ont reconnu les beautez ; les Flamans y sont plus attachez qu'eux, ce sont eux qui ont élevé à Lille en Flandres les premieres panachées. Ils les appellent *Auricules*.

ARTICLE PREMIER.

Qualitez que doivent avoir les belles Oreilles d'Ours.

Puisque la fanne basse & point embarrassante rend une fleur recommandable, l'Oreille d'Ours l'emporte sur plusieurs.

La fanne qui s'étend est un peu plus agréable que celle qui est si droite.

C'est un grand defaut à la tige de la fleur quand elle est si déliée qu'il faut la soûtenir ; aussi bien que quand elle est si courte, qu'on ne voit quasi point le bouquet : une juste proportion est à desirer en toutes choses, & principalement en celles qui font destinées au plaisir de la vûë.

Plus les cloches sont grandes & ouvertes, plus l'Oreille d'Ours est estimable.

Il y en a beaucoup qui se gaudronnent, c'est un defaut.

Il faut que la queuë de la cloche réponde à la largeur de la fleur. Une tres-grande fleur qui auroit la queuë de sa cloche tres courte, déplairoit plus que si elle étoit proportionnée.

On leur souhaite l'œil grand & bien arrêté, point baveux ni imbibé.

L'œil est ce petit rond du milieu de la fleur qui est presque toûjours ou jaune ou citron.

On ne fait cas que des panachées. Si l'on estime quelques pieces, ce sera à cause d'une largeur extréme, ou d'une couleur si bizarre, qu'on espere qu'à force d'en semer la graine, il pourroit en venir quelque panachée qui en tiendroit.

Entre toutes *les lustrées, les satinées, les brillantes & bizarres* sont toûjours les plus belles.

Plus cette fleur a également de panache & de couleur, plus elle est belle.

Il faut s'attacher à trouver des couleurs differentes en Oreilles d'Ours, car plusieurs se ressemblent aussi bien que les œillets, il y en a beaucoup plus de fleur à fleur, que de visage à visage, mais il faut avoir des varietez promptement sensibles à tout le monde.

La nature ne s'épuisera jamais, elle nous montre toûjours quelque chose de nouveau dans ses productions. Il y a à present plusieurs Oreilles d'Ours doubles & panachées. Il y en a même qui font quelquefois jusqu'à trois cloches les unes dans les autres, elles sont rares & cheres. A force de semer ce progrés pourra aller plus loin.

Plus l'oreille d'Ours a de clochettes sur la même tige & plus elle est belle. Quand elle fait un gros bouquet de cloches tout autour de sa tige, on l'appelle *Polyanthée*.

ARTICLE II.

De la terre propre aux Oreilles d'Ours, de leur gouvernement en pot & en fleur, & de la maniere de les œilletonner.

Cette plante est gourmande & aime la fraîcheur, il lui faut un peu plus de terre franche qu'à l'œillet.

Sur quatre panierés de terre franche, il en faut trois de terrot de fumier de cheval & deux de terrot de fumier de vache.

Aprés avoir dit que l'Oreille d'Ours aime la fraîcheur, on devroit peu parler de son gouvernement. On peut bien juger qu'il ne la faut pas laisser exposée au Soleil ardent : Cependant pour instruire davantage il vaut mieux être un peu plus prolixe.

Dés le commencement du Printemps avant la fleur, mettez vos pots d'Oreilles d'Ours au Soleil levant ou couchant, sur des ais élevez sur des treteaux ou du moins sur des carreaux, de peur qu'étant posez à platte terre, le ver n'entre par le trou du pot, qu'il ne mouline & ne renverse incessamment la terre. Essayez de les placer de sorte que le Soleil ne les voye que trois ou quatre heures du jour, elles s'en conservent beaucoup mieux, & le coloris de la fleur en est plus velouté & plus foncé.

Ne leur donnez de l'eau que quand elles en ont besoin ; trop les pourriroit, trop peu aussi les feroit languir. Pour éviter un danger, ne tombez pas dans l'autre.

Lorsqu'elles sont en fleur, il faut avoir soin d'ôter de vos pots les Oreilles d'Ours dont tous les œilletons poussent entierement purs, & à moins que ce ne soit une espece tres-rare, il ne faut pas planter le pied à part en pleine terre pour attendre qu'il repousse quelque œilleton panaché.

S'il n'y a qu'un œilleton pur & un autre panaché , il faut détruire le pur & conferver l'autre : Le même qui eft devenu une fois pur ne devient jamais panaché. Pour détruire un œilleton pur ne déplantez pas vôtre plante , mais arrachez là feüille a feüille & quand il n'a plus que le tres petit cœur , & que vous ne pouvez plus tirer de feüilles , coupez adroitement ce petit cœur fans endommager le collet ou haut de la plante , car c'eft ce que les nouveaux œilletons repouffent & c'eft ce qu'il faut conferver.

Si le pied qui eft dans vôtre pot eft garni de plufieurs œilletons & que vous ayez envie de multiplier l'efpece , attendez que la fleur foit pallée , pofez vôtre pied d'Oreilles d'Ours quand fa terre ne fera point moüillée , fecoüez-la fi bien que toutes fes racines en foient nettes , partagez vôtre pied en autant de parties qu'il aura de forts œilletons, & faites de chaque œilleton une portée differente, laquelle reproduira de même de nouveaux œilletons , & ainfi avec un peu de foin vous ne fçauriez manquer de plantes.

Pouvû que chaque œilleton que vous replanterez ait feulement un filet de racine , il fuffira pour le faire reprendre. S'il en a davantage ce fera tant mieux. Il eft aifé de donner ordre que chaque œilleton ait beaucoup de racines, parce que s'il ne fe fépare pas aifément de lui-même , il faut fendre le navet de la plante tout au milieu , cela ne l'endommage point : ainfi fi fur un même pied vous aviez quatre œilletons qui ne fe partageaffent point , coupez librement vôtre navet en quatre , vous êtes le maître par là de laiffer autant de racines que vous voudrez à chaque Œilleton.

Aprés avoir coupé le navet , plantez vôtre œilleton jufques tout au haut du collet , qu'il ne forte feulement que les feüilles , arrofez-le fortement & laiffez vôtre pot a l'ombre au moins un mois, il faut pendant ce temps-là donner de l'eau un peu fouvent pour faire facilement reprendre , mais il n'en faut pas donner chaque fois abondamment.

Lorfque vos pots qui ont bien fleuri ont fait leur devoir fur vôtre theatre , remettez-les au même lieu où ils ont fleuri, confervez leurs graines , & pour avoir des nouveautez , femez abondamment. En cette plante-la & en toute autre , c'eft par-la qu'on s'enrichit le plus.

Il faut dans les grandes chaleurs de l'Eté ôter vos pots du lieu où ils étoient & les mettre tous a l'ombre : Cette précaution eft de confequence. Le grand Soleil & le grand chaud font fondre les Oreilles d'Ours & les tuent entierement.

En Automne remettez les en leur place ordinaire , & en Hyver expofez les au Soleil du midi , elles en ont befoin alors. Quelque foin que vous preniez de bien fituer vos Oreilles d'Ours , il s'en pourrit fans ceffe beaucoup de feüilles , épluchez-les en toutes faifons , & comme on ébranle fouvent le pied en arrachant les feüilles , raffermiffez le en appuyant le doigt autour , & quand ou par les arrofemens ou autrement la terre s'abaiffe & que le collet fe découvre, remettez de la terre fur vôtre pot pour le garnir.

La terre dans laquelle on plante les Oreilles d'Ours eft un peu forte , & fi on ne la couvroit pas fur fon pot , elle fe fendroit , ou elle fe décoleroit , ou fe durciroit : Pour empêcher ces inconveniens , il faut mettre fur le pot un bon doigt de fable noir ; le fable blanc ou jaune feroit le même effet à l'égard de la plante , mais il en feroit un mauvais a la fleurifon. Le rapport de fa couleur à la plûpart des fleurs des Oreilles d'Ours diminueroit le coloris. Il femble que cette remarque foit petite , mais dans la pratique elle eft fort grande.

Ce

Ce fable qu'on met fur la terre du pot de l'Oreille d'Ours entretient fa fraîcheur, aide a faire entrer aifement les arrofemens, & empêche plûtôt le pied & les feüilles de pourrir, que fi on fe fervoit de quelque terrot que ce fût. Plus on craint la pourriture, plus on doit éloigner le fumier.

Parce que vos pots font fouvent à l'ombre, le deffus fe moifit & produit une verdeur defagreable à voir, ratiffés-la & remettés de nouveau fable : la beauté ne va jamais fans la propreté.

L'Oreille d'Ours ne craint point ordinairement la gelée, cependant fi vous avés de la place de refte dans vos ferres, crainte de la pourriture ou de quelque nouvel accident, ferrés vos belles, ce foin leur vaut beaucoup.

ARTICLE III.

De la graine d'Oreille d'Ours, la maniere de la femer & d'en élever le Plan.

IL faut particulierement s'attacher à recüeillir la graine de vos plus belles plantes, de vos plus grandes cloches, de vos plus velouttées, & fur tout des doubles & des triples : negligés donc la graine des plantes ordinaires, femés plûtôt moins, & femés bon.

Cette graine veut être femée au commencement de Septembre.

La maniere de la femer eft vétillarde, mais faute d'en faire toutes les petites façons, de grands Curieux en ont femé plufieurs années de fuite, fans qu'il leur en foit levé une feule. Elle craint tout a fait d'être couverte de terre, elle aime beaucoup la fraîcheur, & demande à caufe de fa petiteffe plus de precaution que toute autre.

Empliffés de tres-bonne terre legere & finement paffée des terrines ou des caiffes plattes, appuyés la main fur la terre pour la preffer, afin qu'elle ne fonde pas lors de l'arrofement, & pour toute preparation, à la reception de vos graines, quand vôtre terre eft bien uniment preffée, faites de legeres fentes avec le tranchant d'un couteau, que ces fentes foient tres-preffées & peu profondes, femés enfuite vôtre graine un peu claire, & repaffés tres-legerement la main fur vos fentes pour les unir : Ou la graine eft tombée dans vos petites fentes, ou elle fe trouve envelopée de la terre que ces fentes avoient élevée, & cela fuffit pour la faire germer. Arrofés auffi-tôt vos terrines ou caiffes avec un petit arrofoir de fer blanc à pompe dont les trous foient tres petits, afin que l'eau tombe deliée & qu'elle ne batte point la terre, mettés vos graines femées à l'ombre, qu'elles n'en fortent point que quand vous les voudrés replanter en planches, ayés foin qu'elles foient toûjours humides.

Elevés fans y manquer vos terrines ou vos caiffes dans lefquelles vos graines font femées, a moins qu'elles n'ayent des pieds tres hauts, car les vers entrent ou par les trous des terrines ou par les fentes des caiffes, & remuant la terre quand la graine germe, ils la deracinent, la renverfent & la font perir abfolument.

Quelquefois la graine leve dés la même année que vous l'avés femée : ordinairement elle leve à la fin du Printemps de l'année fuivante, mais on en a veu qui n'a levé que la feconde année.

Quand elle eft forte & en état d'être replantée, il faut la mettre en planche en quelque endroit frais du jardin, & à la premiere fleur la traiter felon fon merite & la planter dans des pots, fi elle eft panachée,

Tome II. R r r

CHAPITRE XXXVII.

De l'Orchis de Serap.

IL eſt le plus eſtimé de tous les Orchis , il produit autour de ſa tige un bouquet de fleurs blanchâtres , qui ont cela de propre , que le jour elles ne ſentent rien , mais la nuit elles repandent une tres-agreable odeur.

Il aime l'ombre & l'humidité , il lui faut une forte terre , cinq doigts de profondeur & autant de diſtance. On le leve tres-rarement.

CHAPITRE XXXVIII.

De L'Ornithogalon.

IL y a pluſieurs ſortes d'Ornithogalon , mais l'*Arabeſque* que l'on appelle autrement *lys d'Alexandrie* & l'*Etranger* , que l'on appelle auſſi *Ornithogale d'Inde* , ſont les plus eſtimés.

Le premier produit à l'extrémité de ſa tige comme une groſſe grappe de fleurs, qui s'ouvrant chacune avec 6. petites feüilles blanches , entourent un bouton vert brun , que pluſieurs appellent , *les larmes de Notre-Dame* : Elles commencent à fleurir par le bas , & à meſure que les unes fleuriſſent , les autres ſe paſſent.

L'Etranger , que l'on appelle *d'Inde* , eſt encore plus beau & plus eſtimé que le precedent. A l'extrémité de ſa tige il fait monter un épi pointu & long d'un demi pied , autour duquel viennent petit à petit pluſieurs fleurs blanches , qui decouvrent un bouton vert qui eſt au milieu.

L'Ornithogalon demande du ſoleil , un terroir à potagers , quatre doigts de profondeur , & un empan de diſtance ; on le leve tous les ans, parce qu'il multiplie beaucoup.

L'Etranger d'Inde , veut auſſi du ſoleil , mais il le faut mettre dans des pots pour le ſerrer l'hyver , parce qu'il craint beaucoup le froid : Il lui faut une bonne terre , deux doigts de profondeur ſeulement & un empan de diſtance : mais il vaut encore mieux le mettre ſeul dans un pot ; On le leve rarement, mais quand la graine en eſt meute , on la ſeme : On la replante auſſi-tôt , parce qu'alors il reprend bien plus facilement racines.

CHAPITRE XXXIX.

Du Panache de Perſe.

ON l'appelle auſſi Lys de Suze , il jette autour de ſa tige grande abondance de petites fleurs pendantes en petits friſons , qui forment une longue pyramide : cette fleur ne paroît jamais ſi belle que lors que ſa tige ſe ploye , & qu'elle retombe en bas, car pour lors il ſe forme tant de petits bouquets , & il s'eleve du fond tant de petites pointes dorées , qu'il ſemble que la Deeſſe des fleurs, ait pris plaiſir à y répandre tous ſes tréſors.

Cette fleur ne veut avoir que mediocrement de Soleil, une terre de potagers, la profondeur de 4. ou 5. doigts & la distance d'un empan. Et comme son oignon n'a point de robe non plus que celui de la Couronne Imperiale, quoi qu'il soit un peu plus long & plus elevé, on le tire de terre tres rarement, & cela se fait au mois de Septembre, & il faut le replanter aussi-tôt.

CHAPITRE XL.

De la Paralyse.

IL y a de deux sortes de Paralyse, *la simple & la double* : *La simple* éleve sa tige à la cime de laquelle elle produit un petit bouquet de fleurettes d'un blanc pâle, qui se renversent par le bord des feüilles.

La double est differente de la simple dans la couleur aussi bien que dans la figure : Car outre qu'elle tire au Citron, elle produit des fleurs les unes dans les autres, c'est pourquoi on lui a donné le nom de *l'une dans l'autre*.

Elles veulent toutes deux être mises en bonne terre, fort au Soleil, & être gouvernées comme les *marguerites*.

CHAPITRE XLI.

De la fleur de la Passion.

CEtte fleur que les Indiens appelle *Marocato*, & que nos Jardiniers modernes nomment *Grenedille*, est consideree comme un miracle sur lequel Dieu a distinctement figuré les principaux mysteres de la Mort & Passion de Nôtre-Seigneur : Car si nous regardons les feüilles qui environnent cette fleur, elles nous representent l'habit dont les Juifs le revêtirent par dérision : Ces pointes aiguës qui paroissent à leurs extremités, ne sont-elles pas la figure des piquantes épines dont ils couronnerent sa téte ? & ces petits filets tachés de couleur de sang qui s'épandent tout autour, nous representent les fouëts avec lesquels il fut cruellement flagellé. Cette petite colomne qui s'éleve au milieu de la fleur, nous montre celle à laquelle il fut impitoyablement lié chez Pilate. Le chapeau qui est au-dessus, marque l'éponge trempée dans le fiel & le vinaigre, qui lui fût presentée. Ces trois ou quatre petits piquets qui s'élevent au-dessus de la colomne, forment les clous pointus dont on lui perça inhumainement les pieds & les mains. Les feüilles pointuës par le haut, & qui par le bas tiennent à la tige, sont l'image de la lance qui lui ouvrit le côté. Il n'y a que la croix qui ne se montre pas exprimée sur cette fleur, comme tous les autres instrumens de la Passion.

Cette fleur veut être au grand Soleil, dans une terre grasse & bien détrempée : Pour bien planter la racine, il la faut courber de la profondeur de trois doigts, puis la couvrir avec de la même terre : Elle vient bien dans des pots & dans des planches, mais il les faut soigneusement border avec des tuiles, d'autant que cette plante étant fugitive, cherche toûjours la liberté, dés qu'elle commence à pousser, il faut mettre une petite perche, à laquelle on la lie avec du filet.

CHAPITRE XLII.

Du Piment Royal.

LE *Piment Royal* que l'on apelle *Rhus*, a plusieurs petites branches , ausquelles font attachées des feüilles deux a deux & femblables a celles du Cornier. Il fleurit au mois de Mai : au bout de chaque branche , il vient une grappe qui est verte au commencement , & croiffant peu à peu prend une couleur vermeille , & à la fin cette fleur qui est femblable à l'Amarante , est d'un pourpre éclatant & velouté , mêlée de quelques petits grains de jaune doré , qui la rendent encore plus belle.

CHAPITRE XLIII.

De la Plumelle ou Cornette.

IL y a la fimple & la double; parmi la fimple celle qui est violette est la plus belle , & parmi la double , l'incarnate est la plus estimée. Elle diffère de la Giroflée en ce qu'elle a les feüilles plus étroites & plus tranchées : Elle veut pourtant avoir en tout la même culture.

CHAPITRE XLIV.

Des Renoncules de Tripoly.

LA Plante que Charles de l'Eclufe nomme dans fes Livres *Ranunculus Afiaticus grumofa radice* , est ce qu'on apelle en François *Renoncule de Tripoly*. Il y en a de diverfes efpeces , les uns portent des fleurs fimples , les autres de doubles.

Pour bien entendre la defcription qu'on en va faire , il faut favoir qu'il y en a qui ne portent qu'une feule couleur : les autres en portent plufieurs , le dehors des feüilles de la fleur fe trouve quelquefois d'une couleur , mais le dedans de l'autre. Parlant de ces derniers, on commencera à nommer la couleur du dehors la premiere , parce que c'est celle-là qui s'aperçoit la premiere , lors même que la plante n'est encore qu'en bouton , puis la couleur qui est par le dedans : Le bouton noir en forme de Turban qui est au milieu de chaque fleur des fimples où fe forme la femence , ne varie point de couleur ; c'est pourquoi on n'en parlera pas en décrivant leurs fleurs cy-aprés.

On commencera par ceux qui ne portent qu'une couleur & font fimples.

Les Renoncules fimples de Tripoly de fimple couleur , font de cinq efpeces , favoir ; *Le blanc , le jaune doré , le jaune pâle , la couleur de citron , le rouge brun*, qui est odoriferant.

Les Renoncules fimples de double couleur , font,

L'Africain , qui est jaune doré , marqueté de nacarat , fur un fond jaune.

L'Aurore est jaune panaché de nacarat par le dehors de la fleur , fur un fond jaune d'aurore.

Le Befançon , est un jaune pâle , marqueté de rouge , fur un fond jaune.

Le Calabrois , est chamois bordé de rouge , fur un fond chamois.

Le drap d'or, est jaune doré mêlé de rouge par le dehors de sa fleur , de sorte qu'il ressemble à du drap d'or , ce qui est cause qu'on le nomme ainsi.

Le Melidor, est rouge cramoisi, bordé d'isabelle par le dehors de la fleur seulement , le fond est Isabelle.

Le Parmesan, est jaune doré , bordé de rouge , sur un fond jaune.

Le Bossu rose, est de couleur de rose vermeille, nué de blanc sur un fond blanc.

Le Romarin, est chamois, marqueté de rouge par le dehors de la fleur , le fond est chamois.

Le Satiné , est blanc , marqueté de rouge par le dehors , sur un fond blanc.

Le Sydonien , est chamois , marqueté de rouge , sur un fond chamois.

Les Renoncules doubles de simple couleur, sont,

Le Rouge cramoisi , ou sang de bœuf.

Le Géant ou Peone de Rome , est tout rouge , fait grosses fleurs, & les feüilles n'en sont pas bien unies.

Le Géant de Constantinople , qui porte ses fleurs plus grandes que le précedent , aussi ses feüilles sont mieux rangées.

Le jaune à feüilles de ruë , celui-ci porte ses fleurs plus petites que les précedentes.

Le jaune d'Italie , à feüilles d'ache , ses fleurs ressemblent à celles des grands bassins doubles.

Les Renoncules doubles à double couleur , sont,

Le Bossuel , celui-ci , provient du petit rat orangé vulgaire , lequel est rayé de jaune.

Le Géant ou Jaune de Rome , rayé de jaune , il est sujet à varier , portant quelquefois plus de rouge que de jaune , & quelquefois plus de jaune que de rouge.

CHAPITRE XLV.

Des Roses & Rosiers.

IL y a plusieurs sortes de Roses ; *La Rose odorante* & *la Rose sans odeur. La Rose d'Hollande* à cent feüilles , *les Roses blanches de lait* , *la blanche rousse* , que plusieurs appellent *Rose de Virginie. La blanche tachée, les Rouges pâles , les Roses de couleur de chair , les Rouges couvertes* appellées *de Provins. Les Roses panachées , les Roses simples de couleur de Velours rouge* , le dessous des feüilles de couleur de jaune sale , & *les Roses de tous les mois* , qui est une espece de muscades rouges , portant ses fleurs par bouquets. *La Rose jaune* , qu'on appelle *la grande. Les Roses de Damas* ou *muscade.*

Toutes les Roses veulent beaucoup de Soleil , une bonne terre forte ; on les plante au mois de Novembre & de Février de la profondeur d'un empan , & à trois pieds de distance les unes des autres : on les taille au mois de Mars ; on les arrose dans l'Eté & dans l'Automne , on ôte la vieille terre pour en mettre de nouvelle.

A toute sorte de Rosiers , il n'y a point d'autre façon que de leur donner quelquefois un leger labeur , les nettoyer & décharger du trop de bois & de celui qui est mort.

La Rofe de tous les mois veut être expofée en bel air , en plein Soleil , dans une terre douce & fablonneufe pour porter tous les mois , & quand fes premieres fleurs font paffées , on les taille au nœud , au-deffous où étoient lefdites fleurs , & ainfi faifant aprés chaque portée de fleurs , vous en aurez huit mois durant , fçavoir depuis les premieres , jufques environ la Nôtre-Dame de Decembre.

Si ces *Rofes* ou *Rofiers* ne font pas en terre propre , expofés & taillés comme on a dit , ils ne portent qu'une fois non plus que les autres.

Ou bien on les taille proche de terre au mois de Novembre , & les branches qui renaiffent & qui fe renouvellent , aporteront des fleurs avec plus de force.

On les retaille encore de nouveau trois jours avant la pleine Lune de Mars, laiffant feulement un œil ou deux à chaque branche , aprés on déchauffe le Rofier tout autour , & on ôte la vieille terre pour en mettre de nouvelle , & on l'arrofe quand il en a befoin. Quand elles commencent à fleurir , il en faut cueillir tous les boutons avant qu'ils s'ouvrent , & cela leur fait produire tout l'Eté plus grande quantité de fleurs.

Si vous n'avez pas naturellement de la terre de la qualité ci-deffus marquée , pour les fufdits Rofiers , vous pouvés leur faire un fond artificiel en les plantant dans du fable amandé & en quantité fuffifante.

La Rofe d'Hollande à cent feüilles , celle qui fent , ou celle qui n'a point d'odeur , demandent une même culture , elles veulent un lieu frais , peu de Soleil & une terre forte. On les taille au mois de Mars , & on ne coupe que les extremités qui font féches. Elles peuvent porter en Automne , quand on les taille au Printemps à un pied , ou un pied & demi prés de terre.

Les Rofiers d'Hollande , fe plantent fi l'on veut aux pied des arbres de haute tige, & on les fait monter fur ces arbres , où ils étalent leur belle & délicate marchandife en la faifon , ce qui eft bien agréable.

La Rofe jaune double , ne veut du Soleil que médiocrement , elle aime le froid & veut être en liberté , c'eft pourquoi il ne la faut ni lier , ni ferrer. Quand on la taille , on n'en coupe que l'extremité des branches qui font féches ; elle veut être garantie des grandes pluyes , autrement les fleurs pourriffent & n'épanoüiffent pas bien , c'eft pourquoi on leur fait un abri , quand les années font trop pluvieufes. Pour la faire mieux fleurir & empêcher que les boutons n'avortent, il eft bon d'en ôter une bonne partie , avant que de les laiffer ouvrir.

Pour les faire porter tous les ans , il faut aprés que les fleurs feront paffées les tailler affez court , & s'ils pouffent beaucoup de bois en Automne , vous les taillerez encore en Février ou en Mars fuivant.

Les Rofiers panachez font des efpeces de Nains : (comme les Batavis ,) on peut les mettre dans des pots , fi l'on veut , où ils font bien de même qu'en pleine terre.

On peut greffer un Ecuffon de ces Rofiers , & d'autres fur des Rofiers communs, & ces Ecuffons ne manquent jamais de porter l'année fuivante , s'ils font dormans ; les pouffans portent en l'Automne de leur même année.

Ce qui eft plus avantageux que de les avoir de plan , où ils font deux ou trois ans fans porter.

Les Rofiers Mufcats blancs , veulent être taillez tous les ans en l'Automne ou au Printemps à un demi pied prés de terre , il faut les couvrir de long fumier pendant l'Hyver de crainte qu'ils ne gélent , & au Printemps vous leur donnez un leger labour , lorfque vous leur ôtez ledit fumier.

Et quand les fleurs commencent à paroître, s'il y a des jets qui n'en ayent point, il faut les tailler à un pied & demi de bas, & à chaque œil il poussera un jet, qui donnera aussi beaucoup de fleurs vers l'Automne.

De la Rose de la Chine.

La Rose de la Chine, qui d'abord a eu le nom de *Barbare de Fuyo*, est appellée aujourd'hui par quelques uns, *Mauve d'Inde* & *Mauve du Jappon*, mais elle est plus connuë par le nom de *Rose de Sienne*. Elle s'éleve avec le temps à la hauteur d'un arbre, dont l'écorce du tronc est pâle & de la couleur du figuier & les feüilles toutes semblables. Elle jette plusieurs branches, qui se chargent par le bout de plusieurs boutons ronds de la grosseur d'une noix, qui s'ouvrent & s'étendent à la largeur d'une Rose à cent feüilles, & elle est assez fournie de feüilles crêpuës & frisées.

Elle fleurit dans l'Automne, & sa fleur ne dure que deux ou trois jours, mais elle a des couleurs si belles & si variées, qu'on ne la peut voir sans l'admirer. Au commencement elle est blanche, puis elle rougit, & enfin elle se charge & devient d'un beau couleur de pourpre.

Pour en perpetuer la race, il en faut semer la graine ou en planter les branches.

On en seme la graine au mois de Mars à la fin de la Lune : On la met loin à loin en bonne terre legere, qu'il faut avoir passée dans un crible fin, & l'ayant préparée dans des pots, on y met la graine que l'on recouvre d'un doigt de la même terre : On l'arrose à petites gouttes & on lui donne peu à peu du Soleil, au bout de trente jours elle commence à lever, & quand ces petites plantes sont devenuës plus grandelettes, on leur met un peu de terre au pied de même qualité que la premiere, afin que les racines se fortifient & soient plus profondes. Finalement pour les défendre de la rigueur de l'Hyver, on les serre dans un lieu chaud & aëré.

Au bout de l'an on les tire du pot & on les met en pleine terre fort au Soleil, dans laquelle, pourvû qu'elle soit bonne, elle apportera des fleurs au bout de deux ou trois ans.

La bouture s'en plante au mois de Mai : Et pour cela il faut prendre de jeune bois qui soit sur du vieux, qu'il faut replanter incontinent aprés l'avoir coupé dans un lieu fort au Soleil & en bonne terre, de la profondeur d'un demi pied ou plus, selon la grosseur du brin duquel il faut couper l'extrémité avec tous les yeux, & il faut couvrir les playes avec de la cire d'Espagne pour les défendre du chaud, du froid & des pluyes qui lui pourroient nuire. Ainsi en six mois il prend racine, & au bout de l'an il produit des fleurs admirables.

De la Rose de Gueldres ou Suseau Rosal.

Cette plante s'étend de toutes parts avec ses branches d'une maniere qu'il est tres-aisé de la réduire à la grandeur d'un arbre : il produit des fleurs qui ont chacune cinq petites fleurs blanches, & quelquefois, soit par nature ou par hazard, il s'en trouve d'une couleur vineuse. Ces petites parcelles de fleurs s'amassent toutes ensemble, font comme de grosses balles rondes, qui sont sur l'arbre, comme autant de globes soûtenus par un Atlas.

Il veut peu de Soleil, un terroir humide & fort : On le taille au mois de Mars & on n'en coupe que ce qui est sec.

CHAPITRE XLVI.

Du Saffran.

LE *Saffran* fleurit au Printems & en Automne, il est aussi changeant dans sa fleur que dans ses couleurs ; car quelquefois il devient simple, & d'autres fois est rempli de feüilles.

La Scabieuse, que plusieurs appellent *la Fleur de Veuve*, est de deux sortes : Car il y en a de commune, & c'est celle-ci, que par excellence on nomme *la belle Scabieuse*. Elles n'ont rien de différent dans leurs fleurs, sinon que celle ci est bien plus couverte, & qu'elle est comme d'un violet cramoisy marqueté. Elle a une certaine odeur comme de Musc, qui est agréable de loin, mais que tout le monde n'aime pas de prés.

Elle veut beaucoup de Soleil, une terre à potagers. On l'arrose quand elle en a besoin : Cette fleur dure trois ans, c'est pourquoi pour en avoir, il la faut semer.

CHAPITRE XLVII.

De la Sgarza odorata.

ELle éleve quelquefois sa tige à la hauteur de plus de deux pieds : Au bout elle pousse quelques boutons longuets, qui renversent des feüilles jaunes qui forment comme des lys : Du fond il sort comme de petits brins de la même couleur. Quand cette fleur n'auroit rien de recommandable que son odeur, c'est assez pour la faire estimer. Elle se cultive comme la scabieuse dont on a parlé ci-dessus.

CHAPITRE XLVIII.

De la Speronelle ou Esperon de Chevalier.

LA *Speronelle*, que les Allemans appellent *Ritter Sporn*, c'est à-dire *Esperon de Chevalier*, est encore apellée *Consoulde Royale*, la fleur en est double ; Il y en a de *Blanche*, de *Turquoise*, d'*Incarnate* & d'autres couleurs. Elle a les brins déliés, revêtus de petites feüilles longues & étroites, têtuës & jointes ensemble.

Pour en avoir de la race, il en faut semer la graine : Elle veut un grand air, une terre à potagers, & quand le besoin le demande, elle veut être abondamment arrosée.

CHAPITRE XLIX.

Du Soleil nommé Tournesol & la grande Plante.

CEtte grande plante a plusieurs noms, Matthiole l'appelle, *Couronne Royale & Coupe de Jupiter*: Les autres *Soleil d'Inde, Belide de Pline, Cloche d'Amour & Rose*

de

de Jerico. Il éleve sa grosse tige boutonneuse quelquefois jusques à la hauteur de six
ou sept pieds, a l'extrémité de laquelle il produit une grande fleur, qui répand par
le dehors tout à l'entour un cercle de feüilles d'un beau jaune doré, dont tout le
dedans est rempli d'une certaine graine brune obscure. Et parce que comme *l'He-*
liotrope se tourne toûjours aux rayons du Soleil, quelques-uns l'ont appellé pour
cette raison *Tournesol.* Quelquefois la tige se sépare en plusieurs branches, qui
portent chacune une fleur.

Cette grande plante veut un grand Soleil & une terre bien grasse; & comme elle vient de graine, aprés qu'elle est levée & qu'elle est grandelette, on la transplante dans un lieu où domine le Soleil, & on l'arrose dans les temps.

CHAPITRE L.

Du Treffle des Marêts.

CEtte plante, qui sur chacune de ses queuës produit trois petites feüilles rondes en ovale, éleve sa tige à la hauteur d'un pied & demi, du milieu de laquelle elle se charge jusques à la cime de certaines petites fleurs blanches, qui ressemblent aux Jacinthes avec certains petits filets comme les capriers, qui sont fort
agréables a voir & sentent admirablement bon.

Elle se plaît plus à l'ombre & à l'humidité qu'au grand Soleil.

CHAPITRE LI.

De la Thubereuse.

CEtte fleur s'appelle aussi *Jacinthe d'Inde*, parce qu'elle en est la seconde espece.
Elle éleve au dessus de sa tige un bouquet de plusieurs fleurs, qui ne s'ouvrent
pas toutes à la fois. Mais comme les choses les plus belles & les plus estimées veulent être vûës long temps, elle n'ouvre que quatre ou cinq de ses feüilles à la
fois, qui ont la figure & la blancheur des *Jacinthes blanches orientales*, mais
elles ont les bords moins renversez & sont une fois aussi grandes: Et bien que les
premieres fleurs se passent, cela n'empêche pas que les dernieres ne soient
d'une beauté incomparable, & d'une si longue durée, qu'encore qu'elles fleurissent tout l'Eté, on en voit encore durant toute l'Automne. On dit qu'il y a des
Tubereuses rouges.

La Tubereuse veut être dans un endroit fort découvert dans une terre grasse
& bien détrempée: elle se conserve mieux dans des pots qu'en pleine terre. Il
ne lui faut pas plus de trois ou quatre doigts de profondeur, il la faut mettre seule,
ou si on la met avec d'autres, il lui faut donner un empan de distance des autres
oignons.

Pendant l'Eté il la faut arroser continuellement & abondamment tous les soirs,
(même à midi.) Durant l'Hyver, pour ne la pas exposer au injures du vert,
du froid & des pluyes, il la faut serrer dans un lieu à couvert, qui ait neanmoins
bien du Soleil, & qui soit bien aëré.

Afin que son bouquet ait plus de fleurs, les Peres Chartreux mettent au fond
du pot le tiers de terrot de fient humain consumé de plusieurs années.

Au mois de Mars à la fin de la Lune , il faut les lever & en ôter les cayeux pour planter dans d'autres pots a part , & ayant choisi les meilleurs oignons , on leur ébarre les longues racines & puis on les replante , mettant premiere-ment un peu de terre sur laquelle on repose l'oignon , afin que les cheveux & la racine y entrent , & s'y étendent plus aisément & qu'elles en reçoivent plus de nourriture.

Aprés que la fleur des Tubereuses est passée , il faut renverser le pot & le mettre dans un lieu sec , puis en tirer l'oignon sur la fin du mois d'Octobre , & le garder pendant l'Hyver jusqu'au mois d'Avril : Et avant que de le mettre dans un pot , il faut durant quatre jours le faire tremper dans du vin , & ensuite le planter.

Il faut aussi prendre garde que l'oignon ne gele pendant l'Hyver.

CHAPITRE LII.

Des Tulipes.

ARTICLE PREMIER.

De la difference des Tulipes & de leurs especes.

Monsieur *Ménage* dit que les Tulipes font originaires de Turquie ; On les appelle Tulipes , parce qu'elles ont quelque rapport avec la figure d'un Turban , qui en Italien est appellé *Tulipano*.

Encore que toutes les Tulipes soient d'une seule espece , (c'est à dire Tulipes) neanmoins il est certain qu'il y en a de plusieurs sortes ; des *Blanches*, des *Jaunes*, les *Rouges* communes sont Tulipes , mais de trois sortes , qui ne changent jamais , & sont les plus communes , aussi sont elles estimées les moindres.

Il s'en voit d'autres de divers rouges , les unes plus enfoncées , les autres moins , les unes plus éclatantes & les autres plus foibles ; & quand de ces sortes il s'en trouve dont le fond est selon que le connoissent les Curieux , alors ils les laissent grener , & ce sont de ces graines que viennent les meilleures couleurs.

On remarque de deux natures de Tulipes , les unes *Printanieres* , & les autres *Tardives* ; nous en voyons encore d'une autre sorte , qu'on peut dire , *Méridionales* , d'autant qu'elles fleurissent entre les *Printanieres* & les *Tardives* , & de toutes les trois nous en voyons de diversement colorées.

Des Printanieres , il s'en voit de plusieurs couleurs , & de parfaitement belles , dont les unes sont merveilleusement bien panachées , & les autres simplement bordées : La fleur s'avance d'environ trois semaines ou un mois avant les autres , & pour cela se nomment *Printanieres*. Pour *les Bordées* , les plus belles sont celles qui ont la couleur fort éclatante , le bord grand & coupé nettement.

Des Tardives , aussi bien que des *Méridionales* , il y en a de plusieurs sortes de couleurs , dont les premieres sont simplement bordées , elles sont un peu plus en estime que les *blanches* , *jaunes & rouges* : Les unes sont *rouges bordées de rouge* , & ce qui les fait un peu considerer , c'est que la couronne qui est dans la fleur est parfaitement ronde.

La seconde sorte, sont couleurs qui nous viennent par le moyen des graines , &
de celle-ci il s'en trouve de si diversement colorées, qu'il est impossible aux Peintres & aux Teinturiers d'en imiter les couleurs : Et ce sont de ces couleurs , qui
viennent les plus belles par l'industrie des curieux qui sçavent aider a la nature par
un artifice que l'industrie & le temps leur a appris : Et quoi que ces couleurs, comme couleurs , soient des moindres en beauté , neanmoins ce sont les plus belles ,
comme seules capables de se changer en mieux, meilleures pour cüeillir les graines. Il s'en rencontre aussi de *glacées* entre ces couleurs , qui est comme une espece
d'ombre , de moindre couleur que celles du corps.

La troisiéme sorte, sont celles qu'on nomme *Panachées*, entre lesquelles il y en
a encore de plusieurs sortes , dont les premieres & les moindres sont les *Paliot* de
couleur rouge & jaune , & de couleur blanche & rouge , & dont il y en a de deux
sortes, ou de deux classes.

La premiere se nomme *Paltody*, il a les mêmes couleurs que le *Paliot* , mais il
est bien plus fin & bien plus nettement panaché ; il faut que celui-ci ait les paillettes noires ou brunes, si ce n'est lors qu'ils ont un fond noir , il faut que les paillettes soient jaunes.

La deuxiéme sorte de Panachées se nomme *Morillon* , il n'a que deux couleurs en
sa fleur. Il y en a encore de deux classes, dont la seconde s'apelle *Morillony* , il est
beaucoup plus fin que le Morillon , & ses panaches sont plus nettement coupées.

La troisiéme sorte de Panachées se nomme *Agate* : Il en est encore de deux
sortes, dont la premiere n'a que deux couleurs , & la deuxiéme , qui se nomme
Agatine , en a trois & quelquefois plus. *L'Agatine* est sans comparaison la plus
belle Agate , & ses couleurs sont plus distinctes & parfaitement détachées les unes
des autres.

La quatriéme sorte est la plus belle de toutes , & se nomme *Marquetine* ou *Marquetrine* : C'est cette sorte de Tulipe qui emporte le prix sur les autres : Il s'en voit
de quatre ou cinq couleurs, quelquefois davantage. *La Marquetrine* est la plus
belle , ses panaches sont détachées les unes des autres sans aucune diminution, sont
nettes en leurs couleurs & arrêtées par un petit bord , comme un filet de soy. bien
délié : Et c'est à quoi on connoît les plus belles.

Il s'est trouvé encore une sorte de Tulipe d'une forme extraordinaire , elle est
bizarre en ses couleurs & affreuse à voir , & pour cela s'est fait donner le nom de
Monstre : On en voit de diverses couleurs.

Il en est d'autres qu'on nomme *Jaspées*, lesquelles ont bien plusieurs & diverses
couleurs, qui ne sont pas separées les unes des autres , mais se mélangent ensemble
comme dans le jaspe.

Il s'en voit encore que l'on peut dire *doubles* , puisqu'elles portent jusques à plus
de vingt feüilles.

Il s'en est vû & on en voit encore , qui ont les feüilles de la fleur *vertes* , *de deux
couleurs* , on les nomme *feüilles rayées* , mais il s'en trouve peu de belles.

ARTICLE II.

Qualitez que doivent avoir les belles Tulipes.

IL est à souhaiter que la forme & le vert des Tulipes , ne soient ni trop long ni
trop court, ni trop large, mais un peu frisé , & qu'il se couche sur terre ; s'il
est rayé il en est plus beau.

La Tige eſt mieux quand elle n'eſt ni trop haute ni trop baſſe.

La portée ordinaire du plus grand nombre des belles Tulipes doit regler cela ; on ne peut en preſcrire une meſure juſte, parce que la terre des Jardins étant differente, ou bonne ou mauvaiſe, elle fait des tiges ou plus hautes ou plus baſſes. Il faut auſſi dans ſa hauteur, qu'elle ſoit aſſez forte pour ſoûtenir la fleur : Elle ſeroit un peu difforme ſi elle étoit trop groſſe.

La forme de la fleur, eſt tout à fait à rebuter quand elle eſt pointuë : La connoiſſance de la curioſité, la doit rendre ſuportable dans une couleur quand elle eſt camuſe, parce que la feüille s'allongeant un peu en ſe panachant, cet effet corrige ce petit défaut. Il ne faut point du tout que la forme ſoit échancrée par le bas de la fleur, mais il faut que les feüilles ſoient larges à proportion de leur longueur. Les plus grandes fleurs bien proportionnées ſont les plus belles.

Les Tulipes doivent avoir ſix feüilles, trois dedans & trois dehors. Si elles en ont réglément ou plus ou moins, c'eſt un défaut ; celles de dedans doivent être plus larges que celles de dehors : Si elles étoient toutes ſix égales, elles en feroient mieux, mais ce ſeroit un défaut, ſi celles du dedans étoient plus petites.

Il ne faut point eſtimer celles dont la forme eſt belle en entrant en fleur, mais qui deux ou trois jours après s'allonge & ſe gâte.

Non plus que celles qui étant fleuries, renverſent leurs feüilles par dedans ou par dehors, ou qui ſe godronnent ou cofinent.

Il eſt de conſequence que la feüille de la fleur ſoit épaiſſe & étoffee, pour durer long-temps en fleur ; une Tulipe qui y dure peu n'eſt point conſideée, quelque beauté qu'elle ait, & les Tulipes dont les feüilles de la fleur ſont minces, ſont quelquefois grillées par l'ardeur du Soleil avant que d'être fleuries.

Toutes les Tulipes ont du dos, celles qui en ont le moins ſont les plus belles.

Les couleurs bizares ſont certainement les plus belles. Les plus nuancées ſont les plus beaux panaches. Plus leurs couleurs s'éloignent du rouge, plus elles ſont à priſer, parce que les fleurs font de plus beaux effets, avec cet exception neanmoins que les rouges à fond blanc ne ſont point a rejetter. Parmi les rouges les couleur de feu & de grenades ſont les plus belles. Les fortes bizares à fond tout blanc & les griſes à fond tout jaune ſent rares, & fort recherchées.

Plus le coloris eſt luſtré & ſatiné, plus il eſt eſtimé, s'il eſt terne c'eſt un tres-grand défaut.

Les Tulipes qui étant fleuries ne conſervent point leurs belles couleurs pendant onze ou douze jours, ne doivent gueres être priſées, celles qui les gardent juſqu'à la fin de la fleur, ſont les plus belles.

Les plus petits fonds ſont les meilleurs pour faire des beaux panaches.

Les fonds qui panachent le mieux ſont d'une même couleur, tant dedans que dehors. Il faut bien comprendre cette regle, c'eſt tout le fin de la connoiſſance, pour le jugement le moins incertain, de ce que doivent faire les couleurs. *Le dehors du fond*, ſont les plaques cerclées ou étoilées qui ſont au bas des feüilles dans le vaſe, & *le dedans du fond*, c'eſt l'épaiſſeur même du bas des feüilles qui eſt couverte par la plaque ; deſorte que ſi les plaques ſont blanches, & qu'en les levant avec l'ongle, ce dedans qu'elle couvre ſoit jaune, ce jaune en montant dans le panache s'éteindra en paſſant par le blanc de la plaque, ſi bien que pour n'avoir point de pareil accident à craindre, il faut que le dehors & le dedans du fond ſoit de même couleur.

Les plaques qui couvrent le dedans du fond de la fleur ne montent jamais dans le panache, mais feulement le blanc ou le jaune qu’elles couvrent, & les autres couleurs qui y font contenuës par une vertu fecrette, de laquelle on ne s’aperçoit point, comme en *la folitaire* qui panache de pieces empo.tées & feparées par de grands traits noirs & dont le dehors & le dedans du fond font blanc.

Quand les plaques ou dehors du fond demeurent toûjours bien diftinctes d’avec la couleur & le panache, c’eft une efperance tres forte que la Tulipe fe parangonnera, c’eft à dire qu’elle reviendra tous les ans nettement panachée ; mais quand le panache & la couleur s’imbibent avec les plaques, il faut craindre qu’il n’y ait moins de netteté au panache en de certaines années qu’en d’autres.

Les paillettes ou Etamines, doivent être brunes, & non pas jaunes, mais il n’importe pas de quelle couleur font les pivots.

Il y a des couleurs de Tulipes qui aprochent fi fort les unes des autres, quoi que de differente efpece, que vous ne fçauriez les diftinguer que par ces paillettes ou ces pivots. Or la diftinction des efpeces eft tres neceffaire a fçavoir ; car quand une efpece panache à merveille & que vous voulez conferver plufieurs oignons de fa couleur, fi elle ne differe d’avec dix ou douze autres efpeces que par les paillettes & par les pivots, comment feriez-vous pour la démêler, fi vous ne fçaviez par les examiner. Prenez donc garde que les pivots de l’une feront plus gros & plus longs que de l’autre, qu’ils feront plus jaunes, ou plus clairs, qu’ils feront entierement d’une couleur ou brunis à demi, ou brunis par en haut ou par en bas, ou enfin par d’autres diftinctions qui fe rencontreront. Examinez de même les paillettes par leur couleur, la largeur & la longueur & les fonds à plufieurs differences qui les diftinguent, & foyez certain que jamais les fonds, les pivots & les paillettes ne font tout à fait conformes aux efpeces differentes, quoi que les fleurs fe reffemblent tout à fait.

Quelques Curieux qui ne fçavoient pas le fecours des differences des pivots & des pailletes pour démêler leurs efpeces, vouloient les reconnoître par la difference de l’odeur, mais c’eft une connoiffance foible & incertaine, & y en ayant d’affurées, il faut y recourir.

Les Tulipes panachées doivent avoir les mêmes qualitez que les fimples couleurs, quant au vert, à la tige, à la forme & au fond.

Le premier panache eft celui qui vient par grands traits, de differentes figures, bien coupez & feparez de leurs couleurs, & qui ne prend point de fond.

Le fecond eft le panache qu’on nomme *à yeux* ou *à Ifle*, qui eft par grandes piéces emportées nettement & qui ne vient point du fond.

Le troifiéme eft celui qui vient en grande broderie bien détachée de fes couleurs, & qui ne prend point du fond. Il eft parfaitement beau quand il vient fur des bizares bien nuancées.

Le quatriéme eft celui de petite broderie, quand il eft net & qu’il perce bien fes couleurs, il eft agréable, mais il ne l’eft que fur les bizares qui ont plufieurs nuances ; quand il vient fur d’autres couleurs, il reffemble trop au drap d’or, ou drap d’argent.

Les autres panachées dont la panache prend du fond, ne laiffent pas d’être quelquefois affez belles, quand elles font bien nettes & partagées de leurs couleurs.

Toutes les panachées qui font également partagées & entrecoupées de panaches & de couleurs, font les plus agreables chacune en fon efpece.

Quand il fe trouve beaucoup plus de panaches que de couleur dans une Tulipe,
cela gâte la fleur & la perd d'ordinaire, fans qu'elle puiffe jamais fe rétablir, elle
degenere en blanc & en jaune ; c'eft pourquoi il vaut mieux que la couleur foit do-
minante, parce qu'on en peut efperer une belle Tulipe, lors qu'elle prendra plus de
panache, ce qui arrive fouvent.

Les panachées dont le panache s'imbibe & fe perd dans la couleur ne valent rien,
on peut neanmoins garder les couleurs, fi elles font belles à caufe des graines &
point autrement.

Il faut toûjours preferer les Tulipes qui panachent de riches couleurs, quand elles ne feroient pas fi bien panachées, pourveu qu'elles foient de belle forme &
bien taillées, parce qu'elles peuvent en faire de plus rares & de plus belles.

Les panachées bizares qui ont les couleurs les plus diftinctes & les plus éloignées
les unes des autres, font les plus belles.

Les brunes violettes panachées de jaune, ou de blanc, font plus belles que celles qui font moins brunes, quand elles font d'ailleurs également conditionnées.

Tout panache broüillé ne vaut rien.

Ce n'eft pas qu'il faille jetter la tulipe, dont le panache n'eft pas net la premiere année, il y a des panaches qui fe nettoyent, c'eft ce qu'on appelle fe rectifier. Il
faut mettre les hazards un peu broüillés pour les examiner l'année en fuite, & s'ils
ne fe rectifient point, il les faut ôter. Par ce mot de *hazard*, on entend une Tulipe
qu'on trouve panachée, qui ne l'étoit pas l'année precedente.

ARTICLE III.

De la Terre propre aux Tulipes.

LEs Tulipes viennent par tout, neanmoins les terres fablonneufes & legeres
les confervent mieux que les terres fortes : Mais ces terres un peu fortes étant
bien foulagées par les terrots de fumier de cheval confommés de deux ans, mêles
enfemble & paffés à la claye, les confervera comme les autres terres.

Il faut fumer vos planches en Juin, fi-tôt que vous aurés déplanté vos tulipes,
& les labourer cinq ou fix fois avant que de remettre vos oignons dedans, afin
que le terrot foit extrêmement mêlé & confumé, crainte que s'il ne l'étoit pas,
fa graiffe n'engendrât la pourriture & des vers qui s'attachent plûtôt aux belles
Tulipes qu'aux moindres.

Si vous pouviés un an auparavant fumer vos terres à part pour les rapporter
dans vos planches, quand vous auriés déplanté vos tulipes, aprés en avoir ôté la
terre qui auroit fervi, cela en iroit mieux ; ou fi vos fentiers étant auffi larges
que vos planches, & qu'ils euffent été fumés un an devant, vous en jettiés
un pied du deffus dans les planches, d'où vous auriés ôté la vieille terre, qu'on
remettroit fur le fentier à la place fumée & repofée, & continuer ce déplacement
de terre fumée d'année en année, cela feroit bon.

Choififfés la matiere qui vous conviendra le mieux, mais fouvenés-vous que
la Tulipe aime une terre legere & fumée de fumier leger confommé de long-
temps.

Il y a une obfervation generale à faire à l'égard des terres pour toutes fortes
de plantes : c'eft que les terres qui n'ont point fervi auparavant aux plantes où

vous les deſtinés, y ſont beaucoup plus utiles que d'autres ; la raiſon eſt qu'il y a un ſel propre dans toute terre pour toute plante, & que ſi vous ſemés dans une terre où il y ait eu des choux, le choux n'y ayant uſé que le ſel propre aux choux, les Tulipes y feront mieux que s'il y avoit toûjours eu des Tulipes, qui auroient conſumé le ſel propre aux Tulipes, & ſi dans les terres où on met toûjours des Tulipes les frequens engraiſſemens des terrots n'en rempliſſoient les ſels, les Tulipes periroient a la fin.

De quelque maniere que vous accommodiés vos terres, ne manqués pas dés le temps que vous les accommoderés, a en écrire toutes les circonſtances, de ce temps & de cet accommodement, afin que ſi ces plantes réüſſiſſent, vous puiſſiés continuer, & auſſi afin que ſi vous avés fait quelque faute en fumant trop ou trop peu, ou mêlant certaine terre ou terrot, avec d'autres qui ne s'accorderont pas, vous puiſſiés recourir a vôtre memoire & vous corriger.

ARTICLE IV.

Du tems & de la maniere de planter les Tulipes.

IL fait bon planter les Tulipes depuis la my-Octobre, juſqu'a la fin de Novembre, quoi qu'il y en ait qui veulent qu'on laiſſe le commencement de Novembre pour les pareſſeux & ſa fin pour les nonchalans.

Si on ne peut avoir de la terre preparée comme on a dit au chapitre precedent, il faut immediatement aprés qu'on aura levé les Tulipes, bien ſoüir & vareter les terres du moins à trois tours, les bien éplucher de pierres, de racines & d'herbes, & ce qui ſeroit à ſouhaiter les cribler même, de crainte qu'un oignon ne ſe bleſſe contre une pierre en groſſiſſant.

Vos planches étant labourées & dreſſées au rateau, il faut tirer deſſus au cordeau des traits en long, de cinq pouces en cinq pouces, & refendre ces traits par d'autres en travers auſſi de cinq pouces en cinq pouces, afin que de tout ſens vos oignons étant placés aux endroits où les traits auront croiſé, ils ſoient dans une diſtance égale.

Si vous n'étes pas contraint de faire vos planches plûtôt d'une largeur que d'une autre, faites-les de deux pieds & demi de large & de long, tant qu'il vous plaira, vous mettrés cinq oignons de front ſur cette largeur, & vous avés ainſi le moyen de décrire plus facilement dans l'ordre, vos panachées ou vos couleurs, ce qui eſt extrêmement utile.

Vos oignons ſe doivent mettre tous ſur vos planches, avant que d'en enfoncer aucun en terre, de crainte que ſi vous enfonciés d'abord vos premieres plantes, les oignons qui reſteroient pour les dernieres : ſe trouvant trop foibles ou de quelque triage que vous auriés oublié, vous ne vouluſſiés changer vôtre plantage, a quoi il n'y auroit plus de remede ; mais quand on voit tout ſes oignons ſur terre, on change, on mêle, & enfin on accommode mieux le tout à ſa volonté.

Il ne faut gueres enfoncer les Tulipes plus de trois bons doigts en terre. Il y a des pareſſeux qui enfoncent leur oignon ſans plantoir, en le pouſſant & lui faiſant faire ſon trou par luy-même ; cette maniere eſt blamable, un oignon peut rencontrer du verre ou des pierres, & ſe briſer : Il luy faut faire ſon trou avant que de le mettre en terre avec le plantoir, & qu'il ſoit à peu prés de la profondeur de cinq pouces, pour qu'il en reſte trois lors que l'oignon ſera au fond , & faut toûjours bien placer fa Tulipe en l'enfonçant fur l'endroit où les traits marqués fe croifent.

Au lieu que les piquets ou plantoirs ordinaires des Jardins font pointus par le bout , il faut que celui des Tulipes foit rond , afin que le trou étant fait & l'oignon mis dans icelui , il s'ajufte bien au fond , & qu'il ne refte point de vuide au deflus ni aux côtés , en forte que le trou étant rempli de terre déliée , l'oignon foit tellement couvert , qu'elle le touche tant par deflous que par deflus.

Si vous étiés aflez exact pour ne pas fouffrir à la fleurifon des places vuides dans vos planches , principalement dans celles des belles panachées , il faudroit prevoir en plantant vos planches , de planter auffi des oignons dans des pots pour mettre au lieu de celles qui feroient pourries , mais il faut que ce foit dans des pots nommés bonnets , plus hauts pourtant d'un tiers qu'à l'ordinaire , & que le deflous du pot foit prefque tout à jour , c'eft à dire qu'il n'y ait au cul qu'une bande large d'un doigt pour foûtenir la terre du pot , quand on le levera ; la raifon de ce pot plus haut d'un tiers qu'à l'ordinaire , eft qu'un oignon de Tulipe produit également fa fleur quand il a de quoi enfoncer fa racine , au lieu de l'éclaircir , finon il ne fait qu'une petite fleur. Et la raifon du cul à jour , eft que le foufle ou efprit vivifiant qui fort de la terre , attiré par le Soleil pour la nourriture des plantes , trouvant paflage à travers de ce cul à jour , nourrit cet oignon pendant qu'il travaille à fa fleur , & au contraire fi ce cul étoit tout fermé la fleur feroit maigre. Qu'on ne croye pas cet avis inutile , fur ce qu'on voit des Anemones & des Ranoncules auffi groffes dans un pot ordinaire qu'en pleine terre. Il n'en eft pas de même de la Tulipe , elle a plus de befoin qu'une autre plante pour fon accroiffement de ce foufle ou efprit vivifiant de la terre. Quand vous aurés planté vos oignons de referve dans autant de pots que vous aurés fouhaité , un oignon feul dans chaque pot , il faudra enterrer tous ces pots en planches , pour les gouverner comme les autres oignons jufqu'à la fleur.

Vos belles Tulipes panachées doivent être toutes décrites. Pour les mettre en ordre par terre , fi vos planches ont cinq rangs de front , il faut avoir de grands tiroirs plats feparés par cinq rangs de petits quarrés de la longueur qu'il fera neceflaire. Si vôtre planche a cinquante rangées de longueur , & que vos tiroirs n'en puiffent tenir que dix de longueur , il faut cinq tiroirs pour mettre toute vôtre planche en fon ordre. Vous devés en mettant vos oignons dans les quarrés de vos tiroirs pour les arranger , les aflortir par la difference & par le mélange des couleurs , ce qui eft tres-agréable quand les fleurs font venuës.

ARTICLE V.

Gouvernement des Tulipes depuis qu'elles font en terre jufqu'à la fleur.

LEs Tulipes font robuftes , mais elles s'en trouvent confiderablement mieux quand on les choye , & qui en aura de tres belles fera fort bien de les conferver. Il faut les couvrir à plat pendant les gelées avec du fumier éteint , particulierement les panachées & les oignons de referve dans des pots.

Quand les boutons veulent fortir de terre au Printems , il faut commencer à arrofer fortement vos Tulipes , à moins qu'il ne pleuve , premierement parce que le bouton fortant de terre ne doit pas trouver fec le deffus de la terre , il le deffecheroit. D'ailleurs cet arrofement battant la terre allegée par les gelées

garnit

garnit la plante : outre qu'il l'humecte dans le tems qu'il fait fa fleur & lui
donne le moyen de faire un bouton plus nourri. De plus le commencement du
Printems étant fujet d'ordinaire au grand hâle du Soleil qui attire doucement
la vapeur de la terre moiïllée , il nourrit de cette vapeur le bouton tendre , au
lieu que fon ardeur peut le faire avorter fans ce fecours.

Arrofés d'abord dans le déclin de la Lune , ou dans un tems doux , le jugement vous doit regler. Si vous arrofiés à contretems , il pourroit arriver des
gelées qui incommoderoient vos Tulipes , que vous ne couvriés plus quand elles
font en fannes.

Arrofés toûjours enfuite quand vous croirés que vos fleurs en auront befoin.
L'Oignon d'une Tulipe s'altére par la foif comme une autre plante , & vos
fleurs durent beaucoup plus quand l'oignon eft humecté , que lors qu'il fouffre
par la chaleur.

Avant que d'arrofer vos Tulipes la premiere fois , regarniffés vos places où il y
aura des oignons pourris , & en faifant vos trous pour y mettre les pots de réferve , prenés garde d'eventer ou d'endommager les racines des Tulipes voifines.

ARTICLE VI.

Remarques neceffaires pour les Tulipes quand elles font en fleur , & de celles qui
font propres pour graine.

L A fleur étant venuë , fi vous avés mis dans vôtre Jardin des Tulipes de nouvelle acquifition ou de prefent , ou de vos graines , il faut foigneufement
arracher les oignons , dont les fleurs n'auront pas les qualités ci-devant décrites
pour la beauté.

Il faut remarquer feparément les couleurs , & les panachées printanieres , les
hazards parfaits pour premiere planche , ceux d'aprés pour les fecondes planches , les couleurs triées dont on fera toûjours des planches à part , & les Tulipes dont vous voulés referver les graines.

Voila de fix fortes de Tulipes qu'on peut marquer avec trois couleurs de laine. On a fon memoire fur lequel on écrit. Les Tulipes liées de laine blanche ,
font les couleurs printanieres , celles qui font liées de laine noire , font les pa-
nachees printanieres , celles qui font liées de laine rouge font les hazards parfaits , celles qui font liées de laine blanche & de laine noire , font les hazards
pour la feconde planche , celles qui font liées de laine blanche , & de laine blanche & rouge , font les couleurs triées , & celles qui font liées de laine rouge
& de laine noire , font les Tulipes pour graine.

Il faut donner des noms à vos plus belles Tulipes , vous pouvés attendre fi
vous voulés que vos hazards ayent panaché nettement deux années de fuite , afin
de ne les point nommer inutilement ; mais il faut décrire vos principaux hazards
parfaits pour voir l'année enfuite , leur conftance , leur progrés & leur diminution. Auquel cas au lieu de leurs laines , il faudra y lier au pied de petits morceaux de cartes fur chacun defquels il y aura un chifre relatif à vôtre memoire , fur
lequel vous ferés leurs portraits.

Ainfi par exemple , il faudra écrire numero 1. couleur bizare nuancée de tané
brun & clair , panachée de tres-beau jaune d'or par grandes pieces emportées ,
moyen vafe ou grand vafe , belle forme , haute tige , ou moyenne , fond vert
cerclé ou autrement , eftamine de bleu enfoncé , pivots jaunes clairs , brunis

par en haut hazard de 1694. & de même des autres numero. Il ne faut pas manquer de faire des planches de couleurs arrangées. Mettés donc par rang cinq oignons d'une même espece de vos couleurs, ou davantage selon la largeur de vos planches, & décrivés sur vôtre memoire toutes les particularités de l'espece, accommodées en 10. ou 12. especes par année, afin de ne vous point trop embarasser à la fois, & quand un ou deux de vos oignons panacheront, vous verrés si le panache pourra ou sera devenu parfait, pour conserver tous les oignons que vous aurés de cette espece, il vous sera alors aisé de les reconnoître, en cüeillant une fleur de vos 5. oignons, qui n'auront pas panaché, & en l'aportant pour la confronter à toutes les couleurs de vôtre jardin ; & si vous trouvés que le panache broüille ou s'imbibe, ou que la forme se gâte en panachant, ou enfin qu'il y ait d'autres défauts essentiels, ôtés de vôtre jardin tous les oignons que vous y aurés de cette méchante espece. Ne vous faites point de peu du soin & de l'équipage necessaire en déplantant ces couleurs arrangées pour les conserver en leur ordre : On met les 5. oignons de chaque espece dans un même cornet de papier, sur lequel on décrit, *premier rang des couleurs arrangées*, & ainsi de suite. Et par la relation de cet ordre avec vôtre memoire, vous connoissés vos plantes, si vous n'avés pas cinq oignons de la même espece, decrivés toûjours ce que vous avés, & multipliés par les cayeux, le tems amene tout.

Le choix des Tulipes que vous reserverés pour graine, demande un peu d'usage & de bon goût : l'instruction qu'on peut en donner est, qu'il faut en marquer de plusieurs especes des plus belles formes, des plus nuancées, des plus satinées & sur tout des plus bizares ; les clairs y sont aussi necessaires comme les brunes, & la huilée, est un bizare nuancée qui n'est pas brune.

Vos Tulipes pour graine étant marquées, rompés les têtes de toutes les autres, afin de les empêcher de travailler inutilement, en produisant beaucoup de graine qu'on jetteroit, l'oignon s'employe à sa conservation & à la nourriture qui lui auroit fallu pour ces graines.

Cela fait il faut laisser meurir les oignons, en leur laissant prendre leur saoul de terre : Et cette maturité se remarque, lors que la tige ne recevant plus de nourriture de l'oignon, il a comme reservé sa vertu en lui & la laisse secher.

Monsieur de Valnay a inventé une maniere de théatre tout à fait jolie, pour faire voir ensemble & commodement un amas de panachées mêlées suivant leurs couleurs différentes & arrangées les unes prés des autres, de maniere qu'assis à l'ombre & d'un seul coup d'œil vous vous divertissés la veüe de tout ce qu'un tres-grand jardin peut produire de raretés.

Au milieu d'une sale sur une tres grande table, il fait un theatre de 5. ou 6. gradins de 4. à 5. pouces & elevés les uns des autres de même hauteur, il les couvre d'un tapis vert, & il cüeille ses panachées parfaites, qu'il met chacune dans une petite phiole avec de l'eau aprés les avoir entierement épanoüies : Il arrange ensuite toutes ces phioles sur des gradins ; Il cüeille pour cela ses Tulipes quand elles ont été quelque tems en fleur, s'il les coupoit trop tôt, elles ne se tiendroient pas épanoüies dans l'eau, elle se resserreroient incessamment. Pour empêcher encore qu'elles ne se referment, il les met si tôt qu'elles sont cüeillies dans un pot plein d'eau, de sorte que toute la queüe y trempe jusqu'à la fleur, il les y laisse un jour entier. Par ce moyen la fleur se saoule d'eau, se gouverne plus aisément & demeure tendüe & ouverte. Ces theatres bien servis de la main, à proportion que quelque fleur se dérange, font un effet extraordinairement agréable.

On peut faire de pareils theatres d'Anemones , & fi l'on ne fe foucie point des graines , on en peut faire auffi d'œillets & d'oreilles d'Ours , qui auroient beaucoup plus de propreté , que ceux où l'on met les pots.

ARTICLE VII.

Tems auquel fe déplantent les oignons des Tulipes , leur ordre & leur confervation,
Des graines & de leur confervation. Du tems de les femer & de leur
Culture.

LE tems de déplanter vos Tulipes eft quand la tige de la fanne fe feche. Choififfés de beaux jours , afin qu'on ferre vos oignons fecs , ne les laiffés au Soleil en les déplantant que le moins que vous pourrés , parce que le Soleil les tuë , pour peu que fes rayons donnent deffus à nud. C'eft pourquoi fi le tems eft trop ardent , il faut differer & en attendre un plus moderé : fi mieux on n'aime prendre le matin & travailler jufqu'à 7. ou 8, heures , & recommencer aprés midi , environ fur les cinq heures.

Vos oignons levés , mettés-les fur le plancher d'une chambre , & les étalés , fi vous les laiffiez en tas , le feu s'y mettroit & ils periroient , laiffez-les à découvert , afin qu'ils fe deffechent de l'humidité fuperfluë qu'ils pourroient avoir retenuë de la terre , & par ce moyen ils fe conferveront fort bien. Il faut pourtant de tems en tems les vifiter & tourner doucement , afin que s'il s'en trouvoit quelqu'un de bleffé ou de malade , on tâchât d'y remedier , en lui ôtant l'écorce ou plûtôt la bleffure , ou bien en le mettant en terre , où fans doute il reprendra fa vigueur.

Confervez toûjours les ordres de vos marques : feparez les oignons de chaque forte , & mettez une carte écrite fur chaque forte , pour les diftinguer,

Un mois ou deux aprés quand ils feront bien fecs , il faut les éplucher & prendre garde de leur ôter la derniere peau , fur tout celle qui tient au cul de l'oignon dont le dépoüillement eft mortel pour cette plante. Quand les oignons font épluchez , mettez-les dans des paniers , plûtôt que dans des boëtes , parce que les oignons y ont plus d'air ; laiffez-les en repos jufques au tems de les planter.

En déplantant vos belles panachées , il faut fuivre le même ordre que vous avez tenu en les plantant , & remettre dans chaque quarré de vos tiroirs l'oignon de fon rang.

Il ne faut pas lever les oignons refervez pour graine , que le châton qui la contient ne vous montre en s'ouvrant , qu'elle eft meure & feche : l'ayant cueillie, laiffez la une couple de mois dans fon châton , caffez-le enfuite pour l'en titer toute & la nettoyer.

Vous femerez vôtre graine de Tulipe au mois de Septembre , il n'importe en quel tems de la Lune. Preparez bien une planche de terre , répandez vôtre graine deffus la moins épaiffe que vous le pourrez , parce que vos graines pour groffir doivent être au moins deux ans en terre fans les lever. Couvrés vôtre graine femée d'un petit doigt de la même terre que celle de deffous.

Ces graines ainfi femées , leveront au mois de Mars fuivant , & fi-tôt que leur

fanne (qui ne paroîtra pas plus que la petite feüille de porreau) fera feche, mettez un bon doigt de terre fur la planche & les laiffez-là. Aprés leur feconde feüille , fi vous voyez que les oignons ayent fuffifamment groffi , pour ne vous point
trop donner de peine par leur petiteffe à les tirer de terre , & à les replanter, ti-
rez-les de leur pepiniére & les replantez par planches , pour les déplanter toutes
les années comme les autres , ils rapporteront fleur plus vifte que fi vous les laiffiez toûjours dans la pepiniere.

Ayez foin d'arrofer vos graines dans les tems chauds , lors qu'elles en auront
befoin , tenez-les toûjours nettes de mauvaifes herbes , & les couvrez à plat dans
les fortes gelées.

A R T I C L E   VIII.

*De la Culture des Cayeux , & comme ils confervent conftamment les couleurs
de leur mere.*

LEs Cayeux font un autre moyen que la graine , dont la Nature fe fert
pour la confervation & l'augmentation des Tulipes , mais differens de graine , en ce que la graine ne produit pas toûjours une Tulipe femblable à celle
qui l'a enfantée , mais bien fouvent different , tant de couleur que de forme ,
au lieu que les cayeux tiennent toûjours de la Nature de la Tulipe qui les a en-
gendrez fans fe changer , ni diverfifier aucunement. En forte que pour conferver
toûjours les efpeces des Tulipes qu'on veut garder & dont on fe veut rendre
fort , il les faut planter curieufement ; cette voye eft la plus affurée pour les
augmenter , comme les graines font auffi la voye la plus affurée pour en avoir
de nouvelles.

De tous les *Cayeux* qui fortiront des Tulipes , on en peut faire une ou deux
planches felon la quantité , & on les peut planter affez proche les uns des autres , ce qui fera comme une pepiniere , dont on levera tous les ans quantité
de Tulipes portantes , & comme les Cayeux n'ont ni la force ni la vigueur des
gros oignons & même qu'il s'en rencontre de fi petits & de fi foibles , qu'ils periroient s'ils étoient long-tems hors de terre , il les faut replanter dés la fin
d'Aouft , ou même 15. jours aprés les avoir tirez hors de terre , par ce moyen ils fe
conferveront & porteront beaucoup plûtôt , que fi on attendoit à les replanter
au temps des Tulipes portantes , auquel tems il s'en trouveroit beaucoup de flé-
tris & même plufieurs de morts. On les peut laiffer deux ans en terre fans les
lever , mais il faut bien cercler & tenir vos plantes nettes.

Il eft certain que les Cayeux conferveront la même nature de l'oignon qui les
a engendré fans degenerer.

A R T I C L E   IX.

Qu'il eft neceffaire de lever tous les ans les Tulipes.

C'Eft une neceffité abfoluë de lever tous les ans les Tulipes , ce qui fe fait
environ à la fin de Juin ou au commencement de Juillet , lors qu'aprés a-
voir porté leurs fleurs , elles ont laiffé fecher leurs tiges , non feulement pour plufieurs inconveniens qui pourroient arriver à l'oignon , tant par pourriture que

par d'autres accidens , mais encore à caufe que naturellement l'oignon de plufieurs Tulipes s'enfonce & coule dans la terre , en forte que qui les laifferoit plufieurs années fans les lever , il en perdroit beaucoup fans doute , & puis comme
l'oignon s'en porte beaucoup mieux , c'eft une chofe neceffaire. Joignez à cela ,
que toutes les plantes , & particulierement les Tulipes , fe perdent ou dégenerent
par la négligence de ceux qui les cultivent , étant certain que fi cette fleur n'eft
tranfplantée tous les ans avec grand foin & dans la faifon , fes perfections diminuent & la fleur perd beaucoup de fon luftre & de fa beauté , au lieu qu'en les replantant tous les ans , trouvant une terre nouvellement labourée & bien varetée
à trois ou quatre tours , cela aide beaucoup à leur embelliffement.

ARTICLE X.

Des maladies des Tulipes & de leurs remedes.

COmmençant par les Tulipes qu'on éleve de grain , les oignons étant encore petits & foibles , n'ont ni la force ni la vigueur pour refifter aux accidens qui leur peuvent arriver ,foit par la rigueur du froid ou par l'excés de chaleur,
qui fans doute en font perir plufieurs , par l'alteration qu'ils leur caufent :
c'eft pourquoi ayant à remedier à ce defaut , il faut avoir foin de les conferver durant l'hyver avec des aix ou des nattes , pour les preferver des plus fortes gelées ,
des neiges & des verglas , & même du Soleil d'hyver qui tuë autant que les plus
rigoureufes froidures.

Le gouvernement des petits Cayeux fe doit faire de même , car en ayant une
planche ou deux , qui font comme une pepiniere , il faut les couvrir avec le même
foin , pour les preferver de femblables accidents.

On remarque qu'au commencement de l'hyver il leur furvient une maladie qui
eft contagieufe , & leur arrive lorfque l'oignon pouffant fes feüilles hors de terre ,
il entre des eaux froides qui coulent entre leurs peaux , & defcendant jufques au
cœur , les font pourrir , ce qui fe voit par une couleur rougeâtre , mais blafarde qui
paroît au bout des feüilles , en forte qu'en les tirant elles quittent l'oignon,& font
paroître la pourriture qu'il a jufques au cœur;& cette maladie eft fi maligne,qu'elle infecte toutes les autres. Pour remedier à cela il fera bon de lever l'oignon avec
un déplantoir , tel que celui des melons , afin qu'en les tirant avec fa terre cette
pefte ne paffe pas plus avant & n'infecte pas le refte : ou bien faire une tranchée
autour de la largeur de demi pied & de 10. à 12. pouces de profondeur , afin que
celle qui eft déja gâtée ne gâte pas celles qui font faines.

Le mal que la rigueur du froid ou l'excés des chaleurs a aporté à nos Tulipes ,
paroît auffi dans le temps qu'on les leve de terre , car alors on trouve les petits
Cayeux dépoüillés de leur peau , ce qui eft une marque d'alteration & de foibleffe ,
qui leur caufe un détachement qui les fait périr.

Pour remedier à ce mal, il faut fi tôt qu'on les aura levées, prendre les Cayeux,
ou même les meres s'il s'en rencontre , & les mettre incontinent dans le fable , ou
en terre en quelque lieu à l'ombre , afin de les conferver par une agréable fraîcheur ; & fi l'excés des chaleurs étoit fi violent qu'elles deffechaffent par trop,pour
lors il les faudroit arrofer legérement , & continuer ce gouvernement avec
jugement & avec prudence jufques au mois de Septembre qu'on les plantera
ailleurs.

Le dépoüillement de la peau qui furvient aux Tulipes, procede de ce qu'on ne les plante pas affez avant en terre ; & n'ayant pas toûjours la force de s'enfoncer eux-mêmes, il arrive qu'ils groffiffent beaucoup & crevent leur peau qui eft affez tendre, & de là procedent les chancres, où s'engendre enfuite une gangrène qui les fait enfin mourir ; mais fi-tôt qu'on s'aperçoit que ce chancre commence, il faut couper jufques au vif, & pourvû que le bas de l'oignon demeure encore entier, le remettant en terre, il fe peut garantir.

Si l'on ne tenoit pas les Tulipes couvertes durant les mois de Février & de Mars, il leur pourroit encore furvenir plufieurs accidens par la rigueur des grêles, qui leur donneroit un mal qu'on appelle *tache de Mars*, qui eft une pourriture qui attaque leurs premieres feüilles à fleur de terre, ce qui leur eft caufé par des coups de grêle & par des froidures qui tombent fur elles ; ce qu'apercevant, il faut exactement ôter la pourriture, & pour cela dégrader & ôter de la terre jufques où on jugera neceffaire ; pour pouvoir couper & racler jufques au vif le chancre que ce mal y pourroit caufer : car fi on laiffoit quelque tems le chancre croupir fur la Tulipe, il s'écouleroit jufques au cœur de l'oignon & le feroit mourir.

La principale marque de fanté aux Tulipes, eft lorfque les tirant de terre, on trouve les oignons durs & leur peau d'une couleur rougeâtre tirant fur celle de châtaigne, car cette couleur eft celle que doivent avoir les oignons de Tulipes faines, que s'ils font molaffes & leur peau blâfarde ou noirâtre, fans doute il y aura de l'alteration.

Les plus celebres Curieux ont trouvé un moyen de conferver leurs Tulipes bleffées & les oignons offenfez immédiatement aprés qu'elles font levées, ils les arrangent fur terre à l'ombre, comme s'ils les vouloient replanter, & laiffent feulement un travers de doigt de diftance entr'elles : Alors ils reprennent leurs forces & leur point de perfection.

Mais parce que quelques animaux, comme Mulots, Limaçons ou autres, les pourroient endommager, ils ont une équarrie de bois de la grandeur du lieu où font les Tulipes malades & de hauteur d'environ quatre pouces, où l'on fait au deffus un treillis de fil de fer dont les trous font étroits, afin qu'étant enfermez dans cette machine, tels animaux n'y puiffent paffer pour les endommager.

ARTICLE XI.

Noms des Tulipes, avec la quantité & distinction de leurs couleurs.

A

L'*Agathe d'Ast*, rouge, pourpre, rose séche, & blanc.

L'*Agathe Amirale*, gris de lin, fiamette, rouge vif & blanc.

L'*Agathe Armand*, gris de lin sale, colombin & blanc.

Agathe d'Arquelaine, colombin obscur, colombin clair & blanc.

L'*Agathe Royale*, n'a que trois couleurs mais parfaitement distinctes & séparées les unes des autres, elle a *un pourpre clair avec du rouge, qui s'étendent en panaches dans beaucoup de blanc*. C'est une des plus belles Tulipes du temps.

L'*Agathe Brosset*, rouge fort enfoncé, colombin clair, & blanc d'entrée.

Agathe Brillet, colombin, & blanc, Printaniere.

L'*Agathe Brabansonne*, rouge obscur, colombin, clair & blanc obscur.

L'*Agathe brune*, rouge sur brun & colombin clair.

L'*Agathe Chapelle*, rouge, colombin & blanc.

L'*Agathe Coste*, gris de lin chargé, rouge vif & blanc de satin.

L'*Agathe de Cointe*, colombin obscur, colombin clair & blanc terni.

L'*Agathe Chon*, colombin, minime & couleur de citron terni.

L'*Agathe Castelain*, colombin, rouge pâle & blanc.

L'*Agathe dentelée*, a du colombin chargé de rouge avec du blanc.

L'*Agathe du Dru*, couleur de rose mêlé d'incarnat, colombin, couleur de citron & blanc terni.

L'*Agathe Datte*, gris lavandé & pourpre cramoisi.

Agathe d'Epine, blanc de lait & tacheté de rouge cramoisi clair.

L'*Agathe Ferrans*, pourpre enfoncé, couleur du Vice-Roy & peu de blanc.

L'*Agathe Frioul*, gris de lin enfumé, tristamin & couleur de citron broüillé.

L'*Agathe Guerin*, füille morte & blanc

L'*Agathe Gobolet*, rouge cramoisi, colombin, blanc & jaune.

L'*Agathe Goblin*, est ornée de cinq couleurs, sçavoir d'*incarnat, rouge, jaune & lacque, chargé de chamois*.

L'*Agathe Gorle*, rouge sang de bœuf & blanc.

L'*Agathe Govion*, rouge obscur, colombin & citron.

L'*Agathe la deserte*, colombin & peu de blanc, *Printaniere*.

L'*Agathe liante*, amarante & blanc, non d'entrée.

L'*Agathe Lionnoise*, couleur de brique, colombin & blanc, le tout broüillé.

L'*Agathe Lorney*, colombin & blanc, *non d'entrée*.

L'*Agathe Minime*, a quatre couleurs assez distinctes, qui sont *gris de lin, jeune, amarante, & du rouge*.

L'*Agathe Monsieur de Chartres*, colombin obscur, gris lavandé & blanc.

L'*Agathe Magnin*, colombin obscur, mêlé d'un colombin clair & blanc.

L'*Agathe de Mare*, gris cendré, gris violet & peu de blanc.

L'*Agathe Mole*, colombin obscur, colombin clair & blanc.

L'*Agathe Morin*, a du pourpre & gris sale dans beaucoup de blanc.

L'*Agathe Molard*, colombin obscur, gris lavandé & blanc.

L'*Agathe Ochée*, tristamin, rouge & chamois.

L'*Agathe la Piemande*, gris de lin, colombin, rouge & blanc.

L'*Agathe Proserpine* , minime brûlé , jaune & citron terni.

L'*Agathe Patin* , couleur de rose , colombin & blanc , *non d'entrée*.

L'*Agathe Picot* , colombin obscur , colombin clair & blanc terni.

L'*Agathe de Quibly* , gris de lin, colombin obscur , colombin clair & blanc d'entrée.

L'*Agathe Roussy* , rouge brun , colombin & blanc d'entrée.

L'*Agathe Riviere* , rouge brûlé, colombin obscur & peu de blanc terni.

L'*Agathe Robain* , a du pourpre , rouge & blanc , mais quoi qu'elle ait les couleurs de *l'Agathe Royale* , neanmoins elle est beaucoup differente , d'autant que l'Agathe Royale a bien plus de blanc & les panaches ne sont pas semblables.

L'*Agathe Romaine* , est colombine avec un peu de la copie & du blanc.

L'*Agathe S. Marc*, est gris de lin, incarnat & blanc.

L'*Agathe sans pareille* , rouge cramoisi, colombin & blanc d'entrée.

L'*Agathe Saunier* , gris de lin clair, colombin & blanc d'entrée.

L'*Agathe Sauvage* , violet, pourpre enfoncé & blanc.

L'*Agathe du Vasseur*, est d'un gris violet avec du blanc & un peu d'incarnat.

Adimion , est amarante, avec un peu de rouge & du blanc de lait.

Albertine, a de petits traits pourpres par menus panaches , avec gris de lin, clair & blanc.

Alidore , est de couleur de feu avec un gris de lin enfoncé , sur chamois blanchissant.

Alquite , est panachée de jaune & rouge.

Amarantine , est panachée de pourpre sur du blanc.

Amarante , a un fond blanc sur lequel s'étendent des panaches amarantes.

Amarillis rose séche , pourpre enfoncé & blanc.

Ambrise , est colombin , rouge & blanc.

Amiable, bl. de lait, rouge brun velouté.

Amiral d'Angleterre , rouge brun , colombin vif & blanc.

Amiral Castellin , est colombin , rouge, pâle & blanc.

Amiral Chrétien , colombin pâle , mêlé d'un colombin obscur & blanc d'entrée , *Printaniere*.

Amiral de Boissiere, rouge brun, colombin & blanc d'entrée.

Amiral de Delf , rose rouge & blanc.

Amiral Fray , gris lavandé , minime brûlé & blanc.

Amiral de France , pourpre obscur , colombin clair & blanc , *non d'entrée*.

Amiral Fournier , tristamin rouge & jaune blanchissant.

Amiral d'Heverte, pourpre obscur, violet clair & blanc d'entrée , *Pritaniere*.

Amiral de Hollande , rouge & blanc.

Amiral de Mars, rouge de sang & blanc.

Amiral Poncet , fleur de lin , colombin & blanc d'entrée.

Amiral Triverman , couleur de rose, colombin & blanc , *non d'entrée*.

Amiral Vallier , orange, couleur de rose , citron & blanc sale.

Amiral Villiers , pourpre , colombin & blanc d'entrée.

Amiral de Vesnes , rouge triste , rose & chamois blanchissant.

Angloise , est d'un beau colombin, rouge & blanc.

Argentier, pourpre, colombin & blanc, *Printaniere*.

Argus , couleur de feu , gris de lin & blanc de lait.

Auguste le grand , couleur de rose éclatante & blanc , *non d'entrée*.

Auguste , colombin, blanc & rouge.

B

Bâloise , est de trois couleurs, *rouge* , *colombin & blanc*.

Barre , tient sur le rouge , colombin clair & blanc.

Beau Courroy , pourpre obscur violet clair & blanc terni.

Beaupré,

Beaupré, est rouge & blanc.

Belin ordinaire, rouge, colombin & blãc.

Belin Trelon, violet, peu de rouge & blãc.

Belliſſime, couleur de pêcher, fleur de lin & blanc d'entrée.

Belle d'Anvers, gris de lin, pourpre & blanc.

Belle Helene, rouge enfoncé ou ſang de bœuf & blanc d'entrée.

Belle Morine, rouge cramoiſi & beaucoup de blanc d'entrée.

Belle la Barre, a des couleurs de la Brabanſonne, qui font *pourpre, rouge & blanc*, mais il y a de la difficulté aux panaches.

Belle Pedée, incarnadin éclatant, & beaucoup de blanc d'entrée.

Bellincourt, est de couleur de feu & blanc de lait.

Bizarre du Cadet, feüille morte, rouge brûlé & jaune enfumé.

Bolhuert, incarnat & blanc.

Boulonnoiſe, rouge, pâle & blanc.

Bourbourg, gris lavandé, colombin obſcur, colombin clair & blanc.

Bourgeoiſe, rouge vif tirant ſur l'orangé & blanc.

Boſſuel, est rouge de ſang & jaune.

Brabanſonne, est blanc de lait, pourpre & un peu de rouge.

Brandebourg, rouge pâle tirant ſur le colombin & blanc terni.

Brantion, nacarat & blanc.

Brantion Morin, rouge, colombin & blanc. *Printaniere*.

Bruxelles, rouge obſcur, colombin clair & blanc.

Il y a encore *la beauté de Chartres*, Belle mignonne, belle Callite, belle Tragene, belle mariniere, blanche printaniere, blanche tardive, bordée & rebordée, Brantion de Boh, Brantion de l'Aublepine.

C

Cadette, pourpre & beaucoup de blanc.

Cæſar, lacque chargé & beaucoup de blanc d'entrée.

Calilarde, colombin chamois, incarnat

Tome II.

& jaune doré.

Califte, pourpre & blanc.

Camuſcite, incarnat rougiſlant & blanc de lait.

Canelée, gris, incarnat & jaune.

Canette, beau violet & blanc.

Canite, gris lavandé, incarnat & blanc.

Carlée, gris rougeâtre & chamois.

Carmelite, est jaune paille & incarnat fort éclatant.

Cartie c'est *la carlée*.

Cadenulle, a un nom fort convenable à ſa beauté, puis qu'elle ne cede a nulle autre, en la forme de fleur, ſoit en l'agréable diſpofition & aſſortiment de ſes couleurs, qui font *un pourpre violet, avec peu de rouge, & beaucoup de blanc*.

Celeſte, gris lavandé, un peu de rouge & blanc de lait.

Cermoiſe, incarnat tirant au colombin, avec du blanc de lait.

Chanceliere, violet & blanc.

Chamois, bordée d'écarlate.

Chartreuſe, gris de lin, peu de pourpre & blanc de lait d'entrée.

Chameau, rouge, gris de lin & blanc.

Chinoiſe, colombin grisâtre, rouge & chamois.

Citadelle, pourpre, gris de lin & blanc.

Colombin & blanc à grand bord. Printaniere.

Colombin & blanc à grand bord. Tardive.

Columelle, roſe rouge blanche.

Concubine, colombine & blanc.

Couronne ardente, blanche & par les milieux de couleur d'agriote. *Printaniere.*

Corinthie, jaune doré, blanc & rouge.

Cupidon, violet d'Evêque, pourpre clair & blanc.

Curé Printaniere, gris de lin fort pâle & blanc.

Curé Tardive, gris de lin fort pâle & blanc.

Confidente, Couronne Royale. Cardinale.

D

Dalepon, couleur de brique, le fond noir.

De Launoy, pourpre, gris de lin & blanc.

Denelée, rouge paie & blanc sale.

Devisée, blanc & rouge.

Diligente, rouge, colombin & blanc de lait. Printaniere.

Doblan, flamette & blanc. Printaniere.

Dom Château, violet cramoisi, pourpre & blanc.

Dolincourt, pourpre, rouge & blanc.

Driade, rouge & chamois blanchissant.

Doramie, pourpre, gorge de pigeon, & jaune blanchissant.

Dorilée, violet & blanc de lait.

Doriméne, lacque, violet & blanc.

Dorinde, colombin, rouge & jaune blanchissant.

Doris, est un blanc de lait, comme à piece emportée avec du rouge tres-vif.

Drap d'or, d'argent, panaché. Printaniere.

Drap d'argent de Valentienne. Drap d'argent du Pasteur.

Drap d'argent du Berger.

Druide, rouge terni, colombin obscur, & blanc.

Ducale, est d'un beau rouge & blanc.

Du Chêne, pourpre, rouge & blanc.

Dulcinée, est d'un blanc de lait & couleur de lacque.

Du Lême, lacque, blanc tres net & rouge

Du Pont, colombin, rouge chargé avec du jaune blanchissant.

Du Poussin. Duc à grand bord. Printaniere. Duc à grand bord, tardive. Duc à petit bord, tardive. Dom. Federis. Dom-Jerôme. Dom François. Dom-Peire. De Clermont. De Malines. Drolisse.

E

Elisée, a du pourpre violet & blanc dés son entrée.

Erimante, rouge feüille morte & jaune.

Eristie, est pourpre & blanc.

Esperance, tristamin, rouge & jaune.

Estampe, colombin blanc & incarnat.

Estoilée, a presque les couleurs de la Dorilée, qui font un beau violet & blanc.

Eufrasque, rouge & blanc de satin.

Eugéne, rouge brun & blanc.

Euristée, colombin mêlé de blanc & de fin panache.

Eusebe, colombin, rouge & chamois.

F

Faustine, est d'un colombin rougeâtre & blanc satiné sur un fond bleu & est fort bien panachée.

Felicité, rouge mort, & jaune bordé d'un filet rouge.

Fenix, se panache d'un beau rouge brun sur un blanc de satin.

Feüille d'Esdine, est d'un beau nacarat & rouge brun.

Filandre, a ses panaches tres-fins, d'un beau pourpre sur du blanc.

Flamboyante, colombin & blanc.

Flamboyante blanche, est panachée d'un beau rouge brun sur du blanc.

Flamboyante colombine, est d'un beau colombin & blanc.

Flamboyante Maximis, minime brûlé, feüille morte & citron, le tout broüillé.

Flamboyante du sautier, rouge & jaune fort vif.

Flamboyante de Tuder, rouge & jaune reguliere.

Flamboyante de Tunis, rouge brûlé & jaune broüillé, tirant sur la couleur de citron.

Fleurdelisée, couleur de rose, tirant sur le colombin & blanc.

Fleuricourt, a ses panaches d'un beau pourpre sur un blanc de lait.

Fleurimont, est d'un haut pourpre & blãc

Fleurisete, gris, incarnat & chamois.

Florentine, colombin clair & beaucoup de blanc.

Forte à connoître, rouge & blanc.

Frangée, chamois blanchissant & rouge brun.

Frere André, rouge obscur mêlé de blanc. Printaniere.

Frere Claude, couleur de rose, rouge & bleüe, le tout broüillé.

Frere Jean, couleur de lacque vif & blãc.

Frigienne, est panachée d'un beau rouge

d'écarlate fur un blanc de lait.

Fronteval, eft rouge, couleur de rofe & blanc.

G

Galatée, eft panachée d'une Ifabelle, blanchiffant, avec du jaune doré.

Geande, colombin, rouge & blanc, & n'eft gueres fautive.

Geant, couleur d'agriote, tirant fur le colombin & blanc terni.

General Gouda, eft un incarnat fort éclatant & blanc.

General Picot, eft d'un blanc de lait panaché d'un beau pourpre.

Genevoife, colombin obfcur, colombin clair & blanc.

Genoife, triftamin rougeâtre & jaune.

Gentille, colombin changeant & chamois.

Gentilly, eft rouge, fiamette & blanc.

Glorieufe, eft une belle Tulipe & a pour couleur une Ifabelle qui tire un peu fur le jaune & un rouge doré.

Grande Brabanfonne, rouge cramoifi, colombin & blanc non d'entrée.

Grand Cornard, rouge tirant fur le colombin & jaune citron.

Grand étendart, tané, rofe & jaune blanchiffant.

Grinfec, incarnat & blanc. *Printaniere*.

Grife Orientale ou *Agathe Orientale*, eft d'un beau gris de lin & lacque obfcure.

Grife Orientale fecond, gris de lin & lacque obfcur & blanc.

H

Hazard Dru incarnadin, couleur de rofe nacarat, colombin & blanc d'entrée.

Hazard Robin 1. rouge, cramoifi & blanc

Hazard Robin 2. colombin, gris de lin & blanc.

Helene, eft de couleur fort aprochante de la *Geande*, favoir, rouge, colombin & blanc.

Heliodore, eft de quatre couleurs affez diftinctes, favoir orangé, jaune, gris de lin & rouge.

Hercan, eft panaché d'un rouge brun avec chamois, qui blanchit en deux ou trois jours.

Herculée, eft panachée d'un rouge de fang & de blanc de lait.

I

Jacobée, eft rouge, brun & chamois blanchiffant.

Jafpée Angloife, eft triftamin & rouge & jaune blanchiffant.

Jafpée Harlan, eft triftamin couvert, femé de larmes rouges.

Jafpée Marceau, gris lavandé, colombin & blanc.

Jafpée premiere, eft rouge mort & cham.

Jafpée Ravafcot, rouge pâle, gris de lin & blanc.

Jafpée S. Jean, colomb. minime & blanc.

Jafpée Truder, eft triftamin, rouge mort & jaune blanchiffant.

Jean le Févre, rouge & jaune.

Jean Gueret, eft d'un beau violet & blanc.

Ignace, rouge mort fur fond chamois, eft tres fin panaché.

Imperiale, eft d'un pourpre brun, un peu de rouge & blanc de lait.

Infante, Ifabelle foüettée de blanc.

Jolicourt, couleur de tuile & jaune.

Jofephe, Ifabelle, rougeâtre, panachée de jaune, avec un peu de rouge.

Iris eft triftamin, rouge & jaune.

Juliane, colombin, blanc & gris.

Juftine, eft panachée de deux rouges fur le fond de fatin.

L

Lactance, eft de couleur fiamet, blanc & rouge.

La Blin, eft d'un beau violet feparé d'un blanc naiffant par un peu de rouge.

La Duchefse, a les couleurs de la *Brabanfonne*, mais elles font differemment afforties & font blanc, pourpre & rouge.

L'Amie ou *Agathe Perruchot*, eft gris de lin & blanc par même panaches.

Lapponie, colombin blanc & rouge.

Larmoye, gris de lin & blanc de larmes.

Leandre, colombin, rouge & chamois.

Lindot, rouge, brun & blanc.

Lionne : incarnat, rouge & blanc.

Lisa, rouge, orangé & jaune par mêmes panaches.

Livie ou *Livia*, a de fort jolis panaches violets sur du blanc.

L'œuf de Pâques, rouge enfoncé & blanc d'entrée.

Lucque est panaché de gris de lin sur un beau blanc.

Lyante, amarante tirant sur le violet & blanc.

Lypy, rouge brûlé & jaune terni.

M

Marbrée de Boire, est un gris de lin mouvant, un beau rouge & relevé d'un incarnadin fort éclatant.

Marbrée Grenier, rouge, colombin & blanc.

Marbrée saint Germain, gris mourant, incarnat & rouge.

Manissiere, a un rouge ferme, un peu de rouge couvert, & un tres-beau blanc & bien net.

Marquise, rouge, rose seche, & jaune blanchissant.

Mayence, entre en fleur incarnate & chamois, puis elle fait paroître du colombin & du rouge.

Meridionelle, pourpre couleur d'Evêque & blanc non d'entrée, *printaniere*.

Meliaor, est panachée d'incarnat sur du blanc.

Melinde, a pour couleur un beau pourpre rouge tres-vif & un beau blanc de laict.

Melissée, couleur de rose, incarnat & blanc.

Mercure, rouge incarnat & chamois.

Merveille d'Amsterdam, gris de lin, couleur forte & vive & blanc.

Merveille de Camp, colombin, couleur d'agriote & blanc. *Printaniere*.

Merveille de Harlem, colombin obscur & colombin clair tems,

Mestre de Camp, colombin, couleur d'agriote & blanc. *Printaniere*.

Morillon d'Anapes, est un chamois

blanchissant, sur lequel est un incarnat bien mélangé.

Morillon d'Aquin, couleur d'agriote clair & blanc.

Morillon Brun, est d'un beau rouge brun & blanc.

Morillon brun Robin, rouge d'agriote & blanc.

Morillon des Champs, couleur de grenade & blanc.

Morillon chirat, incarnat tirant sur la couleur de rose & blanc.

Morillon Cloutier, est panaché d'un beau nacarat & incarnadin sur du blanc.

Morillon Dru, couleur de grenade, jaune, citron & blanc.

Morillon Dry, incarnadin tirant sur la couleur de rose, & blanc non d'entrée.

Morillon de Fleurs, incarnat & beaucoup de blanc.

Morillon de Flien, gris lavandé, colombin obscur, colombin clair & blanc.

Morillon Jacquet, couleur de rose & blanc.

Morillon Madame, rouge & blanc non d'entrée.

Morillon Medional, rouge cramoisi, colombin & blanc.

Morillon Nacarat, est nacarat & blanc.

Morillon parfait, rouge cramoisi & blanc.

Morillon Paschal, colombin obscur tirant sur le rouge & blanc.

Morillon Picard, rouge tirant sur l'incarnat & beaucoup de blanc.

Morillon Rosan, couleur d'agriote claire, tirant sur l'orangé & blanc.

Morillon sang de bœuf, rouge cramoisi obscur & blanc non d'entrée.

Morillon Studer, couleur rose obscure & beaucoup de blanc.

Morillon sur brun, rouge cramoisi, sang de bœuf & blanc fort vif.

Morillon superlatif, dit *le petit Auguste*, incarnadin & beaucoup de blanc non d'entrée.

Morillon Tournay, violet obscur, colombin obscur & peu de blanc.

Morillon Zuret, rouge, couleur de rofe & citron terni.

Morine, a un incarnat chargé aſſés beau & bien panaché ſur un beau blanc d'entrée.

Morinette, incarnat vif & blanc.

Montfort, a ſes panaches d'un gris de lin chargé & mêlé de rouge ſur un beau blanc.

Monſtereuille, eſt panaché d'un cramoiſi vif ſur beaucoup de blanc.

Monſtre ſimple, eſt ainſi nommée pour la grandeur de ſa fleur; elle eſt rouge & jaune, comme d'un drap d'or.

Monſtre double, eſt une Tulipe qui ſatisfait peu, d'autant que ſa fleur vient rarement en perfection; elle eſt fort double & a plus de cent ou cent & vingt feüilles, & a pour couleur, rouge, orangé & jaune.

Moulette, orangé tirant ſur la brique & blanc, eſt *printaniere*.

N

Nantoiſe, eſt d'un gris de lin chargé & mêlé de rouge qui ſe panache aſſés bien ſur du blanc.

Nevers, a les mêmes couleurs que la *Nantoiſe*, mais elle a ſes figures & panaches differentes, ſes couleurs ſont gris de lin, rouge & blanc.

Nicée, rouge ſur fond blanc ſatiné.

Noiron a un rouge ſang de bœuf & colombin chargé ſur du chamois.

Noirlis, eſt rouge, gris de lin & blanc.

Nouvelle de Hollande, blanche & picotée de pourpre clair.

O

Oculus, a un beau rouge brun ſur du blanc de laict.

Olinde, a de menus panaches de rouge & incarnadin ſur le bord des feüilles qui ſont blanches.

Olympe, eſt mêlée de chamois avec une couleur de gorge de pigeon ſur du blanc.

Ondée, cette Tulipe eſt admirable principalement à cauſe de ſes feüilles qui ſont d'une belle largeur, du même vert des feüilles d'œillets, toutes

bien godronnées & environnées d'une bande auſſi blanche que des lys, ſa fleur eſt toute blanche.

Opale, eſt de 4. couleurs, colombin chargé, jaune doré, rouge & blanc.

Orientale Morin, eſt de trois couleurs diſtinctes, gris de lin, blanc & pourpre.

Ourlée, eſt d'un beau rouge, ſur du blanc.

Ourlée rectifiée, rouge brun tirant ſur le cramoiſi, & beaucoup de blanc d'entrée.

P

Palamede, colombin, rouge & blanc, ſa fleur eſt ample & s'eleve aſſés haut de terre.

Palas, pourpre & blanc.

Paltot Cadons, rouge obſcur & jaune. *Printaniere*.

Paltot de trois couleurs, colombin pâle, couleur de ſoufre & rouge.

Paltot enfumé, minime, feüille-morte, le tout broüillé.

Paltot Laydane, rouge brûlé, citron, couleur de ſuif, le tout broüillé.

Paltot Ledanus, rouge tres-vif & jaune clair. *Printaniere*.

Paltot Pluton, rouge brûlé & jaune.

Paltot Quetor, minime brûlé, feüille morte claire, le tout broüillé.

Paltot Robin, fautif.

Paltot S. Joſeph, rouge & jaune. *Printaniere*.

Paltot S. Paul, rouge tirant ſur l'incarnat & jaune de ſoufre.

Paltot S. Philibert, couleur de roſe obſcure, rouge & citron broüillé.

Paltot S. Pierre, rouge enfumé, colombin & jaune, citron broüillé.

Paltot Tenebreux, rouge brûlé & jaune tirant ſur le chamois.

Panachée d'Arras, pourpre clair, violet & blanc. *Printaniere*.

Panachée de l'Aube, roſe, rouge & blanc non d'entrée.

Panachée de Caën, rouge éclatant & blanc à grandes panaches.

Panachée de lief, rouge brun tirant ſur le colombin & blanc.

Panachée de Paris, est d'un rouge fort éclatant, avec un beau blanc d'entrée.

Panachée Robert, incarnat & blanc non d'entrée.

Panfilie, porte un beau gris de lin bordé de pourpre, panaché de blanc de laict à grandes pieces, comme apliquées.

Papillone, a ses panaches tres-fins & a les mêmes couleurs que la *Galatée*, qui font Isabelle jaunissant, & rouge doré, mais les figures sont différentes.

Parangon d'Acoste, pourpre, rouge cramoisi, gris & blanc.

Parangon S. Maudé, incarnat & blanc.

Parangon Viltons, rouge tirant sur le colombin & blanc vif.

Passe Citadelle, est d'un beau gris de lin, pourpre & blanc, & les couleurs sont beaucoup plus vives que *la Citadelle*.

Passe Rosée, rouge & blanche.

Passe Tuilloise, colombin clair, colombin obscur & blanc sale.

Passe Zablon, est d'un beau pourpre violet & blanc.

Paysane, rouge sang de bœuf, colombin & blanc.

Peintre, colombin vif & blanc. *Printaniere*.

Pensée ou *belle pensée*, est de couleur de pensée avec du blanc de laict.

Periandre, tres-beau paltot, est panaché rouge brun avec du jaune doré.

Petit Alexandre, colombin clair & blanc d'entrée.

Petit Auguste, flamette, incarnadin vif & blanc d'entrée, *fort tardif*.

Petit Suisse, rouge, brun & jaune.

Picarde, est panachée de rouge & un peu de gris de lin sur du blanc.

Plumerolle, est rouge mort & chamois.

Pommée, incarnat & blanc.

Prevostale d'Abbeville, est colombin, incarnat chargé & sale.

Presidence, couleur de rose tirant sur l'incarnat & blanc d'entrée.

Pretenduë, est bien panachée d'un beau lacque sur du blanc.

Princesse, incarnadin, feüille morte, cou-

leur de citron & blanc non d'entrée.

Proserpine, est rouge, chamois & jaune doré.

Pucelle nickon, rouge d'écarlate, colombin & blanc non d'entrée.

Q

Quirinus, rouge velouté, colombin & blanc de laict.

Quatricolor, a quatre couleurs, qui sont *couleur de feu, colombin chargé, chamois & blanc sale ou jaunissant*.

R

Ramonneuse, colombin obscur, colombin clair & peu de blanc.

Raphaële, rouge, orangé & jaune.

Ravenoise num. 1 ou *Chapelle*, rouge, colombin & blanc.

Raymonde, est blanche & rouge.

Recrocedée, est panachée de colombin sur du blanc.

Reguliere, colombin clair, rouge & beaucoup de blanc.

Reine, amarante, pourpre & blanc d'entrée, tirant sur la *Robinette*.

Richemont, a de belles panaches de gris de lin & rouge sur du blanc.

Richeval, est tres-richement panaché de violet lané sur du blanc.

Robine, amarante & peu de blanc.

Robinette, amarante, rouge, pourpre & blanche non d'entrée.

Rochefort, rouge, isabelle & gris.

Rosée, est couleur de rose, incarnat & blanc sale.

S

Sabine, est panachée d'un beau gris sur du blanc.

Satinée, est d'un tres-beau blanc de satin sur lequel elle se panache de rouge.

Savoyarde, est d'un isabelle couvert, rouge mort & jaune.

Scipion, rouge vif & jaune blanchissant.

Seigneur, rouge clair & chamois blanchissant.

Sergent, jaune & rouge, *fort tardif*.

Solimene, est de petite stature & ses couleurs sont un beau pourpre & blanc.

Specieuse, est d'un beau pourpre violet

avec des panaches blanches, & les é-
tamines d'un bleu si brun & si enfoncé , qu'elles paroissent noires.
Specieuse d'Huart, pourpre, rouge clair,
colombin & blanc. *Printaniere.*
Suisse du Château , rouge, brun & jaune
pâle.
Suisse de Portugal , rouge, brun, peu de
colombin & blanc terni.
Sultane , rouge brûlé , gris lavande obscur & blanc.

T

Tamise , est panaché de pourpre , violet & blanc.
Tautre , rose seche , couleur de rose &
blanc.
Tarante, est blanche panachée de rouge.
Tenebreuse , est une espece de paltot panachée de rouge & de jaune.
Toûjours belle , est contente à ne point
changer, & ses couleurs de blanc naif-
sant & rouge pâle , ne diminuent jamais depuis sa naissance jusqu'à sa
mort.
Travesti , gris lavandé pâle , rouge obscur & blanc , le tout brouïllé.
Tuilloise , colombin , rouge & blanc.
Tulipe de Candie, colombin clair, fait sa
fleur en forme de Colchique Troyen-
ne.

V

Valée , est d'un beau pourpre sur du
blanc.
Veuve commune , rose seche & blanche.
Veuve des vignes , est pourpre brun , rose seche & blanc.
Venitienne , rouge en ses panaches , sur
un beau chamois blanchissant.

Venus ou Ciprine, couleur de soufre , colombin vif & rouge.
Vernoie , colombin clair, couleur de rose & blanc terni.
Viceroi , pourpre violet & beaucoup de
blanc.
Virginie , est panachée d'incarnadin sur
du blanc , avec des pieces detachées
qui semblent des gouttes de sang.
Ville-neufve , rouge terni , colombin &
blanc.
Villemarest , violet clair , peu de pourpre & blanc tres vif.
Vigni , colombin clair , rouge & jaune.
Unique d'Alb n, est panachée d'un beau
pourpre violet , d'un rouge éclatant
sur du beau blanc.
Unique de Caën , est panachée à grands
panaches d'un rouge éclatant sur de
beau blanc.
Unique de Delphe, est d'un beau violet &
blanc , partagé par un peu de rouge.

Z

Zamet , colombin tirant sur la couleur
de rose , chamois & rouge clair.
Zaiblon commun , violet commun , peu
de rouge & de blanc.
Zaiblon rectifié, violet, pourpre & blanc
de laict.
Zeilane , a de grandes panaches violet
d'Evêque bordées de couleur de feu
sur un beau blanc.
Zurandale commune, a ses panaches rouges distinctement separées d'avec du
blanc sur lequel elles s'étendent.
Zurandale rectifiée, rouge clair & beaucoup de blanc non d'entrée.
Zurandale de Goa , colombin & blanc.

CHAPITRE LIII.

De la Violette double.

L A Violette double qu'on cultive dans les jardins est semblable à celle qui vient d'elle même dans les champs, sinon que celle-cy est simple & que celle-la est double & tantôt blanche, tantôt rouge & tantôt violette, & de plusieurs autres couleurs : Elle court en terre & talle l'une comme l'autre.

Elle veut du Soleil médiocrement, la terre bonne & forte : on l'arrose dans les tems, elle se conserve mieux dans les pots qu'en pleine terre, parce que l'hyver on la peut serrer. Comme elle ne graine point, on la détale & on en replante separément les talles.

A l'égard de la Violette en Pyramide, elle s'appelle aussi *Violette Arborée*, elle eleve une ou plusieurs tiges, qui depuis le pied jusques à la cime se chargent d'une quantité de petits boutons en forme d'une longue pyramide. Ses boutons qui sont longuets & canelés, s'élargissant font comme autant de petites étoiles bleuës, du milieu desquelles il s'éleve un petit filet blanchâtre : Ces fleurs sentent comme le storax ; cette plante doit être considerée, parce que par fois plus de six mois durant elle est en fleur.

Elle veut avoir du Soleil mediocrement, une bonne terre forte, il faut l'arroser abondamment : Elle ne graine point : mais on la multiplie par le moyen des racines qui sont pleines de laict, on les rompt en morceaux, elles reprennent, s'élevent & portent les fleurs.

Fin de la Culture des Fleurs.

NOUVEAU
TRAITÉ
DE LA
CULTURE DES MELONS.

OMME le Melon eft un des plus excellens fruits, il eft auffi l'un des plus difficiles à cultiver. Il lui faut de certains degrez de chaleur & d'humidité; c'eft pourquoy il faut préparer d'une façon toute particuliére les endroits où on le feme: quelquefois il veut être couvert, & quelquefois il veut de l'air. Enfin on peut dire qu'il n'y a pas de plante, qui demande plus de foin, ni qui donne plus d'éxercice à ceux qui font leurs plaifirsu p{ardinage.

Cette difficulté de bien cultiver les Melons étant généralement connuë, on a crû que les Curieux feroient bien aifes de trouver la maniére dont on fe peut fervir, afin d'y bien réüffir. Mais fur tout on eft perfuadé que ceux qui ne font que commencer à s'adonner au Jardinage, & à qui cette inftruction épargnera la peine & le tems qu'il faut employer

Tome II.   X x x

pour aprendre les chofes par experience , feront ravis de trouver un moyen facile d'abréger un fi long chemin. Il pourra même arriver que les uns & les autres, je veux dire les experts & les novices , en tireront de nouvelles lumiéres, puifque ce petit Traité part des mains d'un homme extrêmement habile, & auffi experimenté fur la matiére dont il s'agit, ou peut-être plus, qu'aucun autre.

Pour préparer la terre , ou plûtôt le terreau, où il faut femer les Melons, on doit prendre avant l'hyver du fumier vieux de cheval & de vache , & une terre neuve mêlée avec du fable blanc , & remuer fouvent le tout enfemble. On prépare un baquet de planches attachées enfemble de la longueur la couche qu'on veut faire. On creufe en terre , & on y fait une tranchée de la profondeur de deux à trois pieds, felon que le terrein eft fec ou humide, & de la même grandeur que le baquet : on remplit cette tranchée, jufqu'à un démi-pied au deffus du terrein, de fumier de cheval tout neuf, dont la paille fraîchement imbibée du crotin & du piffat , en conferve encore la premiere chaleur, afin que donnant beaucoup de réchaufement au terreau , il faffe germer la graine & lever la plante.

Lors que la tranchée fera faite , & que le baquet & le fumier y auront été mis; on couvrira le fumier de huit ou dix hottées du terreau qui aura été préparé , jufques à ce qu'il y en ait environ huit pouces d'épais , & on le couvrira d'abord de chaffis, & de paillaffons. Deux ou trois jours après on percera du doigt dans la couche pour favoir fi elle s'échaufe ; car fi le temps eft rude cela pourra n'arriver que quelques jours plus tard.

Les Melons fe fement au mois de Février ou de Mars , felon que la faifon le permet, c'eft-à-dire felon que le temps eft doux ou rude. Quelle que foit la graine dont on fe ferve on ne fauroit s'affurer de la qualité du Fruit, ny de l'efpéce de Melon qu'elle produira , parce que fouvent elle dégénére & change en quelque maniére de nature ; & que la graine qui eft dans les bouts , n'eft pas fi bonne que celle du milieu : ce qui fait que des graines forties d'un même Melon, & même également bien nourries à la vuë, produifent néanmoins des fruits bien différens , tant pour la figure & pour la couleur, que pour le goût.

On enfonce ordinairement la graine en terre de l'épaiffeur du doigt , à un bon demi-pied ou un peu plus de diftance l'une de l'autre. Il y a une autre maniére particuliere que peu de gens favent, mais dont fe font toûjours bien trouvez ceux qui l'ont pratiquée. On enfonce le doigt jufqu'à la premiere jointure dans le terreau fur la couche ; on y met les graines à la diftance déja marquée ; & on laiffe les trous ouverts. Lors qu'elles ont germé & qu'elles commencent à fortir, on tire bien doucement les tiges qui s'élevent trop, & on remplit de terre les petits trous d'où fortent celles qui reftent, & qu'on avoit laiffez ouverts afin que la graine ne pourrît pas. D'ailleurs il eft certain que la chaleur du fumier neuf qui eft au fond de la couche, s'exhale par ces ouvertures où l'air l'attire, & par où elle trouve une voye plus facile de s'évaporer. Ainfi la graine en eft beaucoup plus échaufée que fi elle étoit femée à champ, fur une terre unie & horizontale, où la chaleur se répandant également par tout, sa force seroit diminuée par cette raréfaction. Ceux qui auront la curiosité de faire cette expérience en connoîtront sans doute l'utilité, & verront la différence qu'il y a de cette métode d'avec celle dont ils se seront servis auparavant.

Dès qu'on a semé les graines on couvre le baquet d'un chassis de vitres, sur lequel on met encore un paillasson ou des nattes. Lors que le temps est doux on les leve un peu, & on donne de l'air à la couche, afin de retarder la tige, & de l'empêcher de pousser & de s'élever trop promtement. Quelquefois afin de tenir le chassis plus long-temps ouvert on met les paillassons autour en brise-vents, parce que comme l'air fortifie les plantes, lors qu'il est d'une température convenable, & qu'en ce cas le plus qu'on leur en peut donner est le meilleur, les brisevents, qui les garantissent des mauvais effets du vent, & qui conservent la chaleur du Soleil qui s'est renfermée entre eux, contribuent ainsi à entretenir un air plus doux sur la couche; ce qui fait qu'on peut sans danger tenir les chassis plus long-temps ouverts.

Quand la plante a quatre feüilles il la faut châtrer ou tailler en pinçant le jet qui monte en haut. Par ce moyen on empêche qu'elle ne s'étiole ou s'allonge trop, & le pied en devenant *plus trappe*, les bras qu'il pousse demeurent plus rampans sur la terre, & ont plus de vigueur.

On transplante les pieds de Melon quand ils ont commencé à faire leurs bras. L'endroit où il faut les mettre doit aussi être une couche, ou plusieurs couches de longueur, proportionnée à la quantité des plantes qu'on a ou que l'on veut planter. Cette couche se fait dans une tranchée de deux à trois pieds de creux, & ordinairement de la même largeur. On y met du fumier de cheval, de la même qualité qui a été ci-dessus décrite, & on le foule un peu afin qu'il s'afaisse, & que la chaleur en soit plus grande. La couche ainsi formée doit toûjours sortir d'un demy-pied hors de terre : on la couvre encore de chassis de vitres ou de paillassons ; & lors qu'elle commence à s'échaufer on met dessus dix à douze pouces d'épais de bonne terre, de la qualité ci-devant marquée.

Quelques jours après on perce avec le doigt dans la terre, pour connoître si elle commence à s'échaufer, & lors qu'on lui trouve le degré de chaleur nécessaire, on y transplante les Melons à trois pieds & demi de distance l'un de l'autre. On les enleve de dessus leur première couche avec le déplantoir de cuivre, ou de fer blanc, afin qu'il demeure beaucoup de terre à leurs racines, & qu'elles ne s'éventent que le moins qu'il est possible.

Quand tout est transplanté on remet sur la couche les chassis de vitres ou les paillassons : on les y laisse le jour aussi-bien que la nuit, de peur que le Soleil donnant sur la tête des plantes ne les fasse faner, & qu'ensuite elles ne périssent. Cela dure quatre, cinq ou six jours, plus ou moins selon le temps & à la discretion de celui qui les gouverne, & jusques à ce qu'il voye qu'elles sont bien prises & qu'elles commencent à avoir de la vigueur. Alors il ne les faut plus couvrir avec des paillassons que la nuit.

Que fi peu après que les Melons auront été tranfplantés on remarque que la chaleur du Soleil ait été trop âpre pour eux, & que les feüilles baiffent & ayent de la difpofition à faner, il leur faut donner un peu d'air, en élevant les chaffis fur des fourchettes de bois, ou fur quelque autre chofe capable de les foûtenir. Pour peu qu'on ait d'expérience au fait du Jardinage on connoîtra affez ce qu'il faut leur donner d'air ; il n'eft pas befoin d'ajoûter ici des inftructions particuliéres fur ce point.

Les Melons ne noüent que très-rarement fous les chaffis & dans le déclin de la lune : c'eft ordinairement à la nouvelle lune, & fi elle paffe fans qu'on les voye noüer, on doit prefque tenir pour affuré que cela n'arrivera qu'à la lune fuivante. Il eft affez furprenant qu'il y ait des gens qui combatent cette experience, laquelle eft fi certaine, & qui a été faite & réïtérée tant de fois. Ils foûtiendront tant qu'il leur plaira, que la lune n'a aucune influence fur les plantes, & qu'elle ne leur caufe ni bien ni mal ; mais ils permettront à ceux qui voyent tous les jours le contraire, de ne s'en pas raporter à leurs fpeculations.

Quand les plantes des Melons commencent à jetter des bras il faut néceffairement châtrer jufqu'au deuxiéme nœud le gourmand, ou le bras qui prédomine, lequel eft d'ordinaire materiel, large & épais, & qui attirant trop de féve rend les autres bras veules & menus faute de nourriture, enforte qu'ils ne peuvent produire du fruit. Il eft bon auffi de ficher de petits crochets en terre pour foûtenir les bras & les y atacher, de peur que les vents ne les gâtent, en les agitant trop & les faifant rouler fur la couche.

Vers la mi-Mai ou fur la fin du mois, lors qu'il commence à faire un temps doux, on ôte les chaffis, les paillaffons, les brifevents, & même les baquets qui font autour des couches, qu'on laiffe par ce moyen en plein air. Alors le Soleil, la rofée & les autres influences produifent leurs effets jufques à ce que le fruit foit en maturité. Que fi la faifon étoit encore trop rude en ce temps-là il faudroit attendre à découvrir ainfi entierement la couche ; car cela dépend de la qualité du temps, & non du quantiéme du mois.

Il faut bien fe donner de garde de laiffer trop de bras à la plante, & trop de fruits aux bras ; ce qui eft feulement dit ici en général, parce que dans le particulier la chofe doit être remife à la difcretion du Jardinier, ou de celui qui fait fon affaire de cultiver la couche, lequel laiffera plus ou moins de branches, felon qu'elles feront fortes & bien nourriës, ou menuës.

On connoît facilement les bonnes fleurs parce que le fruit y paroît auffi-tôt que la fleur, & même avant qu'elle s'épanoüiffe par le bout. Alors fi le temps eft propre le fruit noüe, & s'il eft facheux & contraire le fruit coule, & à cela il n'y a point de remede. Mais pour faire mieux noüer le fruit dans les bonnes fleurs, & à l'avenir dans celles qui ne paroiffent pas encore, le fecret eft d'ôter les bources des fauffes fleurs, en les pinçant avec les ongles auffi avant qu'il eft poffible ; mais néanmoins fans toucher à la branche où il y a du fruit. Par ce moyen les fruits prendront vigueur & recevront un plus grand accroiſſement de la nourriture que tiroient les bourſes. Cette métode abrege le travail ; on fait plus en une heure qu'on n'a accoutumé de faire en pluſieurs jours ; & cela fait plus de bien au fruit, que tous les autres ſoins qu'on prendroit ne lui en ſauroient jamais aporter.

Si la couche ſe trouve refroidie par quelque cauſe que ce puiſſe être , il ne faut pas manquer de la réchaufer. Pour cet effet on creuſe tout autour juſqu'à un pied & demi de profondeur, & on y met du fumier neuf de cheval : autrement les Melons couleroient & la plante même pourroit périr. Que ſi après le réchaufement on voyoit encore la couche ſe réfroidir, il faudroit en faire un nouveau en changeant le fumier. On couvre auſſi ce nouveau fumier de terre pour la propreté, afin que la couche n'en ſoit pas défigurée.

Les Concombres ſe cultivent à-peu-près de la même maniere : il y faut même encore plus de ſoin & d'exactitude , ſur tout lors qu'on veut en avoir de hatifs ; mais comme tous ces ſoins ne vont qu'à bien échaufer les couches, à les bien couvrir, & à faire toutes les façons qu'on fait aux Melons avec des ménagemens encore plus grands ; & que ces menagemens dépendent plutot de l'habileté du Jardinier , que des regles qu'on pourroit preſcrire à cet égard, il n'eſt pas néceſſaire de s'étendre davantage ſur ce ſujet.

Il y a d'autres païs où au lieu de chaſſis de vitres on ſe ſert de cloches de verre qu'on couvre de paille : on les découvre, on les hauſſe & on les baiſſe pour donner de l'air, tout de même que les chaſſis, & cela fait à peu près le même effet.

Il faut prendre garde à ſarcler les couches des Melons , & à n'y laiſſer pas croître de mauvaiſes herbes, parce qu'ils en prennent aiſément le goût , ſur tout celui de rame & de ramberge qui y croiſſent quelquefois.

Dans les climats qui ſont plus chauds & plus ſecs, on arroſe raiſonnablement les Melons deux ou trois fois la ſemaine, pendant les mois de Juin & de Juillet : mais dans ceux où les pluyes ſont plus fréquentes & le terrein moins ſec , cela ne ſe pratique que rarement.

On ſeme dans les païs plus chauds les graines de Melon dans de petites foſſes rondes , qu'on a creuſées d'un à deux pieds de profondeur , & où on a mis du fumier neuf dans le fond & d'autre vieux au deſſus , mêlé avec de bonne terre Comme on les ſeme plus tard que ſur les cloches , & que la ſaiſon eſt plus chaude en ces païs-là , on n'y fait preſque pas d'autres façons : on les couvre quelquefois de petites clochettes de verre , qu'on n'y laiſſe pourtant pas long-temps. On met cinq ou ſix graines dans chaque rond à une palme l'une de l'autre. Lors que les tiges paroiſſent & qu'elles commencent à croître , on arrache les moins fortes & les plus étiolées , & à la fin on n'y en laiſſe qu'une ou deux des plus vigoureuſes. Si la faiſon ne ſe porte pas belle , & que l'Eté ne ſoit pas fort chaud , on ne voit pas beaucoup de fruit , & il ne s'en trouve que bien peu de bon : mais ſi le temps eſt favorable , cette maniére de culture , preſque ſans artifice , donne de meilleur fruit , & en plus grande abondance que tout ce qu'on en peut recueillir ſur les couches. Il ne faut pas néanmoins manquer d'arrêter les bras , de ſarcler , de mouver la terre pour lui donner un petit labour , ſur tout après qu'elle a eſté battuë par de grandes pluïes , ou par pluſieurs arroſemens.

L'ART

OU

LA MANIERE

Particuliere & Seure de

TAILLER les ARBRES

FRUITIERS.

Avec un Dictionnaire des termes dont se ser-vent les Jardiniers, en parlant des Arbres.

AVERTISSEMENT.

L y a peu de Livres qui aient été auf-
si bien reçus que l'Inſtruction de *Mr
de la Quintinye*, pour les Jardins
Fruitiers & Potagers. *Auſſi n'avoit-
on encore rien vû en ce genre, qui
en aprochât. Tout ce que l'expérience & l'intelligence jointes enſemble,*
peuvent contribuer pour former un habile homme dans
l'Art du Jardinage, s'eſt trouvé en Mr de la Quintinye, & il a bien voulu faire part de ſes lumieres au
Public, qui lui en ſera obligé à jamais. Mais outre qu'il
n'y a perſonne qui puiſſe épuiſer les matiéres, pour peu
qu'elles ſoient fertiles, il ſe fait tous les jours de nouvelles découvertes dans la vaſte étendüe des expérien-
ces, qui donnent lieu à de nouveaux Livres ; ou-bien
l'on trouve en d'autres Ouvrages, des choſes qui ont
échapé aux Maîtres les plus habiles, & qui ont mis
au jour les Traitez les plus acomplis. C'eſt ce qu'un
homme d'eſprit & de mérité, prétend avoir connu par
la lecture des livres qui traitent du Jardinage, & auſſi par ſa propre expérience. Après avoir profité des le-
çons qui ſe trouvent dans l'Inſtruction pour les Jardins Fruitiers & Potagers, & en avoir utilement mis
en pratique les préceptes, il a remarqué qu'on y peu-
voit encore ajoûter quelque choſe ; & que ce petit
Traité qui a pour titre, L'Art de tailler les Arbres

Fruitiers, &c. contiennent des singularitez essencielles à
cet Art. Sur la confiance que je prens en cet habile homme, j'ai cru qu'après plusieurs Editions du Livre de
Mr de la Quintinye, je devois ajoûter à la derniere
que je publie, ce Traité de l'Art de tailler les Arbres
fruitiers. Par ce moyen ceux qui se font un plaisir &
une innocente occupation du Jardinage, trouveront ra-
massé dans un seul Livre, ce qu'il y a de plus utile &
de plus curieux sur ce sujet. C'est un suplément, qui
non-seulement ne peut nuire, mais même peut beaucoup
servir, & donner une grande satisfaction. Ainsi je ne
doute pas que ce Traité ne soit bien reçu, Quoi qu'il
en soit, c'est toûjours dans la vûë d'obliger le Public,
que je le luy presente, & ce dessein ne peut-être que
loüé.

L'ART
DE TAILLER
LES ARBRES
FRUITIERS.

JE suppose qu'un Arbre ait été bien planté , & mis dans une terre fertile, qu'on l'ait bien taillé à la racine , que l'on en ait bien choisi le plan & l'espect ; enfin , qu'il ait quelques années , pour souffrir le coûteau du Jardinier.

CHAPITRE PREMIER.

La Taille des Arbres à fruit pour le mois de Février.

PResque tous les Arbres commencent à pousser en France vers la fin de Février, ou le commencement de Mars ; & c'est ce mouvement que nous apellons Séve. Cela néanmoins arrive diversement ; la disposition de l'air, la bonté de la terre, la vigueur ou l'espéce de l'Arbre, font que les Séves arrivent plûtôt ou plus tard : Elles avancent dans une année séche, & retardent dans une humide.

Cette Séve invite alors les Jardiniers à tailler les Arbres au mois de Février, qui est le tems le plus propre pour cet ouvrage ; & bien que l'on le puisse faire tout l'Hyver, en quelque état de Lune que ce soit, les Arbres étant alors dans le repos de leurs branches, néanmoins il vaut beaucoup mieux attendre pour cela, que les froids soient passez , & que les pluyes n'incommodent plus les playes que l'on a faites aux Arbres ; par ce moyen ils scélent en peu de tems, & couvrent plûtôt la playe qu'on leur a faite.

Avant que de tailler un Arbre l'on en doit confiderer la force & l'efpece, pour le rendre beau & fertile ; car tous les Arbres ne fe taillent pas de
la même façon. On taille diverfement (par exemple) un Pêcher & un
Poirier d'hyver ; & c'eft par la taille de ce dernier , que la fcience du
Jardinier paroît avec plus d'éclat, & que l'on juge mieux de fa capacité.

Il y a des Arbres que l'on n'ofe tailler à caufe de l'abondance de leur
Séve ; car plus on les coupe plus ils pouffent de bois & moins de fruit. Les
boutons à fleur donnent même du bois ; ce qui arrive fouvent au petit
Rouffelet, à la Belgamotte d'Automne, à la Virgouleufe, au S. Lezin,
&c. Mais quand ces fortes d'Arbres ont pouffé leur fougue, après cela
ils ne portent que trop. Dans cette occafion, taillez quelquefois court &
quelquefois long , ou ne taillez point du tout, ôtez quelquefois le jeune
bois, & confervez le vieux ; & retranchez une autrefois le vieux, pour
rajeunir l'Arbre ; une autrefois coupez les branches , & toûjours les faux
jets. Mais fouvenez-vous de ne dégarnir jamais le tronc, & de ne faire
faire jamais le chandelier à vôtre Arbre.

Les Jardins ont un axiome fort veritable, qui eft, *Taillez en beau tems,*
au décours de la Lune , & à la fin des Séves, ou plûtôt dans le repos des
Arbres.

Le décours de la Lune de Janvier, qui arrive en Février, eft le veritable
tems pour tailler les Arbres, & pour en garder des greffes. Ce n'eft pas
que cette regle n'ait quelque exception ; car les Arbres foibles, & ceux
qui ne font plantez que de l'année, doivent être taillez au renouveau,
pour les faire pouffer vigoureufement. Et l'on fe fouviendra que les Arbres ne doivent pas être coupez, quand on les plante, pour les raifons que
nous avons alléguées ci-deffus ; mais on doit attendre le mois de Février
fuivant.

Quand on plante une ante de trois ans, qui a des boutons à fleur, gar-
dez-en quelques-uns, pour voir le fruit dès la premiere année. Ce font de
ces fortes d'Arbres qu'il faut toûjours choifir ; ils montrent dès leurs premiers jours une fécondité affûrée, & portent enfuite beaucoup de fruits
pendant toute leur vie.

Parce qu'on fçait que l'abondance de la Séve ne fait que des branches,
& qu'une Séve petite ou médiocre fait des fruits ; que d'ailleurs la Lune a
moins d'empire fur les chofes fublunaires, lors qu'elle commence à manquer, que quand elle croît ; l'experience nous a apris que le décours de la
Lune étoit le tems le plus favorable pour tailler les Arbres, qui ont alors
moins de mouvement. Le décours eft depuis le plein jufques au renouveau. Cependant quelques-uns veulent que l'on puiffe tailler les Arbres
pendant que la Lune n'eft pas cornuë ; c'eft-à-dire, depuis fon huitiéme
jour jufques à fon vingt-un. Ils difent que ce n'eft pas feulement la Lune
qui caufe des fruits aux Arbres, mais la difpofition des branches ; & qu'il
fuffit que la Lune ait de la force, pourvû que d'un autre côté elle trouve
dans une branche des fibres tranfverfes & difpofées pour y faire former
des boutons à fruit. Il eft vrai que dans tout ce tems-là les graines des
Fleurs que l'on jette en terre, doublent plûtôt que celles que l'on y met
dans un autre tems.

On doit d’abord tailler les Abricotiers, les Pavis, les Pêchers, &c.
parce qu’ils poussent les premiers. Les Poiriers d’Hyver viennent ensuite,
après cela ceux d’Automne & d’Eté, & les Coignassiers de Portugal : on
doit bien-tôt après tailler & émonder les Pruniers & les Pommiers, &
enfin les Grenadiers d’Espagne, parce que tous ces Arbres poussent les
uns après les autres ; mais sur tout, l’on ne doit tailler ce dernier que
lorsqu’il est un peu poussé, pour en pouvoir mieux distinguer les branches foibles ou mortes.

Après les observations que nous venons de faire, on doit commencer à
tailler & à dresser un Arbre par un de ses côtez du bas en haut ; & l’on doit
ensuite conduire son ouvrage sans confusion, & prendre une branche
l’une après l’autre. Ce côté étant ainsi taillé & palissé, on descend de
l’autre côté du haut en bas avec le même ordre.

Il faut ici se souvenir de couper toûjours les branches en pied de Biche, de sorte que le Soleil n’en séche pas la playe, qui doit être le plus
que l’on peut du côté du Septentrion ; mais de telle façon que le talus de la
playe ne soit pas roide, afin que le nœud n’en soit pas endommagé ; autrement l’œil qui doit pousser du bois, étant éventé par le talus trop roide (principalement dans les Arbres délicats) ne poussera point du tout,
ou poussera avec langueur, & communiquera même à cinq ou six yeux de
suite le mal d’une playe mal-faite.

On se souviendra encore de couper toûjours une branche auprès d’un
bouton à bois, & jamais auprès d’un bouton à fleur ; parce que dans cette
derniere taille le fruit qui y viendroit, ne seroit pas garanti par les feüilles contre les injures de l’air. De plus, la branche en seroit éventée, &
enfin la playe ne se scéleroit point, & jamais la cicatrice ne s’y feroit, les
Poires emportant toute la Séve qui devroit la faire.

On ne doit point encore laisser de chicot à une branche, que l’on coupe à un bouton à bois, afin de donner moyen à la branche de se fermer
bien-tôt par le jet qui y doit naître. Je n’en dis pas de même d’une branche que l’on argote auprès du tronc ; elle peut pousser auprès de l’argot
qu’on y laisse, quelques boutons à fruit, ou quelques branches qui auront
des dispositions à les produire, au moins si la branche est petite ou médiocre ; car si elle est grosse, on doit la ravaler près de l’Arbre. Si dans
la taille où l’on laisse un argot, rien n’y pousse, on coupera ras l’argot
l’année suivante.

Je ne parle pas seulement ici des fruits à pepin, on doit même laisser
un argot aux fruits à noyau, non pas pour les y faire pousser du bois, car
ce n’est pas leur genie, mais pour ne les y pas faire pousser de gomme,
qui est leur Séve, & dans cette occasion leur ennemie capitale.

Quand les petites branches sont trop confuses, l’on aura soin de les argoter ou ravaler, comme j’ai dit, afin d’en décharger l’Arbre, & de lui
faire pousser quelques branches, mais de telle sorte qu’il y ait toûjours du
lieu pour placer le jetton qui viendra.

On doit encore observer que pour bien garnir un Arbre, ses branches ne
doivent être distantes les unes des autres, que d’un travers de doigt,

On ne coupera jamais de boutons à fruit, quelques raisons que l'on allégue là-dessus. Les arbres font alors leur devoir, en faisant voir leurs richesses, & la Nature donne ce que l'on demande d'elle pour récompense de nos soins & de nôtre travail.

On connoît le bouton à fruit à sa figure, au crochet où il vient, à l'émotion qu'il fait dans la Séve de l'Arbre, ou enfin à l'abondance de feüilles qui l'accompagnent.

Si une petite & longue branche est garnie de boutons à fleur, n'en coupez aucuns (je le dis encore une fois) & ne touchez pas même à la branche ; attendez plûtôt que les fleurs soient sorties du bouton, pour les détruire, ou que les fruits soient retenus, pour couper avec le ciseau la queuë des plus petits & des plus mal-faits. Par ce moyen vous ne couperez pas les bourses qui produiront d'autres fruits les années suivantes, lorsque la branche se sera fortifiée.

Néanmoins, si par quelque grande raison on est obligé de couper des boutons à fleur dans une branche élaguée, pour y rapeller la Séve, & pour faire couvrir quelque nudité, & que l'on ne trouve point d'autres branches pour empêcher ce défaut, l'on coupera la branche à un nœud à bois, afin de garnir l'arbre, & l'on s'empêchera bien de la couper auprès d'une charge, pour les raisons que nous avons dites, & après cela l'on éborgnera les boutons à fruit, pour lui donner plus de force à pousser.

Les vieilles charges qui auront donné du fruit plusieurs années de suite, & qui ne donneront plus d'esperance d'en produire, seront coupées pour embellir l'Arbre, & pour le décharger de quelque chose d'inutile & de superflu.

Les crochets qui sont longs de deux, trois, ou quatre pouces, sont les meilleurs, principalement quand ils sortent des grosses branches vers le haut de l'Arbre ; ils produisent plusieurs années de suite, & aportent de fort gros fruits. Ceux qui sont élaguez, à la verité durent long-tems ; mais ils ne chargent pas de si beaux fruits, & souvent ils en sont épuisez, à moins qu'on ne coupe les queuës des Poires avec le ciseau ; & ceux enfin qui ne sont pas plus longs qu'un ongle, & qui viennent du tronc, produisent de fort gros fruits ; mais pour l'ordinaire ils ne durent qu'une année.

La pousse d'Aoust ne fait jamais de fruit, le bois n'en étant pas aoûté, on doit toûjours la couper, à moins qu'elle ne soit extrémement nécessaire à couvrir une nudité.

S'il y a une branche inutile, ou contre l'ordre, qui soit derriere, on la coupe toûjours, quand même elle seroit chargée d'un bouton à fleur, le fruit qui en viendroit, seroit étouffé par l'ombre de l'Arbre, & ne vaudroit rien : Si elle est devant, on l'argote, pour tâcher d'y faire naître quelques boutons à fleur.

La branche pliée par force porte beaucoup de fruit, mais il est petit, à moins qu'elle n'ait été assujétie dès la premiere année : La raison en est évidente ; ses fibres sont courbées, & la Séve ne s'y porte pas avec violence.

Il vient quelquefois des fourches aux Arbres, & des bouquets de fions, quands ils font fur leur retour. Dans cette occafion on doit couper affez long le maître brin dans les Poiriers & Pommiers, & argoter les uns, & ravaler les autres; mais dans les Pavis & les Pêchers, on doit argoter tous les moindres; & laiffer courir le plus beau & le plus droit. Ce feroit pourtant le plus court dans ces derniers Arbres, de ravaler une groffe branche, ou de les receper deux ou trois travers de doigt en terre, pour les renouveller.

On coupera une branche courte entre deux longues pour garnir l'Arbre. L'année fuivante, la branche courte fera taillée long, & la longue courte : C'eft le fecret d'avoir beaucoup de fruit, & de conferver les Arbres. Il y en a qui difent qu'un Arbre taillé de la forte n'eft pas agreable à voir; mais je les prie d'attendre à le confiderer au mois de May; & je fuis affuré qu'ils changeront de fentiment.

Un Arbre eft ordinairement compofé de trois fortes de branches; on y en trouve de gourmandes, d'indifferentes & de fertiles.

I. Les gourmandes viennent le plus fouvent au haut de l'Arbre, & quelquefois elles naiffent fur une vieille branche : Elles font unies & de belle venuë, plus groffes & plus polies que les autres.

II. Les indifferentes font médiocres, entre lefquelles il y en a quelquefois de bien nourries.

III. Les fécondes font ordinairement petites & de travers; quelquefois il s'en trouve de groffes & de longues. L'on en compte de cinq fortes.

1. Les premieres ont dans leur fource, & dans le lieu d'où elles naiffent, de petites rides en forme d'anneaux, qui marquent qu'il y a dans cet endroit des fibres tranfverfes dans le bois. C'eft dans ces fibres que fe fait une circulation lente de la Séve de l'Arbre, ce qui produit le bouton à fleur, au lieu que quand les fibres font toutes droites la Séve fe porte en haut vigoureufement & fans réfiftance, & ne s'arrêtant en aucun lieu elle ne produit que du bois. On peut remarquer ces fibres tranfverfes, en coupant le bois où il y a des anneaux, la coupe ne fera pas unie comme ailleurs.

La Figure fuivante fera connoître la premiere branche féconde.

A. Les rides & les anneaux d'une branche féconde de Poirier, de Bon-chrétien.

2. Les feconds jets fertiles n'ont point d'anneaux dans leur origine, lors qu'ils fortent de leur mere-branche; mais ils en ont dans le milieu, c'eft-à-dire, lors qu'une branche indifférente n'ayant point été coupée en Février, pouffe du bois en May, & formes des rides au commencement de fa Séve; ou bien lors qu'une branche dans fon milieu forme des anneaux entre la fin de la pouffe de May & le commencement de celle de Juin. Ce que l'on connoît aifémént, fi l'on veut en faire l'expérience; car en coupant le bois en cet endroit, comme je viens de le dire, la coupure ne paroîtra pas unie comme ailleurs, mais inégale par les fibres tranfverfes qui y font.

La Figure fuivante fait connoître la feconde branche féconde dans un Bon-chrétien.

A. An.

A. Anneaux & rides au commencement de May, où entre la fin de la
pouſſe de May, & le commencement de celle de Juin.

3. Les troiſiémes branches fécondes ſortent d'un bouton à fleur, qui a
manqué à fleurir quelquefois par des cauſes étrangeres , & ſouvent par
l'abondance de la Séve de l'Arbre : Elles ſortent auſſi d'une bourſe qui a
donné des Poires. On les apelle fécondes ; parce qu'elles viennent d'u-
ne charge, que l'expérience nous découvre avoir des fibres tranſverſes.

La troiſiéme Figure nous le fait voir dans un crochet de Bon-chrétien.

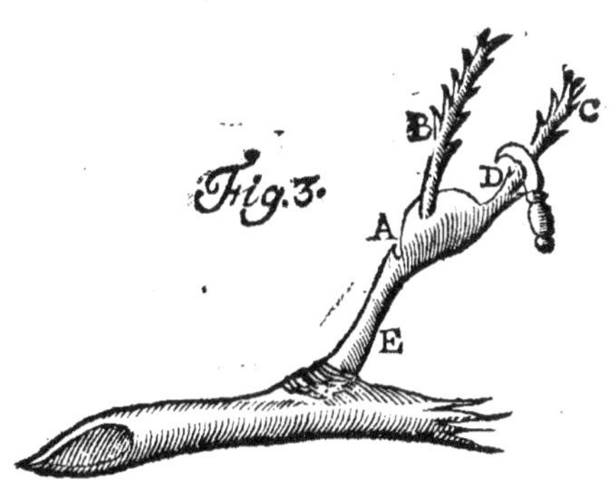

A. La charge qui a donné des Poires, ou qui a manqué à fleurir.
B. La branche féconde qu'il faut laiſſer courir.
C. La moindre branche qu'il faut couper.

D. Où on la doit couper à deux nœuds.

E. Le crochet.

4. Les quatriémes branches fertiles font celles qui étoient l'Année précedente indifférentes, & qui font devenuës fecondes par le peu de Séve qui s'y eft jetté, & par les boutons qui fe font enflez.

5. Enfin les cinquiémes font celles qui ont un bouton à fleur au bout de la branche.

1. De ces trois fortes de branches, c'eft-à-dire, de prodigues, d'indifferentes & de fécondes, l'on taille toûjours les gourmandes fort court à un ou à deux nœuds, pour faire paffer la Séve dans un autre côté de l'Arbre, & y produire des branches indifferentes ou fécondes. Cette taille réïterée plufieurs fois fait mourir les gourmandes, ou du moins empêche que l'Arbre n'y pouffe fi vigoureufement. C'eft par cette expérience que l'on ne doit gueres couper les Arbres; parce qu'en les coupant dans toutes leurs branches, on les fait languir & mourir enfuite. Les gourmandes qui auront été coupées plufieurs fois l'année précédente, doivent être argotées à un nœud près de la mere-branche d'où il naît, c'eft-à-dire, que l'on doit tout emporter à un nœud près, ainfi que la quatriéme Figure le marque.

A. Prodigue coupé en Février à deux nœuds.

B. Prodigue coupé en Juin à deux nœuds.

C. Pouffe du Prodigue en Juillet, que l'on n'a pas coupé, parce qu'il a pouffé fort peu.

D. Où il faut couper le gourmand en Février de l'année fuivante à un nœud.

Taillez donc le haut de l'Arbre, où fe trouvent ordinairement les branches gourmandes, & l'épargerez en bas & à côté. Cette taille fait garnir l'Arbre; & empêche qu'il ne fe couronne & ne fe perde en peu de tems.

2. Pour les branches indifférentes, les unes doivent être taillées, les autres non, c'est-à-dire, que l'on doit au mois de Février laisser courir celles qui ont des boutons à bois bien près-à-près , & qui sortent de bon lieu , ou encore celles qui ont deux gros boutons à feüille qui se touchent au bout de la branche, afin de connoître leur genie à la re-taille de Juin. Les plus grosses & les mieux nourries seront les meil-leures pour garder. Les indifférentes que l'on doit tailler à trois ou quatre nœuds, sont celles qui ont le moins de disposition à porter du fruit, & qui ont les boutons à feüille éloignez les uns des autres.

3. Les fécondes ne doivent jamais être tai lées, quand elles seroient longues comme le bras; les Arbres en plein vent ausquels l'on ne cou-pe point de branches, & qui portent tant de fruit, nous font bien voir que l'on ne doit jamais couper les fécondes : Cependant, si l'on en a besoin pour couvrir une nudité où elles se rencontrent, & que pour ce sujet l'on ne puisse trouver aucune autre branche, je permets qu'on les coupe pour garnir l'Arbre.

Et pour m'expliquer davantage en parlant d'une branche féconde, je dirai que celle qui a des anneaux dans sa source, des rides au com-mencement de la pousse de May, ou de Juin , ou enfin des nœuds près, ne doit pas être coupée sans une grande nécessité : car l'expé-rience m'a fait connoître que toutes ces branches portent infailible-ment leur fruit vers la fin de leurs branches que nos mauvais Jardi-niers coupent toûjours. Ainsi au mois de Février observez exactement la fin des Séves de l'année précédente, afin de couper toûjours la bran-che lors des Séves à un ou à deux nœuds dans le bois suivant, & de laisser tous les nœuds qui seront autant de boutons à fleur , qui se for-meront sans manquer dans deux ou trois ans. C'est une observation qui doit embellir vos Arbres par l'abondance des fruits qu'ils produi-ront. Ce que je dis étant assez difficile à comprendre, sans le voir.

La Figure cinquiéme vous le fera connoître.

A. Taille de Février dans une branche indifférente.

Depuis B. jusques à C. trois branches de la pousse de May.

D. Taille de Juin dans des indifferentes.

Depuis D. jusques à E. pousse de Juin.

Depuis E. jusques à F. pousse d'Août, dont le bois est fort bien aoûté.

G. Où il faut tailler en Février de l'année suivante hors des Séves.

H. Où dans deux ans se doivent former les boutons à fruit dans une branche qui d'indifferente est devenuë féconde.

Les branches fécondes, qui sortent d'une bourse qui aura donné du fruit, qui n'auront pas été coupées au commencement de May, ne doivent pas être coupées en Février, à moins qu'elles ne soient doubles. Dans cette occasion on laissera courir la meilleure, & l'on argotera l'autre à un ou à deux nœuds. L'expérience m'a souvent fait connoître que ces branches ne manquent jamais de porter du fruit la seconde ou la troisiéme année. Voyez la Figure troisiéme.

Enfin la même expérience m'a apris que les fruits qui viennent au bout des branches dans les Arbres, dont le genie est souvent de porter leur fruit en cet endroit, ne doivent pas être coupez, principalement s'ils produisent peu, & l'on n'auroit guéres de Gracioli, de Poires de Nége, de Coins francs, ni de Grenades d'Espagne, si l'on coupoit à ces sortes d'Arbres l'extremité de leurs branches. L'on dit que les fruits qui viennent au bout des branches, sont petits, & que le vent les jette à terre. J'avouë que ce premier défaut est sans remede ; mais le second ne l'est pas, car l'on peut attacher contre le vent la branche chargée de fruit. La nature faisant bien ce qu'elle fait, lors qu'elle place un bouton à fruit au bout d'une branche de Poirier, elle veut rendre cette branche féconde ; car le fruit qu'elle y produit, scéle la branche, & l'empêche de pousser dans la suite. Cette branche alors ne recevant guéres de Séve, forme dans toute sa longueur une infinité de boutons à fruit, & deux ou trois ans après elle en est toute garnie ; ce qu'elle continuë de faire pendant cinq ou six ans de suite, jusqu'à ce que la branche soit usée. Si l'on coupe ce bouton à fleur, la Séve viendra promptement & vigoureusement dans la branche coupée, & au lieu du fruit que la Nature y avoit destiné, l'on n'aura que du bois par l'ignorance du Jardinier.

Quand on veut avoir de gros fruit principalement dans le Bon-chrétien & dans les autres Arbres qui en portent de gros, on doit tailler court, plus les charges sont près du tronc, plus le fruit est gros, car il reçoit plus de Séve.

Il y a des Jardiniers qui évident trop le buisson, & qui font faire le chandelier à un Arbre. L'on y peut laisser du jour au milieu & à côté, pour y faire entrer le Soleil, qui doit colorer les Poires, mais on ne doit pas trop le couper : Il faut que l'ombre des feüilles garantisse le tronc de l'arbre contre l'ardeur du Soleil, qui le fait fendre, & qui lui cause la gale & le chancre par la sécheresse de son écorce. Il est vrai que l'on doit gourmander plus les Buissons que les Espaliers, & que l'on ne les doit pas laisser échaper. Dans une terre forte & humide, on donnera au Buisson plus de jour, que dans une autre qui sera maigre & séche ; mais en tout lieu on doit bien le garnir, & ne l'évider pas tant que l'on fait aujourd'hui.

Les Arbres les plus délicats n'aiment pas cette figure ; les Pêchers n'y viennent gueres, & les Abricotiers encore moins. Les Arbres antez sur le Coignassier y sont plus propres, que ceux qui sont antez sur le Poirier. On ne peut réduire ceux-ci ; plus on les coupe, plus ils poussent de bois ; & encore avec cela ils ne produisent guéres de fruit, leur naturel étant d'être toûjours élevez.

Les Cerisiers qui portent des Cerises aigres, viennent fort bien en buisson, pourvû qu'ils soient antez sur des Merisiers ; mais ils viennent encore mieux en plein vent ; parce qu'ils n'aiment pas beaucoup la serpette, & encore moins quand ils sont vieux.

Le Prunier est de la même nature que le Cerisier ; on le gouverne aussi de la même sorte.

On doit plûtôt abattre une branche, que de la couper en tant d'endroits. Les diverses blessures que l'on fait aux Arbres, les éventent & les font enfin mourir en languissant, témoin le Gourmand que l'on tuë à force de le couper.

L'expérience m'a enseigné plusieurs années de suite, que les fruits à noyau (c'est-à-dire , l'Abricotier , le Pavy & le Pêcher) ne doivent pas être taillez comme les Poiriers.

On leur doit seulement emporter des branches , & quelquefois des plus grosses , pour les renouveller. Et contre la coûtume des autres Arbres ils produisent en jeune bois, qui se charge de fruit dès la premiere année. C'est de cette façon qu'ils dureront vingt & trente années de suite ; plus donc un Pêcher poussera , & plus il produira de fruit.

Jamais à ces sortes d'Arbres l'on doit couper une branche par le milieu , bien que l'Abricotier n'en soit pas si incommodé que les autres ; parce qu'ils ont une grande moëlle fort susceptible aux injures de l'air. La blessure fait souvent mourir cinq ou six nœuds dans une branche qui aura été coupée de la sorte, & en emportant avec la serpette le bout de la branche , comme l'on fait ordinairement, l'on emporte en même-tems le fruit qui s'y doit former, & l'on ne laisse qu'un bout de branche qui n'aporte que du bois.

Je le dis encore une fois, le fruit ne vient qu'au bout de la pousse des deux premieres Séves ; si l'on emporte ce bout, l'on emporte le fruit, & l'on se prive lourdement de ce que l'on cherche avec tant de passion. C'est une remarque que l'on doit bien observer ; car la Séve s'étant épuisée & comme lassée, après avoir couru toute une branche, ne se fait sentir avec tant de vigueur , & son mouvement n'est pas si violent ni si prompt aut bout d'une branche , que dans son commencement ; aussi travaille-t-elle plûtôt à former des boutons à fleur, lors qu'elle agit doucement , que quand elle s'agite avec tant de précipitation.

Parce que les fruits à noyau poussent plus vivement & plus en confusion que les Poiriers , il faut aussi-bien prendre garde à les couper avec discrétion. Ces Arbres ayant poussé vigoureusement une branche pendant une année , & y ayant produit du fruit, perdent leur force dans cette même branche l'année suivante, & ne pousse que des sions de part & d'autre , mais qui sont chargez d'une infinité de fruits ; & la plupart de ces mêmes sions meurent l'année suivante, aussi-bien que presque toutes les bourses annuelles de l'Arbre. Quand une grosse branche est vieille, on la doit couper dans sa source, comme on peut le voir dans la Figure suivante.

A. Bois ufé de trois ou de quatre années.
B. Le lieu où il doit être coupé.
C. Jeune bois de l'année que l'on ne doit pas couper par le milieu.
D. Charges de l'année précédente qui font féches.

Le Pavy & le Pêcher étant de la nature des Arbres qui pouffent beaucoup par le haut, il ne faut pas efperer de les pouvoir affujettir comme les Poiriers, & les obliger de fe garnir par le bas. Si on les taille comme ces Arbres-là; c'eft-à-dire, fi l'on taille leurs branches par le milieu, l'on empêche à la verité qu'ils ne pouffent par le haut, mais ils ne fe garniffent pas pour cela en bas, ils montent toûjours, & en les taillant de la forte, l'on n'a pas de fruit, & on les fait bien-tôt mourir.

En général, le Prunier & le Cerifier aiment plus la taille que le Pommier: Mais tous trois ne l'aiment pas tant que le Poirier, qui eft le feul des Arbres qui la fouffre mieux. Il ne faut pas ôter à ces trois premiers Arbres que le bois mort, à moins qu'on ne les vüeille d'abord former pour le Buiffon, ou pour l'Efpalier.

Parce que le Grofeiller à bouquets à beaucoup de moëlle, & qu'il vient aifément de bouture, fa nature ne fouffre point qu'on le taille par le milieu des branches, non plus que le Pêcher. Sur tout l'on prendra bien garde de le couper, quand on le fiche en terre. On doit dans un vieux Grofeiller avaler dès la racine une branche ufée, afin de le renouveller, & couper auffi dès le bas quelques jeunes bois de l'année,, pour l'empêcher d'être trop confus. Les jeunes bois que l'on conserve, servent à le renouveller, quand on le coupera dans son vieux bois. Cependant, bien qu'il n'aime pas à être coupé, l'on en fait pourtant des Buissons, & on en dresse en Espalier, ce qui est beau à voir, lors qu'il est chargé de fruits.

J'en dis de même du meurier & du Figuier, qui ne peuvent souffrir le couteau à cause de l'abondance de leur moëlle, le dernier principalement en est visiblement incommodé, à moins que l'on ne leur coupe de grosses branches inutiles, pour les rendre réguliers : & l'un & l'autre ne peuvent être assujettis, ils aiment trop l'air & le plein vent.

Les Nefliers & les Cormiers viennent naturellement en plein air; les premiers souffrent bien moins le couteau que les derniers.

Les Coignassiers de Portugal, & les Grenadiers d'Espagne ne veulent pas être coupez, parce qu'ils aportent leur fruit au bout de leurs branches. On peut cependant leur ôter des branches entieres qui causent de la confusion & qui sont vieilles, & avaler les gourmandes inutiles, qui sont assez fréquentes dans ces sortes d'Arbres. Pour les autres gourmandes qui embellissent l'Arbre, & qui dans quatre ou cinq ans donneront du fruit, on ne doit pas les tailler.

On aura soin de couvrir les grandes playes des Arbres avec une emplâtre faite d'une livre de drogue à flambeau, de quatre onces de resine, & de deux onces de suif de Mouton. Quand on se promenera dans son Jardin pendant un beau jour du mois d'Avril, on aura dans sa main un magdallon de l'emplâtre dont nous venons de parler, l'on en coupera un peu avec un couteau, & après l'avoir agitée entre ses doigts mouïllez, pour la rendre mollette, on l'apliquera sur les grandes playes que l'on aura oublié de seéler au mois de Mars. Et afin que cette emplâtre tienne davantage sur les playes, l'on mettra un morceau de papier en forme de compresse que l'on pressera doucement avec le doigt, afin que la chaleur de l'Eté faisant fondre l'emplâtre, le papier la presse, l'arrête & la cole davantage au bois. C'est ce que l'on doit faire dans les deux autre tailles suivantes.

CHAPITRE II.

La taille des Arbres fruitiers au commencement du mois de May.

CE n'est pas à proprement parler, une taille que l'on fait aux Arbres en ce tems ici ; ils sont encore dans le mouvement de leur Séve. On en coupe que des sions, qui quoi que fertile d'eux-mêmes, portent cependant un grand préjudice au fruit. Au commencement de May on aura donc un soin particulier d'ebourgeonner les Arbres, & principalement les Poiriers; c'est-à-dire, de couper à deux nœuds un

petit

petit fion qui vient parmi les bouquets de Poires. Differer en cela ne
vaut rien ; la Séve qui doit fe communiquer au fruit, eft emportée dans
ce jetton qui tire une partie de l'humeur de la charge où les Poires
font attachées ; ce qui fait ou que leur queuë féche faute de Séve, ou
qu'elles viennent fort petites.

On peut voir ce que je veux dire dans la Figure fuivante.

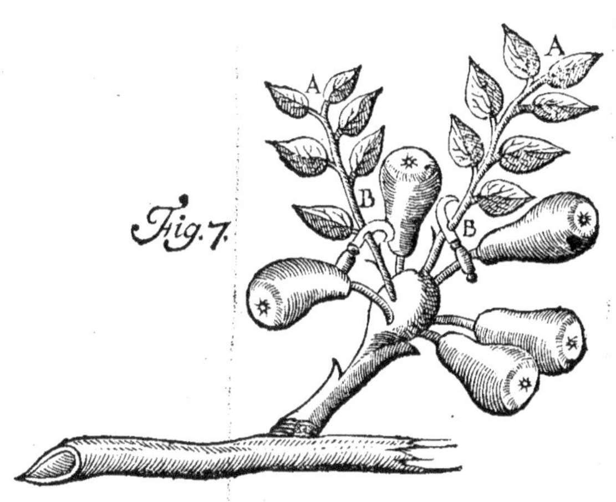

A. Jetton qui vient fur la bourfe par l'abondance de la Séve.
B. Le lieu où il faut le couper.

CHAPITRE III.

La taille des Arbres fruitiers au commencement de Juin.

AU décours de la Lune de May, qui arrive fouvent en Juin, on
taillera les Arbres pour la feconde fois ; mais avec plus de retenuë qu'en Février : Car l'on ne doit jamais en Juin couper de groffes
branches , & à proprement parler , ce n'eft en ce tems-ci que retailler les Arbres.

On attendra fur tout que la Séve foit finie, felon l'axiôme que nous
avons allégué ci-deffus , & qu'il fera bon de repéter ici. *Taillez en
beau tems, au décours de la Lune & à la fin des Séves, ou plutôt dans
le repos des Arbres.*

Tome II.   A a a a

On connoît le repos d'un Arbre par un bouton garni ordinairement de deux feüilles qui se forme au bout des branches ; & l'on observe principalement ce bouton à la fin de May , ou au commencement de Juin, c'est-à-dire, après la premiere Séve.

La seconde Séve des Arbres commence ordinairement à la mi-Juin, & finit un mois après vers la Madeleine, si bien qu'entre la fin de la premiere Séve , & le commencement de la seconde il y a environ un mois ; c'est en ce tems-là qu'il faut retailler les Arbres.

L'effet de cette retaille est de faire enfler les boutons de la premiere Séve , d'obliger les Arbres à faire des branches fécondes , ou de former des boutons à fleur pour l'année suivante ; au lieu que la taille de Février ne donne que du bois , pour donner du fruit trois ans après, si l'on en excepte l'Orange, la Belgamote , la Double-fleur, le Bon-chrétien d'Eté , & quelques autres.

On doit ici se souvenir que nous avons dinstingué les branches des Arbres en prodigues, en indifférentes & en fécondes.

Il y a peu d'Arbres antez sur franc & sur sauvageau, qui ne donnent quelque gourmande dans la premiere Séve, & qui ne continuënt même à en donner dans les autres. On aura donc soin de les couper à deux nœuds, & de corriger ainsi le jet qui s'emporte & qui tire une grande partie de la Séve de l'Arbre, pour ce sujet on peut voir la figure quatriéme.

Pour les Arbres antez sur Coignassiers, ils n'ont pas souvent de ces sortes de jets prodigues , & quelques Jardiniers sont même d'avis de ne les point tailler en ce tems ici, & de les princer seulement avec les ongles.

Il ne faut pas agir avec les branches indifférentes comme avec les prodigues ; car on doit en garder les meilleures, sans y toucher & observer exactement celles que l'on a laissé courir au mois de Février. Si celles-ci ont de bonnes marques pour être fécondes , l'on n'y coupera rien ; mais si elles n'en ont point, on les taillera assez court, pour les obliger à en donner ; c'est-à-dire, que l'on les taillera à cinq ou six nœuds. Pour les autres indifférentes , on les doit couper à demi-pied ou à un pied même , pour les rendre fécondes l'année suivante. Les indifférentes qu'il ne faut pas couper, ont des marques particulieres que nous avons observées au Chap. I.

On ne doit point toucher aux branches fécondes pour les raisons que nous avons dites ailleurs, si ce n'est quelquefois à celles qui sortent d'un bouton à fleur qui a manqué.

Avant que je passe plus outre, il sera bon que je m'explique sur ce que je prétends dire par un bouton à fleur qui a manqué ; & l'on me permettra de faire de deux sortes de boutons à fleur. Les uns sont assurez & ne poussent jamais de bois : Ce sont ceux qui doivent bien-tôt donner du fruit. Les autres poussent du bois quand la Séve est trop abondante , ou quand on coupe un Arbre trop court, & que l'on attire trop par ce moyen la Séve vers ces sortes de boutons. Ce sont ces boutons qui ne doivent fleurir que dans deux ou trois ans. Leur origine, leur situation & leur figure les font aisément distinguer par un Jardinier qui a de l'expérience & du bon sens. Cela étant ainsi établi, je puis dire que le sion qui pousse dans une charge à fruit, qui a manqué, est situé dans un bon lieu, pour pouvoir être apellé fécond, comme je l'ai dit ailleurs; & que si la Séve de l'Arbre n'avoit pas été si abondante, pour faire pousser ce bouton qui a donné le sion, sans doute que ce bouton fût devenu l'Année suivante un bouton à fleur. D'ailleurs les fibres de la charge étant transverses; font circuler la Séve plus lentement, & pendant tout ce tems le Soleil cuit & digere l'humeur pour former des boutons à fruit.

J'ai bien voulu alléguer tout ceci, pour faire voir l'erreur où sont quelques-uns, qui veulent que l'on coupe toujours ce sion, quand même le fruit a manqué; & pour cela ils l'apellent un faux & un mauvais jet. Mais l'expérience m'a apris qu'il avoit des marques de fécondité, & que deux ans, ou pour le plus tard trois ans après, si on ne le coupoit point, il se garnissoit de boutons à fleur, & aportoit pendant six ou sept ans une infinité de fruits.

Si donc le bouton à fleur qui est dans un crochet ou dans une bourse, qui a manqué & qui devoit donner du fruit l'année suivante, ou deux ans après, pousse du bois, on le doit couper court en Juin, pour y faire former des bourses; ce qui arrive quelquefois, autrement par l'abondance de la Séve; car il s'y forme un ou deux sions, comme on le peut voir dans la Figure troisiéme.

Cependant, il y en a qui ne veulent pas que l'on coupe ce sion en Juin; ils le conservent pour le fruit, & le taillent long au mois de Février suivant, ou ne les taillent point du tout; & s'il y en a deux, ils en laissent courir le meilleur & argotent l'autre.

Mais, quoi-qu'il en soit, je croi qu'il faut ici distinguer de deux sortes de sions qui viennent dans un bouton à fleur, qui a manqué. Il y a des crochets & des bourses vigoureuses qui poussent deux ou trois, sions, dont les uns sont longs & menus, les autres courts & menus, & les troisiémes courts & gros. On ne touchera point à ceux-ci; parce qu'il s'y forme le plus souvent un bouton à fleur, & l'on n'argotera pas toûjours les autres. S'il se forme auprès de l'argot quelque disposition pour un bouton à fleur, on la prendra de la main libérale de la Nature; s'il ne s'en forme point, & qu'il y naisse encore un sion, on les laissera pour les mois de Juillet ou de Février suivant. Si la bourse qui a fait le sion, est foible, on n'y touchera point; mais on gardera le sion pour le fruit, au moins s'il paroît bien aoûté; car si l'on le coupe, il demeurera & ne poussera pas.

On doit tailler plus long en Juin qu'en Février; parce que c'est en ce tems-là que l'on donne la figure à l'Arbre pour l'année suivante, & que l'on fait former des boutons à fruit pour deux ans après.

Si les antes en fente sont vigoureuses l'année qu'on les a faites, il vaut miex (selon le sentiment de quelques-uns) les pincer au commen-

A a a a ij

cement de Juin, que de les couper : Mais l'expérience m'a apris que
si l'on veut former en Buisson ou en Espalier une ante qui pousse vigoureusement, on doit la couper au renouveau de la Lune, trois ou
quatre mois après qu'elle est faite, afin de la faire garnir par le bas,
& de la garantir du vent ; c'est gagner une Année que d'en agir de
la sorte.

Pour les Arbres que l'on destine pour le plein vent, il sera bon de
n'y rien couper que la seconde année.

On ne touchera point la première année à l'Ecusson, quelque vigoureux qu'il soit, on attendra l'année suivante, pour tailler l'argot du
sauvageon ; cependant on aura soin de l'arrêter contre le vent.

Je le repete encore ici, que l'on ne doit jamais couper de boutons
à fleur ; parce que l'on ôte les charges qui aportent beaucoup de fruit
pendant six ou sept ans de suite. Lors que les petites branches où les
charges sont attachées, auront été fortifiées par la dureté de l'Arbre,
ce sera alors qu'il ne faudra plus retrancher avec le ciseau, ni fleurs,
ni Poires.

Il y en a qui disent, que l'on doit tailler les Abricots, les Pavis &
les Pêchers quatre ou cinq fois l'année, à sçavoir en Février, en May,
en Juin & en Juillet. Mais l'expérience m'a fait connoitre aussi-bien
qu'au Pere Feüillant qui a écrit des Arbres fruitiers, que ces sortes
d'Arbres n'aiment guéres le couteau ; autrement, ils ne durent pas long-
tems, & on les détruit à la fin à force de les couper. L'on est obligé
dans ce mois de les pallisser, & de couper en même-tems les branches
qui ne peuvent être apliquées à l'Espalier. Quelques-uns les conservent pour être coupées au mois de Février, selon cette maxime, que
ces sortes d'Arbres étant fort délicats ; n'aiment pas à être coupez, ou
plutôt, ils abattent avec le doigt les branches à mesure qu'elles viennent contre l'ordre & dans un lieu irrégulier.

Après la premiere taille de Février, je ne suis pas d'avis que l'on
coupe rien aux Pruniers, aux Cerisiers, aux Groseillers, aux Coignassiers de Portugal, ni aux Grenadiers d'Espagne, à moins que l'on
n'ôte à ces deux derniers Arbres quelques gourmands qui y viennent
d'ordinaire, & qui ne garnissent & n'embellissent point l'Arbre.

Quoi-que j'aye résolu de ne parler ici que de tailler des Arbres,
cependant l'on me permettra de dire quelque chose de curieux sur leur
arrosement, qui contribuë beaucoup à l'abondance & à la grosseur des
fruits.

Il seroit à propos le soir au Soleil couchant, pendant les grandes
chaleurs de l'Eté, d'arroser quelquefois les branches & les fruits des Arbres avec une Pompe de Hollande. L'Arbre en seroit plus verd & le fruit
mieux nourri ; il vaudroit beaucoup mieux en agir de la sorte, que de
les arroser à la racine ; car ce dernier arrosement rend les Poires fades
& de mauvais goût, au lieu que le premier répondant à la pluye du
soir, ou à la rosée de la nuit, il entretient de nourriture l'Arbre, qui
ensuite donne à ses fruits la Séve qui est convenable, pour les rendre
bons & délicieux.

Pour cèla l'on doit remarquer que l'eau dont on veut fe fervir, doit avoir été puifée dès le matin, & avoir été un peu expofée au Soleil, de telle forte qu'elle ne foit pas froide le foir quand en voudra en ufer. D'ailleurs, que la Pompe ait trois ou quatre petits trous, afin de faire partager en mille petites gouttes l'eau qui en fort. Enfin que l'on doit fe mettre à quinze ou vingt pieds de l'Arbre que l'on veut arrofer.

CHAPITRE IV.

La taille des Arbres fruitiers à la fin de Juillet.

NOus avons dit au Chapitre précédent, que la feconde Séve commençoit à la mi-Juin, & finiffoit à la fin de Juillet, & nous difons prefentement que la troifiéme fe manifefte au mois d'Aouft, & quelquefois au mois de Septembre, felon la difpofition de l'air & la différence des faifons; fi bien que c'eft à la fin de la feconde Séve que l'on doit toucher aux Arbres; car dans le mois d'Aouft il faut bien s'empêcher d'y rien couper, & fi l'on y coupe quelque branche la bleffure ne fe cicatrife point de toute l'Année, la chaleur la féche, & l'Hyver prochain l'incommode par l'excez de fes pluyes & de fes froids.

Cette taille ne fe fait que pour faire fortifier les branches, faire enfler les boutons à fleur, & faire nourir davantage le fruit.

Si l'on doit être fcrupuleux au mois de Juin pour tailler les Arbres, à plus forte raifon le doit-on être davantage en ce mois ici; car il ne faut prefentement que pincer, ou couper peu quelque branches.

On choifira donc en Juillet un beau jour & le décours de la Lune, pour vifiter les Arbres; & l'on fe fouviendra de la divifion que nous avons faites des branches des Arbres.

On taillera encore à deux nœuds les gourmands pour la troifiéme fois, s'ils ont pouffé vigoureufement, afin de bleffer fi fouvent la branche qui reçoit beaucoup de Séve, que fes diverfes bleffures l'affoibliffent, & détourne par ce moyen l'abondance de la Séve dans d'autres lieux, pour être partagée à plufieurs branches. Ces gourmands ne viennent guéres qu'aux Arbres antez fur le Poirier, & plantez dans une bonne terre, comme j'ai dit : Et ainfi l'on n'en cherchera point ailleurs; car ceux qui font antez fur le Coignaffier, n'en pouffent guéres; & dans ce mois l'on ne doit rien couper à ces dernieres fortes d'Arbres.

Dans ce mois ici l'on ne touchera point aux branches indifférentes, que l'on a jugé être telles au mois de Février & de Juin. L'on attendra au mois de Février prochain, pour les tailler, fi elles le doivent être.

L'on ne touchera point non plus aux fécondes : Mais pour celles qui fortent d'un bouton à fleur qui a manqué , il y a des fentimens différens. Le jetton qui fort de ce bouton ayant été coupé à deux nœuds au mois de Juin , pouffe quelquefois à la feconde Séve & donne un ou deux fions. Quelques-uns veulent qu'on les coupe encore à deux nœuds ; parce qu'ils prétendent que la Nature y doive former quelque difpofition à faire des bourfes. D'autres taillent à deux yeux le plus petit , & confervent le plus beau & le mieux nourri & noüé, pour voir en Février fuivant, s'il aura montré fon genie ; & alors ils le laiffent tout entier, parce qu'il vient d'un lieu fécond , ou le coupe fort long. Ils ont remarqué par expérience, que trois ans après il aportoit beaucoup de charges, d'où fortoient une infinité de fruits.

Si dans ce mois il fe trouve encore quelques branches inutiles, on les argotera, afin de leur faire pouffer quelque chofe de bon.

Il vient fouvent aux Pêchers & aux Pavis , & quelquefois aux Poiriers, un bouquet de branches ; ce qui arrive fouvent aux Arbres qui font fur leur retour. L'on agira en ce tems ici comme l'on a fait en Février dernier ; c'eft-à-dire, que l'on choifira le maître-brin pour le conferver, & que l'on abattra les autres. Cependant il y en a qui attendent le mois de Février prochain pour faire cela, à caufe qu'en Juillet la chaleur pénétre vivement dans les bleffures des Arbres délicats , ce qui les incommode vifiblement ; & d'ailleurs ce que les Arbres pouffent après cette faifon ne doit pas être confervé. Ils coupent donc les Arbres en ce tems ici le moins qu'ils peuvent , apuyez fans doute fur l'expérience qui les oblige d'en agir de la forte.

Vers la Madeleine, au décours de la Lune qui arrive dans le mois de Juillet, on palliffera encore les Pêchers , les Pavis , &c. Et l'on coupera toutes les branches qui ne peuvent être pliées , & qui feront venuës contre l'ordre , avec cette diligence, cependant que l'on couvrira auffi-tôt avec l'emplâtre & du papier , les playes que l'on y aura faites.

Ceux qui aiment la durée de ces Arbres , les palliffent en ce tems ici , mais ils attendent au mois de Février pour les couper ; ces fortes d'Arbres (felon leur fentiment) étant fi délicats , qu'ils ne peuvent fouffrir de bleffure pendant l'Eté la grande chaleur pénétrant dans leurs playes , fait mourir cinq ou fix yeux , que l'on aperçoit tout fecs l'année fuivante. C'eft le moyen (difent-ils) de les faire durer quarante ans , comme l'expérience le montre : Ils aiment bien mieux (comme je l'ai dit) abattre avec le doigt , en fe promenant , les branches qui viennent contre l'ordre , plûtôt que de les couper , & s'il s'en rencontre quelques-unes qui doivent être coupées, ils les confervent pour le mois de Février fuivant. Néanmoins , fi elles font trop confufes, & que leur ombre empêche le Soleil d'échauffer le fruit, l'on fera obligé de les couper.

L'abondance de Poires étant l'ennemie ordinaire des Efpaliers , & y faifant mourir fouvent les Arbres , on coupera avec le cifeau le mi-

lieu de la queuë des Poires , pour en décharger les Arbres. Cela se
doit exécuter, lors que le fruit est d'un quart ou d'un tiers de la grosseur qu'il doit avoir. Cette régle est seulement pour le Bon-chrétien.
On observera encore de ne laisser qu'une ou deux Poires à une branche foible , une forte en pouvant porter davantage.

   C'est aussi dans ce mois que le fruit entre en suc , & commence à
prendre du Soleil : Mais parce que souvent il y a des feüilles qui empêchent ses rayons de toucher le fruit , l'on aura soin en Juillet d'en
ôter quelques-unes de devant, & au mois d'Aoust suivant l'on coupera le reste avec le ciseau, ménageant ainsi la clarté à cause de l'ardeur
du Soleil.

F I N.

DICTIONNAIRE

DES MOTS DONT SE SERVENT les Jardiniers, pour s'exprimer en parlant des Arbres Fruitiers.

A*Mandement*, c'est la réjoüiſſance que l'on donne aux Arbres par le fumier ou par la terrée.

Arbres en plein vent, *en plein air*, ſont les Arbres que l'on laiſſe monter.

Argoter, *chicoter*, c'est couper une branche à un ou deux yeux de ſa mere-branche.

Aoûté, on le dit des Poires & des branches qui ſont bien nourries, & remplies de Séve pendant le mois d'Aouſt.

Avaler, *ravaler*, c'est couper une branche près du tronc, pour rajeunir l'Arbre.

Bastardiere, un plan confus d'Arbres antez & à anter.

Bourſes, *charges*, boutons à fleur ou à fruit, c'est la même choſe.

Bourlet, l'ante fait le bourlet par un cercle avancé, lors qu'elle ſe joint difficilement avec le ſauvageau qui demeure plus petit. On remarque le bourlet aux antes faites ſur le Coignier, & non ſur le Coignaſſier, la Séve de celui-là étant trop revêche, pour recevoir agréablement la Séve de la greffe.

Bouton à feüille, *œil*, *nœud*, est le lieu où l'Arbre pouſſe du bois.

Bouture, c'est une branche ſans racine que l'on met en terre.

Bouchon, pluſieurs petites branche qui ſortent du même lieu.

Chandelier, faire le *chandelier*, c'est couper les petites branches des côtez d'un Arbre, & ne laiſſer que le tronc dégarni.

Charges, V. *Bourſes*.

Chevelu, ſont les plus petites racines d'un Arbre.

Chicot, V. *Argot*.

Contreſpalier, ou *haye d'apuy*, ſont les Arbres plantez vis-à-vis de l'Eſpalier.

Courber les branches en *dos de chat* leur faire un coude.

Couronné, *uſé*, c'est un Arbre auſſi haut que la muraille, & qui est vieux.

Coupe ou *coupure*, *couper en pied de Biche*, en *talus*, en *biais*.

Crochet, est la petite branche où ſont les charges.

Eſpacer, c'est planter par eſpace meſurées.

Elaguer, c'est ébrancher.

Ebour-

Ebourgeonner, c'eſt couper des branches inutiles qui viennent aux bourſes garnies de fruit.

Emmarater, c'eſt couvrir les groſſes branches d'emplâtre, d'argile ou
de fiente de vache.

Effaner, c'eſt ôter les feüilles avant le fruit.

Eſpalier un Arbre, c'eſt le mettre en Eſpalier par eſpace meſurée.

Evuider, c'eſt ôter le bois du milieu de l'Arbre en Buiſſon.

Eventer, c'eſt couper près de l'Arbre, ſans laiſſer des chicots.

Faux jets, *faux-bois*, ſont de petites branches inutiles, ou des jets de
la pouſſe d'Aouſt, blaffards & mal-nourris.

Franc ſe dit des fruits, lors qu'ils ſont cultivez & domeſtiques, ou d'un
Arbre anté, ou enfin d'un ſauvageau ſemé de pepins, qui n'a point
d'épines, & qui a les feüilles larges, car il s'eſt trouvé d'excellent
fruit de Semence : on dit, anter franc ſur franc, des coins francs.

Ficher, c'eſt faire un trou en terre avec un piquet, & y mettre enſuite une bouture d'Arbre, comme de Groiſeiller, de Figuier, de
Meurier.

Fourches, ſont deux ou trois branches, qui ſortent d'un même lieu.

Feconds, des jets féconds ſont les branches qui aportent toûjours du
fruit.

Gourmander un Arbre, c'eſt le couper court.

Gourmands ou prodigues, ſont des jets gros & polis, qui tirent toute la
Séve de l'Arbre, & qui n'aportent de long-tems du fruit ; ils diſſipent
toute la ſubſtance de leur mere.

Jarſure, *gale*, *chancre*, eſt ſouvent cauſée par la chaleur du Soleil, ou
par le vice de l'Arbre, qui eſt dans une mauvaiſe terre.

Indifferents, ſont des jets qui donnent quelquefois du fruit dans trois
ou quatre ans.

Jetton, *ſion*, c'eſt une petite branche ſouple.

Nuditez, *vuides*, quand il n'y a pas de branches pour garnir l'Eſpalier.

Oeil pouſſant, c'eſt un écuſſon fait au mois de May.

Oeil dormant, c'eſt un écuſſon fait au mois d'Aouſt ou de Septembre.

Pepiniere, c'eſt un plan de ſauvageons.

Paliſſer, c'eſt faire des Paliſſades avec des pieux, c'eſt auſſi dreſſer &
attacher des Arbres au chaſſis de l'Eſpalier.

Pincer, c'eſt couper avec les deux ongles le bout d'une branche.

Pivoter, c'eſt pouſſer directement une racine en bas, comme le Poirier
qui pivote preſque toûjours.

Plan, eſt le lieu où l'on plante les Arbres, ou un Arbre même.

Planter à quiconce, c'eſt planter à angles droits.

Raviver, c'eſt donner de la vigueur à un Arbre par l'amandement.

Receper, c'eſt couper un Arbre au pied pour le renouveller, c'eſt-ce
que l'on fait aux Pêchers.

Retour, cet Arbre eſt ſur ſon retour, il eſt vieux, on doit le couper,
pour le renouveller.

Sauvageau ou *ſauvageon*, c'eſt un Arbre venu de graine.

Sauvageau de racine , quand dans un bois on déchire un branche de Poirier qui a de la racine : on l'apelle encore fauvageon de fouche.

Séve , fe prend pour l'humeur qui monte entre le bois & la groffe écorce par la petite écorce qui eft entre deux ; elle répond au fang des animaux. C'eft la refine dans le Pin, la manne dans la Meleffe, la gomme dans l'Abricotier & le Cerifier, le lait dans le Figuier, l'eau dans la Vigne & dans le Poirier : on la prend encore pour la pouffe des Arbres.

Tracer , c'eft ranger.

Tigres , *lutins* , *diablotins* , font des vers qui viennent au mois d'Aouft ronger les feüilles des Arbres ; ils ont la tête groffe & noire ; la vapeur de la chaux vive, ou la décoction d'abfinte les fait mourir.

Vieilleffe ou *jeuneffe* , fe difent dans l'Agriculture , on dit la vieilleffe d'un Arbre.

Un Arbre d'une *belle venuë* , bien liffé, poli & fans mouffe.

F I N.

TABLE
DES MATIERES
Contenuës dans cét Ouvrage.

Le Chiffre Romain marque le Tome , & les suivans
la Page.

B b b b ij

saifon & differente maniere de tailler les arbres felon leur vigueur & foibleffe. 497, 498. En quoi confifte la beauté d'un arbre, 501. Quelle eft la pente naturelle des arbres. 502, 503. Maniere de rendre un arbre fertile. 516, 517. En quel fens on peut dire que les Arbres qui croiffent lentement & ne font jamais grands, font les plus foibles, 514. Marques qui font connoître fi un arbre eft mort, ou non, 527. En quoi confifte la beauté d'un arbre, 534. Endroit où un arbre doit être le plus garni, 555. Précautions néceffaires pour tenir un arbre toûjours bien garni, *ibid.* Conféquence qu'il y a de proportionner, la charge de la tête d'un arbre à la vigueur de fon pié, 563. Arbres à arracher, 564. Par où on peut juger qu'un arbre déperit, 584. Maniére de planter les arbres vigoureux, 587. Maniere de mettre à fruit les arbres trop vigoureux, 591. Comment redreffer un arbre tortu, 492. Maniere de tailler les vieux arbres, 642. Chofes à remarquer par raport à leurs differens états. 642, 643. Maniere de conferver un vieux arbre, 644. Comment il s'y faut prendre pour les réformer quand ils ont des défauts, 645. Comment il faut aller au-devant des inconveniens qui leur peuvent arriver, 655. Tems de les planter, II. 152. Réflexions Phyfiques fur la viciffitude, à laquelle les arbres font fujets chaque année, 300. *& fuiv.* Arbres où le fruit fe trouve ailleurs qu'où étoit la fleur, 360. Réfutation du fentiment de ceux qui maintiennent qu'il en eft de même de

la production des animaux, que de celle des arbres, 375. *& fuiv.*

Arbre nain. Groffeur convenable à un arbre nain, I. 12, 44.

Argot. Ce que veut dire ce mot en fait de jardinage, I. 38. On n'en doit laiffer fur aucun arbre, ni de fecs, ni de morts, II. 575.

Arrêter. Terme de jardinage, & fa fignification, I. 38.

Arrêts en fait de jardin, à quoi utiles, I. 166.

Arrofemens. Néceffité des Arrofemens pour rendre les jardins fertiles, I. 140. Arrofemens que demandent particulierement les Orangers, II. 266. Egards néceffaires dans cette opération, *ibid.* Mois où les fréquens arrofemens font néceffaires, *ibid.* Régles à pratiquer dans les arrofemens, 267. Raifon pour laquelle on doit faire un grand arrofement aux Orangers, quand on les met dans la ferre, 268. Comme auffi quand on les en tire, 270. Arrofemens néceffaires en d'autres tems. 266, 271, 272. Danger des trop grands arrofemens, 273.

Arrofoir, outil de jardinage, comment il doit être fait, I. 38.

Artichaux. Néceffité qu'il y a d'arrofer cette plante, I. 141. Comment ils fe multiplient, II. 100. Comment ils fe cultivent. 122, 126. Tems d'en lier les pieds, 149.

Afperges. Maniere d'en faire venir en hyver, I. 39. Comment-elles fe multiplient, 100. Maniere d'en cultiver les couches, II. 115 *& fuiv.* Tems & maniere de les femer ou planter, 126. De les réchauffer, 157.

Avant-pêche, Pêche ainfi nommée à caufe qu'elle entre en maturi-

bre est propre à mettre en buisson , 245. Soin nécessaire pour
en ôter les chenilles , quand le
fruit commence à se noüer, II. 7.

Bonne Dame. Comment se multiplie, II. 101. Maniere de cultiver cette légume, 196.

Bouture. Différentes significations
de ce mot, I. 42. II. 408.

Bornoyer. Signification de ce mot,
I. 41.

Bote. Autre terme de jardinage, I. 41.

Du Bouchet, Poire d'Eté, I. 323.

Bouillon de Constantinople. En quoi
cette fleur doit être estimée , II.
449.

Boulingrin. Ce que c'est, I. 41.

Bourdin (Pêche) son mérite l'a
rend digne d'être mise en espalier, I. 410.

Bourdon (Poire) sa figure & sa
qualité , I. 308.

Bourlet. Ce que c'est en fait d'arbres. I. 41.

Bourrache. Comment se multiplie ,
II. 101. Comment se cultive, 196.

Boutons, apellez quelquefois Bou-
rais ou Bourses à fruit, I. 41.

Boutons (à fruit) quelles branches
les produisent ordinairement , I.
516. Preuves comme ils grossissent pendant l'hyver, 581. Les
Jardiniers en peuvent faire venir
à fruit, 581. Définition d'un bon
bouton, 599. Réfléxion sur leur
production, 245. Sur leur composition intérieure, 348. Boutons
superflus qu'on doit ôter à un
œillet, II. 46.

Branches. Qu'est-ce qu'on apelle
Branches de faux bois, I. 8.
Différence des branches de faux
bois & de celles qui viennent
dans l'ordre naturel , *ibid* Maniere de les tailler, 19, 491. Précaution nécessaire pour faire ve-

nir de nouvelles branches en la
place de celles qui perissent, 20.
Soins nécessaires pour bien tailler les branches , *ibid. & suiv.*
Discernement qu'il faut faire de
celles que l'on doit conserver
d'avec celles que l'on doit ôter,
ibid. Différentes sortes de branches, I. 42, 43, 490, 509. S'il
faut laisser des branches à toutes
sortes d'arbres qu'on plante, 478.
Ce qu'on entend par branches
qui ne valent rien , branches trop
longues , &c. 490, 491. Connoissance qu'on doit avoir de ces
arbres pour les tailler à propos,
492, 493, 506. Combien il y a
de choses à remarquer sur ces
branches, 507. *& suiv* Marques
qui distinguent les bonnes d'avec
les mauvaises, 509. *& suiv.* Qualité des bonnes branches , 510.
Ce que c'est que bonne foibles
branches, 511. Ce que c'est que
bonnes fortes, 512. Nécessité d'ô-
ter les branches inutiles, 512. Explication plus ample des mots
de fort & de foible en matiere
de branche , *ibid* Avis touchant
les branches foibles , 553. Touchant les fortes. 554, 55. Maniere de tailler les branches à
bois & celles à fruit. 555. *& suiv.*
Maniere de tailler les greffes ,
ibid. Précaution à prendre dans
la taille des nouvelles branches
& des vieilles, 556. Fausses branches que l'on doit conserver,
560, 56. Que faire quand d'un
bon arbre il ne sort que des branches de faux bois, 576. Que
faire quand il s'en présente de
plus belles par en haut que par
en bas, & au contraire, *ibid.* A
quoi il faut avoir égard quand
on taille une branche, 577, 578.

N

Marques

DES MATIERES.

V

TABLE DES MATIERES.

Y

Fin de la Table.

9 782329 430225